KOSMOS HIMMELSJAHR
— 2027

SONNE, MOND UND STERNE IM JAHRESLAUF

Herausgegeben von Hans-Ulrich Keller
unter Mitarbeit von Erich Karkoschka

KOSMOS PLUS

Informationen zur KOSMOS-Plus-App
finden Sie auf Seite 33

KOSMOS

Inhalt

Inhalt

Shutterstock/Romolo Tavani

Die Monatsthemen Juli – Dezember

Wichtige Abbildungen und Tabellen

Umbriel
Ariel
Miranda
Titania
Oberon

Das Kosmos Himmelsjahr – ein Begleiter durch die Sternenwelt im Jahreslauf

Die Pünktlichkeit der Sonnenuhr
wird garantiert durch Korrektur

Sonnenuhrspruch

So mancher steht an einem schönen, klaren Tag vor einer Sonnenuhr und wundert sich: die Uhrzeit auf seiner Armbanduhr oder auf seinem Smartphone weicht erheblich von der Zeit ab, die er an der Sonnenuhr abliest. Doch die Sonnenuhr ist unbestechlich. Das Himmelsuhrwerk läuft jahrein, jahraus präzise ab. Steht die Sonne im Tagesverlauf am höchsten und sind die Schatten am kürzesten, so ist es 12 Uhr Mittag Wahrer Sonnenzeit. Nach der Wahren Sonnenzeit richtet sich auch der Biorhythmus der meisten Tiere und Pflanzen.

Im Zeitalter der Eisenbahn wurden die Zonenzeiten eingeführt, damit nicht jeder Ort eine andere Zeit hat. So gehen unsere Uhren nach der Mitteleuropäischen Zeit, die sich nach dem Sonnenstand bei 15° östlicher Länge richtet.

Allerdings ist die scheinbare Sonnenbahn (Ekliptik) um 23,°5 zum Himmelsäquator geneigt und der Lauf der Sonne im Winter schneller, da sich die Erde dann in Sonnennähe befindet (2. Keplergesetz). Deshalb benutzt man für die Zeitrechnung eine fiktive mittlere Sonne, die gleichförmig nach Osten wandert. Die Differenz zwischen Wahrer und Mittlerer Sonnenzeit wird Zeitgleichung genannt. Sie ist in der monatlichen Tabelle „Sonnenlauf" vermerkt. Werden die Korrekturen der Zeitgleichung und der Längendifferenz zur Zeit unserer Taschenuhren (= Mitteleuropäische Zeit = MEZ) angebracht, so sieht man: die Sonnenuhr zeigt exakt die Wahre Sonnenzeit an ihrem Aufstellungsort an.

V.1 Der Planet Uranus mit seinen fünf größten Monden. Aufgenommen vom James-Webb-Weltraumteleskop am 6. Februar 2023.

Schauspiele am Himmelszelt

Doch nicht nur den Lauf von Sonne, Mond und Planeten sowie interessanter Himmelserscheinungen wie Finsternisse entnimmt man dem *Kosmos Himmelsjahr*. So kommen 2027 die hellen Planeten Mars und Jupiter fast zeitgleich im Sternbild Löwe in Opposition zur Sonne. Erst nach fast einem halben Jahrhundert wiederholt sich diese Konstellation.

In den Monatsthemen werden zahlreiche Fragen interessierter Zeitgenossen beantwortet: Wo befindet sich die größte Himmelskamera der Welt und was erforscht man mit ihr? Ist das Weltall völlig leer zwischen den Sternen? Was passiert, wenn Schwarze Löcher miteinander kollidieren? Wann und wie wird das Universum enden?

Damit man die Ereignisse am Sternenzelt ohne große Mühe verfolgen kann, dazu dient das *Kosmos Himmelsjahr* als Leitfaden durch die Welt der Gestirne während des Jahres.

Auch der **117. Jahrgang** des vorliegenden Jahrbuches soll sowohl dem Einsteiger in die Himmelskunde als auch der kundigen Amateurastronomin die erforderlichen Hinweise und Daten für eigene astronomische Beobachtungen liefern.

Der erfahrene Himmelsbeobachter findet auf der inneren Umschlagklappe Kurzhinweise zum Gebrauch dieses Jahrbuches. Ausführliche Erläuterungen zu den wichtigsten Grundtatsachen der Astronomie findet der Einsteiger in die Himmelskunde ab Seite 9.

Eine kalendarische Übersicht enthält das Kapitel „Das Jahr 2027 auf einen Blick" auf Seite 7. Dem Hauptteil vorangestellt ist die Beschreibung der Sonnen- und Mondfinsternisse, die sich im Jahr 2027 ereignen (siehe Seite 24).

V.2 Der Wintersternhimmel über der Sternwarte Welzheim. Aufnahme von Martin Gertz.

Der Anhang enthält ein Verzeichnis von Planetarien und Sternwarten sowie eine Liste von amateurastronomischen Einrichtungen, die den Kontakt zu Gleichgesinnten erleichtern soll.

Um möglichst allen Leserinnen und Lesern – vom Einsteiger bis zur versierten Beobachterin – zu dienen, wird in den Monatsübersichten eine einfache, beschreibende Darstellung aller interessanten Himmelsvorgänge gebracht, während im Tabellenteil am Schluss wichtige Beobachtungsdaten in Form von Zahlentafeln vermerkt sind.

Eine umfassende Einführung in die Grundlagen der Himmelskunde und zu den einzelnen Fachbegriffen findet man im *Kompendium der Astronomie*, 7. Auflage, erschienen im Kosmos-Verlag.

Datenquellen und Danksagungen

Die Daten für das vorliegende Jahrbuch stammen, soweit nicht nachstehend besonders vermerkt, vom Planetarium Stuttgart. Das Institut de Mécanique Céleste et de Calcul des Éphémérides (IMCCE), Observatoire de Paris, lieferte die Daten für die Jupitermonderscheinungen, die Sonnenfleckenrelativzahlen das Observatoire Royal de Belgique, Brüssel, und die Daten für die Sternschnuppenströme die International Meteor Organization (IMO), wofür Herrn Dr. Jürgen Rendtel (Leibniz-Institut für Astrophysik, Potsdam) besonders zu danken ist.

Mein ganz besonderer Dank gilt meinem Mitarbeiter, Herrn Dr. Erich Karkoschka (Lunar and Planetary Laboratory, University of Arizona, Tucson) für seine Ephemeridenberechnungen, die Kalkulation der Sternbedeckungen durch den Mond, die Anfertigung vieler Skizzen und Abbildungen sowie zahlreichen Verbesserungsvorschlägen und Hinweisen.

Dank schulde ich auch Herrn Gerhard Weiland, der mit großer Sorgfalt und Umsicht die Reinzeichnungen der Grafiken angefertigt hat. Dankbar bin ich auch Herrn Michael Vogel, der sorgfältig Korrektur gelesen hat.

Zu danken habe ich ferner Herrn Martin Gertz für die hervorragenden Astroaufnahmen, die er auf der Sternwarte Welzheim gewonnen hat. Nicht zuletzt gebührt auch Dank den Mitarbeiterinnen und Mitarbeitern des Verlages, namentlich Herrn Sven Melchert, für die hervorragende Zusammenarbeit, ohne die dieses Jahrbuch nicht pünktlich erscheinen könnte.

Stuttgart, im März 2026
Hans-Ulrich Keller

Das Jahr 2027 auf einen Blick

Das Jahr 2027 ist nach dem Gregorianischen Kalender ein **Gemeinjahr** mit **365** Tagen.

Beginn der Jahreszeiten:
FRÜHLING (Tagundnachtgleiche): 20. März, 21^h25^m
SOMMER (Sonnenwende): 21. Juni, 15^h11^m
HERBST (Tagundnachtgleiche): 23. September, 07^h02^m
WINTER (Sonnenwende): 22. Dezember, 03^h42^m
SOMMERZEIT: Die Mitteleuropäische Sommerzeit (MESZ) geht gegenüber der Mitteleuropäischen Zeit (MEZ) um eine Stunde vor. Sie soll vom **28. März** bis **31. Oktober 2027** gelten. Kurzfristige Änderungen sind möglich.

FEST- UND FEIERTAGE 2027

Neujahrstag:	**Freitag,**	1. Januar
Hl. Drei Könige	Mittwoch,	6. Januar
Aschermittwoch:		10. Februar
Karfreitag:		26. März
Ostersonntag:		**28. März**
Ostermontag:		29. März
Maifeiertag	**Samstag,**	1. Mai
Christi Himmelfahrt:	Donnerstag,	6. Mai
Pfingstsonntag:		16. Mai
Pfingstmontag:		17. Mai
Fronleichnam:	Donnerstag,	27. Mai
Reformationstag	Sonntag,	31. Oktober
Allerheiligen:	**Montag,**	1. November
Buß- und Bettag:	Mittwoch,	17. November
Totensonntag:		21. November
1. Advent:	**Sonntag,**	28. November
Heiliger Abend:	Freitag,	24. Dezember
1. Weihnachtstag:	**Samstag,**	25. Dezember
2. Weihnachtstag:	Sonntag,	26. Dezember
Silvester:	**Freitag,**	31. Dezember

STAATSFEIERTAGE 2027

Tag der deutschen Einheit:	Sonntag,	3. Oktober
Österreichischer Nationalfeiertag:	Dienstag,	26. Oktober
Schweizer Bundesfeier:	Sonntag,	1. August
Liechtensteiner Staatsfeiertag:	Sonntag,	15. August

KALENDERÄREN 2027

Das **jüdische Jahr** 5788 beginnt am 1. Oktober mit Sonnenuntergang. Der jüdische Neujahrstag fällt daher auf den 2. Oktober 2027.

Das **islamische Jahr** 1449 beginnt am 5. Juni mit Sonnenuntergang. Der erste Tag des islamischen Jahres 1449 korrespondiert mit dem 6. Juni 2027.

Am 6. Februar 2027 beginnt das 44. Jahr im 79. Zyklus des **traditionellen chinesischen Kalenders**. Es ist das Jahr des Schafbocks (ding-wei).

Am 14. September beginnt in der **byzantinischen Ära** das Jahr 7536.

Am 1. Januar beginnt das **japanische Jahr** 2687.

Am 12. September beginnt das Jahr 1744 der **Ära Diokletians** (Koptische Ära).

Am 14. September beginnt das Jahr 2339 der **Seleukidenära**.

Am 14. Januar beginnt das Jahr 2780 der **römischen Ära a. u. c**.

Der 14. Januar 2027 des **Gregorianischen** Kalenders korrespondiert mit dem 1. Januar 2027 des **Julianischen** Kalenders.

Das Jahr 2027 entspricht dem Jahr 6740 der **Julianischen Periode**.

Der 1. Januar 2027 (0^h Weltzeit = 1^h Mitteleuropäische Zeit) hat die **Julianische Tagesnummer** 2 461 406,5.

Das **astronomische Jahr** 2027 (Bessel-Jahr) beginnt bereits am 31. Dezember 2026 um 14^h45^m MEZ (B2027.0 = JD 2 461 406,073). Der **Dies Reductus** (J2027.0–B2026.0) beträgt somit 10^h15^m.

Sven Melchert

V.3 Die totale Mondfinsternis am 7. September 2025 fand in der Abenddämmerung statt.

CHRONOLOGIE 2027

Sonnenzirkel: 20
Goldene Zahl (Mondzirkel): XIV
Sonntagsbuchstabe: C
Indiktion (Römerzinszahl): 5
Epakte: 22
Jahresregent: Mond

FINSTERNISSE 2027

Im Jahr 2027 ereignen sich fünf Finsternisse: eine ringförmige und eine totale Sonnenfinsternis sowie drei Halbschattenfinsternisse des Mondes.

Die **ringförmige Sonnenfinsternis vom 6. Februar** bleibt von der gesamten Nordhalbkugel der Erde unbeobachtbar. Die **totale Sonnenfinsternis vom 2. August** ist in ihren partiellen Phasen von Mitteleuropa vormittags sichtbar. Die Totalitätszone zieht sich vom Atlantik kommend über Gibraltar, entlang der Nordafrikanischen Küste, über das Rote Meer, streift den Südwesten Arabiens und endet im Indischen Ozean.

Von den drei **Halbschattenfinsternissen des Mondes** ist lediglich die vom 20. Februar von Mitteleuropa beobachtbar, wobei der Mond um Mitternacht (20./21.) zu 93% in den Halbschatten der Erde eindringt. Die Halbschattenfinsternisse des Mondes vom 18. Juli und vom 17. August bleiben unbeobachtbar.

Ausführliche Erläuterungen zu den Finsternissen findet man im Kapitel „Sonnen- und Mondfinsternisse 2027" auf Seite 24.

PLANETEN UND PLUTO 2027

MERKUR zeigt sich von Ende Januar bis Anfang Februar am Abendhimmel. Ende Mai bietet er eine bescheidene Abendsichtbarkeit. In der zweiten Julihälfte und in der ersten Novemberhälfte ist Merkur am Morgenhimmel sichtbar.

VENUS erreicht gleich zu Jahresbeginn ihre größte westliche Elongation (47°). Sie spielt ihre Rolle als Morgenstern von Januar bis Ende Juni. In obere Konjunktion kommt sie am 12. August. Von Oktober bis über das Jahresende glänzt sie als Abendstern.

MARS kommt am **19. Februar** im Sternbild Löwe in **Opposition** zur Sonne. Bis Jahresende ist er am Abendhimmel vertreten, wobei er an Helligkeit verliert und auch früher untergeht. Seine Konjunktion mit der Sonne nimmt er am 21. März 2028 ein.

JUPITER kommt am **11. Februar** im Sternbild Löwe in **Opposition** zur Sonne. Bis Ende Juli kann der Riesenplanet noch am Abendhimmel gesehen werden. Am 31. August steht er in Konjunktion mit der Sonne. Gegen Ende September taucht Jupiter am Morgenhimmel auf.

SATURN erreicht am 7. April seine Konjunktion mit der Sonne. Ende Juni erscheint der Ringplanet am Morgenhimmel. Er steht am **18. Oktober** im Sternbild Fische in **Opposition** zur Sonne. Bis über das Jahresende ist der Ringplanet am Abendhimmel vertreten.

URANUS kommt am 27. Mai in Konjunktion. Seine **Opposition** im Sternbild Stier erreicht er am **30. November**.

NEPTUN erreicht seine **Opposition** am **28. September** im Sternbild Fische. In Konjunktion mit der Sonne steht Neptun am 25. März.

PLUTO, der prominenteste Zwergplanet unseres Sonnensystems, steht am **29. Juli** im Sternbild Steinbock in **Opposition** zur Sonne. Seine Konjunktion mit der Sonne erreicht Pluto schon am 25. Januar.

Ausführliche Angaben über die Sichtbarkeit der Planeten entnehme man der Rubrik „Planetenlauf" in den Monatsübersichten.

Erläuterungen zum Gebrauch

Wer zum ersten Mal dieses Jahrbuch in Händen hält, dem bieten nachstehende Erläuterungen eine erste Einführung in seine Benutzung. Wer jedoch schon mit den Grundlagen der Himmelskunde vertraut ist, kann sofort die „Kurzhinweise zum Gebrauch" dieses Jahrbuches auf der vorderen Umschlagklappe aufschlagen.

Im *Kosmos Himmelsjahr* ist das Bild des abendlichen Fixsternhimmels für jeden Monat beschrieben. Eine Sternkarte erleichtert die Übersicht. Außerdem ist die Stellung des Großen Wagens und des Himmels-Ws um 22^h MEZ für jeden Monat aus einer Grafik ersichtlich. Der Große Wagen und das Himmels-W sind in jeder klaren Nacht zu beobachten, da sie bei uns zirkumpolar sind, also niemals untergehen.

Während die Fixsterne ihre Stellungen zueinander nicht ändern, sondern nur gemeinsam infolge der Erdrotation über das Firmament ziehen, gibt es Gestirne, die ihre Position im Laufe von Wochen und Monaten ändern. Man nennt sie Wandelsterne oder Planeten. Sie sind die Geschwister unserer Erde, die ebenfalls ein Planet ist. Mit freiem Auge sind fünf Planeten zu sehen: Merkur, Venus, Mars, Jupiter und Saturn.

Von der Erde aus gesehen wandert somit die Sonne in einem Jahr durch die bekannten Sternbilder des Tierkreises. Der Wanderweg der Sonne heißt Ekliptik. Mond und Planeten bewegen sich ebenfalls in der Nähe der Ekliptik. Sie sind daher stets in den Tierkreissternbildern zu finden.

STERNE, STERNBILDER UND STERNKARTEN

Je nach Fantasie und Kultur haben die einzelnen Völker Sterne und Sternbilder unterschiedlich benannt. Die Internationale Astronomische Union (IAU) hat für die gesamte Himmelskugel 88 Sternbilder festgelegt, die für alle Astronomen und Sternfreunde verbindlich sind. Diese 88 Sternbilder haben lateinische Namen und jeweils eine Abkürzung von drei Buchstaben; Beispiel: der Krebs, lat.: Cancer, Abkürzung: Cnc.

Speziell für die Benutzer des Himmelsjahres empfehlen sich zur ersten Orientierung die Sternkarten im *Atlas für Himmelsbeobachter* von Erich Karkoschka. Neben den klassischen Sternatlanten gibt es heute auch gute Computerprogramme, die einen gewünschten Himmelsausschnitt am Monitor erscheinen lassen.

Nur die hellsten oder auffällige Sterne, die beispielsweise periodisch ihre Helligkeit ändern, haben Eigennamen erhalten. So heißen die beiden hellsten Sterne im Wintersternbild Orion Beteigeuze und Rigel, der berühmte veränderliche Stern im Perseus Algol.

Etwas systematischer hat Johannes Bayer im Jahre 1603 die Sterne bezeichnet, nämlich mit griechischen Buchstaben und dem Genitiv des lateinischen Sternbildnamens. So bekam der hellste Stern in der Leier die Be-

Martin Gertz / Sternwarte Welzheim

E.1 Der Orion ist das Leitsternbild des Winterhimmels.

zeichnung α Lyrae (oder kurz α Lyr), der zweithellste β Lyrae, der dritthellste γ Lyrae usw. Die Helligkeitsfolge ist aber nicht immer streng eingehalten, manchmal hat die Mythologie Vorrang; von den beiden hellen Zwillingssternen trägt der hellere Pollux die Bezeichnung β Geminorum, der etwas schwächere Kastor α Geminorum. Bei Doppelsternen wird gelegentlich noch ein Index an den griechischen Buchstaben angehängt. Beispiel: ε_1 und ε_2 Lyrae, der berühmte Vierfachstern in der Leier (jede Komponente ist ihrerseits ebenfalls ein Doppelstern). Die 24 griechischen Buchstaben (siehe Seite 21) pro Sternbild reichen natürlich nicht aus, um alle Sterne zu benennen.

Den ersten umfangreichen Sternkatalog nach Erfindung des Fernrohrs hat John Flamsteed (1646–1719) im Jahre 1712 herausgegeben. Flamsteed hat die Sterne in einem Sternbild durchnummeriert. So hat ω Aurigae beispielsweise bei Flamsteed die Bezeichnung 4 Aurigae. Viele Sterne, die keine Bayer-Bezeichnung haben, sind jedoch mit Flamsteed-Nummern gekennzeichnet.

Bei schwächeren Sternen gibt man die Katalognummer an, unter der sie verzeichnet sind, oder einfach die genauen Koordinaten. Beispiele für Katalognummern: BD +52°1312 bedeutet Stern Nummer 1312 in der Deklinationszone von +52° bis +53° der sogenannten *Bonner Durchmusterung*. HD 128974, Stern aus dem *Henry-Draper-Katalog*, SAO 146912, Stern aus dem *Smithsonian Astrophysical Observatory Star Catalogue*, FK5: 1051, Stern aus dem *5. Fundamental-Katalog*.

Sterne, deren Helligkeit variiert, werden häufig mit großen lateinischen Buchstaben und ihren Sternbildnamen versehen: RR Lyrae, T Coronae Borealis. Man kann somit aus der Bezeichnung auf die Eigenart dieser Sterne schließen.

STERNHAUFEN UND NEBEL

Man unterscheidet offene und kugelförmige Sternhaufen. Offene Sternhaufen enthalten Dutzende bis einige hundert Sterne, die alle einzeln als Lichtpunkte erkennbar sind. Kugelhaufen haben Hunderttausende bis Millionen Mitgliedssterne und sind als verwaschene, kreisrunde Lichtfleckchen zu sehen. Nur die Randpartien sind in Einzelsterne auflösbar, im Zentrum stehen die Sterne zu dicht, um als einzelne Lichtpunkte erkannt zu werden.

Zwischen den punktförmigen Sternen zeigen sich auch nebelhafte Gebilde. Bei den „Nebeln" gilt es zwei Kategorien zu unterscheiden: Einmal beobachtet man tatsächlich Staub- und Gasmassen zwischen den Sternen unserer Milchstraße, wie zum Beispiel im Sternbild Orion den berühmten Orionnebel. Andere nebelhafte Lichtfleckchen lassen sich jedoch mit sehr großen Teleskopen in einzelne Sterne auflösen. Hier sieht man fremde, ferne Milchstraßensysteme. Das Licht von Milliarden Sternen wird von uns nur als schwa-

Martin Gertz / Sternwarte Welzheim

E.2 Das Sternbild Schütze wird vom Band der Milchstraße mit zahlreichen Nebeln durchzogen.

ches Nebelfleckchen registriert, wie beispielsweise beim Andromedanebel. Wegen ihrer häufig spiraligen Gestalt spricht man auch von Spiralnebeln oder Galaxien.

Der französische Astronom Charles Messier (1730–1817) hat einen Katalog mit über hundert Sternhaufen und Nebeln zusammengestellt. Der Orionnebel wird z.B. mit M 42, der Andromedanebel mit M 31, der Kugelhaufen im Herkules mit M 13 bezeichnet. Wesentlich umfangreicher ist der Katalog von John L.E. Dreyer mit dem Namen *New General Catalogue of Nebulae and Clusters of Stars*, abgekürzt NGC. Später erschienen noch zwei Ergänzungen (*Index-Catalogue I and II*, kurz IC I und IC II) und schließlich der überarbeitete *Revised New General Catalogue* (RNGC). Daher trägt der Andromedanebel M 31 auch die Bezeichnung NGC 224.

DIE HELLIGKEIT DER STERNE

Man teilt die Sterne in Größenklassen ein. Diese Größenklassen geben nicht den Durchmesser oder die wahre Leuchtkraft der Sterne an, sondern ihre scheinbare Helligkeit am Himmel. Sterne erster Größe sind dabei heller als solche zweiter Größe. Ein schwaches Sternpünktchen sechster Größe ist eben noch mit bloßen Augen zu erkennen. Ein Stern erster Größe ist dabei hundertmal heller als ein Stern sechster Größe. Daraus folgt, dass ein Stern zweiter Größe 2,512-mal lichtschwächer ist als ein Stern erster Größe. Ein Stern dritter Größe wiederum ist 2,512-mal lichtschwächer als ein Stern zweiter Größe, denn $2{,}512^5 = 100$. Die Größenklassenskala ist somit ein logarithmisches Maß.

Als Abkürzung verwendet man ein kleines hochgestelltes ^{m} für magnitudo (lat.) = Größe. Sterne, die heller als 1^m sind, bezeichnet man mit 0^m, -1^m, -2^m usw. Die Venus kann -4^m hell sein. Das bedeutet, dass sie dann hundertmal heller strahlt als ein Stern erster Größe, also mit 1^m! In manchen Schriften findet man gelegentlich die Abkürzung „mag“ für Größenklasse. In der Fachastronomie ist sie jedoch nicht in Gebrauch. Mit Teleskopen lassen sich auch Sterne beobachten, die schwächer sind als 6^m. In einem guten Fernglas sind Sterne bis 10^m erkennbar. In großen Teleskopen

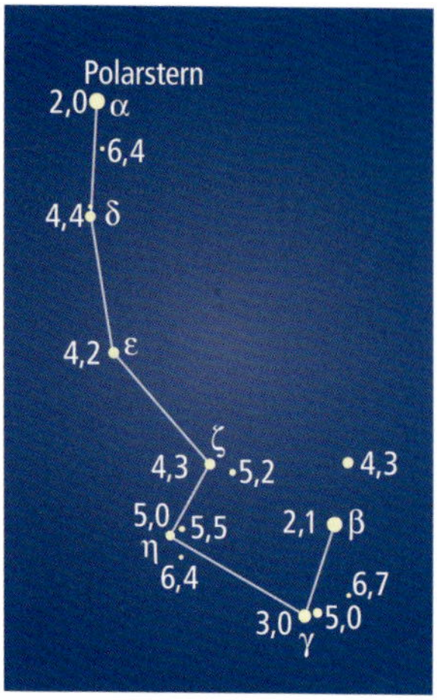

E.3 Sternbild Kleiner Wagen mit Helligkeitsangaben in Größenklassen für die einzelnen Sterne.

werden Sterne bis 26^m beobachtet, also Objekte, die hundert Millionen Mal lichtschwächer sind als die schwächsten, dem menschlichen Auge zugänglichen Sterne mit 6^m. Die Helligkeiten der Sterne zu schätzen, sollte man üben. Abb. E.3 zeigt den Kleinen Wagen, wobei die Helligkeiten der einzelnen Sterne vermerkt sind. Da das Sternbild Kleiner Wagen zirkumpolar ist, kann es in jeder klaren Nacht zu jeder Uhrzeit gesehen werden.

Stünden alle Sterne gleich weit entfernt, sozusagen in einer Normentfernung, dann entspräche die beobachtete scheinbare Helligkeit auch ihrer wirklichen Leuchtkraft. Eine solche Normentfernung wurde mit 10 Parsec (knapp 33 Lichtjahre) festgelegt. Man rechnet nun die Helligkeit aus, die ein Stern in 10 Parsec Entfernung hätte, und bezeichnet diese Größe als „absolute Helligkeit" oder „wahre Leuchtkraft" eines Sterns.

Um die absolute nicht mit der scheinbaren Helligkeit zu verwechseln, wird sie mit einem großen M (Magnitudo) abgekürzt. Beispiel: Unsere Sonne hat die enorme scheinbare Helligkeit von -27^m am Firmament und eine absolute Helligkeit von $+4{,}8^M$. Das heißt, in 33 Lichtjahren Entfernung erschiene uns die Sonne nur noch als Sternchen 5. Größe. Anmerkung: Da ^{m} auch für Minute steht, ist aus dem Textzusammenhang zu entnehmen, ob Helligkeiten oder Zeiten beziehungsweise Koordinaten gemeint sind.

ENTFERNUNGS-ANGABEN

In der Astronomie verwendet man, um große Zahlenungetüme zu vermeiden, für die Distanzen im Sonnensystem als Längenmaß die Astronomische Einheit (AE). Eine Astronomische Einheit entspricht der mittleren Entfernung der Erde von der Sonne, das sind rund 150 Millionen Kilometer.

Es gilt: **1 AE = 149 597 870 km**

Diese Strecke legt das Licht in 8^m20^s zurück. Man spricht von der Lichtlaufzeit der Astronomischen Einheit. Jupiter ist beispielsweise 5,2 AE von der Sonne und Neptun rund 30 AE von ihr entfernt. Die Lichtlaufzeiten der Planetendistanzen betragen Minuten bis wenige Stunden. Die Sterne sind jedoch so weit entfernt, dass ihr Licht Jahre, Jahrhunderte und Jahrmillionen zur Erde unterwegs ist. Man gibt daher ihre Distanzen in Lichtlaufzeiten an, wobei man ein Lichtjahr (LJ) als Einheit nimmt. In einem Jahr legt ein Lichtstrahl im Vakuum rund zehn Billionen Kilometer zurück.

Es gilt: **1 LJ = 9,46 × 10^{12} km**
= 63 240 AE

Ein Lichtjahr ist somit keine Zeit-, sondern eine Entfernungsangabe. In der Stellarastronomie wird ferner das Parsec (Parallaxensekunde) verwendet. Ein Parsec entspricht 3,26 Lichtjahren. Die Definition des Parsec findet man im Begleitbuch zum *Himmelsjahr*, dem *Kompendium der Astronomie* im Abschnitt „Entfernungseinheiten in der Astronomie".

Im *Himmelsjahr* werden die Entfernungen im Sonnensystem in AE und die Fixsterndistanzen in Lichtjahren angegeben. Parsec werden nicht verwendet.

ZEITANGABEN

Alle Uhrzeiten im *Himmelsjahr* sind grundsätzlich in **Mitteleuropäischer Zeit (MEZ)** angegeben. Die Mitteleuropäische Zeit ist die mittlere Sonnenzeit des Meridians 15° östlich von Greenwich (Nullmeridian der Erde). Sie geht gegenüber der Weltzeit (UT = Universal Time) um eine Stunde vor. Es gilt: Weltzeit plus eine Stunde = MEZ.

Wenn es in Greenwich Mitternacht (0^h) ist, dann haben wir schon 1^h (MEZ) morgens. Für **ortsabhängige Angaben** (z. B. Auf- und Untergänge) gelten alle Zeiten genau **für den Ort 10° östlich von Greenwich und**

50° nördlicher Breite. Dieser Punkt liegt für Mitteleuropa ziemlich zentral.

DIE SOMMERZEIT ist eine willkürliche Verschiebung der Zonenzeit um eine Stunde, um die Tageshelligkeit besser auszunutzen und (angeblich) Energie einzusparen. Sie beruht nicht auf astronomischen Grundlagen und ist außerdem von Staat zu Staat verschieden. Um die Benutzer des Himmelsjahres nicht zu verwirren und die Daten konsistent zu halten, sind alle Angaben das ganze Jahr durchgehend in MEZ vermerkt. Es gilt: MEZ plus eine Stunde = MESZ (Mitteleuropäische Sommerzeit). Gilt in einem Land die Sommerzeit, so ist zu den Zeitangaben im *Himmelsjahr* einfach eine Stunde zu addieren.

Achtung: Fällt ein Ereignis in die letzte Stunde vor Mitternacht, so ändert sich auch das Datum um einen Tag. Während der Dauer der Sommerzeit sind alle Zeitangaben in den Tabellen in einem dunkleren Farbton unterlegt.

AUF- UND UNTERGANGSZEITEN: Alle Auf- und Untergangszeiten (MEZ) gelten exakt für 10° östlicher Länge und 50° nördlicher Breite. Während der Gültigkeit der Sommerzeit ist eine Stunde zu addieren.

Für andere Orte in Mitteleuropa können diese Zeiten erheblich differieren (bis etwa eine halbe Stunde). Die Tabelle zur Auf- und Untergangskorrektur auf Seite 293 erlaubt eine Umrechnung auf den jeweiligen Beobachtungsort. Man suche die seinem Wohnort nächstliegende geografische Breite und lese die Korrekturzeit in Minuten ab, wobei die Deklination zu berücksichtigen ist. Die Korrektur für die geografische Länge lese man auf S. 292 ab.

DIE STERNZEIT: Um mit einem Fernrohr ein bestimmtes Gestirn zu finden, muss man die Stellung des Beobachters auf der Erde zu einer bestimmten Uhrzeit des Tages relativ zur Fixsternwelt kennen. Man braucht dazu einen Referenzpunkt unter den Sternen. Dies ist der Frühlingspunkt. Er ist der Schnittpunkt der aufsteigenden Sonnenbahn mit dem Himmelsäquator. Im Frühlingspunkt steht die Sonne zu Frühlingsbeginn. Er ist auch der Nullpunkt

SOMMERZEIT (MESZ) IN DER BUNDESREPUBLIK DEUTSCHLAND

	Beginn Sonntag	Ende Sonntag		Beginn Sonntag	Ende Sonntag
1980	06. April	28. September	2005	27. März	30. Oktober
1981	29. März	27. September	2006	26. März	29. Oktober
1982	28. März	26. September	2007	25. März	28. Oktober
1983	27. März	25. September	2008	30. März	26. Oktober
1984	25. März	30. September	2009	29. März	25. Oktober
1985	31. März	29. September	2010	28. März	31. Oktober
1986	30. März	28. September	2011	27. März	30. Oktober
1987	29. März	27. September	2012	25. März	28. Oktober
1988	27. März	25. September	2013	31. März	27. Oktober
1989	26. März	24. September	2014	30. März	28. Oktober
1990	25. März	30. September	2015	29. März	25. Oktober
1991	31. März	29. September	2016	27. März	30. Oktober
1992	29. März	27. September	2017	26. März	29. Oktober
1993	28. März	26. September	2018	25. März	28. Oktober
1994	27. März	25. September	2019	31. März	27. Oktober
1995	26. März	24. September	2020	29. März	25. Oktober
1996	31. März	27. Oktober	2021	28. März	31. Oktober
1997	30. März	26. Oktober	2022	27. März	30. Oktober
1998	29. März	25. Oktober	2023	26. März	29. Oktober
1999	28. März	31. Oktober	2024	31. März	27. Oktober
2000	26. März	29. Oktober	2025	30. März	26. Oktober
2001	25. März	28. Oktober	2026	29. März	25. Oktober
2002	31. März	27. Oktober	2027	28. März	31. Oktober
2003	30. März	26. Oktober			
2004	28. März	31. Oktober			

E.4 Der zunehmende Mond am Abend des 24. März 2021 (Aufnahme: Gertz/Schneider).

der äquatorialen Himmelskoordinaten. Nimmt man statt der Sonne den unter den Fixsternen (fast) feststehenden Frühlingspunkt, erhält man statt der Sonnenzeit die Sternzeit.

Steht der Frühlingspunkt im Süden (Meridian), spricht man von 0^h Sternzeit, eine Stunde später von 1^h Sternzeit, usw. Es gilt: **Sternzeit = Stundenwinkel des Frühlingspunktes**.

Im *Himmelsjahr* ist die Sternzeit jeweils für 1^h MEZ (= 0^h Weltzeit) von zehn zu zehn Tagen für den Meridian von Greenwich (Nullmeridian) angegeben (siehe Tabelle auf Seite 288).

Die Tabelle auf Seite 281 erlaubt eine schnelle Bestimmung der Sternzeit zur abendlichen Beobachtungsstunde für jeden Tag des Jahres.

Um den Stundenwinkel eines Gestirns zu ermitteln, bilde man die Differenz: Sternzeit minus Rektaszension des Gestirns, dann hat man den Stundenwinkel zum Beobachtungszeitpunkt und kann das Teleskop entsprechend einstellen.

Für die Bestimmung des Stundenwinkels eines Planeten kann man auch seine Kulminationszeit (Zeit des Meridiandurchganges) benutzen, wenn man keine Sternzeituhr zur Verfügung hat und sich die Berechnung der Sternzeit zum Beobachtungszeitpunkt ersparen will. Die Kulminationszeiten der Planeten und Kleinplaneten sind auf den Seiten 282 bis 286 angegeben. Die Kulminationszeit gilt für 10° östlicher Länge. Zunächst ist die Korrektur für die Längendifferenz des Beobachtungsortes anzubringen (siehe Seite 292, Spalte Zeitkorrektur gegen 10° östlicher Länge). Um diese so erhaltene Zeit geht der Planet durch den Meridian des Beobachters und hat somit den Stundenwinkel Null. Man bilde nun die Zeitdifferenz zwischen der Beobachtungszeit und der Zeit des Meridiandurchganges. Sie entspricht direkt dem Stundenwinkel (im Zeitmaß).

DIE DYNAMISCHE ZEIT: In der Astronomie wird seit 1984 eine Dynamische Zeit verwendet, die die vorher verwendete Ephemeridenzeit abgelöst hat. Nähere Erläuterungen zu den Dynamischen Zeitskalen finden sich in dem Buch *Kompendium der Astronomie*. Die genaue Differenz der Dynamischen Zeit (TT = Terrestrial Time) zur Weltzeit (UT = Universal Time) kann erst im Nachhinein aus Beobachtungen der Gestirnspositionen bestimmt werden. Der extrapolierte Wert für das Jahr 2027 lautet: $\Delta T = +69$ Sekunden, wobei $\Delta T = TT - UTC$ gilt. Die koordinierte Weltzeit (UTC) hinkt somit der Dynamischen Zeit (TT) um mehr als eine Minute nach.

Der beobachtende Sternfreund kann die TT unberücksichtigt lassen, wenn er nicht hohe Genauigkeitsansprüche hat. Wer jedoch die Angaben im *Himmelsjahr* mit anderen Jahrbüchern vergleicht, muss beachten, dass alle Zeitangaben hier in MEZ = UTC + 1^h und nicht in TT vermerkt sind.

Seit dem 1. Januar 2017 beträgt die Differenz der UTC zur Internationalen Atomzeitskala (TAI) $\Delta AT = +37{,}00$ Sekunden (ΔAT =

E.5 Im Sternbild Stier liegt der offene Sternhaufen der Hyaden und der rötliche Aldebaran.

Martin Gertz / Sternwarte Welzheim

TAI – UTC) bis zum Einschub einer weiteren Schaltsekunde, die relativ kurzfristig vom International Earth Rotation and Reference Systems Service (IERS) in Paris bekannt gegeben wird.

BEGINN DES ASTRONOMISCHEN JAHRES: Nach Definition von Friedrich Wilhelm Bessel beginnt das astronomische Sonnenjahr, wenn die mittlere Sonne zum mittleren Äquinoktium die Länge von 280° ($\alpha = 18^h40^m$) unter Berücksichtigung der Aberration ($-20\overset{''}{,}5$) erreicht (auch Besselscher Jahresbeginn genannt).

Die Länge des **Besselschen Jahres** (auch Annus Fictus) entspricht der Länge des tropischen Jahres 1900 (365,242198781 mittlere Sonnentage = $365^d05^h48^m45\overset{s}{,}975$). Die Länge des tropischen Jahres nimmt infolge der säkularen Akzeleration der Rektaszension der mittleren Sonne um $0{,}148 \times T$ Sekunden ab (T in Julianischen Jahrhunderten zu 36 525 mittlere Sonnentage), während die Länge das Annus Fictus konstant bleibt.

Der Beginn des Annus Fictus wird mit „B+Jahreszahl Punkt Null" bezeichnet (z. B. B2000.0) im Gegensatz zum Gregorianischen bzw. Julianischen Jahresbeginn (J) jeweils am 1. Januar um 0^hUTC. Die Differenz beider Äquinoktien (z. B.: k = J2000.0–B2000.0) wird Dies Reductus (reduzierter Tag) genannt und ist kleiner als 24 Stunden.

KALENDERZYKLEN

SONNENZIRKEL: Ordnungszahl (1 bis 28) im Zeitintervall von 28 Jahren, nach dem die Wochentage wieder auf dieselben Daten (dieselben Monatstage) fallen. Da es sieben Wochentage gibt, aber jedes vierte Jahr ein Schaltjahr ist, so fallen nach 7 × 4 = 28 Jahren die Wochentage wieder auf dieselben Monatstage. Der Sonnenzirkel gibt an, welcher Sonntagsbuchstabe im betreffenden Jahr gilt.

SONNTAGSBUCHSTABE: Gibt im ewigen Kalender den Tag des ersten Sonntags im Jahr an. In Schaltjahren gelten zwei Sonntagsbuchstaben (der zweite ist ab dem 1. März zu benutzen).

1. Januar A 2. Januar B
3. Januar C 4. Januar D
5. Januar E 6. Januar F
7. Januar G

EPAKTE: Gibt das Mondalter vermindert um 1 zu Beginn des Kalenderjahres an, also die Zahl der Tage, die am 31. Dezember des Vorjahres seit dem letzten Neumondtermin verflossen sind (1–29). Für Neumond am 31. Dezember steht meist ein * statt 0. Die Epakte spielt eine Rolle bei der Festlegung des Ostertermins.

GOLDENE ZAHL: Lateinisch Numerus Aureus oder auch Mondzirkel genannt, ist die Ordnungszahl (I bis XIX) der Jahre im Metonschen Mondzyklus. Da 235 Lunationen (synodische Monate) ziemlich genau 19 Jahren entsprechen, fallen nach 19 Jahren die Mondphasen (nahezu) auf dieselben Tage im Sonnenjahr. Die Goldene Zahl diente im Julianischen Kalender zur Bestimmung des Ostertermins. Im Gregorianischen Kalender ist sie durch die Epakte ersetzt. Die Goldene Zahl wird in römischen Ziffern geschrieben, um eine Verwechslung mit dem Sonnenzirkel auszuschließen.

INDIKTION (Römerzinszahl): Zyklus von 15 Jahren im Besteuerungssystem des Römischen Reiches, das von Kaiser Augustus eingeführt wurde. Der Start (Epoche) des Zyklus erfolgte im Jahr 3 vor Chr. Heute dient die Indiktion (von lat.: indictio = Ankündigung) nur noch als chronologische Prüfzahl für das laufende Jahr. Die Indiktion läuft von 1 bis 15.

JAHRESREGENT: Gehört traditionsgemäß ebenfalls zu den Kalenderzyklen, hat aber keine chronologische Bedeutung mehr. Aus kulturhistorischen Gründen und da er in der Numismatik eine gewisse Rolle spielt sowie schlicht der Vollständigkeit halber ist er in der Rubrik „Kalenderzyklen" mit aufgeführt. Jahresregent können sein: Sonne, Mond, Merkur, Venus, Mars, Jupiter und Saturn, also die klassischen sieben „Planeten" des Ptolemäischen Weltsystems.

DER HIMMELS-KALENDER

Jede Monatsübersicht beginnt mit dem zweiseitigen Himmelskalender. Auf der ersten Seite wird in kurzen Stichworten auf aktuelle Ereignisse im betreffenden Monat hingewiesen. Eine kleine Grafik zeigt die Stellung von Großem Wagen und Himmels-W jeweils um 22 Uhr MEZ relativ zum Nordhorizont.

Die zweite Seite des Himmelskalenders enthält eine Tabelle mit den Wochentagen und für jeden Tag die entsprechende Mondphase in einer kleinen Grafik. Vermerkt sind in der Tabelle ferner Feiertage, die Hauptphasen des Mondes, sichtbare Konstellationen von Mond und Planeten sowie die bei uns beobachtbaren Finsternisse.

DER SONNENLAUF

Die Bewegung der Sonne durch den Tierkreis ist zu Beginn jeder Monatsübersicht aus einer kleinen Grafik zu entnehmen.

In der Grafik „Sonnenlauf" jeweils zu Monatsbeginn ist die scheinbare Sonnenbahn (Ekliptik) durch die Sternbilder des Tierkreises für den jeweiligen Monat eingezeichnet. Ferner sind die Eintritte der Sonne sowohl in die einzelnen Tierkreissternbilder als auch in die Tierkreiszeichen vermerkt sowie die Äquinoktien (Tagundnachtgleichen) und Solstitien (Sommer- und Winterbeginn).

Die Tages- und Nachtstunden sowie Dämmerungslängen werden durch eine dreiteilige Zeichnung (Uhrensymbole) veranschaulicht. Diese soll einen groben und schnellen Überblick über die Länge der Tages- und Nachtzeit geben. Für die Dämmerungszeiten wurde die nautische Dämmerung (Sonne 12° unter dem Horizont) eingesetzt.

Die Tabelle „Sonnenlauf" gibt die Auf- und Untergangszeiten, Meridiandurchgang (Kulmination), Zeitgleichung und die Mittagshöhe der Sonne an sowie die äquatorialen Koordinaten Rektaszension und Deklination für 1^h MEZ jeweils von fünf zu fünf Tagen. Die Zeiten gelten exakt für einen zentralen Ort mit 10° östlicher Länge und 50° nördlicher Breite. Für diesen Ort gelten auch die Dämmerungszeiten. Angegeben ist jeweils der Beginn und das Ende der nautischen Dämmerung.

SONNENHÖHE ZU MITTAG: Sie ist in der Tabelle „Sonnenlauf" für 50° nördlicher Breite angegeben. Für andere Breiten ist sie einfach zu ermitteln: 90° minus geografische Breite des Beobachters plus Sonnendeklination. Beispiel: Wie hoch steht die Sonne am 10. Juni zu Mittag (Kulmination) in Düsseldorf (geografische Breite: +51°)? 90° – 51° + 23° = 62° (Im Winterhalbjahr die negativen Deklinationen der Sonne beachten!).

DIE ZEITGLEICHUNG: Die Sonnenzeit wird nach einer fiktiven „mittleren Sonne" gerechnet. Die wahre Sonne läuft nämlich ungleichförmig. So geht sie einmal vor, dann wieder nach. Die Differenz kann bis zu einer Viertelstunde plus oder minus betragen. Diese Differenz wird Zeitgleichung (ZGL) genannt. Sie ist definiert zu:

ZGL = Wahre Sonnenzeit minus Mittlere Sonnenzeit.

Die Zeitgleichung und die Kulmination der wahren Sonne sind tabellarisch aufgeführt. Ein negativer Wert der Zeitgleichung bedeutet, die wahre Sonne geht nach der mittleren durch den Meridian.

DER MONDLAUF

Auf- und Untergangszeiten (MEZ) gelten genau für 10° östlicher Länge und 50° nördlicher Breite (siehe Zeitangaben).

Ferner sind die Kulminationszeiten (Meridiandurchgänge) für 10° östlicher Länge tabelliert.

Der Mond bewegt sich recht schnell durch den Tierkreis. Deshalb sind für jeden Tag des Jahres seine Koordinaten angegeben. Sie gelten jeweils für 1^h MEZ (= 0^h Weltzeit). Wem diese Zahlen nichts sagen, der findet in der Spalte „Sterne und Sternbilder" die Position des Mondes im Tierkreis vermerkt. Ein Sternchen (*) deutet auf eine Sternbedeckung hin.

Die Position des Mondes gilt wie erwähnt für 1^h MEZ. Wer also abends beobachtet, sollte die Stellung des Mondes im Tierkreis aus der Zeile des folgenden Tages entnehmen, denn der Mond läuft recht rasch. Nähere Angaben zu den Sternbedeckungen finden sich in der Tabelle „Sternbedeckungen durch den Mond" auf Seite 290. Die letzte Spalte enthält die Mondphasen sowie wichtige Punkte in der Bahn.

Die Mondbahn ist rund 5° gegen die Ekliptik (scheinbare Sonnenbahn) geneigt. Aufsteigender Knoten bedeutet, der Mond überschreitet die Ekliptik nach Norden; absteigender Knoten, er wechselt wieder nach Süden. Größte Nordbreite: Der Mond steht am weitesten in nördlicher Richtung von der Ekliptik entfernt; analog dazu heißt größte Südbreite: Der Mond hat maximalen südlichen Abstand von der Ekliptik.

Im Tabellenteil findet man auf Seite 278/279 die Mondbahn relativ zur Ekliptik eingetragen. Wegen der Rückläufigkeit der Mondbahnknoten verläuft die Mondbahn unter den Sternen in jedem Jahr anders.

DIE LIBRATION: Bei größter Südbreite ist die Nordhalbkugel des Mondes uns ein wenig mehr zugekehrt, man spricht von maximaler Libration Nord; entsprechend sieht man bei größter Nordbreite mehr vom Südpolgebiet des Mondes. Libration West: Westrand des Mondes, Libration Ost: Ostrand des Mondes ist uns zugekehrt (astronomische Definition West/Ost siehe auch *Kompendium der Astronomie*, Kapitel „Der Mond der Erde").

„Libration West" bedeutet, das Mare Crisium zeigt sich randfern, das Mare Smythii wird sichtbar. „Libration Ost" heißt, das Mare Crisium rückt an den Westrand, im Osten zeigt sich der Ringwall Grimaldi randfern und das Mare Orientale wird gut sichtbar.

Bei Erdnähe und Erdferne ist die Distanz des Mondes jeweils in tausend Kilometer vermerkt. Außerdem ist der scheinbare Monddurchmesser in Bogenminuten angegeben. Neben der Phase „Neumond" steht die Brownsche Lunationsnummer. Eine Lunation ist die Zeitspanne, die der Mond benötigt, um einmal alle Phasen zu durchlaufen, also von einem Neumond bis zum nächstfolgenden. Diese Zeitspanne heißt „Synodischer Monat".

Auf Vorschlag von Ernest William Brown werden die Lunationen seit dem Neumond vom 16. (17.) Januar 1923 fortlaufend nummeriert. Unterhalb der Tabelle „Mondlauf" findet sich eine Grafik, aus der die schnelle Wanderung des Mondes innerhalb einer Nacht an einem hellen Fixstern oder Planeten ersichtlich wird.

DER PLANETENLAUF

Planeten sind Geschwister der Erde. Sie laufen gemeinsam mit ihr um die Sonne. Je näher ein Planet der Sonne steht, desto schneller wandert er um sie. Wir beobachten die Planeten nicht von einem ruhenden Punkt aus, sondern vom Raumschiff Erde, das ständig in Bewegung ist. Deshalb erscheinen uns von der Erde aus (geozentrisch) die Bewegungen der Planeten vor dem Hintergrund der fernen Fixsterne – dem Muster der Sternbilder also – recht kompliziert. Überholt die Erde einen weiter außen laufenden Planeten, so scheint er einige Wochen lang zurückzubleiben, er ist „rückläufig", wie man zu sagen pflegt. Anschließend bewegt er sich wieder in der ursprünglichen Richtung wie die Sonne von West nach Ost, er ist wieder „rechtläufig". Durch diesen Bewegungswechsel bildet die Bahn des Planeten eine Schleife.

Ob ein Planet am Himmel zu sehen ist, hängt von der gegenseitigen Stellung von Sonne und Planet ab. Steht ein äußerer Planet von der Erde aus gesehen hinter der Sonne, Planet – Sonne – Erde bilden also eine Linie, so ist er nicht beobachtbar (siehe Abb. E.6). Da er in Sonnenrichtung steht, geht er mit der

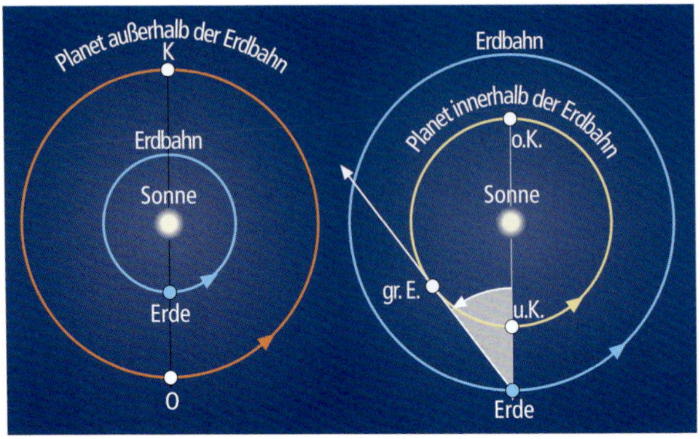

E.6 Die linke Zeichnung zeigt die Erdbahn und die Bahn eines Planeten außerhalb der Erdbahn. Bei O steht der Planet in Opposition, bei K in Konjunktion. Auf der rechten Seite der Abbildung sind die Erdbahn und die Bahn eines Planeten innerhalb der Erdbahn dargestellt. Bei u.K. steht der Planet in unterer, bei o.K. in oberer Konjunktion mit der Sonne. Bei gr. E. steht er in größter Elongation von der Sonne (Winkel grau gerastert).

Sonne auf und unter, bleibt somit nachts unter dem Horizont verborgen. Diese Konstellation heißt Konjunktion.

Steht der Planet von der Erde aus gesehen der Sonne gegenüber, also in der Reihenfolge Sonne – Erde – Planet (Abb. E.6), so spricht man von Opposition oder Gegenschein. Der Planet ist die ganze Nacht über zu sehen, da er mit Sonnenuntergang aufgeht und morgens mit Sonnenaufgang unter dem Westhorizont verschwindet. Bilden Sonne – Erde – Planet ein rechtwinkliges Dreieck, so spricht man von einer Quadratur.

Die inneren Planeten Merkur und Venus können niemals in Oppositionsstellung kommen. Dafür unterscheidet man bei ihnen zwischen oberer und unterer Konjunktion (Abb. E.6). In diesen beiden Stellungen bleibt der Planet unsichtbar. Nur wenn der Planet westlich oder östlich der Sonne „in Elongation" steht, kann er gesehen werden. Steht Venus in östlicher Elongation, so geht sie erst nach Sonnenuntergang unter, sie ist dann Abendstern. Steht sie in westlicher Elongation, so geht sie vor der Sonne auf und ist am Morgenhimmel zu sehen.

Ähnliches gilt für Merkur. Die größte Elongation (Winkelabstand von der Sonne) kann für die Venus 48° betragen, für den sonnennäheren Merkur aber nur 28°. Merkur ist daher schwierig zu beobachten – entweder abends kurz nach Sonnenuntergang tief im Westen oder kurz vor Sonnenaufgang tief am Osthimmel. Die Sichtbarkeiten der Planeten hängen nicht nur von den geometrischen Verhältnissen (Stellung des Planeten und der Sonne), sondern auch von meteorologischen Gegebenheiten ab. Eine starke Dunstglocke, hohe Luftfeuchtigkeit (Nebel) oder irdisches Streulicht (Neonreklame, Fahrzeugscheinwerfer, Lichtdom eines Stadions) beeinträchtigen die Beobachtung.

Eine Grafik vor der Rubrik „Planetenlauf" ermöglicht einen schnellen Überblick, welche Planeten am Abend, die ganze Nacht über, am Morgen oder gar nicht zu sehen sind. Eine grafische Jahresübersicht der Stellung, Größe, Helligkeit und Sichtbarkeit der Planeten findet sich auf den Seiten 276–277.

DIE GROSSEN PLANETEN

MERKUR: Sonnennächster Planet, zwischen $+3^m$ und $-1^m{,}5$ hell; schwer zu beobachten, da nur kurze Sichtbarkeitsperioden und stets horizontnahe Stellung; chromgelbes Licht.

VENUS: Nach Sonne und Mond hellstes Gestirn, oft als Abend- bzw. Morgenstern bezeichnet. Helligkeiten von $-3^m{,}9$ bis $-4^m{,}9$; strahlend weißes Licht; entweder abends am Westhimmel oder morgens in der östlichen Himmelshemisphäre zu sehen.

MARS: Äußerer Nachbarplanet der Erde, auffallend seine rötliche Farbe (der „rote Planet"); sehr unterschiedliche Helligkeiten von $+1^m{,}8$ bis $-2^m{,}9$.

JUPITER: Der größte aller Planeten, ein auffallend heller Planet, daher kaum zu übersehen; Helligkeit von $-1^m{,}7$ bis $-2^m{,}9$, weißlichgelbes Licht.

E.7 Die Bahnen der inneren Planeten um die Sonne (1 AE = 1 Astronomische Einheit = 149,6 Millionen Kilometer). Der Pfeil deutet die Richtung zum Frühlingspunkt an (Symbol: ♈).

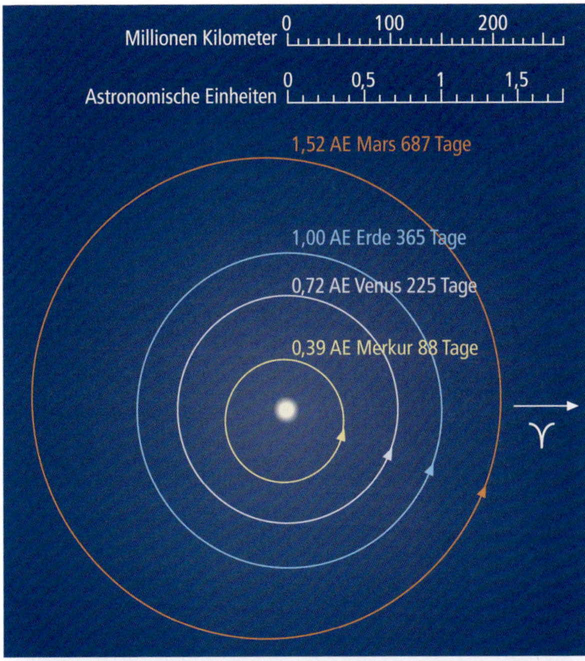

SATURN: Der sonnenfernste mit freiem Auge noch sichtbare Planet strahlt in einem fahlen Licht zwischen $+1^{\mathrm{m}}{,}3$ und 0^{m}, in Ausnahmefällen bis $-0^{\mathrm{m}}{,}5$. Den berühmten Ring kann man mit einem Fernrohr ab etwa 30-facher Vergrößerung erkennen.

URANUS: Ist theoretisch mit bloßem Auge gerade noch erkennbar (Oppositionshelligkeit $5^{\mathrm{m}}{,}5$). Wohlgemerkt „theoretisch", es empfiehlt sich auf alle Fälle ein gutes Fernglas, um Uranus zu finden! Farbe: grünlich. Die im März 1977 entdeckten Ringe sind jedoch selbst in großen Fernrohren für Hobbyastronomen nicht zu sehen.

NEPTUN: sonnenfernster Planet, Helligkeit um $7^{\mathrm{m}}{,}9$; zeigt im Fernrohr ein winziges, grünblaues Scheibchen.

Die Angaben der scheinbaren Helligkeiten sind – wie international üblich – V-Helligkeiten (nach dem UBV-System von Johnson). Die früher gebräuch-

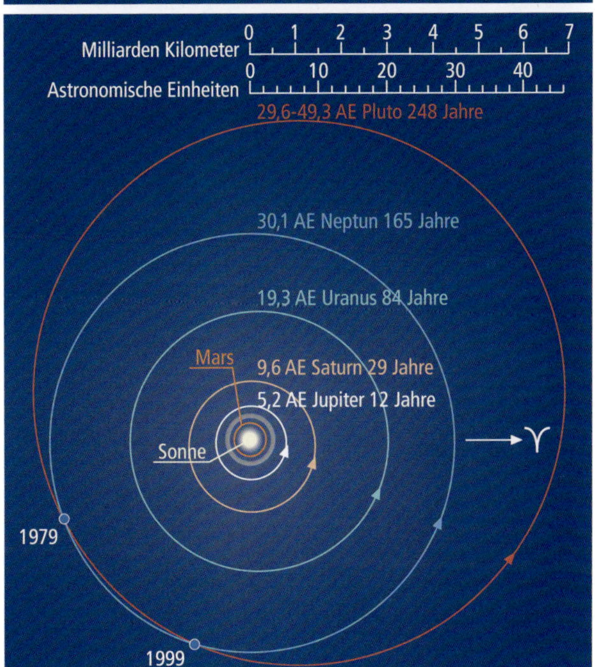

E.8 Die Bahnen der äußeren Planeten. Zwischen der Marsbahn und der Jupiterbahn laufen Abertausende Kleinplaneten (Planetoiden) um die Sonne. Wegen seiner stark exzentrischen Bahn war Pluto von 1979 bis Anfang Februar 1999 der Sonne näher als Neptun.

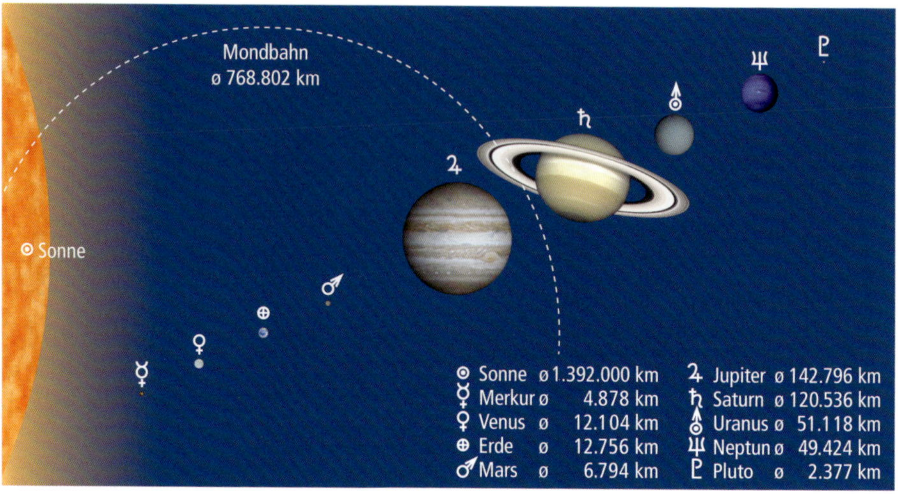

E.9 Größenverhältnisse der Planeten und der Mondbahn im Vergleich zur Sonne. Darüber sind die astronomischen Symbole der Planeten vermerkt, die auch in den monatlichen Sternkarten des Himmelsjahres die Orte der betreffenden Planeten markieren.

lichen „visuellen" (m_{vis}) Helligkeiten sind um ca. $0\overset{m}{,}2$ geringer, werden aber in manchen anderen Quellen noch verwendet.

KLEINPLANETEN UND ZWERGPLANETEN

Außer den acht großen Planeten schwirren noch Tausende kleiner und kleinster Planeten (Planetoiden oder Asteroiden) um die Sonne. Der erste wurde in der Neujahrsnacht des Jahres 1801 von Giuseppe Piazzi in Palermo entdeckt und auf den Namen Ceres getauft. Heute sind einige hunderttausend Planetoiden katalogisiert. Die meisten bewegen sich zwischen Mars und Jupiter um die Sonne. Einige haben jedoch sehr langgestreckte Bahnen, die die Bahnen anderer Planeten kreuzen. Sie können auch der Erde recht nahe kommen.

Einige Planetoiden, die in diesem Jahr heller als 9^{m} werden, sind in der Rubrik „Planetenlauf" verzeichnet.

PLUTO: Seit IAU-Beschluss vom August 2006 als Zwergplanet eingestuft, ist sehr lichtschwach, Oppositionshelligkeit $14\overset{m}{,}5$. Nur gut ausgerüstete Amateurastronomen können ihn (fotografisch) beobachten.

DIE MONDE DER PLANETEN

Die beiden winzigen Marsmonde, die zahlreichen Uranusmonde, die Neptunmonde und die Plutomonde sind so lichtschwach, dass sie nicht mit den bescheidenen optischen Hilfsmitteln der Sternfreunde zu beobachten sind. Deshalb sind sie hier nicht aufgeführt.

JUPITER: Die vier hellsten Monde des Riesenplaneten sind schon in kleinen Teleskopen leicht zu sehen: I Io, II Europa, III Ganymed und IV Kallisto.

In den Monaten, in denen Jupiter zu beobachten ist, findet man jeweils eine Grafik, aus der die Positionen der Jupitermonde im umkehrenden Fernrohr ersichtlich sind. Sie lassen die gegenseitigen Stellungen und die Bewegungsabläufe der Jupitermonde erkennen.

Die waagerechten Linien in der Grafik beziehen sich auf 1^{h} MEZ des jeweiligen Datums, das links angegeben ist. Die Schnittpunkte der waagerechten Linien mit den Kurven der Jupitermonde geben somit deren Positionen jeweils um 1^{h} MEZ an.

Am unteren Rand jeder Grafik findet man eine Darstellung der Jupitermondbahnen relativ zum Beobachter.

ERSCHEINUNGEN DER JUPITERMONDE: Für Fernrohrbesitzer ist es reizvoll, Bedeckungen, Verfinsterungen, Durchgänge und Schattenwürfe der Monde des Riesenplaneten auf Jupiter selbst zu beobachten.

Sofern diese Ereignisse von Mitteleuropa aus beobachtbar sind, findet man sie in der Rubrik „Jupitermonderscheinungen" verzeichnet. Es gelten folgende Abkürzungen:

B = Bedeckung, Mond verschwindet hinter der Jupiterscheibe

D = Durchgang, Mond geht vor der Planetenscheibe vorbei

S = Schattendurchgang, Mond wirft seinen Schatten auf Jupiter

V = Verfinsterung, Mond wird vom Jupiterschatten getroffen

A = Anfang der Erscheinung

E = Ende der Erscheinung

I: Io, II: Europa, III: Ganymed, IV: Kallisto.

Beispiel:

Januar: 2. 4 20 II SA bedeutet: Am 2. Januar um 4^h20^m MEZ beginnt der Schatten von Mond II (Europa) über die Jupiterkugel zu wandern.

SATURNMONDE: Schon mit einem guten Fernglas ist der Riesenmond Titan zu erkennen. Im Fernrohr sind auch die Monde Rhea, Dione und Tethys sowie Japetus in westlicher Elongation (er ist dann rund 2^m heller) zugänglich. Für die Monate, in denen Saturn zu beobachten ist, findet man jeweils eine Grafik, aus der die Stellungen und die Bewegungsabläufe der Saturnmonde Tethys, Dione, Rhea, Titan und Japetus zu entnehmen sind. Die Bahnlagen der Saturnmonde relativ zum Beobachter sind jeweils darunter abgebildet.

METEORSTRÖME

In jeder Nacht des Jahres sind Meteore zu beobachten, doch variiert ihre Anzahl erheblich. Neben sporadisch auftauchenden Sternschnuppen gibt es periodisch wiederkehrende Ströme. Die dazu gehörenden Meteore scheinen dann von einem Punkt am Himmel in alle Richtungen auszustrahlen, dem Radianten oder Fluchtpunkt. Nach Lage des Radianten in einem bestimmten Sternbild wird der Meteorstrom benannt.

Sternschnuppen, die in Strömen periodisch auftreten, sind in den Monatsübersichten angegeben. Bei den verzeichneten Daten, vor allem, was die Häufigkeit betrifft, ist mit erheblichen Abweichungen zu rechnen. Die in vorliegendem Jahrbuch verwendeten Daten stammen von der International Meteor Organization (IMO) und werden jährlich aktualisiert.

Die angegebene Meteorrate (ZHR – Zenithal Hourly Rate) bezieht sich auf die unter besten Sichtbedingungen (ohne Störung durch irdische Lichtquellen oder Mondlicht) mit bloßen Augen pro Stunde sichtbare Zahl der Sternschnuppen für den Idealfall, dass der Radiant im Zenit steht.

Vor allem bei horizontnahen Radianten ist die pro Stunde zu beobachtende Sternschnuppenzahl erheblich geringer. Am Morgenhimmel tauchen stets mehr Sternschnuppen auf als abends, da man mit dem „Gesicht nach vorne" durch das Weltall fliegt (der Erdapex kulminiert um 6 Uhr morgens Ortszeit). Auch laufen etliche Meteorströme auf rückläufigen Bahnen, weshalb die Morgenstunden eine erhöhte Meteorrate aufweisen.

Der Begriff **Antihelion** bezieht sich auf den Oppositionspunkt zur Sonne in der Ekliptik. Er ist somit der Punkt, der eine ekliptikale Längendifferenz von 180° zur Sonne hat.

DAS GRIECHISCHE ALPHABET

Α	α	Alpha	a	Η	η	Eta	e	Ν	ν	Ny	n	Τ	τ	Tau	t
Β	β	Beta	b	Θ	ϑ	Theta	th	Ξ	ξ	Xi	x	Υ	υ	Ypsilon	y
Γ	γ	Gamma	g	Ι	ι	Jota	i, j	Ο	ο	Omikron	o	Φ	φ	Phi	ph
Δ	δ	Delta	d	Κ	κ	Kappa	k	Π	π	Pi	p	Χ	χ	Chi	ch
Ε	ε	Epsilon	e	Λ	λ	Lambda	l	Ρ	ϱ	Rho	r	Ψ	ψ	Psi	ps
Ζ	ζ	Zeta	z	Μ	μ	My	m	Σ	σ ς	Sigma	s	Ω	ω	Omega	o

KONSTELLATIONEN UND EREIGNISSE

Diese Übersicht weist auf Konjunktionen (Begegnungen) zwischen den großen Planeten, mit Sonne und Mond sowie auf alle Oppositionen zur Sonne und die größten Elongationen der inneren Planeten hin. Auch Perihel- (Sonnennähe) und Aphelstellungen (Sonnenferne) der Planeten sind angegeben.

Sind Begegnungen des Mondes mit Planeten prinzipiell beobachtbar, so sind die Winkeldistanzen topozentrisch (für +50° Breite) angegeben und durch **Fettdruck** hervorgehoben.

Für die übrigen Konjunktionen sind die Abstandsangaben geozentrische Werte (Normaldruck). Denn durch die relative Erdnähe des Mondes ergibt sich eine große Parallaxe, das heißt, der Winkelabstand des Mondes von einem Planeten kann bis etwa 1° differieren zwischen einem (fiktiven) Beobachter im Erdmittelpunkt (geozentrisch) und einem Beobachter auf der Erdoberfläche (topozentrisch). Ferner sind wichtige Ereignisse durch **Fettdruck** hervorgehoben.

FIXSTERNHIMMEL

Da die Sonne täglich um rund 1° unter den Sternen nach Osten vorrückt, ändert sich der Anblick des Himmels im Laufe eines Jahres. Genauer: Täglich durchschreiten die Fixsterne den Meridian vier Minuten früher als am Vortag. In 30 Tagen, also einem Monat, macht das schon zwei Stunden!

Mitte Dezember steht das Sternbild Orion gegen Mitternacht im Süden. Mitte Januar schon um 22 Uhr, und Mitte Februar geht Orion um 20 Uhr durch den Meridian. Dadurch ändert sich zur gleichen Beobachtungsstunde die Himmelsszene mit dem Datum. Nach einem Monat ist der Anblick noch nicht allzu verschieden vom Vormonat, aber nach einem Vierteljahr (sechs Stunden!) hat sich die Szenerie völlig umgestellt.

Man spricht daher von einem typischen Frühlings-, Sommer-, Herbst- und Wintersternhimmel. Gemeint ist der Anblick des Fixsternhimmels in den Abendstunden der jeweiligen Jahreszeit.

Die Monatssternkarte dient der schnellen Orientierung. Sie zeigt den beobachtbaren Himmelsausschnitt für 50° nördlicher Breite zur Standardbeobachtungszeit (am Monatsersten um 23^h MEZ, am 15. um 22^h MEZ).

Ebenfalls in die Monatssternkarten eingetragen sind die fünf hellen Planeten (Merkur bis Saturn), sofern sie zur Monatsmitte um 22^h MEZ über dem Horizont stehen.

Zum Rand hin erscheint die Sternkarte aufgehellt. Es werden damit die Extinktion und die durch künstliche Lichtquellen fast immer aufgehellten Horizonte nachempfunden.

Die monatlichen Sternkarten können auch zur Beobachtung am Morgenhimmel herangezogen werden. Unter jeder Sternkarte finden sich die entsprechenden Datums- und Uhrzeitangaben.

Man beachte noch, dass für andere Monate der Planetenstand nicht aktuell ist. Man entnehme ihn der Grafik „Planetenlauf" im aktuellen Monat.

MONATSTHEMEN

Hier wird monatlich ein Kapitel aus der Himmelskunde kurz und bündig dargestellt, zum leichteren und allmählichen Eindringen in die Wissenschaft von den Sternen. Auch über neue Forschungsergebnisse aus der Astronomie wird berichtet.

Wer ältere Jahrgänge des Himmelsjahres besitzt, möchte gelegentlich in einem Monatsthema der letzten Jahre nachsehen. Im *Kosmos Himmelsjahr* **2020** auf Seite **274** findet man dazu ein Verzeichnis der Monatsthemen von **2011–2020**. Im *Kosmos Himmelsjahr 2010* findet man auf Seite 273 ein Verzeichnis der Monatsthemen von 2001–2010. Ferner ist im *Kosmos Himmelsjahr 2001* auf Seite 249 ein Verzeichnis der Monatsthemen 1990–2000 und im *Himmelsjahr 1989* auf Seite 193 ein Verzeichnis der Monatsthemen 1982–1989 abgedruckt.

TABELLEN UND EPHEMERIDEN

Für den fortgeschrittenen Amateurastronomen sind im Anhang wichtige Beobachtungsgrundlagen vermerkt. Der Anfänger kann diese Angaben unberücksichtigt lassen. Ab Seite 278 findet man die **ekliptikalen Koordinaten** des Mondes, der Sonne und der großen Planeten von Merkur bis Saturn. Die **äquatorialen Koordinaten** der Planeten und Kleinplaneten sind für das Äquinoktium J2000.0 angegeben, damit man sie leichter in vorhandene Sternkarten einzeichnen kann. Die Aufsuchkärtchen gelten ebenfalls für J2000.0. Ferner sind Kulminationszeiten sowie die Auf- bzw. Untergangszeiten, Scheibchendurchmesser in Bogensekunden und beleuchteter Teil der Planetenscheibchen vermerkt. Bei Saturn ist noch die Ringöffnung zur Erde und zur Sonne sowie die scheinbare Ausdehnung der großen und der kleinen Ringachse angegeben.

Für Sonne, Mars und Jupiter (System I und II) sind die **Zentralmeridiane** (Meridiane durch den Scheibenmittelpunkt) jeweils für 1^h MEZ vermerkt. Ferner gibt die Sonnenephemeride die Entfernung der Sonne von der Erde in AE sowie ihren scheinbaren Durchmesser, die Achsenlage und die Sternzeit an.

Sternbedeckungen durch den Mond sind für Berlin, Dresden, Hamburg, Hannover, Düsseldorf, Frankfurt (Main), Leipzig, München, Nürnberg, Stuttgart, Wien und Zürich angegeben. Aus Platzersparnisgründen ist jeweils nur ein Positionswinkel angegeben, der dem leichteren Aufsuchen des zu bedeckenden Sternes dienen soll. In den Monatsübersichten wird unter der Rubrik „Mondlauf" in der Spalte „Sterne und Sternbilder" durch ein Sternchen (*) auf eine Sternbedeckung hingewiesen.

Veränderliche Sterne sind in den Fixsternmonatsübersichten aufgeführt. Für Algol (β Perseï) und β Lyrae findet der Sternfreund jeweils die Minima-Zeiten, für δ Cepheï die Lichtmaxima und für den langperiodischen Veränderlichen Mira (ο Ceti) den jeweiligen Helligkeitszustand.

Die Aufsuchkärtchen findet man auf der hinteren Umschlagklappe. Bei den Minima-Angaben für Algol ist die Lichtzeitkorrektur (heliozentrisch auf geozentrisch) berücksichtigt.

Eine **Sternzeittafel** (S. 281) soll die rasche Bestimmung der Sternzeit zu jeder Beobachtungsstunde ermöglichen. Die Sternzeit für 1^h MEZ, bezogen auf den Meridian von Greenwich (Nullmeridian), findet man in der Tabelle „Ephemeride der Sonnenscheibe" (S. 288).

Das **Julianische Datum** ist jeweils für den Monatsersten in der Rubrik „Sonnenlauf" angegeben. Das Julianische Datum stellt eine fortlaufende Tageszählung dar, die mit dem 1. Januar des Jahres −4712 (= 4713 vor Chr.) beginnt.

Im Anhang finden sich **zwei Verzeichnisse astronomischer Institutionen**. Im Verzeichnis „Astronomische Institute, Planetarien und Sternwarten" findet man die professionellen Einrichtungen im deutschen Sprachraum. Das Verzeichnis „Amateurastronomische Vereinigungen, Beobachtungsstationen und Privatsternwarten" enthält astronomische Vereine, Schulsternwarten sowie ehrenamtlich betriebene Sternwarten mit Publikumsverkehr.

Dieses Verzeichnis soll dem Leser den Kontakt zu Gleichgesinnten erleichtern und die eigene Beobachtungstätigkeit fördern. Das Verzeichnis erhebt keinen Anspruch auf Vollständigkeit.

Weitere Adressen nimmt der Herausgeber gerne auf (Anschrift: Astronomisches Informationsbüro, Postfach 4253, D-73745 Ostfildern.

LITERATURHINWEISE

Erklärung astronomischer Fachbegriffe:

H.-U. Keller,
Wörterbuch der Astronomie
H.-U. Keller,
Kompendium der Astronomie (7. Auflage 2023)

Sternkarten für eigene Beobachtungen:

H.-M. Hahn, G. Weiland,
Drehbare Kosmos-Sternkarte
E. Karkoschka,
Atlas für Himmelsbeobachter
E. Karkoschka,
Drehbare Welt-Sternkarte
E. Karkoschka,
Sterne finden am Südhimmel

Software:

United Soft Media
Redshift für PC, MacOS und als App für iOS und Android

Astronomie im Internet:

www.kosmos-himmelsjahr.de
www.astronomie.de
www.astrotreff.de
www.sternfreunde.de
www.sternwarte.de

Sonnen- und Mondfinsternisse 2027

Im Jahr 2027 ereignen sich fünf Finsternisse: eine ringförmige und eine totale Sonnenfinsternis sowie drei Halbschattenfinsternisse des Mondes.

Die ringförmige Sonnenfinsternis vom 6. Februar bleibt von fast der gesamten Nordhalbkugel der Erde aus unbeobachtbar. Die totale Sonnenfinsternis vom 2. August ist in ihren partiellen Phasen von Mitteleuropa aus vormittags sichtbar.

Von den drei Halbschattenfinsternissen des Mondes ist lediglich die vom 20. Februar in Mitteleuropa beobachtbar. Die Halbschattenfinsternisse des Mondes vom 18. Juli und vom 17. August bleiben unbeobachtbar.

RINGFÖRMIGE SONNENFINSTERNIS AM 6. FEBRUAR

Diese Finsternis findet am Samstag, 6. Februar 2027 statt. Von Europa, Asien und fast ganz Afrika ist sie auch in ihren partiellen Phasen unbeobachtbar.

Die partiellen Phasen sind sichtbar im Südostpazifik, großen Teilen Südamerikas, westlichen Bereichen der Antarktis, großen Bereichen des Atlantiks sowie im Westen Afrikas.

Die Zentrallinie zieht sich vom südlichen Pazifik über den südlichsten Teil Südamerikas (Patagonien), den Atlantik

F.1 Sichtbarkeitsgebiet der ringförmigen Sonnenfinsternis vom 6. Februar 2027

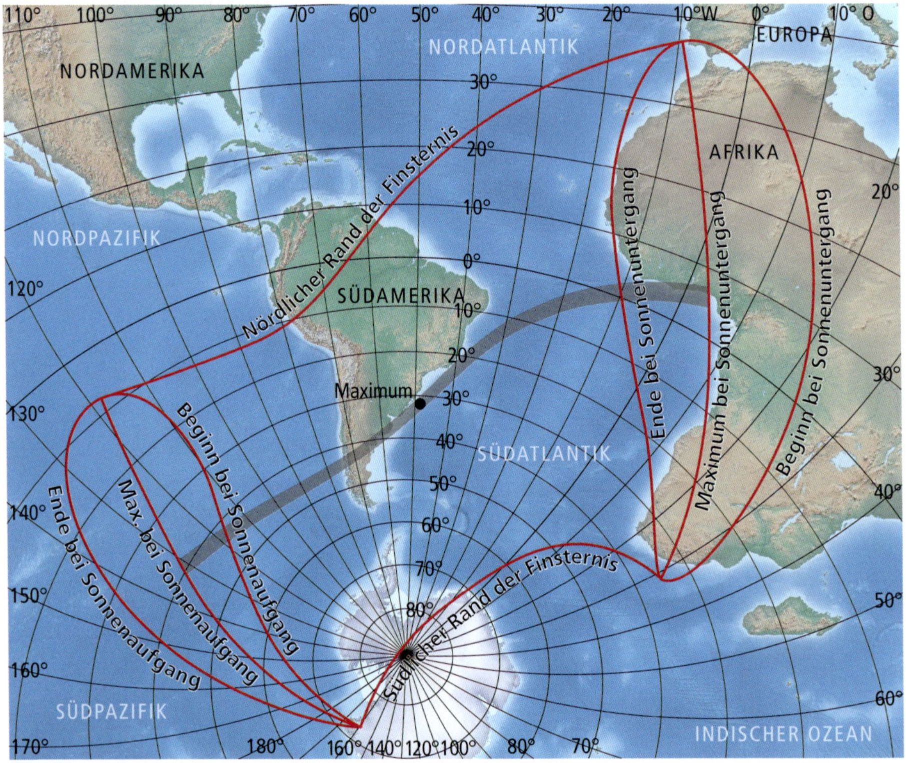

und endet an der afrikanischen Westküste im Golf von Guinea (siehe Abb. F.1).

Die Zone der ringförmigen Phase beginnt im Pazifischen Ozean am Ort 131°21′ westlicher Länge und 39°05′ südlicher Breite um 15^h07^m MEZ und endet an der afrikanischen Westküste am Ort 3°42′ östlicher Länge und 6°12′ nördlicher Breite um 18^h52^m MEZ.

Der Höhepunkt der Finsternis wird um 17^h00^m MEZ vor der südamerikanischen Küste am Ort 48°28′ westlicher Länge und 31°18′ südlicher Breite erreicht, wobei die Zone der ringförmigen Phase eine Breite von 282 Kilometer aufweist. Die Dauer der ringförmigen Verfinsterung erreicht dort 7^m51^s. Zum Maximum steht die Sonne 73° über dem Nordhorizont.

Der scheinbare Durchmesser der dunklen Neumondscheibe entspricht dabei 92,8 % des Durchmessers der Sonnenscheibe.

Die Finsternis beginnt am 6. Februar um 13^h58^m MEZ (1. Kontakt) am Ort 111°58′ westlicher Länge und 33°04′ südlicher Breite und endet um 20^h02^m MEZ (4. Kontakt) am Ort 15°24′ westlicher Länge und 12°21′ nördlicher Breite.

Diese Sonnenfinsternis ist die 51. im Saros-Zyklus 131, der insgesamt 70 Finsternisse umfasst.

Davon sind 29 partielle, 30 ringförmige, sechs totale und fünf hybride (ringförmig-total) Sonnenfinsternisse.

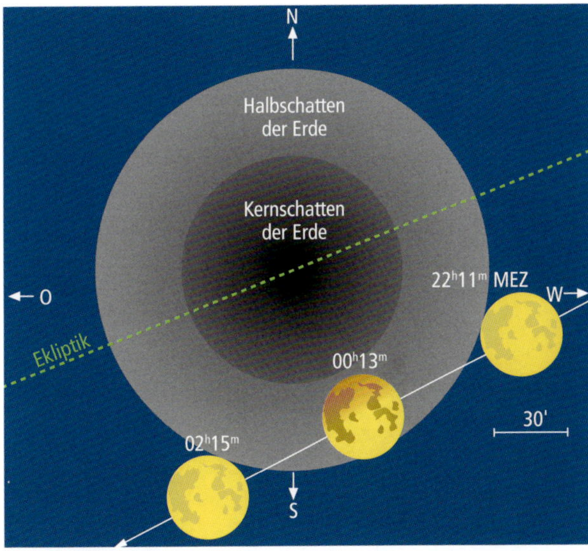

F.2 Verlauf der Halbschattenmondfinsternis vom 20./21. Februar 2027

HALBSCHATTENFINSTERNIS DES MONDES AM 20./21. FEBRUAR

Diese Finsternis findet in der Nacht vom Samstag, 20. Februar, auf Sonntag, 21. Februar 2027 statt.

Der Mond taucht dabei mit seiner Nordkalotte fast vollständig, nämlich zu 95 % seines scheinbaren Durchmessers, in den Halbschatten der Erde ein.

Ein- und Austritt des Mondes aus dem Halbschatten sind prinzipiell nicht beobachtbar.

Die Finsternis nimmt folgenden Verlauf:

	MEZ
Eintritt des Mondes in den Halbschatten	22^h11^m
Mitte der Finsternis	0^h13^m
Austritt des Mondes aus dem Halbschatten	2^h15^m

Zur Mitte der Finsternis stehen 0,952 des scheinbaren Mondscheibendurchmessers im Halbschatten der Erde. Dann ist eine leichte Verdunklung des Vollmondes beobachtbar.

Diese Finsternis ist die Nr. 18 im Saros-Zyklus Nr. 143, der insgesamt 72 Mondfinsternisse umfasst. Davon sind 27 Halbschattenfinsternisse, 18 partielle und 27 totale Mondfinsternisse.

HALBSCHATTENFINSTERNIS DES MONDES AM 18. JULI

Diese Finsternis findet am Sonntag, 18. Juli 2027 nachmittags statt. Sie bleibt zur Gänze unbeobachtbar. Die Finsternis nimmt folgenden Verlauf:

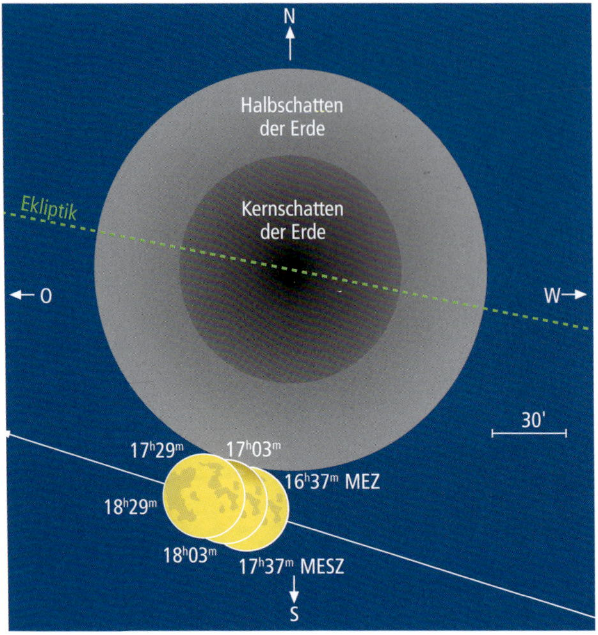

F.3 Verlauf der Halbschattenmondfinsternis vom 18. Juli 2027

	MEZ
Eintritt des Mondes in den Halbschatten	16^h37^m
Mitte der Finsternis	17^h03^m
Austritt des Mondes aus dem Halbschatten	17^h29^m

Zur Mitte der Finsternis stehen 0,028 des scheinbaren Mondscheibendurchmessers im Halbschatten der Erde. Auch zur Mitte der Finsternis ist keine Verdunklung des Vollmondes beobachtbar.

Diese Finsternis ist die Nr. 72 im Saros-Zyklus Nr. 110, der insgesamt 72 Mondfinsternisse umfasst. Sie ist somit die letzte des Saros 110.

TOTALE SONNENFINSTERNIS AM 2. AUGUST

Diese Finsternis findet in den Vormittagsstunden am Montag, 2. August 2027 statt und endet um die Mittagszeit. Sie kann in ihren partiellen Phasen von ganz Mitteleuropa aus beobachtet werden, wobei im deutschen Sprachraum von 30% bis 60% der Sonne vom Neumond bedeckt werden.

Die Totalitätszone zieht sich vom Atlantik kommend über Gibraltar, entlang der Nordafrikanischen Küste, über das Rote Meer, streift den Südwesten Arabiens und endet im Indischen Ozean. (siehe Abb. F.4).

Diese Sonnenfinsternis beginnt (1. Kontakt) am 2. August um 8^h30^m MEZ am Ort 29°41′ westlicher Länge und 25°15′ nördlicher Breite. Dieser Punkt liegt im Atlantik vor der nordafrikanischen Küste.

Die Finsternis endet (4. Kontakt) um 13^h43^m MEZ am Ort 75°47′ östlicher Länge und 15°13′ südlicher Breite. Dieser Punkt liegt im Indischen Ozean.

Die Totalitätszone beginnt im Atlantik am Ort 44°29′ westlicher Länge und 27°58′ nördlicher Breite um 9^h25^m MEZ. Sie endet im Indischen Ozean am Ort 90°26′ östlicher Länge und 12°29′ südlicher Breite um 12^h48^m MEZ.

Der Höhepunkt der Finsternis wird um 11^h07^m MEZ (= 12^h07^m MESZ) am Ort 33°11′ östlicher Länge und 25°30′ nördlicher Breite erreicht. Für maximal 6^m23^s wird an diesem Punkt die Sonne vollständig vom Neumond bedeckt. Dieser Ort liegt in Ägypten. Die Breite der Totalitätszone beträgt hier 258 Kilometer. Die Sonnenhöhe misst dort 81,°7 über dem Südhorizont. Die Größe der Finsternis erreicht das 1,0790-Fache des scheinbaren Sonnendurchmessers. Dabei werden 1,1643 der Sonnenscheibenfläche vom dunklen Mond bedeckt.

Die partiellen Phasen der Finsternis sind sichtbar im Nordatlantik, Europa, großen Teilen Afrikas, Mittlerer Osten, westliches Asien und Teilen von Südost-Asien (siehe Abb F.4).

Für die meisten Orte in Mitteleuropa beginnt die Sonnen-

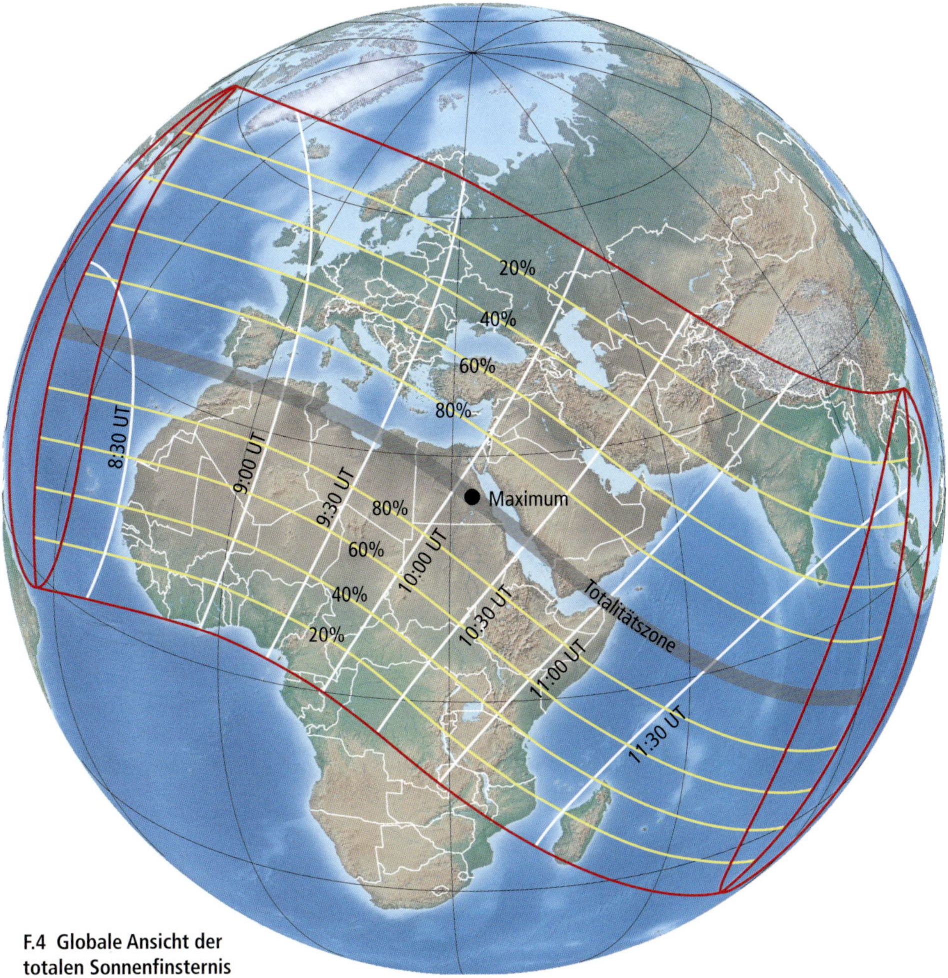

F.4 Globale Ansicht der totalen Sonnenfinsternis vom 2. August 2027

finsternis gegen 10^h MESZ und endet bald nach 12^h MESZ. In Berlin werden maximal 34% der Sonnenscheibenfläche vom Neumond bedeckt, in Dresden 39%, in Hamburg 32%, in München 51%, in Stuttgart 49%, in Wien 47% und in Zürich 55%.

Diese Sonnenfinsternis ist die 38. im Saros-Zyklus Nr. 136, der insgesamt 71 Sonnenfinsternisse umfasst. Davon sind 15 Sonnenfinsternisse partiell, 44 total, sechs ringförmig und sechs hybrid (ringförmig-total). Die erste Sonnenfinsternis des Saros-Zyklus 136 fand am 14. Juni 1360 statt, die letzte wird sich am 30. Juli 2622 ereignen. Damit hat dieser Saros-Zyklus eine Gesamtlänge von 1262 Jahren.

Die letzte von unserem Gebiet aus sichtbare Sonnenfinsternis fand am 12. August 2026 statt. Die letzte, deren Totalitätszone über Süddeutschland und Österreich verlief, war am 11. August 1999 zu beobachten. Erst am 3. September 2081 wird man von der äußersten Südwestecke Deutschlands die total verfinsterte Sonne sehen können – genauer: die helle Sonnenkorona um die pechschwarze Neumondscheibe.

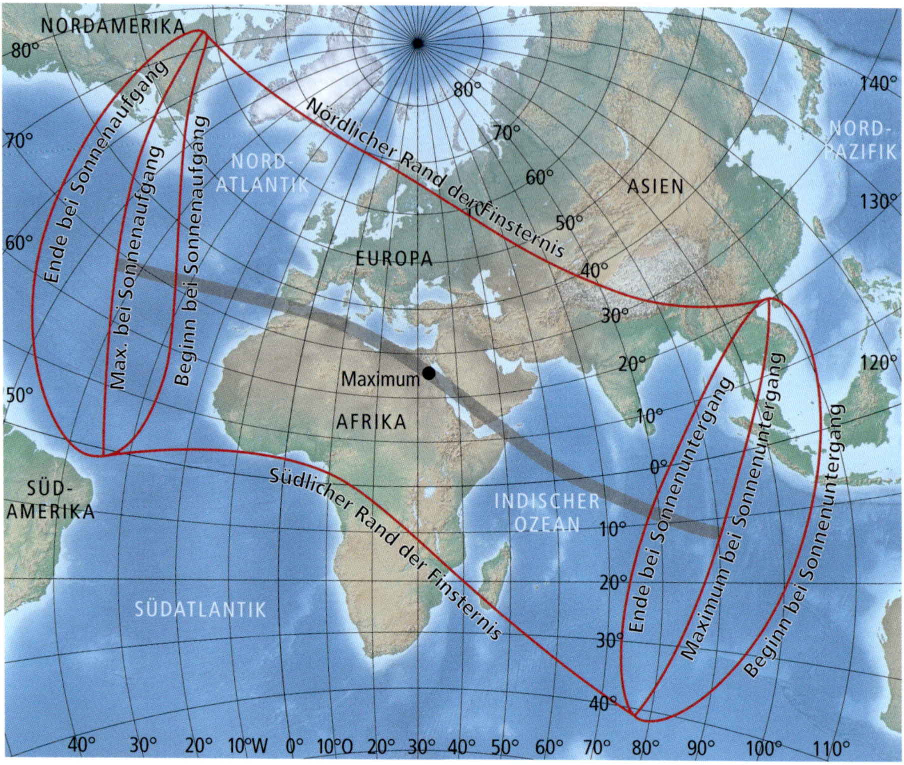

F.5 Sichtbarkeitsgebiet der totalen Sonnenfinsternis vom 2. August 2027

Zum Schluss ein wichtiger Hinweis: Vorsicht bei der Sonnenfinsternisbeobachtung! **Niemals direkt und ungeschützt in die Sonne sehen! Schwere Augenschäden bis zur vollkommenen Erblindung drohen!** Schon gar nicht ein Fernglas oder Teleskop auf die Sonne richten, wenn es nicht über spezielle Filter oder entsprechende Sonnenbeobachtungseinrichtungen verfügt. Am sichersten ist noch die Projektionsmethode, bei der man nicht durch das Fernrohr blickt, sondern das Sonnenbild auf einen weißen Schirm (heller Karton etc.) projiziert. Sonnenbrillen, berußte Gläser und Ähnliches bieten keinen ausreichenden Schutz. Im Fachhandel gibt es spezielle *Sonnenfinsternisbrillen* zu kaufen, die nur wenige Euro kosten. Am besten ist es jedoch, eine öffentliche Sternwarte zu besuchen, die spezielle Führungen zur Beobachtung der Sonnenfinsternis anbietet. Die Observatorien verfügen dabei über ein geeignetes Instrumentarium für sichere Sonnenbeobachtungen.

VERLAUF DER SONNENFINSTERNIS VOM 2. AUGUST 2027 FÜR EINIGE AUSGEWÄHLTE ORTE IN MITTELEUROPA

Ort	Beginn MESZ	Max. Phase MESZ	Max. Phase Bed.	Ende MESZ
	h m	h m	%	h m
Aachen	10 07	11 06	43,1	12 07
Amsterdam	10 09	11 05	37,8	12 04
Antwerpen	10 06	11 04	42,2	12 05
Augsburg	10 08	11 10	50,0	12 16
Baden-Baden	10 06	11 07	49,8	12 12
Basel	10 03	11 06	54,4	12 13
Berlin	10 17	11 14	34,1	12 12
Bern	10 02	11 06	57,3	12 13
Bielefeld	10 11	11 09	38,0	12 08
Bochum	10 09	11 07	40,2	12 07
Böblingen	10 06	11 08	49,8	12 13
Bonn	10 08	11 07	43,1	12 08
Bozen	10 06	11 11	56,9	12 19
Braunschweig	10 14	11 11	36,2	12 09
Bregenz	10 05	11 09	53,9	12 16
Bremen	10 14	11 09	34,2	12 06
Brünn	10 16	11 17	43,4	12 21
Brüssel	10 06	11 04	43,5	12 05
Chemnitz	10 14	11 13	40,1	12 14
Coburg	10 11	11 11	42,9	12 13
Darmstadt	10 08	11 08	45,5	12 11
Dortmund	10 10	11 07	40,1	12 07
Dresden	10 15	11 14	38,7	12 15
Düsseldorf	10 08	11 07	41,4	12 07
Duisburg	10 09	11 07	40,7	12 07
Eisenach	10 11	11 10	40,7	12 11
Emden	10 13	11 08	33,7	12 04
Erfurt	10 12	11 11	40,4	12 12
Essen	10 09	11 07	40,3	12 07
Frankfurt/Main	10 08	11 08	44,6	12 11
Frankfurt/Oder	10 18	11 15	34,2	12 13
Freiburg	10 04	11 07	52,9	12 13
Genf	10 00	11 04	60,5	12 13
Görlitz	10 17	11 15	37,6	12 16
Graz	10 11	11 16	52,0	12 23
Halle	10 14	11 12	38,2	12 12
Hamburg	10 16	11 10	32,1	12 07
Hannover	10 13	11 10	36,2	12 08
Heidelberg	10 07	11 08	47,1	12 12
Heilbronn	10 07	11 09	48,0	12 13
Innsbruck	10 07	11 11	53,9	12 18
Kaiserslautern	10 06	11 07	47,5	12 11
Karlsruhe	10 06	11 08	48,6	12 12
Kassel	10 11	11 09	40,0	12 10

Ort	Beginn MESZ	Max. Phase MESZ	Max. Phase Bed.	Ende MESZ
	h m	h m	%	h m
Kiel	10 17	11 11	29,8	12 06
Klagenfurt	10 09	11 15	54,5	12 22
Koblenz	10 08	11 07	44,2	12 09
Köln	10 08	11 07	42,4	12 08
Konstanz	10 05	11 08	53,5	12 15
Krefeld	10 08	11 06	41,1	12 07
Leipzig	10 14	11 13	38,7	12 13
Linz	10 11	11 15	48,3	12 20
Ludwigshafen	10 07	11 08	47,0	12 11
Lübeck	10 17	11 11	30,8	12 07
Lüttich	10 06	11 05	44,0	12 07
Luxemburg	10 05	11 05	47,5	12 09
Magdeburg	10 15	11 12	36,4	12 11
Mailand	10 02	11 08	62,0	12 17
Mainz	10 08	11 08	45,1	12 10
Mannheim	10 07	11 08	47,0	12 11
Mönchengladbach	10 08	11 06	41,6	12 07
München	10 08	11 11	50,5	12 17
Münster	10 11	11 08	38,3	12 07
Nürnberg	10 10	11 11	45,9	12 14
Osnabrück	10 11	11 08	37,2	12 07
Potsdam	10 17	11 13	34,6	12 12
Prag	10 14	11 15	41,7	12 17
Regensburg	10 10	11 12	46,9	12 16
Reutlingen	10 06	11 08	50,4	12 14
Rostock	10 19	11 13	29,6	12 08
Rotterdam	10 08	11 05	39,6	12 04
Saarbrücken	10 05	11 06	48,5	12 10
Salzburg	10 09	11 13	50,9	12 19
Schwerin	10 17	11 12	31,5	12 08
Stralsund	10 20	11 14	28,5	12 08
Straßburg	10 05	11 07	50,7	12 12
Stuttgart	10 07	11 08	49,3	12 13
Trier	10 06	11 06	46,7	12 09
Tübingen	10 06	11 08	50,3	12 13
Ulm	10 07	11 09	50,3	12 15
Wien	10 14	11 17	47,1	12 22
Wiesbaden	10 08	11 08	44,9	12 10
Wilhelmshaven	10 14	11 09	33,1	12 05
Worms	10 07	11 08	46,5	12 11
Würzburg	10 09	11 10	45,2	12 13
Wuppertal	10 09	11 07	41,0	12 07
Zürich	10 04	11 08	54,9	12 14

Bed. ist der Bedeckungsgrad der Sonnenscheibe

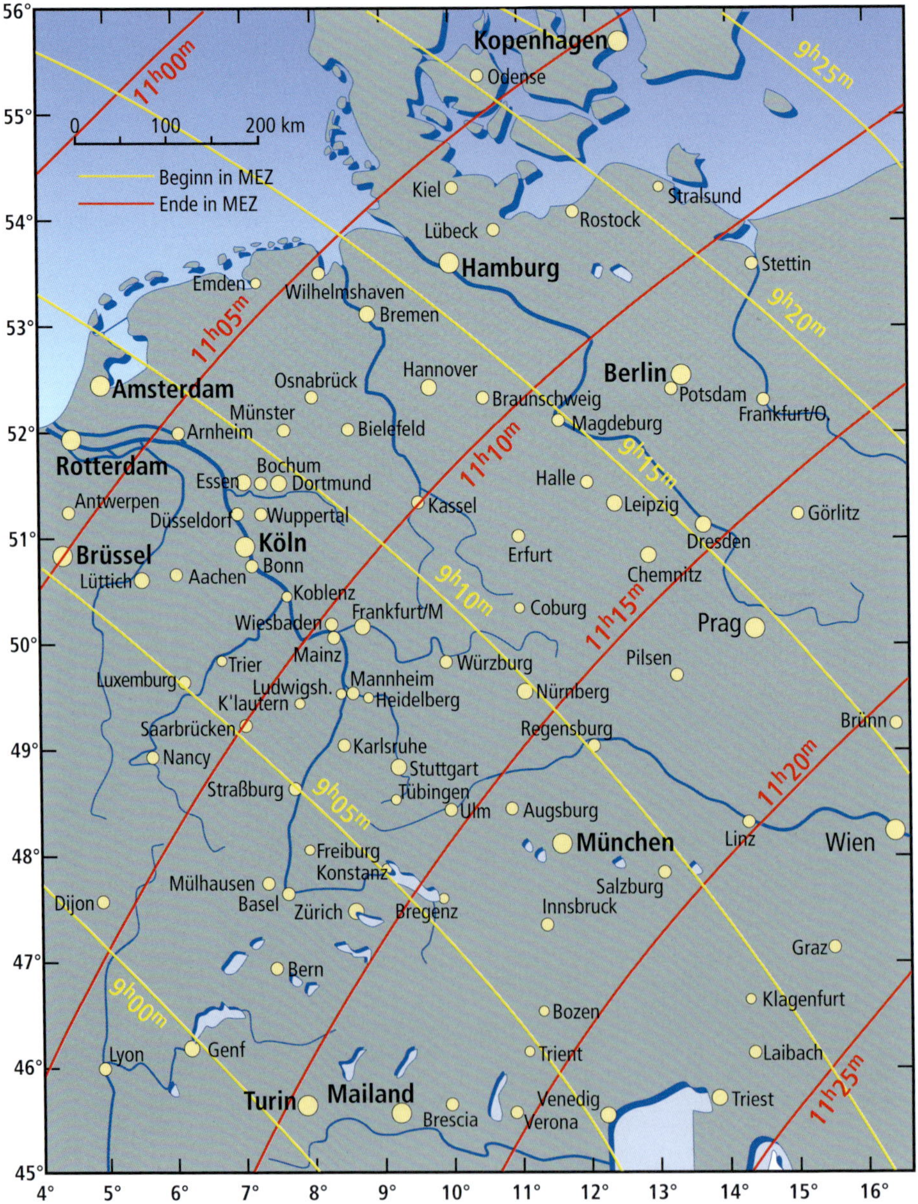

F.6 **Beginn und Ende der partiellen Phasen der totalen Sonnenfinsternis vom 2. August 2027 in Mitteleuropa. Zeitangaben in MEZ.**

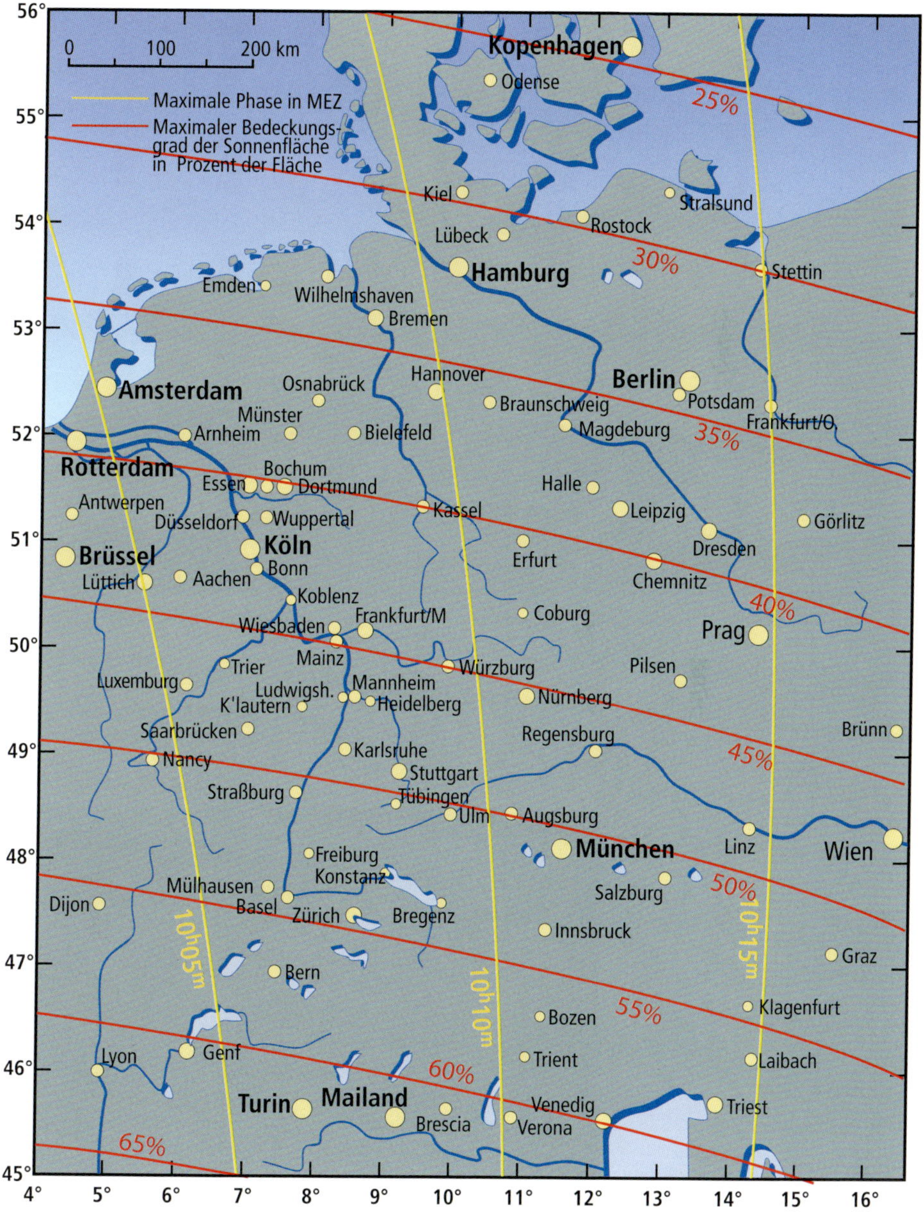

F.7 **Bedeckungsgrad zur Maximumszeit (in MEZ) der totalen Sonnenfinsternis vom 2. August 2027 für Orte in Mitteleuropa.**

F.8 Die partiellen Phasen der totalen Sonnenfinsternis vom 2. August 2027 für einige europäische Städte.

HALBSCHATTENFINSTERNIS DES MONDES AM 17. AUGUST

Diese Halbschattenfinsternis des Mondes ereignet sich in den Morgenstunden am Dienstag, 17. August 2027. Die Finsternis nimmt folgenden Verlauf:

	MEZ
Eintritt des Mondes in den Halbschatten	6^h22^m
Mitte der Finsternis	8^h14^m
Austritt des Mondes aus dem Halbschatten	10^h06^m

Zur Mitte der Finsternis stehen 0,572 des scheinbaren Mondscheibendurchmessers im Halbschatten der Erde. Es ist kaum eine Helligkeitsabnahme des Vollmondes erkennbar. Diese Finsternis ist die Nr. 4 im Saros-Zyklus 148, der insgesamt 70 Mondfinsternisse umfasst.

F.9 Verlauf der Halbschattenfinsternis des Mondes vom 17. August 2027

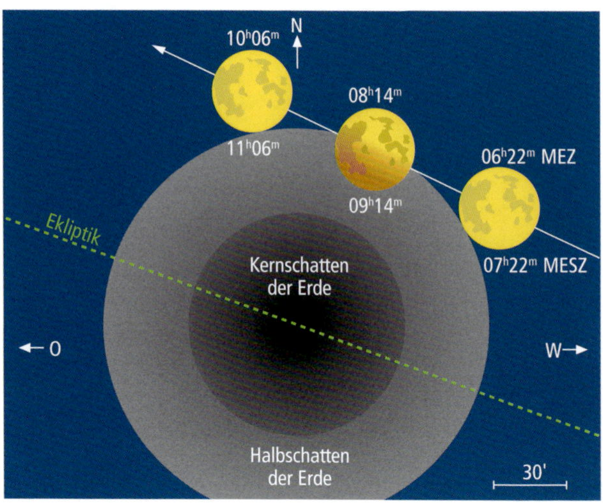

Das kostenlose Extra:
Die App „KOSMOS PLUS“

Mit der KOSMOS PLUS App haben Sie alle wichtigen Informationen zum Lauf von Sonne, Mond und Planeten immer dabei.

Und so geht’s:

1. Besuchen Sie den App Store oder Google Play.

2. Laden Sie die kostenlose App „KOSMOS PLUS“ auf Ihr Mobilgerät.

3. Öffnen Sie die App und laden Sie die Inhalte für das Buch „Kosmos Himmelsjahr 2027“ mit dem Kennwort „Sirrah“ herunter.

4. Die App bietet Ihnen für jeden Monat einen übersichtlichen Himmelskalender mit allen wichtigen Ereignissen.

Weitere Informationen finden Sie unter plus.kosmos.de

Aktuelle Himmelsereignisse bietet Ihnen

www.kosmos-himmelsjahr.de

Januar 2027

- Die Erde erreicht am 3. mit 147 Millionen Kilometer ihren geringsten Abstand von der Sonne.
- Venus eröffnet den Jahresreigen als strahlender Morgenstern.
- Mars wird zum auffallenden Gestirn der gesamten Nacht.
- Jupiter im Löwen an der Grenze zum Krebs ist strahlendes Gestirn der gesamten Nacht.
- Saturn im Walfisch kann am Abendhimmel gesehen werden.
- Merkur bietet in der letzten Januarwoche eine Abendsichtbarkeitschance.

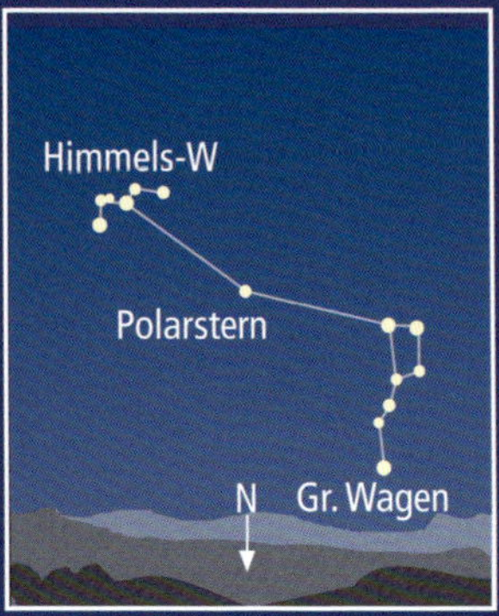

Großer Wagen und Himmels-W Anfang Januar um 22 Uhr MEZ

1.1 Himmelsanblick am 23. Januar gegen 22h MEZ. Über dem Osthorizont steht Mars im Löwen und ein wenig höher Jupiter, zu dem sich der Vollmond gesellt.

1 Fr	Neujahr
2 Sa	
3 So	Erde in Sonnennähe Mond bei Venus – morgens
4 Mo	
5 Di	
6 Mi	Heilige Drei Könige
7 Do	**Neumond**
8 Fr	
9 Sa	
10 So	
11 Mo	
12 Di	
13 Mi	
14 Do	Mond bei Saturn – abends
15 Fr	Erstes Viertel

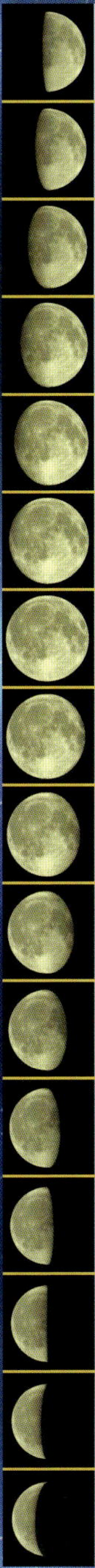

16 Sa	
17 So	
18 Mo	
19 Di	
20 Mi	
21 Do	Mond bei Pollux – abends
22 Fr	**Vollmond**
23 Sa	Mond bei Jupiter – Mitternacht
24 So	Mond bei Mars – Mitternacht
25 Mo	
26 Di	
27 Mi	
28 Do	Mond bei Spica – morgens
29 Fr	Letztes Viertel
30 Sa	
31 So	

SONNE – STERNBILDER

20. 1. 9h:
Sonne tritt in das Tierkreiszeichen Wassermann

20. 1. 10h:
Sonne tritt in das Sternbild Steinbock

Julianisches Datum am
1. Januar, 1h MEZ: 2 461 406,5

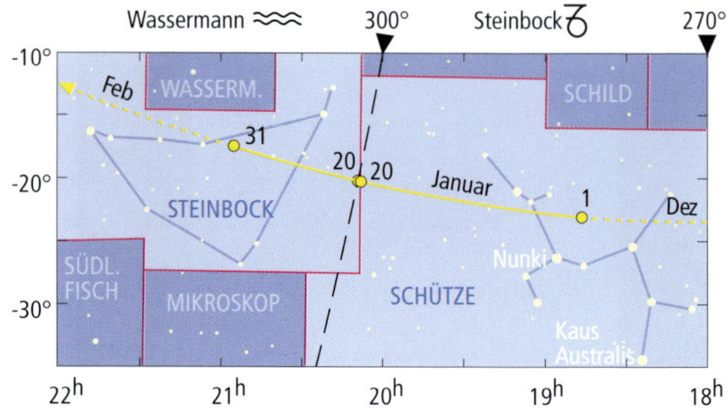

SONNENLAUF

Tag	Dämmerg. Anfang	Aufgang MEZ	Kulmination	Untergang MEZ	Dämmerg. Ende	Mittagshöhe	Zeitgleichg.	Rektaszension	Deklination
	h m	h m	h m	h m	h m	°	m	h m	°
1.	6 59	8 18	12 23	16 28	17 48	17,0	– 3	18 43	–23,1
5.	6 59	8 18	12 25	16 33	17 52	17,4	– 5	19 01	–22,7
10.	6 58	8 16	12 27	16 39	17 57	18,0	– 7	19 23	–22,1
15.	6 55	8 13	12 29	16 46	18 03	18,9	– 9	19 44	–21,3
20.	6 52	8 08	12 31	16 54	18 10	19,9	–11	20 06	–20,3
25.	6 48	8 03	12 32	17 02	18 17	21,0	–12	20 27	–19,2
31.	6 41	7 55	12 33	17 12	18 26	22,6	–13	20 52	–17,6

TAGES- UND NACHTSTUNDEN

5. Januar 15. Januar 25. Januar

MONDLAUF

Datum	Aufg. MEZ	Kulmination	Unterg. MEZ	Rektaszension	Deklination	Sterne und Sternbilder	Phase	MEZ
	h m	h m	h m	h m	o			
Fr 1.	2 15	7 14	12 01	13 23	−13,7	* Spica		
Sa 2.	3 29	8 00	12 21	14 11	−18,5	Jungfrau		
So 3.	4 42	8 47	12 46	15 00	−22,4	Waage	Größte Südbreite	
Mo 4.	5 52	9 37	13 18	15 51	−25,4	Skorpion		
Di 5.	6 54	10 28	14 00	16 44	−27,1	Antares		
Mi 6.	7 46	11 19	14 54	17 38	−27,6	Schlangenträger		
Do 7.	8 27	12 10	15 56	18 31	−26,8	Schütze, Nunki	**Neumond Nr. 1287**	**$21^h 24^m$**
							Erdferne 407/29′,4	9^h
Fr 8.	8 58	12 58	17 05	19 23	−24,8	Schütze, Nunki		
Sa 9.	9 22	13 44	18 16	20 12	−21,8	Steinbock		
So 10.	9 41	14 28	19 26	21 00	−17,8	Steinbock	Aufsteigender Knoten	
Mo 11.	9 56	15 10	20 37	21 46	−13,1	Steinbock		
Di 12.	10 09	15 51	21 47	22 30	− 7,8	* Wassermann		
Mi 13.	10 22	16 33	22 58	23 14	− 2,2	Fische		
Do 14.	10 35	17 15	–	23 58	+ 3,6	Fische		
Fr 15.	10 50	18 00	0 12	0 44	+ 9,3	Fische	**Erstes Viertel**	**$21^h 35^m$**
							Libration Ost	
Sa 16.	11 08	18 49	1 29	1 33	+14,9	Fische		
So 17.	11 32	19 44	2 50	2 26	+19,9	Widder, Hamal	Größte Nordbreite	
Mo 18.	12 05	20 44	4 14	3 23	+24,0	Stier, Plejaden		
Di 19.	12 54	21 49	5 35	4 26	+26,7	Stier		
Mi 20.	14 01	22 55	6 45	5 32	+27,7	Stier, Alnath		
Do 21.	15 25	–	7 38	6 40	+26,6	Zwillinge	Erdnähe 357/33′,4	23^h
Fr 22.	16 57	0 00	8 16	7 46	+23,6	Pollux	**Vollmond**	**$13^h 18^m$**
Sa 23.	18 29	1 01	8 43	8 48	+18,9	Krebs, Krippe	Absteigender Knoten	
So 24.	19 57	1 57	9 04	9 46	+13,1	Löwe, Regulus		
Mo 25.	21 21	2 48	9 20	10 39	+ 6,7	Sextant		
Di 26.	22 41	3 36	9 35	11 30	+ 0,1	Löwe		
Mi 27.	23 59	4 23	9 50	12 19	− 6,3	Jungfrau	Libration West	
Do 28.	–	5 09	10 06	13 08	−12,2	Spica		
Fr 29.	1 15	5 55	10 25	13 56	−17,3	Jungfrau	**Letztes Viertel**	**$11^h 56^m$**
Sa 30.	2 30	6 43	10 48	14 46	−21,6	Waage	Größte Südbreite	
So 31.	3 42	7 33	11 18	15 38	−24,8	Waage		

DER ABNEHMENDE MOND WANDERT AN MARS VORBEI

1 Planetenlauf

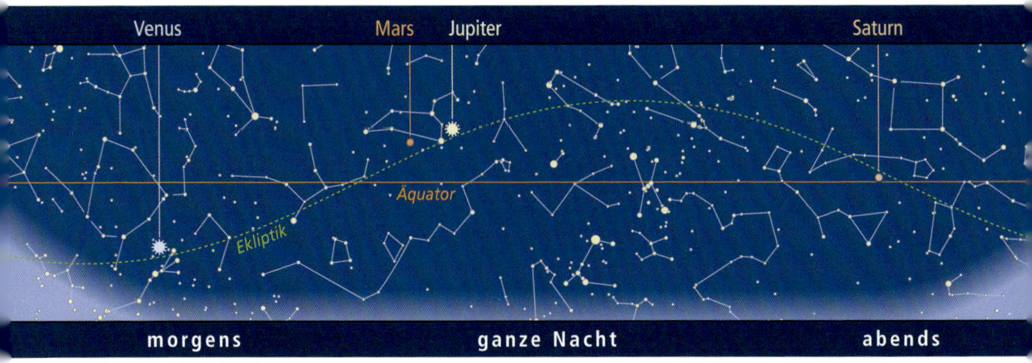

MERKUR überholt bereits am Neujahrstag das Tagesgestirn. Am 1. Januar kommt er in obere Konjunktion mit der Sonne. Am Tag der oberen Konjunktion ist Merkur 215 Millionen Kilometer (= 1,437 AE) von der Erde entfernt. Er eilt rechtläufig durch die Sternbilder Schütze und Steinbock und wechselt am 30. in das Sternbild Wassermann. Im Laufe des Januar gewinnt Merkur allmählich immer größeren östlichen Winkelabstand von der Sonne, der bis Ende des Monats auf $18\overset{\circ}{,}0$ anwächst. Unter günstigen Sichtbedingungen kann man in der letzten Januarwoche den flinken Planeten in der Abenddämmerung tief im Südwesten ausmachen. Am 24. geht der $-0\overset{m}{,}9$ helle Merkur um

1.2 Heliozentrischer Anblick des Planetensystems im ersten Jahresviertel 2027. Eingetragen sind im linken Teil die Positionen der inneren Planeten für den 1. Januar (1), 1. Februar (2) sowie 1. März (3) und 1. April (4). Der rechte Teil zeigt das äußere Planetensystem samt einigen Planetoiden zu Anfang und Ende des ersten Jahresviertels. Die Pfeile deuten die Richtungen zu den ferneren Planeten sowie zum Frühlingspunkt an.

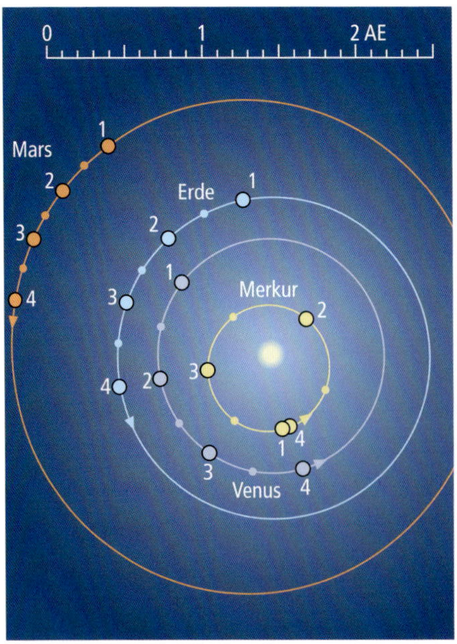

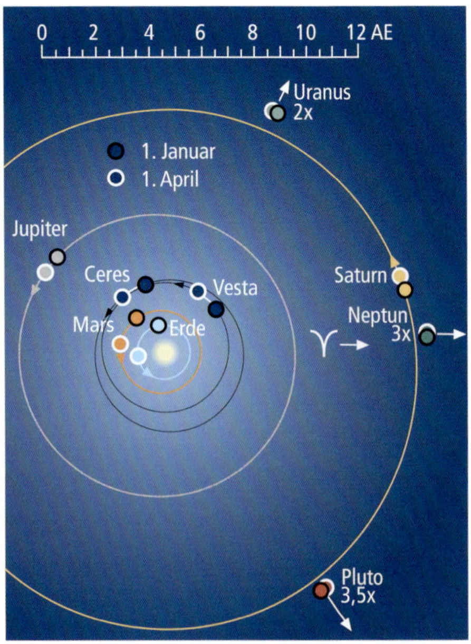

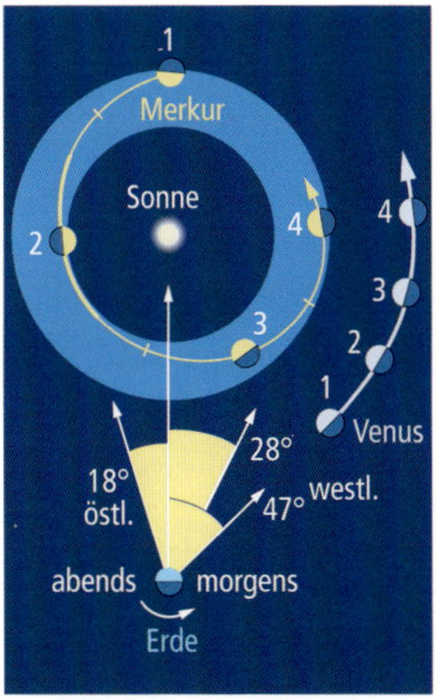

1.3 Heliozentrische Bewegungen von Merkur und Venus *relativ* zur Erde. In den dicker ausgezogenen Bahnteilen sind die Planeten beobachtbar. Die Zahlen markieren die Positionen jeweils zum Monatsersten. Östlicher Winkelabstand bedeutet Abendsichtbarkeit, westliche Elongation: Planet steht am Morgenhimmel.

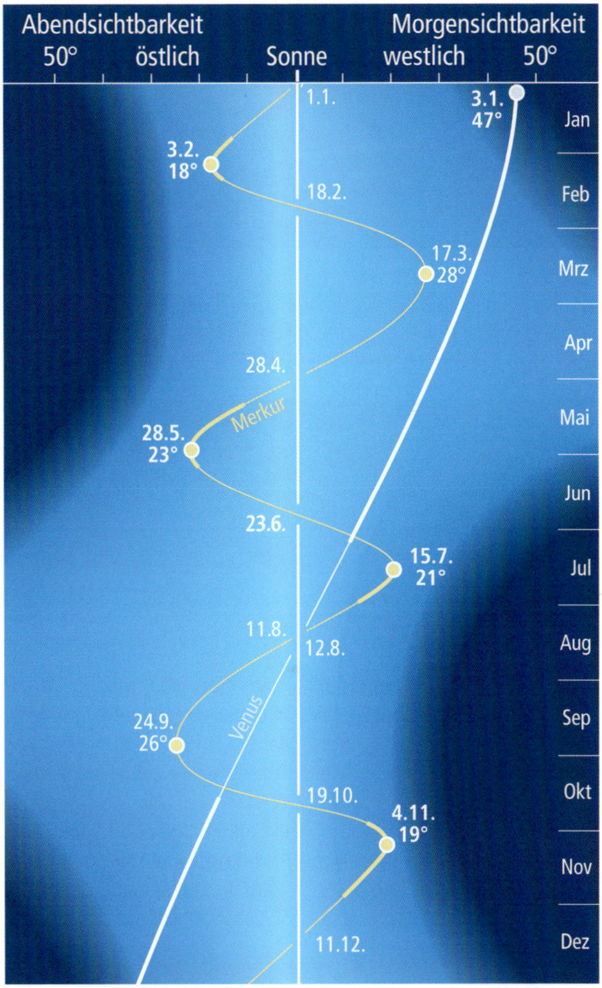

1.4 Elongationen und Konjunktionen der inneren Planeten Merkur und Venus von bzw. mit der Sonne im Jahre 2027. Die Datumsangaben beziehen sich jeweils auf die größten Elongationen sowie die Konjunktionen. Fettgedrucktes Datum bedeutet: in Mitteleuropa mit freiem Auge sichtbar. Unterbrochener Sonnenbalken weist auf eine untere Konjunktion hin, unterbrochene Planetenlinie auf eine obere Konjunktion.

18^h15^m unter. Gegen 17^h40^m kann man ihn in der zunehmenden Dunkelheit erkennen. Gegen 18^h wird er in den dichten, horizontnahen Dunstschichten verschluckt. Bis Monatsende verspäten sich die Merkuruntergänge auf 18^h50^m, die Merkurhelligkeit nimmt ein wenig auf $-0\overset{m}{,}8$ ab (siehe auch Abb. 2.2 und 2.3 auf Seite 60).

VENUS eröffnet den Jahresreigen als strahlender Morgenstern. Am Morgenhimmel ist sie über dem Südosthorizont zu sehen. Bereits am 3. erreicht sie mit 46°57′ ihre größte westliche Elongation von der Sonne. In größtem Glanz am Morgenhimmel erschien sie bereits Ende November des vergangenen Jahres.

Unser innerer Nachbarplanet wandert durch die Sternbilder Waage, Skorpion und Schlangenträger. Am 15. passiert sie

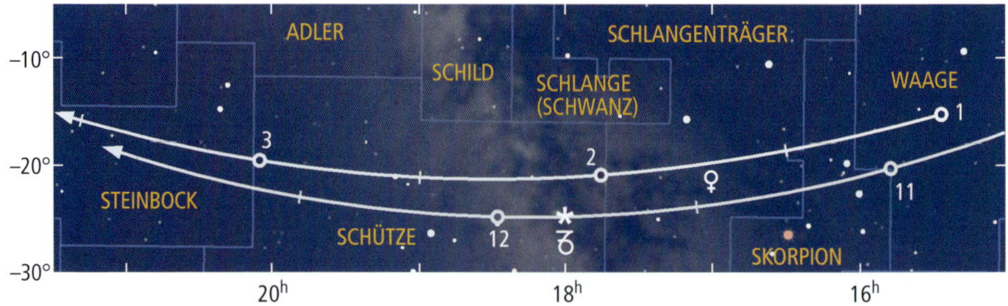

1.5 Die scheinbare Bahn der Venus im Gebiet der Sternbilder Waage, Skorpion, Schlangenträger, Schütze und Steinbock von Januar bis Mitte April 2027 sowie von November bis Jahresende 2027 (untere Bahn). Die Zahlen geben die Planetenposition zum jeweiligen Monatsbeginn an (1 = 1. Januar, 2 = 1. Februar usw.).

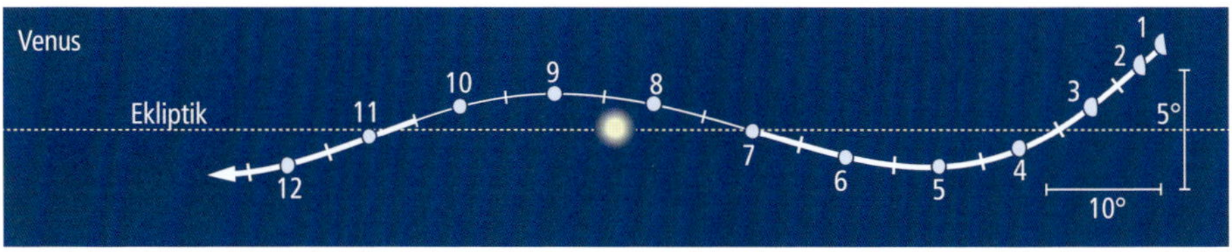

1.6 Bewegung von Venus relativ zur Sonne im Jahr 2027. Die Zahlen geben die Position von Venus zum jeweiligen Monatsbeginn an (3 = 1. März).

Antares (α Scorpii), den rötlichen Hauptstern des Skorpions in 8° nördlichem Abstand (siehe Abb. 1.5 oben).

Der Aufgang der $-4^{m}{,}6$ hellen Venus erfolgt am 1. um $4^{h}19^{m}$. Bis Monatsende verspäten sich die Venusaufgänge auf $5^{h}06^{m}$ und die Venushelligkeit sinkt etwas auf $-4^{m}{,}3$ ab. Die immer früher einsetzende Morgendämmerung und die Verspätung der Aufgänge führen zu einer Verkürzung der Morgensichtbarkeitsdauer von rund einer Stunde im Laufe des Januar.

Am 3. zeigt sich das 25″ große Venusscheibchen halb beleuchtet. Venus erscheint im Teleskop als winziger Halbmond. Diese Phase wird Dichotomie genannt. Danach wird Venus kleiner und dicklicher, ihr Beleuchtungsgrad nimmt zu.

MARS bremst seine rechtläufige Wanderung durch das Sternbild des Löwen ab. Am 11. wird der rote Planet stationär und setzt zu seiner Oppositionsschleife an (siehe Abb. 1.9 auf Seite 43 und Abb. 2.8 auf Seite 62). Anschließend ist er rückläufig, ein Hinweis, dass die Marsopposition nicht mehr fern ist.

Auch an der stark zunehmenden Helligkeit um $0^{m}{,}7$ auf $-0^{m}{,}9$

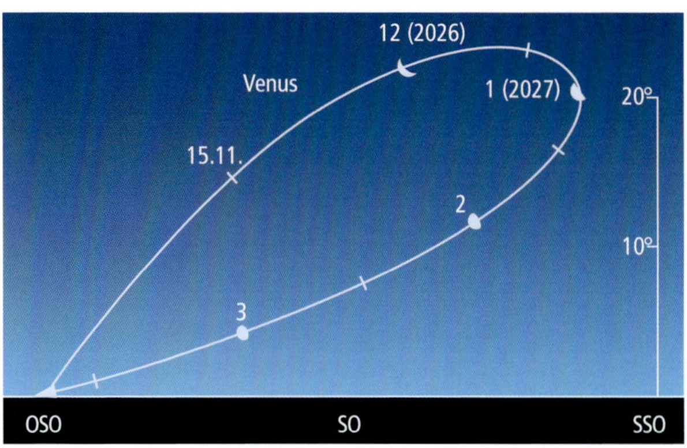

1.7 Stellung von Venus über dem Osthorizont morgens eine Stunde vor Sonnenaufgang.

macht sich die nahende Opposition bemerkbar. Am 19. Februar wird es dann soweit sein: Mars steht in Opposition zur Sonne.

Mars wird zum auffallenden Gestirn der gesamten Nacht, wenn man von den frühen Abendstunden absieht. Am 1. geht der rote Planet um 21^h29^m auf und am 15. bereits um 20^h34^m. Am letzten Tag im Januar erfolgt der Marsaufgang schon um 19^h13^m. Bis Ende Januar wächst das Marsscheibchen auf 13",1 scheinbaren Durchmesser an.

Am 25. wandert der noch fast volle Mond an Mars 6°,5 südlich vorbei. Am 24. sieht man gegen 22^h Mars 6°,1 nördlich vom Mond (siehe Abb. auf Seite 37).

Am 25. erreicht Mars mit 1°51′ seine größte heliozentrische Nordbreite. Von der Sonne aus gesehen befindet er sich fast zwei Grad nördlich der Ekliptikebene.

JUPITER, rückläufig im Löwen an der Grenze zum Krebs, wird zum strahlenden Gestirn der gesamten Nacht. Der Riesenplanet strebt seiner Opposition entgegen, die er zu Beginn des nächsten Monats erreicht. Die Jupiterhelligkeit nimmt um $0^m{,}1$ zu und erreicht im zweiten Januardrittel $-2^m{,}5$. Damit ist er vor Aufgang der Venus am Morgen hellster Planet am Nachthimmel.

Der Riesenplanet überschreitet am 1. um 20^h20^m die östliche Horizontlinie und am 15. um 19^h18^m. Am Monatsletzten geht Jupiter bereits in den Nachmittagsstunden um 18^h05^m auf.

Zu Jahresbeginn hat das Jupiterscheibchen 42",8 scheinba-

1.8 Stellungen der Planeten Mars (oberer Teil), Jupiter und Saturn im Jahr 2027. Im linken Teil sind die Positionen am Morgenhimmel jeweils eine Stunde vor Sonnenaufgang eingetragen, im rechten Teil die Positionen am Abendhimmel jeweils eine Stunde nach Sonnenuntergang. Im Mittelteil sind die Stellungen zur Kulminationszeit angegeben sowie die Kulminationshöhe.

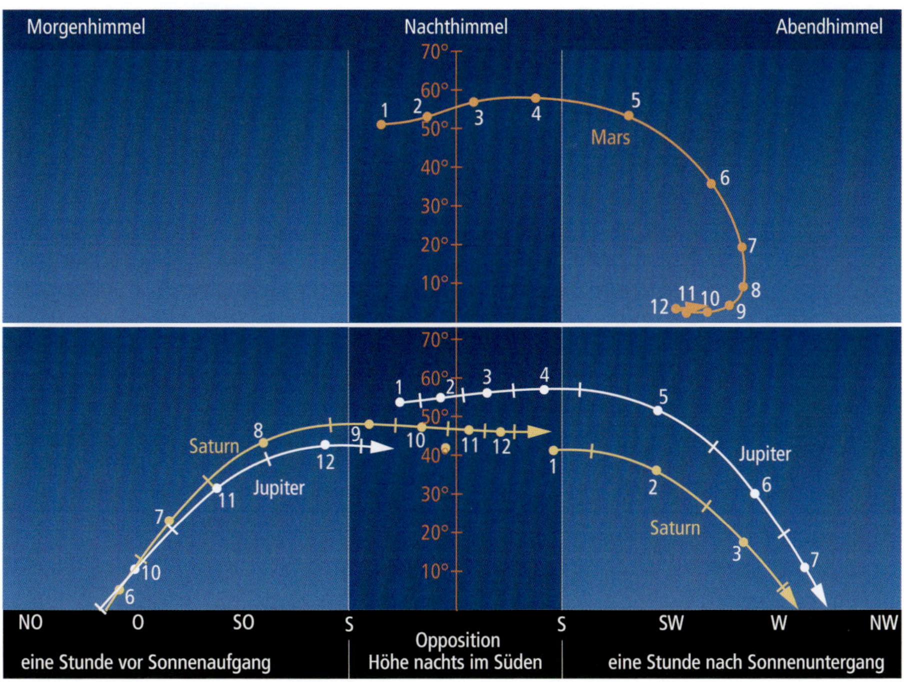

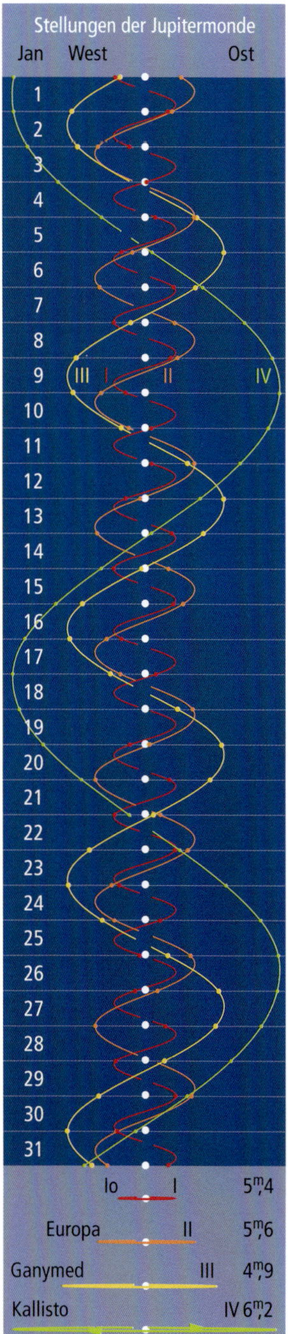

JUPITERMONDE

Tag	MEZ h	m	Vorgang		
1.	1	24	I	2″,8	III
	6	49	I	VA	
2.	4	04	I	SA	
	4	20	II	SA	
	4	56	I	DA	
	6	08	II	DA	
	6	21	I	SE	
3.	1	18	I	VA	
	4	29	I	BE	
	22	33	I	SA	
	22	57	II	VA	
	23	23	I	DA	
4.	0	02	III	VA	
	0	31	III	V	I
	0	50	I	SE	
	1	39	I	DE	
	3	28	II	BE	
	22	55	I	BE	
	23	54	III	2″,8	II
5.	22	11	II	DE	
	22	21	IV	BE	
6.	22	06	IV	5″,5	III
7.	20	52	III	DE	
8.	2	01	I	V	III
	4	05	I	3″,0	III
9.	5	57	I	SA	
	6	42	I	DA	
10.	3	12	I	VA	
	6	15	I	BE	
11.	0	26	I	SA	
	1	08	I	DA	
	1	30	II	VA	
	2	43	I	SE	
	3	25	I	DE	
	4	00	III	VA	
	5	46	II	BE	
	21	40	I	VA	
12.	0	41	I	BE	
	3	12	III	3″,1	II
	21	11	I	SE	
	21	39	II	DA	
	21	51	I	DE	

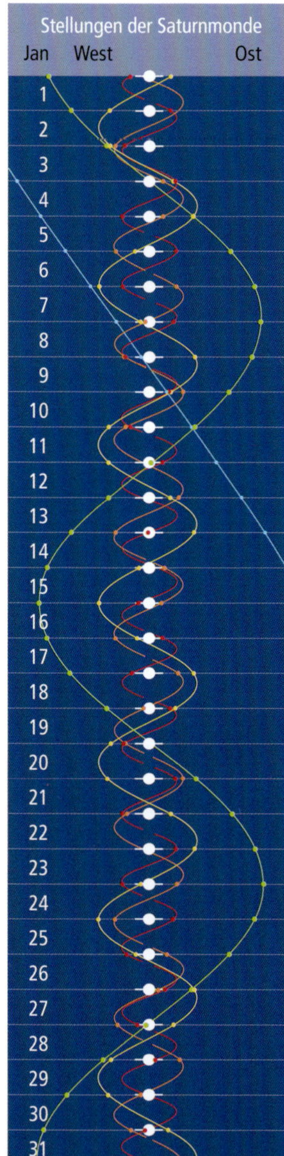

Japetus	
5.	10m,9
10.	11m,2
15.	11m,6
20.	12m,0
25.	12m,4
30.	12m,5

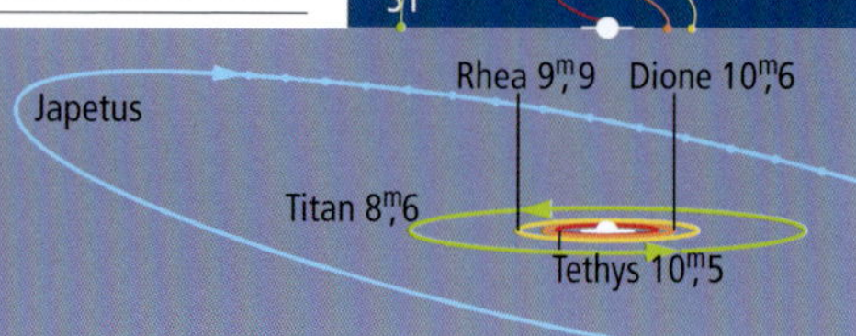

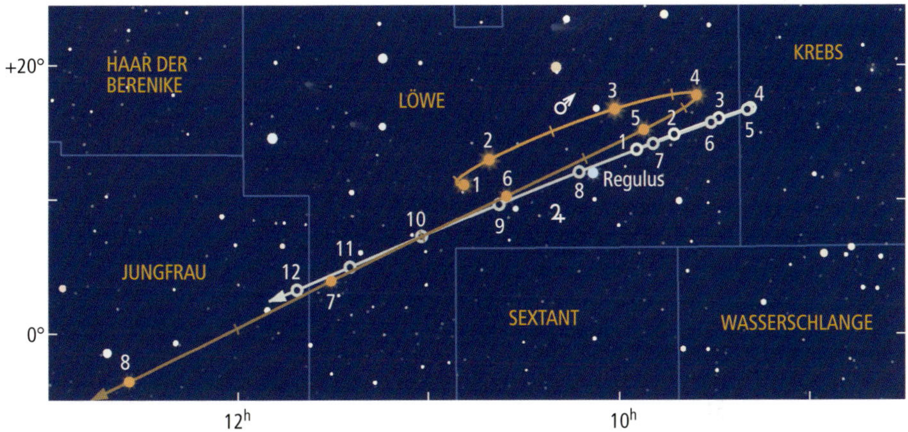

Tag	MEZ	Vorgang		
12.	23 09	II	SE	
13.	0 31	II	DE	
	20 15	IV	SA	
	21 35	I	7,″0	IV
14.	1 02	IV	SE	
	2 28	IV	DA	
	19 41	II	5,″5	III
	20 40	III	DA	
	21 43	III	SE	
15.	0 16	III	DE	
	5 03	I	V	III
	6 38	I	3,″1	III
16.	21 21	I	2,″6	II
17.	5 06	I	VA	
18.	2 19	I	SA	
	2 53	I	DA	
	4 04	II	VA	
	4 36	I	SE	
	5 10	I	DE	
	7 11	III	3,″2	I
	23 34	I	VA	
19.	2 26	I	BE	
	6 23	III	3,″3	II
	20 47	I	SA	
	21 19	I	DA	
	22 51	II	SA	
	23 05	I	SE	
	23 36	I	DE	
	23 56	II	DA	
20.	1 45	II	SE	
	2 49	II	DE	
	20 52	I	BE	
21.	21 09	II	BE	
	22 03	III	SA	
	22 25	II	5,″4	III

Tag	MEZ	Vorgang		
21.	23 10	IV	6,″9	I
22.	0 00	III	DA	
	1 41	III	SE	
	3 36	III	DE	
	3 46	IV	VA	
23.	1 07	IV	5,″2	I
	3 26	IV	7,″7	II
	23 30	I	2,″7	II
25.	4 12	I	SA	
	4 37	I	DA	
26.	1 28	I	VA	
	4 11	I	BE	
	22 41	I	SA	
	23 03	I	DA	
27.	0 58	I	SE	
	1 20	I	DE	
	1 27	II	SA	
	2 13	II	DA	
	4 21	II	SE	
	5 05	II	DE	
	19 57	I	VA	
	22 37	I	BE	
28.	19 26	I	SE	
	19 46	I	DE	
	19 54	II	VA	
	23 23	II	BE	
29.	1 07	II	5,″3	III
	2 00	III	SA	
	3 17	III	DA	
	5 39	III	SE	
	20 14	II	5,″8	IV
30.	21 30	IV	DE	
31.	1 37	I	2,″7	II
	5 05	I	6,″1	IV
	21 14	III	5,″4	IV

1.9 Die scheinbaren Bahnen von Mars und Jupiter im Sternbild Löwe. Die Zahlen geben die Position von Mars und Jupiter zum jeweiligen Monatsbeginn an.

ren Äquatordurchmesser und einen Poldurchmesser von 40,″0. Schon in kleinen Fernrohren erkennt man deutlich, dass Jupiter abgeplattet ist.

Am 23. erhält Jupiter gegen Mitternacht Besuch vom noch fast vollen Mond (siehe Abb. 1.1 auf Seite 34).

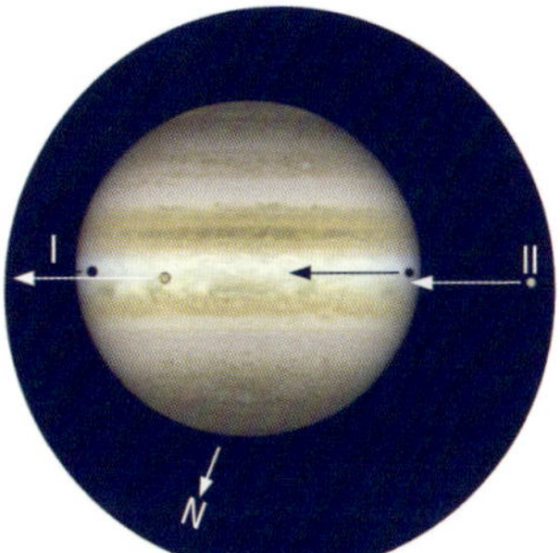

19.1., 23h00m MEZ: Io und Europa werfen ihre Schatten auf Jupiter, während Io vor Jupiter steht.

SATURN, der rechtläufig durch den Walfisch wandert, kann am Abendhimmel gesehen werden. Am ersten Tag des Jahres geht Saturn um 0^h22^m unter. Am 15. erfolgt der Untergang des $0,^m8$ hellen Ringplaneten um 23^h27^m und am 31. bereits um 22^h31^m.

Im Teleskop zeigt sich der Ring noch mit einer relativ geringen Öffnung von 6,°4 zu Jahresbeginn, die bis Ende Januar auf 7,°3 zunimmt. Der scheinbare Längsdurchmesser des Ringes beträgt 40″, der Querdurchmesser knapp 5″ und der Äquatordurchmesser des Saturnglobus 17″.

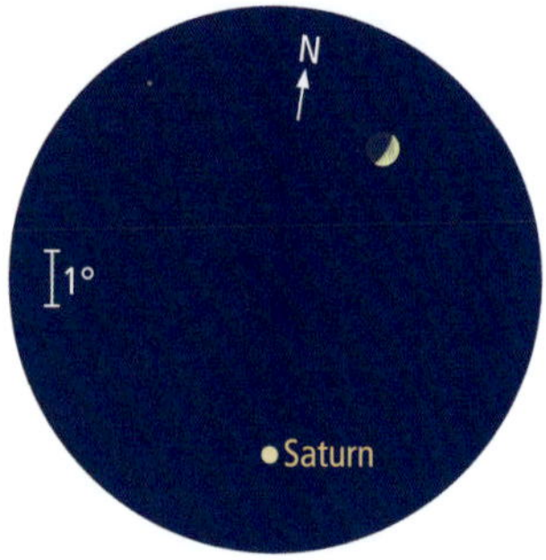

1.10 Der zunehmende Halbmond begegnet Saturn am 14. Januar. Abendlicher Opernglasanblick gegen 18^h MEZ.

Die Entfernung von der Erde misst zu Jahresbeginn 1403 Millionen Kilometer (= 9,38 AE). Damit benötigt das Licht von Saturn zur Erde eine Stunde und 18 Minuten. Am 14. sieht man gegen 18^h den zunehmenden Halbmond 6,°0 nördlich von Saturn (siehe Abb. 1.10 links).

GEGENSEITIGE JUPITERMONDEREIGNISSE

Tag	Beginn h m	Ende h m	Ereignis fern/nah	Beginn – Mitte – Ende (Norden unten, Zeitangaben in MEZ)
4.	0 29	0 33	III V I	
8.	1 57	2 05	I V III	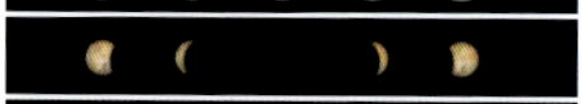
15.	4 59	5 07	I V III	

KONSTELLATIONEN UND EREIGNISSE

Datum	MEZ	Ereignis
1.	18^h	Merkur in oberer Konjunktion mit der Sonne
3.	4	Erde im Perihel (Sonnennähe), Abstand Erde – Sonne 147,105 Millionen Kilometer
3.	18	Mond bei Venus, Mond 8,°8 südlich
3.	19	**Venus in größter westlicher Elongation** (47°)
8.	6	Mond bei Merkur, Mond 0,°5 südlich
11.	17	Mars im Stillstand, anschließend rückläufig
14.	6	Mond bei Neptun, Mond 5,°4 nördlich
14.	20	**Mond bei Saturn**, Mond 7,°1 nördlich, **Abstand 6,°0 um 18^h**
18.	14	Mond bei Uranus, Mond 5,°4 nördlich
24.	1	**Mond bei Jupiter**, Mond 1,°5 südlich, **Abstand 1,°8 am 23. um 23^h**
25.	5	**Mond bei Mars**, Mond 6,°5 südlich, **Abstand 6,°1 am 24. um 22^h**
25.	9	Pluto in Konjunktion mit der Sonne

URANUS, noch rückläufig im Sternbild Stier, kann in der ersten Nachthälfte aufgefunden werden. Er hält sich rund 5° südöstlich der Plejaden (M 45) auf. Der ferne Planet steht mitten im Goldenen Tor der Ekliptik (siehe Abb. 11.8 auf Seite 232).

Am 1. sinkt der grünliche Planet um 5^h28^m unter die nordwestliche Horizontlinie, am 15. um 4^h31^m und am 31. schon um 3^h27^m. Spätestens eine Stunde vor seinem Untergang wird Uranus unbeobachtbar.

Die günstigste Beobachtungszeit für den sonnenfernen Planeten fällt in die Abendstunden, wenn er in Kulmination seine höchste Stellung einnimmt. Am 1. passiert Uranus um 21^h36^m den Meridian und am 15. um 20^h39^m. Ende Januar kulminiert der $5,^m7$ helle Uranus bereits um 19^h35^m. Zu diesen Zeiten ist der grünliche Planet auch ein beliebtes Beobachtungsobjekt bei Sternführungen für ein interessiertes Publikum.

NEPTUN, rechtläufig im Sternbild Fische, hält sich noch am Abendhimmel, wenn er auch seine Untergänge in die Zeit weit vor Mitternacht verlegt. Die jetzt abends bald einsetzende Dunkelheit bietet noch die Chance, den mit $7^m{,}9$ recht lichtschwachen Planeten aufzuspüren. Das Aufsuchkärtchen Abb. 9.5 auf Seite 191 soll helfen, den bläulichen Planeten zu entdecken.

Anfang Januar kulminiert Neptun um 17^h44^m und geht um 23^h44^m unter. Zur Monatsmitte erfolgt seine Meridianpassage um 16^h50^m, sein Untergang um 22^h50^m. Am 31. Januar geht der sonnenfernste Planet schon um 21^h49^m unter, nachdem er die Mittagslinie bereits um 15^h48^m überquert hat. Von 18^h30^m bis etwa 20^h bietet Neptun ein Beobachtungsfenster.

PLANETOIDEN UND ZWERGPLANETEN

PLUTO, berühmter Zwergplanet mit der Planetoidennummer 134 340, kommt am 25. um 9^h in Konjunktion mit der Sonne. An diesem Tag trennen ihn 5338 Millionen Kilometer von der Sonne (35,68 AE). Von der Erde ist Pluto zur Konjunktion 5485 Millionen Kilometer entfernt (= 36,66 AE).

In Opposition zur Sonne kommt Pluto am 29. Juli im Sternbild Steinbock.

Der Verlauf der Plutobahn ist aus Abb. 7.6 auf Seite 156 zu ersehen. In der monatlichen Rubrik „Planetenlauf" ist Pluto im Mai, Juli und Oktober erwähnt.

CERES – Planetoid Nr. 1 – kommt am 7. in **Opposition** zur Sonne. Sie eilt rasch rückläufig durch das Sternbild Zwillinge. Am 13. passiert sie τ Geminorum ($4^m{,}4$) nur $0^\circ{,}3$ nördlich (siehe Abb. 1.11 unten). Zur Opposition noch $6^m{,}8$ hell, nimmt sie bis Ende Januar um eine halbe Größenklasse auf $7^m{,}3$ ab.

Ceres kulminiert am 7. um 0^h35^m, am 15. um 23^h50^m und am Monatsletzten bereits um 22^h33^m. Zur Opposition ist

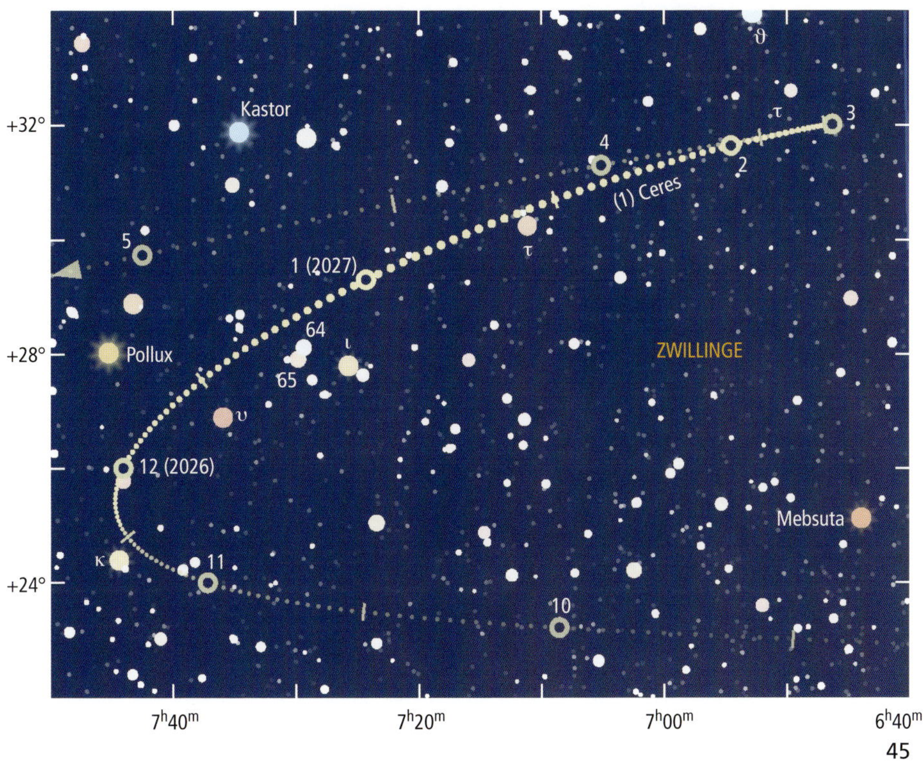

1.11 Bahn des Kleinplaneten (1) Ceres von Mitte September 2026 bis Anfang März 2027. Die Zahlen geben die Position von Ceres zum jeweiligen Monatsersten an (1 = 1. Januar 2027).

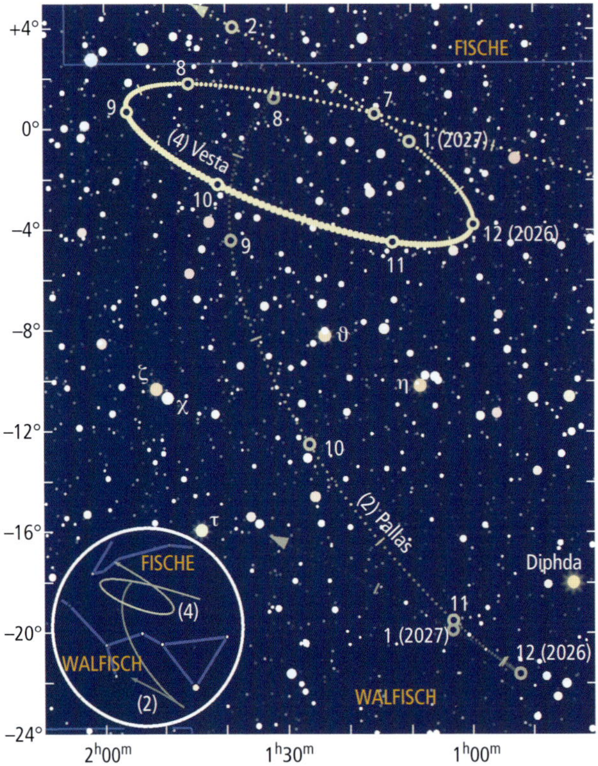

1.12 Bahnen der Kleinplaneten (2) Pallas und (4) Vesta im Gebiet der Sternbilder Fische und Walfisch.

Ceres 243 Millionen Kilometer (= 1,62 AE) von der Erde entfernt. Ihre Sonnendistanz misst an diesem Tag 390 Millionen Kilometer (= 2,61 AE).

VESTA – Planetoid Nr. 4 – wurde am 2. Dezember des Vorjahres im Sternbild Cetus (lat., Walfisch) stationär. Damit endete auch ihre Oppositionsperiode. Nun läuft sie wieder prograd durch das Sternbild Cetus und wechselt dann am 22. in das Sternbild Fische (siehe Abb. 1.12 oben).

Die Vestahelligkeit nimmt im Laufe des Januar von $7^{m}_{,}8$ auf $8^{m}_{,}2$ ab. Am 1. kulminiert Vesta um 18^h48^m und geht um 0^h52^m unter. Ende Januar passiert sie bereits um 17^h17^m den Meridian. Ihr Untergang folgt um 23^h40^m. Ihre Entfernung von der Erde beträgt zu Jahresbeginn 333 Millionen Kilometer (= 2,23 AE), ihre Sonnendistanz misst 378 Millionen Kilometer (= 2,53 AE).

PERIODISCHE STERNSCHNUPPENSTRÖME

Von Jahresbeginn bis zum 10. Januar sind die **QUADRANTIDEN** (Ausstrahlungspunkt oder Radiant im Nordteil des Bootes) in der zweiten Nachthälfte zu erwarten. Der Radiant erreicht erst nach Mitternacht eine größere Höhe über dem Horizont, sodass die Morgenstunden am besten für Beobachtungen geeignet sind. Bei dunklem Himmel sind dann etwa 40 Meteore pro Stunde zu erwarten.

Das spitze Maximum wird gegen 4 Uhr morgens am 4. Januar erwartet. Diesmal stört kein Mondlicht die Beobachtungen. Aufgrund der langen Winternächte kann man zwar schon gegen 17 Uhr beobachten. Der Nachteil: Der Radiant befindet sich bis nach 21 Uhr recht tief am nördlichen Himmel, weshalb nur wenige Meteore dieses Stromes abends sichtbar werden.

Auffallend werden die langen Spuren der flach in die Atmosphäre eintauchenden Meteore sein. Die einzelnen Meteoroide haben mittlere Eintrittsgeschwindigkeiten in die Erdatmosphäre um 40 Kilometer pro Sekunde. Die Quadrantiden haben vermutlich Beziehungen zum Kometen 96P/Machholz und zum Kleinplaneten 2003 EH1 sowie zu dem Strom der Delta-Aquariiden im Juli.

Da der Radiant im Sternbild Bootes liegt, wird dieser Strom auch **BOOTIDEN** genannt.

Aus dem Bereich östlich des Oppositionspunktes zur Sonne ist ganzjährig eine geringe Meteoraktivität zu beobachten.

Der Schwerpunkt des breiten Radianten verschiebt sich im Jahresverlauf entlang der Ekliptik und verursacht eine variable Aktivität. Diese wurde früher verschiedenen einzelnen Strömen zugeschrieben. Die Meteoroide sind mit zahlreichen Objekten im Kleinplaneten-Hauptgürtel assoziiert, worunter sich auch kurzperiodische Kometen oder „erloschene", also inaktive Kometen befinden. Im Januar verlagert sich dieser als **ANTIHELION**-Quelle bezeichnete großräumige Radiant durch das Sternbild Krebs in Richtung Löwe. Es handelt sich um langsame Sternschnuppen mit Eintrittsgeschwindigkeiten um 30 Kilometer pro Sekunde. Pro Stunde ist lediglich mit etwa vier Meteoren zu rechnen.

Um den 15. Januar sind die **GAMMA-URSAE-MINORIDEN** zu erwarten. Der Radiant dieses Stromes liegt nahe bei Pherkad (γ Ursae Minoris). Die Eintrittsgeschwindigkeiten der Gamma-Ursae-Minoriden streuen um 30 Kilometer pro Sekunde. Zum Maximum um den 18. sind lediglich drei Meteore pro Stunde zu erwarten.

1.13 Der abnehmende Halbmond begegnet am 28. Januar Spica in der Jungfrau. Morgendlicher Fernglasanblick gegen 7^h MEZ bei 5° Gesichtsfelddurchmesser.

Der Fixsternhimmel

Der Winterhimmel weist abends die meisten hellen Sterne auf. In keiner anderen Jahreszeit ist das abendliche Sternenzelt so reich bestückt an Glanzlichtern. Auch viele weitere, lichtschwächere Sterne füllen den abendlichen Sternenhimmel. Doch immer seltener erlebt man diese winterliche Sternenpracht. Selbst in klaren Nächten erscheint der Nachthimmel in einem milchiggrauen Hintergrund und lässt nur die helleren Sterne erkennen. Für Einsteiger in die Himmelskunde ist ein solcher reduzierter Sternenhimmel von Vorteil: Sie werden nicht durch eine Sternenfülle beim Erkennen der Sternbilder verwirrt. So finden sie leicht die markantesten Konstellationen. Zu ihnen gehört der Orion. Er ist ebenso markant wie der Große Wagen oder das Himmels-W, die Kassiopeia.

Die beiden hellsten Sterne im Orion sind der rötliche Schulterstern Beteigeuze und der bläulich-weiße Fußstern Rigel. Dazwischen markieren drei Sterne zweiter Größe in einer Linie den Gürtel. Ganz allgemein spricht man daher von den drei Gürtelsternen. Man nennt sie auch Schnitter, die die Ernte einbringen. Sie sind nämlich zur Sommerzeit am Morgenhimmel zu

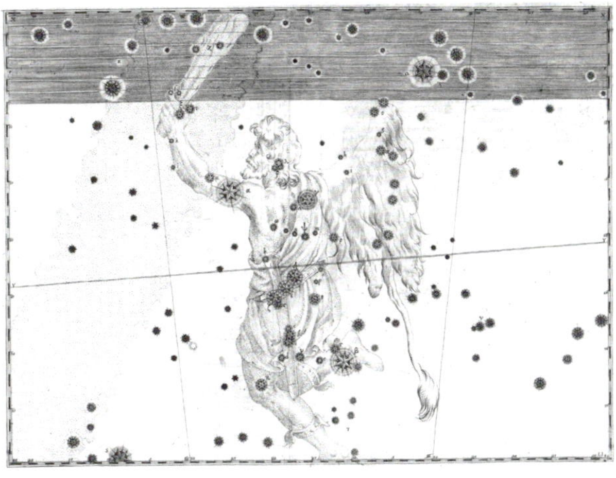

1.14 Figürliche Darstellung des Sternbildes Orion im Sternatlas *Uranometria* von Johannes Bayer aus dem Jahre 1603.

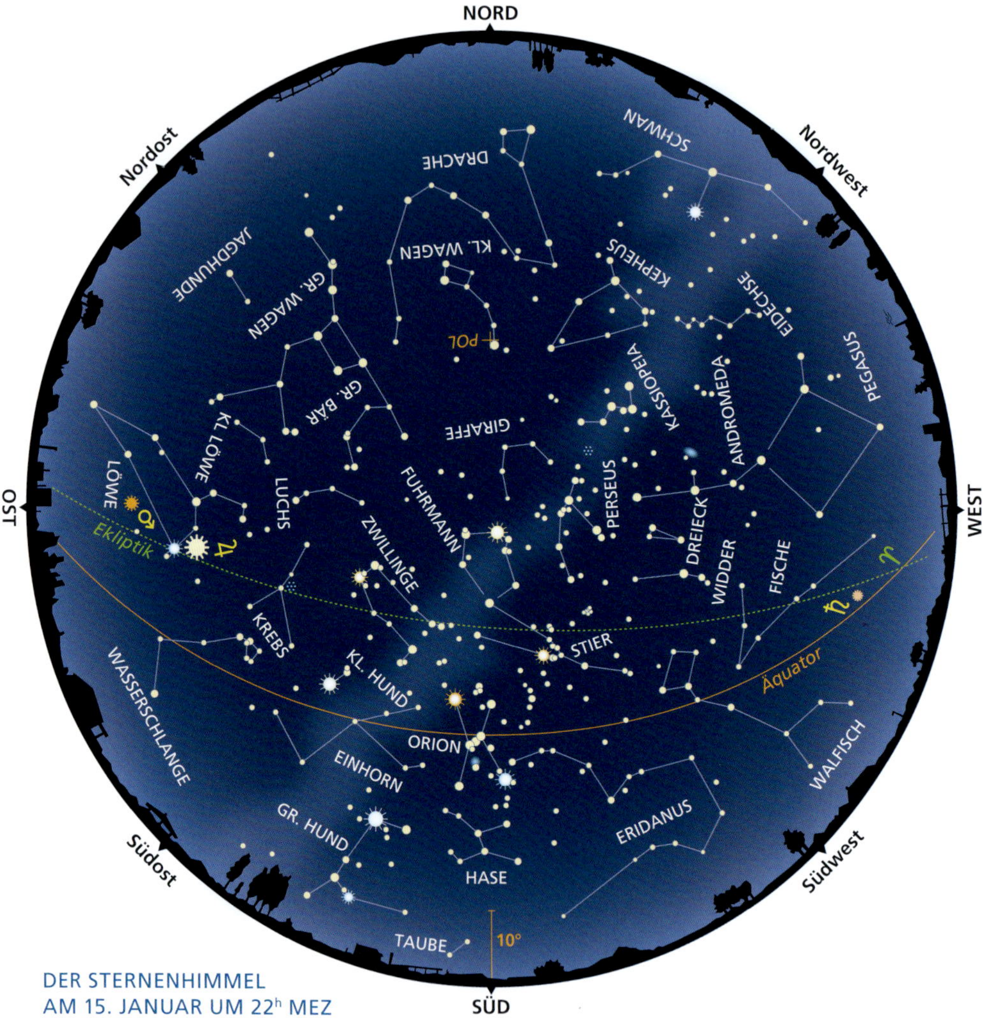

DER STERNENHIMMEL AM 15. JANUAR UM 22^h MEZ

Die Sternkarte ist auch gültig für:

	MEZ	MESZ
1.10.	5^h	6^h
15.10.	4	5
1.11.	3	
15.11.	2	
1.12.	1	
15.12.	0	
1. 1.	**23**	
15. 1.	**22**	
31. 1.	**21**	
15. 2.	20	

sehen. Die Gürtelsterne deuten wie ein Pfeil nach Südosten, wo Sirius als hellster Stern des Himmels und Hauptstern im Großen Hund strahlt.

Ein wenig höher leuchtet Prokyon im Kleinen Hund. Prokyon ist die griechische Bezeichnung für „Vorhund". Prokyon geht nämlich in unseren Breiten vor Sirius auf. Sirius und Prokyon sind relativ nahe Sterne, sie gehören zu den unmittelbaren Nachbarn unserer Sonne. Sirius ist knapp neun und Prokyon etwas mehr als elf Lichtjahre von unserem Sonnensystem entfernt. Beide Hundssterne besitzen je einen Weißen Zwerg als Begleiter.

Blickt man fast senkrecht nach oben, so entdeckt man einen gelblichen Stern erster Größe. Er wird Kapella genannt und ist der

1.15 Das Wintersechseck setzt sich aus den sechs hellen Sternen Kapella im Fuhrmann, Aldebaran im Stier, Rigel im Orion, Sirius im Großen Hund, Prokyon im Kleinen Hund und Pollux in den Zwillingen zusammen.

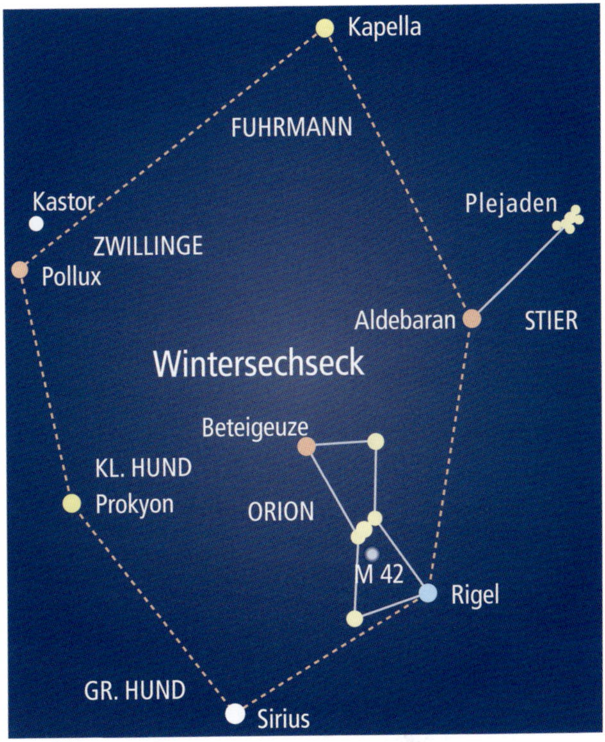

hellste Stern im Fuhrmann. Der Fuhrmann ist leicht zu erkennen: Ein Fünfeck mit Kapella an der Spitze. Häufig sieht man jedoch ein Sechseck – so werden auch die Linien in vielen Sternkarten gezeichnet. Auch in unserer Monatssternkarte bilden die Skelettlinien ein Sechseck, das den Fuhrmann markiert. Der Stern gegenüber der Kapella gehört jedoch schon zum Stier und firmiert unter β Tauri. Mit Eigennamen heißt er Alnath und deutet die eine Hornspitze des Stierkopfes an. Die scheinbare Sonnenbahn, die Ekliptik, geht knapp südlich an Alnath vorbei. Der Stier nimmt jetzt hoch im Süden seinen Platz ein. Auffällig leuchtet sein hellster Stern, der rötliche Aldebaran.

Aldebaran selbst steht mitten im eindrucksvollen Sternhaufen der Hyaden. Allerdings ist er nicht Mitglied dieses Sternhaufens. Mit 67 Lichtjahren Entfernung ist Aldebaran nur halb so weit weg wie die Hyadensterne. Er steht somit im Vordergrund der Hyaden.

Noch ein weiterer, sehr einprägsamer offener Sternhaufen ist im Stier zu sehen, nämlich die Plejaden oder das Siebengestirn. Besonders im Fernglas machen die blau-weißen Plejadensterne einen nachhaltigen Eindruck.

Hoch im Osten haben sich die beiden Sternenketten der Zwillinge eingefunden. Ihre beiden hellsten Sterne heißen Kastor und Pollux. Das Sternenpolygon, das aus Kapella im Fuhrmann, Aldebaran im Stier, Rigel im Orion, Sirius im Großen Hund, Prokyon im Kleinen Hund und Pollux in den Zwillingen gebildet wird, nennt man Wintersechseck.

Der Blick nach Osten lässt den kommenden Frühling erahnen. Knapp über dem Osthorizont ist der mächtige Löwe erschienen. Der Löwe ist das bekannteste Frühlingssternbild. Im April

VERÄNDERLICHE STERNE

Algol-Minima		β-Lyrae-Minima		δ-Cepheï-Maxima		Mira-Helligkeit	
12.	3^h28^m	2.	24^h N	4.	3^h	1.	6^m
15.	0 17	9.	11 H	9.	12	10.	4
17.	21 06	15.	23 N	14.	21	20.	4
20.	17 56	22.	10 H	20.	5	31.	3
		28.	21 N	25.	14		
				30.	23		

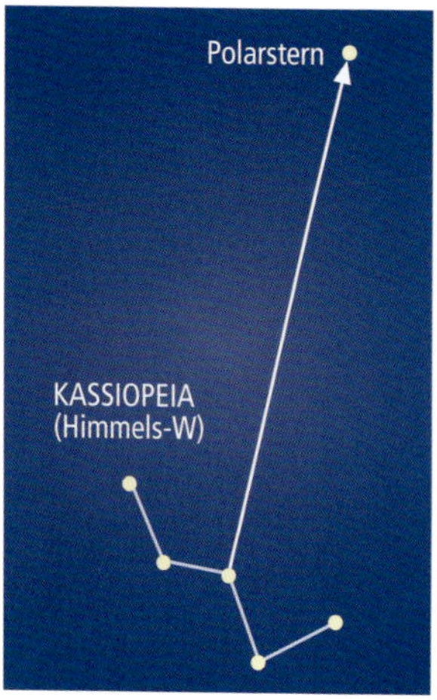

1.16 Das Sternbild Kassiopeia (auch als Himmels-W bekannt) dient als Polweiser.

geht der Löwe zur Standardbeobachtungszeit (= 22^h MEZ) gerade durch den Meridian. Der Löwe ist Mitglied im Tierkreis. Zu den Tierkreisbildern zählen jene 13 Sternbilder, durch die die scheinbare Sonnenbahn verläuft. In den Tierkreisbildern findet man daher auch den Mond und die Planeten.

Hoch im Nordwesten zeigt sich die Kassiopeia, ein Sternbild, das recht leicht zu erkennen ist. Es sieht aus wie ein großes „W", weshalb man auch vom Himmels-W spricht. Die mittlere Spitze des Himmels-Ws deutet ungefähr auf den Polarstern, der am Deichselende des Kleinen Wagens steht. Der Kleine Wagen ist nicht ganz einfach zu erkennen, denn außer drei Sternen sind die anderen recht lichtschwach. Es müssen schon gute Sichtbedingungen herrschen, um den Kleinen Wagen zu erkennen. Viel leichter sieht man den Großen Wagen. Nimmt man den Polarstern als Zentrum, dann stehen Himmels-W und Großer Wagen einander diametral gegenüber. Da beide Sternbilder bei uns zirkumpolar sind, so kann man sie in jeder klaren Nacht des Jahres sehen. An ihnen kann man auch sehr schön die Drehung des himmlischen Uhrwerks im Laufe der Nacht verfolgen.

Die Stellungen von Großem Wagen und Himmels-W über dem Nordhorizont zum jeweiligen Monatsbeginn um 22^h MEZ findet man in einer kleinen Grafik stets auf der ersten Seite eines neuen Monatsabschnittes.

Von den Herbstbildern hält sich noch Perseus fast im Zenitbereich auf, während Andromeda und Pegasus sowie die Tierkreisbilder Widder und Fische den Westhimmel bevölkern.

Tief im Nordwesten ist noch Deneb im Schwan auszumachen. Im Südwesten findet man nur lichtschwache Sternbilder: den Walfisch und den Fluss Eridanus. Die lateinische Bezeichnung für ihn lautet: Cetus. Der Cetus ist jedoch weder ein Wal noch ein Fisch, sondern schlicht ein Fabelwesen, nämlich das Meeresungeheuer, das die an einen Felsen geschmiedete Andromeda verschlingen will.

Fernab irdischer Lichtquellen kann man jetzt gut das schimmernde Band der winterlichen Milchstraße bewundern. Von Südosten steigt es empor, zieht vorbei an Sirius durch die Zwillinge, Fuhrmann, Perseus und Kassiopeia und sinkt zum Nordwesthorizont hinab. Doch nur wenige Menschen finden heutzutage noch die Gelegenheit, einmal die Milchstraße mit eigenen Augen am Himmel zu sehen. Fast nirgendwo mehr in unseren Gegenden ist der Nachthimmel dunkel genug, um die Milchstraße wirklich beeindruckend zu erleben.

Sirius, der Hundsstern und sein Begleiter

Blickt man in der Neujahrsnacht zum Jahreswechsel bei sternklarem Himmel um Mitternacht genau nach Süden, so erblickt man einen hellen, blau-weiß flackernden Stern. Er heißt Sirius und ist der hellste Stern im Sternbild Großer Hund. Er wird auch Hundsstern genannt. Die drei in einer Reihe stehenden Gürtelsterne des Orion, dem Leitsternbild des Winterhimmels, deuten wie ein Pfeil auf Sirius. Die Sternbilder Großer Hund und Kleiner Hund gelten als die Jagdhunde des Himmelsjägers Orion, dem sie im täglichen Himmelsumschwung stets folgen.

Sirius ist der bei weitem hellste Fixstern am irdischen Firmament. Nur die Planeten Venus

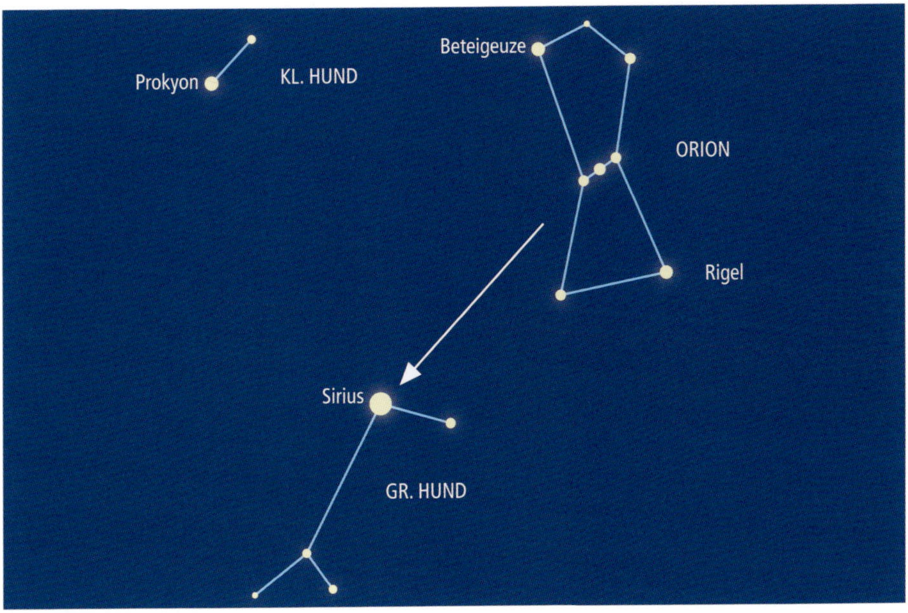

1.17 Sirius, hellster Fixstern am irdischen Firmament, steht in der Nachbarschaft des Sternbildes Orion.

und Jupiter sowie gelegentlich Mars übertreffen Sirius an Helligkeit. Da Sirius in unseren Breiten nie große Höhen über dem Horizont erreicht und die Luftschichten in diesen Bereichen oft unruhig sind, so flackert er häufig in allen Farben des Regenbogens.

In seinem Sternatlas *Uranometria* hat Johannes Bayer im Jahre 1603 den hellsten Stern im Großen Hund mit dem kleinen griechischen Buchstaben Alpha versehen. Danach trägt Sirius die fachliche Bezeichnung α Canis Maioris, abgekürzt α CMa.

John Flamsteed (1646–1719), erster Astronomer Royal seiner britischen Majestät Charles II. und Direktor des Observatoriums Greenwich bei London, gab Sirius in seinem Sternkatalog *Historia Coelestis Britannica* die Nummer 9 (fl. 9).

Im antiken Griechenland hieß dieser auffallend helle Stern Σείριος, der Strahlende oder Flammende. Davon abgeleitet ist die Bezeichnung Sirius. Die Araber nannten ihn Al Shira, der hell Scheinende (Stern). Die Perser sahen Sirius als Pfeilstern an und tauften ihn Tir, die Hindus wiederum sprachen von Sukra, dem Regengestirn.

Von den Chaldäern ist die Bezeichnung Hundsstern überliefert. Bei den Babyloniern galt Sirius als Leitstern des Großen Hundes. Die Phönizier nannten Sirius Hannabeah, der Marktschreier – wohl weil er der auffälligste aller Sterne ist. Im alten China markierte Sirius das eine Auge des Himmelswolfes. Die Ureinwohner Australiens sahen in ihm einen Adler.

Da Sirius 17° südlich des Himmeläquators steht, erreicht er in unseren Breiten nur eine geringe Kulminationshöhe. Für Orte auf 50° nördlicher Breite kulminiert Sirius in 23° Höhe über dem Südpunkt. Dies entspricht der Mittagshöhe der Sonne am 1. Februar und am 10. November in 50° Nord.

In den Sommermonaten sieht man Sirius am Morgenhimmel erstmals nach der sogenannten Sonnenlücke. Das ist diejenige Zeit, in der ein

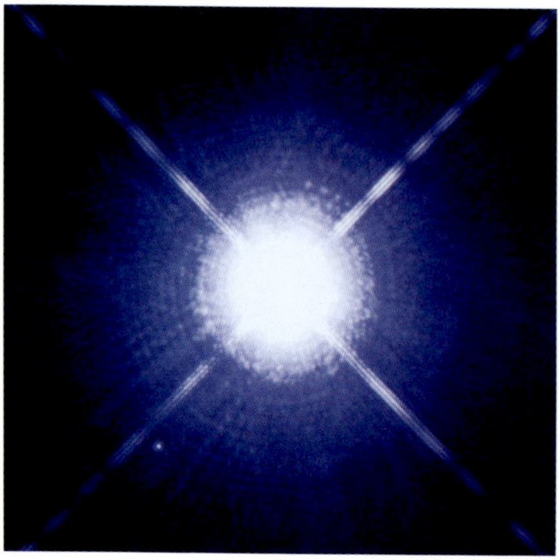

NASA, ESA, H. Bond (STScI), and M. Barstow (University of Leicester)

1.18 Sirius und sein Begleiter B (links unten). Aufnahme des Hubble Space Telescope.

Stern mit der Sonne am Taghimmel steht und daher nachts unbeobachtbar bleibt. Man spricht vom *heliakischen Aufgang*, wenn ein Stern sich erstmals wieder am Morgenhimmel zeigt. Bei Sirius ist dies Ende August der Fall. Der Hundsstern wird dann kurz vor Sonnenaufgang tief am Südosthorizont sichtbar. Täglich geht er dann vier Minuten früher auf als am Vortag, bis er schließlich am 31. Dezember um Mitternacht den Meridian passiert.

Sirius und der ägyptische Kalender

Eine wichtige Rolle spielte der heliakische Aufgang von Sothis (Sirius) im alten Ägypten. Kurz danach kam es zur Nilüberschwemmung, die das Land fruchtbar machte. Dabei fiel auf, dass sich der heliakische Sothis-Aufgang von Jahr zu Jahr verspätete. Nach vier Jahren erfolgte er einen Tag später, woraus man schloss, dass ein Sonnenjahr länger dauert als genau 365 Tage. Im alten ägyptischen Kalender hatte ein Jahr zwölf Monate zu 30 Tagen, an die fünf Epagomenen (Zusatztage) angehängt wurden. Nach 1461 Jahren erfolgte der heliakische Siriusaufgang wieder am selben Tag, beispielsweise am 1. Toth. Die Zeitspanne von 1461 ägyptischen Jahren = 1460 tropischen Sonnenjahren nennt man eine Sothis-Periode. Da der Jahresbeginn im alten ägyptischen Jahr somit durch alle Jahreszeiten wanderte, sprach man vom ägyptischen Wanderjahr.

König Ptolemaios III. Euergetes verfügte deshalb im Edikt von Kanopus 238 vor Chr., dass alle vier Jahre ein sechster Zusatztag anzuhängen ist. Somit ergab sich in einem Zyklus von vier Jahren die mittlere Dauer eines Jahres von $(3 \times 365 + 1 \times 366)/4 = 365{,}25$ Tagen. Die Jahreslänge von 365,25 Tagen des neuen ägyptischen Jahres kommt der Länge eines tropischen Sonnenjahres von 365,2422 schon recht nahe. Allerdings setzte sich der neue ägyptische Kalender gegen den Widerstand der Priesterschaft nicht durch.

Auch die Darstellung von Sirius mit den Umgebungssternen als Hundekopf geht auf die Ägypter zurück. Sie sahen in Sirius ihren Gott Anubis, der mit einem Schakal- oder Hundekopf abgebildet ist. Anubis ist der Herrscher über die Zeit. Er geleitet auch die Seelen der Verstorbenen ins Totenreich. Der Hundekopf wurde zum Symbol für Sirius.

Auf den Frühaufgang des „Hundssterns" Sirius geht auch die Bezeichnung „Hundstage" für die heiße Jahreszeit zurück. Schon der griechische Philosoph Geminus erwähnt, dass nach dem heliakischen Aufgang von Sirius am Morgenhimmel die jahreszeitlich bedingte Hitze am größten ist. Geminus weist aber auch darauf hin, dass Sirius nicht die Ursache der Hitze ist, sondern er rein zufällig in der heißen Jahreszeit erstmals am Morgenhimmel erscheint.

Nachbarstern der Sonne

Mit einer Entfernung von nur 8,6 Lichtjahren (2,64 pc) gehört Sirius zu den Nachbarsternen unserer Sonne (trigonometrische Parallaxe $\pi = 0\overset{''}{.}379$). Nach Toliman ($\alpha$ Centauri) ist Sirius der nächste Stern, der mit bloßen Augen gut zu sehen ist. Da Toliman infolge seiner südlichen Position in unseren Breiten nie über den Horizont steigt und somit unbeobachtbar bleibt, ist Sirius der nächste Stern, der von Mitteleuropa mit bloßen Augen gesehen werden kann. Andere sonnennähere Sterne sind nur im Fernglas oder Teleskop auszumachen.

Mit $-1^{m}_{,}46$ scheinbarer Helligkeit leuchtet Sirius so hell wie zehn Sterne erster Größenklasse zusammengenommen und doppelt so hell wie Canopus ($-0^{m}_{,}7$), der zweithellste Fixstern. Stünde Sirius in einer Normentfernung von zehn Parsec (32,6 Lichtjahre), so wäre er nur noch $1^{m}_{,}4$ hell. Unsere Sonne wäre in dieser Distanz als Stern fünfter Größe mit bloßen Augen gerade noch zu sehen.

Die absolute Helligkeit von Sirius beträgt $1^{M}_{,}4$. Sirius strahlt damit so hell wie 23 unserer Sonnen. Der Siriusdurchmesser ist 1,8-mal so groß wie der unserer Sonne. Der Siriusglobus enthält etwa das 2,4-Fache der Sonnenmasse.

Mit 9400 K (etwa 9100 °C) Oberflächentemperatur ist Sirius deutlich heißer als unsere Sonne mit 5800 K an der Oberfläche. Deshalb strahlt Sirius ein bläuliches Licht aus. Auch die Zentraltemperatur von 22 Millionen Grad ist höher als die unserer Sonne mit maximal 15 Millionen Grad. Der Sternenkern dürfte bei dieser Temperatur bereits konvektiv sein.

Sirius ist ein Hauptreihenstern der Spektralklasse A1 V. Aus dem Spektrum geht ferner hervor, dass Sirius eine metallreiche Photosphäre hat. Allein der Eisenanteil ist doppelt so groß wie der in der Sonnenphotosphäre. Durch die Linienverbreiterung im Spektrum schließt man auf eine lineare Rotationsgeschwindigkeit von 16 km/s am Siriusäquator, woraus eine Rotationsdauer des Siriusglobus von nur knapp sechs Tagen folgt, während die kleinere Sonne einmal in gut 25 Tagen rotiert.

Aus seiner Raumbewegung schließt man, dass diese bläuliche Sonne zum Bärenstrom gehört, zu dem etliche Sterne des Großen Bären (allein fünf Sterne des Großen Wagens) zählen, ferner Gemma (α Coronae Borealis), Menkalinan (β Aurigae) und Cursa (β Eridani).

Der Hundsstern ist mit 240 Millionen Jahren eine sehr junge Sonne. Das Alter unserer Sonne liegt bei 4,6 Milliarden Jahren.

Sirius ist ein Doppelstern

Schon Edmund Halley fiel im Jahre 1718 auf, dass Sirius eine große Eigenbewegung zeigt. In rund 2000 Jahren verschiebt sich seine Position um etwa eineinhalb Mondscheibendurchmesser, das sind 44′. Für einen sonnennahen Stern ist dies aber nicht unüblich.

Friedrich Wilhelm Bessel wiederum bemerkte, als er die trigonometrische Parallaxe bestimmen wollte, dass Sirius keine geradlinige Eigenbewegung zeigt, sondern eine schlangenförmige Bahn unter den Sternen beschreibt. Aus dieser Schlangenbewegung schloss Bessel auf einen unsichtbaren Begleiter, der Sirius in 50 Jahren umrundet. Man dachte dabei an einen erloschenen Stern. Erst am 31. Januar 1862 sah der amerikanische Linsenbauer Alvan Graham Clark den bis dahin verborgenen Begleiter, als er gerade ein von ihm angefertigtes 47-cm-Linsenobjektiv für einen Refraktor prüfte. Der Siriusbegleiter hat nur $8^{m}_{,}6$ scheinbare Helligkeit, ist also zehn Größenklassen lichtschwächer als Sirius selbst. Deshalb ist der Begleiter auch nur in großen Teleskopen zu erkennen, da er vom hellen Sirius

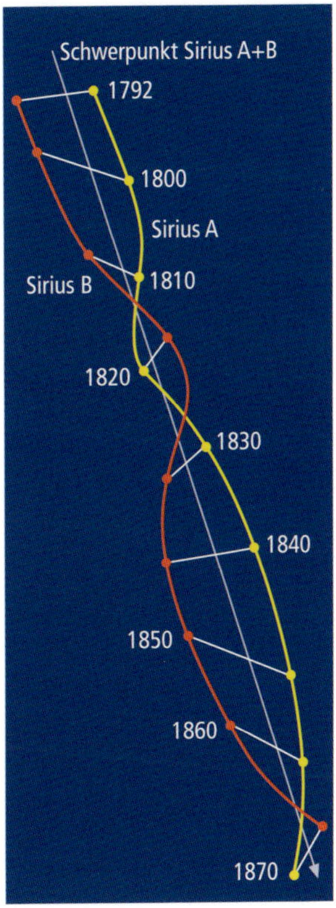

1.19 Schlangenförmige Eigenbewegungen von Sirius A und Sirius B um ihren Schwerpunkt mit 50-jähriger Periode.

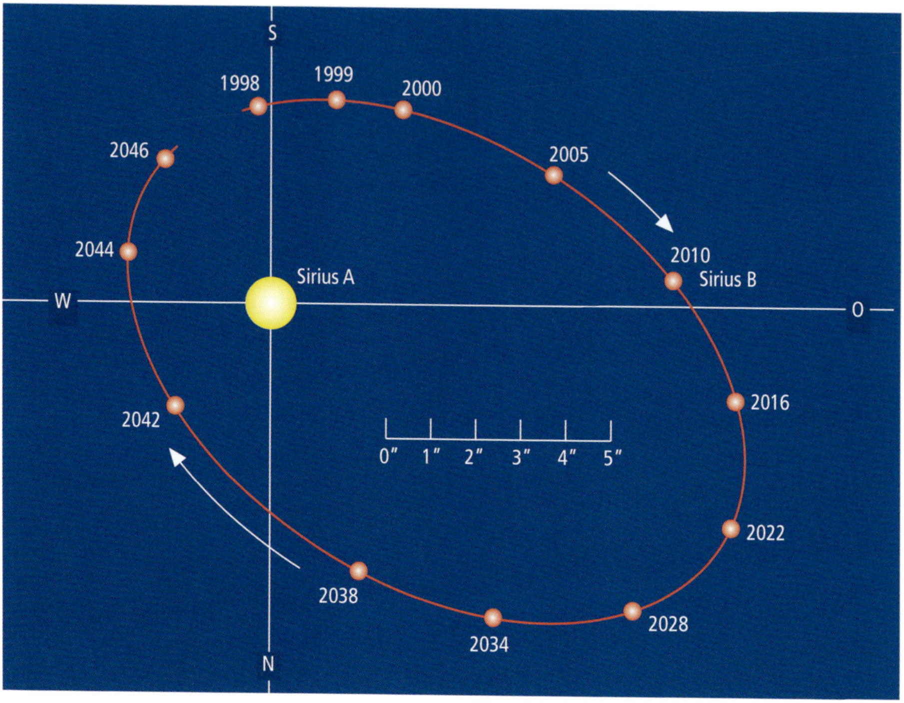

1.20 Relative scheinbare Bewegung von Sirius B um Sirius A.

überstrahlt wird. Zurzeit ist er noch relativ leicht zu erkennen, da er 2019 das Apastron passierte. Sirius und sein Begleiter (Sirius B) haben im Jahr 2027 eine Separation von 10″.

Sirius ist somit ein Doppelstern, wobei man die hellere Komponente mit A, die lichtschwache mit B kennzeichnet. Die Distanz zwischen A und B variiert zwischen 3″ und 11″. Das Periastron (3″) trat 1994 ein, während der größte scheinbare Abstand (11″) 2019 erreicht wurde.

Kompakter Sternenrest

Sirius B ist ebenfalls ein bläulich-weißer Stern (Spektralklasse A5). Allerdings leuchtet er 10 000-mal schwächer als Sirius A. Da Sirius B sogar mehr Energie pro Flächeneinheit abstrahlt, muss er wegen seiner geringen Gesamtleuchtkraft sehr klein sein. In der Tat beträgt sein Durchmesser nur 12 000 Kilometer. Damit ist Sirius B sogar ein wenig kleiner als unsere Erde, besitzt aber fast so viel Masse wie unsere Sonne, was aus seiner Bahnbewegung abgeleitet werden kann (3. Kepler-Gesetz).

Daraus folgt aber eine enorm große Dichte von etwa vier Tonnen pro Kubikzentimeter! Im 19. Jahrhundert schien dies unmöglich und man dachte an einen Mess- oder Rechenfehler. Tatsächlich ist die Materie in Sirius B enorm komprimiert. Dies führt zu einer um 500 000-mal höheren Oberflächenbeschleunigung als die Erdbeschleunigung. Die Entweichgeschwindigkeit auf der Sirius-B-Oberfläche erreicht 7300 Kilometer pro Sekunde (!), während man bereits mit elf Kilometer pro Sekunde der Erde entfliehen kann.

Sirius B ist der Prototyp einer ganzen Klasse von Sternen, die man wegen ihrer Winzigkeit aber hohen Oberflächentemperatur als „Weiße Zwerge" bezeichnet. Weiße Zwerge sind nur etwa so groß wie die Erde, besitzen aber bis zu 1,4 Sonnenmassen. Sie sind Kerne von alten Sternen, die ihre äußere Hülle abgestoßen haben. Ihr Atomfeuer ist erloschen, Kernfusion findet nicht mehr statt. Die Materie ist entartet. Nur noch der Druck des Elektronengases hält sie stabil. Innendruck und Temperatur sind bei entarteter Materie weitgehend unabhängig. Das bedeutet: Je mehr Masse ein Weißer Zwerg besitzt, desto kleiner und dichter ist er. Im Laufe von Milliarden Jahren strahlen Weiße Zwerge ihre thermische Energie ins Weltall und kühlen langsam aus. Sie werden dabei immer röter bis sie schließlich nur noch im Infraroten strahlen und endlich als unsichtbare Schwarze Zwerge enden, die nur noch mit Radioteleskopen im langwelligen Bereich des elektromagnetischen Spektrums zu orten sind.

Für die naturbegeisterten Mitmenschen bleibt Sirius A der funkelnde Stern, der für eine romantische Winternacht unter klarem Sternenhimmel sorgen kann. Er bildet die Südostecke des Wintersechsecks, das jeder Sternfreundin und jedem Sternfreund vertraut sein sollte.

SIRIUS IN ZAHLEN

Bezeichnungen: α Canis Maioris, Sirius, Alschira, Hundsstern

Katalog-Nummern: Flamsteed Nr. 9 / BD –16°1591 / HD 48915 / SAO 151881/ Yale BSC 2491 / HIP 32349 / ADS 5423 / WDS 06451-1643

Äquatoriale Koordinaten:	α (Rektaszension)	δ (Deklination)
(J2000.0)	$06^h45^m08^s\!,9$	–16°42′58″
(B1900.0)	$06^h40^m44^s\!,6$	–16°34′44″
Trigonometrische Parallaxe:	$\pi = 0'',379$	
Entfernung:	2,64 Parsec = 8,6 Lichtjahre	
Eigenbewegung pro Jahr:	$\mu_\alpha = -0^s,038$	
	$\mu_\delta = -1'',21$	
Radialgeschwindigkeit:	RG = –8 km/s	
Raumgeschwindigkeit:	v_R = 8,74 km/s	
Doppelstern (ADS 5423):	Begleiter in 3″ – 11″ Distanz	
Umlaufzeit:	18 295,4 Tage = 50,09 Jahre	
	Periastron: 1994 (8,1 AE) / Apastron: 2019 (31,4 AE)	
	Sirius A	**Sirius B**
Scheinbare Helligkeit:	$V = -1^m,46$	$8^m,6$
Farbindices:	$B–V = 0^m,00$	–
	$U–B = -0^m,05$	
Spektraltyp:	A1 V	A5 VII
Absolute Helligkeit:	$1^M,43$	$11^M,5$
Leuchtkraft (Sonne = 1):	23	0,0021
Masse (Sonne = 1):	2,36	0,98
Durchmesser (Sonne = 1):	1,8	0,0086
Oberflächentemperatur:	T = 9400 K	30 000 K

Februar 2027

- Jupiter kommt am 11. und Mars am 19. im Löwen in Opposition zur Sonne.
- Merkur bietet vom Monatsanfang bis 9. eine respektable Abendsichtbarkeit.
- Venus bleibt Morgenstern.
- Saturn kann noch am Abendhimmel gesehen werden.
- Die Halbschattenfinsternis des Mondes in der Nacht vom 20. auf 21. Februar kann um Mitternacht verfolgt werden.

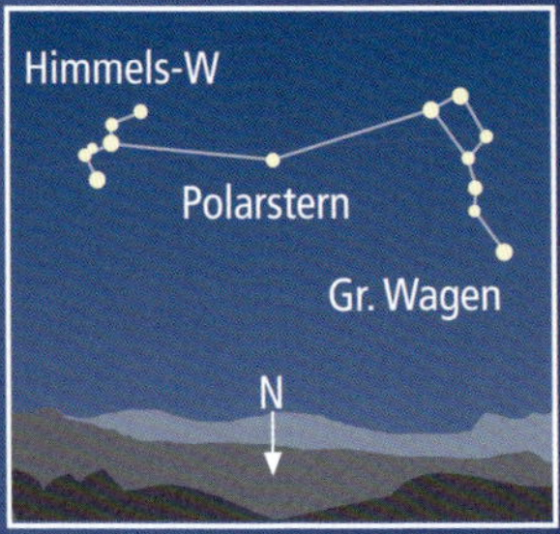

Großer Wagen und Himmels-W Anfang Februar um 22 Uhr MEZ

2.1 Anblick des abendlichen Südhimmels am 20. Februar gegen Mitternacht. Zu Mars und Jupiter im Löwen gesellt sich der Vollmond.

1 Mo	Mond bei Antares – morgens
2 Di	Mond bei Venus – morgens Merkur beste Abendsichtbarkeit
3 Mi	
4 Do	
5 Fr	
6 Sa	**Neumond**
7 So	
8 Mo	
9 Di	
10 Mi	Aschermittwoch Mond bei Saturn – abends
11 Do	Jupiter in Opposition
12 Fr	
13 Sa	
14 So	Erstes Viertel
15 Mo	

16 Di	
17 Mi	Mond bei Pollux – abends
18 Do	
19 Fr	Mars in Opposition
20 Sa	Mars in Erdnähe
21 So	**Vollmond** **Halbschattenfinsternis des Mondes**
22 Mo	
23 Di	
24 Mi	
25 Do	
26 Fr	
27 Sa	
28 So	Letztes Viertel Mond bei Antares – morgens

SONNE – STERNBILDER

16.2. 20^{h}:
Sonne tritt in das Sternbild Wassermann

18.2. 23^{h}:
Sonne tritt in das Tierkreiszeichen Fische

Julianisches Datum am
1. Februar, 1^{h} MEZ: 2 461 437,5

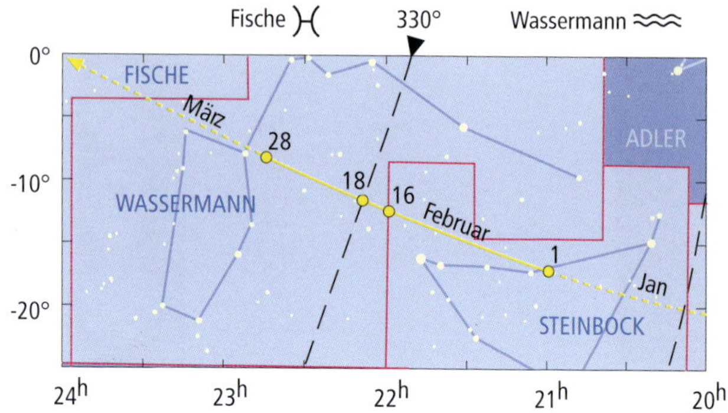

SONNENLAUF

Tag	Dämmerg. Anfang	Aufgang MEZ	Kulmination	Untergang MEZ	Dämmerg. Ende	Mittagshöhe	Zeitgleichg.	Rektaszension	Deklination
	h m	h m	h m	h m	h m	°	m	h m	°
1.	6 40	7 54	12 33	17 14	18 27	22,9	–13	20 56	–17,3
5.	6 35	7 48	12 34	17 20	18 33	24,1	–14	21 12	–16,2
10.	6 28	7 40	12 34	17 29	18 41	25,7	–14	21 32	–14,6
15.	6 20	7 31	12 34	17 38	18 49	27,3	–14	21 52	–13,0
20.	6 11	7 22	12 34	17 46	18 57	29,1	–14	22 11	–11,2
25.	6 02	7 12	12 33	17 55	19 05	30,9	–13	22 30	– 9,4
28.	5 56	7 06	12 32	18 00	19 10	32,0	–12	22 42	– 8,3

TAGES- UND NACHTSTUNDEN

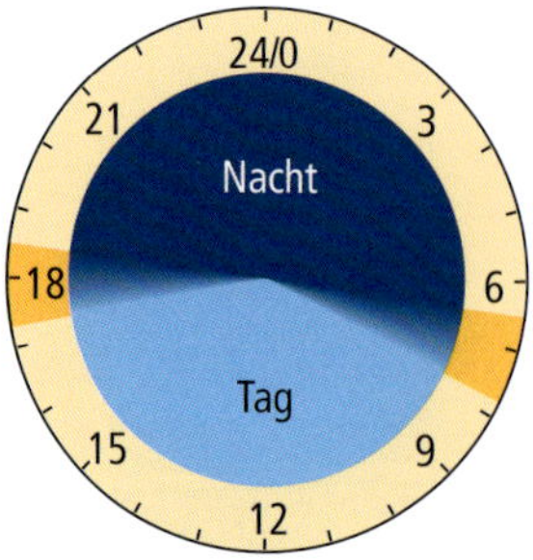

5. Februar

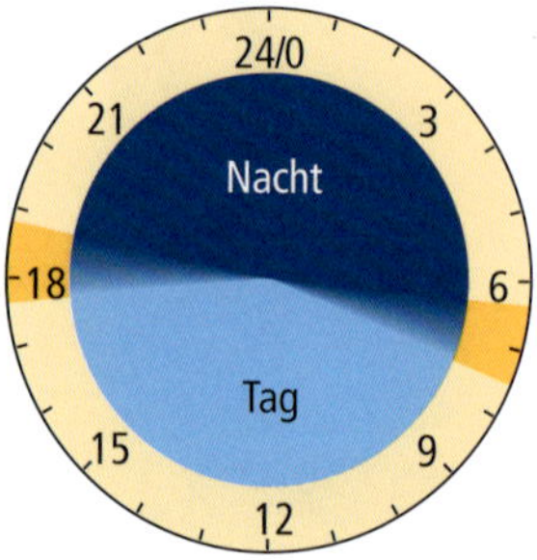

15. Februar

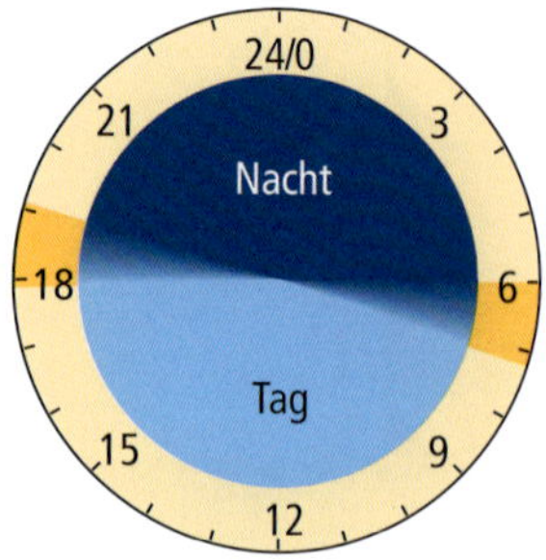

25. Februar

MONDLAUF

Datum	Aufg. MEZ	Kulmination	Unterg. MEZ	Rektaszension	Deklination	Sterne und Sternbilder	Phase	MEZ
	h m	h m	h m	h m	°			
Mo 1.	4 47	8 23	11 57	16 30	−26,9	Antares		
Di 2.	5 43	9 15	12 47	17 24	−27,7	Schlangenträger		
Mi 3.	6 28	10 05	13 47	18 17	−27,2	Kaus Borealis	Erdferne 406/29′,4	15^h
Do 4.	7 02	10 55	14 54	19 09	−25,5	Schütze, Nunki		
Fr 5.	7 27	11 42	16 04	20 00	−22,7	Schütze		
Sa 6.	7 47	12 26	17 16	20 48	−18,9	Steinbock	**Neumond Nr. 1288**	**$16^h 56^m$**
							Aufsteigender Knoten	
So 7.	8 04	13 09	18 27	21 35	−14,3	Steinbock		
Mo 8.	8 18	13 51	19 38	22 20	− 9,1	Wassermann		
Di 9.	8 30	14 32	20 49	23 04	− 3,5	Wassermann		
Mi 10.	8 43	15 14	22 01	23 48	+ 2,3	Fische		
Do 11.	8 57	15 58	23 17	0 33	+ 8,1	Fische		
Fr 12.	9 14	16 45	–	1 21	+13,6	Fische	Libration Ost	
Sa 13.	9 35	17 36	0 35	2 11	+18,7	Widder, Hamal		
So 14.	10 03	18 32	1 56	3 06	+23,0	* Widder	**Erstes Viertel**	**$8^h 58^m$**
							Größte Nordbreite	
Mo 15.	10 43	19 33	3 16	4 05	+26,0	Stier, Plejaden		
Di 16.	11 40	20 36	4 29	5 08	+27,6	Stier, Alnath		
Mi 17.	12 54	21 40	5 27	6 13	+27,3	Zwillinge		
Do 18.	14 21	22 41	6 11	7 18	+25,1	* Pollux		
Fr 19.	15 52	23 39	6 42	8 20	+21,2	Krebs, Krippe	Erdnähe 361/33′,1	9^h
Sa 20.	17 22	–	7 05	9 19	+15,9	Krebs	Absteigender Knoten	
So 21.	18 48	0 32	7 23	10 15	+ 9,7	Löwe, Regulus	**Vollmond**	**$0^h 24^m$**
Mo 22.	20 12	1 23	7 39	11 07	+ 3,1	Löwe		
Di 23.	21 33	2 11	7 54	11 58	− 3,5	Jungfrau		
Mi 24.	22 53	2 58	8 10	12 48	− 9,8	Jungfrau		
Do 25.	–	3 46	8 28	13 38	−15,4	Spica	Libration West	
Fr 26.	0 11	4 35	8 50	14 29	−20,2	Waage	Größte Südbreite	
Sa 27.	1 26	5 25	9 17	15 21	−23,9	Waage		
So 28.	2 35	6 16	9 53	16 14	−26,3	Antares	**Letztes Viertel**	**$6^h 17^m$**

DER VOLLMOND NÄHERT SICH JUPITER

19. Feb. 19^h

20. Feb. 6^h

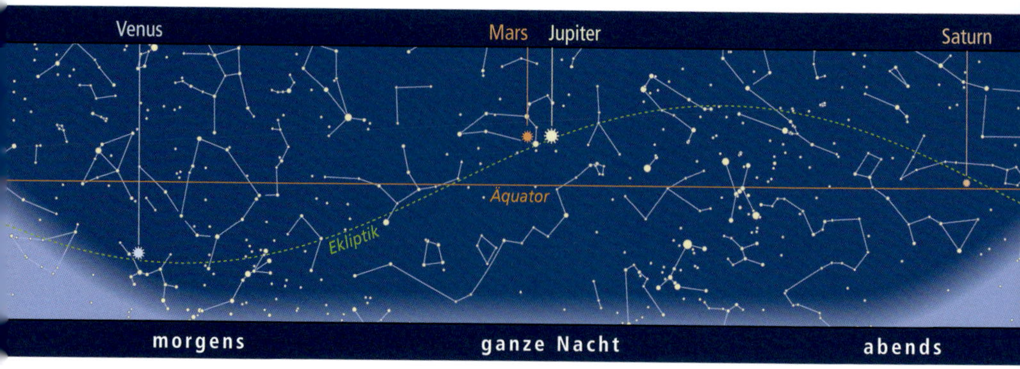

MERKUR bietet vom Monatsanfang bis 9. eine respektable Abendsichtbarkeit. Der sonnennächste Planet erreicht am 3. mit 18°19′ seine größte östliche Elongation von der Sonne. Der Winkelabstand fällt bei dieser maximalen Elongation relativ klein aus, da Merkur am 6. durch sein Perihel (sonnennächster Bahnpunkt) läuft, wobei ihn 46 Millionen Kilometer (= 0,307 AE) von der Sonne trennen. Trotz dieses vergleichsweise kleinen Elongationswinkels lässt sich der flinke Planet am Abendhimmel in der Dämmerung sehen, denn er wandert sechs Grad nördlicher als die Sonne durch den Tierkreis. Unter guten Sichtbedingungen kann man Merkur schon zu Monatsbeginn knapp über dem Südwesthorizont ausmachen.

Der Untergang des $-0\overset{m}{,}8$ hellen Merkur erfolgt am 1. um 18^h54^m. Kurz nach halb sechs Uhr abends ist es bereits so dunkel, um mit Aussicht auf Erfolg nach Merkur Ausschau zu halten. Eine Viertelstunde vor Untergang wird er von den dichten Dunstschichten am Horizont verschluckt.

Bis zum 7. verspäten sich die Merkuruntergänge auf 19^h02^m, die Merkurhelligkeit geht auf $0\overset{m}{,}1$ zurück. Erfahrene Planetenjäger mögen bei ausgezeichneten Sichtbedingungen Merkur

2.2 Stellung von Merkur über dem Westhorizont zu den angegebenen Daten. Die Pfeile geben die Bewegungen von Merkur und Sonne während der letzten halben Stunde an.

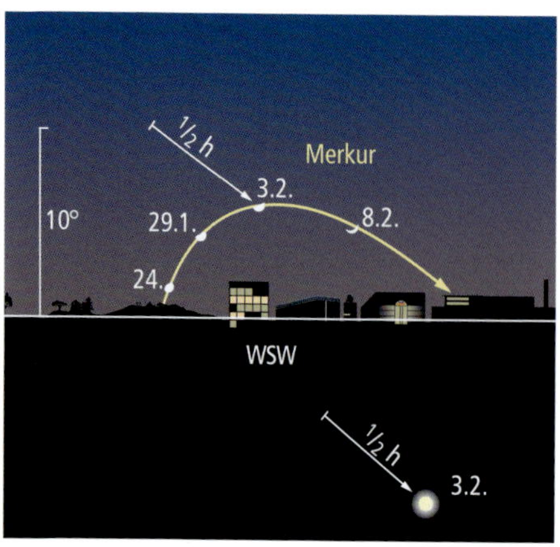

2.3 Sichtbarkeitsdiagramm für Merkur. Es gilt genau für 50° nördlicher Breite und 10° östlicher Länge. Dunkelgelbe Fläche: Unter günstigen Sichtbedingungen kann man Merkur mit bloßen Augen erkennen; hellgelbe Fläche: Merkur ist leicht zu sehen.

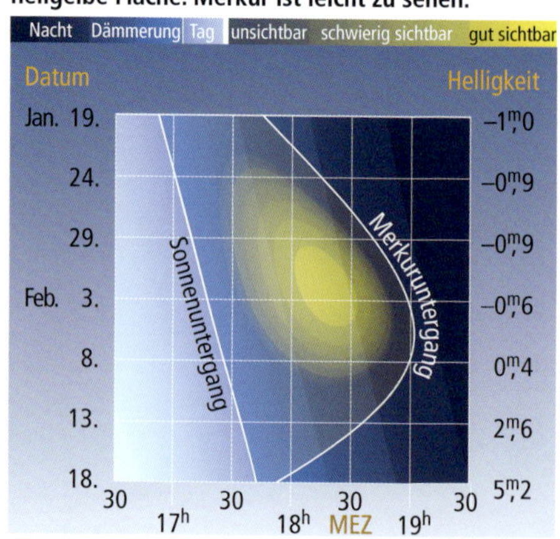

noch bis 9. aufspüren. Am 9. geht der nur noch $0^{m},7$ helle Merkur um $18^{h}58^{m}$ unter (siehe Abb. 2.2 und 2.3 auf S. 60).

Für Fernrohrbeobachter sei angemerkt, dass Merkur am 4. seine Dichotomie (Halbphase) erreicht. Im Teleskop erscheint das $7'',2$ große Merkurscheibchen halb beleuchtet.

Am 8. kommt es zu einer Begegnung mit der zunehmenden Mondsichel (s. Abb. 2.6 unten).

Am 9. wird Merkur stationär und eilt anschließend rasch rückläufig auf die Sonne zu, die ihm im Tierkreis entgegenkommt. Am 18. trifft er mit der Sonne im Sternbild Wassermann zusammen – die Konstellation untere Konjunktion findet statt. Merkur tritt dabei nicht vor die Sonne, sondern wandert etwa 4° nördlich an ihr vorbei.

In unterer Konjunktion ist Merkur 96 Millionen Kilometer (= 0,642 AE) von der Erde entfernt.

Seine Konjunktionsschleife zieht Merkur im Gebiet der Sternbilder Steinbock und Wassermann (siehe Abb. 2.4 oben).

VENUS bleibt Morgenstern, allerdings verkürzt sich ihre Sichtbarkeitsdauer erheblich. Sie wandert rechtläufig durch das Sternbild Schütze und erreicht am Monatsende die Grenze zum Steinbock. Am 3. zieht Venus fünf Vollmondbreiten ($2^{\circ},4$) nördlich am Winterpunkt der Ekliptik vorbei (siehe Abb. 1.5 auf Seite 40).

Die Venushelligkeit geht im Laufe des Monats leicht auf $-4^{m},1$ zurück. Die Aufgänge des inneren Nachbarplaneten verlagern sich von $5^{h}07^{m}$ zum Monatsanfang auf $5^{h}28^{m}$ zum Monatsende. Am 2. zieht die Sichel des abnehmenden Mondes an Venus $6^{\circ},6$ südlich vorbei (siehe Abb. 2.7 unten). Im Fernrohr zeigt sich Venus immer dicklicher, ihr scheinbarer Durchmesser schrumpft auf knapp 16″. Der beleuchtete Anteil des Venusscheibchens nimmt bis Monatsende auf 73 % zu.

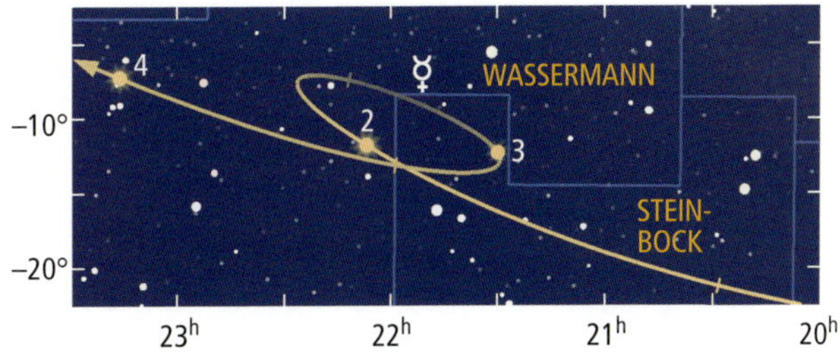

2.4 Konjunktionsschleife von Merkur in den Sternbildern Steinbock und Wassermann. Die Zahlen geben die Position von Merkur zum jeweiligen Monatsbeginn an (3 = 1. März).

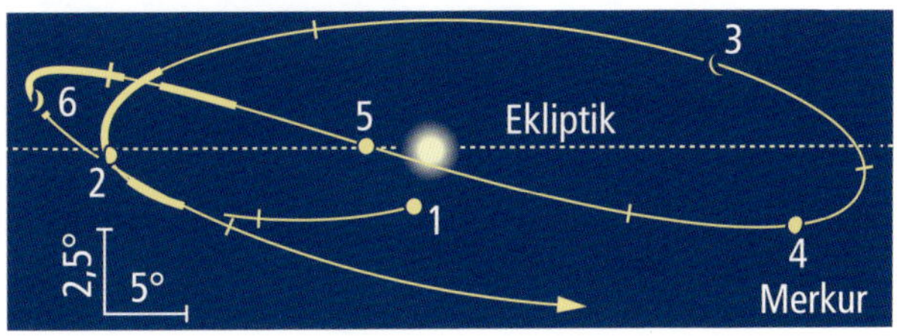

2.5 Bewegung von Merkur relativ zur Sonne im ersten Halbjahr 2027.

2.6 Die schmale Sichel des zunehmenden Mondes zieht an Merkur vorbei. Opernglasanblick am 8. Februar gegen 18^{h}.

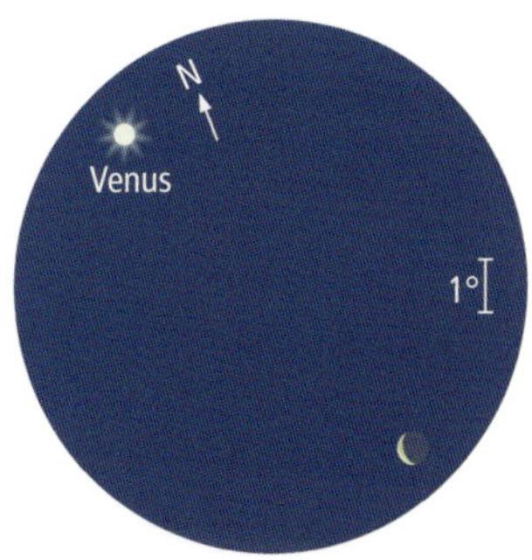

2.7 Begegnung von Venus mit der abnehmenden Mondsichel. Morgendlicher Opernglasanblick gegen 7^{h} am 2. Februar.

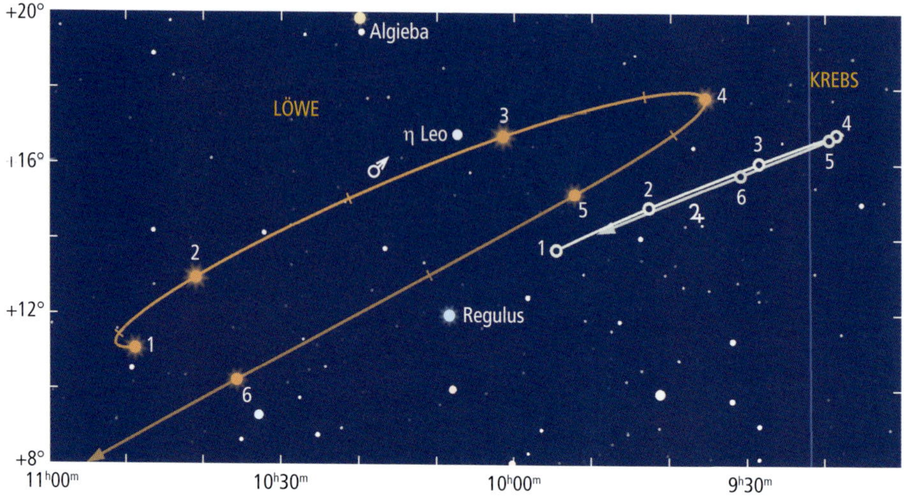

2.8 Scheinbare Bahnen der Planeten Mars und Jupiter im Sternbild Löwe im ersten Halbjahr 2027. Die Zahlen geben die Positionen von Mars und Jupiter zum jeweiligen Monatsersten an (2 = 1. Februar).

MARS dominiert als strahlend heller, rötlich-gelber Planet den Nachthimmel. Er beschleunigt seine rückläufige Wanderung durch das Sternbild Löwe (siehe auch Abb. 2.8 oben). Am 19. steht Mars in **Opposition** zur Sonne. Damit ist im Wesentlichen schon alles gesagt: Sichtbarkeit die gesamte Nacht über, geringste Entfernung von der Erde, maximale Helligkeit und größter Durchmesser des Planetenscheibchens. Am Tag der Opposition geht der $-1{,}^{m}3$ helle Mars um $17^{h}19^{m}$ auf, kulminiert um $0^{h}43^{m}$ und geht am nächsten Morgen um $7^{h}58^{m}$ unter. Zu Monatsbeginn geht der $-0{,}^{m}9$ helle Mars erst um $19^{h}08^{m}$ auf.

Im Fernrohr zeigt Mars zur Opposition ein Planetenscheibchen von $13{,}''8$ – für eine Opposition ein eher bescheidener Durchmesser. Diesmal überholt die Erde den roten Nachbarplaneten nahe seiner sonnenfernsten Position. Anfang März passiert Mars das Aphel seiner Bahn. Die geringste Entfernung Erde-Mars wird wegen der elliptischen Bahn der Erde erst acht Stunden nach seiner Opposition erreicht, misst in diesem Jahr 101,4 Millionen Kilometer (= 0,678 AE). Mitte September 2035 wird uns Mars bei seiner Opposition bis auf 56,9 Millionen Kilometer (= 0,380 AE) nahekommen.

Am 21. (kurz nach Mitternacht des 20.) erhält Mars Besuch vom verfinsterten Vollmond, der aber rund $5{,}^{\circ}7$ südlich an ihm vorüberzieht und somit keine enge Konjunktion bietet.

Am 25. passiert Mars rückläufig η Leonis ein halbes Grad südlich. Einen Tag zuvor sieht man Mars vier Grad nördlich von Regulus (siehe auch Abb. 2.8 oben).

JUPITER, rückläufig im Sternbild Löwe, nähert sich der Grenze zum Krebs (siehe auch Abb. 2.8 oben). Am 11. kommt er im Sternbild Löwe in **Opposition** zur Sonne. Von Venus am frühen Morgenhimmel abgesehen ist der Riesenplanet das auffälligste Gestirn am Nachthimmel, an dem er von Sonnenuntergang bis Sonnenaufgang vertreten ist.

Am Oppositionstag geht der $-2{,}^{m}6$ helle Jupiter um $17^{h}13^{m}$ auf, passiert in der Oppositionsnacht um $0^{h}32^{m}$ den Meridian und geht dann morgens um $7^{h}50^{m}$ unter.

Bis Monatsende verfrüht sich der Jupiteruntergang auf $6^{h}42^{m}$. Andererseits geht er am 28. bereits um $15^{h}54^{m}$ auf, wenn es noch hell ist.

Seine geringste Entfernung von der Erde erreicht der Riesenplanet schon in den Nach-

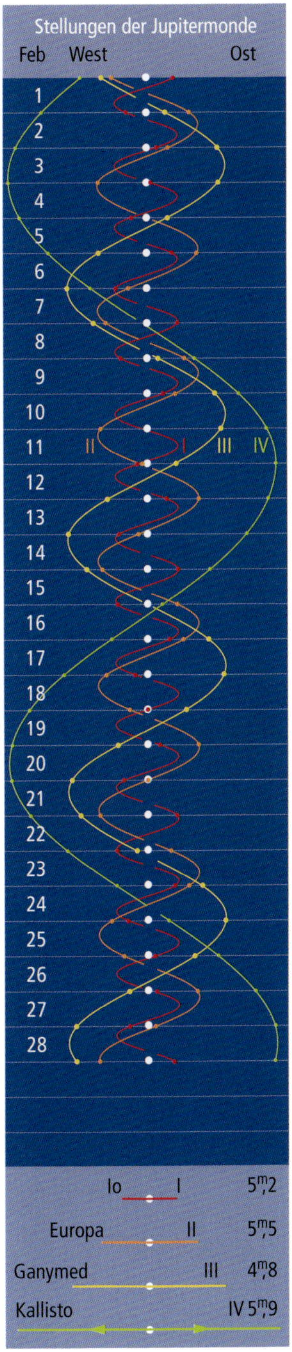

JUPITERMONDE

Tag	MEZ h m	Vorgang		
1.	6 06	I	SA	
	6 20	I	DA	
	20 32	III	BE	
2.	3 23	I	VA	
	5 54	I	BE	
3.	0 34	I	SA	
	0 46	I	DA	
	2 52	I	SE	
	3 03	I	DE	
	4 04	II	SA	
	4 28	II	DA	
	21 51	I	VA	
4.	0 20	I	BE	
	19 03	I	SA	
	19 12	I	DA	
	21 20	I	SE	
	21 29	I	DE	
	22 03	II	4″,3	I
	22 28	II	VA	
5.	1 36	II	BE	
	3 49	II	5″,1	III
	5 58	III	SA	
	6 33	III	DA	
	18 46	I	BE	
6.	20 16	II	SE	
	20 28	II	DE	
7.	3 42	I	2″,8	II
	21 47	IV	VA	
8.	3 15	IV	BE	
	6 30	IV	6″,4	I
	19 56	III	VA	
	23 48	III	BE	
9.	5 17	I	VA	
10.	2 28	I	SA	
	2 29	I	DA	
	4 46	I	SE	
	4 47	I	DE	
	23 46	I	VA	
11.	2 04	I	VE	
	20 55	I	DA	
	20 56	I	SA	

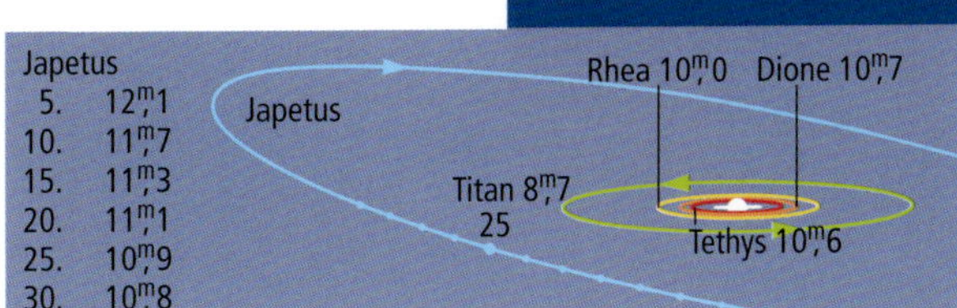

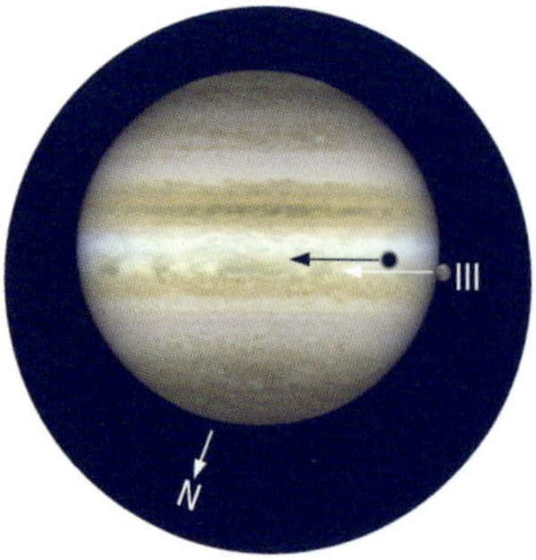

5. Februar, 6^h30^m MEZ: Ganymed wirft seinen Schatten auf Jupiter während er einen Durchgang beginnt.

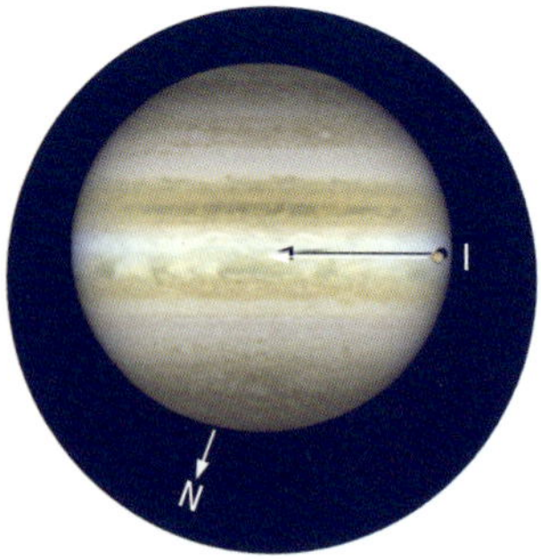

11. Februar, 21^h00^m MEZ: Io bedeckt einen Teil seines Schattens während seines gesamten Durchgangs. Auch am 10.2. um 3^h.

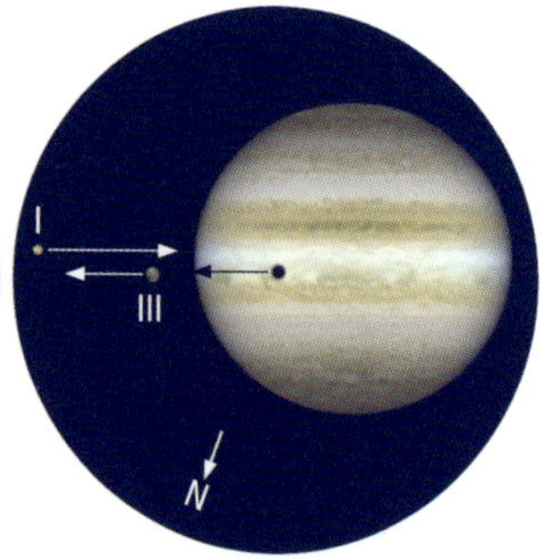

26. Februar, 20^h30^m MEZ: Ganymed wirft seinen Schatten auf Jupiter während er Io begegnet.

JUPITERMONDE

Tag	MEZ h m	Vorgang		
	23 13	I	DE	
	23 14	I	SE	
12.	0 00	II	4″,1	I
	0 59	II	BA	
	3 53	II	VE	
	6 30	II	4″,9	III
	20 33	I	VE	
13.	19 50	II	DA	
	19 58	II	SA	
	22 43	II	DE	
	22 52	II	SE	
14.	5 45	I	2″,8	II
15.	23 25	III	BA	
16.	3 34	III	VE	
	4 45	III	7″,7	IV
	18 15	III	3″,5	II
17.	4 13	I	DA	
	4 22	I	SA	
	18 47	I	2″,7	II
18.	1 30	I	BA	
	3 59	I	VE	
	22 39	I	DA	
	22 50	I	SA	
19.	0 56	I	DE	
	1 08	I	SE	
	1 57	II	4″,0	I
	3 12	II	BA	
	18 39	I	2″,8	III
	19 56	I	BA	
	22 27	I	VE	
20.	19 22	I	DE	
	19 37	I	SE	

JUPITERMONDE

Tag	MEZ h m	Vorgang		
20.	22 05	II	DA	
	22 35	II	SA	
21.	0 58	II	DE	
	1 28	II	SE	
22.	19 19	III	2″,0	I
	19 45	II	VE	
23.	2 41	III	BA	
	21 08	III	3″,4	II
24.	20 37	IV	VE	
	20 50	I	2″,7	II
25.	3 14	I	BA	
	19 09	IV	4″,3	III
26.	0 23	I	DA	
	0 45	I	SA	
	2 40	I	DE	
	3 02	I	SE	
	3 54	II	3″,8	I
	20 00	III	DE	
	21 01	I	2″,5	III
	21 34	III	SE	
	21 40	I	BA	
27.	0 22	I	VE	
	18 49	I	DA	
	19 13	I	SA	
	21 06	I	DE	
	21 31	I	SE	
28.	0 21	II	DA	
	1 12	II	SA	
	3 14	II	DE	
	4 05	II	SE	
	18 51	I	VE	

mittagsstunden am 11., wobei ihn 652 Millionen Kilometer (= 4,36 AE) von uns trennen. Dies entspricht einer Lichtlaufzeit von 36 Minuten.

Von der Sonne ist Jupiter zur Opposition 800 Millionen Kilometer entfernt, dies entspricht 5,35 AE. Damit ist Jupiter mehr als fünfmal so weit entfernt wie die Sonne von der Erde.

Im Teleskop erkennt man ein ovales Planetenscheibchen, da Jupiter stark abgeplattet ist (1:16). Sein scheinbarer Äquatordurchmesser beträgt am Tag der Opposition 45″,2, der Poldurchmesser 42″,3. Schon in einem kleinen Teleskop sind auf Jupiter seine signifikanten Wolkenstreifen und dunklen Bänder zu erkennen. Bereits im Fernglas sieht man die vier hellen Jupitermonde. Reizvoll ist es, das Wechselspiel der vier hellen Jupitermonde zu verfolgen, das schon die ersten Fernrohrbeobachter vor 400 Jahren faszinierte. Im Jahr 2027 kommt es außerdem zu gegenseitigen Bedeckungen und Verfinsterungen der Jupitermonde.

Seine diesjährige Oppositionsschleife beschreibt Jupiter im Grenzgebiet Löwe/Krebs (siehe Abb. 2.8 auf Seite 62).

Der Vollmond begegnet dem Riesenplaneten in den Morgenstunden des 20. Februar (siehe Abb. unter der Tabelle „Mondlauf“ auf Seite 59).

Mit den Oppositionen von Mars und Jupiter stehen die beiden hellsten Planeten fast gleichzeitig in Gegenschein zur Sonne (Venus kann nie in Opposition zur Sonne kommen, ihre maximale Elongation beträgt 47°12′). Solche gemeinsamen Oppositionen von Mars und Jupiter sind selten. Letztmals war dies im Februar 1980 der Fall. Wer es diesmal versäumt, die gemeinsame „Doppelopposition“ der beiden hellsten Planeten zu beobachten, bekommt erst im Januar 2076 wieder dazu Gelegenheit (siehe auch das Monatsthema „Mars und Jupiter in Opposition zur Sonne“ auf Seite 71).

SATURN wechselt am 23. rechtläufig aus dem Walfisch in das Sternbild der Fische (lat.: Pisces). Der Ringplanet kann noch am Abendhimmel gesehen werden. Allerdings verkürzt er seine Sichtbarkeitsdauer drastisch, denn er geht immer früher unter – die Abenddämmerung hingegen setzt immer später ein.

Am 1. sinkt der $0^{m}{,}8$ helle Saturn um 22^h27^m unter die westliche Horizontlinie, am 15. um 21^h40^m und am 28. bereits um 20^h56^m. Damit verbleiben etwas mehr als zwei Stunden Sichtbarkeitsdauer am Abendhimmel.

Am 10. zieht die Sichel des zunehmenden Mondes um 19^h etwa 7° nördlich an Saturn vorbei (siehe Abb. 2.9 rechts).

URANUS wird am 8. im Sternbild Stier mitten im Goldenen Tor der Ekliptik stationär. Dies ist kaum auffallend, weil sich der grünliche Planet in diesen Wochen fast nicht bewegt. Bis Monatsende bleibt so gut wie unbemerkt, dass Uranus wieder rechtläufig geworden ist – er kommt kaum vom Fleck (siehe Abb. 11.8 auf Seite 232). Uranus verlagert seine Untergänge in die Zeit bald nach Mitternacht. Am 1. geht er um 3^h23^m, am 15. um 2^h28^m und am 28. schon um 1^h38^m unter.

2.9 Die zunehmende Mondsichel wandert an Saturn vorbei. Abendlicher Opernglasanblick am 10. Februar gegen 19ʰ.

KONSTELLATIONEN UND EREIGNISSE

Datum	MEZ	Ereignis
2.	14^h	Mond bei Venus, Mond 6°,6 südlich
3.	7	**Merkur in größter östlicher Elongation** (18°)
6.	9	Merkur im Perihel
6.	17	Ringförmige Sonnenfinsternis – in Mitteleuropa unbeobachtbar (siehe Seite 24)
8.	5	**Mond bei Merkur**, Mond 0°,4 südlich, **Abstand 5°,9 um 18^h**
8.	15	Uranus im Stillstand, anschließend rechtläufig
9.	4	Merkur im Stillstand, anschließend rückläufig
10.	13	Mond bei Neptun, Mond 5°,5 nördlich
11.	1	**Jupiter in Opposition** zur Sonne
11.	6	Mond bei Saturn, Mond 7°,1 nördlich
14.	22	Mond bei Uranus, Mond 5°,4 nördlich
18.	18	Merkur in unterer Konjunktion mit der Sonne
19.	17	**Mars in Opposition** zur Sonne
20.	1	**Mars in Erdnähe** (101,4 Millionen km)
20.	7	**Mond bei Jupiter**, Mond 1°,2 südlich, **Abstand 2°,1 um 6^h**
21.	0	**Halbschattenfinsternis des Mondes** (siehe Seite 25)
21.	1	**Mond bei Mars**, Mond 5°,9 südlich, **Abstand 5°,7 um 19^h am 20.**

Die beste Zeit, um mit guter Optik nach Uranus Ausschau zu halten, ist die Stunde um seine Kulmination. Sie erfolgt am 1. um $19^{\mathrm{h}}31^{\mathrm{m}}$ und Ende Februar am 28. schon um $17^{\mathrm{h}}46^{\mathrm{m}}$. Nach der Monatsmitte stört Mondlicht die Beobachtung. Die Uranushelligkeit beträgt gleichbleibend $5\overset{\mathrm{m}}{,}7$.

NEPTUN, rechtläufig in den Fischen, verabschiedet sich vom Abendhimmel und wird unbeobachtbar. Im März kommt er dann in Konjunktion mit der Sonne. Erfahrene Beobachter mögen den sonnenfernsten der acht Planeten unseres Sonnensystems allenfalls noch in den ersten Februartagen mit lichtstarker Optik aufspüren. Das Aufsuchkärtchen Abb. 9.5 findet man auf Seite 191.

Am 1. geht der $7\overset{\mathrm{m}}{,}9$ lichtschwache Neptun um $15^{\mathrm{h}}44^{\mathrm{m}}$ durch den Meridian und um $21^{\mathrm{h}}45^{\mathrm{m}}$ unter. Zwei Stunden vor seinem Untergang wird Neptun unbeobachtbar.

PLANETOIDEN UND ZWERGPLANETEN

CERES (1) stand zu Beginn des Vormonats in Opposition zur Sonne. Sie eilt rückläufig durch die Zwillinge, bremst aber ihre rückläufige Bewegung stark ab und wird am 24. stationär (siehe Abb. 1.11 auf Seite 45). Damit endet ihre Oppositionsperiode, was auch an der weiter sinkenden Helligkeit deutlich wird. Die Cereshelligkeit geht von $7\overset{\mathrm{m}}{,}3$ im Laufe des Monats auf $7\overset{\mathrm{m}}{,}9$ merkbar zurück.

Die Kulminationen von Ceres verfrühen sich von $22^{\mathrm{h}}28^{\mathrm{m}}$ am Monatsbeginn auf $21^{\mathrm{h}}26^{\mathrm{m}}$ am 15. und auf $20^{\mathrm{h}}34^{\mathrm{m}}$ Ende Februar.

VESTA (4) beschleunigt ihren prograden Lauf durch die Fische. Ihre scheinbare Helligkeit geht weiter leicht um $0\overset{\mathrm{m}}{,}2$ zurück und erreicht Ende des Monats $8\overset{\mathrm{m}}{,}4$. Das Ende der Beobachtungssaison zeichnet sich ab.

Vestas Meridianpassage erfolgt am 1. um $17^{\mathrm{h}}14^{\mathrm{m}}$, ihr Untergang folgt um $23^{\mathrm{h}}38^{\mathrm{m}}$. Bis 28. verfrühen sich ihre Kulminationen auf $16^{\mathrm{h}}03^{\mathrm{m}}$. Da auch die Dunkelheit immer später einsetzt, verkürzt sich die Vestasichtbarkeit deutlich. Am 28. geht Vesta schon um $22^{\mathrm{h}}47^{\mathrm{m}}$ unter. Gegen $20^{\mathrm{h}}30^{\mathrm{m}}$ verschwindet sie im Horizontdunst.

PERIODISCHE STERNSCHNUPPENSTRÖME

Der Februar ist der Monat mit den wenigsten Meteoren im Jahresverlauf. Allerdings sind im Februar schon recht helle Feuerkugeln oder Boliden gesichtet worden.

Der **ANTIHELION**-Radiant verlagert sich weiter entlang der Ekliptik und erreicht zum Monatsende das Sternbild Jungfrau und damit geringere Höhen über dem Horizont. Wenn ausschließlich schwache Quellen vorhanden sind, ist die Chance für die Entdeckung schwacher Meteorströme günstig. Alle Daten der letzten Jahre haben aber keine Anzeichen für weitere Ströme im Februar geliefert. In

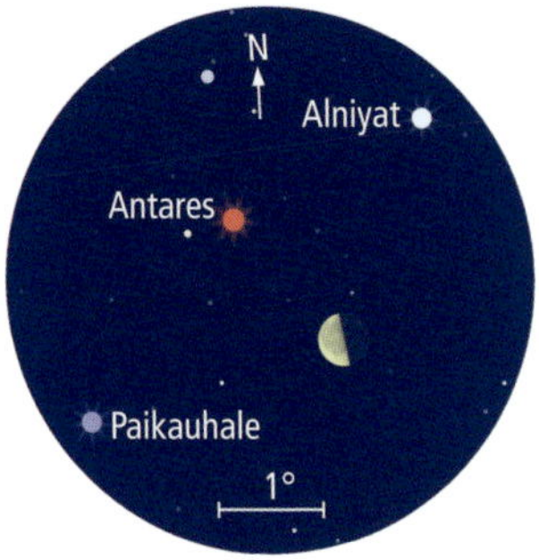

2.10 Der abnehmende Halbmond zieht am 28. Februar an Antares vorbei. Fernglasanblick gegen 6^{h} morgens.

den 1980er-Jahren wurden in der ersten Monatshälfte Aurigiden aufgezeichnet, die aber gegenwärtig nicht zu erkennen sind. Das trifft auch auf Meteore aus dem Bereich der Sternbilder Kopf der Schlange und Waage am Monatsende zu, die sich derzeit nicht bestätigen lassen. Außerdem traten seit einigen Jahren langsame Meteore (23 km/s) aus dem Bereich um δ Leonis auf, von denen es ebenfalls keine aktuellen Beobachtungen gibt.

Zwischen Mitte Januar und Anfang April sind wiederholt sehr helle Feuerkugeln beobachtet worden, wie zum Beispiel der gewaltige Bolide vom 15. Februar 2013 über der sibirischen Stadt Tscheljabinsk mit teils verheerenden Folgen allein durch die Luftdruckwellen. Ferner gab es im Februar 2023 an drei aufeinanderfolgenden Tagen Feuerkugeln mit Meteoritenfällen. Auch der Meteoritenfall von Ribbeck im Havelland am 21. Januar 2024 hat für Aufsehen gesorgt.

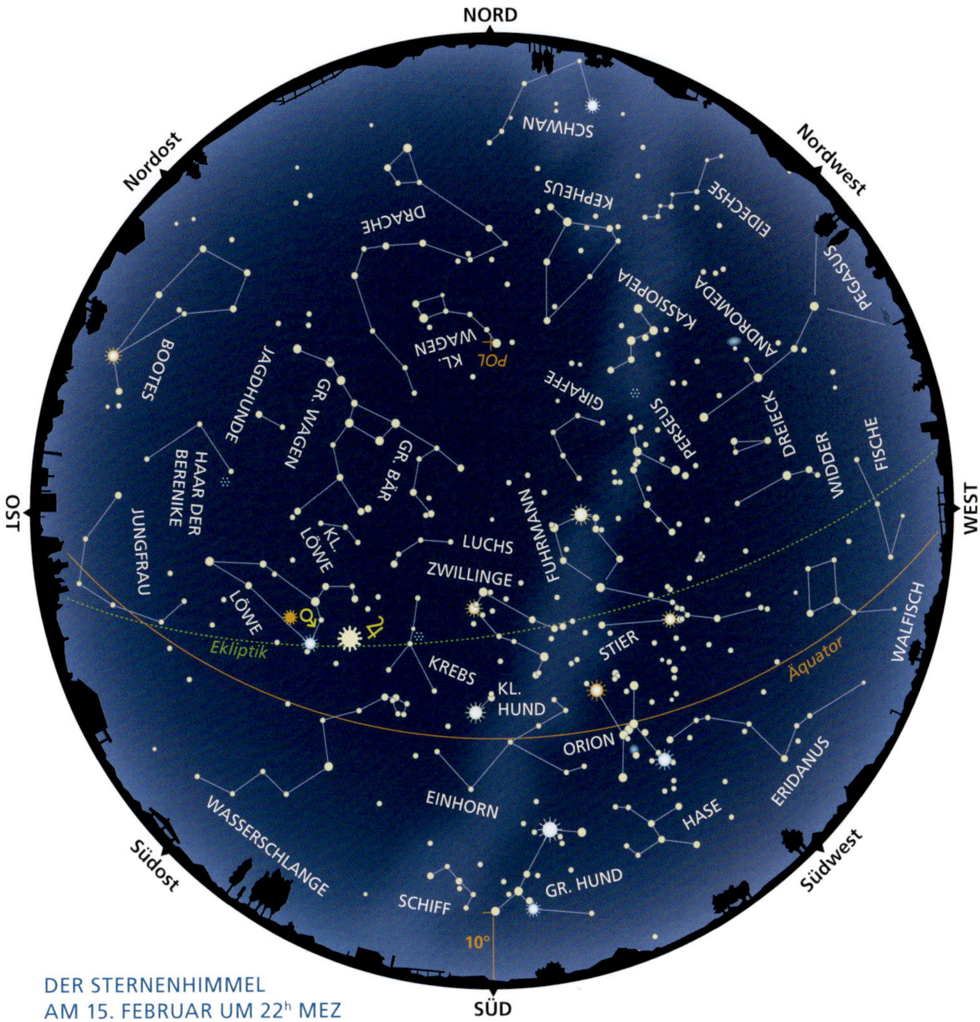

DER STERNENHIMMEL AM 15. FEBRUAR UM 22^h MEZ

Die Sternkarte ist auch gültig für:

	MEZ	MESZ
1.11.	5^h	
15.11.	4	
1.12.	3	
15.12.	2	
1. 1.	1	
15. 1.	0	
1. 2.	**23**	
15. 2.	**22**	
28. 2.	**21**	
15. 3.	20	

Das Himmels-W sinkt langsam im Nordwesten herunter, während sich der Große Wagen im Nordosten immer höher schiebt. Das Wintersechseck mit Kapella, Aldebaran, Rigel, Sirius, Prokyon und Pollux hat sich merkbar nach Westen verschoben. Zur Standardbeobachtungszeit, nämlich gegen 23^h zu Monatsbeginn beziehungsweise 22^h zur Monatsmitte, hat der Himmelsjäger Orion den Meridian bereits überschritten. Sirius zieht im Süden die Blicke auf sich. Auch die Zwillinge kulminieren eben. Fast senkrecht über unseren Köpfen leuchtet die gelbliche Kapella im Fuhrmann, der nördlichste Stern erster Größenklasse.

Hoch im Westen steht der Stier mit dem orange-roten Aldebaran und den beiden offenen

2.11 Skelettkarte des Sternbildes Stier mit den offenen Sternhaufen der Plejaden (M 45) und Hyaden.

Sternhaufen der Plejaden und Hyaden. Zwischen beiden Sternhaufen verläuft die scheinbare Sonnenbahn, die Ekliptik. Deshalb bezeichnet man das Gebiet zwischen diesen beiden Sternhaufen auch als „Goldenes Tor der Ekliptik".

Im Westen erinnern noch Perseus und tiefer Andromeda an vergangene Herbsttage. Die übrigen Herbstbilder sind unter dem Horizont verschwunden oder gerade im Untergang begriffen wie Pegasus, Fische und Walfisch.

Im Südosten ist der Löwe auf der Himmelsbühne erschienen. Er kündigt die kommende Jahreszeit an. Der Löwe ist das Leitsternbild des Frühlingshimmels. Sein hellster Stern wurde von Nikolaus Kopernikus „Regulus" getauft, was so viel wie „Kleiner König" heißt. Doch schon die alten Babylonier sahen im Löwenhauptstern einen König. Im Löwen halten sich zurzeit die hellen Planeten Mars und Jupiter auf, die im Februar 2027 in Opposition zur Sonne kommen (siehe auch Monatsthema Februar auf Seite 71).

Hoch im Süden wandern gerade die Zwillinge durch den Meridian. Zwei Sternenketten stellen das ungleiche Brüderpaar Kastor und Pollux dar. So heißen auch die beiden hellsten und östlichsten Sterne der Ketten. Der griechischen Mythologie nach war Pollux unsterblich, Kastor wurde als Sterblicher jedoch einst im Kampf getötet. Da die nördlichsten Abschnitte der Ekliptik durch die Zwillinge verlaufen, so gehören sie wie Krebs und Löwe zum Tierkreis.

Der Krebs liegt zwischen den Zwillingen im Meridian und dem Löwen halbhoch über dem Osthorizont. Da sich keine hellen Sterne im Krebs finden, fällt er kaum auf. Zwar ist er dem Namen nach gut bekannt, da er ebenfalls ein Tierkreissternbild ist. Aber am Firmament findet man ihn nur unter sehr guten Sichtbedingungen, nicht aber in unseren licht- und schmutzverseuchten Dunstglocken über unseren Städten und Siedlungen.

Auch der offene Sternhaufen Praesepe (lat., die Krippe) liegt im Krebs und ist ein wunderschönes Fernglasobjekt. Die Katalogbezeichnung der Krippe lautet M 44. Das M steht für

Messier, den französischen Kometenjäger, der die auffälligsten Sternhaufen und Nebel in einem Katalog zusammengefasst hat.

Ein wenig bekanntes Sternbild ist die Wasserschlange, deren Kopf südlich vom Krebs liegt und die sich nach Südosten hinunterschlängelt. Hydra ist die lateinische Bezeichnung für die weibliche Wasserschlange. Tief am Südhimmel, nahe dem Himmelssüdpol, gibt es das Sternbild Hydrus, die männliche oder kleine Wasserschlange.

Vergleichsweise auffallend ist der Hauptstern der Wasserschlange, Alphard oder α Hydrae genannt. Alphard markiert das Herz der Wasserschlange und ist $2^{m}_{,}0$ hell. Die Wasserschlange ist das ausgedehnteste Sternbild am Himmel. Es zieht sich rund sieben Rektaszensionsstunden in Äquatornähe am Firmament entlang. Der Kopf der Wasserschlange liegt noch nördlich des Himmelsäquators und südwestlich von Regulus im Löwen. Außer Alphard sind alle übrigen Sterne der Wasserschlange schwächer als 3. Größenklasse. Südlich von Alphard knickt die Wasserschlange in Richtung Osten ab und zieht sich südlich von Becher, Rabe und Jungfrau bis zu ihrem Schwanz, der zwischen den Sternbildern Waage und Centaurus liegt.

OBJEKTE FÜR FELDSTECHER UND FERNROHR

Zu den Standardobjekten für Fernglasbeobachter zählen die beiden offenen Sternhaufen Hyaden und Plejaden im Stier. Die Plejaden (M 45) erscheinen dichter gedrängt als die Hyaden. Mit rund 440 Lichtjahren sind sie auch dreimal weiter entfernt als die Hyaden mit 150 Lichtjahren Distanz. Mitten in den Hyaden steht der orange-rote Aldebaran (α Tauri). Er zählt aber nicht zu diesem Sternhaufen, sondern ist mit 67 Lichtjahren ein Vordergrundstern. Schon ein Fernglas trennt den Doppelstern $\vartheta_{1,2}$ Tauri in den Hyaden. Im Teleskop löst man den Zentralstern der Plejaden, die Alkyone, in vier einzelne Lichtpunkte auf.

Auch M 44, die Krippe im Sternbild Krebs, zählt zu den prominenten Objekten am Winterhimmel. Mit bloßen Augen als mattes, aber deutliches Lichtfleckchen sichtbar, entpuppt sich M 44 im Fernglas als prächtiger offener Sternhaufen. Im Gesichtsfeld wimmelt es nur so von Sternen. Die Amerikaner nennen diesen Sternhaufen Behive, der Bienenstock, weil sie den Eindruck haben, Sterne wie schwirrende Bienen zu sehen. Die lateinische Bezeichnung für Krippe lautet Praesepe. Die rund 300 Sterne des Haufens sind 600 Lichtjahre von uns entfernt. Im Fernglas sieht man aber nur die 50 hellsten Sonnen von M 44. Der hellste Einzelstern im Haufen ist ε Cancri mit $6^{m}_{,}3$, ein weißer Stern (Spektraltyp A2).

Außer der Krippe im Krebs ist auch der Sternhaufen M 67 im Krebs ein beeindruckendes Objekt. M 67 liegt knapp 2° westlich von Acubens (α Cancri). In einem Teleskop ab 20 cm Öffnung sieht man mehr als 200 einzelne Sterne, die relativ dicht gedrängt stehen. Im Fernglas hat man daher den Eindruck eines Nebel-

2.12 Der offene Sternhaufen der Plejaden im Sternbild Stier (Aufnahme von Martin Gertz/Sternwarte Welzheim).

NASA, ESA and Digitized Sky Survey 2

2.13 Aufnahme des offenen Sternhaufens NGC 2360 (Carolines Cluster) im Sternbild Großer Hund.

fleckchens von etwa 20′ Ausdehnung. Im Fernrohr lässt sich dieser Haufen gut auflösen. Seine Entfernung wurde aus dem Farben-Helligkeits-Diagramm (FHD) zu rund 2900 Lichtjahren bestimmt. Mit einem Alter von rund vier Milliarden Jahren zählt M 67 zu den ältesten offenen Sternhaufen.

Als weiterer offener Sternhaufen sei Carolines Cluster (NGC 2360) empfohlen. Er liegt etwa 8° östlich von Sirius und $3{,}^{\circ}2$ östlich von Muliphein (γ CMa) im Großen Hund (siehe Sternkarte E8 im *Atlas für Himmelsbeobachter* von Erich Karkoschka). Im Fernglas erscheint er als Nebelfleck mit 12′ Ausdehnung, erst im Fernrohr sind einzelne Sterne auszumachen. Man zählt etwa 80 Sterne, alle knapp 10^{m} und lichtschwächer. Der Haufen erscheint ziemlich kompakt und im Zentrum etwas länglich. Koordinaten: $\alpha = 07^{h}17^{m}44^{s}$ und $\delta = -15°38'30''$ (J2000.0). Die Entfernung wurde zu 3600 Lichtjahren bestimmt. Das Alter des Haufens wird auf zwei Milliarden Jahre geschätzt. Entdeckt wurde NGC 2360 von Caroline Herschel im Februar 1783.

Doppelsternbeobachter prüfen ihre Augen zunächst an Mizar und Alkor im Großen Wagen. Mizar ist der mittlere Deichselstern (ζ UMa). Halbwegs gute Augen sollten knapp neben Mizar ein Sternchen vierter Größe erkennen. Seine Distanz von Mizar beträgt rund zwölf Bogenminuten. Der Begleiter heißt Alkor oder das Reiterlein. Alkor und Mizar sind ein sogenanntes optisches Paar, sie stehen nur zufällig in gleicher Richtung, sind aber nicht durch ihre Schwerkraft aneinandergefesselt. Mizar ist 78 Lichtjahre, Alkor hingegen 81 Lichtjahre von uns entfernt. Neuerdings wird vermutet, dass auch Mizar 81 Lichtjahre entfernt ist.

Bereits in einem kleinen Teleskop ab 5 cm Objektivöffnung gelingt es, Mizar als echten Doppelstern zu trennen. Zwei weiße, $2{,}^{m}2$ und $3{,}^{m}9$ helle Sterne stehen in 14″ Distanz voneinander. Inzwischen weiß man, dass sowohl beide Mizarsonnen als auch Alkor spektroskopische Doppelsterne sind. Man beobachtet hier also sechs Sonnen, sehen kann man aber lediglich drei Lichtpunkte.

Als Doppelstern sei auch Kastor in den Zwillingen (α Geminorum) empfohlen. Zwei weiße Sonnen (A2) mit $1{,}^{m}9$ und $2{,}^{m}9$ Helligkeit sind zurzeit $5{,}''9$ voneinander getrennt. Sie umkreisen einander in 470 Jahren. Kastor ist 51 Lichtjahre entfernt. Tatsächlich ist Kastor jedoch ein Sechsfachstern.

VERÄNDERLICHE STERNE

Algol-Minima		β-Lyrae-Minima		δ-Cepheï-Maxima		Mira-Helligkeit	
4.	$2^{h}02^{m}$	4.	9^{h} H	5.	8^{h}	1.	3^{m}
6.	22 51	10.	20 N	10.	17	10.	3
9.	19 41	17.	7 H	16.	1	20.	3
27.	0 38	23.	19 N	21.	10	28.	4
				26.	19		

Mars und Jupiter in Opposition zur Sonne

NASA, ESA, STScI

2.14 Mars, aufgenommen vom Hubble Space Telescope am 28. Dezember 2024

NASA, ESA, J. DePasquale (STScI), A. Simon (NASA-GSFC)

2.15 Jupiter, aufgenommen vom Hubble Space Telescope am 5. Januar 2024

Im Frühjahr kommt es zu einer seltenen und spannenden Planetenkonstellation. Die beiden hellen Planeten Mars und Jupiter ziehen gemeinsam ihre Oppositionsschleifen im Sternbild Löwe. Venus braucht nicht erwähnt zu werden, denn sie kommt niemals in Opposition zur Sonne. Jupiter, rückläufig im Löwen, steht am 11. Februar in Opposition zur Sonne, Mars folgt eine Woche später am 19. Februar und befindet sich ebenfalls im Löwen der Sonne genau gegenüber. Schon am 11. Januar wird der rote Planet stationär und setzt zu seiner Oppositionsschleife an. Während Jupiter zur Opposition $-2{,}^{m}6$ erreicht, bleibt Mars mit $-1{,}^{m}3$ Oppositionshelligkeit zwar ebenfalls auffällig hell, ist aber dennoch deutlich lichtschwächer als Jupiter. Dabei kann Mars bis zu $-2{,}^{m}9$ hell werden. Dies war Ende August 2003 der Fall, als ihn die Erde überholte während Mars nahe seinem Perihel war. Der geringste Abstand Erde – Mars betrug damals knapp 56 Millionen Kilometer. Im Februar 2027 jedoch wird eine Minimaldistanz zur Opposition von lediglich gut 101 Millionen Kilometer vom Mars erreicht, denn am 5. März passiert Mars seinen sonnenfernsten Bahnpunkt, das Aphel. Erst am 11. September 2035 werden sich Erde und Mars wieder bis auf knapp 57 Millionen Kilometer nahekommen (siehe Abb. 2.16 auf Seite 72).

Am 24. Februar passiert Mars rückläufig Regulus vier Grad nördlich. Einen Tag später begegnet Mars η Leonis ein halbes Grad südlich. Am 31. März kommen sich Mars und Jupiter bis auf $4{,}^{\circ}2$ Minimaldistanz näher. Zum zweiten Mal wird Mars am 2. April stationär und wandert anschließend wieder rechtläufig durch den Löwen. Im Mai wird er schneller und passiert am 13. abermals Regulus, diesmal nur $1{,}^{\circ}4$ nördlich.

Jupiter überschreitet am 17. März rückläufig die Grenze zum Sternbild Krebs. Allerdings hält er sich nicht allzu lange im Krebs auf. Denn am 13. April kommt er zum zweiten Mal zum Stillstand und wird wieder rechtläufig, wobei er sich zunächst recht langsam bewegt. Am 10. Mai kehrt der Riesenplanet diesmal rechtläufig in

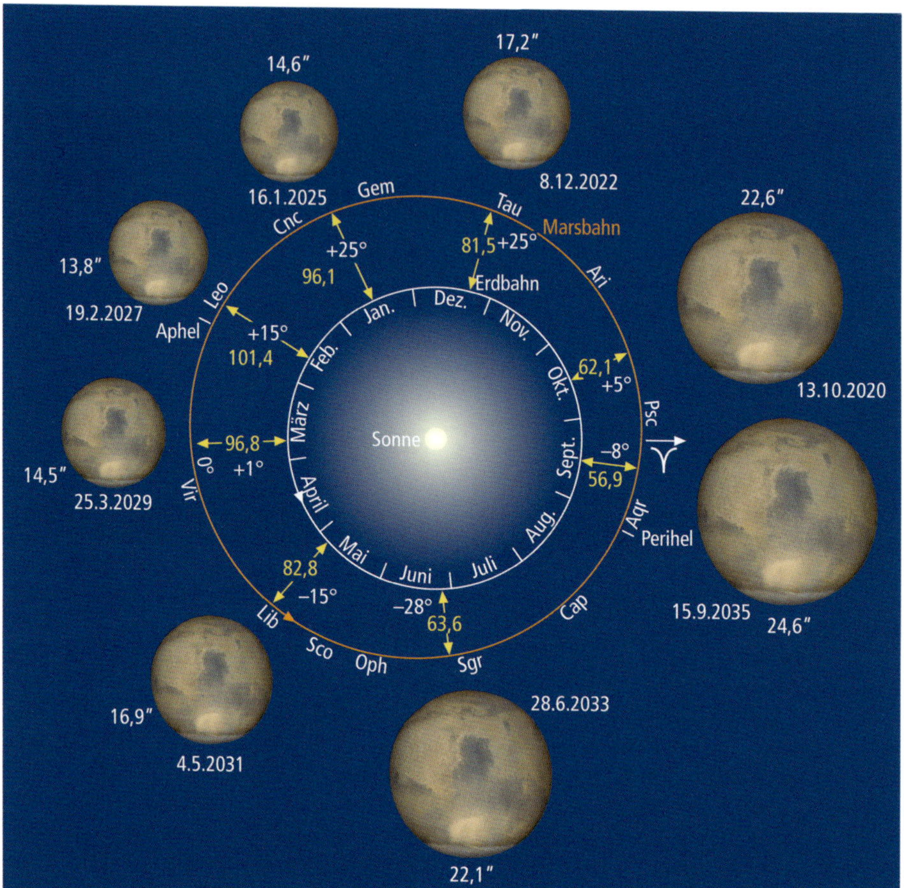

2.16 Die Marsoppositionen von 2020 bis 2035

den Löwen zurück (siehe auch Abb. 1.9 auf Seite 43 und Abb. 2.8 auf Seite 62).

Für Fernrohrbeobachter ist Mars diesmal nicht besonders attraktiv, denn zur Opposition am 19. Februar erreicht das Marsscheibchen einen maximalen Durchmesser von lediglich $13''{,}8$, auf dem nur wenige Einzelheiten zu erkennen sind. Als weißer Tupfer ist die Nordpolarkappe zu sehen („unten" im umkehrenden Teleskop). Zurzeit ist die Nordhalbkugel des Mars der Erde zugekehrt. Am 16. April beginnt auf der nördlichen Marshemisphäre der Sommer. Wesentlich günstiger waren die Beobachtungsbedingungen Ende August 2003, als die Erde Mars nahe seines Perihels überholte. Beide Planeten kamen sich bis knapp 56 Millionen Kilometer nahe, das Marsscheibchen war zu dieser Opposition auf $25''{,}1$ angewachsen.

Ansonsten kommt es im Mittel alle zwei Jahre und 2,4 Monate zu einer Konjunktion von Mars und Jupiter. Die letzte fand am 15. November 2026 statt. Am 16. November konnte man morgens gegen 6^h Mars $1^\circ{,}2$ nördlich von Jupiter sehen. Mit $0^m{,}7$ Helligkeit war Mars gegenüber Jupiter mit $-2^m{,}1$ wenig spektakulär.

Roter Planet Mars

Als es vor rund hundert Jahren am 23. August 1924 zu einer ähnlich günstigen Marsopposition wie am 28. August 2003 kam, wobei die Minimalentfernung von Mars am 22. August 1924 nur 55,78 Millionen Kilometer betrug, da wusste man noch wenig über den roten Planeten. Es wurden damals mehrere Beobachtungskampagnen gestartet, um das Rätsel der mysteriösen Marskanäle zu lösen. Gibt es sie wirklich, diese künstlichen Wasserstraßen, und wer hat sie erbaut? Nicht wenige Wissenschaftler vermuteten, es existiere eine Marszivilisation. Doch die Geschichte verbannte diese Vorstellungen in das Reich der Fantasie. Heute gehört Mars zum bestuntersuchten Planeten (von der Erde abgesehen). Zwei Dutzend erfolgreiche Marsmissionen mit dem Absetzen von sechs Marsrovern, die ihre Fahrspuren im Marsstaub hinterließen, und einem Hubschrauber haben unser Wissen vom roten Planeten enorm erweitert. Schon macht man Pläne für eine Marslandung mit Menschen. Wann jemals Menschen den Marsboden betreten werden, ist freilich noch ungewiss.

Aber die zahlreichen Marsmissionen haben viele Geheimnisse gelüftet und uns ein recht zuverlässiges Bild von unserem äußeren Nachbarplaneten geliefert, welches mit irdischen Teleskopbeobachtungen niemals zu erreichen gewesen wäre. So hat die Raumsonde InSight einen Blick in den Aufbau des Marsglobus vermittelt. Von Anfang Februar 2019 bis Ende 2022 wurden weit über tausend Marsbeben registriert. Teilweise wurden diese Beben durch Impaktereignisse wie Einschläge von Meteoroiden oder Kometenkernen hervorgerufen, teils durch innere Vorgänge ausgelöst. Unter der äußeren Marskruste befindet sich der Marsmantel. Am unteren Ende des Marsmantels, in der Übergangszone zum Marskern, befindet sich eine flüssige, 150 Kilometer dicke und 1800 °C heiße Silikatschicht. Der metallische Marskern von 3300 Kilometer Durchmesser aus Eisen und Nickel besteht aus einem äußeren flüssigen Eisenkern und einem inneren, festen Eisenkern mit 1200 Kilometer Durchmesser. Zwischen dem

NASA/JPL-Caltech

2.17 Innerer Aufbau des Marsglobus. Aus den Daten der Marssonde InSight (NASA) ergibt sich ein fester Eisenkern im Zentrum.

inneren und äußeren Kern kommt es zu einem Dichtesprung von 7 % und einem Anstieg der Schallgeschwindigkeit von 30 %. Die Zentraltemperatur wird auf 2400 °C geschätzt.

Die Nordpolarkappe ist ein Eisschild aus Wassereis. Im Winter bildet sich darauf eine dünne Schicht aus gefrorenem Kohlendioxid (Trockeneis) als eine Art Raureif. Noch sind Fragen offen: Wie entstand ein früheres globales Magnetfeld und warum ist es verschwunden?

Auch wenn von Amateurbeobachtungen des Mars keine neuen Erkenntnisse zu erwarten sind, so faszinieren dennoch Fernrohrblicke auf unseren Nachbarplaneten insbesondere zu Oppositionszeiten.

Oppositionen von Mars und Jupiter

Wie eingangs erwähnt, ist die gemeinsame Opposition von Mars und Jupiter ein seltenes Ereignis. Diesmal stehen sie um Mitternacht relativ hoch im Sternbild Löwe und sind gut zu beobachten. Letztmals vor 47 Jahren fand eine solche Planetenkonstellation statt, wobei sich Mars und Jupiter noch näher standen. Am 24. Februar 1980

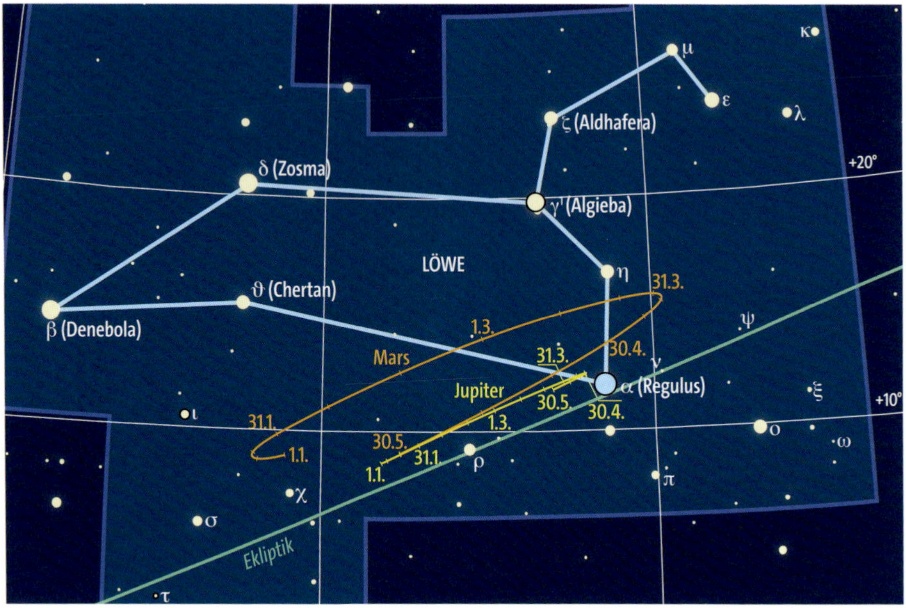

2.18 Dreifache Konjunktionen von Mars, Jupiter und Regulus im März 1980

kam Jupiter im Sternbild Löwe in Opposition zur Sonne. Nur einen Tag später stand auch Mars ebenfalls im Löwen in Opposition. Beide Planeten befanden sich nahe Regulus, dem Hauptstern des Löwen. Am 2. März bildeten Mars und Jupiter fast ein gleichseitiges Dreieck mit ihm (siehe Abb. 2.18 oben). Auch kam es zu einer dreifachen Konjunktion von Mars und Jupiter, die Regulus umtanzten. Am 2.3.1980 näherten sich Mars und Jupiter bis auf sechs Vollmondbreiten einander an. Für Mars war es wieder eine Aphelopposition. Sein geringster Abstand von der Erde betrug damals 101,3 Millionen Kilometer.

Erst in weiteren 49 Jahren nach der diesjährigen parallelen Opposition von Mars und Jupiter kommt es abermals zu einer zeitlich nahen Mars-Jupiter-Opposition zur Sonne. Mars steht am 19. März 2076 in Opposition im Sternbild Jungfrau, es folgt Jupiter, der am 29. März 2076 seine Opposition zur Sonne einnimmt, ebenfalls im Sternbild Jungfrau. Zur Opposition von Mars steht dieser im Westteil der Jungfrau nahe der Grenze zum Löwen, die er am 4. April rückläufig überschreitet. Jupiter steht knapp südlich von Porrima (γ Virginis).

Bis zu seiner Opposition am 29. März entfernt sich Jupiter rückläufig ein wenig von Porrima. Mars ist nur $-1\overset{m}{,}2$ hell, eine typische Aphelopposition mit einer Minimaldistanz von 99 Millionen Kilometer Entfernung von der Erde.

Bei ihrer engsten Stellung sind Mars und Jupiter am 12. Februar 2076 knapp 6° voneinander entfernt. Zwischen beiden Planeten steht Porrima in der Jungfrau.

Jupiter und seine Monde

In diesem Jahr (2027) sind die Beobachtungsbedingungen wie erwähnt relativ günstig. Im Fernrohr macht Jupiter das Rennen. Für Amateurastrononen ist Jupiter ein dankbares Beobachtungsobjekt. Schon im Fernglas zeigt er ein kleines Scheibchen und erscheint nicht punktförmig wie die Sterne. Nahe dem hellen Planetenscheibchen sieht man im Feldstecher bis zu vier helle Lichtpunkte – die vier großen Monde des Jupiter, die ihn auf seinem Weg um die Sonne begleiten. Elf Jahre und 315 Tage ist er unterwegs, um einmal die Sonne zu umrunden. Somit wechselt er im Mittel jedes Jahr in ein neues Tierkreissternbild.

Selbst in einem bescheidenen Operngucker sieht man neben Jupiter vier, gelegentlich drei oder auch nur zwei „Sternchen". Manchmal stehen sie nur auf einer Seite des Riesenplaneten, manchmal verteilen sie sich symmetrisch zu beiden Seiten. Diese „Sternchen" ändern schnell ihre Positionen relativ zum Jupiter. Täglich bietet sich im Teleskop ein anderer Anblick, was die Gruppierung dieser Lichtpünktchen um Jupiter betrifft. Sie umkreisen offenbar den Riesenplaneten. Tatsächlich handelt es sich bei ihnen um die vier größten und damit auch hellsten Monde des Jupiter. Theoretisch sind die vier großen Monde des Jupiter schon mit bloßen Augen zu erkennen, denn ihre scheinbaren Helligkeiten liegen zwischen fünfter und sechster Größenklasse. Allerdings überstrahlt der helle Jupiter mit seinem Glanz die lichtschwachen Gestirne in seiner Nähe. Aber in jedem kleinen Amateurfernrohr lässt sich der Tanz der hellen Jupitermonde gut verfolgen sowie Verfinsterungen, Bedeckungen und Vorübergänge beobachten. Deshalb sind im *Kosmos Himmelsjahr* für die Monate, in denen der Riesenplanet am Nachthimmel zusehen ist – also fast immer außer in den Wochen um seine Konjunktion mit der Sonne –, die Mondstellungen in einer Grafik verzeichnet. In einer Tabelle sind jeweils die Jupitermonderscheinungen angegeben, die von Mitteleuropa zu beobachten sind, wie Verfinsterungen, Bedeckungen, Durchgänge und Schattenwürfe auf den Jupiterglobus. Im Jahr 2027 kommt es nochmals zu besonderen Jupitermonderscheinungen, denn man sieht noch eine Zeitlang auf die Kante der Bahnen der vier großen Jupitermonde. Mehrmals kommt es zu gegenseitigen Verfinsterungen der Monde. Dann muss man sechs Jahre lang warten, bis wieder die Mondbahnen in Kantenlage zur Erde ausgerichtet sind (siehe auch *Kosmos Himmelsjahr 2026* auf Seite 6 unter „Besondere Jupitermonderscheinungen").

Im Fernrohr zeigt Jupiter eine Fülle von Details. Bei knapp 50″ scheinbarem Durchmesser des

2.19 Jupiter mit seinen Monden Ganymed und Io am 19. März 2026. Mond Ganymed wirft seinen Schatten auf die Jupiterkugel.

Sven Melchert

Jupiterscheibchens kann man schon in kleinen Teleskopen die Wolkenstreifen und -bänder auf seiner Oberfläche erkennen. Nur Venus erscheint nahe ihrer unteren Konjunktion etwas größer – ihr scheinbarer Durchmesser erreicht maximal 63″, also rund eine Bogenminute. Das Marsscheibchen wird im günstigsten Fall (Perihelopposition) 25″ groß. Die meiste Zeit erscheint der Marsglobus so klein, dass man kaum Einzelheiten auf seiner Oberfläche erkennen kann. Das Jupiterscheibchen wird nie kleiner als 30″, weshalb der Riesenplanet das ganze Jahr über ein lohnenswertes Beobachtungsobjekt bleibt, sieht man von den Wochen um die Konjunktion ab, wo Jupiter mit der Sonne am Taghimmel steht und nachts unter dem Horizont bleibt.

Größter Planet im Sonnensystem

Die Bezeichnung „Riesenplanet" ist gerechtfertigt. Jupiter ist der größte und massereichste Planet unseres Sonnensystems. Mit 142 976 Kilometer Äquatordurchmesser übertrifft er den der Erde um das Elffache. Rund 1300 Erdkugeln hätten in seinem gewaltigen Gasleib bequem Platz. Mit 133 684 Kilometer ist der Poldurchmesser

2.20 Jupiter mit seinen Wolkenbändern und -streifen, aufgenommen vom James Webb Space Telescope am 27. Juli 2022. Neben dem GRF sind heftige Polarlichter um den Nord- und Südpol zu sehen.

NASA, ESA, Jupiter ERS Team; image processing by Judy Schmidt

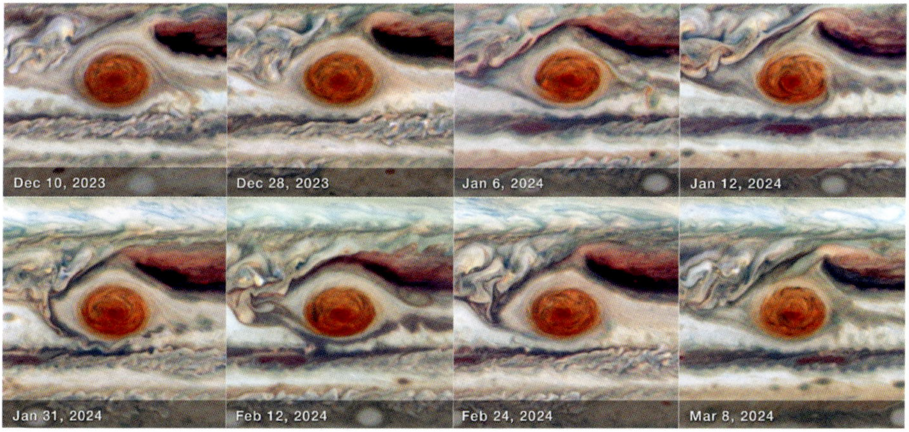

NASA, ESA, A. Simon (GSFC)

2.21 Veränderungen im Großen Roten Fleck von Jupiter im Zeitraum Dezember 2023 bis März 2024, aufgenommen vom Hubble-Teleskop.

deutlich kürzer als der Äquatordurchmesser, nämlich 1/16. Dies fällt auch dem Fernrohrbeobachter sofort auf: Das Jupiterscheibchen erscheint nicht kreisrund, sondern oval. Der Jupiterglobus ist keine Kugel, sondern ein Rotationsellipsoid. Nur Saturn ist noch stärker abgeplattet. Die starke Abplattung ist eine Folge der schnellen Rotation der Riesenplaneten. Ein Jupitertag dauert nur knapp zehn Stunden. Jupiter ist somit nicht nur der größte Planet in unserem Sonnensystem, sondern auch der mit der kürzesten Tageslänge. Die Rotationsachse steht dabei fast senkrecht auf seiner Bahnebene. Die Äquatorebene ist zur Jupiterbahn lediglich um drei Grad geneigt. Mit 318-facher Erdmasse ist Jupiter auch der massereichste Planet unseres Sonnensystems.

Für angehende Amateurastronomen und -astronominnen ist Jupiter ein ideales Beobachtungsobjekt. Während man bei Venus Phasen erkennt aber keine Oberflächendetails, bei Mars nur in den Wochen um die Opposition Einzelheiten auf dem Planetenscheibchen auszumachen sind, Saturn zwar als Ringplanet beeindruckend wirkt, aber auf seiner Planetenkugel sich nur selten ein paar helle Flecken zeigen und sie sonst weitgehend strukturlos erscheint, so ist die Detailfülle auf Jupiter enorm. Selbst unbedarften Laien fallen die hellen Zonen und dunklen Bänder parallel zum Jupiteräquator auf, die bereits in kleinen Teleskopen sichtbar werden. Bei Jupiter sieht man nicht auf eine feste Oberfläche wie bei Mars, sondern man erblickt wolkenartige Strukturen in der Atmosphäre. Außer Streifen und Bänder, die parallel zum Äquator verlaufen, der wegen der geringen Achsenneigung stets durch den Mittelpunkt des Jupiterscheibchens geht, bemerkt man auf der südlichen Hemisphäre in etwa –20° jovigraphischer Breite ein ovales Gebilde, das in größeren Teleskopen rötlich erscheint, weshalb man vom „Großen Roten Fleck" spricht. Der GRF sieht nicht immer gleich aus, er wechselt seine Farbe. Manchmal sieht er rosafarben aus, dann wieder erscheint er in hellem Lachsrot oder gelegentlich eher gelblich. Lange rätselte man über die Natur dieses Gebildes. Inzwischen ist klar, dass der GRF der größte Wirbelsturm (Zyklon) auf Jupiter von vielen anderen ist. Er tobt bereits seit Jahrhunderten auf dem Riesenplaneten. In den letzten Jahren fiel auf, dass der GRF an Größe abnahm. Vielleicht verschwindet er eines Tages ganz oder wird so klein, dass er in Amateurteleskopen kaum mehr zu erkennen ist. Es lohnt sich also, Jupiter regelmäßig zu beobachten.

März 2027

- Der astronomische Frühling (Tagundnachtgleiche) beginnt am 20. um 21^h25^m MEZ.
- Mars und Jupiter beherrschen mit ihrem Glanz den Nachthimmel.
- Venus spielt nach wie vor ihre Rolle als Morgenstern.
- Saturn, rechtläufig im Sternbild Fische, beginnt sich vom Abendhimmel zurückzuziehen. Um die Monatsmitte wird der Ringplanet unbeobachtbar.
- Merkur lässt sich nicht blicken.

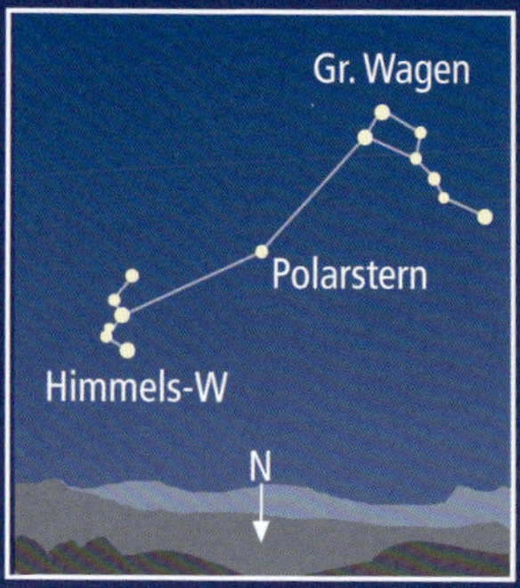

Großer Wagen und Himmels-W Anfang März um 22 Uhr MEZ

3.1 Himmelsanblick am 19. März gegen 20^h MEZ. Über dem Südosthorizont stehen Mars und Jupiter im Gebiet der Sternbilder Krebs und Löwe. Südlich von Mars blendet der fast volle Mond

1 Mo	
2 Di	
3 Mi	
4 Do	
5 Fr	Mond bei Venus – morgens
6 Sa	
7 So	
8 Mo	**Neumond**
9 Di	
10 Mi	
11 Do	
12 Fr	
13 Sa	Mond bedeckt Plejaden – abends
14 So	
15 Mo	Erstes Viertel

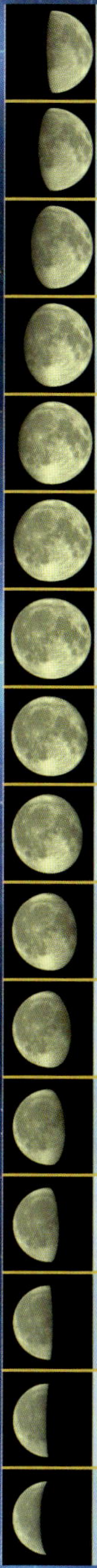

16 Di	
17 Mi	
18 Do	
19 Fr	Mond bei Mars und Jupiter – abends
20 Sa	Frühlingsbeginn
21 So	
22 Mo	**Vollmond**
23 Di	Mond bei Spica – Mitternacht
24 Mi	
25 Do	
26 Fr	Karfreitag
27 Sa	Karsamstag
28 So	Ostersonntag Beginn der Sommerzeit
29 Mo	Ostermontag
30 Di	Letztes Viertel
31 Mi	

SONNE – STERNBILDER

12. 3. 22^h:
Sonne tritt in das Sternbild Fische

20. 3. 21^{h}25^m:
Sonne tritt in das Tierkreiszeichen Widder

Julianisches Datum am
1. März, 1^h MEZ: 2 461 465,5

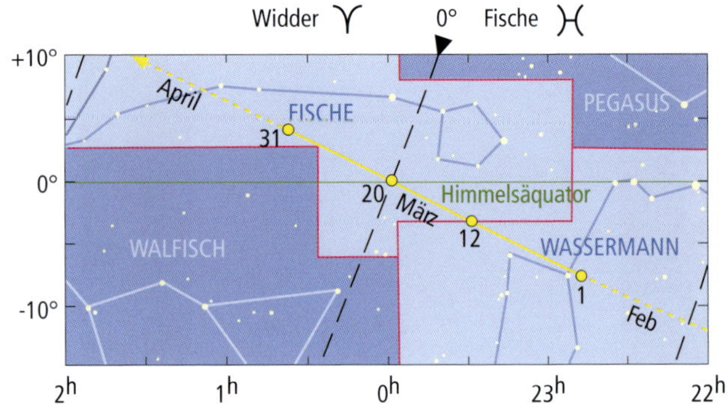

SONNENLAUF

Tag	Dämmerg. Anfang	Aufgang MEZ	Kulmination	Untergang MEZ	Dämmerg. Ende	Mittagshöhe	Zeitgleichg.	Rektaszension	Deklination
	h m	h m	h m	h m	h m	°	m	h m	°
1.	5 54	7 04	12 32	18 01	19 11	32,4	–12	22 45	–7,9
5.	5 46	6 56	12 31	18 08	19 18	34,0	–11	23 00	–6,4
10.	5 36	6 45	12 30	18 16	19 26	35,9	–10	23 19	–4,4
15.	5 25	6 34	12 29	18 24	19 34	37,9	– 9	23 37	–2,5
20.	5 13	6 24	12 27	18 32	19 43	39,8	– 7	23 55	–0,5
25.	5 02	6 13	12 26	18 40	19 51	41,8	– 6	0 14	+1,5
31.	4 48	6 00	12 24	18 50	20 02	44,2	– 4	0 35	+3,8

Achtung: Ab Sonntag, 28. März 2027, gilt die Sommerzeit. Zu allen im Himmelsjahr angegebenen Zeiten eine Stunde addieren!

TAGES- UND NACHTSTUNDEN

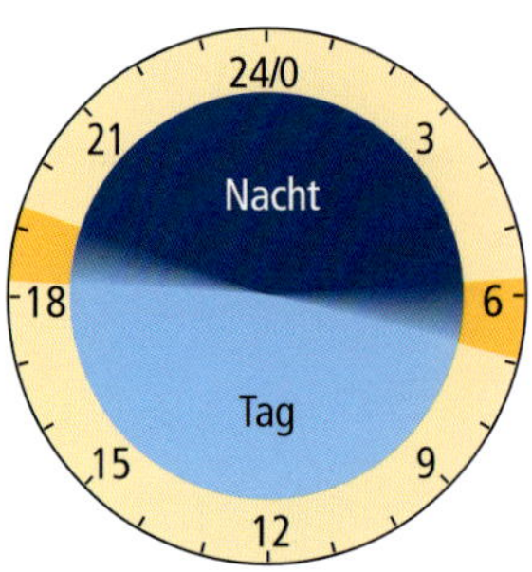

5. März

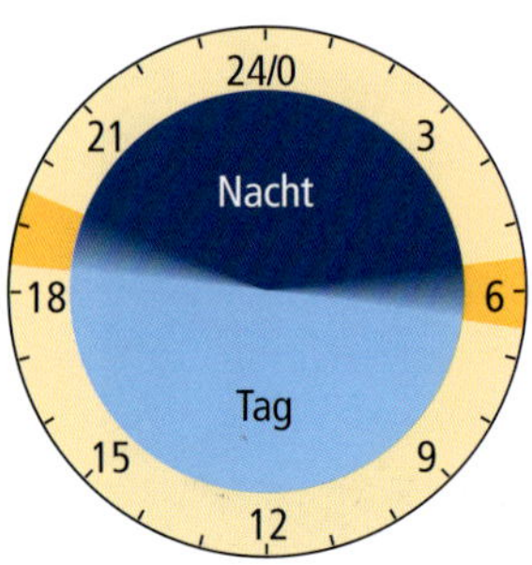

15. März

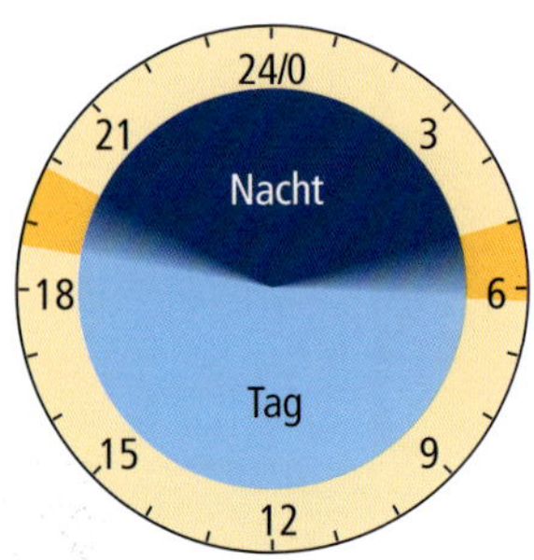

25. März

MONDLAUF

Datum		Aufg. MEZ	Kulmination	Unterg. MEZ	Rektaszension	Deklination	Sterne und Sternbilder	Phase	MEZ
		h m	h m	h m	h m	°			
Mo	1.	3 36	7 08	10 40	17 08	−27,6	Schlangenträger		
Di	2.	4 25	7 59	11 36	18 01	−27,5	Kaus Borealis		
Mi	3.	5 03	8 49	12 41	18 54	−26,1	Schütze, Nunki	Erdferne 405/29′,5	7^h
Do	4.	5 31	9 37	13 51	19 45	−23,6	Schütze		
Fr	5.	5 53	10 23	15 02	20 34	−20,1	Steinbock		
Sa	6.	6 10	11 06	16 13	21 21	−15,7	Steinbock	Aufsteigender Knoten	
So	7.	6 25	11 49	17 25	22 07	−10,7	Wassermann		
Mo	8.	6 39	12 31	18 37	22 51	− 5,1	Wassermann	**Neumond Nr. 1289**	**$10^h 30^m$**
Di	9.	6 52	13 13	19 50	23 36	+ 0,7	Fische		
Mi	10.	7 06	13 57	21 05	0 22	+ 6,6	Fische		
Do	11.	7 21	14 43	22 23	1 09	+12,3	Fische	Libration Ost	
Fr	12.	7 41	15 33	23 44	2 00	+17,5	Widder, Hamal		
Sa	13.	8 07	16 27	–	2 53	+22,0	* Widder	Größte Nordbreite	
So	14.	8 43	17 26	1 04	3 51	+25,4	Stier, Plejaden		
Mo	15.	9 33	18 27	2 18	4 52	+27,3	Stier, Alnath	**Erstes Viertel**	**$17^h 25^m$**
Di	16.	10 39	19 29	3 20	5 55	+27,5	Stier, Alnath		
Mi	17.	11 59	20 29	4 08	6 58	+25,9	* Zwillinge		
Do	18.	13 25	21 26	4 42	8 00	+22,6	Pollux		
Fr	19.	14 53	22 20	5 07	8 58	+17,9	Krebs, Krippe	Erdnähe 366/32′,6 Absteigender Knoten	5^h
Sa	20.	16 19	23 10	5 27	9 53	+12,2	* Löwe, Regulus		
So	21.	17 42	23 59	5 43	10 46	+ 5,9	Sextant		
Mo	22.	19 04	–	5 59	11 36	− 0,7	Löwe	**Vollmond**	**$11^h 45^m$**
Di	23.	20 25	0 47	6 14	12 27	− 7,1	Jungfrau		
Mi	24.	21 45	1 34	6 31	13 17	−13,1	Spica		
Do	25.	23 03	2 24	6 52	14 08	−18,3	Jungfrau	Libration West	
Fr	26.	–	3 14	7 17	15 01	−22,5	Waage	Größte Südbreite	
Sa	27.	0 17	4 06	7 50	15 55	−25,4	Antares		
So	28.	1 23	4 58	8 32	16 49	−27,1	Antares		
Mo	29.	2 17	5 51	9 26	17 44	−27,5	Schütze		
Di	30.	3 00	6 41	10 28	18 37	−26,5	* Schütze, Nunki	**Letztes Viertel**	**$1^h 54^m$**
Mi	31.	3 32	7 30	11 36	19 29	−24,4	Schütze, Nunki	Erdferne 404/29′,6	2^h

DER ZUNEHMENDE MOND WANDERT VON MARS/JUPITER ZU REGULUS

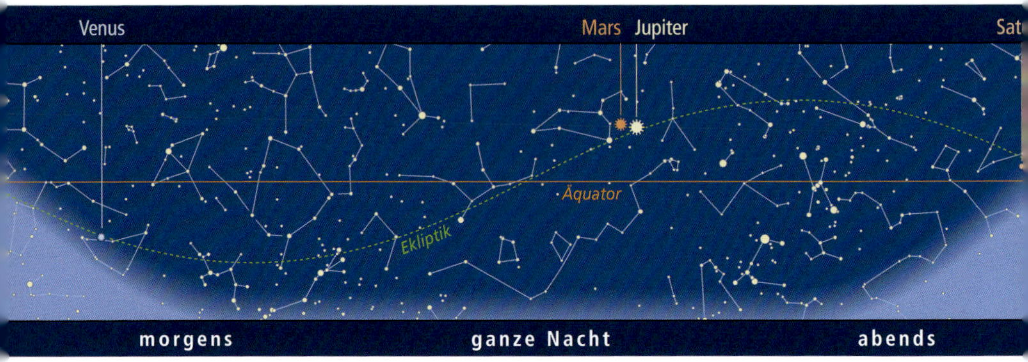

MERKUR stand gegen Mitte Februar in unterer Konjunktion mit der Sonne. Er entfernt sich rasch rückläufig von ihr. Am 2. kommt der sonnennächste Planet zum Stillstand und wird wieder rechtläufig. Bis 17. wächst sein westlicher Winkelabstand auf 27°38′ an – fast der maximal mögliche Wert einer Elongation von Merkur. An diesem Tag hält er die Position maximale westliche Elongation. Der Winkelabstand fällt diesmal so groß aus, weil Merkur nur fünf Tage später, nämlich am 22., das Aphel (sonnenfernster Bahnpunkt) seiner stark elliptischen Bahn passiert. Am 22. trennen Merkur somit 69 Millionen Kilometer (= 0,461 AE) von der Sonne.

Trotz des großen Elongationswinkels lässt sich Merkur in unseren Breiten nicht am Morgenhimmel blicken, denn seine Deklination ist 11° geringer als die der Sonne. Südlich von 40° nördlicher Breite kann man Merkur am Morgenhimmel sehen.

Wer jedoch über ein Teleskop verfügt, mit dem er Merkur am Taghimmel beobachten kann, wird das 7,″6 große Merkurscheibchen zur Dichotomie am 16. halb beleuchtet sehen. Danach wird das Merkurscheibchen schnell kleiner und rundlicher, denn die Beleuchtungsphase nimmt zu.

KONSTELLATIONEN UND EREIGNISSE

Datum	MEZ	Ereignis
2.	21^h	Merkur im Stillstand, anschließend rechtläufig
4.	20	**Mond bei Venus,** Mond 2,°1 südlich, **Abstand 5,°0 um 6^h am 5.**
5.	0	Mars im Aphel (1,66610 AE = 249,25 Millionen km)
6.	6	Mond bei Merkur, Mond 1,°2 südlich
9.	21	Mond bei Neptun, Mond 5,°5 nördlich
10.	18	Mond bei Saturn, Mond 7,°2 nördlich
14.	4	Mond bei Uranus, Mond 5,°3 nördlich
17.	8	Merkur in größter westlicher Elongation (28°)
19.	11	**Mond bei Jupiter,** Mond 0,°9 südlich, **Abstand 4,°0 um 5^h und 6,°0 um 19^h**
19.	20	**Mond bei Mars,** Mond 4,°3 südlich, **Abstand 4,°8 um 19^h**
20.	21^h25^m	**Sonne im Frühlingspunkt, Tagundnachtgleiche**
22.	8	Merkur im Aphel
25.	0	Neptun in Konjunktion mit der Sonne
31.	6	**Mars bei Jupiter, Abstand 4,°2**

VENUS spielt nach wie vor ihre Rolle als Morgenstern, allerdings wird sie immer unauffälliger. Zu Monatsbeginn tritt sie in das Sternbild Steinbock und wechselt am 24. in den Wassermann (siehe Abb. 1.5 auf Seite 40). Venus gewinnt dabei nördlichere Deklinationen, weshalb sich ihre Aufgangszeiten von 5^h28^m am Monatsbeginn auf 5^h04^m (= 6^h04^m Sommerzeit) am Monatsende verfrühen. Die Venushelligkeit sinkt abermals um $0^{\mathrm{m}},2$ auf $-3^{\mathrm{m}},9$ ab. Am 7. zeigt sich das nur noch knapp 15″ große Venusscheibchen zu 75 % beleuchtet. Am 4. erhält Venus Besuch von der schmalen Sichel des abnehmenden Mondes. Es ergibt sich ein beeindruckender Himmelsanblick am 5. gegen 6^{h} morgens (siehe Abb. 3.2 rechts).

MARS hat seine Opposition zur Sonne gerade hinter sich. Er bremst seine rückläufige Bewegung im Krebs in der zweiten Monatshälfte merkbar ab (siehe Abb. 2.8 auf Seite 62 und Abb. 3.5 unten rechts).

In der Nacht vom 19. auf 20. passiert der schon fast volle, zunehmende Mond Mars und Jupiter im Sternbild Löwe (siehe Abb. 3.1 auf Seite 78 sowie Mondlauf auf Seite 81 und Abb. 3.5 unten rechts). Beide helle Planeten erreichen am 31. morgens mit $4^{\circ},2$ ihren Minimalabstand voneinander.

Obwohl seine Helligkeit von $-1^{\mathrm{m}},1$ während des Monats auf $-0^{\mathrm{m}},4$ deutlich absinkt, bleibt der rote Planet immer noch ein auffälliges Objekt am Nachthimmel.

Seine Kulminationen verlagert Mars in die Zeit weit vor Mitternacht. Passiert der rote Planet den Meridian am 1. um $23^{\mathrm{h}}44^{\mathrm{m}}$ und am 15. um $22^{\mathrm{h}}32^{\mathrm{m}}$, so geht er am 31. bereits um $21^{\mathrm{h}}21^{\mathrm{m}}$ (= $22^{\mathrm{h}}21^{\mathrm{m}}$ Sommerzeit) durch die Mittagslinie. Am Monatsletzten sinkt Mars um $4^{\mathrm{h}}57^{\mathrm{m}}$ (= $5^{\mathrm{h}}57^{\mathrm{m}}$ Sommerzeit) unter die Horizontlinie.

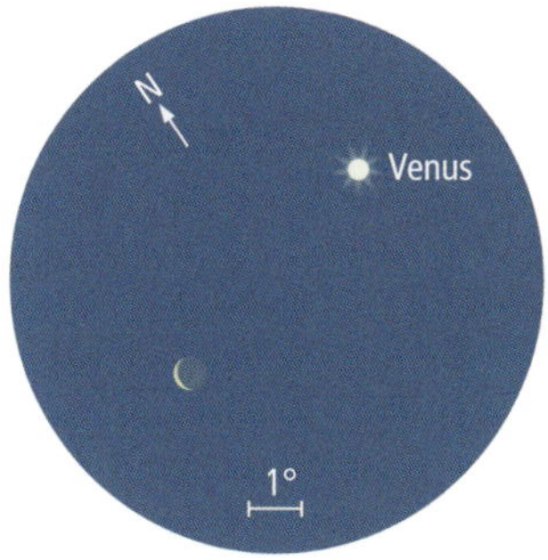

3.2 Venus erhält am 5. März Besuch von der schmalen Sichel des abnehmenden Mondes. Morgendlicher Opernglasanblick gegen 6^h MEZ.

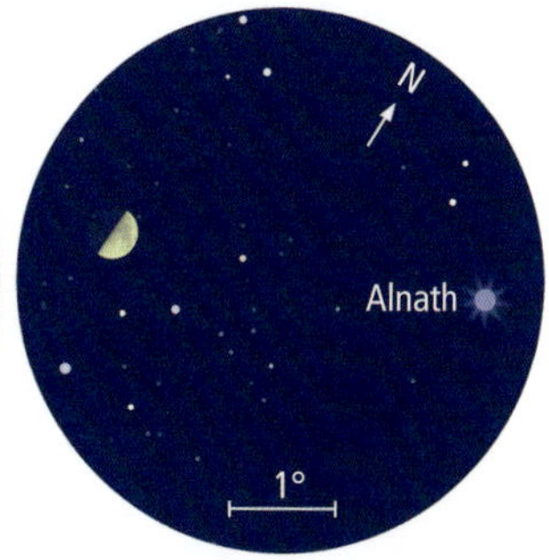

3.3 Der zunehmende Halbmond passiert Alnath (β Tauri) am 15. März. Abendlicher Fernglasanblick gegen 20^h MEZ.

Erfahrene Fernrohrbeobachter bemerken das Schrumpfen des Planetenscheibchens während des Monats um $2'',4$ auf $11'',2$ scheinbaren Durchmesser.

Am 5. geht Mars durch das Aphel seiner stark elliptischen Bahn. Im sonnenfernsten Bahnpunkt trennen ihn 249,25 Millionen Kilometer (= 1,666 AE) vom Tagesgestirn. Dies entspricht einer Lichtlaufzeit von 13 Minuten und 51 Sekunden.

3.4 Der Vollmond begegnet am 23. März Spica in der Jungfrau. Fernglasanblick gegen Mitternacht.

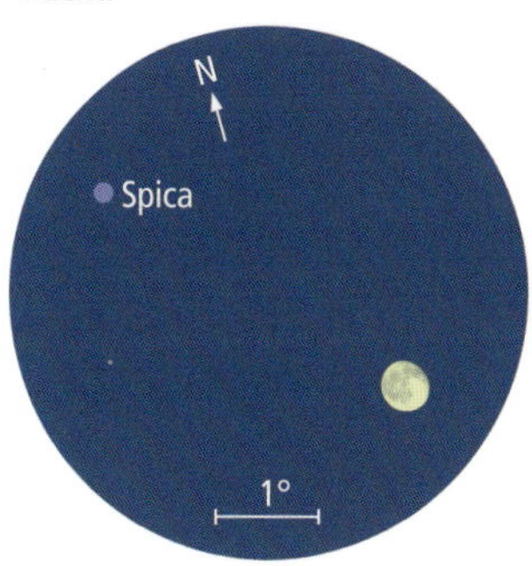

JUPITER stand Mitte des Vormonats in Opposition zur Sonne. Der Riesenplanet wandert rückläufig durch das Sternbild Löwe und wechselt am 17. in das Sternbild Krebs (siehe Abb. 2.8 auf Seite 62). Vor Aufgang der Venus, der nach 5^{h} morgens erfolgt, ist Jupiter dominierendes

3.5 Mars zieht relativ zu Jupiter im März und April eine Schleife. Zu einer Konjunktion beider heller Planeten kommt es nicht. Abendlicher Anblick im Opernglas. Am 31. März erreichen sie mit 4°,2 ihren geringsten Abstand voneinander.

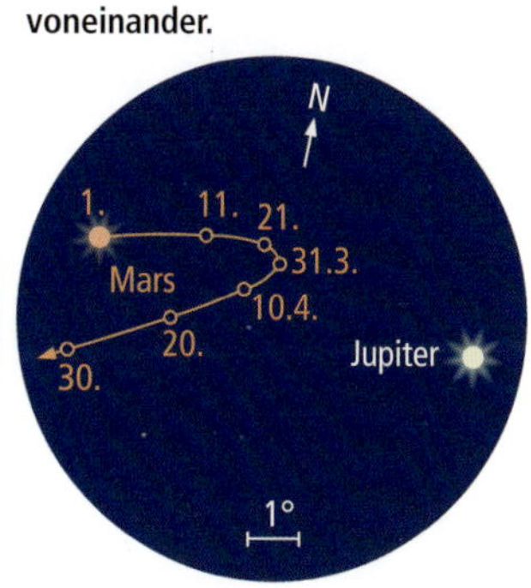

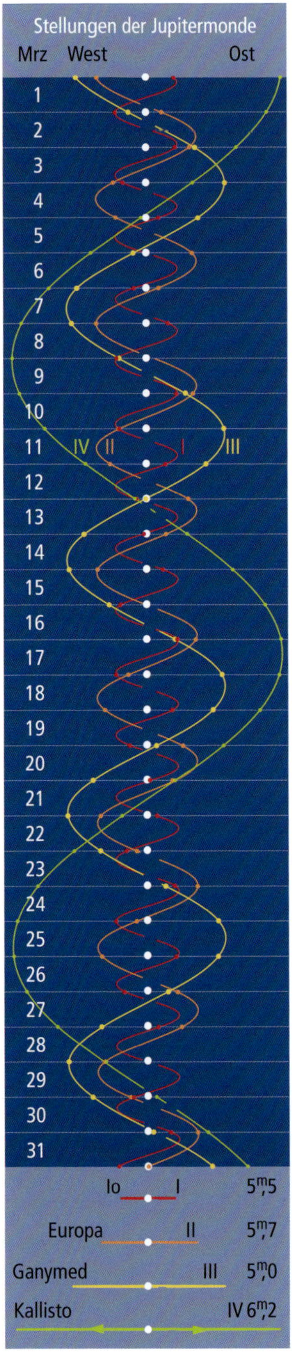

JUPITERMONDE

Tag	MEZ h	m	Vorgang		
1.	18	34	II	BA	
	21	54	III	1″,7	I
	22	19	II	VE	
2.	5	59	III	BA	
3.	0	02	III	3″,3	II
	22	54	I	2″,6	II
4.	4	59	I	BA	
	21	19	IV	DA	
5.	1	58	IV	DE	
	2	07	I	DA	
	2	13	IV	SA	
	2	39	I	SA	
	4	25	I	DE	
	4	56	I	SE	
	19	43	III	DA	
	21	54	III	SA	
	23	19	III	DE	
	23	23	I	2″,3	III
	23	25	I	BA	
6.	1	32	III	SE	
	2	17	I	VE	
	20	34	I	DA	
	21	07	I	SA	
	22	51	I	DE	
	23	25	I	SE	
7.	2	39	II	DA	
	3	48	II	SA	
	5	31	II	DE	
	20	45	I	VE	
8.	18	52	II	3″,5	I
	20	50	II	BA	
9.	0	37	III	B	I
	0	54	II	VE	
	21	10	III	B	I
10.	2	57	III	3″,2	II
	19	59	II	SE	
11.	0	57	I	2″,6	II
12.	3	53	I	DA	
	4	33	I	SA	
	23	05	III	DA	
	23	16	IV	4″,1	I
13.	1	11	I	BA	
	1	53	III	SA	
	2	42	III	DE	
	2	53	IV	5″,9	III
	3	10	IV	BA	
	4	11	I	VE	
	20	39	IV	6″,0	II
	22	20	I	DA	
	23	02	I	SA	

JUPITERMONDE

Tag	MEZ h	m	Vorgang		
14.	0	37	I	DE	
	1	19	I	SE	
	4	58	II	DA	
	19	38	I	BA	
	22	40	I	VE	
15.	19	03	I	DE	
	19	48	I	SE	
	20	53	II	3″,2	I
	23	07	II	BA	
16.	3	29	II	VE	
	3	34	III	B	I
	19	31	III	VE	
17.	1	37	III	B	I
	19	44	II	SA	
	21	00	II	DE	
	22	35	II	SE	
18.	3	02	I	2″,5	II
19.	20	15	II	3″,1	III
20.	2	31	III	DA	
	2	58	I	BA	
21.	0	06	I	DA	
	0	56	I	SA	
	2	23	I	DE	
	3	14	I	SE	
	19	55	I	4″,4	IV
	20	15	IV	SA	
	21	25	I	BA	
22.	0	35	I	VE	
	0	54	IV	SE	
	19	25	I	SA	
	20	50	I	DE	
	21	42	I	SE	
	22	55	II	3″,0	I
23.	1	27	II	BA	
	23	31	III	VE	
24.	20	30	II	DA	
	22	20	II	SA	
	23	22	II	DE	
25.	1	12	II	SE	
26.	19	22	II	VE	
	23	08	II	2″,8	III
28.	1	54	I	DA	
	2	51	I	SA	
	23	13	I	BA	
29.	1	02	IV	5″,4	II
	2	30	I	VE	
	20	21	I	DA	
	21	20	I	SA	
	22	38	I	DE	
	23	12	IV	BE	

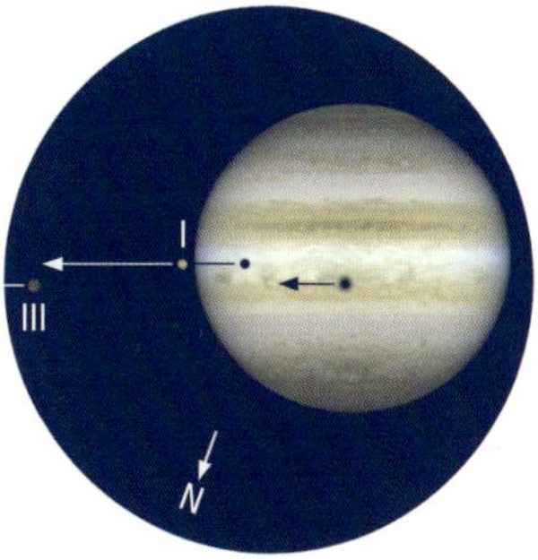

5. März, 4^h30^m MEZ: Io wirft seinen Schatten auf Jupiter während Ganymeds Schatten hinterhereilt

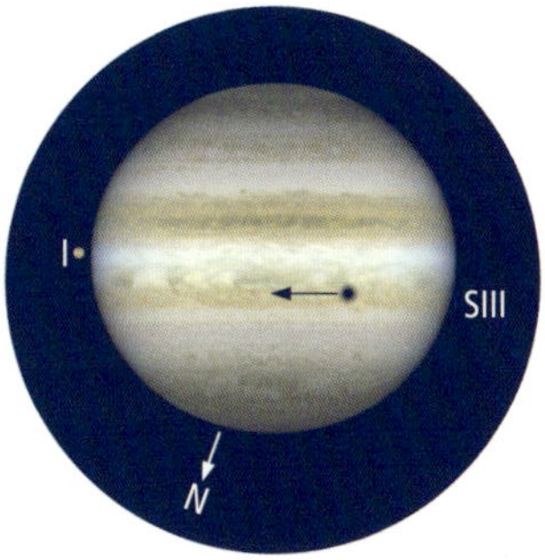

21. März, 21^h20^m MEZ: Mond Io verschwindet hinter Jupiter während Ganymeds Schatten über Jupiter zieht.

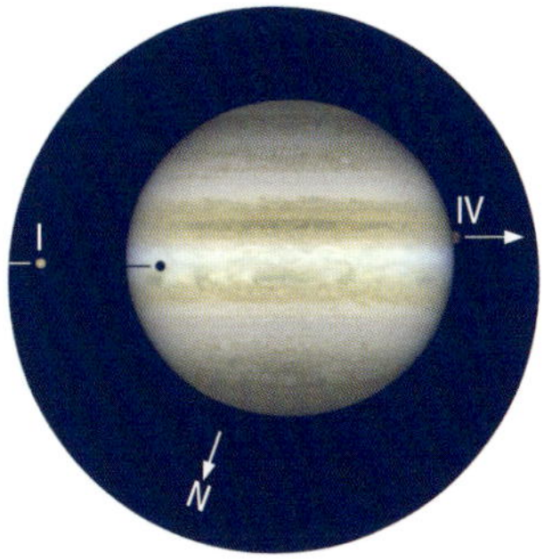

29. März, 23^h15^m MEZ: Kurz vor Ende von Ios Schattenvorübergang taucht Kallisto hinter Jupiter auf.

Gestirn am Nachthimmel und strahlt unübersehbar hell.

Die Jupiterhelligkeit nimmt leicht von $-2^m{,}5$ auf $-2^m{,}3$ ab – die Opposition ist eben vorüber. Die Untergänge des Riesenplaneten verfrühen sich um zwei Stunden. Am 1. geht Jupiter um 6^h38^m unter, am 15. um 5^h40^m und am 31. bereits um 4^h35^m (= 5^h35^m Sommerzeit).

Mars und Jupiter stehen nahe beieinander im Grenzgebiet Löwe/Krebs. Ihre mit $4^\circ{,}2$ geringste Distanz voneinander wird am 31. erreicht. In der Nacht vom 19. auf 20. zieht der zunehmende Mond an beiden Planeten vorbei (siehe Mondlaufgrafik auf Seite 81 und Abb. 3.1 auf Seite 78).

SATURN, rechtläufig im Sternbild Fische, beginnt sich vom Abendhimmel zurückzuziehen. Um die Monatsmitte wird der Ringplanet unbeobachtbar. Anfang nächsten Monats wird er von der Sonne eingeholt und steht in Konjunktion mit ihr.

Am 1. geht der $0^m{,}8$ helle Planet um 20^h53^m unter. Am 15. erfolgt der Saturnuntergang bereits um 20^h07^m. Nach dem 15. wird man Saturn am Abendhimmel vergeblich suchen.

Am 10. zieht abends der zunehmende Mond am Ringplaneten vorbei.

URANUS, wieder rechtläufig im Tierkreis, beschleunigt seine Wanderung durch das Sternbild Stier, wobei er immer nördlichere Positionen anstrebt (siehe Abb. 11.8 auf Seite 232). Der sonnenferne Planet kann noch am Abendhimmel aufgefunden werden. Seine Sichtbarkeitszeit verkürzt sich allerdings drastisch, er verlegt seine Untergänge in

JUPITERMONDE

Tag	MEZ h m	Vorgang		
29.	23 37	I	SE	
30.	0 59	II	$2''{,}9$	I
	3 49	II	BA	
	3 54	IV	VA	
	19 45	III	BA	
	20 59	I	VE	
	23 25	III	BE	
	23 50	III	VA	
31.	3 29	III	VE	
	22 54	II	DA	

GEGENSEITIGE JUPITERMONDEREIGNISSE

Tag	Beginn h m	Ende h m	Ereignis fern/nah
9.	0 33	0 41	III B I
9.	20 52	21 28	III B I
16.	3 28	3 40	III B I
17.	1 31	1 43	III B I

Beginn Mitte Ende
Norden unten, Zeitangaben in MEZ

die Zeit vor Mitternacht. Geht der $5^{m}{,}7$ lichtschwache Planet am 1. um $1^{h}34^{m}$ unter und am 15. um $0^{h}41^{m}$, so erfolgt der Uranusuntergang am 31. schon um $23^{h}37^{m}$ (= $0^{h}37^{m}$ Sommerzeit am 1. April). Jeweils eine Stunde vor Untergang wird es aussichtslos, nach dem lichtschwachen Uranus Ausschau zu halten. Bis Monatsende sinkt die Uranushelligkeit leicht auf $5^{m}{,}8$ ab.

Der scheinbare Durchmesser des Uranus misst lediglich 3″,5. Man sieht im Teleskop ein kleines, grünliches Scheibchen, auf dem keinerlei Details zu erkennen sind – auch nicht in großen Teleskopen bei hoher Vergrößerung.

NEPTUN kommt am 24. um Mitternacht in den Fischen in Konjunktion mit der Sonne und ist somit kein Beobachtungsobjekt. Am Tag der Konjunktion ist Neptun 4618 Millionen Kilometer (= 30,87 AE) von der Erde entfernt. Von der Sonne trennen ihn dabei 4469 Millionen Kilometer (= 29,87 AE), dies entspricht einer Lichtlaufzeit von vier Stunden und acht Minuten.

PLANETOIDEN UND ZWERGPLANETEN

CERES (1) ist wieder rechtläufig im Sternbild Zwillinge unterwegs (siehe Abb. 1.11 auf Seite 45). Damit endet ihre Oppositionsperiode, was auch an der weiter sinkenden Helligkeit deutlich wird. Die Cereshelligkeit geht von $7^{m}{,}9$ im Laufe des Monats auf $8^{m}{,}3$ zurück.

Am 1. passiert Ceres um $20^{h}31^{m}$ den Meridian, am 15. um $19^{h}41^{m}$ und am Monatsletzten schon um $18^{h}51^{m}$ (= $19^{h}51^{m}$ Sommerzeit).

JUNO – Planetoid Nr. 3 – kommt am 26. um 8^{h} im Sternbild Monoceros in Konjunktion mit der Sonne. Zur Konjunktion ist Juno 472 Millionen Kilometer (= 3,16 AE) von der Erde entfernt. Von der Sonne trennen sie dabei 323 Millionen Kilometer (= 2,16 AE).

PERIODISCHE STERNSCHNUPPENSTRÖME

Auch im März bleiben die Meteorraten eher gering. Weder aus dem Bereich der **ANTIHELION**-Quelle noch von anderen Radianten sind nennenswerte Aktivitäten bekannt. Die früher als Virginiden bezeichneten Meteore aus dem Oppositionsbereich liefern weniger als fünf Meteore pro Stunde. Ein größerer Anteil von Meteoren kommt im gesamten Jahr aus Richtung des Apex der Erdumlaufbewegung um die Sonne, der um 6 Uhr Ortszeit kulminiert.

Am Morgen, wenn der Erdapex (Fluchtpunkt des Erdumlaufes um die Sonne) kulminiert, kollidiert unser Planet mit etlichen Meteoroiden, die ihm in der Ekliptikebene entgegenkommen.

Da im März die morgendliche Ekliptik über dem Südhorizont recht tief liegt, so ist die von unseren Breiten aus beobachtbare Zahl der frontal eintreffenden Sternschnuppen gering.

In Zeiten geringer Meteoraktivität ist die Chance für die Entdeckung schwacher Quellen günstig. Bisher haben aber systematischen Auswertungen verschiedener Datensätze keine nachweisbaren Ströme gezeigt. Dies trifft auch für die Südhalbkugel zu.

Der Fixsternhimmel

Die Kassiopeia, das Himmels-W, ist zum Nordwesthorizont herabgesunken, während hoch im Nordosten, fast schon im Zenit, der Große Wagen hilft, den Polarstern zu finden.

Der Himmelsjäger Orion neigt sich zum Westhorizont und ist kaum zu übersehen. Sirius funkelt noch im Südwesten. Ein wenig höher leuchtet Prokyon, hellster Stern im Bild des Kleinen Hundes. Im Westen ist noch das Winterdreieck zu sehen. Es setzt sich aus Beteigeuze im Orion, Sirius im Großen Hund und Prokyon im Kleinen Hund zusammen. Bei uns ist der Begriff „Winterdreieck“ weniger bekannt, in Nordamerika hingegen ist es jedem Sternfreund geläufig („Winter Triangle“).

Zwischen Großem und Kleinem Hund ist das Einhorn beheimatet, ein unauffälliges Sternbild, das bei guten Sichtbedingungen zu erkennen ist.

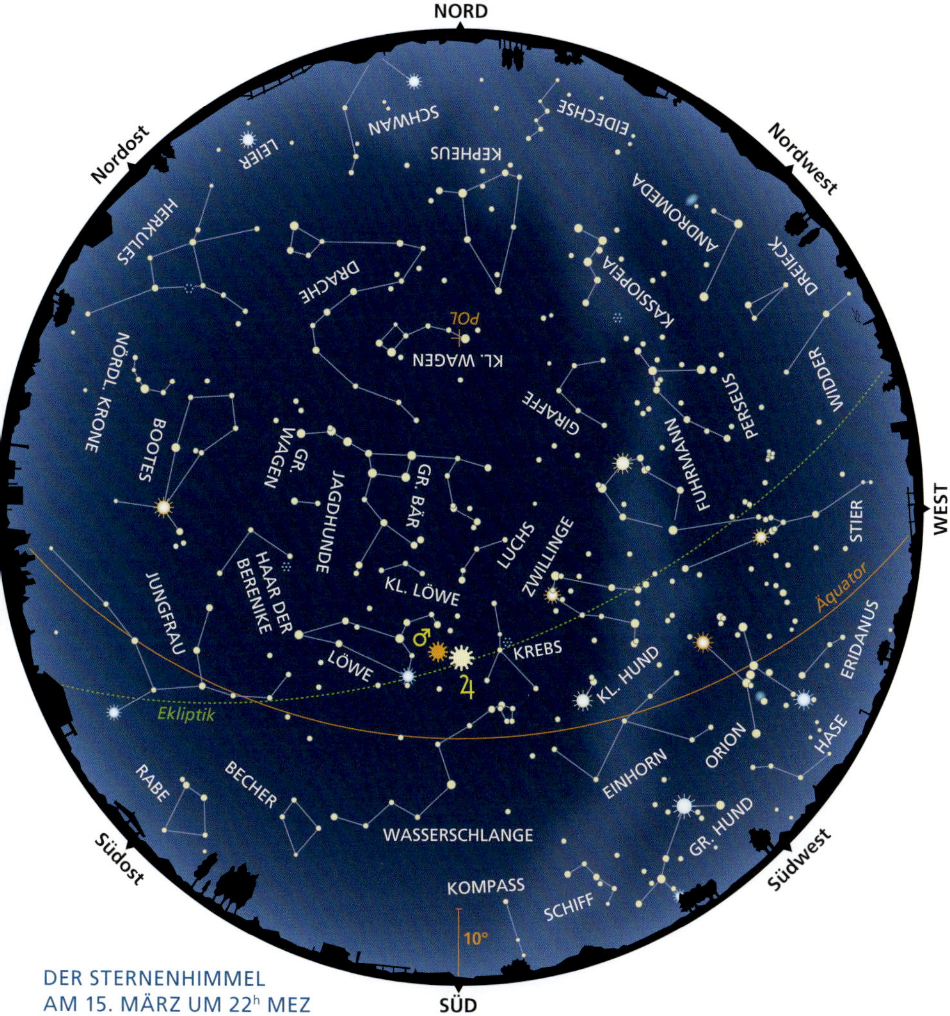

DER STERNENHIMMEL
AM 15. MÄRZ UM 22^h MEZ

Die Sternkarte ist auch gültig für:		
	MEZ	**MESZ**
15.11.	6^h	
1.12.	5	
15.12.	4	
1. 1.	3	
15. 1.	2	
1. 2.	1	
15. 2.	0	
1. 3.	**23**	
15. 3.	**22**	
31. 3.	**21**	**22^h**

Der Stier strebt im Westen dem Untergang entgegen. Sein roter Augenstern Aldebaran steht schon recht tief. Höher als den Stier sieht man die Zwillinge mit Kastor und Pollux sowie den Fuhrmann mit der hellen, gelblichen Kapella.

Zur Standardbeobachtungszeit geht der Himmelsmeridian genau zwischen dem lichtschwachen Krebs und dem markanten Bild des Löwen hindurch. Im Krebs findet sich der offene Sternhaufen Krippe. Die Krippe heißt lateinisch Praesepe (M 44). Der Krebs ist die wohl unscheinbarste Figur des gesamten Zodiacus (Tierkreis). In unserer Zeit wandert die Sonne vom 20. Juli bis zum 10. August bereits am absteigenden Ast ihrer Bahn durch den Krebs. In vergangenen Jahrhunderten lag einst das Sommersolstitium (Sommerpunkt) im Krebs. Noch heute spricht man deshalb vom „Wendekreis des Krebses".

Das mächtige Sternentrapez des Löwen steht kurz vor seinem Meridiandurchgang. Der Löwe ist das typische Frühlingssternbild schlechthin. Ein großes Sternentrapez markiert den Rumpf dieses königlichen Tieres. Ein kleines, aufgesetztes Trapez bildet den Kopf des Löwen.

Das markante Bild des Löwen sieht in diesem Jahr jedoch ganz ungewöhnlich aus. Denn im Löwen kommen die beiden hellen Planeten Mars und Jupiter fast zeitgleich in Opposition zur Sonne, eine Konstellation, die sich erst nach 49 Jahren wiederholen wird (siehe dazu auch „Planetenlauf" im Februar auf Seite 62 sowie das Monatsthema Februar „Mars und Jupiter in Opposition zur Sonne" auf Seite 71).

Im Südosten ist bereits die Jungfrau aufgegangen. Ihr Hauptstern, die bläuliche Spica, ist noch so horizontnah, dass man ihn kaum erkennen kann.

Tief im Osten leuchtet auffällig ein heller, orange-rötlicher Stern, nämlich Arktur im Bild des Rinderhirten (Bootes). Damit ist im Südosten das komplette Frühlingsdreieck vertreten. Das Frühlingsdreieck besteht aus Regulus im Löwen, Spica in der Jungfrau und Arktur im Bootes.

DAS STERNBILD LÖWE (LEO)

Der Löwe gehört zum Tierkreis (Zodiacus), also zu jenen Sternbildern, durch die Sonne, Mond und Planeten laufen. Er ist ein sehr markantes und darum leicht einzuprägendes Sternbild. Ein großes Sternentrapez stellt den Rumpf, ein kleineres den Kopf dieses königlichen Tieres dar. Die Sonne wandert vom 11. August bis 17. September durch den Löwen. Je nach Lage des letzten Schaltjahres können sich diese Daten um einen Tag verschieben. Nach dem Sternkatalog von Friedrich Wilhelm Argelander aus Bonn gehören insgesamt 76 Sterne zum Löwen.

Viele Völker des Altertums glaubten, in dieser Sternenfigur einen Löwen zu erkennen. Bei den Persern hieß dieses Bild Ser, bei den Türken Artan, bei den Syrern Aryo, bei den Juden Arye und bei den Babyloniern Aru. Alle diese Bezeichnungen bedeuten „Löwe".

Die alten Griechen sahen hier den fürchterlichen Löwen von Nemea, der von Herkules mit bloßen Händen erwürgt wurde. Es war dies die erste seiner berühmten zwölf Heldentaten. Der Löwe wurde auch als Nemeïsches Monster bezeichnet, denn er war keine gewöhnliche Raubkatze. Geboren von der Mondgöttin Selene, war sein Fell unverwundbar. Weder Steine noch Eisen- oder Bronzespeere konnten das Löwenfell verletzen. Von göttlicher Abstammung, kehrte der Löwe nach seinem irdischen

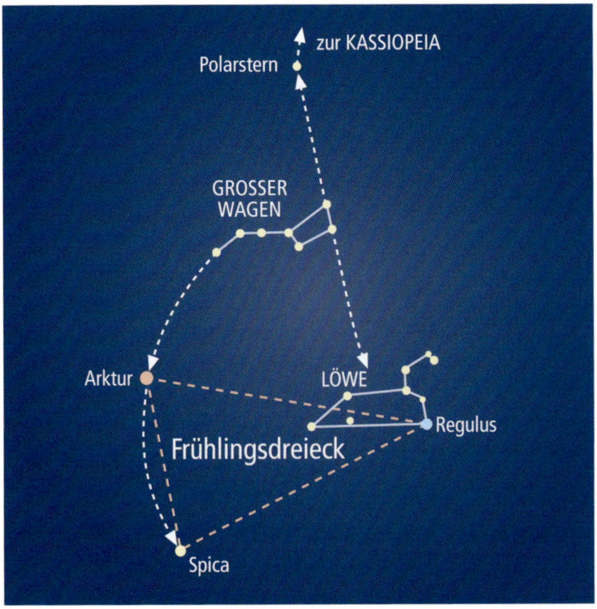

3.6 Das Frühlingsdreieck setzt sich aus den drei hellen Sternen Arktur im Bootes, Regulus im Löwen und Spica in der Jungfrau zusammen.

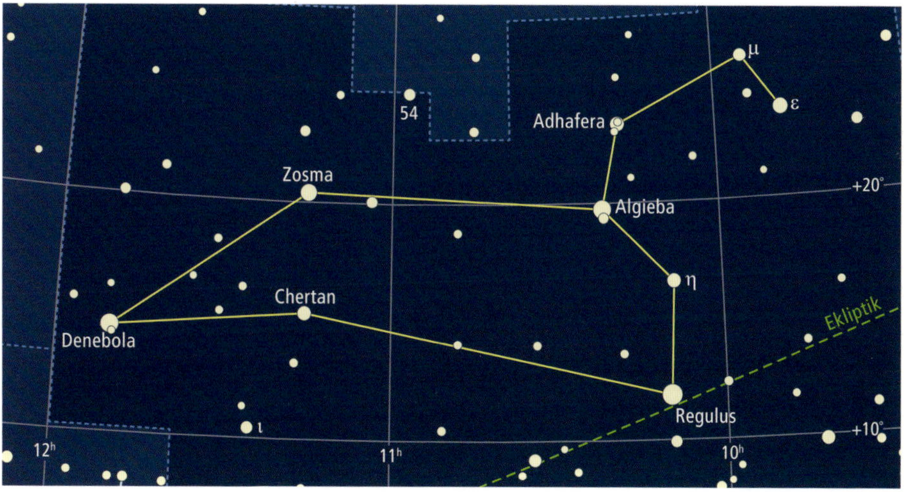

3.7 Der Löwe ist das Leitsternbild des Frühlingshimmels. Die Sternkarte lässt das große und das kleine Sternentrapez gut erkennen.

Ende wieder an den Himmel zurück. Bei Claudios Ptolemaios war der Löwe noch gewaltiger als heute. Auch die schwachen Sterne, die heute zum Sternbild Haar der Berenike (Coma Berenices) gehören, zählten nach Ptolemaios zum Löwen.

Gelegentlich wird der Löwe auch „Kleonaïsches Sternbild" genannt nach Kleonae, der „Argolischen Stadt" nahe den Nemeïschen Bergen, wo Herkules ihn erlegte. Manchmal wird diese Sternenfigur auch als Sternbild des Bacchus angesehen, da der Gott des Weines meist ein Löwenfell trug.

Im Mittelalter sahen die Christen im Löwen einen von Daniels Löwen. Die Apostolische Schule wiederum taufte das Bild in den ungläubigen Thomas um.

In der Antike wurde der Löwe fast immer mit der Sonne in Zusammenhang gebracht. Im alten Ägypten fand die Sommersonnenwende im Löwen statt. Um diese Zeit kamen diese Raubkatzen bei sengender Hitze in das überschwemmte Niltal, um sich zu laben. Nach dem ägyptischen König Necepsos ist im Löwen der Ursprung der Sonne zu suchen. Er gilt als Symbol für Feuer und Hitze, als „Haus der Sonne". In den ägyptischen Skulpturen tauchen Löwenkörper mit Frauenköpfen (Sphinxe) auf. Die Jungfrau folgt übrigens dem Löwen im Tierkreis.

Im chinesischen Tierkreis ist der Löwe ein Pferd, in älterer

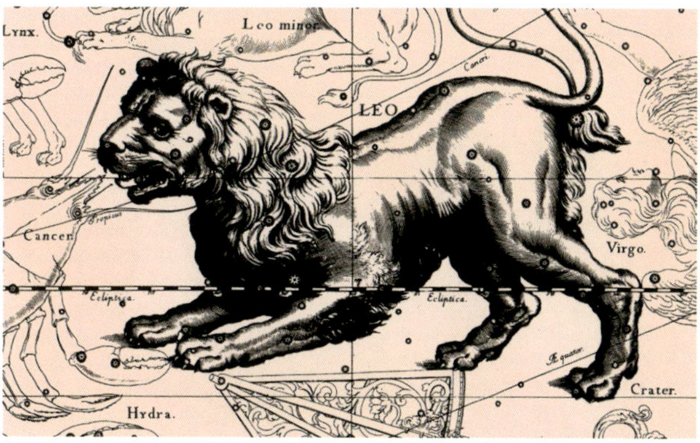

3.8 Figürliche Darstellung des Sternbildes Löwe (lat: Leo) in dem fantasievoll ausgeschmückten Sternatlas *Firmamentum Sobiescianum* von Johannes Hevelius aus dem Jahre 1690.

NASA, ESA and Digitized Sky Survey 2

3.9 Die Galaxie M 66 im Sternbild Löwe mit 6′ scheinbarem Längsdurchmesser (links) ist eine typische Balkenspirale. Sie ist rund 35 Millionen Lichtjahre entfernt. Mit der benachbarten Galaxie M 65 zählt sie mit weiteren Milchstraßensystemen auf der Basislinie Regulus – Denebola zum Leo-Galaxienhaufen.

Zeit ein roter Vogel. Einer anderen Version nach stellt er den Himmelsstreitwagen des Kaisers von China dar. Im westlichen Teil des Löwen sehen die Amerikaner eine Sichel, manchmal wird auch eine Fahne oder ein Krummschwert in dieser Sternenanordnung erkannt.

Das Löwensymbol ♌ soll die Mähne darstellen, es gibt aber noch zahlreiche andere Deutungen. Der hellste Stern (α Leonis) heißt Regulus (lat., kleiner König). Er wurde von Nikolaus Kopernikus so benannt. Allerdings bezeichnete ihn schon Ptolemaios als Königsstern (ἀστήρ βασιλίσκος).

Bei den Babyloniern hieß er Al Sharru, der König. Für die Perser markierte Regulus einen der vier Kardinalpunkte der Sonnenbahn (Hastorang), weil er damals nahe dem Sommerpunkt stand.

VERÄNDERLICHE STERNE

Algol-Minima		β-Lyrae-Minima		δ-Cepheï-Maxima		Mira-Helligkeit	
1.	21^h27^m	2.	6^h H	4.	4^h	1.	4^m
4.	18 17	8.	17 N	9.	13	10.	4
16.	5 33	15.	5 H	14.	21	20.	4
21.	23 12	21.	16 N	20.	6	31.	4
24.	20 01	28.	3 H	25.	15		
				30.	24		

Regulus (α Leonis) wird gelegentlich auch als Herz des Löwen (Cor Leonis) bezeichnet. Er ist der leuchtschwächste in der Liste der Sterne erster Größe. Seine Helligkeit beträgt nur 1/14 der von Sirius. Er ist 79 Lichtjahre entfernt und ein Dreifachsystem.

Regulus steht nahe der Ekliptik und wird jährlich am 23. August von der Sonnenkorona bedeckt – ein unbeobachtbares Ereignis. Am 7. Juli 1959 wurde er von der Venus bedeckt, ein Ereignis, das sich erst wieder am 1. Oktober 2044 wiederholen wird.

β Leonis wird Denebola genannt, was Schwänzchen des Löwen bedeutet, und aus dem Arabischen stammt (Al Dhanab al Asad). Denebola ist 36 Lichtjahre entfernt.

Die größte Himmelskamera der Welt

Wie viele Objekte in unserem Sonnensystem lauern darauf, mit unserem Planeten zu kollidieren? Vor allem jenseits der Neptunbahn dürfte es Millionen noch nicht entdeckter Kleinplaneten im Bereich des Kuipergürtels und darüber hinaus geben. Wie viele davon mögen auf Kollisionskurs mit der Erde sein und in naher oder ferner Zukunft das Ende der Menschheit besiegeln?

Andererseits interessiert, wo und wie sich die Dunkle Materie verbirgt, die die Entstehung von Galaxienhaufen und die großräumige Struktur des Universums beeinflusst. Auch die Suche nach Mikrogravitationslinsen zählt zu den aktuellen Forschungsaufgaben der Astronomen. Dazu, und um noch weitere aktuelle Forschungsziele der modernen Astronomie zu bearbeiten, wurde mit einer Investition von 810 Millionen US-Dollar die bisher größte digitale Himmelskamera der Welt entwickelt und gefertigt. Unter der ursprünglichen Bezeichnung Large Synoptic Survey Telescope (LSST) wurde die gewaltige Entdeckungsmaschine in den chilenischen Anden in 2647 Meter Höhe auf dem Cerro Pachón aufgestellt. (Koordinaten des Aufstellungsortes: 70°44′58″ westl. Länge, 30°14′41″ südl. Breite.)

Pro Aufnahme werden 3200 Megapixel an Daten eingefangen. In drei bis vier Nächten wird der gesamte Sternenhimmel, der vom Standort des LSST erreichbar ist, mehrmals in verschiedenen Farbbereichen aufgenommen.

Mit 8,4 Meter Durchmesser des Hauptspiegels ist das LSST nicht das größte Teleskop der Welt. Übertroffen wird es von den beiden Keck-Teleskopen auf Hawaii mit jeweils 10 Meter durchmessenden Hauptspiegeln sowie dem Gran Telescopio Canarias mit 10,4 Meter Öffnung. Noch im Bau befindet sich das europäische Extremely Large Telescope (ELT) mit 39 Meter freier Öffnung auf dem Cerro Armazones in Chile.

Daher wäre beim LSST besser von der leistungsstärksten Himmelskamera zu sprechen. Die Vorgängerkameras für Himmelsdurchmusterungen sind alle kleiner: die Zwicky Transient Facility am Samuel Oschin Telescope mit 1,2 Meter Öffnung (2017), die Pan-STARRS-Teleskope mit 1,8 Meter Durchmesser (2006 und 2018), der

3.10 Das Vera-C.-Rubin-Observatorium auf dem Cerro Pachón in Chile

Olivier Bonin/SLAC National Accelerator Laboratory

RubinObs/NOIRLab/SLAC/NSF/DOE/AURA

3.11 Die Kamera des Simonyi Survey Telescope beim Einbau im März 2025.

Sloan Digital Sky Survey mit 2,5 Meter (2000) und der Dark Energy Survey am Victor-M.-Blanco-Teleskop mit einem Hauptspiegeldurchmesser von 4 Meter (2013).

Das LSST – inzwischen Vera C. Rubin Observatory genannt – besitzt wie gesagt einen Hauptspiegel von 8,4 Meter Durchmesser, der von einer 350 Tonnen schweren Montierung getragen wird. Die beweglichen Teile ruhen auf einem dünnen Ölfilm, der eine leichtgängige Beweglichkeit erlaubt. In nur fünf Sekunden kann jedes Beobachtungsziel angesteuert werden. Ungewöhnlich ist auch das Gebäude, in dem die Himmelskamera untergebracht ist. Es ist keine klassische Sternwartekuppel, sondern eher eine schuppenähnliche Konstruktion (siehe Abb. 3.10 auf Seite 91).

Unfassbare Datenmengen

Der ringförmige Hauptspiegel reflektiert das Sternenlicht auf den Sekundärspiegel, der es auf den im Zentrum des Hauptspiegels integrierten Tertiärspiegel wirft. Dieser wiederum leitet das Licht auf eine gigantische, 1,6 × 3 Meter große und 2800 Kilogramm schwere digitale Kamera mit 3,2 Gigapixeln. Vor der Kamera sitzt ein dreilinsiger Korrektor, dessen Hauptlinse noch 155 cm Durchmesser aufweist. Das Ausmaß der Kamera rechtfertigt die Bezeichnung „größte Himmelskamera der Welt" (siehe Abb. 3.11 oben).

Vor dem Fokus lassen sich je drei Filter einschwenken für verschiedene Farbbereiche. Die Detektoren sind auf –100 °C gekühlt. Jede 30-Sekunden-Belichtung liefert ein 3200 Megapixel großes Bild. Die Empfängerfläche im Fokus setzt sich aus 189 CCDs (Charge-coupled devices) zusammen, die einen Himmelsauschnitt von 3,°5 Durchmesser (9,6 Quadratgrad) aufnehmen können. Dies entspricht einer Fläche von 45 Vollmonden. Die Auslesezeit jeder Aufnahme beträgt nur 2,4 Sekunden. Pro Nacht werden etwa 700 Bilder gewonnen, was eine gigantische Datenmenge von 10 Terabyte ergibt. Dabei sollen alle Objekte bis zu einer Grenzgröße von 27^m erfasst werden. Alle 20 Sekunden soll eine Aufnahme mit einer Expositisonszeit von fünfzehn Sekunden erfolgen, wobei eine Auflösung von 0,″2 erreicht wird. Einige Milliarden Himmelsobjekte will man dabei Nacht für Nacht einfangen. Das Teleskop beobachtet im optischen Spektralbereich von 3300 Å bis 10 700 Å, also vom nahen Ultraviolett bis zum nahen Infrarot. Unterhalb von 3300 Å (≙ 330 nm) absorbiert die Hartleybande des Ozons (O_3) das Sternenlicht, oberhalb von 10 700 Å blockiert der Wasserdampf (H_2O) in der irdischen Atmosphäre die Infrarotstrahlung aus dem Weltall nur wenig.

Zehn Jahre lang soll jede Nacht ein Bereich von 18 000 Quadratgrad aufgenommen werden. Dies ist die große Stärke des LSST gegenüber den anderen Riesenteleskopen, die stets nur ein kleines Gesichtsfeld erfassen können. Die Abkürzung LSST steht mittlerweile für „Legacy Survey of Space and Time". In zehn Jahren wird eine Datenmenge von 15 Petabyte, also fünfzehn Billiarden Byte eingesammelt, dies entspricht der Informationsmenge von 900 Millionen Büchern mit einer durchschnittlichen Seitenzahl von 300.

Die wissenschaftlichen Ziele, was mit dieser Superkamera zu erreichen ist, sind vielfältig und die Erwartungen entsprechend hoch. Sie soll dazu dienen, Ausschau nach möglichst allen Himmelsobjekten zu halten, vom kleinsten Planetoiden bis zu fernsten Milchstraßensystemen am Rande des beobachtbaren Universums. Im Infraroten sollen fernste Galaxien erkannt werden, deren große Distanzen das ultraviolette Licht der heißen, jungen Sterne weit in den infraroten Spektralbereich verschoben hat. Interstellarer Staub, Planetoiden im Kuipergürtel, Braune Zwerge und ohne ihre Muttersonne durch die interstellaren Räume driftende Planeten sind im IR-Band zu entdecken. Mikrogravitationslinsen werden ebenso detektierbar sein wie Hunderttausende von Supernovadetonationen.

3.12 Zeichnung des Simonyi Survey Telescope am Vera-C.-Rubin-Observatorium.

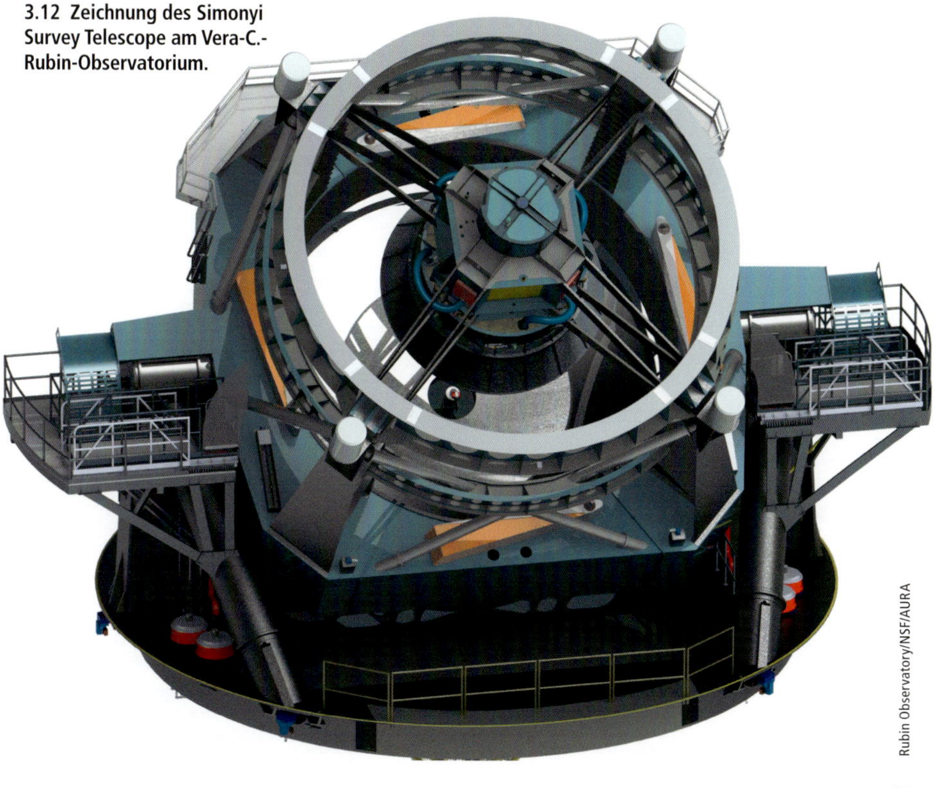

Rubin Observatory/NSF/AURA

Entdeckungen in Aussicht

Mit den Beobachtungsergebnissen wird man vielleicht auch die Menschheit vor einer kosmischen Katastrophe ungeahnten Ausmaßes bewahren können, denn alle Ortsveränderungen von Gestirnen werden hochpräzise ermittelt. So wird man auch Kleinkörper wie Meteoroide, Kometenkerne und Planetoiden aufspüren, die der Erde gefährlich werden können. Man wird ihre Bahnen bestimmen, mögliche Kollisionen auf einige Jahre im Voraus exakt kalkulieren und Abwehrmaßnahmen vornehmen können. Entsprechende Szenarien wurden bereits entwickelt. Bisher tauchen solch potenziell gefährliche Körper meist kurzfristig auf. So passierte am 31. Oktober 2015 der Miniplanet 2015 TB145 die Erde in nur 1,3-facher Monddistanz. Das Beunruhigende war nicht die immer noch sichere Entfernung von uns, sondern dass dieser Felsklotz von fast 400 Meter Durchmesser erst drei Wochen vor der nahen Erdpassage entdeckt worden war. Wer weiß, wie viele unentdeckte Objekte dieses Kalibers auf Kollisionskurs mit der Erde unterwegs sind? Wäre 2015 TB145 mit nur zehn Kilometer *pro Sekunde* mit der Erde zusammengeprallt, so wären Energiemengen freigesetzt worden, die einer Explosion von 1,6 Milliarden Tonnen TNT entsprächen, dies sind etwa 80 Wasserstoff-Bomben der 20-Megatonnen-TNT-Klasse. TNT steht für Trinitrotoluol, der stärkste bekannte chemische Sprengstoff.

Ferner wird das LSST die Rolle der supermassereichen Schwarzen Löcher in den Zentren der Galaxien untersuchen und welche Mechanismen das Größenwachstum der Milchstraßensysteme einschränken.

Bei regelmäßiger Überwachung von Milliarden Galaxien wird man hunderttausende von Supernovae vom Typ Ia entdecken. Dieser Typ Supernova wird von explodierenden Weißen Zwergen hervorgerufen. Wird durch Massenakkretion die Chandra-Grenze eines Weißen Zwerges überschritten, so explodiert er. Da immer die gleiche Menge an Sprengstoff, nämlich 1,5 Sonnenmas-

3.13 Eine der ersten Aufnahmen des Rubin-Observatoriums im Juni 2025 zeigt einen Ausschnitt des Virgo-Galaxienhaufen mit Millionen Galaxien.

NSF–DOE Vera C. Rubin Observatory

sen, im Spiel ist, so streuen die absoluten Helligkeiten dieser Supernovae nur geringfügig. Supernovae vom Typ Ia dienen daher als willkommene Entfernungsindikatoren und damit zur Eichung der Rotverschiebung-Distanz-Relation, kurz: zur Ermittlung des Hubble-Parameters in verschiedenen Zeitaltern des Universums.

Auch über den Bau unseres Milchstraßensystems, der Galaxis, werden die vom LSST gelieferten Datenmengen neue Erkenntnisse liefern. Der Einsteinsche Gravitationslinseneffekt tritt auch bei geringen Massen auf, wie sie beispielsweise Planeten besitzen. Man nennt sie Mikrogravitationslinsen. Zieht ein Planet in stellaren Entfernungen vor einem noch viel weiter entfernten Stern vorbei, so wird der Stern nicht verfinstert, sondern im Gegenteil wirkt der Planet als Gravitationslinse und bündelt dessen Lichtstrahlen. Für einige wenige Stunden nimmt die Sternhelligkeit zu und fällt dann wieder auf den ursprünglichen Wert ab. Die Lichtkurve zeigt sich dabei völlig symmetrisch. Mit dieser Methode sollte es gelingen, verwaiste Planeten ohne Muttersonne aufzuspüren. Niemand weiß bisher, wie viele solcher einsamer, frei durch's All driftender Planeten (engl.: free floating planets) es gibt. Wie häufig kommen sie vor? Bisher hat man nur mit relativ kleinen Teleskopen der Ein-Meter-Klasse nach ihnen gesucht. Manche Astronomen vermuten, dass die Zahl der Planeten ohne Bindung an einen Stern die Zahl der Sterne in unserer Milchstraße sogar übertrifft. Demnach bevölkern einige hundert Milliarden solch sternlose Planeten die Galaxis.

Selbst Planetoiden am Rande unseres Sonnensystems sollte man mit dem Gravitationslinseneffekt detektieren können. In diesen Fällen ist die Lichtablenkung und der damit bewirkte Helligkeitsanstieg so gering, dass man von Femtolinsen spricht.

Auch andere kurzfristige Phänomene wie Helligkeitsausbrüche eruptiv Variabler werden in großer Zahl zu registrieren sein. Man wird die Lichtkurven von vielen Millionen veränderlichen Sternen erstellen können, und das mit bisher unerreichter Genauigkeit.

Die Struktur des Universums

Zu den wissenschaftlichen Hauptzielen dieser gewaltigen Entdeckungsmaschine gehören die Erfassung der großräumigen Struktur des Universums, der Verteilung der Dunklen Materie und das Studium der Entwicklung der immer noch rätselhaften Dunklen Energie. Das LSST wird in bisher unbekannte Tiefen des Weltalls vordringen und dabei die Verteilung der Galaxien und Galaxienhaufen untersuchen. Vor allem interessieren dabei die Größenskalen der honigwabenartigen Struktur des Kosmos, gebildet aus riesigen Wänden aus Galaxienhaufen und -superhaufen, die gewaltige Leerräume, Voids genannt, umschließen, und zwar auf Skalengrößen von einigen hundert Millionen Lichtjahren. Man wird erfahren, ob diese Honigwabenzellen aus Galaxien in großer Entfernung kleiner sind. Daraus lässt sich dann auf die Expansionsrate, den Hubble-Parameter schließen. Denn ein Blick in die Ferne ist stets auch ein Blick in die Vergangenheit. Mit Hilfe dieser Präzisionskosmologie wird man mehr über die Rolle der Dunklen Energie erfahren, deren Masse-Energie-Dichte in der Frühphase des Universums nur 10 % der Gesamtmasse des Kosmos betrug, heute jedoch fast 70 % ausmacht.

Insbesondere der Dunklen Materie will man auf die Spur kommen. Ihr Vorhandensein und ihre Wirkung wird durch den Gravitationslinseneffekt aufgedeckt. Nach der Allgemeinen Relativitätstheorie ändern vorhandene Massen die lokale Geometrie des Raumes. Lichtstrahlen werden beim Durcheilen dieser Raumbezirke gekrümmt. Das Licht ferner Galaxien und Quasare wird abgelenkt, wenn es an einem Galaxienhaufen im Vordergrund vorbeiläuft. Aus der Ablenkung, Verzerrung oder gelegentlichen Aufspaltung der Bilder punktförmiger Quasare lässt sich auf die Größe der ablenkbaren Masse schließen. Schon bisher konnte man feststellen, dass in den Galaxienhaufen wesentlich mehr gravitativ wirkende Masse steckt als durch optisch beobachtbare Sterne und interstellare Materie erkennbar. Dies hat schon Fritz Zwicky (1898–1974) um 1930 entdeckt. Nach seinen Beobachtungen bewegen sich die Galaxien in einem Haufen – vornehmlich im Coma-Haufen – so schnell, dass der Haufen sich längst aufgelöst haben müsste. Die Haufen müssen offensichtlich viel mehr Masse beherbergen, und zwar erheblich mehr, als man im sichtbaren Licht erkennen kann. Aus dem Virialtheorem der klassischen Mechanik ergibt sich, dass die sichtbare Materie in den Galaxienhaufen nur etwa ein Zehntel zur Gesamtmasse eines Galaxienhaufens beiträgt.

Auch aus den Rotationskurven großer Galaxien erkennt man, dass in ihnen große Mengen an unsichtbaren Massen vorhanden sind. Die postulierte Dunkle Materie koppelt nur über die Gravitation. Sie gibt sich somit lediglich über ihre Schwerkraftwirkung zu erkennen. Die elektromagnetische Wechselwirkung spürt die Dunkle Materie überhaupt nicht.

Vera C. Rubin

Mit der Erforschung der Dunklen Materie hat sich auch die renommierte Astronomin Vera Florence Cooper Rubin (1928–2016) beschäftigt. Sie gilt als Pionierin der Dunklen Materie. Seit frühester Jugend war ihr Ziel, Astronomin zu werden. Sie setzte sich aller Hürden zum Trotz durch. Damals waren Frauen an den meisten Universitäten nicht zugelassen. Zeit ihres Lebens setzte sie sich für Frauenrechte ein und ging gegen die Diskriminierung von Frauen in der Wissenschaft vor.

In ihrer Doktorarbeit 1954 beschreibt sie die Verteilung der Galaxien und deren Haufenbildung. Mit dem von Kent Ford entwickelten Bildröhren-Spektrographen untersuchte sie das Rotationsverhalten von Spiralgalaxien. Dabei stellte sie fest, dass die Galaxien wesentlich mehr Masse enthalten als aus der sichtbaren Materie zu schließen ist. Dies war ihr Einstieg in die Erforschung der Dunklen Materie. Nach Aufenthalten in verschiedenen Sternwarten erhielt sie schließlich eine Stelle am Palomar-Observatorium in Kalifornien. Der Direktor des Observatoriums hatte ihr eine Ausnahmegenehmigung verschafft, denn damals waren Frauen auch an diesem Observatorium nicht zugelassen. Sie war die erste Frau, die mit dem 5-Meter-Hale-Reflektor beobachtete. Auch sorgte sie dafür, dass eine eigene Frauentoilette für Mitarbeiterinnen des Observatoriums eingerichtet wurde. Sie setzte ihre Erforschung der Dunklen Materie an der Dynamik von Galaxien erfolgreich fort.

Carnegie Institution for Science

3.14 Vera C. Rubin (1928–2016) in den 1970er-Jahren am 0,9-Meter-Teleskop des Kitt-Peak-Observatoriums.

Als sie am 25. Dezember 2016 ihre Augen für immer schloss, hinterließ sie vier Kinder. Ihr zu Ehren und zur Erinnerung an diese bedeutende Astronomin wurde am 6. Januar 2020 das Large Synoptic Survey Telescope in Vera C. Rubin Observatory umbenannt. Es ist das erste US-Observatorium, das den Namen einer Frau trägt.

Am 23. Juni 2025 wurden der Öffentlichkeit die ersten Ergebnisse und Bilder des Teleskops präsentiert. Das geplante Datum der Inbetriebnahme war der 18. September 2025. Dieses wurde auf den 24. Oktober 2025 verschoben.

Europas größter Astrohändler
7500+ Artikel ab Lager lieferbar
Persönliche Beratung & Service
Astroshop.de
Ihr Partner für die Astronomie.
omegon
HORIZON
Der Unterschied für Einsteiger
Entdecke Sterne mit Features, die sonst nur große Teleskope bieten: Crayfordauszug, Prismenschiene und dein erstes Astrofoto direkt per Smartphone-Adapter.
Erkunde neue Horizonte.
Nr. 80894
scan mich
Teleskopserie
ZWO
vaonis
UNISTELLAR
Astrofotos für den Einstieg
Teleskop aufstellen, App öffnen, fertig. Das Seestar S30 Pro macht aus dir einen Astrofotografen.
Eleganz trifft Astronomie
Du fotografierst. Die KI begleitet dich. Das französische Smart-Teleskop Vespera Pro II mit Astro-Assistent.
Teleskop für Entdecker und Hobbyforscher
Das Odyssey Pro vereint drei Welten: Astrofotografie per App, Live-Beobachtung durchs Okular und echte Citizen Science.
Besuche uns online und entdecke alle Smart-Teleskope
ZWO
Alles in einem Gehäuse.
Alles unter Kontrolle.
Die smarte All-in-One Kamera für Astrofotografen. Die ASI 2600 MC-Air Color vereint Hauptsensor, Guidingsensor und Astrocomputer in einem kompakten Gehäuse.
Dein Setup wird einfacher, leichter und günstiger. Per App steuerst du alles vom Smartphone aus. Schluss mit Kabelsalat und Mehrfach-Equipment.
scan mich
Art. Nr. 84743
Erhältlich bei
Astroshop.de
Für Online-Bestellung Artikelnummer ins Suchfeld eingeben!
08191-94049-1

April 2027

- Venus beginnt mit ihrem Rückzug vom Morgenhimmel.
- Am Abendhimmel sieht man den roten Planeten Mars hoch im Süden.
- Jupiter beherrscht mit seinem Glanz den Nachthimmel. Vom Morgenhimmel zieht sich der Riesenplanet allmählich zurück.
- Saturn steht am 7. in Konjunktion mit der Sonne. Er befindet sich am Taghimmel und bleibt nachts unbeobachtbar unter dem Horizont.
- Merkur bleibt den gesamten April über unbeobachtbar.

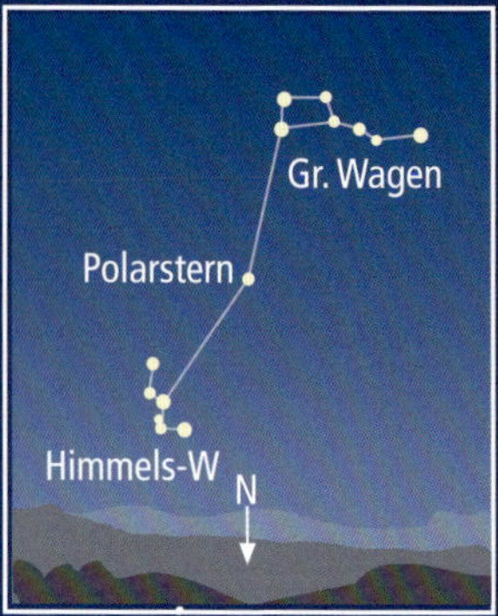

Großer Wagen und Himmels-W Anfang April um 22 Uhr MEZ

4.1 Abendlicher Himmelsanblick gegen Mitternacht MESZ. Über dem Westhorizont stehen Mars und Jupiter im Sternbild Löwe. Zu ihnen gesellt sich der zunehmende Halbmond am 15. April.

1 Do	
2 Fr	
3 Sa	
4 So	Mond bei Venus – morgens
5 Mo	
6 Di	
7 Mi	Neumond
8 Do	
9 Fr	
10 Sa	
11 So	
12 Mo	
13 Di	Erstes Viertel
14 Mi	
15 Do	Mond bei Mars und Jupiter – abends
16 Fr	Mond bei Regulus – abends
17 Sa	
18 So	
19 Mo	
20 Di	Vollmond
21 Mi	
22 Do	
23 Fr	Mond bei Antares – Mitternacht
24 Sa	
25 So	
26 Mo	
27 Di	
28 Mi	Letztes Viertel
29 Do	
30 Fr	

SONNE – STERNBILDER

19.4. 10h:
Sonne tritt in das Sternbild Widder

20.4. 9h:
Sonne tritt in das Tierkreiszeichen Stier

Julianisches Datum am
1. April, 1h MEZ: 2 461 496,5

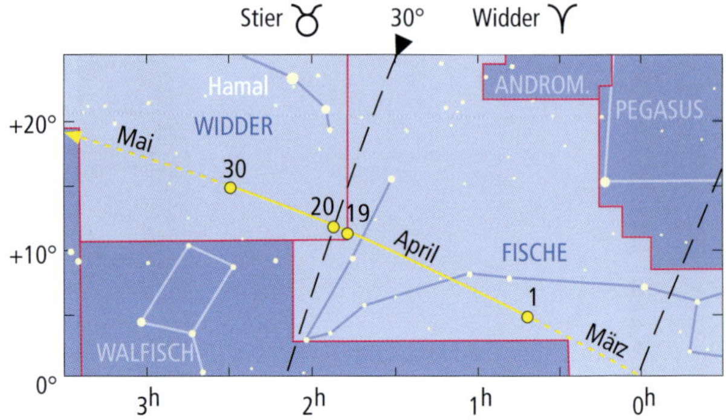

SONNENLAUF

Tag	Dämmerg. Anfang	Aufgang MEZ	Kulmination	Untergang MEZ	Dämmerg. Ende	Mittagshöhe	Zeitgleichg.	Rektaszension	Deklination
	h m	h m	h m	h m	h m	°	m	h m	°
1.	4 46	5 58	12 24	18 51	20 04	44,5	–4	0 39	+ 4,2
5.	4 36	5 49	12 23	18 58	20 11	46,1	–3	0 54	+ 5,7
10.	4 24	5 38	12 21	19 05	20 20	47,9	–1	1 12	+ 7,6
15.	4 12	5 28	12 20	19 13	20 30	49,8	0	1 30	+ 9,5
20.	4 00	5 18	12 19	19 21	20 39	51,5	+1	1 49	+11,2
25.	3 48	5 08	12 18	19 29	20 49	53,2	+2	2 08	+12,9
30.	3 36	4 59	12 17	19 37	21 00	54,8	+3	2 27	+14,5

TAGES- UND NACHTSTUNDEN

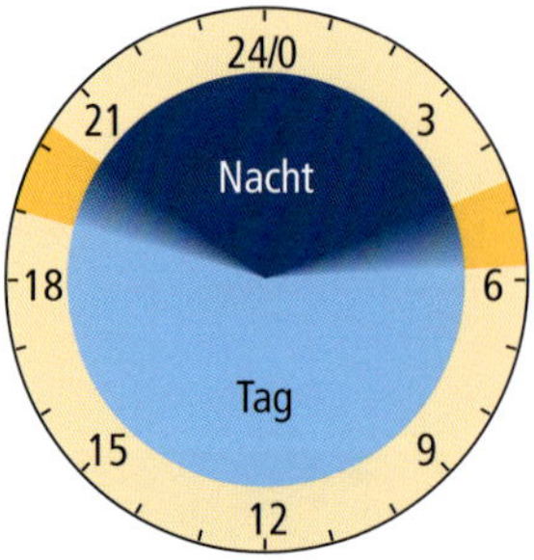

5. April

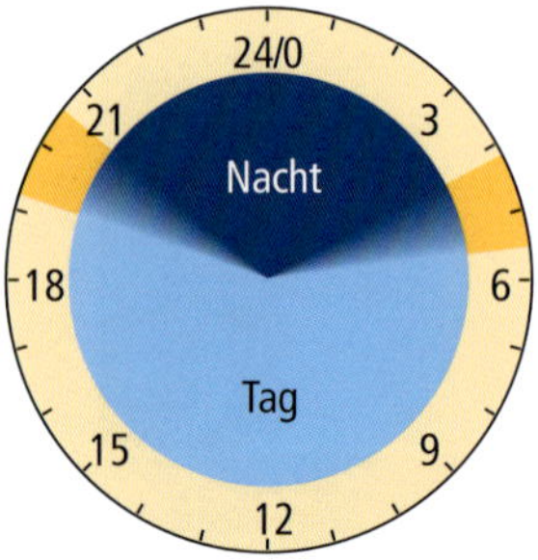

15. April

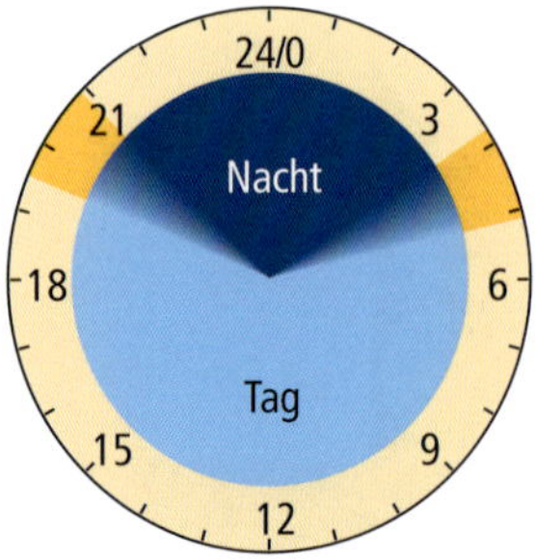

25. April

MONDLAUF

Datum		Aufg. MEZ	Kulmination	Unterg. MEZ	Rektaszension	Deklination	Sterne und Sternbilder	Phase	MEZ
		h m	h m	h m	h m	°			
Do	1.	3 56	8 17	12 46	20 18	−21,2	Steinbock		
Fr	2.	4 15	9 01	13 57	21 06	−17,1	Steinbock	Aufsteigender Knoten	
Sa	3.	4 31	9 44	15 08	21 52	−12,3	Steinbock		
So	4.	4 45	10 26	16 20	22 37	− 7,0	Wassermann		
Mo	5.	4 59	11 08	17 33	23 21	− 1,2	Fische		
Di	6.	5 12	11 52	18 48	0 07	+ 4,7	Fische	Libration Ost	
Mi	7.	5 28	12 38	20 07	0 55	+10,5	Fische	**Neumond Nr. 1290**	**$0^h 52^m$**
Do	8.	5 47	13 28	21 28	1 45	+16,0	Fische		
Fr	9.	6 11	14 22	22 50	2 39	+20,8	Widder	Größte Nordbreite	
Sa	10.	6 44	15 20	–	3 37	+24,5	* Stier, Plejaden		
So	11.	7 30	16 21	0 08	4 38	+26,8	Stier		
Mo	12.	8 32	17 23	1 15	5 41	+27,4	Stier, Alnath		
Di	13.	9 47	18 24	2 06	6 44	+26,2	* Zwillinge	**Erstes Viertel**	**$23^h 57^m$**
Mi	14.	11 11	19 21	2 43	7 45	+23,3	* Pollux	Erdnähe 370/32,′3	1^h
Do	15.	12 36	20 14	3 11	8 43	+19,1	* Krebs, Krippe	Absteigender Knoten	
Fr	16.	14 00	21 04	3 32	9 38	+13,7	Löwe, Regulus		
Sa	17.	15 22	21 51	3 49	10 30	+ 7,7	Regulus		
So	18.	16 42	22 38	4 04	11 20	+ 1,4	Löwe		
Mo	19.	18 01	23 25	4 20	12 09	− 4,9	Jungfrau		
Di	20.	19 21	–	4 36	12 58	−11,0	Spica	**Vollmond**	**$23^h 28^m$**
Mi	21.	20 40	0 13	4 55	13 49	−16,4	Jungfrau	Libration West	
Do	22.	21 56	1 03	5 18	14 41	−20,9	Waage	Größte Südbreite	
Fr	23.	23 06	1 55	5 47	15 35	−24,3	Waage		
Sa	24.	–	2 48	6 26	16 29	−26,5	Antares		
So	25.	0 06	3 41	7 16	17 24	−27,3	Schlangenträger		
Mo	26.	0 54	4 33	8 15	18 19	−26,8	Kaus Borealis		
Di	27.	1 30	5 23	9 21	19 11	−25,0	Schütze, Nunki	Erdferne 404/29,′6	22^h
Mi	28.	1 57	6 10	10 30	20 02	−22,1	Schütze	**Letztes Viertel**	**$21^h 18^m$**
Do	29.	2 18	6 55	11 41	20 49	−18,4	Steinbock	Aufsteigender Knoten	
Fr	30.	2 36	7 38	12 51	21 36	−13,8	Steinbock		

DER ZUNEHMENDE MOND WANDERT AN MARS UND JUPITER VORBEI

15. April 20^h

16. April 3^h

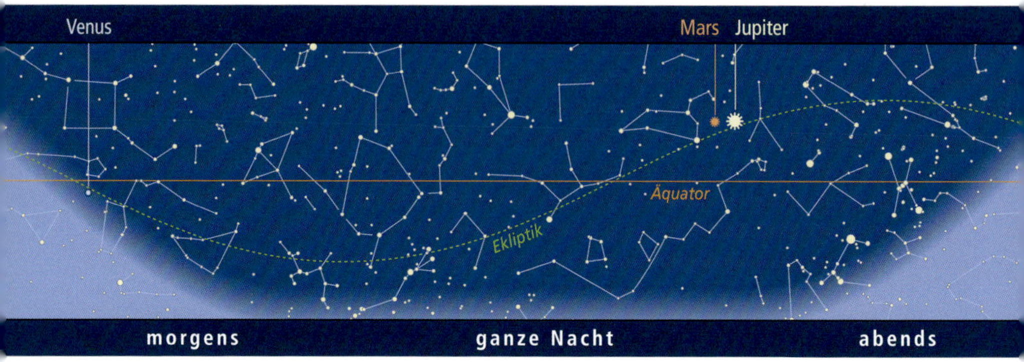

MERKUR hat seine größte westliche Elongation von Mitte März hinter sich. Er eilt der Sonne nach. Am 28. kommt er in obere Konjunktion mit ihr.

Fazit: Merkur bleibt den gesamten April über unbeobachtbar. Auch die Begegnungen mit Neptun am 11. und mit Saturn am 19. bleiben unsichtbar. Bis Monatsende wächst der östliche Winkelabstand von der Sonne auf lediglich 2,°5 an.

VENUS beginnt mit ihrem Rückzug vom Morgenhimmel. Nach der Monatsmitte wird es im Norden Deutschlands schwierig, unseren inneren Nachbarplaneten noch zu sehen. Auch in südlicheren Gefilden wird Venus zu einem unauffälligen Gestirn.

4.2 Heliozentrischer Anblick des Planetensystems im zweiten Jahresviertel 2027. Eingetragen sind links die Positionen der inneren Planeten für den 1. April (4), 1. Mai (5), 1. Juni (6) und 1. Juli (7). Der rechte Teil zeigt das äußere Planetensystem zu Anfang und Ende des zweiten Jahresviertels. Die Pfeile deuten die Richtungen zu den ferneren Planeten sowie zum Frühlingspunkt an.

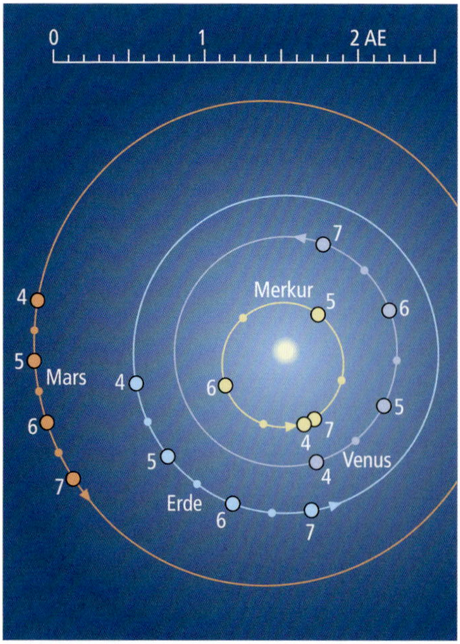

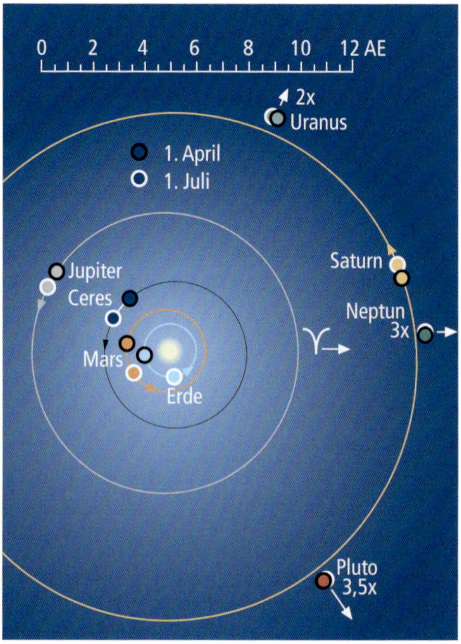

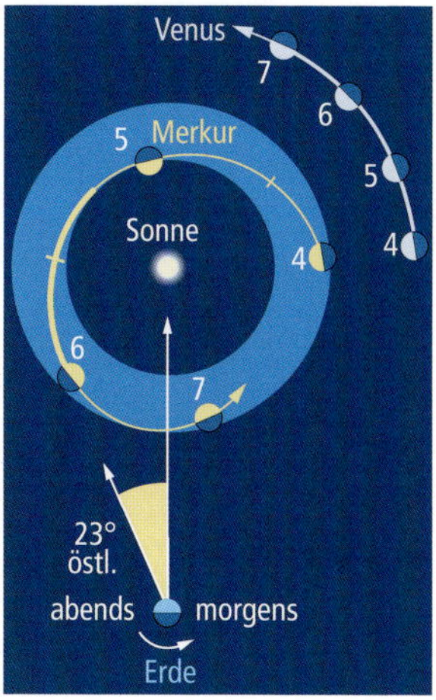

4.3 Heliozentrische Bewegungen von Merkur und Venus *relativ* zur Erde. In den dicker ausgezogenen Bahnteilen sind die Planeten beobachtbar. Die Zahlen markieren die Positionen jeweils zum Monatsersten. Östlicher Winkelabstand bedeutet Abendsichtbarkeit, westliche Elongation: Planet steht am Morgenhimmel.

Ihre westliche Elongation geht bis Monatsende auf 27° zurück. Im letzten Monatsdrittel überschreitet sie den Himmelsäquator in nördlicher Richtung, ihre Deklinationen werden wieder positiv. Als Folge davon vergrößert sich ihr Tagbogen und ihre Aufgänge verfrühen sich entsprechend. Geht Venus am 1. um 5^h03^m (= 6^h03^m Sommerzeit) auf, so überschreitet sie am 30. die östliche Horizontlinie bereits um 4^h16^m.

Der scheinbare Durchmesser von Venus schrumpft auf unter 12″ und das Planetenscheibchen zeigt sich inzwischen schon fast voll beleuchtet – 89 % glänzen im Sonnenlicht.

Am 4. ergibt sich ein netter Himmelsanblick gegen 6^h morgens, wenn die abnehmende Mondsichel an Venus vorbeiwandert (siehe Abb. 4.4 rechts).

Am 24. wandert Venus 0°15′ südlich an Neptun vorbei, der allerdings unsichtbar bleibt. Ihren sonnenfernsten Bahnpunkt, das Aphel, passiert Venus am 17. morgens, wobei sie 108,9 Millionen Kilometer (= 0,728 AE) von der Sonne entfernt bleibt.

MARS wird am 2. im Sternbild Löwe stationär und beendet damit seine Oppositionsperiode, was man auch an der stark sinkenden Helligkeit bemerkt. Sie nimmt während des Monats um $0^{m}{,}7$ ab und beträgt am 30. nur mehr $0^{m}{,}3$ (siehe auch Abb. 1.9 auf Seite 43).

Auch der Durchmesser des Marsscheibchens schrumpft von $11{,}''2$ auf $8{,}''7$ im Laufe des April. Am Abendhimmel sieht man den roten Planeten hoch im Süden. Am 1. kulminiert Mars um 21^h17^m, am 15. um 20^h26^m und am 30. bereits um 19^h40^m (= 20^h40^m Sommerzeit). Seine Untergänge verfrüht der rote Planet von 4^h53^m zu Monatsbeginn auf 3^h01^m (= 4^h01^m Sommerzeit) Ende April.

Der zunehmende Mond begegnet Mars in der Nacht vom 15. auf 16. rund $3^{\circ}{,}3$ südlich.

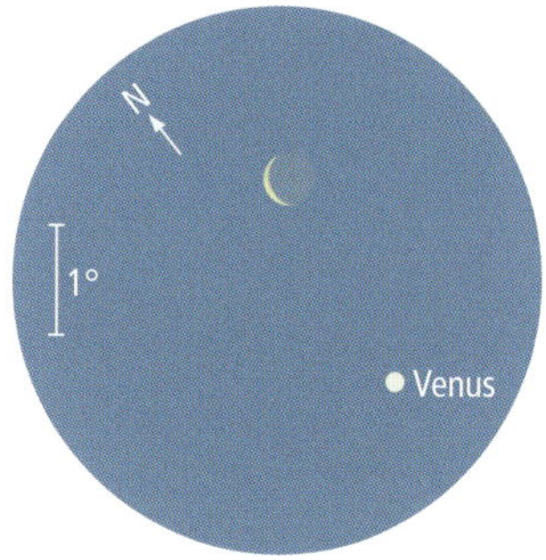

4.4 Venus wird von der abnehmenden, dünnen Mondsichel am 4. April besucht. Morgendlicher Fernglasanblick gegen 5^h30^m MEZ (= 6^h30^m MESZ).

4.5 Die zunehmende Mondsichel passiert am 11. April den Stern Alnath (β Tauri). Fernglasanblick gegen 21^h MEZ (= 22^h MESZ).

4.6 Der abnehmende Mond begegnet am 24. April Antares im Skorpion. Fernglasanblick gegen 2^h MEZ (= 3^h MESZ).

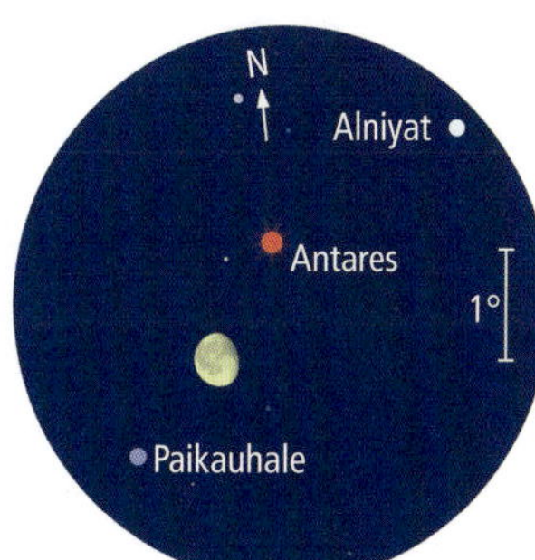

Fernrohrbeobachter registrieren einen leichten Beleuchtungsdefekt. Zu Monatsende sind 90 % des auf $8\overset{\prime\prime}{.}7$ geschrumpften scheinbaren Marsdurchmessers beleuchtet.

Auf der Nordhalbkugel des Mars beginnt am 16. April um 23^h05^m MEZ der Sommer.

JUPITER verzögert seine rückläufige Bewegung im Sternbild Krebs. Am 13. wird er stationär. Anschließend wandert er wieder rechtläufig durch den Tierkreis (siehe Abb. 2.8 auf Seite 62). Mit seinem Stillstand beendet der Riesenplanet seine Oppositionsperiode. Dies wird auch an der um $0\overset{m}{.}2$ auf $-2\overset{m}{.}1$ zurückgehenden Jupiterhelligkeit bemerkbar. Damit ist der Riesenplanet nach Mond und Venus immer noch das hellste Gestirn am Nachthimmel. Am 1. sinkt Jupiter um 4^h31^m (= 5^h31^m Sommerzeit) unter die westliche Horizontlinie, am 15. um 3^h35^m und am 30. schon um 2^h37^m.

Der zunehmende Mond begegnet Jupiter in der Nacht vom 15. auf den 16. (siehe Abb. unter der Tabelle „Mondlauf" auf Seite 101).

SATURN wird bereits am 7. von der Sonne eingeholt und steht in Konjunktion mit ihr. Somit befindet er sich am Taghimmel und bleibt nachts unbeobachtbar unter dem Horizont.

Am Tag der Konjunktion erreicht Saturn seine größte Entfernung von der Erde. Sie beträgt in diesem Jahr 1551 Millionen Kilometer, das sind 10,37 AE. Saturn ist damit über zehnmal so weit entfernt wie die Sonne von der Erde.

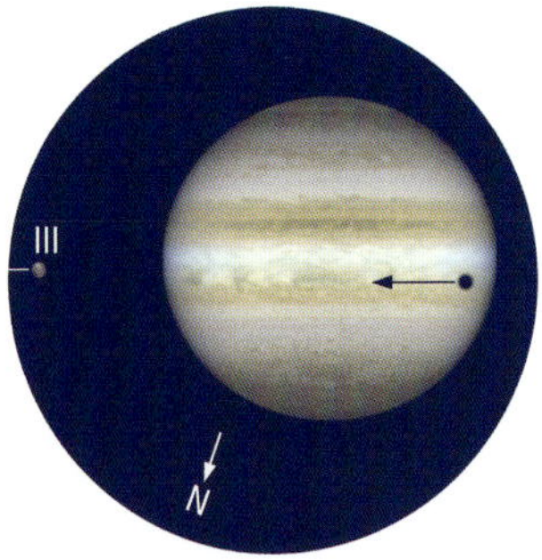

17. April, 23^h00^m MESZ: Ganymed wirft seinen Schatten auf Jupiter lange nach dem Ende seines Durchgangs.

KONSTELLATIONEN UND EREIGNISSE

Datum	MEZ	Ereignis
2.	19^h	Mars im Stillstand, anschließend rechtläufig
4.	8	**Mond bei Venus**, Mond $3\overset{\circ}{.}3$ nördlich,
		Abstand $2\overset{\circ}{.}2$ um 6^h (Fernglas!)
5.	12	Mond bei Merkur, Mond $6\overset{\circ}{.}0$ nördlich
6.	6	Mond bei Neptun, Mond $5\overset{\circ}{.}5$ nördlich
7.	7	Mond bei Saturn, Mond $7\overset{\circ}{.}2$ nördlich
7.	18	Saturn in Konjunktion mit der Sonne
10.	12	Mond bei Uranus, Mond $5\overset{\circ}{.}1$ nördlich
11.	13	Merkur bei Neptun, Merkur $1\overset{\circ}{.}0$ südlich
13.	7	Jupiter im Stillstand, anschließend rechtläufig
15.	16	**Mond bei Jupiter**, Mond $1\overset{\circ}{.}0$ südlich,
		Abstand $3\overset{\circ}{.}3$ um 20^h
16.	2	**Mond bei Mars**, Mond $3\overset{\circ}{.}3$ südlich,
		Abstand $3\overset{\circ}{.}7$ um 23^h am 15.
17.	8	Venus im Aphel
19.	17	Merkur bei Saturn, Merkur $0\overset{\circ}{.}6$ nördlich
24.	10	Venus bei Neptun, Venus $0\overset{\circ}{.}3$ südlich
28.	22	Merkur in oberer Konjunktion mit der Sonne

URANUS, rechtläufig im Sternbild Stier, kann noch in den frühen Abendstunden mit guter Optik aufgespürt werden. Am 1. geht der mit $5\overset{m}{.}8$ recht lichtschwache Uranus um 23^h34^m unter. Ab 20^h (= 21^h Sommerzeit) ist es zu Monatsbeginn dunkel genug, um nach dem grünlichen Planeten mit Fernglas oder Teleskop erfolgreich zu suchen. Gegen 22^h verschwindet er im Horizontdunst (siehe Abb. 11.8 auf Seite 232). Bis 15. verfrühen sich die Untergänge des $5\overset{m}{.}8$ hellen Uranus auf 22^h42^m. Nach der Monatsmitte lohnt es sich nicht mehr, nach dem sonnenfernen Planeten Ausschau zu halten. In der zweiten Monatshälfte stört übrigens ohnehin Mondlicht beim Aufsuchen von Uranus. Der Untergang des Uranus erfolgt am 30. um 21^h47^m.

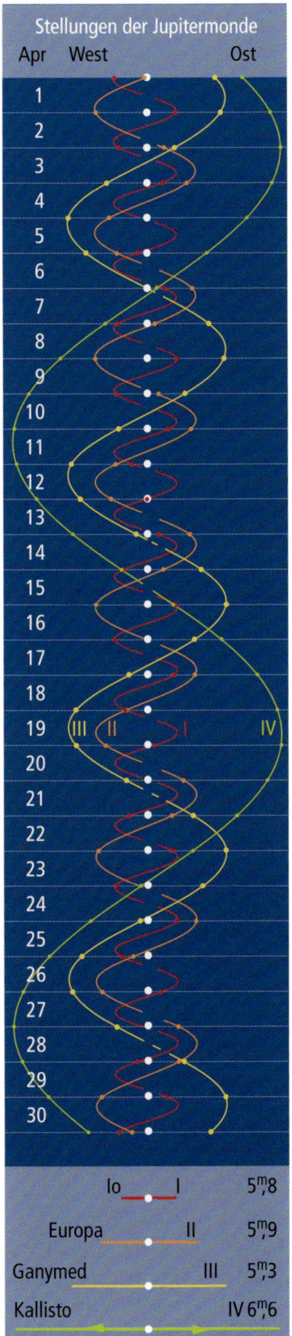

JUPITERMONDE

Tag	MEZ h m	Vorgang		
1.	0 57	II	SA	
	1 45	II	DE	
2.	21 58	II	VE	
3.	2 05	II	2″,5	III
4.	20 19	I	2″,2	II
5.	1 02	I	BA	
	22 11	I	DA	
	23 15	I	SA	
6.	0 28	I	DE	
	1 32	I	SE	
	3 04	II	2″,7	I
	22 54	I	VE	
	23 22	III	BA	
	23 50	I	4″,1	IV
7.	3 24	III	4″,4	IV
	20 00	I	SE	
8.	1 20	II	DA	
10.	0 34	II	VE	
	21 26	III	SE	
11.	22 28	I	2″,2	II
13.	0 01	I	DA	
	21 20	I	BA	
14.	0 49	I	VE	
	20 46	I	DE	
	21 55	I	SE	
15.	1 42	IV	3″,9	I

JUPITERMONDE

Tag	MEZ h m	Vorgang		
15.	20 48	IV	2″,6	I
	21 58	IV	VA	
16.	21 54	II	BA	
17.	20 38	III	DE	
	21 50	III	SA	
18.	22 17	II	SE	
19.	0 39	I	2″,1	II
20.	23 12	I	BA	
21.	20 21	I	DA	
	21 10	III	2″,5	II
	21 33	I	SA	
	22 38	I	DE	
	23 50	I	SE	
22.	21 12	I	VE	
23.	20 26	II	2″,4	I
	20 40	IV	DA	
24.	0 25	II	BA	
	20 49	III	DA	
25.	22 04	II	SA	
	22 25	II	DE	
28.	22 14	I	DA	
	23 28	I	SA	
29.	0 22	III	2″,5	II
	23 07	I	VE	
30.	22 39	II	2″,3	I

NEPTUN im Sternbild Fische stand im letzten Märzdrittel in Konjunktion mit der Sonne. Der nur $8^{m}{,}0$ helle bläuliche Planet bleibt somit unbeobachtbar am Taghimmel. Erst Ende Juni wird er wieder auffindbar. Die enge Begegnung mit Merkur am 11. und mit Venus am 24. entgehen einer Beobachtung.

PLANETOIDEN UND ZWERGPLANETEN

CERES (1) beschleunigt deutlich ihren rechtläufigen Lauf durch das Sternbild Zwillinge. Im letzten Monatsdrittel zieht sie etwa 2° südlich an Kastor vorbei (siehe Abb. 1.11 auf Seite 45). Ihre Kulminationszeiten verfrühen sich von 18^h48^m (= 19^h48^m Sommerzeit) am 1. auf 18^h09^m am 15. und auf 17^h30^m Ende April. Am 30. April geht Ceres um 2^h29^m (= 3^h29^m Sommerzeit) unter.

PERIODISCHE STERNSCHNUPPENSTRÖME

Mit den **LYRIDEN** durchquert die Erde nach längerer Pause wieder einen auffallenden Meteorstrom.

Erste Meteore lassen sich ab dem 16. April registrieren. Das Maximum wird am Morgen des 23. erreicht. Der Radiant befindet sich zum Maximum etwa 7°

südwestlich von Wega und ist somit nach Mitternacht hoch am Himmel.

Der nach dem Vollmond am 20. April noch hell strahlende abnehmende Mond stört die Beobachtung der Lyriden erheblich zur Zeit des Maximums.

Die Lyriden sind schnelle Objekte. Im Mittel liegen ihre Eintrittsgeschwindigkeiten um 49 Kilometer pro Sekunde. Die Lyriden stammen von dem langperiodischen Kometen C/1861 G1 (Thatcher), dessen Umlaufzeit 415 Jahre beträgt.

Der **ANTIHELION**-Komplex wandert durch das Sternbild Jungfrau auf die Waage zu und erreicht somit immer südlichere Abschnitte der Ekliptik. Stündlich sind kaum fünf Meteore zu erwarten.

Ein weit südlicher Strom sind die regelmäßig aufflammenden **π-PUPPIDEN**. Sie erscheinen um den 23. April. Ihr Radiant liegt, wie der Name sagt, im Sternbild Puppis (Hinterdeck des Argonautenschiffes), das in unseren Breiten nur zum Teil sichtbar ist. Wegen der südlichen Lage des Ausstrahlungspunktes sind sie erst südlich von 30° nördlicher Breite zu beobachten. In manchen Jahren erscheinen recht viele Puppiden. Ihr Radiant ist nur am Abendhimmel sichtbar. Es handelt sich um recht langsame Meteore mit Eintrittsgeschwindigkeiten von rund 15 Kilometer pro Sekunde. Als Ursprungskomet wurde 26P/Grigg-Skjellerup ausgemacht.

Im letzten Aprildrittel tauchen die ersten **ETA-AQUARIIDEN** auf (siehe „Sternschnuppenströme im Mai“ auf Seite 121).

Der Fixsternhimmel

Zur abendlichen Stunde (Standardbeobachtungszeit am 1. um 23^h MEZ = 24^h Sommerzeit, am 15. um 22^h MEZ = 23^h Sommerzeit) steht jetzt der Große Wagen mit seinen sieben Sternen direkt über unseren Köpfen. Er ist nur ein Teil der viel größeren Sternenfigur des Großen Bären (Ursa Maior). Zurzeit ist die Gelegenheit günstig, den Großen Bären als Sternbild in seiner Gesamtheit zu erfassen. Denn sein Kopf und seine Tatzen werden von relativ lichtschwachen Sternen markiert, während der Wagenkasten den Schinken des Bären bildet und die Deichsel seinen zoologisch gesehen viel zu langen Schwanz.

Durch den Meridian wandert gerade der Löwe. Er hat nun seine Gipfelposition erreicht und ist auch für Anfänger leicht auszumachen. Ein großes Sternentrapez deutet den Rumpf an, ein kleines, an der Nordwestecke („rechts oben“ in unseren Breiten) aufgesetztes Trapez den Kopf dieses königlichen Tieres.

VERÄNDERLICHE STERNE

Algol-Minima		β-Lyrae-Minima		δ-Cepheï-Maxima		Mira-Helligkeit	
8.	4^h08^m	3.	14^h N	5.	8^h	1.	4^m
13.	21 45	10.	2 H	10.	17	10.	5
16.	18 35	16.	13 N	16.	2	20.	5
28.	5 52	23.	0 H	21.	11	30.	6
		29.	12 N	26.	20		

Der Löwe ist Mitglied im ausgewählten Zirkel der Tierkreisbilder. Sein Hauptstern Regulus liegt fast genau auf der Ekliptik. Die Entfernung von Regulus misst nach neuesten Beobachtungen 79 Lichtjahre. Derzeit sind die hellen Planeten Mars und Jupiter zu Gast im Löwen.

Nördlich des Löwen und südlich der Tatzen des Großen Bären liegt das unscheinbare Sternbild Kleiner Löwe (lat.: Leo Minor). Nur drei Sterne des Kleinen Löwen sind heller als $4\overset{m}{,}5$.

Im Westen versinken die Wintersternbilder. Sirius im Großen Hund ist bereits untergegangen. Orion befindet sich gerade im Untergang, ebenso der Stier mit dem roten Aldebaran. Hoch im Westen sind die Zwillinge zu sehen. Zwischen Zwillingen und Löwe liegt der unscheinbare Krebs.

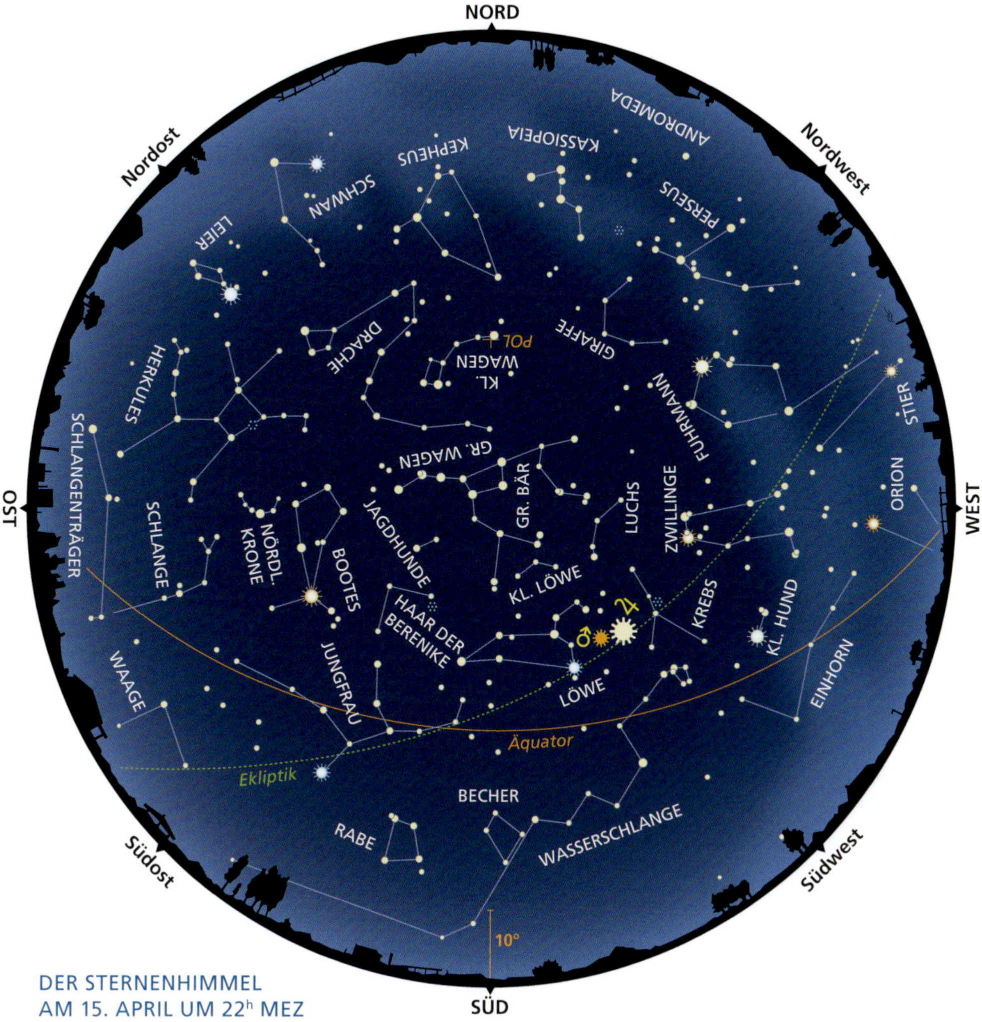

DER STERNENHIMMEL
AM 15. APRIL UM 22h MEZ

Die Sternkarte ist auch gültig für:		
	MEZ	MESZ
15.12.	6h	
1. 1.	5	
15. 1.	4	
1. 2.	3	
15. 2.	2	
1. 3.	1	
15. 3.	0	
1. 4.	**23**	**24h**
15. 4.	**22**	**23**
30. 4.	**21**	**22**

Im Südwesten fällt Prokyon im Kleinen Hund auf. Halbhoch im Nordwesten strahlt die gelbe Kapella im Sternenpolygon des Fuhrmanns. Die Kassiopeia, das Himmels-W, bereitet sich auf die untere Kulmination vor. Der Kepheus geht gerade zwischen Himmelsnordpol und Nordpunkt am Horizont durch den Meridian. Diese Stellung bezeichnet man als „untere Kulmination“. Nur Sterne, die zirkumpolar sind, können auch in unterer Kulmination beobachtet werden. Alle anderen Sterne bleiben in unterer Kulmination unter dem Horizont und sind daher in dieser Position unbeobachtbar.

Ein intensiv orange-rot strahlender Stern fällt hoch im Südosten auf. Es handelt sich um Arktur, den Hauptstern im

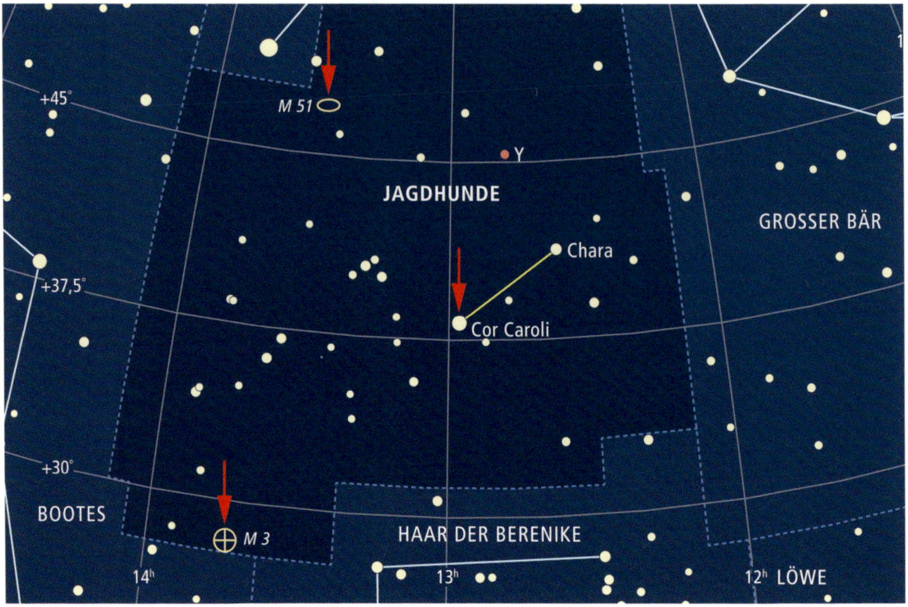

4.7 Skelettkarte des Sternbildes Jagdhunde (Canes Venatici). Eingetragen sind die Positionen des Doppelsterns und magnetisch Variablen $\alpha_{1,2}$ Canum Venaticorum (Cor Caroli), der Spiralgalaxie M 51 (Strudelmilchstraße oder Whirlpool Galaxy) und des Kugelsternhaufens M 3.

Sternbild Bootes. In Sternkarten ist er als α Bootis vermerkt. Mit $0^{m}_{,}0$ scheinbarer Helligkeit gehört Arktur zu den fünf hellsten Fixsternen am irdischen Firmament. Arktur ist 37 Lichtjahre von uns entfernt. Arktur heißt so viel wie Bärenhüter. Im täglichen Himmelsumschwung folgt Arktur permanent dem Großen Bären. Er treibt damit gewissermaßen den Bären um den Polarstern herum.

Bootes bedeutet so viel wie Rinderhirt. Die alten Römer sahen in den sieben Wagensternen sieben Dreschochsen (Septemtriones), die um den Polarstern als Göpel herumwandern. Und Bootes, der fleißige Rinderhirt, treibt sie an, indem er ihnen ständig folgt.

Südlich der Deichsel des Großen Wagens und dem Kleinen Löwen im Osten benachbart, stößt man auf das kleine und unscheinbare Sternbild der Jagdhunde (lat.: Canes Venatici, abgekürzt: CVn). Die Jagdhunde sind ein neuzeitliches Sternbild. Es war daher im Altertum und Mittelalter unbekannt. Eingeführt hat es der Danziger Ratsherr und aktive Amateurastronom mit eigener Sternwarte Johannes Hevelius im Jahre 1687. Es erschien in seinem Sternatlas *Prodromus Astronomiae*, der von seiner Frau Elisabeth herausgegeben wurde. Die Jagdhunde werden von Bootes an zwei Leinen festgehalten. Der Hauptstern (α CVn) heißt Cor Caroli (lat., Herz Karls; nach König Charles I. von England benannt).

Den Platz im Südosten nimmt die Jungfrau (lat.: Virgo) ein. Ihr hellster Stern (α Virginis) heißt Spica mit Eigennamen. Spica ist lateinisch und bedeutet „Kornähre". Sie ist ein Symbol für die Fruchtbarkeit der Jungfrau. Im Gegensatz zum rötlichen Arktur leuchtet Spica in bläulicher Farbe. Spica ist eine ganze Größenklasse lichtschwächer als Arktur. Dies betrifft allerdings nur ihre scheinbare Helligkeit. Im Gegensatz zu Arktur, der nur knapp 37 Lichtjahre entfernt ist, braucht das Licht 250 Jahre, um von Spica zur Erde zu gelangen. Dass wir sie trotz dieser relativ großen Distanz noch als Stern erster Größe am irdischen Himmel sehen, liegt an ihrer gewaltigen Leuchtkraft. Spica strahlt so hell wie 2200 unserer Sonnen zusammengenommen. Stünde Spica in gleicher Distanz wie Arktur, so erschiene sie uns fast so hell wie die Venus!

Die drei hellen Sterne Arktur im Bootes, Regulus im Löwen und Spica in der Jungfrau bilden ein großes Dreieck, das als Frühlingsdreieck bekannt ist, gewissermaßen als Gegenstück zum Sommerdreieck, Herbstviereck und Wintersechseck.

Südlich der Jungfrau sind das Sternenviereck des Raben (lat.: Corvus) und der Becher (lat.: Crater) auszumachen. Während der Rabe relativ leicht zu erkennen ist, so ist der lichtschwache Becher ein schwieriges Sternbild, das man nur unter sehr guten Sichtbedingungen wahrnehmen kann.

Im Nordosten ist bereits der Herkules über den Horizont gestiegen, ein recht ausgedehntes Sternbild ohne hellere Sterne. Im Herkules stößt man auf den prominenten Kugelsternhaufen M 13. Ein weiterer, aber lichtschwächerer Kugelsternhaufen, nämlich M 92, findet sich ebenfalls im Herkules.

Halbhoch im Osten, nahe dem Bootes, springt der Sternenhalbkreis der Nördlichen Krone förmlich ins Auge. Er ist zwar nicht besonders hell, aber in seiner Anordnung recht auffällig. Der deutlich hellere Stern im Halbkreis mit der Katalogbezeichnung α Coronae Borealis heißt Gemma, der Edelstein. Der offizielle Name nach der IAU-Liste lautet Alphecca. α CrB ist ein weißer, heißer Riesenstern (A0 IV) in 75 Lichtjahren Entfernung. In der Nördlichen Krone findet sich auch der Eruptiv-Variable R Coronae Borealis, ein rußender Stern.

Am Nordosthorizont künden Wega in der Leier und Deneb im Schwan den kommenden Sommer an.

4.8 Skelettkarte der Sternbilder Rabe und Becher.

Der Persische Kalender

Der Persische oder Iranische (genauer Neu-Iranische) Kalender ist in unserem Kulturkreis weit weniger bekannt als der Jüdische, Islamische oder Babylonische Kalender. Dies eigentlich zu Unrecht. Als reiner Sonnenkalender ist er sogar genauer als der Gregorianische Kalender, obwohl er keine Schaltregeln kennt.

Der Persische Kalender ist ein reiner Sonnenkalender mit zwölf Monaten. Wann ein Persisches Jahr 366 Tage hat, bestimmt allein der Sonnenlauf. Trotzdem spricht man immer wieder von einem „Schaltjahr“ im Persischen Kalender. Da er keine Schaltregel kennt, ist er genauer als der Gregorianische Kalender, bei dem die Schaltregel festlegt, in welchem Jahr ein Schalttag (Sonnentag) einzufügen ist und das dann 366 statt 365 Tage lang ist.

Nach 3200 Gregorianischen Jahren tritt dabei eine Differenz von einem Tag gegenüber dem Tropischen Jahr auf. Denn das Tropische Jahr ist um 0,00031 Tage oder knapp 27 Sekunden kürzer als ein Gregorianisches Jahr. Nicht so beim Persischen Kalender: Das neue Jahr beginnt exakt mit dem Frühlingsäquinoktium, weshalb die Jahreszeiten stets dem Sonnenlauf entsprechen.

Die Epoche (Jahresbeginn) des Persischen Jahres fällt auf den Tag, an dem die Sonne den Frühlingspunkt passiert, also zum Frühlingsäquinoktium. Geschieht dies auf 52,°5 östlicher Länge vor 12^h Ortszeit, so zählt dieser Tag als 1. Tag des neuen Jahres. Passiert die Sonne den Frühlingspunkt nach 12^h, so zählt erst der folgende Tag als 1. Tag des neuen Jahres. Die iranische Stadt Qaimshar liegt nahe dem Längengrad 52,5° Ost.

Am persischen Neujahrstag wird das traditionelle Frühlingsfest *Nouruz (Nauruz* oder auch *Nawruz*) begangen. Feierlich heißt man zu Frühlingsbeginn das Neue Jahr willkommen. Auch in Afghanistan, in Kasachstan und in der Türkei wird das Frühlingsfest Nouruz gefeiert.

Bei der unter der islamischen Herrschaft verschwundenen Bezeichnung „Iran“ wurde durch die von der Pahlewi-Dynastie (Schah Reza Pah-

4.9 Persepolis – persische Residenzstadt um 500 vor Chr.

Shutterstock/wzczhk

Wikimedia Commons/Zenith210

4.10 Der Feuertempel von Yazd

lewi) veranlasste Kalenderreform im Jahre 1925 der Neu-Iranische Kalender eingeführt, der schlicht weiterhin der Persische Kalender ist. Die Epoche verblieb bei Hidschra 622 nach Chr.

Außerdem wurde der Meridian von Teheran (51°23′ Ost) als Referenzmeridian für den jeweiligen Jahresbeginn festgelegt.

Die Epoche des Persischen Kalenders (Beginn der Jahreszählung) ist wie im Islamischen Kalender auch das Jahr der Hidschra 622 nach Chr. (Flucht Mohammeds von Mekka nach Medina am 15. Juli). Das Islamische Jahr hat zwölf synodische Monate. Im Persischen Jahr sind die Monate 1 bis 6 bis zum Sommersolstitium je 31 Tage lang, die Monate 7 bis 11 haben je 30 Tage. Der zwölfte Monat hat entweder 29 oder 30 Tage. (Im Sommerhalbjahr vom Frühlingsäquinoktium bis zum Herbstäquinoktium vergehen 186 Tage und zehn Stunden, das Winterhalbjahr vom Herbstäquinoktium bis zum Frühlingsäquinoktium ist 178 Tage und 20 Stunden lang.) Damit ist das Persische Jahr 365 Tage oder alle vier Jahre 366 Tage lang.

Dies als „Schaltjahr" zu bezeichnen, ist nicht ganz korrekt. Denn die Zahl der Tage im Jahr wird allein durch den Sonnenlauf bestimmt, niemand muss nach einer Regel eine Schaltung vornehmen. Hat die Sonne nach 365 Tagen den Frühlingspunkt noch nicht erreicht, so hat der 12. Monat Esfand 30 statt 29 Tage und es ergibt sich ein Persisches Jahr zu 366 Tagen.

Der Persische Kalender ist ein reiner Sonnenkalender von zwölf Monaten zu jeweils 31 oder 30 Tagen, wobei der letzte Monat 29 Tage und nur alle vier Jahre 30 Tage lang ist. Ein persisches Jahr hat somit eine Länge von 365 oder 366 Tagen. In der Regel folgt jeweils nach drei Jahren zu 365 Tagen ein Jahr zu 366 Tagen. Nur in Ausnahmefällen hat erst das 5. Jahr 366 Tage.

Im Jahr 2027 (gregorianisch) beginnt somit das islamische Jahr 1449 am 5. Juni und das persische Jahr **1406** am 21. März.

Da in beiden Kalendern die Epoche der Hidschra entspricht, so wird der Persische Kalender als *hidschri-schamsi*, Sonnen-Hidschra, und der Islamische Kalender als *hidschri-qamari*, Mond-Hidschra bezeichnet.

Die Wochentage im Persischen Kalender

Shanbeh	Samstag
Yek-shanbeh	Sonntag
Do-shanbeh	Montag
Se-shanbeh	Dienstag
Chahar-shanbeh	Mittwoch
Panj-shanbeh	Donnerstag
Aadineh	Freitag

Nur Samstag und Freitag haben Eigennamen. Die anderen Wochentage nennt man erster Tag nach Samstag (Sonntag), zweiter Tag nach Samstag (Montag) usw.

Der Alt-Iranische (Persische) Kalender geht auf Schah Dschalal ad-Dawlah Malik (1055–1092) zurück, der den Nouruz-Nameh-Kalender („Buch über Neujahr") des persischen Astronomen Omar Chayyam (auch Khayyam) eingeführt hat, der den Zoroastrischen Kalender als Grundlage benutzte. Daher nennt man den Iranischen Kalender auch *Dschalali-Kalender*.

Der Zoroastrische Kalender

Bei den aryanischen Steppenvölkern war ihr oberster Gott *Mithra*, König des Sternenhimmels. Aus verschiedenen religiösen Strömungen gründete der Reformator *Zarathustra (griech.: Zoroaster)* die *Mazda*-Religionslehre mit dem Sonnengott *Assara Mazas*. Die Anhänger der Lehre von Zarathustra wurden Zoroastrier genannt. Die Lehre der Zoroastrier breitete sich im siebten und sechsten Jahrhundert vor Chr. aus. Kernaussage dieser Religion war das Versprechen, dass die guten Menschen am Ende ihres Daseins belohnt werden. Das Prinzip Hoffnung und Toleranz sind weitere Elemente der Mazda-Religion.

Der ursprüngliche Kalender der Zoroastrier entspricht dem Ägyptischen Kalender. Er ist ein Sonnenkalender mit zwölf Monaten zu 30 Tagen und fünf Zusatztagen (Epagomenen). Der Zoroastrische Kalender kennt drei Ausprägungen: Der *Qadimi*-Kalender („ursprünglicher Kalender"), wie er auch im alten iranischen Kalender übernommen wurde. Der *Shenshai*-Kalender

DIE MONATSNAMEN IM PERSISCHEN KALENDER

Zeitspanne	Iranischer Name (persischer)	Bedeutung	Tage	Tierkreiszeichen
21. März bis 20. April	Farwardin	treibende Kraft	31	Widder Frühlingsbeginn
21. April bis 21. Mai	Ordibehescht	reine Wahrheit	31	Stier
22. Mai bis 21. Juni	Chordad	Wohlergehen	31	Zwillinge
22. Juni bis 22. Juli	Tir	Regengott	31	Krebs Sommerbeginn
23. Juli bis 22. August	Amurdad	Unsterblichkeit	31	Löwe
23. August bis 22. September	Schahriwar	Hoheit	31	Jungfrau
23. September bis 22. Oktober	Mehr	Freundschaft	30	Waage Herbstbeginn
23. Oktober bis 21. November	Aban	Wasserschützer	30	Skorpion
22. November bis 21. Dezember	Azar	Feuer	30	Schütze
22. Dezember bis 20. Januar	Dei	Schöpfer	30	Steinbock Winterbeginn
21. Januar bis 19. Februar	Wahman	Gute Gedanken	30	Wassermann
20. Februar bis 20. März	Esfand	Bescheidenheit	29 oder 30 je nach Jahresbeginn	Fische

Die Monate werden im Persischen Kalender nicht nummeriert.

(Königskalender), der sich lediglich um 30 Tage vom Qadimi-Kalender unterscheidet, mit dem der Jahresbeginn später erfolgt. Bei beiden Kalendern wandert der jeweilige Jahresbeginn durch alle astronomischen Jahreszeiten, weil keine Schalttage oder Schaltmonate vorgesehen sind. Beginnt das Jahr im Qadimi-Kalender beispielsweise im Juli, so folgt der Jahresbeginn des Shenshai-Kalenders im August. Eine Epoche des Shenshai-Kalenders geht auf die Ermordung des Sassaniden-Königs Yazdgard III. Ende 651 nach Chr. zurück, während eine andere Epoche auf dessen Thronbesteigung am 16. Juni 632 nach Chr. zurückgeht.

Der *Fasli*-Kalender („jahreszeitlicher Kalender") oder *Bastani*-Kalender („alter Kalender") hat jeweils drei Jahre zu 365 Tagen und im vierten Jahr 366 Tage. Er bleibt somit weitgehend in Koinzidenz mit dem Sonnenlauf.

Nach der fortschreitenden Islamisierung Persiens wurde der Zoroastrismus allmählich zurückgedrängt und der Islamische Kalender in Persien eingeführt. Traditionalistische Zoroastrier hielten jedoch am Qadimi-Kalender fest.

Sultan Dschalaleddin Malik Shah reformierte 1079 nach Chr. den Persischen Kalender. Die Regel, alle vier Jahre einen Schalttag einzuführen, wurde vom Fasli-Kalender übernommen, was aber insofern überflüssig war, denn der Jahresbeginn wurde auf das Frühlingsäquinoktium festgelegt.

Trotz der islamischen Revolution von 1979 verwendet man im Iran nach wie vor den Neu-Iranischen Kalender, der seit 1925 gilt. An Genauigkeit bleibt er unübertroffen, weshalb man wohl auf die Einführung des Islamischen Kalenders verzichtete.

Mai 2027

- Im zweiten Monatsdrittel taucht Merkur zum zweiten Mal in diesem Jahr am Abendhimmel auf.
- Venus kann noch am Morgenhimmel gesehen werden. Ein auffälliges Objekt ist sie aber nicht mehr.
- Mars ist noch am Abendhimmel sichtbar.
- Jupiter beschleunigt seine rechtläufige Wanderung und überschreitet am 10. die Grenze zum Löwen. Aus der zweiten Nachthälfte zieht er sich zurück.
- Saturn stand Anfang April in Konjunktion mit der Sonne. Der Ringplanet bleibt unbeobachtbar.

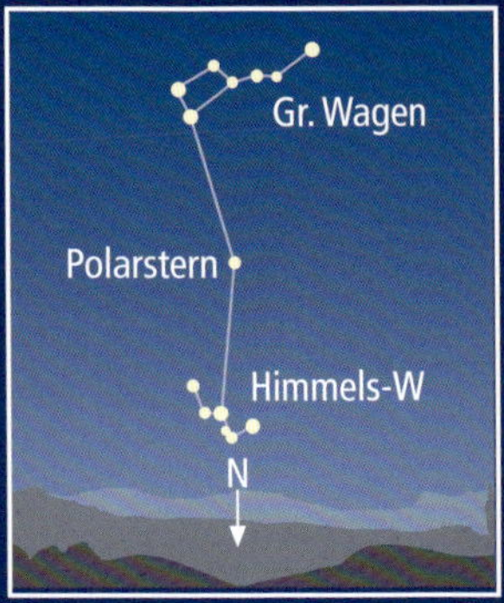

Großer Wagen und Himmels-W Anfang Mai um 22 Uhr MEZ

5.1 Anblick des Westhimmels am 12. Mai gegen 22^h MEZ (= 23^h MESZ). Mars und Jupiter sieht man im Sternbild Löwe. Knapp neben Jupiter steht der zunehmende Halbmond.

1 Sa	Maifeiertag
2 So	
3 Mo	
4 Di	
5 Mi	
6 Do	Christi Himmelfahrt **Neumond**
7 Fr	
8 Sa	
9 So	
10 Mo	
11 Di	
12 Mi	Mond bei Jupiter – abends
13 Do	Erstes Viertel Mond bei Mars – abends
14 Fr	
15 Sa	
16 So	Pfingstsonntag
17 Mo	Pfingstmontag Mond bei Spica – abends
18 Di	
19 Mi	
20 Do	**Vollmond** Merkur zweitbeste Abendsichtbarkeit
21 Fr	
22 Sa	
23 So	
24 Mo	
25 Di	
26 Mi	
27 Do	Fronleichnam
28 Fr	Letztes Viertel
29 Sa	
30 So	
31 Mo	

SONNE – STERNBILDER

14.5. 22^h:
Sonne tritt in das Sternbild Stier

21.5. 8^h:
Sonne tritt in das Tierkreiszeichen Zwillinge

Julianisches Datum am
1. Mai, 1^h MEZ: 2 461 526,5

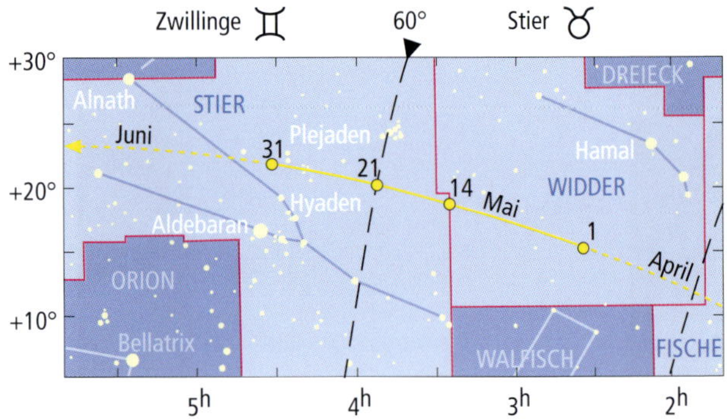

SONNENLAUF

Tag	Dämmerg. Anfang	Aufgang MEZ	Kulmination	Untergang MEZ	Dämmerg. Ende	Mittagshöhe	Zeitgleichg.	Rektaszension	Deklination
	h m	h m	h m	h m	h m	°	m	h m	°
1.	3 34	4 57	12 17	19 38	21 02	55,1	+3	2 30	+14,8
5.	3 25	4 50	12 17	19 44	21 10	56,3	+3	2 46	+16,0
10.	3 14	4 42	12 16	19 52	21 21	57,6	+4	3 05	+17,4
15.	3 03	4 35	12 16	19 59	21 31	58,9	+4	3 25	+18,7
20.	2 53	4 28	12 16	20 06	21 41	60,0	+4	3 45	+19,8
25.	2 44	4 22	12 17	20 12	21 51	61,0	+3	4 05	+20,8
31.	2 35	4 17	12 18	20 19	22 02	61,9	+2	4 29	+21,8

TAGES- UND NACHTSTUNDEN

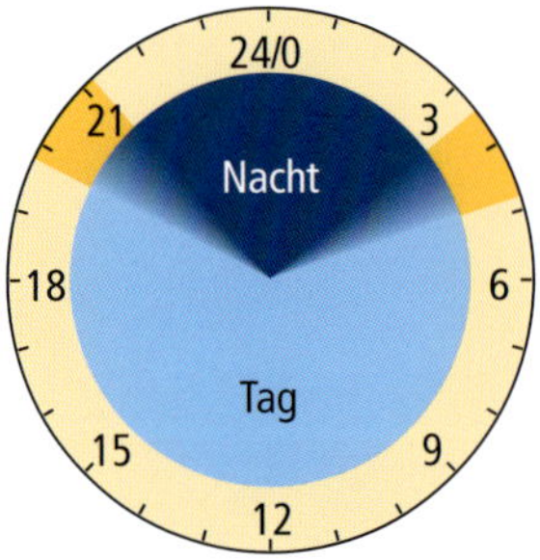

5. Mai

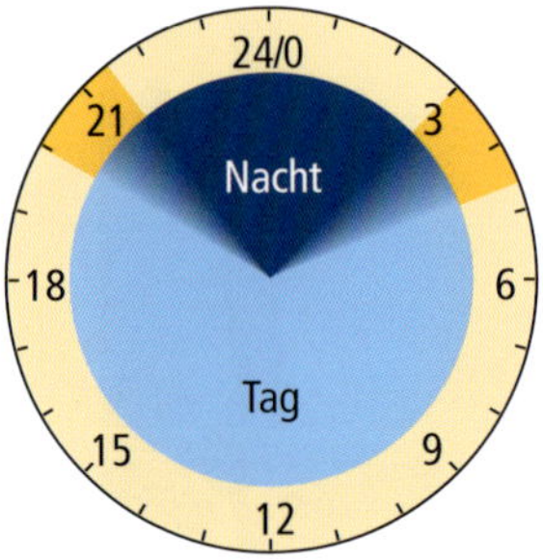

15. Mai

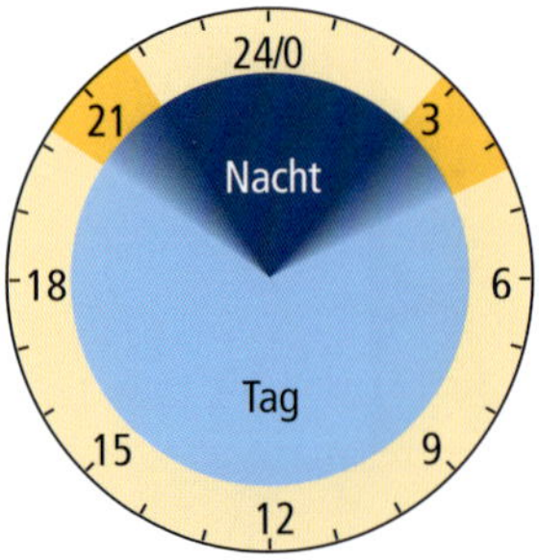

25. Mai

MONDLAUF

Datum		Aufg. MEZ	Kulmination	Unterg. MEZ	Rektaszension	Deklination		Sterne und Sternbilder	Phase	MEZ
		h m	h m	h m	h m	o				
Sa	1.	2 50	8 19	14 01	22 20	– 8,7		Wassermann		
So	2.	3 04	9 01	15 13	23 05	– 3,2		Fische		
Mo	3.	3 17	9 44	16 26	23 50	+ 2,6		Fische	Libration Ost	
Di	4.	3 32	10 29	17 43	0 37	+ 8,4		Fische		
Mi	5.	3 50	11 18	19 05	1 26	+14,1		Fische		
Do	6.	4 12	12 11	20 28	2 19	+19,2		Widder, Hamal	**Neumond Nr. 1291**	$11^h 59^m$
									Größte Nordbreite	
Fr	7.	4 42	13 09	21 50	3 17	+23,3		Stier, Plejaden		
Sa	8.	5 24	14 11	23 03	4 19	+26,1		Stier, Plejaden		
So	9.	6 22	15 15	–	5 23	+27,2		Stier, Alnath	Erdnähe 367/32,′6	21^h
Mo	10.	7 36	16 17	0 01	6 28	+26,4		Zwillinge		
Di	11.	8 59	17 16	0 44	7 31	+23,9		Pollux		
Mi	12.	10 25	18 11	1 14	8 30	+19,9	*	Krebs, Krippe	Absteigender Knoten	
Do	13.	11 49	19 01	1 37	9 26	+14,8		Löwe	**Erstes Viertel**	$5^h 44^m$
Fr	14.	13 10	19 49	1 55	10 18	+ 8,9		Löwe, Regulus		
Sa	15.	14 29	20 35	2 11	11 07	+ 2,8		Löwe		
So	16.	15 47	21 21	2 26	11 56	– 3,5		Jungfrau		
Mo	17.	17 04	22 08	2 42	12 44	– 9,4		Jungfrau	Libration West	
Di	18.	18 22	22 56	2 59	13 34	–14,9		Spica		
Mi	19.	19 38	23 46	3 20	14 24	–19,6		Waage	Größte Südbreite	
Do	20.	20 51	–	3 47	15 17	–23,3		Waage	**Vollmond**	$12^h 00^m$
Fr	21.	21 54	0 39	4 22	16 11	–25,8		Antares		
Sa	22.	22 47	1 32	5 08	17 06	–27,1		Schlangenträger		
So	23.	23 28	2 24	6 04	18 01	–26,9		Schütze		
Mo	24.	23 58	3 15	7 08	18 54	–25,5	*	Schütze, Nunki		
Di	25.	–	4 04	8 16	19 45	–22,9		Schütze	Erdferne 405/29,′5	16^h
Mi	26.	0 21	4 49	9 26	20 34	–19,4		Steinbock	Aufsteigender Knoten	
Do	27.	0 40	5 32	10 36	21 20	–15,2		Steinbock		
Fr	28.	0 55	6 14	11 45	22 05	–10,3		Wassermann	**Letztes Viertel**	$14^h 58^m$
Sa	29.	1 09	6 55	12 55	22 49	– 4,9		Wassermann		
So	30.	1 22	7 36	14 06	23 33	+ 0,7		Fische		
Mo	31.	1 36	8 20	15 20	0 18	+ 6,4		Fische	Libration Ost	

DER ZUNEHMENDE HALBMOND BEGEGNET MARS UND REGULUS

13. Mai 21^h

14. Mai 1^h

MERKUR hat seine obere Konjunktion mit der Sonne gerade hinter sich. Der sonnennahe Planet gewinnt allmählich östlichen Vorsprung vor der Sonne. Im zweiten Monatsdrittel taucht Merkur zum zweiten Mal in diesem Jahr am Abendhimmel auf. Es ist dies aber auch seine letzte Abendsichtbarkeit in diesem Jahr. Wer noch nie Merkur am Himmel gesehen hat, sollte seine Chance diesmal nutzen, den flinken Planeten zu erspähen. Am 10. geht der $-1^m,1$ helle Merkur um 21^h14^m (= 22^h14^m Sommerzeit) im Nordwesten unter. Unter guten Sichtbedingungen kann man ihn gegen halb neun Uhr (= halb zehn Uhr Sommerzeit) in der Dämmerung erkennen. Bis Monatsende verspäten sich die Merkuruntergänge auf 22^h14^m (= 23^h14^m Sommerzeit), die Merkurhelligkeit sinkt dramatisch um mehr als eine Größenklasse auf $0^m,8$ ab (siehe Abb. 5.2 und 5.3 unten).

Am 15. zieht Merkur 8° nördlich an Aldebaran, dem Hauptstern des Stieres, vorbei.

Am 22. zeigt sich das 7″,2 große Merkurscheibchen halb beleuchtet, die Phase Dichotomie tritt ein. Danach nimmt der Beleuchtungsgrad des Merkurscheibchens ab, man erkennt allmählich seine Sichelgestalt. Bis 31. Mai nimmt die Größe des

5.2 Stellung von Merkur über dem Westhorizont zu den angegebenen Daten. Die Pfeile geben die Bewegungen von Merkur und Sonne während der letzten halben Stunde an.

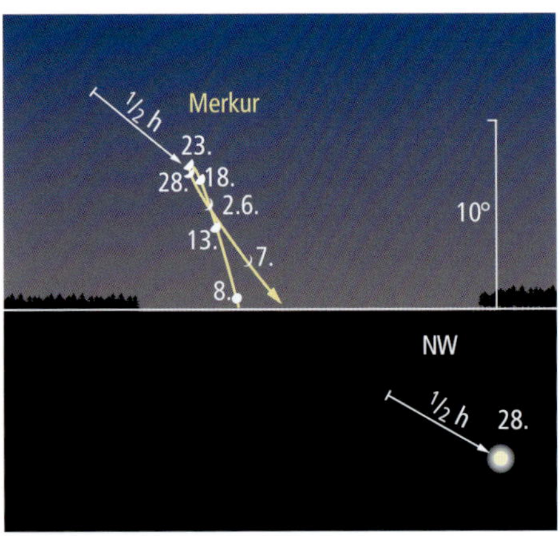

5.3 Sichtbarkeitsdiagramm für Merkur. Es gilt genau für 50° nördlicher Breite und 10° östlicher Länge. Dunkelgelbe Fläche: Unter günstigen Sichtbedingungen kann man Merkur mit bloßen Augen erkennen, hellgelbe Fläche: Merkur ist leicht zu sehen.

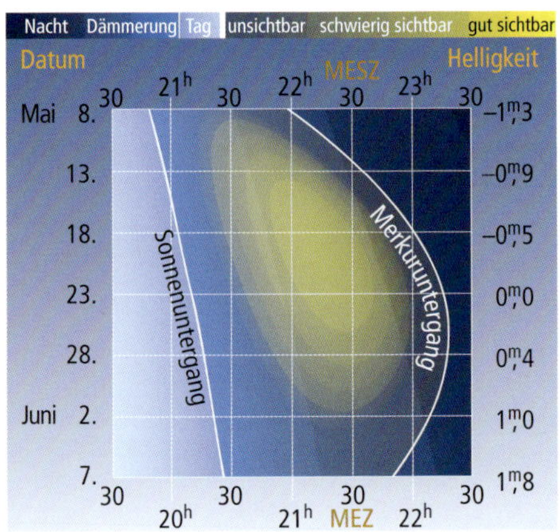

scheinbaren Merkurdurchmessers auf 8″,9 zu.

Am 28. kommt Merkur mit 22°55′ in größte östliche Elongation von der Sonne. Am 5. eilt Merkur durch das Perihel seiner Bahn.

VENUS kann noch am Morgenhimmel gesehen werden. Ein auffälliges Objekt ist sie aber nicht mehr. Sie wandert durch den aufstrebenden Teil des Tierkreises. Am 16. verlässt sie das Sternbild Fische und wechselt in den Widder.

Am 4. kommt es zu einer Begegnung mit der abnehmenden Mondsichel, die nördlich an Venus vorbeizieht. Um 5^h morgens beträgt ihr gegenseitiger Abstand 5°,5.

Am 8. wandert Venus kurz nach Mitternacht am Ringplaneten 0°39′ nördlich vorbei.

Der Aufgang der $-3^m,9$ hellen Venus erfolgt am 1. um 4^h15^m und am 31. bereits um 3^h31^m (= 4^h31^m Sommerzeit). Das nur noch 11″ große Venusscheibchen erscheint fast voll beleuchtet. Der Beleuchtungsgrad nimmt im Mai von 89 % auf 94 % zu.

MARS: Am 13. wandert der zunehmende Halbmond abends 4° südlich an Mars vorbei. Auch zieht Mars am gleichen Tag an Regulus im Löwen 1°,4 nördlich vorbei (siehe Mondlaufgrafik auf Seite 117).

Vom Morgenhimmel beginnt sich Mars allmählich zurückzuziehen. Am 1. geht der rote Planet um 2^h57^m (= 3^h57^m Sommerzeit) und am 15. um 2^h09^m unter. Am 30. erfolgt der Marsuntergang schon um 1^h16^m (= 2^h16^m Sommerzeit).

Im Fernrohr zeigt sich das von 8″,7 auf 7″,0 schrumpfende Planetenscheibchen am Monatsende zu 89 % beleuchtet.

JUPITER, wieder rechtläufig im Krebs, beschleunigt seine Wanderung und überschreitet am 10. die Grenze zum Löwen (siehe auch Abb. 2.8 auf Seite 62).

Aus der zweiten Nachthälfte zieht sich der Riesenplanet zurück. Seine Untergänge erfolgen am 1. um 2^h33^m (= 3^h33^m Sommerzeit), am 15. um 1^h40^m und am 31. schon um 0^h41^m.

Obwohl die Helligkeit des Riesenplaneten um weitere $0^m,2$ auf $-1^m,9$ abnimmt, ist er dennoch ein auffälliges Gestirn, das nur noch von Venus an Glanz übertroffen wird. Venus geht aber erst auf, wenn Jupiter bereits untergegangen ist.

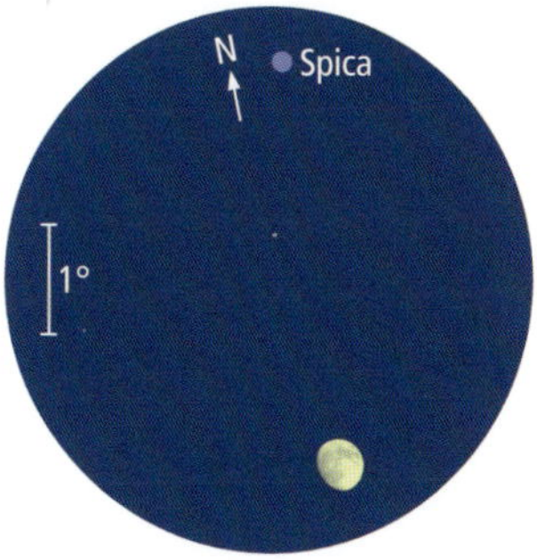

5.4 Der zunehmende Mond wandert am 17. Mai an Spica in der Jungfrau vorbei. Fernglasanblick gegen 21ʰ MEZ (= 22ʰ MESZ).

KONSTELLATIONEN UND EREIGNISSE

Datum	MEZ	Ereignis
3.	17^h	Mond bei Neptun, Mond 5°,8 nördlich
4.	15	**Mond bei Venus**, Mond 6°,7 nördlich, **Abstand 5°,5 um 5^h** (Fernglas!)
4.	22	Mond bei Saturn, Mond 7°,4 nördlich
5.	8	Merkur im Perihel
7.	7	Mond bei Merkur, Mond 3°,9 nördlich
7.	21	Mond bei Uranus, Mond 4°,9 nördlich
8.	1	Venus bei Saturn, Venus 0°,7 nördlich
10.	15	Pluto im Stillstand, anschließend rückläufig
11.	18	Merkur bei Uranus, Merkur 1°,9 nördlich
13.	0	**Mond bei Jupiter**, Mond 1°,3 südlich, **Abstand 2°,1 um 23^h am 12.**
13.	21	**Mond bei Mars**, Mond 3°,3 südlich, **Abstand 4°,1 um 21^h**
27.	7	Uranus in Konjunktion mit der Sonne
28.	11	**Merkur in größter östlicher Elongation** (23°)
31.	4	Mond bei Neptun, Mond 6°,0 nördlich

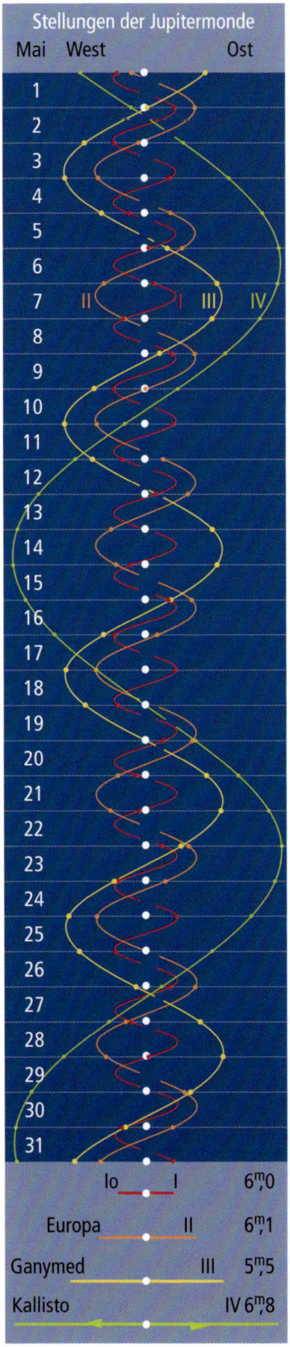

JUPITERMONDE

Tag	MEZ h m	Vorgang		
1.	19 44	I	B	III
2.	0 42	III	DA	
	20 40	IV	VE	
	22 08	II	DA	
3.	0 40	II	SA	
4.	21 41	II	VE	
5.	23 26	III	VE	
6.	0 08	I	DA	
	21 28	I	BA	
7.	20 54	I	DE	
	22 09	I	SE	
8.	0 53	II	2″,2	I
	22 33	I	B	III
11.	20 54	III	1″,8	IV
12.	0 18	II	VE	
	22 16	III	BE	
	23 48	III	VA	
13.	20 25	I	2″,1	II
	23 23	I	BA	
14.	21 47	I	SA	
	22 49	I	DE	
15.	0 04	I	SE	
	21 06	II	1″,5	III
	21 26	I	VE	
18.	20 53	IV	B	II
	21 29	II	BA	
	21 54	IV	BA	
19.	22 39	III	BA	
	23 28	IV	2″,8	II
20.	21 58	II	SE	
	22 41	I	2″,1	II
21.	22 28	I	DA	
	23 43	I	SA	

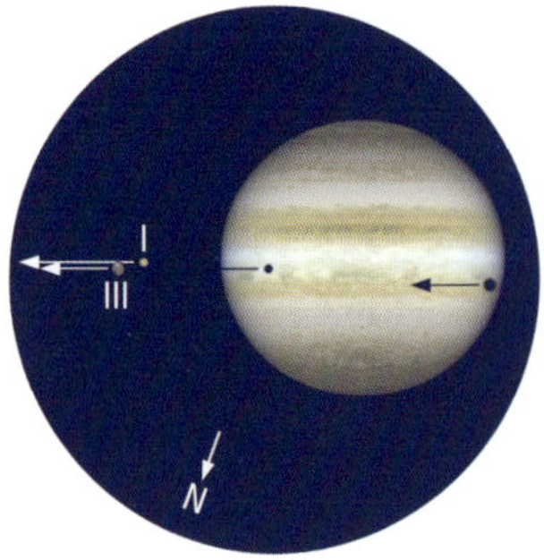

30. Mai, 22^h50^m MESZ: Ios und Ganymeds Schatten ziehen über Jupiter. Wenig später bedeckt Ganymed teilweise Io.

JUPITERMONDE

Tag	MEZ h m	Vorgang		
22.	23 21	I	VE	
23.	0 30	II	1″,5	III
	21 21	III	SE	
26.	20 46	I	3″,4	IV
27.	21 45	II	SA	
	22 09	II	DE	
	22 20	I	2″,9	IV
29.	21 45	I	BA	
30.	21 46	III	SA	
	22 24	I	SE	
	22 29	I	B	III

GEGENSEITIGE JUPITERMONDEREIGNISSE

Tag	Beginn h m	Ende h m	Ereignis fern/nah
1.	19 40	19 48	I B III
8.	22 29	22 37	I B III
18.	20 45	21 01	IV B II
30.	22 13	22 45	I B III

Beginn Mitte Ende

Norden unten, Zeitangaben in MEZ

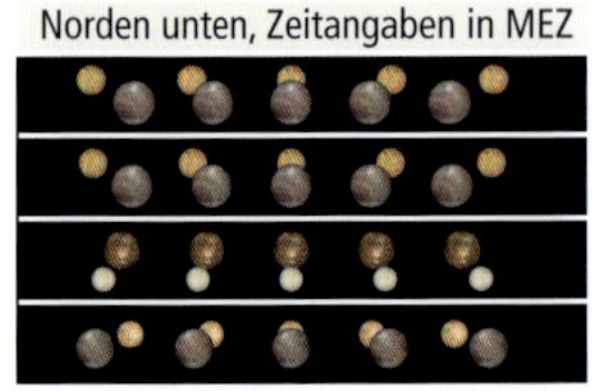

Der zunehmende Halbmond besucht den Riesenplaneten am 13., wobei er $1\overset{\circ}{,}3$ um 0^h südlich von ihm steht. Am Abend des 12. ergibt sich ein interessanter Himmelsanblick: Über dem Westhorizont ist gegen 22^h das Vierergestirn Jupiter, Mond, Mars und Regulus versammelt, wie aus Abb. 5.1 auf Seite 114 zu ersehen ist.

SATURN, rechtläufig in den Fischen, stand Anfang April in Konjunktion mit der Sonne.

Der Ringplanet kann sich noch nicht aus den Strahlen der Sonne befreien und bleibt am Morgenhimmel unbeobachtbar. Versierte Beobachterinnen und Beobachter mögen Ende Mai unter sehr guten Sichtbedingungen Saturn am Morgenhimmel knapp über dem Osthorizont aufstöbern. Am 31. geht der $0\overset{m}{,}7$ helle Saturn um 2^h41^m (= 3^h41^m Sommerzeit) auf.

URANUS steht am 27. im Sternbild Stier in Konjunktion mit der Sonne. Er hält sich mit ihr am Taghimmel auf und bleibt nachts unbeobachtbar. Zur Konjunktion trennen uns von Uranus 3053 Millionen Kilometer (= 20,41 AE). Von der Sonne ist Uranus an diesem Tag 2901 Millionen Kilometer (= 19,39 AE) entfernt. Das Sonnenlicht benötigt somit zwei Stunden und 41 Minuten, um den grünlichen Planeten zu erreichen.

Uranus läuft fast genau in der Ekliptik. Seine Bahn ist nur um 0°46′ zur scheinbaren Sonnenbahn geneigt. Da Uranus zur Konjunktion nur 6′58″ südlich der Ekliptik steht, wird er von der Sonne bedeckt, was allerdings nicht beobachtet werden kann.

Die Begegnung mit Merkur am 11. bleibt ebenfalls unbeobachtbar.

NEPTUN, rechtläufig im Sternbild Fische, kann sich noch nicht aus den Strahlen der Sonne befreien. Der mit $7\overset{m}{,}9$ recht lichtschwache, sonnenferne Planet bleibt unsichtbar.

PLANETOIDEN UND ZWERGPLANETEN

PLUTO kommt am 10. im Sternbild Steinbock zum Stillstand und ist anschließend rückläufig (siehe Abb. 7.6 auf Seite 156). Am 10. geht Pluto um 1^h49^m auf und kulminiert um 5^h52^m (= 6^h52^m MESZ). Sein Untergang erfolgt um 9^h55^m. In Opposition zur Sonne kommt der $14\overset{m}{,}5$ helle Zwergplanet am 29. Juli.

PERIODISCHE STERNSCHNUPPENSTRÖME

Bereits ab Ende April sind die **ETA-AQUARIIDEN**, auch **MAI-AQUARIIDEN** genannt, zu verfolgen. Sie sind bis etwa Mitte Mai zu erwarten und erreichen ihr ausgeprägtes Maximum am 6. Mai. Die Rate lag in den letzten Jahren um 60 pro Stunde. Sie sind allerdings nur von südlicheren Orten gut zu verfolgen, denn der Radiant nahe dem Stern η Aquarii erscheint in Mitteleuropa erst kurz vor der Morgendämmerung. Je weiter südlich, desto länger wird die verfügbare Beobachtungszeit, auch durch den späteren Dämmerungsbeginn.

Für Beobachter auf südlichen Breiten gehört der Strom zu den aktivsten des Jahres. Im Jahr 2013 wurden sogar Raten über 100 beobachtet. Die beste Beobachtungszeit ist ab etwa 3^h am Morgenhimmel in den Tropen. Die letzten Aquariiden tauchen bis 28. Mai auf. Ursprungsobjekt ist der Komet 1P/Halley. Es handelt sich bei diesem Meteorstrom um schnelle Objekte (um 65 Kilometer pro Sekunde), die auffallend lange Leuchtspuren hinterlassen.

Zwischen dem 3. und 14. Mai erscheinen die **ETA-LYRIDEN**. Dieser recht schwache Strom konnte erst in den letzten Jahren einigermaßen sicher durch Videodaten nachgewiesen werden. Bei seinem flachen Maximum am 8. Mai sind kaum mehr als fünf Sternschnuppen pro Stunde zu registrieren.

Der Radiant befindet sich zwischen Wega und Fawaris (δ Cygni). Somit steht er im Mai die gesamte Nacht hoch am Firmament. Als Ursprungskomet wurde C/1983 H1 (IRAS-Araki-Alcock) identifiziert.

Im südlichsten Bereich der Ekliptik findet man den **ANTIHELION**-Radianten. In einigen Listen sind Scorpiiden und Sagittariiden extra aufgeführt – dies sind etwas aktivere Bereiche innerhalb des ausgedehnten Radianten, aus dem ganzjährig aktiven Bereich wenige Grad östlich des Oppositionspunktes zur Sonne.

Der Löwe hat seinen Meridiandurchgang schon hinter sich. Das große Löwentrapez neigt sich leicht zum Horizont. Zwischen dem Löwen und dem Großen Bären liegt das weniger bekannte Bild des Kleinen Löwen. Der unscheinbare Krebs steht noch im Westen, eingerahmt von Zwillingen und Löwe.

Blickt man nun abends senkrecht nach oben, so erkennt man den Himmelswagen. Folgt man mit den Augen dem Schwung der Wagendeichsel, so trifft man hoch im Süden auf den orangeroten Arktur, den Hauptstern des Bootes. Das Sternbild Bootes ist recht markant und lässt sich leicht einprägen. Es sieht aus wie ein Drachen, den man bei günstigem Wind steigen lässt.

Von den Winterbildern sind nur noch die Zwillinge und der Kleine Hund tief im Westen zu finden.

In der Osthälfte des Himmelsgewölbes fällt neben dem Bootes ein markanter Sternenhalbkreis ins Auge. Er deutet die Nördliche Krone, lateinisch Corona Borealis (CrB), an.

Im Nordosten strahlen Wega in der Leier und Deneb im Schwan, zwei Eckpunkte des Sommerdreiecks. Der dritte im Bunde, Atair im Adler, ist allerdings zur Standardbeobachtungszeit noch nicht erschienen. Auf der Verbindungslinie Arktur – Wega liegt ein wenig östlich des Sternenhalbkreises der Nördlichen Krone das lichtschwache, aber ausgedehnte Sternbild Herkules. In ihm ist der berühmte Kugelsternhaufen M 13 zu finden.

Im Süden schreitet die Jungfrau mit ihrem hellen, bläulichen Hauptstern Spica eben durch die Mittagslinie. Südwestlich von Spica fällt das markante Sternentrapez des Raben auf, der seine Meridianpassage gerade hinter sich hat. Der Jungfrau folgt im Tierkreis das nicht besonders auffällige Sternbild Waage.

Tief im Nordwesten funkelt Kapella im Fuhrmann. Sie ist der hellste Stern, der bei uns zirkumpolar ist.

Der Skorpion schickt sich eben an aufzugehen. Sein heller Hauptstern Antares überschreitet gerade die Horizontlinie.

Im Osten steigt der Schlangenträger (lat.: Ophiuchus) mit der Schlange (lat.: Serpens) empor. Von der Schlange, deren Kopf bis an die Nördliche Krone heranreicht, ist allerdings nur der Vorderteil (lat.: Serpens Caput) schon über dem Horizont. Zieht man von Denebola (β Leonis), dem Schwanzstern im Löwen, zu Arktur eine Linie, so tangiert sie das Sternbild Haar der Berenike (lat.: Coma Berenices, meist nur Coma genannt). Das Haar der Berenike hat jetzt seine Höchststellung erreicht. Es gehört zu den lichtschwächsten und darum unauffälligen Sternbildern. Es setzt sich nur aus Sternen vierter Größe und schwächer zusammen. In sehr dunkler, mondloser und klarer Nacht mit guter Durchsicht bemerkt man wohl eine etwas höhere Konzentration an schwächeren Sternen zwischen Löwe und Bootes. Hier liegt auch der 280 Lichtjahre entfernte offene Coma-Sternhaufen. Freisichtig erscheint er als nebelhaftes Objekt. Im Fernglas sind etwa zehn Sterne aufzulösen. Im Norden wird das Haar der Be-

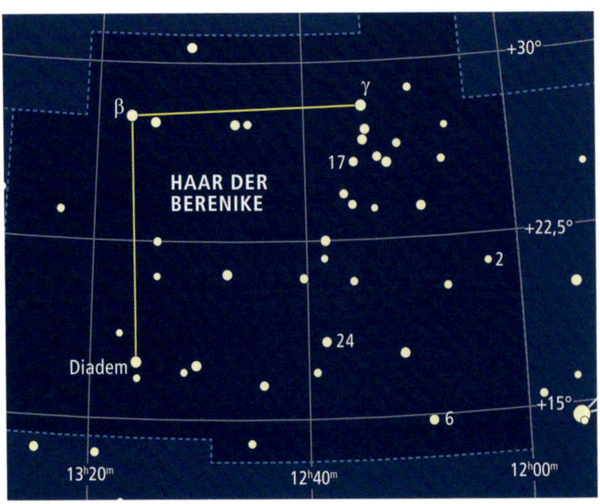

5.5 Skelettkarte des Sternbildes Haar der Berenike

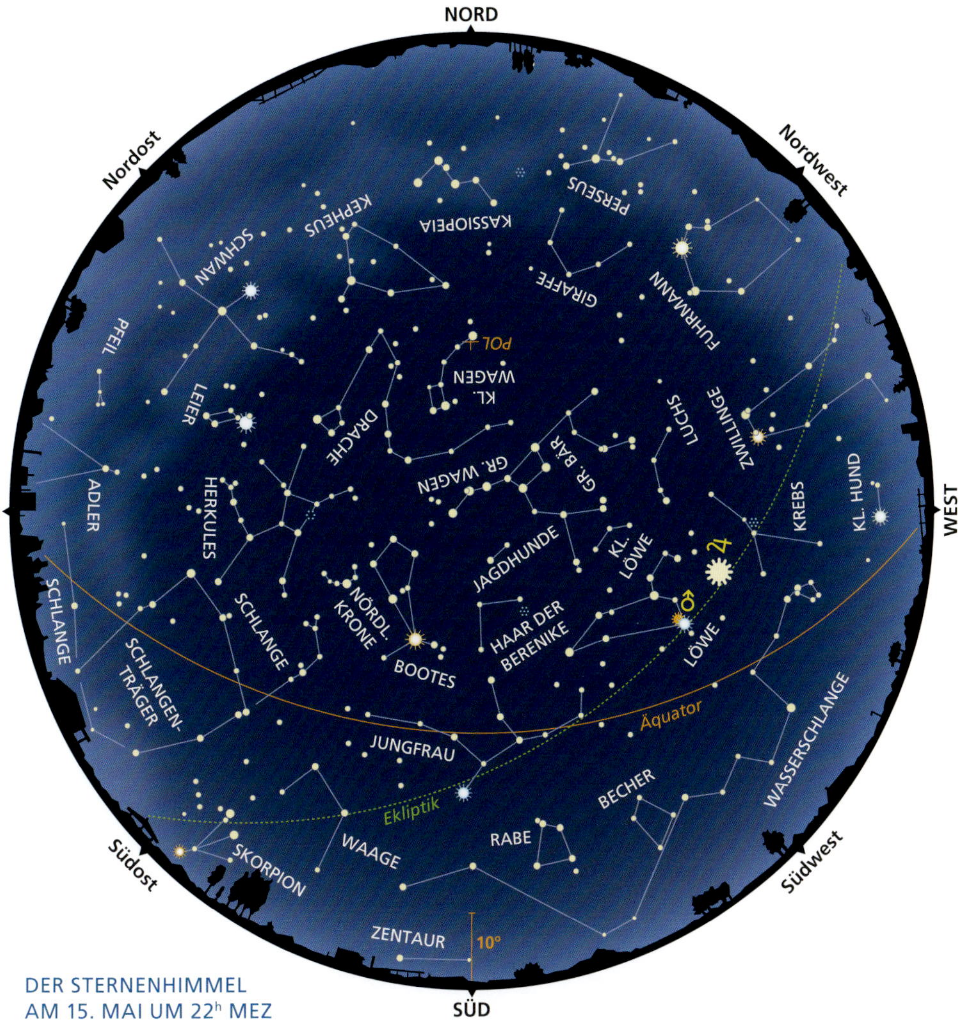

DER STERNENHIMMEL AM 15. MAI UM 22^{h} MEZ

Die Sternkarte ist auch gültig für:		
	MEZ	MESZ
15. 1.	6^{h}	
1. 2.	5	
15. 2.	4	
1. 3.	3	
15. 3.	2	
1. 4.	1	2^{h}
15. 4.	0	1
1. 5.	**23**	**24**
15. 5.	**22**	**23**
31. 5.	**21**	**22**

renike von den Jagdhunden und im Süden von der Jungfrau begrenzt. Im Sternbild Haar findet sich auch der prominente Coma-Galaxienhaufen. Er ist nicht zu verwechseln mit dem offenen Coma-Sternhaufen.Während der Sternhaufen 280 Lichtjahre entfernt ist, so trennen uns 330 Millionen Lichtjahre vom Galaxienhaufen im Sternbild Coma.

OBJEKTE FÜR FELDSTECHER UND FERNROHR

Algorab (δ Corvi) ist ein ausgesprochen leichter Doppelstern im Raben, wenn auch der Helligkeitskontrast erheblich ist. Die blau-weiße, $2{,}^{m}9$ helle Hauptkomponente (Spektraltyp B9) hat in 25″ Distanz einen nur $9{,}^{m}5$ hellen Begleiter. Der Positionswinkel beträgt 217°. Diese Dop-

5.6 Das Haar der Berenike in der künstlerischen Darstellung von Kay Elzner.

pelsonne trennen 87 Lichtjahre von der Erde.

Als weiterer Doppelstern im Raben sei Σ 1669 (Struve Nr. 1669) genannt. Die beiden weißen, fast gleich hellen Komponenten ($5^{\mathrm{m}}{,}9$ und $6^{\mathrm{m}}{,}0$ hell, beide vom Typ F5 V), stehen $5''{,}3$ voneinander ab. Schon im Dreizöller lässt sich ab 40-facher Vergrößerung Σ 1669 leicht auflösen. Seine Entfernung misst 280 Lichtjahre.

Als weiterer Doppelstern sei Izar (ε Bootis) empfohlen. Bei einer Distanz seiner Komponenten von $2''{,}9$ empfiehlt sich ein Vierzöller (Fernrohr mit 10 cm Öffnung), um das Paar einwandfrei aufzulösen, vor allem wegen der großen Helligkeitsdifferenz beider Komponenten. ε Boo A ist mit $2^{\mathrm{m}}{,}5$ wesentlich heller als ε Boo B mit nur $4^{\mathrm{m}}{,}8$. Nett anzusehen ist der deutliche Farbkontrast. Die hellere Komponente leuchtet orange-gelb, der Begleiter scheint in einem weißen Licht. Von dem Sternenpaar trennen uns 200 Lichtjahre.

In den Jagdhunden findet sich ferner der Doppelstern 25 CVn. Er wurde schon 1827 von Friedrich Wilhelm Struve als Doppelstern erkannt. Er steht in einer relativ sternarmen Gegend. Die beiden Komponenten sind $5^{\mathrm{m}}{,}0$ und $7^{\mathrm{m}}{,}0$ hell und nur $1''{,}7$ voneinander getrennt (Positionswinkel: 96°). Beide Sterne erscheinen weiß (Spektraltyp: A7). Ihre Umlaufzeit beträgt 228 Jahre. Zurzeit nimmt die Distanz ab. Das Periastron von $0''{,}2$ (mit P = 356°) werden sie im Jahre 2191 erreichen. Das Sternenpaar ist 190 Lichtjahre entfernt.

Denebola („Schwänzchen des Löwen") oder β Leonis ist ein gut zu trennender Doppelstern – allerdings ist auch hier der Helligkeitsunterschied enorm – elf Größenklassen! Die Hauptkomponente ist ein weißer Hauptreihenstern (A3 V) mit $2^{\mathrm{m}}{,}1$, während der Begleiter in immerhin

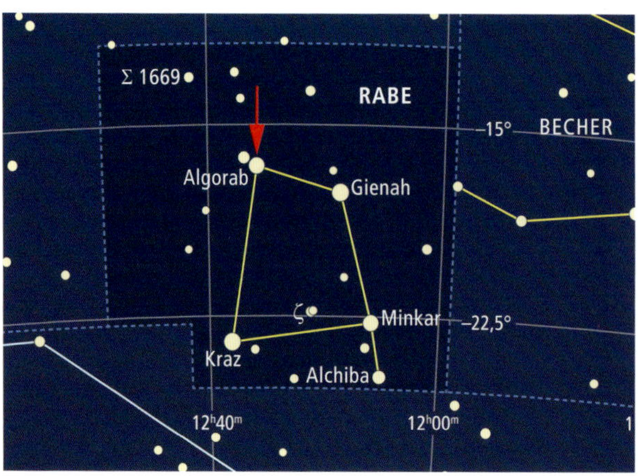

5.7 Algorab (δ Corvi) ist ein ausgesprochen leichter Doppelstern im Raben, wenn auch der Helligkeitskontrast erheblich ist. Die blau-weiße, $2^{\mathrm{m}}{,}9$ helle Hauptkomponente (Spektraltyp B9) hat in 25″ Distanz einen nur $9^{\mathrm{m}}{,}5$ hellen Begleiter. Der Positionswinkel beträgt 217°. Diese Doppelsonne trennen 87 Lichtjahre von der Erde.

5.8 Zu den prominenten Kugelhaufen zählt M 13 im Herkules.

T. A. Rector (University of Alaska Anchorage) and H. Schweiker (WIYN and NOIRLab/NSF/AURA)

80″ Distanz lediglich 13^m,2 Helligkeit aufweist. Um den Begleiter zu erkennen, benötigt man ein Linsenteleskop von mindestens 20 cm Öffnung oder ein Spiegelteleskop ab 25 cm Objektivdurchmesser aufwärts.

Eine echte Herausforderung ist ω Leonis. Um ihn zu trennen, sind die gleichen Mindestgrößen an Öffnungen wie bei Denebola einzusetzen. In 112 Lichtjahren Entfernung umkreisen einander zwei weiße Sonnen (beide F9) in 117 Jahren einmal. Die beiden 5^m,9 und 6^m,5 hellen Komponenten sind nur 0″,8 separiert, P = 93°. Um ω Leo zu finden, gehe man von Regulus aus und schwenke das Teleskop nach Westen, wo man auf ο Leo (3^m,5) trifft. Etwa die halbe Strecke α – ο Leo nochmals nach Westen bewegt, kommt ω Leo ins Blickfeld. Für die Benutzer von GoTo-Montierungen seien die Koordinaten angegeben: α = 9^{h}28^m,5 und δ = 9°,06 (J2000.0).

Zu den prominenten Kugelhaufen zählt M 13 im Herkules. In mondlosen Nächten und bei guten Sichtverhältnissen kann man M 13 sogar mit bloßen Augen als mattes Lichtfleckchen ausmachen. Im Fernglas ist M 13 auf alle Fälle gut erkennbar. Allerdings, um die Randpartien dieses Kugelhaufens in einzelne Sterne aufzulösen, benötigt man schon ein Fernrohr. So richtig zur Geltung kommt M 13 aber erst in größeren Teleskopen von zehn Zoll Öffnung aufwärts (also ab 25 cm Objektivdurchmesser). M 13 befindet sich in 25 000 Lichtjahren Entfernung.

Weitere Kugelhaufen, die schon im Fernglas erkennbar sind, sind M 3 in den Jagdhunden und M 5 in der Schlange. M 3 liegt auf der Verbindungslinie Arktur – Cor Caroli (α Canum Venaticorum), an der Grenze zum Bootes. M 5 liegt im westlichen Teil des Schlangenkopfes (Serpens Caput) an der Grenze zur Jungfrau und nördlich der Waage. M 3 und M 5 sind in dem schon erwähnten *Atlas für Himmelsbeobachter* in der Karte E15 eingetragen. M 3 ist 32 000 Lichtjahre und M 5 rund 24 000 Lichtjahre entfernt.

In den Jagdhunden findet man auch den Spiralnebel M 51. Man sieht fast senkrecht auf diese Spiralgalaxie, die Lord Rosse als Whirlpool Galaxy (engl., Strudelgalaxie) bezeichnet hat. M 51 war das erste Milchstraßensystem, bei dem man eine Spiralform erkannt hat. Die Entfernung der Strudelgalaxie beträgt rund 27 Millionen Lichtjahre. Viele an der Astronomie Interessierte kennen M 51 von prächtigen Fotos in Astronomiebüchern oder im Internet. Im Amateurteleskop entpuppt sich M 51 allerdings nur als ein mattes Lichtfleckchen. Erst in größeren Instrumenten zeigen sich die Spiralarme. Die Strudelgalaxie ist leicht zu entdecken, wenn man vom letzten Deichselstern im Großen Wagen (Benetnasch oder η UMa) ausgeht. Schwenkt man von M 51 dann weiter in Richtung α Canum Venaticorum (Cor Caroli), so trifft man auf eine weitere Galaxie, nämlich M 63. Sie ist längst nicht so spektakulär wie M 51. Im Amateurfernrohr erkennt man den hellen Galaxienkern kaum und die Spiralarme bleiben kleineren Instrumenten verborgen. Von M 63 trennen uns 30 Millionen Lichtjahre.

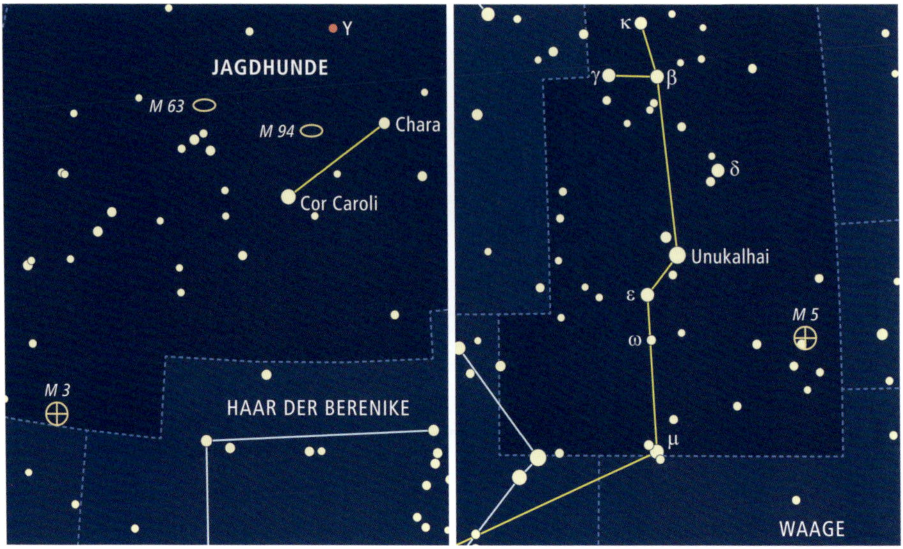

5.9 Kugelhaufen, die schon im Fernglas erkennbar sind: M 3 in den Jagdhunden und M 5 in der Schlange.

Eine echte Herausforderung für erfahrene Beobachter stellt der lichtschwache Planetarische Nebel NGC 4361 im Sternbild Rabe dar. Er ist knapp 4000 Lichtjahre von uns entfernt. Seine Gesamthelligkeit beträgt nur $10^{\mathrm{m}}{,}3$, der heiße Zentralstern leuchtet mit $13^{\mathrm{m}}{,}2$. Er zeigt eine Quadrupol-Struktur mit Ausdehnungen von $68'' \times 90''$. Dies lässt auf zwei getrennte Massenausstöße schließen, eine vor 5000 und eine vor 10 000 Jahren. Um die Struktur besser zu erkennen, sollte man stärker vergrößern. Die Position von NGC 4361 ist in der Sternkarte E12 als #21 im Sternatlas von Karkoschka eingetragen. Die Koordinaten lauten: $\alpha = 12^{\mathrm{h}}24^{\mathrm{m}}{,}5$ und $\delta = -18°47'$.

Im Raben sind auch die beiden „Antennengalaxien“ NGC 4038/NGC 4039 beheimatet, die ein ungewöhnliches Aussehen zeigen. Sie sind zwei miteinander verschmelzende Milchstraßensysteme.

Die Gezeitenkräfte haben riesige Streifen von Milliarden von Sternen und interstellarer Materie aus diesen Galaxien herausgerissen.

Es sieht so aus, als ob das Galaxienpaar zwei Tentakel hätte. Daher auch die Bezeichnung „Antennengalaxien“. NGC 4038 und NGC 4039 sind vom Typ her Balkenspiralen. Durch die Verschmelzungsprozesse kommt es zu Verdichtungen der interstellaren Materie, was eine intensive Sternentstehungsrate bedingt. Die Entfernung der Tentakelgalaxien misst 60 Millionen Lichtjahre.

VERÄNDERLICHE STERNE

Algol-Minima		β-Lyrae-Minima		δ-Cepheï-Maxima		Mira-Helligkeit	
1.	$2^{\mathrm{h}}40^{\mathrm{m}}$	5.	23^{h} H	2.	4^{h}	1.	6^{m}
6.	20 18	12.	10 N	7.	13	10.	6
21.	4 23	18.	22 H	12.	22	20.	7
24.	1 12	25.	9 N	18.	7	31.	7
		31.	20 H	23.	16		
				29.	0		

Der Strahlenkranz der Sonne

Die grell leuchtende Sonne wird von einem Strahlenkranz umgeben, der in der Fachsprache der Astronomen Sonnenkorona oder kurz Korona genannt wird. Korona ist die lateinische Bezeichnung für Kranz oder Krone. Die Korona ist die äußerste Schicht der Sonnenatmosphäre. Sie liegt über der Chromosphäre, der Farbschicht der Sonne, und zieht sich weit in das Weltall hinaus. Sie geht praktisch nahtlos in den Sonnenwind über.

Mit bloßen Augen kann man die Korona im Normalfall nicht sehen. Das die Sonne umgebende Streulicht der irdischen Lufthülle ist bei weitem heller als die Korona. Nur bei einer totalen Sonnenfinsternis, wenn der dunkle Neumond die Sonne vollständig bedeckt, erscheint ein Strahlenkranz um die verfinsterte Sonne, eben die Korona. Manche meinten einst, dieser Strahlenkranz sei die Atmosphäre des Mondes. Dies ist keineswegs der Fall. Der Mond ist eine atmosphärenlose Gesteinskugel.

Dass die Korona zur Sonne gehört, wird schon dadurch offensichtlich, dass ihre Form von der Sonnenaktivität beeinflusst wird. Ist die Sonne in einem Aktivitätsmaximum, so erscheint die Korona radialsymmetrisch, die Koronastrahlen zeigen in alle Richtungen. Im Aktivitätsminimum der Sonne zeigt sich die Korona achsensymmetrisch, die Strahlen sind zur Ebene des Sonnenäquators ausgerichtet.

Vor 1930 konnte man die Korona nur in wenigen Augenblicken bei totalen Sonnenfinsternissen beobachten. Damals entwickelte der französische Astronom Bernard Lyot (1897–1952) ein

5.10 Die Korona ist die äußerste Schicht der Sonnenatmosphäre

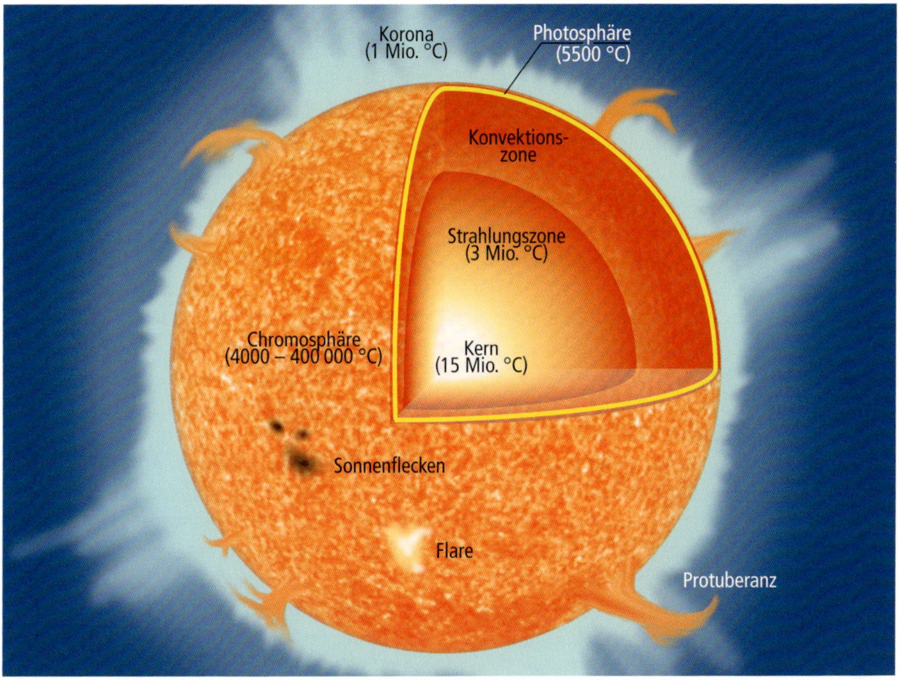

Sonoma State University

5.11 Bernard Ferdinand Lyot (1897–1952) erfand den Koronographen, mit dem man auch außerhalb einer totalen Sonnenfinsternis die Korona beobachten kann.

spezielles Fernrohr, den Koronographen, mit dem man auch außerhalb der Totalität einer Sonnenfinsternis die Korona beobachten kann. Eine fokalnahe Kegelblende blockt dabei das Licht der Sonne ab, die Korona wird nachvergrößert. Die Blende ist versilbert und reflektiert das Licht der hellen Sonnenscheibe in den dunklen Tubus zurück.

Die Korona ist ein äußerst heißes, aber extrem dünnes Gas, das vollständig ionisiert ist. Die Temperaturen liegen zwischen ein und drei Millionen Kelvin. Die mittlere Dichte der inneren Korona beträgt 10^{-17} g/cm³. Die Korona leuchtet infolge des am interplanetaren Staub reflektierten Sonnenlichtes, wie das kontinuierliche Spektrum erkennen lässt. Ferner zeigt sich ein intensives Emissionslinien-Spektrum. Am kräftigsten leuchtet die grüne Emissionslinie des 13-fach ionisierten Eisens (Fe XIV) bei $\lambda = 530{,}3$ nm. Daraus folgt die hohe Koronatemperatur, denn nur gasförmiges Eisen zeigt ein Emissionslinienspektrum. Die Siedetemperatur von Eisen liegt bei 3070 °C. Um aber den Eisenatomen 13 Elektronen zu entreißen, sind extreme Energien erforderlich, die im Bereich von Millionen Kelvin des Eisengases vorkommen. Daraus schloss man auf die hohe Temperatur der Korona. Als man bei der Sonnenfinsternis vom 7. August 1869 eine intensive Emissionslinie im grünen Spektralbereich entdeckte, konnte man sie keinem chemischen Element zuordnen.

Man dachte, ein neues Element entdeckt zu haben, und nannte es „Coronium". Doch dieses Element gibt es nicht. Erst in den 1940er-Jahren gelang es Walter Grotrian (1890–1954) und Bengt Edlén (1906–1993) nachzuweisen, dass die grüne Korona-Emissionslinie vom 13-fach ionisierten Eisen erzeugt wird. Damit war das Coronium obsolet – kurz, es gibt dieses hypothetische Element nicht.

Auch die intensive Röntgenstrahlung ($\lambda = 10$ nm) zeigt die hohe Temperatur von ein bis drei Millionen Kelvin des Plasmas der Korona.

Fließender Übergang in den Weltraum

Die unterste Schicht der Sonnenatmosphäre ist die Photosphäre oder Lichtschicht. Sie wird allgemein als „Oberfläche" der Sonne angesehen. Aus ihr kommen 99 % des sichtbaren Lichtes. Sie ist nur 400 Kilometer dick. Aus der Entfernung der Erde sind dies eine halbe Bogensekunde (0,″5). Deshalb erscheint der Sonnenrand scharf und nicht diffus, wie man es bei einem Gasball erwarten würde. Die Temperatur nimmt in der Photosphäre von innen nach außen von 7500 K auf etwa 4000 K ab. Die mittlere Dichte der Photosphäre beträgt 10^{-7} g/cm³.

Über der Photosphäre liegt die Chromosphäre, die Farbschicht der Sonne. Sie wurde so benannt, weil kurz vor Beginn der Totalität und nach deren Ende bei einer totalen Sonnenfinsternis diese Schicht in rosaroter Lachsfarbe erscheint. Die untere Chromosphäre ist etwa 8000 km dick, die obere Chromosphäre etwa 12 000 km. Die Temperatur steigt rasch von 4000 K an der Grenze zur Photosphäre bis 400 000 K in 20 000 km

NASA/Keegan Barber

5.12 **Radialsymmetrische Korona bei einer totalen Sonnenfinsternis bei maximaler Sonnenaktivität im Jahr 2024 (Fleckenmaximum).**

P. Horálek/ESO

5.13 **Axialsymmetrische Korona bei einer totalen Sonnenfinsternis bei minimaler Sonnenaktivität im Jahr 2019 (Fleckenminimum).**

Höhe, wo die untere Korona beginnt. Die mittlere Dichte der Chromosphäre liegt bei 10^{-12} g/cm^3.

An der Grenze von der oberen Chromosphäre zur Korona steigt die Temperatur rapide auf ein bis drei Millionen Kelvin an.

Die innere Korona, die sich bis etwa drei Sonnenradien erstreckt, hat eine mittlere Dichte von 10^{-17} g/cm^3 (nur etwa 10^9 Teilchen pro Kubikzentimeter). Damit ist die Dichte der Korona 100 000-mal geringer als die Chromosphäre und ein Zehnmilliardstel Mal geringer als die der Photosphäre.

Die Gesamtmasse der Korona wird auf 10^{18} g geschätzt. Dies ist etwa ein Tausendstel der Masse der Erdatmosphäre.

Die Gesamthelligkeit der Korona beträgt im sichtbaren Licht nur ein Millionstel der Sonnenleuchtkraft. Sie ist etwa vergleichbar mit der Helligkeit des Vollmondes. Im Bereich der Röntgenstrahlung leuchtet die Korona jedoch viel heller als die Photosphäre und man sieht sie auch direkt vor der Sonne und nicht nur am Rand (siehe Abb. rechts).

Die K-Korona (Kontinuums-Korona) entsteht durch Streuung der Photonen an freien Elektronen und wird im Bereich bis zu einem Sonnenradius oberhalb der Photosphäre beobachtet. Wegen der Streuung ist das Licht stark polarisiert.

Die F-Korona (Fraunhofer-Korona) wird durch am Staub gestreutem (Vorwärtsstreuung) Sonnenlicht erzeugt und zeigt daher ein typisches Sonnenspektrum mit den klassischen Absorp-

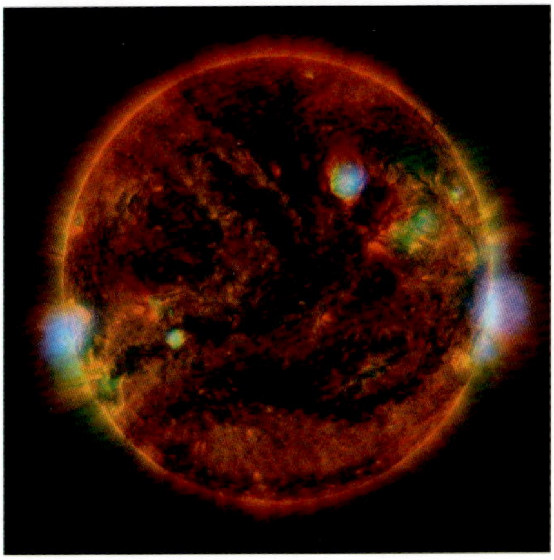

NASA/JPL-Caltech/GSFC/JAXA

5.14 **Die Sonne im Röntgenlicht**

tionslinien. Die F-Korona geht nahtlos in das Zodiakallicht (Tierkreislicht) über.

Die L-Korona (Linien-Korona) wird durch die bei hoher Temperatur (eine Million Kelvin und höher) und extrem geringer Dichte (10^{-17} g/cm^3) erzeugten Emissionslinien bewirkt. Neben der bereits erwähnten grünen Eisenlinie (Fe XIV bei 530,3 nm) sind noch die gelbe Kalziumlinie (Ca XV bei 569,4 nm) und die rote Emissionslinie (Fe X bei 637,4 nm) des neunfach ionisierten Eisens zu nennen.

Weitere Emissionslinien finden sich im extremen Ultraviolett sowie im Röntgenbereich von 1 nm bis 150 nm: He I (58,4 nm), He II (30,4 nm), Fe XII (19,5 nm), C IV (155 nm). Koronale Löcher sind Bereiche niedrigerer Temperaturen und geringerer Dichte als deren Umgebung. Bei Röntgenaufnahmen erscheinen sie daher dunkler. Sie sind der Ausgangsbereich für den schnellen Sonnenwind und interplanetare Plasmawolken.

Einfluss von Magnetfeldern

In der Korona spielen Magnetfelder eine zentrale Rolle. Die vielfältigen Formen und Strukturen wie Strömungen, Bögen, Loops etc. sind direkte Auswirkungen, die Magnetfelder auf das elektrisch leitende Plasma in der Korona ausüben.

In den letzten Jahrzehnten hat unser Wissen über die Vorgänge auf und in der Sonne enorm zugenommen. In erster Linie dank Weltraumsonden wie SOHO, Solar Dynamics Observatory und schließlich der Parker Solar Probe kennt man unseren Stern des Lebens genauer und deshalb auch, welche Bedrohungen von ihm ausgehen können. Nicht nur elektromagnetische Wellen aller Frequenzen sendet die Sonne ins All. Von ihr strömt auch ein mehr oder minder heftiger Plasmastrom ins Sonnensystem. Er erzeugt das sogenannte Weltraumwetter. Treffen die elektrisch geladenen Partikel wie Elektronen, Protonen, Alpha-Teilchen (Heliumkerne) und Ionen schwererer Elemente des Sonnenwindes, wie dieser Plasmastrom genannt wird, die Erde, so kommt es zu Wechselwirkungen mit dem Erdmagnetfeld und der irdischen Atmosphäre, die nicht immer harmlos ausfallen. Der Begriff

5.15 Koronaler Massenauswurf vom 31. August 2012. Sonneneruptionen schleudern Materie weit in die Korona hinein.

NASA/GSFC/SDO

„Sonnenwind" (solar wind) wurde von dem Sonnenforscher Eugene Newman Parker (1927–2022) im Jahre 1959 eingeführt.

Die in der Korona auftretenden Plasmawolken – als koronale Massenauswürfe (CME, Coronal Mass Ejections) bezeichnet – strömen ins Planetensystem hinaus und treffen dann und wann auch die Erde. Bei aktiver Sonne ist die Häufigkeit dieser koronalen Massenauswürfe zehnmal höher als bei ruhiger Sonne.

Die hochenergetischen Elektronen eilen mit fast Lichtgeschwindigkeit durch das Sonnensystem und erreichen die Erde schon nach zehn bis zwanzig Minuten, während die Plasmawolken erst nach zwei bis drei Tagen bei uns eintreffen.

Ein bis heute nicht vollständig verstandener Prozess ist die Heizung der Korona und die Beschleunigung des Sonnenwindes auf Geschwindigkeiten oberhalb der Entweichgeschwindigkeit auf der Sonnenoberfläche. Nur so können riesige Plasmawolken in den interplanetaren Raum katapultiert werden und beim Auftreffen auf die Erde die bekannten solar-terrestrischen Erscheinungen wie Polarlichter bis zu geomagnetischen Stürmen hervorrufen. Zur Heizung der Korona auf die Temperatur von einer und mehr Millionen Kelvin sind Energien von bis zu 1000 Watt/m^2 erforderlich. Lange vermutete man eine mechanische Energieübertragung aus der Photosphäre durch akustische Wellen. Doch numerische Modelle zeigen kein befriedigendes Ergebnis. Vielmehr muss man die Wirkungen von Magnetfeldern in die Kalkulationen mit einbeziehen. Die meiste durch Kernfusion im Zentrum der Sonne freigesetzte Energie wird in das Weltall abgestrahlt. Ein kleiner Teil erzeugt jedoch in der äußeren Konvektionszone – der Bereich im Inneren der Sonne, der nicht im Strahlungsgleichgewicht ist – und in der Photosphäre turbulente Strömungen.

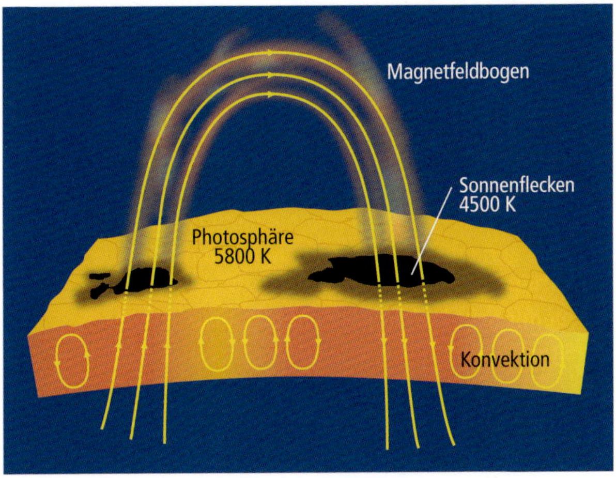

5.16 Bipolarer Sonnenfleck mit koronalem Loop

Das elektrisch leitende Plasma erzeugt komplexe, dynamisch variierende Magnetfelder. In ihnen stecken gewaltige Energiemengen, vor allem in den zahlreichen Bögen (Loops). In der geringen Plasmadichte der Korona steigen die Magnetfelder relativ rasch auf. Die in ihnen gespeicherte Energie wird zur Heizung der Korona eingesetzt. Die aufstrebenden Bögen lösen sich auf (Rekonnexion) und geben so die gespeicherte Energie an die Umgebung ab – dies geschieht relativ rasch, gewissermaßen explosionsartig. Aber auch ohne solch abrupte Vorgänge wird die Energieübertragung als „Ohmsche Heizung" bezeichnet.

Die genauen Vorgänge bei der Übertragung der Magnetfeldenergien auf das Plasma sind noch Gegenstand intensiver Forschung. Vor allem die Daten, die die beiden Sonnensonden Solar Orbiter und Parker Solar Probe bisher geliefert haben, sind von unschätzbarem Wert.

In einer Art Kamikaze-Mission durchkreuzte die Parker-Sonde am 24. Dezember 2024 die Korona, wobei sie sich bis auf 0,04 AE (= 5,9 Millionen Kilometer) der Sonne näherte. So nahe an die Sonne heran kam bisher kein anderes irdisches Raumfahrzeug.

Juni 2027

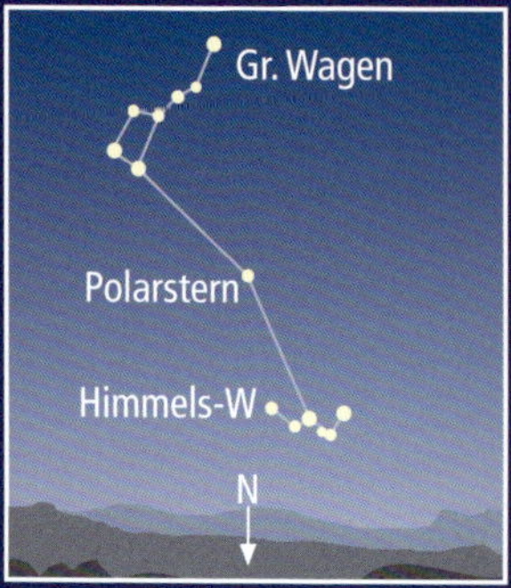

Großer Wagen und Himmels-W Anfang Juni um 22 Uhr MEZ

- Die Sonne erreicht am 21. um 15^h11^m MEZ den Gipfel ihrer Jahresbahn – der astronomische Sommer beginnt.
- Merkur hat seine größte östliche Elongation hinter sich. Anfang Juni kann er abends gerade noch erkannt werden.
- Venus zieht sich vom Morgenhimmel allmählich zurück.
- Mars verlagert seine Untergänge in die Zeit kurz vor Mitternacht.
- Jupiter geht in den späten Abendstunden unter.
- Saturn taucht Mitte Juni am Morgenhimmel auf.

6.1 Anblick des Westhimmels am 10. Juni gegen 23^h MEZ (= 24^h MESZ). Knapp über dem Westhorizont sind Mars und Jupiter zu sehen. An Mars zieht gerade der zunehmende Halbmond vorbei.

	**1** Di	
	**2** Mi	
	**3** Do	
	**4** Fr	Neumond
	**5** Sa	
	**6** So	
	**7** Mo	
	**8** Di	
	**9** Mi	Mond bei Jupiter – abends
	**10** Do	Mond bei Mars – abends
	**11** Fr	Erstes Viertel
	**12** Sa	
	**13** So	Mond bei Spica – abends
	**14** Mo	
	**15** Di	
	**16** Mi	
	**17** Do	Mond bei Antares – abends
	**18** Fr	
	**19** Sa	Vollmond
	**20** So	
	**21** Mo	Sommerbeginn
	**22** Di	
	**23** Mi	
	**24** Do	
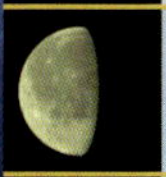	**25** Fr	
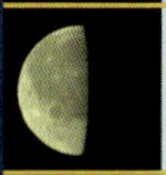	**26** Sa	
	**27** So	Letztes Viertel
	**28** Mo	
	**29** Di	
	**30** Mi	

SONNE – STERNBILDER

21.6. 15ʰ11ᵐ:
Sonne tritt in das Tierkreiszeichen Krebs

22.6. 5ʰ:
Sonne tritt in das Sternbild Zwillinge

Julianisches Datum am
1. Juni, 1ʰ MEZ: 2461 557,5

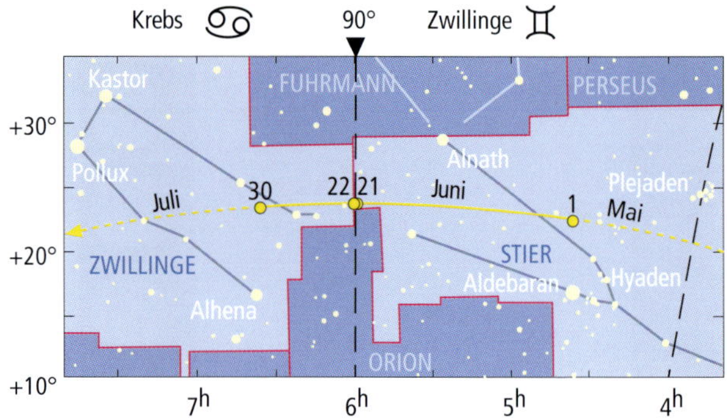

SONNENLAUF

Tag	Dämmerg. Anfang	Aufgang MEZ	Kulmination	Untergang MEZ	Dämmerg. Ende	Mittagshöhe	Zeitgleichg.	Rektaszension	Deklination
	h m	h m	h m	h m	h m	°	m	h m	°
1.	2 33	4 16	12 18	20 20	22 04	62,1	+2	4 33	+21,9
5.	2 28	4 13	12 18	20 24	22 10	62,5	+2	4 49	+22,4
10.	2 23	4 11	12 19	20 28	22 16	63,0	+1	5 10	+22,9
15.	2 21	4 10	12 20	20 31	22 20	63,3	0	5 31	+23,3
20.	2 20	4 10	12 21	20 33	22 23	63,4	–1	5 52	+23,4
25.	2 21	4 12	12 23	20 33	22 23	63,4	–3	6 12	+23,4
30.	2 25	4 14	12 24	20 33	22 21	63,2	–4	6 33	+23,2

TAGES- UND NACHTSTUNDEN

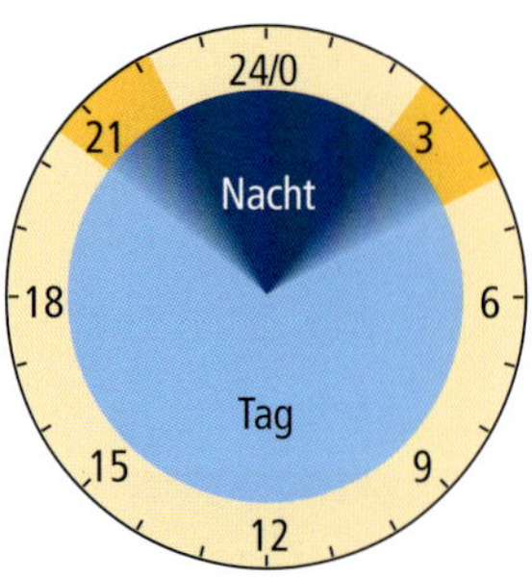

5. Juni

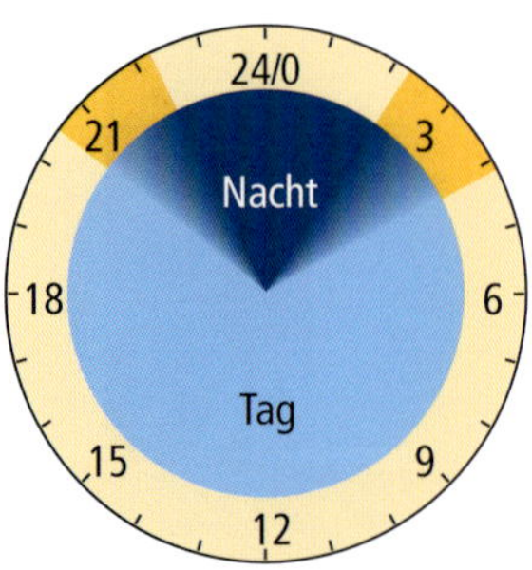

15. Juni

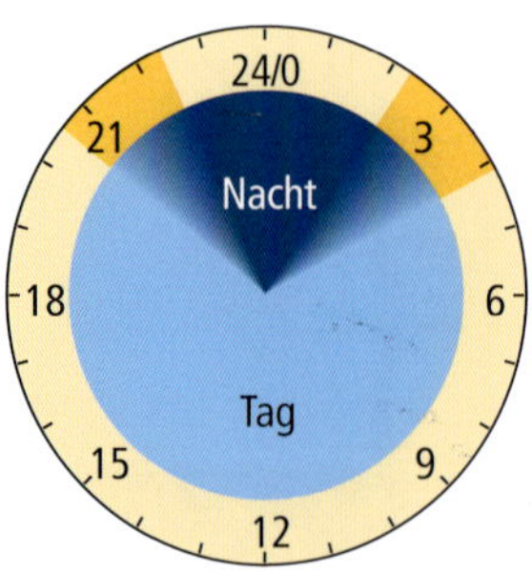

25. Juni

MONDLAUF

Datum		Aufg. MEZ	Kulmination	Unterg. MEZ	Rektaszension	Deklination		Sterne und Sternbilder	Phase	MEZ
		h m	h m	h m	h m	°				
Di	1.	1 52	9 06	16 38	1 06	+12,0		Fische		
Mi	2.	2 12	9 56	18 00	1 57	+17,3		Widder, Hamal	Größte Nordbreite	
Do	3.	2 38	10 52	19 24	2 53	+21,8		Widder		
Fr	4.	3 15	11 54	20 43	3 54	+25,2		Stier, Plejaden	**Neumond Nr. 1292**	**20h 41m**
Sa	5.	4 06	12 58	21 49	4 58	+27,0		Stier, Alnath		
So	6.	5 16	14 04	22 39	6 05	+26,8		Zwillinge	Erdnähe 362/33,′0	16h
Mo	7.	6 39	15 06	23 15	7 10	+24,8		Zwillinge		
Di	8.	8 07	16 04	23 41	8 13	+21,0		Krebs, Krippe	Absteigender Knoten	
Mi	9.	9 34	16 57	–	9 11	+16,0		Krebs		
Do	10.	10 58	17 47	0 01	10 05	+10,2		Löwe, Regulus		
Fr	11.	12 19	18 34	0 18	10 56	+ 4,0	*	Löwe	**Erstes Viertel**	**11h 56m**
Sa	12.	13 37	19 19	0 33	11 45	– 2,3		Jungfrau		
So	13.	14 54	20 06	0 48	12 33	– 8,3		Jungfrau	Libration West	
Mo	14.	16 11	20 53	1 05	13 22	–13,8		Spica		
Di	15.	17 27	21 42	1 25	14 12	–18,7		Jungfrau	Größte Südbreite	
Mi	16.	18 39	22 33	1 49	15 03	–22,6	*	Waage		
Do	17.	19 46	23 25	2 21	15 56	–25,3		Antares		
Fr	18.	20 42	–	3 03	16 51	–26,9		Antares		
Sa	19.	21 26	0 18	3 55	17 46	–27,0		Schütze	**Vollmond**	**1h 45m**
So	20.	21 59	1 09	4 57	18 39	–25,9		Schütze, Nunki		
Mo	21.	22 25	1 59	6 04	19 31	–23,7		Schütze		
Di	22.	22 45	2 45	7 14	20 20	–20,4		Steinbock	Erdferne 406/29,′5 Aufsteigender Knoten	6h
Mi	23.	23 01	3 29	8 24	21 07	–16,3	*	Steinbock		
Do	24.	23 15	4 11	9 32	21 52	–11,6		Steinbock		
Fr	25.	23 28	4 51	10 41	22 35	– 6,4		Wassermann		
Sa	26.	23 41	5 32	11 50	23 19	– 0,9		Fische		
So	27.	23 56	6 13	13 01	0 02	+ 4,7		Fische	**Letztes Viertel**	**5h 54m**
Mo	28.	–	6 57	14 15	0 48	+10,2		Fische	Libration Ost	
Di	29.	0 13	7 44	15 34	1 37	+15,5		Fische		
Mi	30.	0 35	8 36	16 55	2 30	+20,2		Widder, Hamal	Größte Nordbreite	

DER ZUNEHMENDE MOND WANDERT AN SPICA VORBEI

MERKUR hat seine größte östliche Elongation gerade hinter sich. Anfang Juni kann der flinke Planet gerade noch am Abendhimmel tief im Nordwesten in der fortgeschrittenen Abenddämmerung erkannt werden. Am 1. Juni geht der $0\overset{m}{,}9$ helle Merkur um 22^h12^m unter. In den folgenden Tagen wird man ihn am Abendhimmel vergeblich suchen (siehe auch Abb. 5.2 und Abb. 5.3 auf Seite 118).

Am 10. wird Merkur stationär und eilt anschließend rasch rückläufig auf die Sonne zu, die ihm rechtläufig entgegenkommt. Am 23. Juni trifft er mit der Sonne zusammen, die untere Konjunktion ist erreicht. Seine Konjunktionsschleife zieht Merkur in den Sternbildern Zwillinge und Orion (siehe Abb. 6.2 unten). Sein Aphel passiert Merkur am 18., wobei ihn 70 Millionen Kilometer (= 0,467 AE) von der Sonne trennen.

VENUS zieht sich vom Morgenhimmel allmählich zurück. Ende Juni kann man unter guten Sichtbedingungen den Morgenstern in der Morgendämmerung gerade noch erkennen. Ein Fernglas kann dabei gute Dienste leisten.

Venus strebt den Gipfel ihrer Bahn durch den Tierkreis an. Am 3. wechselt sie aus dem Sternbild Widder in den Stier. Am 17. zieht sie 5° nördlich an Aldebaran (α Tauri), Hauptstern des Stieres, vorbei. Aldebaran ist allerdings in der hellen Morgendämmerung mit bloßen Augen nicht zu erkennen.

Am 1. geht Venus um 3^h30^m (= 4^h30^m Sommerzeit) auf und am 30. nur fünf Minuten früher. Die Venushelligkeit bleibt konstant bei $-3\overset{m}{,}9$.

Im Teleskop zeigt sich das nur noch 10″ große Venusscheibchen fast voll beleuchtet. Am 30. erreicht der Beleuchtungsgrad 98 %.

MARS beschleunigt seine rechtläufige Bewegung im Sternbild Löwe. Die Marshelligkeit nimmt abermals deutlich ab und erreicht am Monatsende $1\overset{m}{,}1$. Damit ist der rote Planet aber immer noch etwas heller als Regulus ($1\overset{m}{,}3$). Der Durchmesser des Planetenscheibchens geht auf bescheidene $6\overset{\prime\prime}{,}0$ zurück.

Seine Untergänge verlagert der rote Planet in die Zeit kurz vor Mitternacht. Der Marsuntergang erfolgt am 1. um 1^h13^m (= 2^h13^m Sommerzeit), am 15.

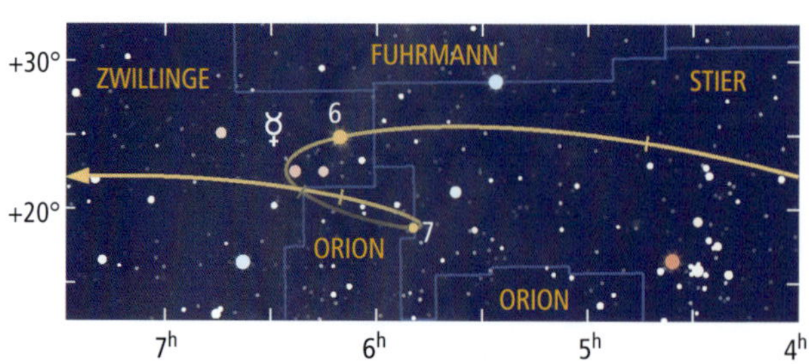

6.2 Konjunktionsschleife von Merkur in den Sternbildern Stier, Orion und Zwillinge. Die Zahlen geben die Position von Merkur zum jeweiligen Monatsersten an (6 = 1. Juni).

um $0^{h}28^{m}$ und am 30. bereits um $23^{h}38^{m}$.

In der Nacht vom 10. auf 11. passiert der zunehmende Halbmond den roten Planeten um Mitternacht 4° südlich.

JUPITER wandert rechtläufig durch das Sternbild Löwe und steuert auf Regulus zu, den Hauptstern des Löwen (siehe Abb. 2.8 auf Seite 62).

Seine Untergänge verlagert Jupiter in die Zeit vor Mitternacht. Am 1. geht er um $0^{h}37^{m}$ (= $1^{h}37^{m}$ Sommerzeit) unter und am 15. um $23^{h}43^{m}$. Am letzten Junitag erfolgt der Untergang des $-1^{\mathrm{m}}\!,8$ hellen Riesenplaneten bereits um $22^{h}49^{m}$ (= $23^{h}49^{m}$ Sommerzeit). Die Sichtbarkeitsdauer nimmt damit erheblich ab, da auch die Dunkelheit immer später einsetzt.

Der zunehmende Mond zieht am 9. rund $1^{\circ}\!,9$ südlich an Jupiter vorbei. Es ergibt sich am 10. eine Stunde vor Mitternacht ein netter Himmelsanblick mit dem Vierergestirn Jupiter – Regulus – Mars – Mondsichel (siehe Abb. 6.1 auf Seite 132).

SATURN, rechtläufig in den Fischen, taucht um die Monatsmitte am Morgenhimmel auf. Am 1. erfolgt der Saturnaufgang noch um $2^{h}37^{m}$. Bis 15. verfrühen sich die Saturnaufgänge auf $1^{h}45^{m}$ (= $2^{h}45^{m}$ Sommerzeit). Ende Juni erfolgt der Aufgang des inzwischen $0^{\mathrm{m}}\!,6$ hellen Saturn um $0^{h}49^{m}$ (= $1^{h}49^{m}$ Sommerzeit).

Die Öffnung des Saturnringes ist bis Monatsende auf 14° angewachsen. Zurzeit blickt man auf die Südseite der Saturnringe.

Am 29. wandert die abnehmende Mondsichel um 3^{h} morgens an Saturn vorbei.

URANUS, rechtläufig im Sternbild Stier, bleibt weiterhin unbeobachtbar. Noch lässt sich der ferne und lichtschwache Planet nicht am Morgenhimmel blicken, auch wenn er am 30. schon um $2^{h}16^{m}$ (= $3^{h}16^{m}$ Sommerzeit) aufgeht. Bevor sich der $5^{\mathrm{m}}\!,8$ helle Uranus hoch genug über den Horizont erhoben hat, um ihn mit einem Fernglas einigermaßen sicher zu finden, hat die Morgendämmerung schon begonnen.

NEPTUN im Sternbild Fische entzieht sich nach wie vor einer Beobachtung durch Amateurastronomen. Bevor der $7^{\mathrm{m}}\!,9$ lichtschwache und sonnenfernste Planet im Osten einigermaßen emporgestiegen ist, hat die Morgendämmerung begonnen und verhindert ein Auffinden. Allenfalls am Monatsende bietet sich versierten Beobachtern eine Chance, Neptun aufzufinden. Am 30. geht Neptun um $0^{h}05^{m}$ (= $1^{h}05^{m}$ Sommerzeit) auf. Die nautische Morgendämmerung setzt bereits um $2^{h}25^{m}$ ein.

PLANETOIDEN UND ZWERGPLANETEN

PALLAS – Planetoid Nr. 2 – kommt am 12. Juni um 1^{h} im Sternbild Hydra in Konjunktion mit der Sonne. Von der Erde trennen sie 468 Millionen Kilometer (= 3,13 AE) und von der Sonne ist sie 336 Millionen Kilometer (= 2,25 AE) entfernt.

VESTA (4) wird am 6. von der Sonne eingeholt und steht um 8^{h} im Sternbild Stier in Konjunktion mit ihr. An diesem Tag ist sie 537 Millionen Kilometer

KONSTELLATIONEN UND EREIGNISSE

Datum	MEZ	Ereignis
1.	13^{h}	Mond bei Saturn, Mond $7^{\circ}\!,7$ nördlich
3.	14	Mond bei Venus, Mond $6^{\circ}\!,3$ nördlich
4.	9	Mond bei Uranus, Mond $4^{\circ}\!,8$ nördlich
6.	7	Mond bei Merkur, Mond $2^{\circ}\!,7$ nördlich
9.	12	Mond bei Jupiter, Mond $1^{\circ}\!,9$ südlich
10.	15	Merkur im Stillstand, anschließend rückläufig
11.	0	**Mond bei Mars**, Mond $3^{\circ}\!,9$ südlich,
		Abstand $4^{\circ}\!,5$ um 22^{h} am 10.
14.	1	Venus bei Uranus, Venus $0^{\circ}\!,7$ südlich
18.	8	Merkur im Aphel
21.	$15^{h}11^{m}$	**Sonne im Sommerpunkt, Sommersonnenwende**
23.	9	Merkur in unterer Konjunktion mit der Sonne
27.	13	Mond bei Neptun, Mond $6^{\circ}\!,3$ nördlich
29.	3	Mond bei Saturn, Mond $8^{\circ}\!,0$ nördlich

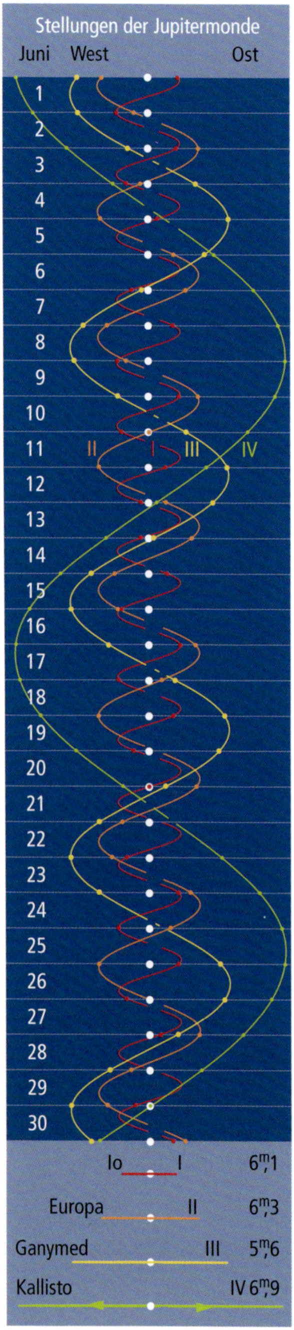

(= 3,59 AE) von der Erde entfernt. Ihre Sonnendistanz beträgt 385 Millionen Kilometer (= 2,57 AE).

PERIODISCHE STERNSCHNUPPENSTRÖME

Neben dem Antihelion-Radiantenkomplex, dessen Schwerpunkt sich im Monatsverlauf weiter ostwärts durch das Sternbild Sagittarius verlagert (in einigen Listen als Sagittariiden aufgeführt), sind in der letzten Dekade die **JUNI-BOOTIDEN** erwähnenswert. Der Strom von Teilchen des Kometen 7P/Pons-Winnecke hat einige Male sehr starke Aktivität gezeigt. Der erste belegte Ausbruch fand 1916 statt, die letzten beiden 1998 und 2004 – mit einer Rate um 100 über mehrere Stunden. Ursache sind Teilchen, die sich recht konzentriert in der Nähe einer 2:1-Resonanz zum Jupiter-Umlauf befinden, also die doppelte Umlaufzeit von Jupiter haben. Bisherige Maxima traten um den 23. auf. Auch wenn Modellrechnungen für 2027 keine hohe Aktivität erwarten lassen, sollte man in den kurzen Nächten nach diesen Meteoren Ausschau halten. Der Radiant dieser sehr langsam (18 km/s) in die Atmosphäre eindringenden Objekte befindet sich im nördlichsten Teil des Bootes.

JUPITERMONDE

Tag	MEZ h	m	Vorgang		
1.	20	57	II	2″,2	I
3.	21	59	II	DA	
4.	21	34	IV	BE	
5.	21	27	II	VE	
	23	39	IV	2″,3	III
6.	20	32	I	B	III
	22	02	I	SA	
	23	10	I	DE	
7.	21	39	I	VE	
8.	23	20	II	2″,2	I
13.	22	51	I	DA	
19.	21	41	II	BA	
21.	21	36	II	SE	
	22	13	IV	VA	
	22	10	I	BA	

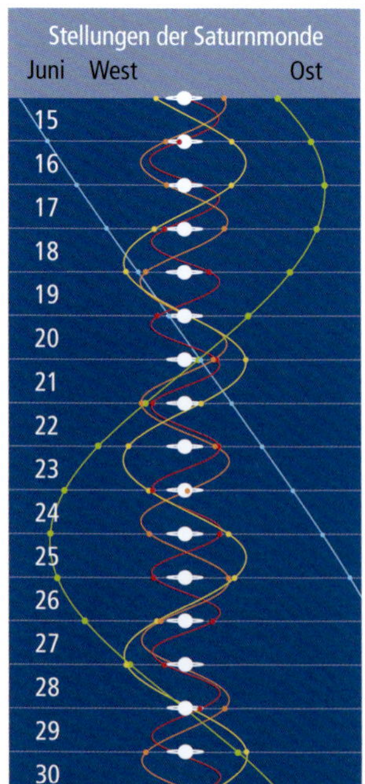

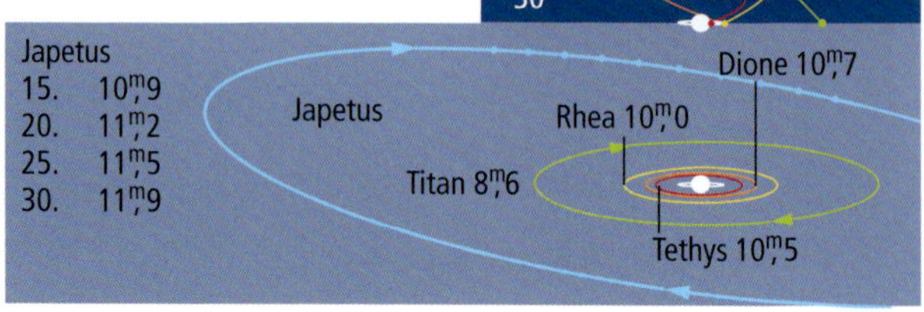

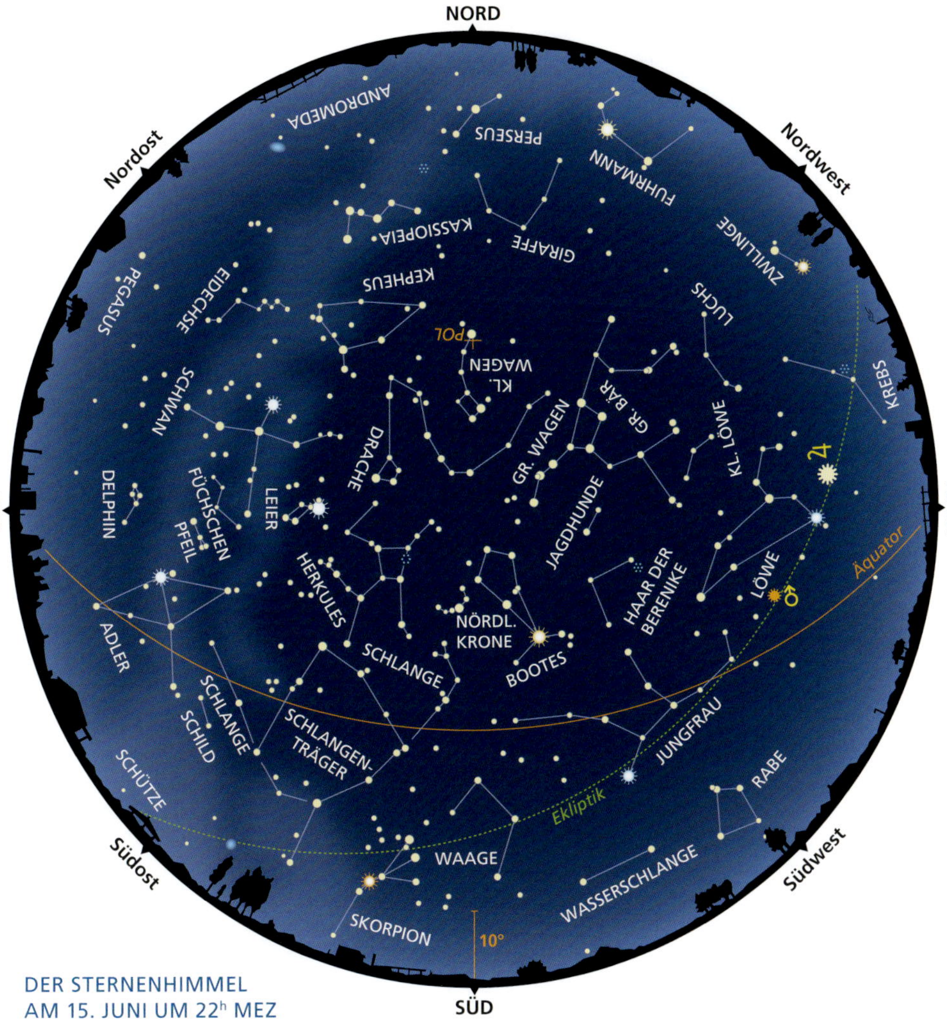

DER STERNENHIMMEL AM 15. JUNI UM 22^h MEZ

Die Sternkarte ist auch gültig für:

	MEZ	MESZ
15. 2.	6^h	
1. 3.	5	
15. 3.	4	
1. 4.	3	4^h
15. 4.	2	3
1. 5.	1	2
15. 5.	0	1
1. 6.	**23**	**24**
15. 6.	**22**	**23**
30. 6.	**21**	**22**

Als erstes fällt in der nun spät einsetzenden Abenddämmerung hoch im Südwesten ein heller, deutlich orange-roter Stern auf. Es ist Arktur im Sternbild Bootes. Fast zeitgleich taucht in der hereinbrechenden Dunkelheit schon hoch im Osten die bläulich-weiß strahlende Wega auf. Die Wega ist der Hauptstern der Leier. Arktur und Wega sind somit die ersten Sterne, die in der beginnenden Dämmerung zu sehen sind.

Bei vielen Völkern wurde das Sternbild Bootes mit den sieben Sternen des Großen Wagens in Verbindung gebracht. Dies wird verständlich, wenn man einmal mit den Augen dem Schwung der Wagendeichsel folgend auf den hellen Arktur gestoßen ist.

Das Frühlingsdreieck, das sich aus Arktur im Bootes, Regulus

6.3 Das Sternbild Waage im Sternatlas von Johann Elert Bode aus dem Jahre 1782.

im Löwen und Spica in der Jungfrau zusammensetzt, ist in die westliche Hemisphäre des Firmaments gerückt. Im Osten ist dagegen das Sommerdreieck mit Wega, Deneb und Atair bereits komplett aufgegangen. Der Große Wagen steht immer noch hoch über unseren Köpfen. Seinen Meridiandurchgang hat er allerdings schon hinter sich. Er bereitet sich auf seinen Abstieg vor. Tief im Norden zeigt sich die in unseren Breiten zirkumpolare Kapella.

Im Westen neigt sich der Löwe dem Untergang zu. Die Basislinie Regulus – Denebola steht schräg zum Horizont. Das Feld im Südwesten wird von der Jungfrau (lat.: Virgo) besetzt gehalten. Ihr Hauptstern Spica leuchtet leicht erkennbar in bläulichem Licht halbhoch über dem Südwesthorizont.

Tief im Süden krabbelt eben der Skorpion den Horizont entlang. Sein tiefroter Hauptstern Antares ist mit 1^m scheinbarer Helligkeit kaum zu übersehen. Seine Helligkeit variiert ein wenig von $0^m\!.9$ bis $1^m\!.1$. Antares, α Scorpii, ist ein roter Überriesenstern. Er wird manchmal als Cor Scorpii (lat., Herz des Skorpions) bezeichnet. Sein Spektraltyp ist M1 Ib. Seine Distanz beträgt um 550 Lichtjahre.

Nördlich des Skorpions, also „oberhalb“ von unseren Breiten aus gesehen, wenn der Skorpion gerade im Süden steht, stößt man auf das umfangreiche aber nur aus lichtschwachen Sternen bestehende Bild des Schlangenträgers (lat.: Ophiuchus) mit der Schlange. Das Sternbild Schlange wird durch ihren Träger in zwei Teile zerlegt. Der östliche Teil markiert den Schwanz der Schlange (lat.: Serpens Cauda). Er wird durch eine Sternenkette markiert, die auf Atair im Adler deutet. Der westliche Teil bildet den Kopf (lat.: Serpens Caput). Der Schlangenkopf passiert gerade den Meridian und blickt nach Norden zum kleinen, aber einprägsamen Sternbild Nördliche Krone. Der hellste Stern in der Schlange, α Serpentis, leuchtet orange-rötlich ($2^m\!.6$), gehört zur Spektralklasse K2 III und ist 74 Lichtjahre entfernt. Sein Eigenname ist Unukalhai, was „Hals der Schlange“ heißt.

VERÄNDERLICHE STERNE

Algol-Minima		β-Lyrae-Minima		δ-Cepheï-Maxima		Mira-Helligkeit	
13.	2^h54^m	7.	8^h N	3.	9^h	1.	7^m
15.	23 43	13.	19 H	8.	18	10.	8
		20.	6 N	14.	3	20.	8
		26.	18 H	19.	12	30.	9
				24.	20		
				30.	5		

DAS STERNBILD WAAGE (LIBRA)

Die Waage ist ein wenig auffallendes Sternbild im südlichen Tierkreis zwischen Jungfrau im Westen und Skorpion im Osten. Libra ist die offizielle lateinische Bezeichnung für die Waage (Genitiv: Librae, Abkürzung: Lib).

Nur vier Sterne sind so hell, dass man sie mühelos mit bloßen Augen sehen kann. Es sind dies die Sterne α ($2\overset{\mathrm{m}}{,}6$), β ($2\overset{\mathrm{m}}{,}6$), γ ($3\overset{\mathrm{m}}{,}9$) und σ Librae ($3\overset{\mathrm{m}}{,}3$). Nach dem Bonner Astronomen Friedrich Wilhelm Argelander (1799–1875) gehören 28 Sterne bis zur sechsten Größenklasse (und damit theoretisch freiäugig zu erkennen) zur Waage.

Als Mitglied des Tierkreises ziehen Sonne, Mond und Planeten durch die Waage. Daher ist dieses Sternbild wohlbekannt, wenn auch nur wenige diese unscheinbare Konstellation mit eigenen Augen am Sternenhimmel wahrgenommen haben. Das Waagesymbol ♎ steht für das Herbstäquinoktium, da in der Antike der Herbstpunkt noch in der Waage lag. Heute jedoch wandert die Sonne vom 31. Oktober bis 23./24. November durch die Waage. Je nach Termin des letzten Schaltjahres verschieben sich diese Ein- und Austrittszeiten um einen Tag. So wechselt die Sonne in diesem Jahr (2027) erst am 23./24. November kurz nach Mitternacht aus dem Sternbild Waage in das Sternbild Skorpion.

In der Antike deuteten die Sterne der Waage noch die Scheren des Skopions an. Aus dieser Zeit stammen auch die arabischen Namen für die beiden hellsten Sterne, α und β Librae. α Librae heißt Zuben el Genubi (oder el Dschenubi), was „südliche Schere" bedeutet, und β Librae wird Zuben el Chamali (oder el Schemali) genannt, was entsprechend „nördliche Schere" heißt.

Auf Sternkarten aus den ersten Jahrhunderten nach Christi tauchen geflügelte Wesen auf, vermutlich Engel, die eine kleine Waage halten. Der Ursprung geht wahrscheinlich auf die alten Ägypter zurück, wo ein schöner Jüngling die Waage hält. In ihren Totenbüchern, die den Verstorbenen beigelegt wurden, taucht der Waagemann als Symbol der Gerechtigkeit auf. Er soll das Gleichgewicht zwischen dem Reich der Toten und dem der Lebenden herstel-

6.4 Skelettkarte des Sternbildes Waage mit der Position des Kugelsternhaufens NGC 5897.

NASA, ESA and Digitized Sky Survey 2

6.5 Der kugelförmige Sternhaufen NGC 5897 im Sternbild Waage. Im Zentrum ist die Sterndichte für einen Kugelhaufen relativ gering.

len. Die kosmische Waage wurde vom ägyptischen Gott Anubis eingesetzt. Das Herz eines eben Verstorbenen wurde in eine Waagschale gelegt, in die andere eine Pfauenfeder, das Symbol der Wahrheitsgöttin Maat. Anubis wog das Herz. War der Verstorbene in seinem Leben ein aufrichtiger Mensch, so bestand das Herz die Prüfung und er wurde in eine höhere Lebensstufe aufgenommen.

Aus dem Mittelalter stammen verschiedene Darstellungen, nach denen Erzengel Michael die Waage in einer Hand hält, um die Seelen der Menschen zu wiegen. Diese Version soll auf eine hebräische Legende zurückgehen. Am Himmel des ausgehenden christlichen Mittelalters wurde hier der Apostel Philippus gesehen.

In den geheimen Büchern Indiens wird dieses Sternbild Tula oder Tolan genannt, was ebenfalls Waage bedeutet.

Im chinesischen Sonnentierkreis sieht man an Stelle der Waage ein Krokodil. Das Sternbild wurde Show Sing genannt, was „Stern der Langlebigkeit" bedeutet. Später findet man auch die Bezeichnung Tien Ching, was ebenfalls „Himmelswaage" heißt.

Nach babylonischen Vorstellungen zeigen die Sterne der Waage eine Lampe oder ein Rauchfass an. Auch der Turm von Babel soll hier zu erkennen sein.

Der Hauptstern der Waage, α Librae, ist $2\overset{\text{m}}{,}8$ hell und besitzt in 232″ Distanz einen $5\overset{\text{m}}{,}2$ hellen Begleiter, der leicht in jedem Fernglas auszumachen ist. Früher vermutete man, es handle sich um ein optisches Paar, also nicht um einen echten Doppelstern. Da beide Sterne aber die gleiche Eigenbewegung aufweisen, so dürfte es sich zwar um ein sehr weites, jedoch gravitativ gebundenes System handeln. Die Hauptkomponente ist selbst wieder ein spektroskopischer Doppelstern.

Die Entfernung von α Lib beträgt nach neuen Messungen 76 Lichtjahre, ist also größer als der ursprüngliche Wert von 65 Lichtjahren.

β Librae ist mit $2\overset{\text{m}}{,}6$ fast gleich hell wie α Lib und strahlt ein blauweißes Licht aus. Er ist ein sehr heißer Stern der Spektralklasse B8. Die Entfernungsbestimmung ergab 185 Lichtjahre. Damit ist β Lib etwa doppelt so weit weg wie α Lib. Da er aber rund sechsmal leuchtkräftiger ist, so erscheint β Lib trotz doppelter Distanz uns ein wenig heller als α Lib.

Ein mit $8\overset{\text{m}}{,}4$ lichtschwacher Kugelhaufen, NGC 5897, ist ein wenig nordöstlich von σ Lib und nahe bei ι Lib zu finden. Er macht einen verwaschenen Eindruck und ist in Amateurteleskopen nicht leicht zu finden (siehe Abb. 6.5 oben). Rund eine Million Sterne leuchten hier in etwa 35 000 Lichtjahren Distanz. Sein Durchmesser beträgt rund 170 Lichtjahre.

Die Mitgliedssterne sind zwölf bis dreizehn Milliarden Jahre alt. Sie gehören damit zu den ältesten Sternen, die schon bald nach Entstehung des Universums aufleuchteten.

Die Entstehung von Ebbe und Flut

Shutterstock/Willy Mobilo

Weithin bekannt ist die Erscheinung von Ebbe und Flut, die man als Gezeiten bezeichnet. Weniger bekannt ist, wie dieses Naturphänomen zustande kommt. Immerhin weiß man meist, dass der Mond die Gezeiten bewirkt.

Es ist schon beeindruckend zu beobachten, wie die Flut der Meere an die Küsten donnert und sich nach einigen Stunden das Wasser wie von Geisterhand bewegt wieder zurückzieht und der Meeresspiegel sinkt. Dichter und Denker haben sich seit Olims Zeiten Gedanken darüber gemacht, wie wohl die Gezeiten entstehen. Auch heute noch wird die physikalische Ursache der Gezeiten oft falsch dargestellt – selbst in Fachbüchern. Manchmal werden Mythen eher akzeptiert als rationale wissenschaftliche Erklärungen. In der Antike war man der Meinung, der Meeresgott Poseidon persönlich sei für die Gezeiten verantwortlich, wenn er mit seinem Dreizack durch die Meeresfluten pflügt.

Dabei war schon in der Antike bekannt, dass nicht Poseidon die Flutwellen dirigiert, sondern der Mond. Bereits 29 vor Chr. schrieb der römi-

6.6 Zusammenfall von Erdnähe des Mondes und Vollmond oder Neumond führt zu Springfluten. Besonders hoher Tidenhub.

sche Dichter Vergil: „Zeige mir die Wege der wandelnden Sterne in den Weiten des Himmels über mir und der Erde darunter. Lehre mich die verschiedenen Tätigkeiten des Mondes und wie er Sonnenfinsternisse hervorruft, warum er die fließende Flut aufstaut und in welche dunklen Abgründe sie wieder zurückweicht."

Hier findet man schon den Hinweis auf den Mond als Verursacher der Gezeiten. Doch plausibler erschien den Römern die Erklärung, dass Neptun – so hieß bei ihnen der Meeresgott – das Meereswasser in ständiger Bewegung halte. Erst 1600 Jahre später bemühte man sich ernsthaft um eine wissenschaftlich exakte Erklärung für das Auftreten der Gezeiten.

Das Newtonsche Gravitationsgesetz ermöglichte es, die Wirkung der Schwerkraft zu verstehen und auch deren Folgen zu berechnen. Die Wirkungen der Schwerkraft sind weithin bekannt.

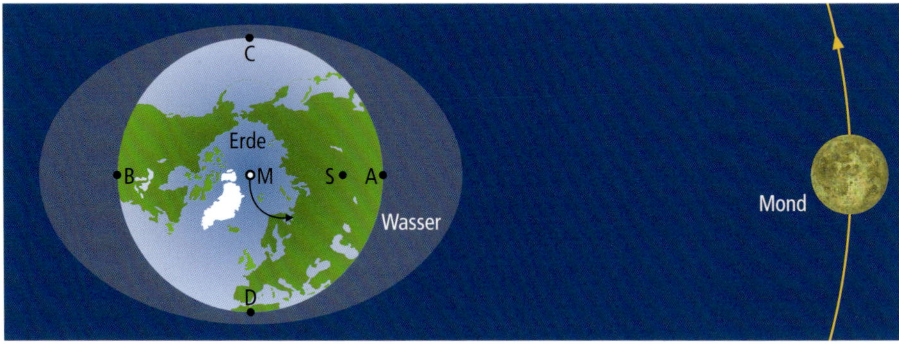

6.7 Der Erdmittelpunkt M wandert um den Schwerpunkt S des Systems Erde – Mond.

Weniger populär sind die durch die Gravitation bewirkten Gezeiteneffekte. Dabei gehören die Gezeiten zu vielen Phänomenen im Weltall. Nicht nur Ebbe und Flut sind auf die differenziellen Gravitationswirkungen zurückzuführen. Manch bizarre Formen von Galaxien werden durch die Gezeitenkräfte hervorgerufen. Auch der Vulkanismus auf dem Jupitermond Io ist eine Folge der dortigen Gezeiten, bewirkt durch das mächtige Gravitationsfeld von Jupiter. Es ließ auch den Kometen Shoemaker-Levy 9 zerbröseln bevor dessen Trümmer in die Jupiteratmosphäre stürzten.

Ebenfalls lassen die Gezeitenkräfte unseren Mond immer dieselbe Seite der Erde zukehren. Schließlich erzeugen sie Ebbe und Flut der irdischen Wassermassen, heben und senken den Boden unter unseren Füßen täglich zweimal um mindestens 30 Zentimeter.

Nicht nur der Mond bewirkt die irdischen Gezeiten. Die Rolle der Sonne wird dabei oft übersehen. Auch ohne Mond gäbe es auf der Erde Ebbe und Flut der Ozeane.

Nach dem universellen Gravitationsgesetz von Newton ziehen zwei Massen einander mit einer Kraft an, die proportional dem Produkt ihrer Massen und umgekehrt proportional dem Quadrat ihrer Entfernung voneinander ist. Entfernt man zwei Massen auf das Doppelte, so nimmt die anziehende Kraft bis auf ein Viertel ab.

Warum gibt es zwei Flutberge?

Meist wird die Meinung vertreten, der Mond ziehe das Wasser der Ozeane an und erzeuge so einen dem Mond zugekehrten Flutberg. Seltsamerweise bildet sich aber auf der dem Mond abgewandten Seite ein zweiter Flutberg. Dann wird als Grund angegeben: Erde und Mond laufen in einem siderischen Monat ($27^d07^h43^m$) um ihren gemeinsamen Schwerpunkt, der nicht mit dem Erdmittelpunkt zusammenfällt (siehe Abb. 6.7 oben).

Somit ergibt sich ein Fliehkrafteffekt, der den zweiten Flutberg hervorruft. Dieser Fliehkrafteffekt ist tatsächlich vorhanden. Seine Wirkung ist allerdings so gering, dass kaum ein messbarer Flutberg entsteht. Tatsächlich ist aber der zweite, mondabgewandte Flutberg fast genauso groß wie der erste, dem Mond zugewandte. Würde man den Lauf von Erde und Mond umeinander anhalten, so blieben beide Flutberge in der jeweiligen Größe erhalten. Die Flutberge werden durch die differenziellen Gravitationskräfte von Mond und Sonne hervorgerufen.

In dem dem Mond am nächsten liegenden Punkt (A) auf der Erdoberfläche ist die Anziehungskraft des Mondes größer als im Erdmittelpunkt (M). Der Punkt (B) ist am weitesten vom Mond entfernt, seine Anziehungskraft ist dort geringer als im Erdmittelpunkt. In den Punkten

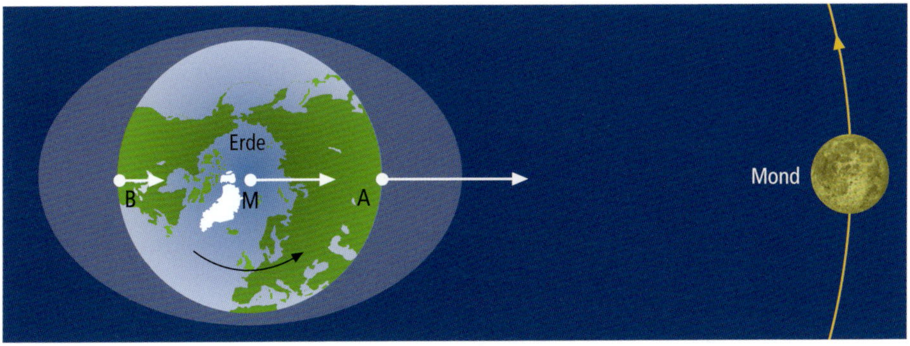

6.8 Gravitationsbeschleunigung des Mondes auf verschiedene Punkte der Erde. In A ist sie stärker als im Mittelpunkt M und in B wiederum schwächer als in M.

(C) und (D) ist sie in etwa gleich groß wie im Erdmittelpunkt (siehe Abb. 6.7 auf Seite 144). Der Mond zieht nun von den Punkten (C) und (D) das Wasser parallel zur Erdoberfläche in Richtung Punkt (A), wo sich das Wasser staut. Im Punkt (B) hingegen bleibt es zurück. Somit bildet sich in (A) und (B) jeweils ein Flutberg aus. Die Gezeitenbeschleunigung (b) ist abhängig von der Mondmasse (m) und umgekehrt proportional der dritten Potenz der Mondentfernung (r). Die Formel lautet:

$b = 2 \cdot G \cdot R \cdot m/r^3$

(G: Gravitationskonstante, R: Erdradius)

Käme der Mond auf die halbe Distanz an die Erde heran, so nähme die Gezeitenbeschleunigung um das Achtfache zu.

Auch die Sonne hat ihren Anteil an den Gezeiten. Sie hat zwar die 333000-fache Masse der Erde und der Mond nur 1/81 der Erdmasse. Da sie aber rund 400-mal weiter entfernt ist als der Mond, so ist ihre Gezeitenwirkung nur etwas mehr als 40 % der des Mondes.

Bei der Gezeitenwirkung ist die Variation der Schwerebeschleunigung für unterschiedliche Punkte auf der Erdoberfläche zu berücksichtigen.

Zu den Syzygien (Neu- und Vollmondphasen) addieren sich die Gezeitenkräfte von Mond und Sonne, während sie sich zu den Halbmondphasen teilweise aufheben. Somit treten zu Neumond und Vollmond die höchsten Flutberge (Springflut) auf, zu den Halbmondphasen sind die niedrigsten Flutberge (Nippflut) zu erwarten (siehe Abb. 6.9 auf Seite 147).

Genau genommen erzeugt der Mond nur indirekt zwei Flutberge, indem er zwei „Ebbetäler" hervorruft. Die Erdschwerebeschleunigung, die das Wasser an unseren Planeten bindet, ist etwa um den Faktor 300000 stärker als die gravitative Mondbeschleunigung. Der Mond hebt somit nicht die Wassermassen an, dazu ist seine Schwerkraft zu gering, sondern er bewegt das Wasser tangential an der Erdoberfläche entlang, er zieht es von den Punkten C und D weg in Richtung A. Die Wassermassen werden in Richtung A verschoben. Der zweite Flutberg beim Punkt B bildet sich, weil dort das Wasser schlicht zurückbleibt. Global betrachtet gibt es eigentlich nur ein Ebbetal, das sich um den gesamten Erdglobus herumlegt.

Extreme Gezeiten

Da die Erde schneller rotiert, als sie der Mond umkreist, dreht sich die Erdkugel unter den beiden Flutbergen hindurch. Für einen festen Ort auf der Erde dauert der zirkadiane Mondrhythmus (die Zeit zwischen zwei Meridiandurchgängen des Mondes, auch „Mondtag" genannt) im Mittel

$24^h50^m28^s$. Da zwei Flutberge die Erde umrunden, so ist alle 12^h25^m mit dem Eintreffen der Flut zu rechnen. Die Zeit von 12^h25^m wird eine Tide genannt.

Im Perigäum (Erdnähe) ist die Gezeitenbeschleunigung 30% bis 48% stärker als im Apogäum (Erdferne). In Kombination mit den Syzygien kommt es zu extremen Gezeiten. Fällt Vollmond oder Neumond mit einer Erdnähe des Mondes zusammen, so treten die höchsten Flutberge auf. Der englische Fachbegriff hierfür lautet *Perigean Spring Tides*. Solche extremen Gezeiten können auch Erdbeben und Vulkanausbrüche auslösen, da sie auch auf die Kontinente wirken. Die Kontinente, die auf dem Magma des plastisch verformbaren Erdinneren schwimmen, werden durch die Gezeiten angehoben und abgesenkt. Der durch den Mond bewirkte Tidenhub beträgt dabei im Mittel 30 Zentimeter, der Sonnenanteil 15 Zentimeter. Bei den Springfluten ergibt sich somit fast ein halber Meter Tidenhub. Freilich merkt man davon nichts, da wir keinen Bezugspunkt haben, an dem wir Höhenänderungen registrieren können.

Die Flutberge wandern nicht exakt in paralleler Richtung zum Äquator um die Erde. Der Flutberg tritt im sublunaren Punkt auf, also an dem Erdort, an dem der Mond durch den Zenit geht. Wo dieser Ort liegt, hängt von der Monddeklination ab – und die ändert sich permanent.

Neben den astronomischen Faktoren sind bei der Berechnung der Tiden auch geophysikalische Faktoren zu berücksichtigen. Eintreffzeit der Flut und Tidenhub werden vom Verlauf der Küsten und der Meeresströmungen beeinflusst. Buchten, Meerengen, Trichtermündungen verändern die Flutberge, vornehmlich die Tidenhöhe. Der Tidenhub beträgt auf dem freien Ozean nur 35 Zentimeter. An den Küsten staut sich jedoch das Wasser. An der deutschen Nordseeküste beträgt der Tidenhub zwei bis vier Meter, an der französischen Atlantikküste bis sieben Meter und in den Trichtermündungen von Flüssen steigt der Wasserspiegel bis zu 21 Meter an!

Der Gezeiteneinfluss von Mond und Sonne erstreckt sich nicht nur auf die Wassermassen der Ozeane und die feste Erdkruste, sondern auch auf die irdische Lufthülle. Die Wirkung auf die Atmosphäre ist allerdings außerordentlich gering und bedingt nur Luftdruckschwankungen von 0,1 Hektopascal (= 0,1 Millibar). Dies beeinflusst das Wettergeschehen kaum, das von vielen anderen Faktoren gesteuert wird.

Ewig aneinandergekettet

Auf lange Sicht haben die Gezeiten dramatische Einflüsse auf das System Erde – Mond. Wie Bremsbacken wirken die beiden Flutberge auf die rotierende Erde. Im Laufe der Zeit wird die Erddrehung immer langsamer. Die sogenannte Gezeitenreibung führt zu einer Verlängerung der Tage. In 100000 Jahren nimmt die Dauer einer Erdrotation um knapp zwei Sekunden zu. Dieser Wert wurde aus mehreren Beobachtungen abgeleitet.

Wie paläontologische Untersuchungen ergaben, betrug die Tageslänge vor 400 Millionen Jahren nur rund 22 Stunden, ein Jahr hatte damals somit 400 Tage. Vor 900 Millionen Jahren dauerte ein Tag nur 18 Stunden, das Sonnenjahr hatte damals 490 Tage.

Bei der Abbremsung der Erdrotation wird Drehimpuls auf den Mond übertragen. Dadurch wird sein Lauf etwas beschleunigt und er entfernt sich deshalb pro Jahr um knapp vier Zentimeter von der Erde. Dies führt zur Konsequenz, dass totale Sonnenfinsternisse immer kürzer und immer seltener werden, bis es schließlich keine mehr gibt, nur noch ringförmige. Dies wird in 600 Millionen Jahren der Fall sein.

In 300 Millionen Jahren wird die Tageslänge auf 26 Stunden angewachsen sein. Ein synodischer Monat wird dann 30 solcher 26-Stunden-Tage dauern, da der Mond dann langsamer läuft. Denn elf Monate zu 30 Tagen, die jeweils 26 Stunden dauern, ergeben 330 Tage. So viele Tage wird dann ein Sonnenjahr haben.

Wenn die Sonne der Erde nicht vorher ein flammendes Grab bereitet, werden in drei Milliarden Jahren Erde und Mond in doppelt gebundener Rotation die Sonne umrunden. Das heißt, ein siderischer Monat und eine Erdrotation werden

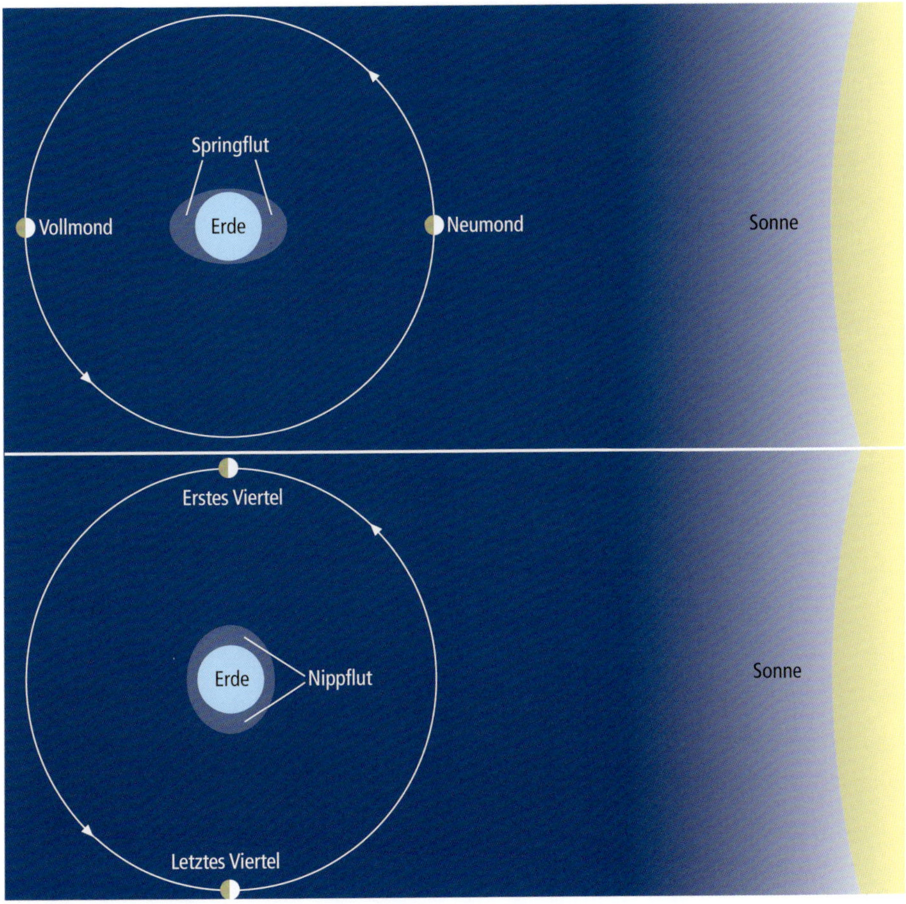

gleich lang sein, nämlich etwa 40 Tage heutiger Länge. Von der Erde aus gesehen wird der Mond dann immer in gleicher Richtung stehen und nur von einer Erdhälfte zu sehen sein.

6.9 Bei Voll- und Neumond (Syzygien) kommt es zu Springfluten, zu den Halbmondzeiten tritt Nippflut ein. Ist der Mond zu den Syzygien gleichzeitig in Erdnähe, so fallen die Springfluten besonders hoch aus.

Um den dann leicht eiförmigen Erdkörper werden nur geringe, sonnenbedingte Flutwellen laufen, denn die Flutberge liegen hauptsächlich auf der Linie Erde – Mond. Dieser Zustand wird aber auch nicht von Dauer sein, denn die Gezeitenwirkung der Sonne entzieht dem System Erde – Mond Drehimpuls. Der Mond wird sich der Erde wieder nähern, bis er die Rochesche Grenze unterschreitet. Die Gezeitenkräfte der Erde werden den Mond zerreißen. Die Bruchstücke werden sich zu einem Ring um die alternde Erde verteilen. Die Erde wird dann für einige Zeit von einem Ring geschmückt sein wie heute Saturn. Doch niemand wird dieses Naturschauspiel bewundern können.

Juli 2027

- Die Erde passiert am 5. Juli ihren sonnenfernsten Bahnpunkt. Abstand Erde – Sonne 152 Millionen Kilometer.
- Merkur zeigt sich am Morgenhimmel, allerdings erst nach der größten Elongation am 15. Juli.
- Venus hat sich vom Morgenhimmel zurückgezogen und strebt ihrer oberen Konjunktion mit der Sonne zu.
- Mars ist Planet der ersten Nachthälfte.
- Gegen Monatsende zieht sich der Riesenplanet Jupiter vom Abendhimmel zurück und wird unsichtbar.
- Saturn ist Planet der zweiten Nachthälfte.

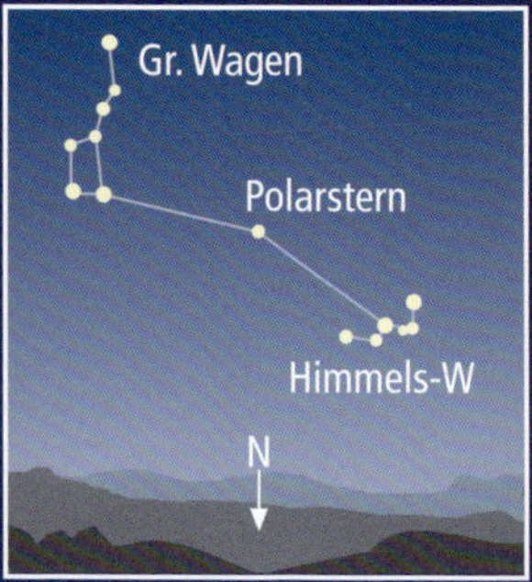

Großer Wagen und Himmels-W Anfang Juli um 22 Uhr MEZ

7.1 Himmelsanblick gegen 22h MEZ (= 23h MESZ) am 7. Juli. Knapp über dem Westhorizont leuchten Jupiter im Löwen und Mars in der Jungfrau. Zwischen ihnen steht die zunehmende Mondsichel

1 Do	
2 Fr	
3 Sa	
4 So	Neumond
5 Mo	Erde in Sonnenferne
6 Di	Mond bei Jupiter – abends
7 Mi	
8 Do	
9 Fr	
10 Sa	Erstes Viertel
11 So	
12 Mo	
13 Di	
14 Mi	Mond bei Antares – abends
15 Do	
16 Fr	
17 Sa	
18 So	Vollmond
19 Mo	
20 Di	
21 Mi	
22 Do	
23 Fr	
24 Sa	Merkur zweitbeste Morgen-sichtbarkeit
25 So	
26 Mo	Letztes Viertel
27 Di	
28 Mi	
29 Do	
30 Fr	
31 Sa	

SONNE – STERNBILDER

21.7. 10ʰ:
Sonne tritt in das Sternbild Krebs

23.7. 3ʰ:
Sonne tritt in das Tierkreiszeichen Löwe

Julianisches Datum am
1. Juli, 1ʰ MEZ: 461 587,5

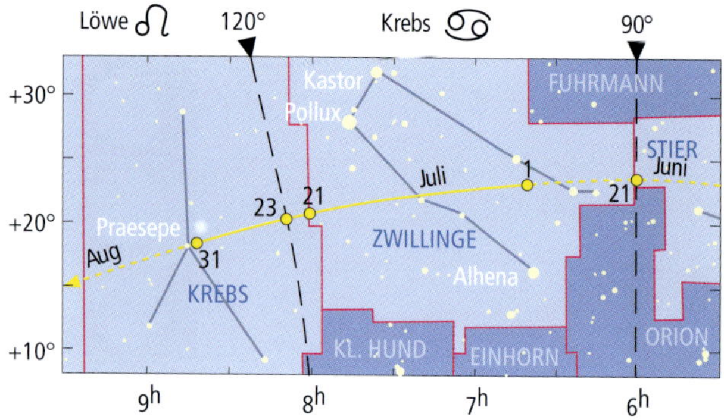

SONNENLAUF

Tag	Dämmerg. Anfang	Aufgang MEZ	Kulmination	Untergang MEZ	Dämmerg. Ende	Mittagshöhe	Zeitgleichg.	Rektaszension	Deklination
	h m	h m	h m	h m	h m	°	m	h m	°
1.	2 26	4 15	12 24	20 32	22 21	63,1	–4	6 37	+23,2
5.	2 31	4 18	12 24	20 31	22 18	62,8	–4	6 54	+22,9
10.	2 38	4 22	12 25	20 28	22 12	62,2	–5	7 14	+22,3
15.	2 46	4 27	12 26	20 24	22 05	61,5	–6	7 35	+21,7
20.	2 55	4 33	12 26	20 19	21 56	60,7	–6	7 55	+20,8
25.	3 05	4 39	12 26	20 13	21 47	59,6	–6	8 15	+19,8
31.	3 17	4 47	12 26	20 04	21 34	58,3	–6	8 38	+18,5

TAGES- UND NACHTSTUNDEN

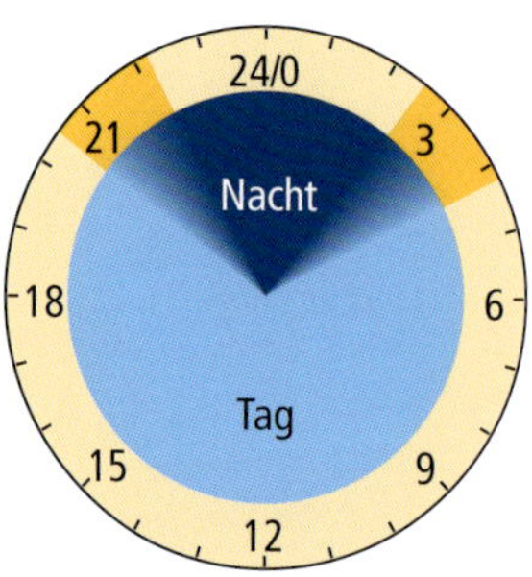

5. Juli

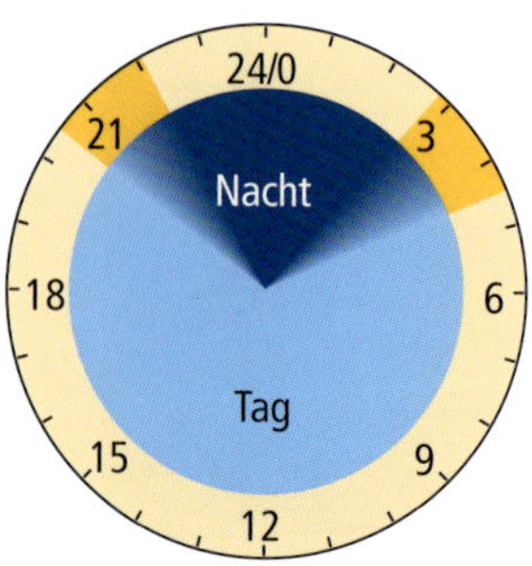

15. Juli

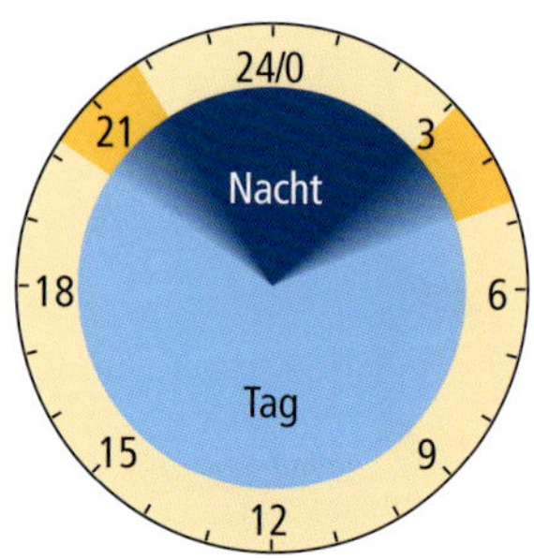

25. Juli

MONDLAUF

Datum		Aufg. MEZ	Kulmination	Unterg. MEZ	Rektaszension	Deklination	Sterne und Sternbilder	Phase	MEZ
		h m	h m	h m	h m	°			
Do	1.	1 06	9 34	18 16	3 27	+24,0	Stier, Plejaden		
Fr	2.	1 49	10 37	19 30	4 30	+26,5	Stier		
Sa	3.	2 50	11 43	20 28	5 36	+27,1	Stier, Alnath		
So	4.	4 09	12 48	21 11	6 43	+25,8	Zwillinge	**Neumond Nr. 1293**	4^h02^m
								Erdnähe 358/33',4	22^h
Mo	5.	5 38	13 50	21 41	7 48	+22,6	Pollux		
Di	6.	7 09	14 47	22 04	8 49	+17,9	Krebs, Krippe	Absteigender Knoten	
Mi	7.	8 38	15 40	22 23	9 46	+12,1	Löwe, Regulus		
Do	8.	10 02	16 29	22 39	10 40	+ 5,8	Sextant		
Fr	9.	11 23	17 16	22 54	11 31	− 0,7	Löwe		
Sa	10.	12 42	18 03	23 11	12 20	− 7,0	Jungfrau	**Erstes Viertel**	19^h39^m
So	11.	14 00	18 50	23 30	13 10	−12,7	Spica	Libration West	
Mo	12.	15 17	19 39	23 53	14 00	−17,7	Jungfrau	Größte Südbreite	
Di	13.	16 31	20 30	–	14 51	−21,9	Waage		
Mi	14.	17 39	21 21	0 22	15 44	−24,9	Waage		
Do	15.	18 38	22 14	1 01	16 38	−26,7	Antares		
Fr	16.	19 25	23 05	1 49	17 32	−27,2	Schlangenträger		
Sa	17.	20 02	23 55	2 48	18 26	−26,4	Schütze, Nunki		
So	18.	20 29	–	3 54	19 18	−24,4	Schütze, Nunki	**Vollmond**	16^h45^m
Mo	19.	20 51	0 42	5 03	20 08	−21,3	Steinbock	Erdferne 406/29',4	13^h
Di	20.	21 08	1 27	6 13	20 55	−17,4	Steinbock	Aufsteigender Knoten	
Mi	21.	21 22	2 09	7 22	21 40	−12,8	Steinbock		
Do	22.	21 35	2 50	8 31	22 24	− 7,7	Wassermann		
Fr	23.	21 48	3 30	9 39	23 07	− 2,3	Fische		
Sa	24.	22 02	4 11	10 48	23 50	+ 3,2	Fische		
So	25.	22 18	4 53	12 00	0 35	+ 8,7	Fische		
Mo	26.	22 37	5 37	13 15	1 21	+14,0	Fische	**Letztes Viertel**	17^h55^m
Di	27.	23 03	6 26	14 33	2 11	+18,8	Widder, Hamal	Größte Nordbreite	
								Libration Ost	
Mi	28.	23 39	7 20	15 52	3 06	+22,9	Widder		
Do	29.	–	8 18	17 08	4 05	+25,8	Stier, Plejaden		
Fr	30.	0 29	9 21	18 12	5 08	+27,1	Stier, Alnath		
Sa	31.	1 38	10 26	19 02	6 14	+26,7	Zwillinge		

DER ZUNEHMENDE MOND WANDERT KNAPP AN ANTARES VORBEI

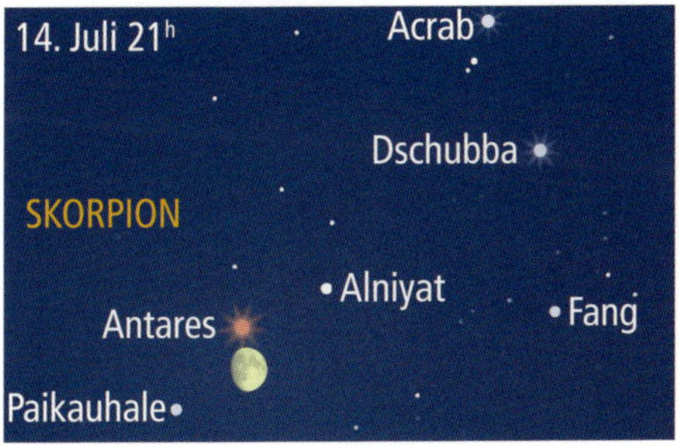

MERKUR stand am 23. des Vormonats in unterer Konjunktion mit der Sonne. Nun entfernt sich der flinke Planet rasch rückläufig von der Sonne. Seine westlichen Winkelabstände von der Sonne wachsen schnell an. Am 4. wird Merkur wieder rechtläufig, nachdem er seine Konjunktionsschleife in den Zwillingen und im Orion absolviert hat (siehe Abb. 6.2 auf Seite 136). Bereits am 15. erreicht er seine größte westliche Elongation mit 20°42′ Winkelabstand von der Sonne. Dabei zeigt sich Merkur zum ersten Mal in diesem Jahr am Morgenhimmel, allerdings erst nach der größten Elongation (siehe Abb. 7.4 und 7.5 auf Seite 153).

Gute Sichtbedingungen vorausgesetzt, lässt sich Merkur

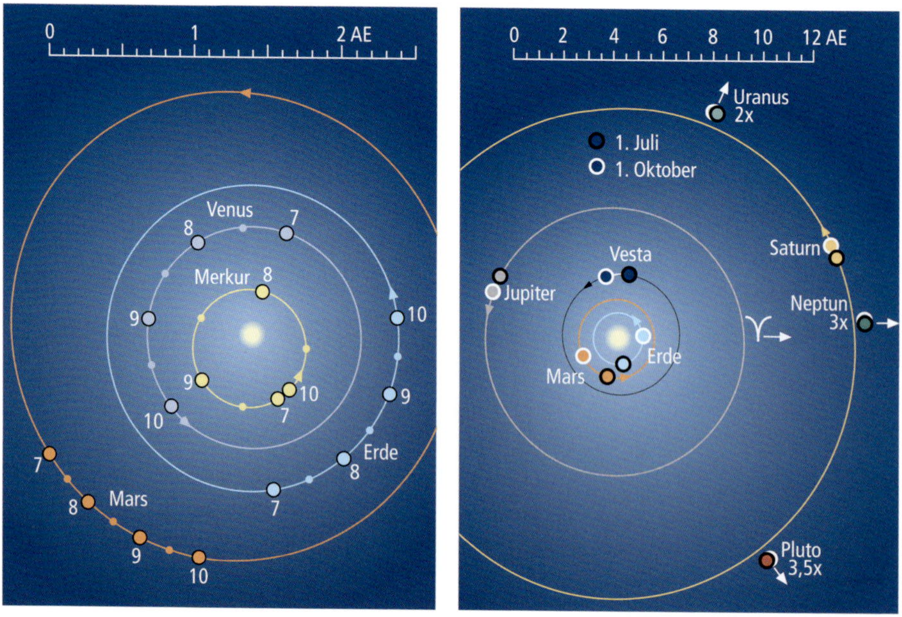

7.2 Heliozentrischer Anblick des Planetensystems im dritten Jahresviertel 2027. Eingetragen sind im linken Teil die Positionen der inneren Planeten für den 1. Juli (7), 1. August (8), 1. September (9) und 1. Oktober (10). Der rechte Teil zeigt das äußere Planetensystem samt einigen Planetoiden zu Anfang und Ende des dritten Jahresviertels. Die Pfeile deuten die Richtungen zu den ferneren Planeten sowie zum Frühlingspunkt an.

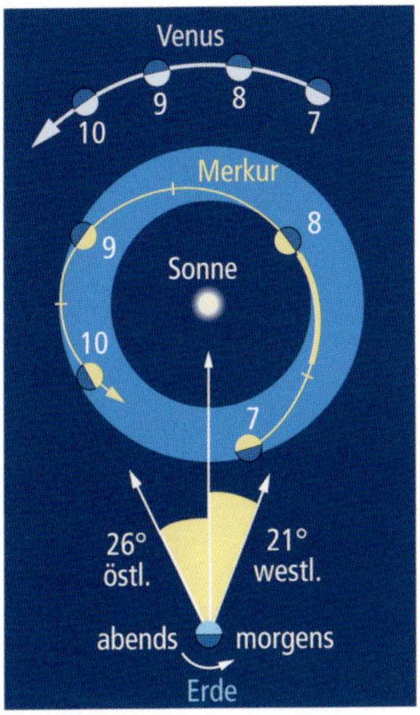

7.3 **Heliozentrische Bewegungen von Merkur und Venus *relativ* zur Erde. In den dicker ausgezogenen Bahnteilen sind die Planeten beobachtbar. Die Zahlen geben die Positionen jeweils zum Monatsersten an. Östlicher Winkelabstand bedeutet Abendsichtbarkeit; westliche Elongation: Planet steht am Morgenhimmel.**

erstmals am 19. knapp über dem Nordosthorizont in der Morgendämmerung ausmachen. Am 19. geht der $-0{,}^{m}2$ helle Merkur um $3^{h}04^{m}$ (= $4^{h}04^{m}$ Sommerzeit) auf. Etwa eine halbe Stunde später macht er sich in der beginnenden Morgendämmerung bemerkbar. Gegen 4^{h} (= 5^{h} Sommerzeit) verblasst Merkur in der zunehmenden Morgenhelle. Bis 29. nimmt die Merkurhelligkeit kräftig auf $-1{,}^{m}1$ zu, die Merkuraufgänge verspäten sich ein wenig auf $3^{h}28^{m}$ (= $4^{h}28^{m}$ Sommerzeit).

Im Fernrohr zeigt sich das 7″,0 große Merkurscheibchen am 20. halb beleuchtet, die Dichotomie ist erreicht. Danach wird das Planetenscheibchen kleiner und rundlicher.

VENUS hat sich vom Morgenhimmel zurückgezogen und strebt ihrer oberen Konjunktion mit der Sonne zu, die sie aber erst Mitte August erreicht. Allenfalls können erfahrene Beobachter Venus noch kurz vor Sonnenaufgang mit Ferngläsern sichten. Am 1. geht der $-3{,}^{m}9$ helle innere Nachbarplanet um $3^{h}26^{m}$ (= $4^{h}26^{m}$ Sommerzeit) auf. Bis Monatsende verspätet sich der Venusaufgang um eine Stunde auf $4^{h}26^{m}$ (= $5^{h}26^{m}$ Sommerzeit).

Das 10″ große Venusscheibchen zeigt sich voll beleuchtet. Am 4. wechselt Venus aus dem Sternbild Stier in das der Zwillinge und dringt am 26. in das Sternbild Krebs ein. Am 3. wandert sie nur 0°,1 südlich am Sommerpunkt vorbei. Die Begegnung mit Merkur am 1. bleibt unbeobachtbar.

7.4 **Stellung von Merkur über dem Nordosthorizont zu den angegebenen Daten jeweils eine Stunde vor Sonnenaufgang. Die Pfeile geben die Bewegungen von Merkur und Sonne während der nächsten halben Stunde an.**

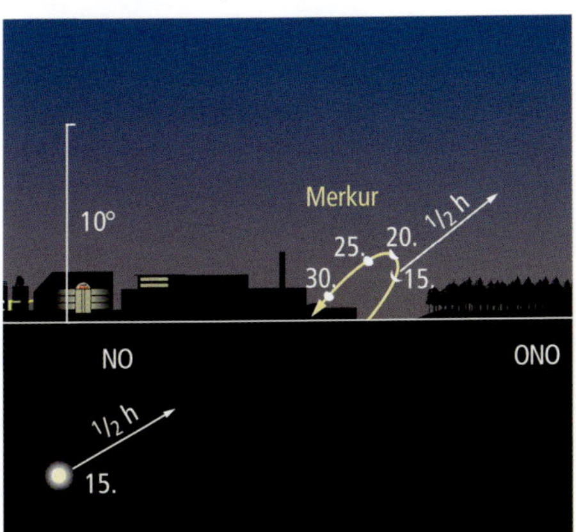

7.5 **Sichtbarkeitsdiagramm für Merkur. Es gilt genau für 50° nördlicher Breite und 10° östlicher Länge. Dunkelgelbe Fläche: Unter günstigen Sichtbedingungen kann man Merkur mit bloßen Augen erkennen.**

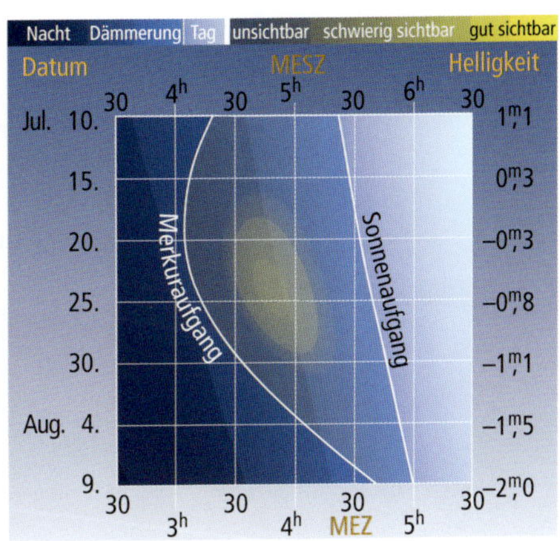

MARS eilt rechtläufig durch den Löwen und wechselt schon am 4. in das Sternbild Jungfrau (siehe Abb. 1.9 auf Seite 43). Am 14. wandert er 0°,4 nördlich am Herbstpunkt vorbei. Am 9. zieht der zunehmende Halbmond 4°,7 an Mars morgens vorbei.

Mars ist Planet der ersten Nachthälfte. Sein Untergang erfolgt am 1. um 23^h35^m (= 0^h35^m Sommerzeit) und am 15. um 22^h52^m. Am Monatsletzten geht der inzwischen nur noch $1^m,3$ helle Mars um 22^h05^m unter. Wegen der flach zum Horizont verlaufenden Ekliptik ist Mars nördlich von 55° nicht mehr sichtbar.

Das auf 5″,3 scheinbaren Durchmesser zurückgehende Planetenscheibchen lässt Mars für Fernrohrbeobachter zu einem wenig attraktiven Objekt werden.

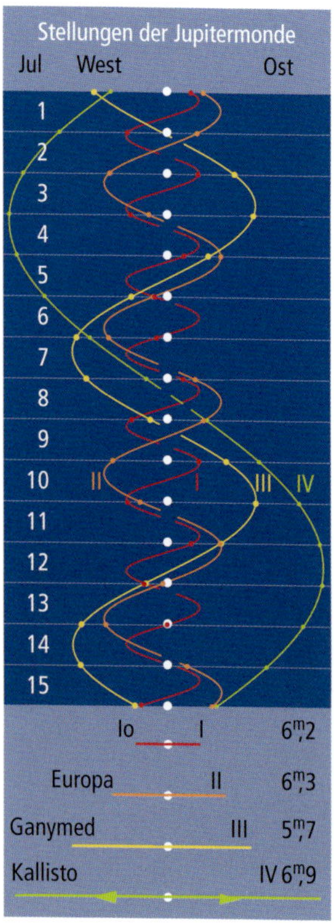

JUPITER, rechtläufig im Sternbild Löwe, steuert auf dessen Hauptstern Regulus zu (siehe Abb. 2.8 auf Seite 62). Regulus ist allerdings nur noch mit lichtstarker Optik zu erkennen.

Gegen Monatsende zieht sich der Riesenplanet vom Abendhimmel zurück und wird unsichtbar.

Am 1. geht Jupiter um 22^h45^m unter und am 15. um 21^h56^m (= 22^h56^m Sommerzeit). Am 25. erfolgt der Untergang des nur mehr $-1^m,7$ hellen Riesenplaneten schon um 21^h20^m (22^h20^m MESZ). Nach dem 25. ist Jupiter freiäugig nicht mehr auszumachen.

SATURN ist Planet der zweiten Nachthälfte. Seine Aufgänge verlagert der Ringplanet in die Zeit vor Mitternacht. Am 1. erfolgt der Saturnaufgang um 0^h45^m (= 1^h45^m Sommerzeit), am 15. um 23^h48^m und am 31. schon um 22^h46^m (= 23^h46^m Sommerzeit). Die Saturnhelligkeit steigt leicht auf $0^m,5$ an.

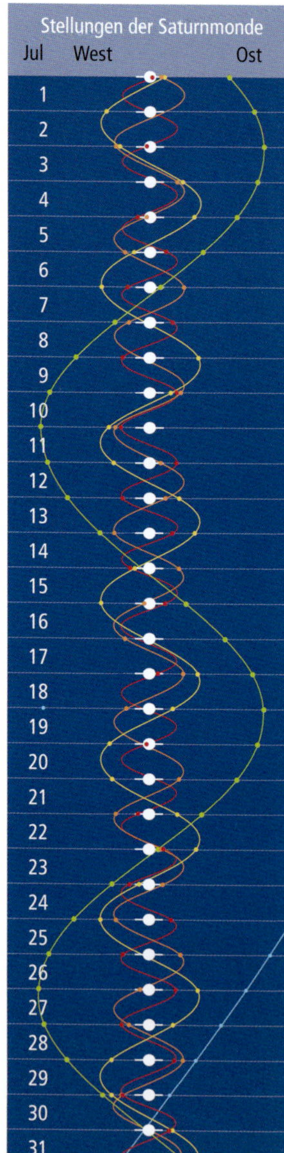

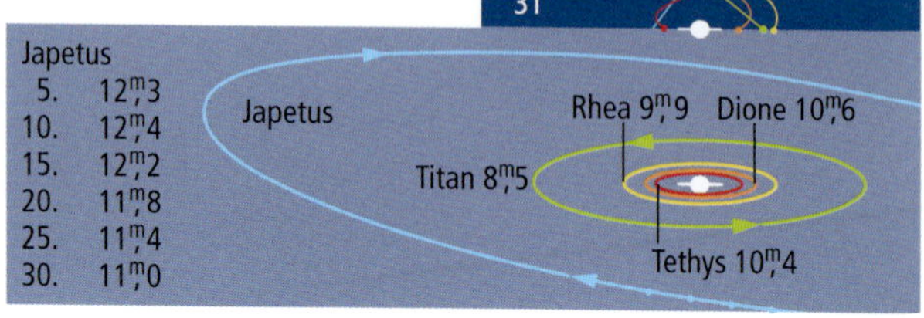

Saturn bremst seine rechtläufige Bewegung in den Fischen merklich ab, sein Stillstand ist nicht mehr fern (siehe Abb. 9.2 auf Seite 189).

Der abnehmende Halbmond wandert am 26. im Abstand von $8\overset{\circ}{,}3$ am Ringplaneten vorbei.

URANUS im Sternbild Stier kann gegen Ende Juli am Morgenhimmel mit einem Fernglas oder Teleskop aufgesucht werden. Am 15. geht der $5\overset{m}{,}8$ lichtschwache Planet um 1^h19^m (= 2^h19^m Sommerzeit) auf. Etwa eine Stunde später kann man mit Aussicht auf Erfolg nach ihm suchen. Dabei hilft die Aufsuchkarte Abb. 11.8 auf Seite 232. Gegen 2^h50^m beginnt ihn die Morgendämmerung zu verschlucken. Am 31. erfolgt der Aufgang des grünlichen Planeten kurz nach Mitternacht, nämlich um 0^h18^m (= 1^h18^m Sommerzeit). Seine Kulmination findet am 31. um 8^h15^m statt. Bis Monatsende nimmt die Uranushelligkeit leicht um $0\overset{m}{,}1$ auf $5\overset{m}{,}7$ zu.

NEPTUN kann unter guten Sichtbedingungen am Morgenhimmel vor Beginn der Morgendämmerung am Osthimmel aufgespürt werden. Allerdings stört nach Mitte Juli das helle Mondlicht beim Aufsuchen. Um den nur $7\overset{m}{,}9$ hellen Neptun zu entdecken, bedarf es schon eines lichtstarken Fernglases oder eines Teleskops.

Neptun hält sich im Sternbild Fische auf. Am 10. wird er stationär und strebt danach rückläufig seiner Opposition zur Sonne entgegen (siehe Abb. 9.5 auf Seite 191).

Die Neptunbewegung fällt kaum auf. In der Umkehrphase ist eine Ortsveränderung fast nicht auszumachen. Erst im August macht sich die rückläufige Wanderung vom Planeten des Meeresgottes bemerkbar. Neptun steigert seine Helligkeit leicht um $0\overset{m}{,}1$ auf $7\overset{m}{,}8$.

Am 1. Juli geht Neptun um 0^h02^m (= 1^h02^m Sommerzeit) auf und kulminiert um 6^h10^m. Am 15. geht der bläuliche Planet schon um 23^h03^m auf. Am Monatsletzten erfolgt der Neptunaufgang um 22^h00^m und die Kulmination um 4^h12^m (= 5^h12^m Sommerzeit).

PLANETOIDEN UND ZWERGPLANETEN

PLUTO, bekanntester aller Zwergplaneten, steht am 29. morgens im Sternbild Steinbock in **Opposition** zur Sonne. Mit einer scheinbaren Helligkeit von $14\overset{m}{,}5$ ist er nur größeren Teleskopen zugänglich. Die Aufsuchkarte Abb. 7.6 findet sich auf Seite 156. Genau genommen bezieht sich die Helligkeitsangabe auf den Zwergplaneten Pluto mit Charon.

In der Oppositionsnacht geht Pluto um 20^h29^m (= 21^h29^m MESZ) auf, kulminiert um 0^h29^m und geht morgens um 4^h28^m unter.

Zur Opposition ist Pluto 5206 Millionen Kilometer (= 34,80 AE) von der Erde entfernt. Dies entspricht einer

KONSTELLATIONEN UND EREIGNISSE

Datum	MEZ	Ereignis
1.	11^h	Merkur bei Venus, Merkur $4\overset{\circ}{,}5$ südlich
1.	22	Mond bei Uranus, Mond $4\overset{\circ}{,}8$ nördlich
3.	5	Mond bei Merkur, Mond $8\overset{\circ}{,}3$ nördlich
3.	9	Mond bei Venus, Mond $3\overset{\circ}{,}5$ nördlich
4.	21	Merkur im Stillstand, anschließend rechtläufig
5.	6	Erde im Aphel (Sonnenferne), Abstand Erde – Sonne 152,100 Millionen Kilometer
7.	4	**Mond bei Jupiter**, Mond $2\overset{\circ}{,}5$ südlich, **Abstand $4\overset{\circ}{,}8$ um 21^h am 6.**
9.	9	Mond bei Mars, Mond $4\overset{\circ}{,}7$ südlich
10.	17	Neptun im Stillstand, anschließend rückläufig
15.	20	**Merkur in größter westlicher Elongation** (21°)
18.	17	Halbschattenfinsternis des Mondes – in Mitteleuropa unbeobachtbar (siehe Seite 25)
24.	20	Mond bei Neptun, Mond $6\overset{\circ}{,}4$ nördlich
26.	13	Mond bei Saturn, Mond $8\overset{\circ}{,}3$ nördlich
29.	8	**Pluto in Opposition** zur Sonne
29.	10	Mond bei Uranus, Mond $4\overset{\circ}{,}8$ nördlich

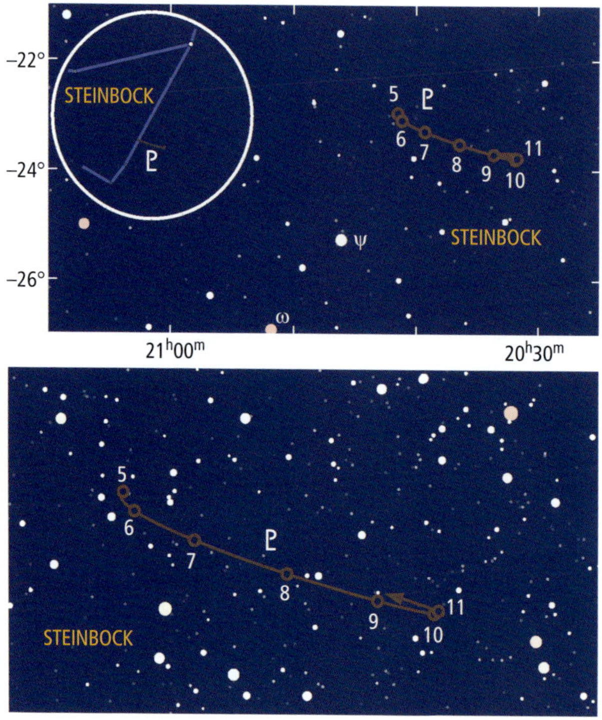

7.6 Oben: Lage der Plutobahn im Sternbild Steinbock. Unten: Scheinbare Bahn des Zwergplaneten Pluto im Gebiet des Sternbildes Steinbock von Mai bis November 2027.

Lichtlaufzeit von vier Stunden und 49 Minuten. Seine geringste Entfernung von der Erde erreicht Pluto bereits am 26. Juli um 13^{h}. Seine Sonnendistanz beträgt zur Opposition 5357 Millionen Kilometer (= 35,81 AE).

PERIODISCHE STERNSCHNUPPENSTRÖME

Um den 10. Juli kann man eine schwache Aktivität der **PEGASIDEN** beobachten, die mit hohen Geschwindigkeiten in die Atmosphäre eindringen.

Vom 12. Juli bis 19. August leuchten die **DELTA-AQUARIIDEN** als stärkster Strom im Juli auf. Sie heißen auch **JULI-AQUARIIDEN**. Die Meteore sind zwischen 3^{m} und 5^{m} hell, also nicht besonders auffällig. Ihr Radiant liegt etwa 3° westlich von Skat (δ Aquarii). Das Maximum ist nicht in jedem Jahr am selben Tag zu erwarten. In diesem Jahr dürfte es in den Stunden nach Mitternacht am 30. Juli auftreten. Im Maximum sind etwa 20 bis 25 Sternschnuppen pro Stunde zu erwarten. Wegen der südlichen Position des Radianten sind aber von Mitteleuropa aus nur etwa 10 bis 15 in der Zeit nach Mitternacht zu sehen. Die Eintauchgeschwindigkeit der Sternschnuppen liegt um 40 Kilometer pro Sekunde.

Vom 3. Juli bis 15. August treten die **ALPHA-CAPRICORNIDEN** (Radiant im Steinbock) auf. Sie sind die ganze Nacht über beobachtbar. Der Ursprungskomet ist 45P/Honda-Mrkoš-Pajdušáková. Um das Maximum am 30. Juli sind nur etwa fünf Objekte pro Stunde zu erwarten. Es handelt sich um recht langsame Meteore (im Mittel 23 Kilometer pro Sekunde).

Auch der permanente **ANTIHELION**-Komplex ist weiter aktiv. Der Radiant verlagert sich stetig ostwärts und durchquert im Juli das Sternbild Capricornus. Die Meteore von Alpha-Capricorniden und der Antihelion-Quelle sind hauptsächlich durch ihre Geschwindigkeit unterscheidbar: Langsame 23 km/s gegenüber „mittleren" 30 km/s. Die Radianten sind nicht einmal 10° voneinander entfernt.

Ab 16. Juli ist mit den ersten **PERSEÏDEN** zu rechnen, dem weithin bekanntesten Sternschnuppenstrom. Sein Radiant liegt zunächst südlich der Kassiopeia und wandert bis zum Maximum im August in die nördlichen Gebiete des Perseus.

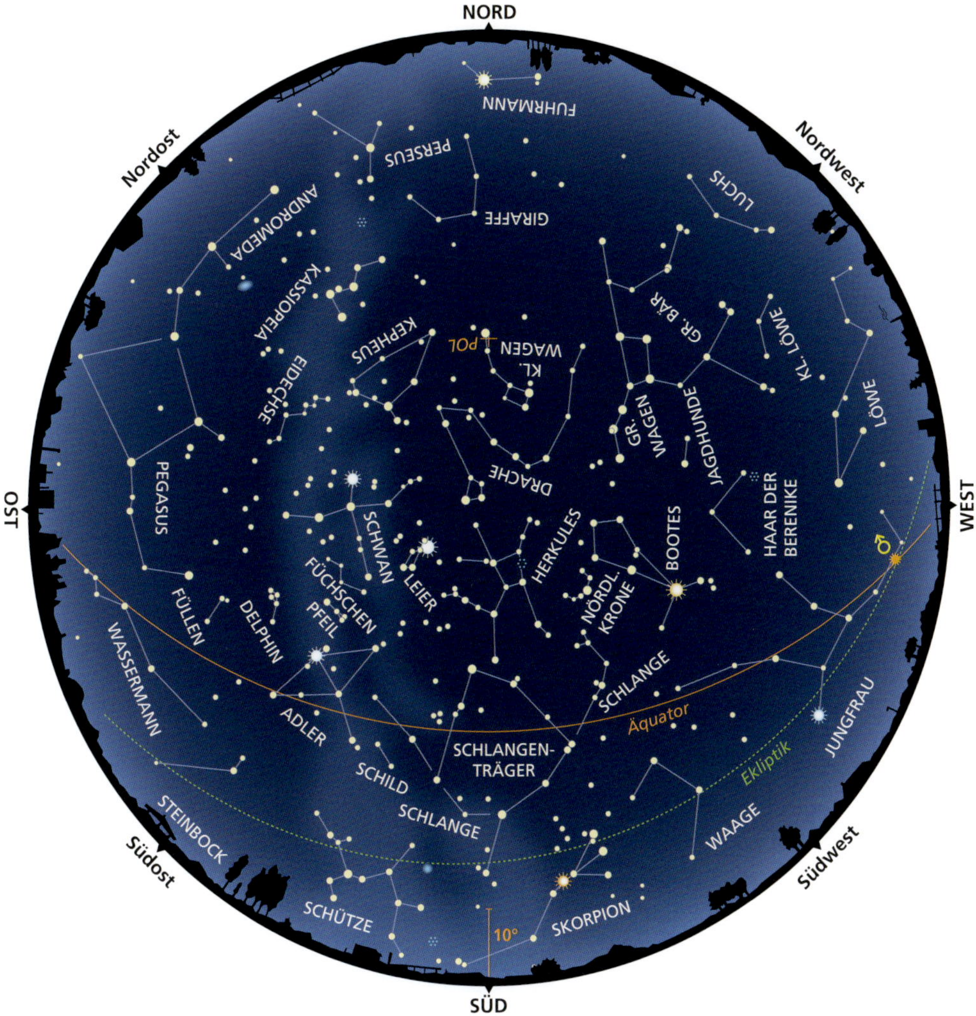

DER STERNENHIMMEL
AM 15. JULI UM 22^h MEZ

Die Sternkarte ist auch gültig für:		
	MEZ	**MESZ**
15. 4.	4^h	5^h
1. 5.	3	4
15. 5.	2	3
1. 6.	1	2
15. 6.	0	1
1. 7.	**23**	**24**
15. 7.	**22**	**23**
31. 7.	**21**	**22**

Das Sommerdreieck, bestehend aus Wega, Deneb und Atair, hat zwar seine Meridianstellung noch nicht ganz erreicht, aber die Sommerbilder sind bereits allesamt über dem Horizont, während sich die Frühlingsbilder im Westen verabschieden. Der Löwe ist im Untergang begriffen. Sein Hauptstern Regulus ist bereits unter den Horizont gesunken. Damit ist auch das Frühlingsdreieck aufgelöst, dessen beide anderen Eckpunkte allerdings noch zu sehen sind: Tief im Südwesten steht die bläulich-weiße Spica in der Jungfrau. Ihr Licht wird deutlich von den horizontnahen Dunstschichten geschwächt. Wesent-

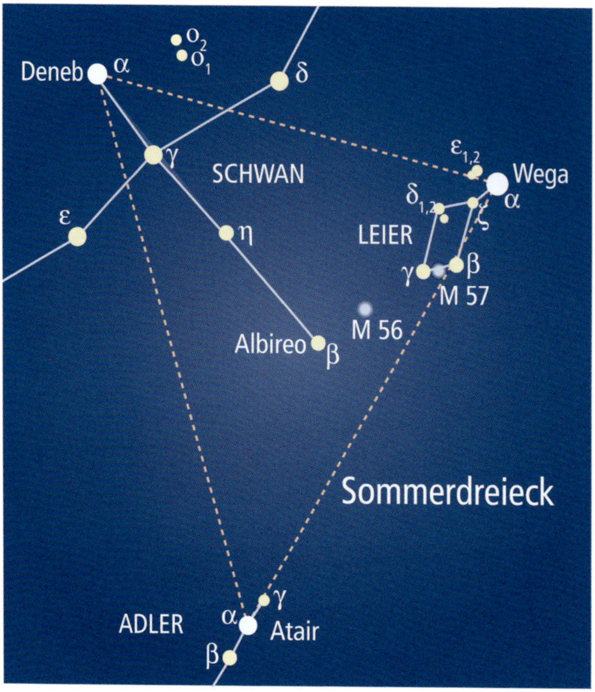

7.7 Das Sommerdreieck setzt sich aus den drei hellen Sternen Wega in der Leier, Deneb im Schwan und Atair im Adler zusammen.

lich höher findet man im Südwesten den hellen, orange-roten Arktur im Bootes, der den Helligkeitsschwerpunkt in der westlichen Hemisphäre bildet.

Der Große Wagen hat mit seiner Abwärtsfahrt begonnen. Seine Deichsel zeigt nach oben, der Wagenkasten hängt nach unten. Das Himmels-W, die Kassiopeia, hat ihre untere Kulmination hinter sich und beginnt mit dem Aufstieg zum Zenit.

Zwischen Zenit, Kleinem Wagen und Großem Wagen schlängelt sich der Drache (lat.: Draco) hindurch. Der Drache ist nicht leicht auszumachen. Am ehesten ist noch der Drachenkopf zu erkennen, der von einem kleinen Sternenviereck gebildet wird, das zur abendlichen Beobachtungsstunde fast exakt im Zenit steht.

Blickt man vom Zenit zum Südpunkt am Horizont hinunter, lässt also seinen Blick den Meridian hinabgleiten, so kommen nacheinander die Sternbilder Herkules und Schlangenträger mit der Schlange ins Gesichtsfeld. Der hellste Stern im Schlangenträger, α Ophiuchi, steht an der Nordspitze knapp südlich vom Herkules und heißt Ras Alhague, was Arabisch ist und so viel wie Kopf des Schlangenträgers bedeutet. Mit $2^{m}_{,}1$ ist er relativ leicht zu sehen. Er leuchtet in einem weißen Licht und ist 49 Lichtjahre von uns entfernt.

Der Skorpion hat seinen Meridiandurchgang bereits absolviert und hält sich knapp über dem Südhorizont ein wenig westlich vom Südpunkt auf. Sein hellster Stern Antares ist kaum zu übersehen. Er leuchtet in einem rötlichen Licht und gehört zu den Überriesensternen (M2 Iab). Antares ist so riesengroß, dass bequem unsere Sonne samt der Erdbahn in seinem Inneren Platz fände. Die Bezeichnung Antares stammt aus dem Griechischen und bedeutet so viel wie Gegenspieler des Mars, weil er ihm an Farbe ähnlich ist und außerdem im Tierkreis steht, sodass es gelegentlich zu Verwechslungen mit dem roten Planeten kommt. Antares

VERÄNDERLICHE STERNE

Algol-Minima		β-Lyrae-Minima		δ-Cepheï-Maxima		Mira-Helligkeit	
6.	1^h26^m	3.	5^h N	5.	14^h	1.	9^m
8.	22 13	9.	16 H	10.	23	10.	9
26.	3 06	16.	4 N	16.	8	20.	9
28.	23 54	22.	15 H	21.	16	31.	9
31.	20 42	29.	2 N	27.	1		

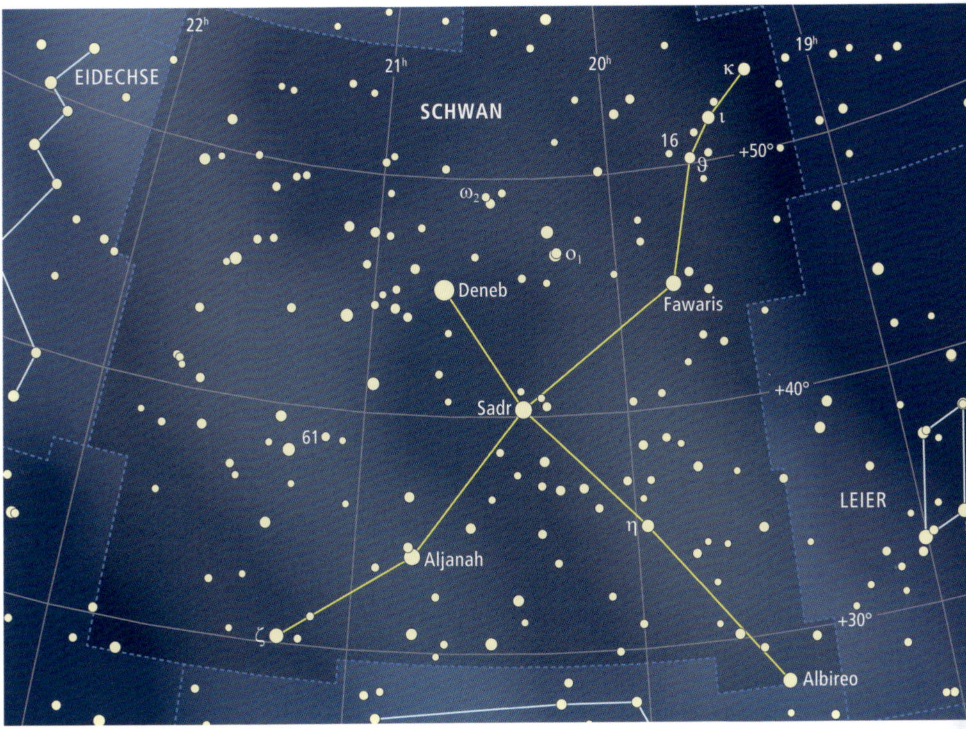

7.8 Skelettkarte des Sternbildes Schwan (lat.: Cygnus).

ist 550 Lichtjahre von uns entfernt. Der nördliche Teil des Skorpions gehört heute zum Sternbild Schlangenträger, durch den auch ein Teil der Ekliptik (scheinbare Sonnenbahn) verläuft. Somit gibt es insgesamt 13 Tierkreissternbilder aber nur zwölf Tierkreiszeichen.

In der östlichen Himmelshälfte wird der Helligkeitsschwerpunkt vom Sommerdreieck bestimmt. Die Leier ist ein leicht einprägsames Sternbild und nicht besonders groß. Nach der klassischen griechischen Sage ist die Leier das Musikinstrument des Gottes Apoll. Wega, der Hauptstern der Leier, auch als α Lyrae bekannt, gehört mit $0^{m}{,}0$ zu den fünf hellsten Sternen am irdischen Firmament. Mit dem praktisch gleich hellen Arktur ist Wega der hellste Stern am nördlichen Himmel. Mit 25 Lichtjahren Distanz gehört Wega noch zur Nachbarschaft unserer Sonne. α Lyr ist ein typischer Hauptreihenstern der Spektralklasse A0 V. Wega leuchtet weiß mit einem bläulichen Schimmer. Die wahre Leuchtkraft von Wega entspricht etwa der von 50 unserer Sonnen.

Tief im Südosten sind die beiden Tierkreisbilder Schütze und Steinbock zu finden. Während der Schütze noch relativ leicht zu erkennen ist, so ist der Steinbock nur mit Mühe unter guten Sichtbedingungen auszumachen. Er gehört wie der Wassermann zu den ausgesprochen schwierigen Sternbildern.

Im Schützen finden sich viele interessante galaktische Objekte wie Gasnebel und Kugelsternhaufen, alles Objekte für Feldstecher- und Fernrohrbeobachter. Auch die hellsten Partien der sommerlichen Milchstraße ziehen durch den Schützen. In Richtung des Schützen liegt auch das Zentrum unseres Milchstraßensystems.

Gas und Staub im Weltall

RubinObs/NOIRLab/SLAC/NSF/DOE/AURA

7.9 Der Trifidnebel ist eine Gas- und Staubwolke in 4000 Lichtjahren Entfernung. Rot leuchtet der glühende Wasserstoff (Emissionsnebel), während der blaue Anteil vom reflektierten Sternenlicht (Reflexionsnebel) stammt.

Weit verbreitet ist auch heute noch die Ansicht, zwischen den Sternen sei der Weltraum völlig leer, gewissermaßen ein echtes Vakuum im Sinne der klassischen Physik. Astronauten müssen deshalb luftdichte Raumanzüge tragen, um dem lebensbedrohenden Vakuum nicht ausgesetzt zu sein.

Verglichen mit den Verhältnissen auf der Erdoberfläche herrscht im Universum außerhalb von Sternen und Planeten tatsächlich fast absolute Leere zwischen den glühenden Sternkugeln. Aber eben nur fast. Völlig leer ist der interstellare Raum, also der Raum zwischen den Sternen, nämlich nicht. Dünn verteiltes Gas und Staub schweben zwischen den Sternen. In manchen Regionen gibt es regelrechte Wolken aus interstellarer Materie, wie der Fachbegriff heißt. Diese interstellare Materie dient zum Teil als Rohstoff für die Bildung neuer Sterne. Sie stellt das Baumaterial der Sterne dar. Ein anderer Teil der interstellaren Materie stammt von Sternen, die am Ende ihres Lebens in einer gigantischen Explosion zerrissen wurden oder ihre äußere Hülle abgestreift haben.

Die interstellare Materie ist recht fein verteilt. In der Milchstraßenhauptebene, wo ihre Dichte noch am größten ist, kommt ein Milligramm Materie auf ein Volumen von einer Million Kubikkilometer. Auf das Volumen des Erdglobus bezogen ist das nur ein einziges Kilogramm Masse. Allerdings ist dies ein grober Durchschnittswert. In manchen Regionen findet sich nur ein einziges Atom auf einen Liter Rauminhalt. In Gaswolken kommen auf dasselbe Volumen 30000 bis 100000 Atome. Das ist immer noch wenig, verglichen mit der irdischen Luftdichte in Bodennähe, wo sich in einem Liter Luft Dutzende von Trilliarden (1 Trilliarde = 10^{21}) Atome befinden.

Von einem Hochvakuum spricht man, wenn nur noch eine Milliarde (10^{9}) Moleküle oder Atome pro Kubikzentimeter (cm^{3}) vorhanden sind, was eine mittlere Dichte – je nach Molekül bzw. Atomgewicht – von 10^{-13} g/cm^{3} ergibt. Mit ausgeklügelten technischen Verfahren gelingt es, ein sogenanntes Ultrahochvakuum (UHV) zu erzeugen. Ein UHV enthält aber immer noch mindestens 10 000 Teilchen pro Kubikzentimeter (Dichte: 10^{-18} g/cm^{3}), ist also weit entfernt von einem idealen Vakuum, in dem sich keine Moleküle oder Atome befinden.

Das Universum ist außerdem gefüllt mit Photonen aller Wellenlängen oder Frequenzen, von harter Gammastrahlung über Röntgen- und Ultraviolettstrahlung, sichtbarem und infrarotem Licht, Mikrowellen bis hin zu langwelliger Radiostrahlung. Selbst die Photonen vom Urknall, dem Kosmischen Mikrowellenhintergrund, erfüllen das Universum.

Interplanetare und interstellare Materie

Nicht nur Photonen, sondern auch Materie in Form von Gas und Staub füllen die Weiten zwischen den Sternen im Weltall. In welchen Mengen und wie dicht die Materie im Weltall verteilt ist, kommt auf die Gegend an. In der Umgebung der Erdbahn beträgt die Dichte der interplanetaren Materie ein Hunderttrillionstel Gramm pro Kubikzentimeter (10^{-20} g/cm^{3}). Sie setzt sich aus dem Plasma des Sonnenwindes zusammen, einem Strom geladener Teilchen – vornehmlich Protonen, Alpha-Teilchen (Heliumatomkerne) und Elektronen –, der von der Sonne ausgeht sowie aus einer Staubkomponente.

Für diesen Partikelstrom von der Sonne hat im Jahre 1959 der amerikanische Astronom Eugene

7.10 Der Pferdekopfnebel im Sternbild Orion: Interstellarer Staub absorbiert das Licht dahinter liegender Sterne und leuchtender Gasnebel. Deutlich ist die geringere Sterndichte im unteren Teil des Bildes zu erkennen.

T. A. Rector (NOIRLab/NSF/AURA) and Hubble Heritage Team (STScI/AURA/NASA)

Parker (1927–2022) den Begriff „Sonnenwind" (engl.: solar wind) eingeführt. Er macht sich unter anderem bei Kometen bemerkbar, indem er Gase und Staub vom Kometenkopf wegtreibt, wodurch die Kometen einen Schweif ausbilden.

Aus den Tiefen des interstellaren Raumes dringen extrem energiereiche Teilchen in das Sonnensystem ein. Diese kosmische Korpuskularstrahlung wurde bereits 1913 vom österreichischen Physiker und Nobelpreisträger Victor Franz Hess (1883–1964) entdeckt. Hess selbst nannte sie schlicht „Höhenstrahlung", weil er sie bei hoch aufsteigenden Ballonflügen erstmals registriert hatte.

Der interplanetare Staub stammt sowohl aus der Frühzeit des Sonnensystems, als eine interstellare Wolke kollabierte, als auch von sich auflösenden Kometen sowie von Kollisionsereignissen. Die Dichte der interplanetaren Materie ist hundert- bis tausendmal geringer als das beste Ultrahochvakuum im irdischen Labor.

Auch außerhalb unseres Sonnensystems ist der Weltraum nicht absolut leer. Die leuchtenden Nebel im Sternbild Orion lassen Staub und Gas direkt beobachten. Die scheinbar sternarmen, dunklen Bereiche der Milchstraße werden vom interstellaren Staub hervorgerufen, der das Licht der dahinterstehenden Sterne teils oder ganz verschluckt. Ein schönes Beispiel für eine Dunkelwolke ist der Konusnebel (Kegelnebel) im Sternbild Monoceros (Einhorn), hervorgerufen durch interstellaren Staub, der das Licht der dahinterliegenden Sterne absorbiert. Eingebettet ist der Konusnebel in einen umfangreichen, aber schwach leuchtenden Emissionsnebel in 2600 Lichtjahren Entfernung.

Aber auch außerhalb hellleuchtender Gasnebel und fernab von Dunkelwolken ist der interstellare Raum von Gas, vornehmlich aus Wasserstoff und Helium, sowie von Staub durchzogen. Der Staubanteil beträgt dabei nur ein Prozent der Masse des Gases. In der galaktischen Scheibe liegt die Dichte der interstellaren Materie außerhalb der Wolken bei einem Quadrillionstel Gramm pro Kubikzentimeter (10^{-24} g/cm^3), also tausend- bis zehntausendmal geringer als die Dichte der interplanetaren Materie. Diese Dichte entspricht etwa einem Atom pro Kubikzentimeter. In der interstellaren Nachbarschaft der Sonne ist sie etwas höher, da unser Sonnensystem gegenwärtig eine interstellare Wolke durchquert.

Im Raum zwischen den Galaxien geht die Materiedichte noch viel weiter zurück. Die Materiedichte im intergalaktischen Raum liegt bei einem Quintillionstel Gramm pro Kubikzentimeter (10^{-30} g/cm^3). Sie ist damit noch um eine Million Mal geringer als die mittlere Dichte im interstellaren Raum. Auf einen Kubikmeter, also auf eine Million Kubikzentimeter, kommt nur ein Atom. Dies ist bereits ein fast vollkommenes Vakuum.

Leuchtendes Vakuum

Sichtbar wird die interstellare Materie in leuchtenden Gas- und Staubwolken wie beispielsweise im Orionnebel (M 42), im Trifidnebel (M 20) oder im Lagunennebel (M 8), beide im Sternbild Schütze. Farbaufnahmen zeigen leuchtende, rote und blaue Gebiete in den interstellaren Wolken, durchzogen von den dunklen, filamentartigen Strukturen. Die bläulichen Gebiete sind Staubwolken, die das Licht der in sie eingebetteten nahen, heißen und jungen Sterne vom Spektraltyp O und B reflektieren. Man nennt sie Reflexionsnebel. Besonders im Orionnebel sind die heißen, bläulichen Sterne schon im Fernglas gut zu erkennen.

Die roten Anteile stammen vornehmlich von glühendem Wasserstoffgas, das durch die intensive, kurzwellige Ultraviolett-Strahlung der heißen Sterne, deren Oberflächentemperaturen 20 000 °C und mehr betragen, zum Selbstleuchten angeregt wird, physikalisch gesehen eine Fluoreszenzerscheinung. Man spricht in diesem Falle von Emissionsnebeln. Reflexions- und Emissionsnebel sowie Dunkelwolken kommen fast immer gemeinsam vor. Die UV-Strahlung heizt dabei das Wasserstoffgas und die anderen chemischen Komponenten auf rund 10 000 °C auf.

Die dunklen Strukturen werden von Staubmassen hervorgerufen, die das Licht der Sterne und dahinterliegender Reflexions- und Emissions-

ESO

7.11 **Der Kegelnebel (Konusnebel) im Sternbild Einhorn (Monoceros) ist eine bizarre Dunkelwolke, hervorgerufen durch interstellaren Staub in 2700 Lichtjahren Entfernung.**

nebel mehr oder minder stark absorbieren. Die leuchtenden Emissionsnebel wiederum bestehen zu 70% bis 80% aus Wasserstoff. Rund 20% des interstellaren Gases entfallen auf Helium, das zweithäufigste Gas im Universum. Im Rest finden sich schwerere Elemente wie Kohlenstoff, Sauerstoff, Neon, Silizium, Kalzium, Schwefel, Eisen, Nickel u. a.

Das heiße Wasserstoffgas ist ionisiert, wie man zu sagen pflegt. Solche Wasserstoffwolken werden als H-II-Gebiete benannt. In ihnen ist den Wasserstoffatomen ihr Elektron entrissen. H ist das chemische Symbol für Wasserstoff, lateinisch Hydrogenium. Das II gibt die Ionisationsstufe an. H-I-Regionen sind Gebiete, in denen der Wasserstoff kalt ist (um −200 °C). und die H-Atome von ihrem Elektron umkreist werden. Man spricht auch von neutralem Wasserstoff, da er nicht ionisiert und elektrisch neutral ist. Beim molekularen Wasserstoff sind jeweils zwei H-Atome zu einem Molekül verbunden.

Im Spektrum zeigen die leuchtenden interstellaren Gaswolken kein Farbband, also kein Kontinuum, sondern einzelne leuchtende Linien. Man nennt ein solches Spektrum ein Emissionslinienspektrum. Die leuchtenden Gasnebel werden deshalb auch als Emissionsnebel bezeichnet. Man fand dabei auch Linien, die keinem chemischen Element zugeordnet werden konnten. Das war in der Frühzeit der Stellarspektroskopie. Man spekulierte, die Linien würden wohl von einem bisher unbekannten Element erzeugt und nannte es Nebulium. Doch wurde herausgefunden, dass diese Linien durchaus bekannten chemischen Elementen zugeordnet werden können. Man hatte zwar die Übergänge der Energieniveaus berechnet, die daraus resultierenden

Emissionslinien aber nie beobachtet. Denn sie treten im irdischen Labor nicht auf, sie sind gewissermaßen „verbotene“ Linien. Im Labor ist der Atmosphärendruck zu hoch. In extrem dünnen Gasen treten aber durchaus Übergänge auf, die im irdischen Labor nicht vorkommen. Man beobachtet in Emissionsnebeln somit auch „verbotene“ Linien, beispielsweise von O II und O III, also von einfach und doppelt ionisiertem Sauerstoff.

Staub schwächt das Licht

Auch fernab heißer junger Sterne, die interstellare Materie beleuchten beziehungsweise zum Leuchten anregen, kann man das kühle interstellare Gas registrieren. Man sieht es zwar nicht direkt, aber mit Hilfe der Spektroskopie kommt man ihm auf die Spur. Im Jahre 1904 fand der Potsdamer Astronom Johannes Hartmann (1865–1936) im Spektrum des Sternes δ Orionis (Mintaka) eine dunkle Linie, die dem Kalzium

7.12 Der Kohlensack ist eine Dunkelwolke im Sternbild Kreuz des Südens in 600 Lichtjahren Entfernung.

ESO/Y. Beletsky

zugeordnet werden konnte. Das Besondere an dieser Ca-II-Absorptionslinie war, dass sie nicht die gleiche Rotverschiebung wie die übrigen Linien im Spektrum von Mintaka infolge der Radialgeschwindigkeit zeigte. Hartmann sprach von einer „ruhenden" Kalziumlinie. Er schloss richtig, dass sie nicht in der Sternatmosphäre von δ Orionis entsteht, sondern auf dem Weg zur Erde vom interstellaren Gas aufkopiert wird. Heute kennt man eine Vielzahl von interstellaren Absorptionslinien, vor allem im ultravioletten Bereich der Spektren.

Mit Hilfe der Radioastronomie lassen sich eine Fülle von interstellaren Linien beobachten. Am bekanntesten ist die 21,1-cm-Linie des kühlen, neutralen Wasserstoffs. Diese Linie entspricht einer Frequenz von 1420,4 MHz. Auch recht komplexe Moleküle in der interstellaren Materie lassen sich im Radiofrequenzbereich beobachten. Unter anderem wurde Blausäure, Ameisensäure, Methylalkohol, Äthylalkohol, Formamid, Vinylcyanid u. v. m. gefunden. Die Eigenschaft der Materie, komplexe Strukturen zu bilden, ist nicht auf die Erde beschränkt. Dies ist ein starker Hinweis, dass wohl nicht nur auf der Erde eine biologische Evolution stattgefunden hat beziehungsweise noch stattfinden wird.

Der interstellare Staub macht sich auch außerhalb von Nebelwolken bemerkbar. Schichten von Staub absorbieren beziehungsweise schwächen das Licht der dahinterliegenden Sterne. Im Mittel wird auf 3000 Lichtjahre Distanz das Sternenlicht um eine halbe Größenklasse geschwächt.

Statistisch gesehen nimmt die Zahl der Sterne pro Quadratgrad mit lichtschwächeren Sternen zu. Im Schnitt sind diese lichtschwächeren Sterne auch weiter entfernt. Doch manchmal nimmt die Sternenzahl nicht zu, wenn man zu Sternen geringerer scheinbarer Helligkeit vordringt. Das ist dann der Fall, wenn die ferneren Sterne hinter einer Schicht interstellaren Staubes liegen. Dann wird die Zunahme der Sternenzahl zunächst ausgesetzt, um bei noch schwächeren Sternen gemäß der Statistik wieder zuzunehmen. Dieses Verfahren hat der Heidelberger Astronom Max Wolf (1863–1932) eingeführt. Trägt man Sternzahlen gegenüber scheinbaren Helligkeiten in ein Diagramm ein, so ergeben sich die sogenannten Wolf-Kurven (die Maßstäbe in beiden Achsen sind logarithmisch, somit ergeben sich gerade anstelle von gekrümmten Linien – siehe Abb. 7.13 oben).

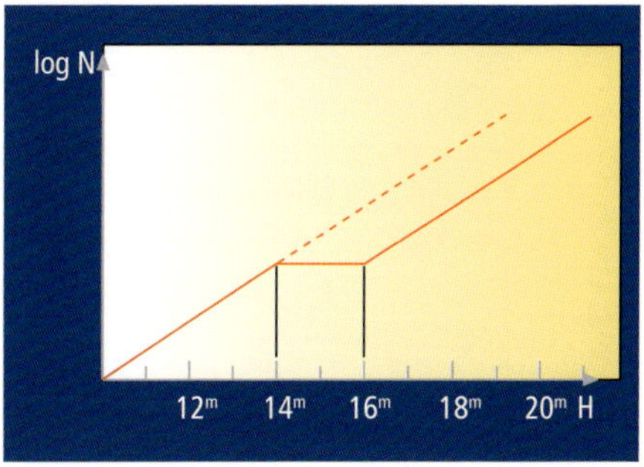

7.13 Wolf-Kurve: N: Anzahl der Sterne pro Flächeneinheit, H: Helligkeit der Sterne. Gestrichelter Teil: Verlauf der Kurve ohne Absorption einer Dunkelwolke, durchgezogene Linie: realer Verlauf mit Knick bei 14^m und 16^m durch eine Staubwolke, die die dahinterliegenden Sterne um 2^m schwächt.

Da die Staubkörner das Sternenlicht je nach Frequenz unterschiedlich streuen – kurzwelliges Licht stärker als langwelliges – wird das Sternenlicht auch gerötet.

Der beobachtete Farbindex eines Sternes ist ein anderer als es der jeweiligen Spektralklasse entspricht. Die Differenz zwischen beobachteten, also individuellen, und dem mittleren Farbindex (ohne Streuung durch Staub) wird Farbexzess genannt. Der Farbexzess ist ein Maß für die Staubdichte.

Sind die Staubteilchen nicht kugelrund, sondern länglich, so werden sie durch das interstellare Magnetfeld parallel ausgerichtet. Das hindurchgehende Sternenlicht wird dabei polarisiert, was gemessen werden kann.

Das Weltall ist also keineswegs leer zwischen den Sternen. Das absolute Nichts im ontologischen Sinn gibt es nicht!

August 2027

- Am 2. findet eine totale Sonnenfinsternis statt. Sie kann in ihren partiellen Phasen von ganz Mitteleuropa aus beobachtet werden (siehe Seite 26).
- Merkur hat sich vom Morgenhimmel zurückgezogen und bleibt unsichtbar.
- Venus kommt am 12. in obere Konjunktion mit der Sonne.
- Mars kann noch am Abendhimmel gesehen werden, seine Sichtbarkeitszeiten nehmen langsam ab.
- Jupiter hat sich vom Abendhimmel zurückgezogen. Am 31. steht er in Konjunktion mit der Sonne.
- Die Saturnaufgänge verschieben sich in die späten Abendstunden.

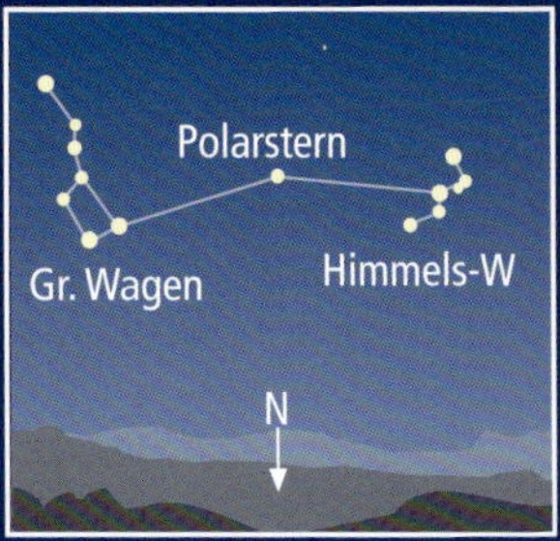

Großer Wagen und Himmels-W Anfang August um 22 Uhr MEZ

8.1 Anblick des Osthimmels am 22. August gegen 23^h MEZ (= 24^h MESZ). Saturn steht im Sternbild der Fische. Am Ringplaneten zieht der abnehmende Mond vorbei.

STERNE UND WELTRAUM
Spektrum
8 | 2026
sterne-und-weltraum.de 8 | 2026
Sterne am Tempolimit
Was beschleunigt die galaktischen Raser?
Raumsonde Psyche
Neue Bilder vom Mars aus nächster Nähe
Exoplaneten
CHEOPS schärft das Bild fremder Welten
am 12. August
sterne-und-weltraum.de 7 | 2026
Bizarrer Fund
Galaxien ohne Dunkle Materie
Gravitationswellen
Ein Nachfolger für LISA im Weltraum
Spektroheliografie
Sonnenphänomene selbst erforschen
sterne-und-weltraum.de 6 | 2026
Kosmologie
Lief der Urknall ganz anders ab?
Weiße Zwerge
So explodieren Novae wirklich
Kometen
Die Schweifsterne des Jahres 2025
STERNE UND WELTRAUM
Spektrum
9 | 2026
Riesige Schwarze Löcher
Erstes enges Paar entdeckt
Roter Planet
Ist die Erde vom Mars aus sichtbar?
Code der Sterne
Leben und Werk von Joseph Fraunhofer
Spitzentechnologie
Erdvermessung mit Quasaren
Mehr als 50 % Rabatt
Jetzt bestellen und
Preisvorteil nutzen!
Drei aktuelle Ausgaben im Miniabo
+ eine weitere Ausgabe gratis für
nur € 20,40 statt € 42,– im Einzelkauf
Bestellmöglichkeit:
mit dieser Bestellkarte oder per
Telefon: 06221 9126-743
E-Mail: service@spektrum.de
Spektrum.de/aktion/himmelsjahr27
ASTROSYSTEM / STOCK.ADOBE.COM

1 So Schweizer Bundesfeier

2 Mo Neumond, Totale Sonnenfinsternis (in Mitteleuropa partiell)

3 Di

4 Mi

5 Do

6 Fr

7 Sa

8 So

9 Mo Erstes Viertel

10 Di Mond bei Antares – abends

11 Mi

12 Do Sternschnuppen Perseiden im Maximum

13 Fr

14 Sa

15 So Liechtensteiner Staatsfeiertag

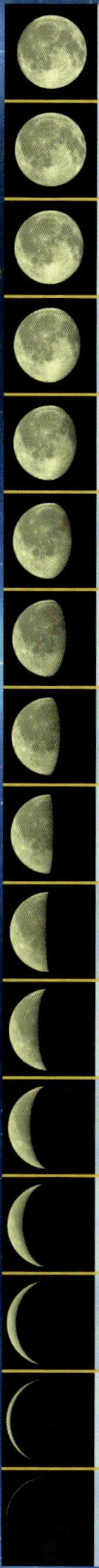

16 Mo

17 Di Vollmond

18 Mi

19 Do

20 Fr

21 Sa

22 So

23 Mo

24 Di Mond bedeckt Plejaden – abends

25 Mi Letztes Viertel

26 Do

27 Fr

28 Sa

29 So

30 Mo

31 Di Neumond

SONNE – STERNBILDER

11.8. 9ʰ:
Sonne tritt in das Sternbild Löwe

23.8. 10ʰ:
Sonne tritt in das Tierkreiszeichen Jungfrau

Julianisches Datum am
1. August, 1ʰ MEZ: 2 461 618,5

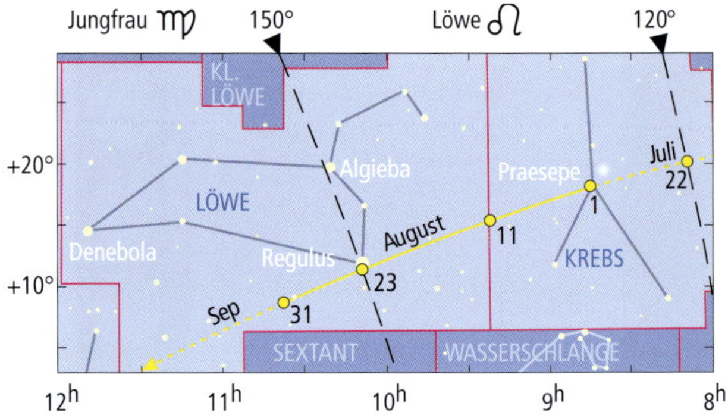

SONNENLAUF

Tag	Dämmerg. Anfang	Aufgang MEZ	Kulmination	Untergang MEZ	Dämmerg. Ende	Mittagshöhe	Zeitgleichg.	Rektaszension	Deklination
	h m	h m	h m	h m	h m	°	m	h m	°
1.	3 19	4 49	12 26	20 03	21 32	58,0	–6	8 42	+18,2
5.	3 27	4 54	12 26	19 57	21 23	57,0	–6	8 58	+17,2
10.	3 37	5 02	12 25	19 48	21 12	55,6	–5	9 17	+15,8
15.	3 47	5 09	12 24	19 39	21 00	54,0	–4	9 36	+14,3
20.	3 57	5 16	12 23	19 29	20 48	52,4	–3	9 54	+12,7
25.	4 06	5 24	12 22	19 19	20 36	50,8	–2	10 13	+11,1
31.	4 18	5 33	12 20	19 07	20 22	48,6	0	10 35	+ 9,0

TAGES- UND NACHTSTUNDEN

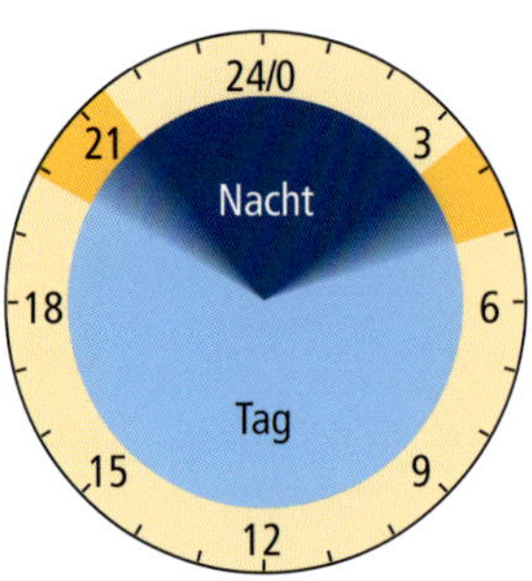

5. August

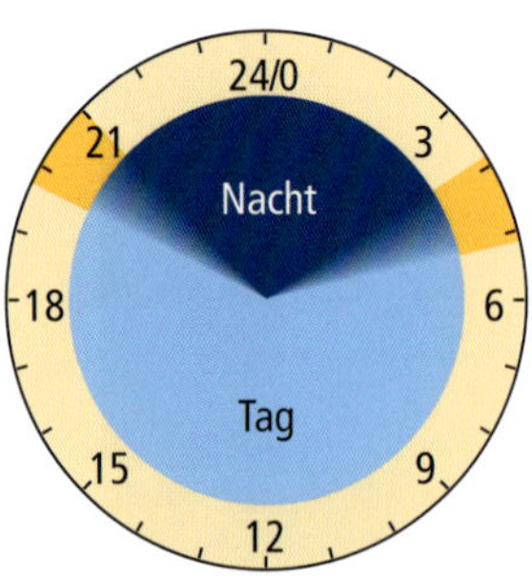

15. August

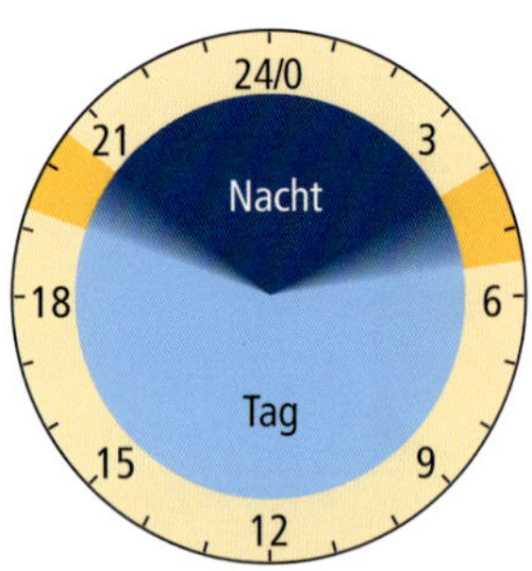

25. August

MONDLAUF

Datum		Aufg. MEZ	Kulmination	Unterg. MEZ	Rektaszension	Deklination		Sterne und Sternbilder	Phase	MEZ
		h m	h m	h m	h m	°				
So	1.	3 02	11 30	19 38	7 19	+24,3		Pollux		
Mo	2.	4 33	12 30	20 05	8 22	+20,2		Krebs, Krippe	**Neumond Nr. 1294**	**11h05m**
									Erdnähe 357/33,'4	7h
									Absteigender Knoten	
Di	3.	6 05	13 26	20 26	9 22	+14,7		Löwe		
Mi	4.	7 34	14 18	20 43	10 18	+ 8,4		Löwe, Regulus		
Do	5.	9 00	15 08	21 00	11 12	+ 1,7		Löwe		
Fr	6.	10 23	15 56	21 16	12 03	− 4,9		Jungfrau		
Sa	7.	11 43	16 45	21 34	12 54	−11,0		Spica		
So	8.	13 03	17 34	21 56	13 45	−16,4		Jungfrau	Größte Südbreite	
									Libration West	
Mo	9.	14 19	18 25	22 24	14 37	−20,9		Waage	**Erstes Viertel**	**5h54m**
Di	10.	15 30	19 17	22 59	15 30	−24,3		Waage		
Mi	11.	16 33	20 09	23 45	16 24	−26,4		Antares		
Do	12.	17 24	21 01	–	17 19	−27,2		Schlangenträger		
Fr	13.	18 04	21 52	0 41	18 13	−26,7	*	Kaus Borealis		
Sa	14.	18 34	22 40	1 44	19 05	−25,0		Schütze, Nunki		
So	15.	18 57	23 25	2 53	19 55	−22,2		Schütze	Erdferne 406/29,'4	16h
Mo	16.	19 15	–	4 03	20 43	−18,4		Steinbock	Aufsteigender Knoten	
Di	17.	19 30	0 08	5 12	21 29	−14,0		Steinbock	**Vollmond**	**8h30m**
Mi	18.	19 44	0 50	6 21	22 13	− 9,0		Wassermann		
Do	19.	19 57	1 30	7 30	22 57	− 3,7		Wassermann		
Fr	20.	20 10	2 11	8 39	23 40	+ 1,9		Fische		
Sa	21.	20 25	2 52	9 49	0 24	+ 7,4		Fische		
So	22.	20 43	3 35	11 02	1 09	+12,7		Fische		
Mo	23.	21 05	4 22	12 18	1 58	+17,6		Widder, Hamal	Größte Nordbreite	
Di	24.	21 36	5 12	13 36	2 50	+21,8	*	Widder	Libration Ost	
Mi	25.	22 19	6 07	14 51	3 46	+25,0	*	Stier, Plejaden	**Letztes Viertel**	**3h28m**
Do	26.	23 18	7 07	15 58	4 46	+26,8		Stier		
Fr	27.	–	8 09	16 53	5 49	+27,0		Stier, Alnath		
Sa	28.	0 33	9 11	17 34	6 53	+25,4		Zwillinge		
So	29.	1 59	10 12	18 04	7 56	+22,1		Pollux		
Mo	30.	3 30	11 09	18 27	8 56	+17,2		Krebs, Krippe	Erdnähe 359/33,'3	17h
									Absteigender Knoten	
Di	31.	5 00	12 03	18 46	9 54	+11,3		Löwe, Regulus	**Neumond Nr. 1295**	**18h41m**

DER ABNEHMENDE HALBMOND BEDECKT DIE PLEJADEN

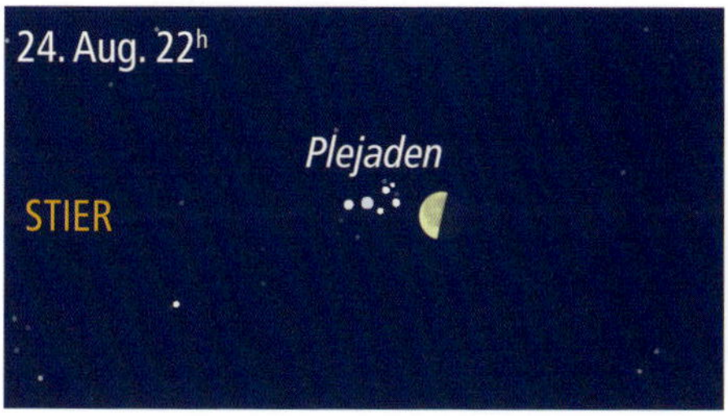

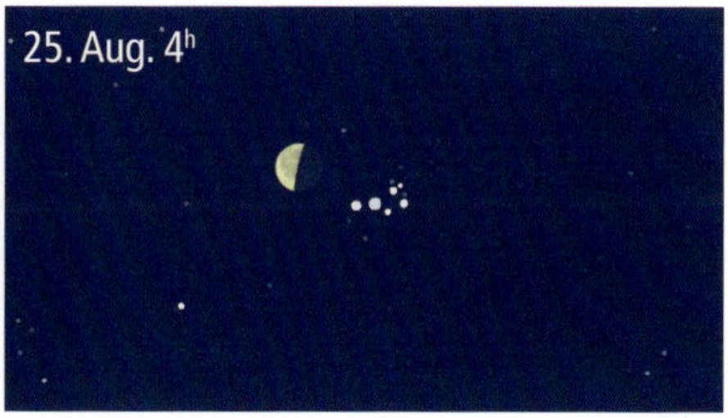

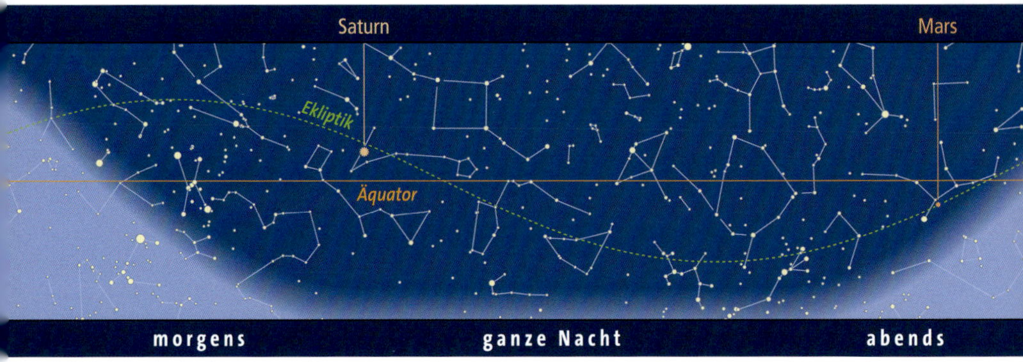

MERKUR hat sich vom Morgenhimmel zurückgezogen. Er wandert rechtläufig durch den Krebs und wechselt am 11. in das Sternbild Löwe.

Am 11. holt Merkur die Sonne im Tierkreis ein. An diesem Tag steht er in oberer Konjunktion mit ihr. Bis Monatsende erreicht sein östlicher Winkelabstand von der Sonne knapp 18°. Dies reicht nicht für eine Abendsichtbarkeit. Merkur bleibt im August unbeobachtbar.

Am 1. passiert Merkur das Perihel seiner Bahn, wobei er eine maximale Geschwindigkeit von 59 Kilometer pro Sekunde, das sind 212 400 Kilometer pro Stunde, erreicht. Dies ist die maximale Bahngeschwindigkeit eines Planeten in unserem Sonnensystem. Mit dieser Geschwindigkeit würde eine Reise von der Erde zum Mond nur knapp zwei Stunden dauern.

VENUS holt die Sonne am 12. um 1^h morgens im Sternbild Löwe ein. Sie steht in oberer Konjunktion mit ihr und bleibt nachts unter dem Horizont.

Zur oberen Konjunktion erreicht Venus auch die größte Entfernung von der Erde, denn von uns aus gesehen steht sie jenseits der Sonne. Ihre Entfernung von der Erde beträgt am Tag der oberen Konjunktion 259 Millionen Kilometer (= 1,73 AE).

Die Begegnung mit Merkur am 11. bleibt unbeobachtbar. Beide innere Planeten kommen fast auf den Tag genau in obere Konjunktion mit der Sonne.

Am 7. passiert Venus das Perihel ihrer Bahn, wobei sie 107,5 Millionen Kilometer (= 0,718 AE) von der Sonne trennen.

MARS kann noch am Abendhimmel gesehen werden, wenngleich seine Sichtbarkeitszeiten langsam abnehmen. Nach der Monatsmitte wird es schwierig, den roten Planeten noch ohne Fernglas oder Teleskop zu erkennen. Nördlich von 52° Nord bleibt er vor unseren Blicken dann verborgen.

Der rote Planet zieht rechtläufig durch das Sternbild Jungfrau. Der zunehmende Halbmond passiert Mars am 6. abends knapp 6° südlich. Am 22. wandert Mars 2° nördlich an deren Hauptstern Spica (α Virginis) vorbei.

Am 11. August passiert Mars den absteigenden Knoten seiner nur um $1{,}^{\circ}8$ zur Ekliptik geneigten Bahn um die Sonne. Geht Mars am 1. um 22^h02^m und am 15. um 21^h21^m unter, so erfolgt der Untergang des nur mehr $1{,}^{m}4$ hellen Planeten am 31. bereits um 20^h37^m (= 21^h37^m Sommer-

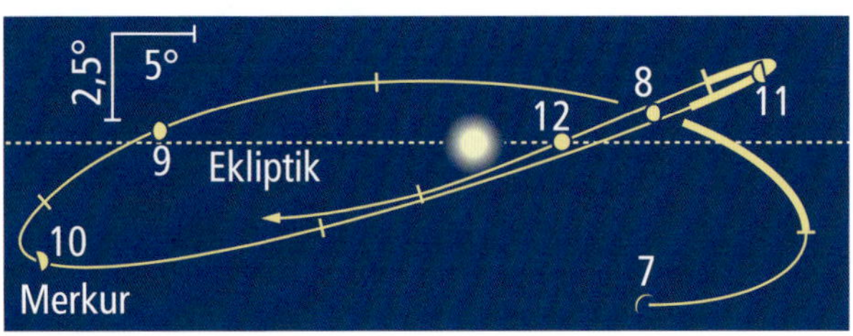

8.2 Scheinbare Merkurbahn *relativ* zur Sonne von Juli bis Dezember 2027.

zeit), also kurz nach Ende der nautischen Dämmerung.

Das Marsscheibchen unterschreitet zur Monatsmitte die 5″-Grenze. Damit sind in Amateurteleskopen kaum mehr Oberflächendetails erkennbar.

JUPITER, rechtläufig im Löwen, hat sich vom Abendhimmel zurückgezogen und bleibt unsichtbar am Taghimmel. Am 31. wird der Riesenplanet von der Sonne eingeholt und steht in Konjunktion mit ihr.

Zur Konjunktion ist Jupiter 959 Millionen Kilometer (= 6,41 AE) von der Erde entfernt. Seine Sonnendistanz misst hingegen 808 Millionen Kilometer (= 5,40 AE).

Die Begegnungen von Jupiter mit Merkur am 19. und mit Venus am 25. finden in unmittelbarer Nähe der Sonne statt und bleiben somit unbeobachtbar.

SATURN im Sternbild der Fische wird am 10. stationär und ist anschließend rückläufig (siehe Abb. 9.2 auf Seite 189). Der Umkehrpunkt befindet sich etwa 1° südlich von Torcular (ο Piscium), an dem die Saturnbewegung verfolgt werden kann. Bis Ende August ist von der Rückläufigkeit allerdings noch nicht viel zu bemerken. Saturn tritt fast auf der Stelle.

Mit seinem Stillstand leitet Saturn seine Oppositionsperiode ein. Dies macht sich auch an der Helligkeitssteigerung des Saturn von $0^m{,}5$ auf $0^m{,}3$ bemerkbar. Die Saturnaufgänge erfolgen immer früher. Sie verschieben sich in die späten Abendstunden auf etwa eine halbe Stunde nach Dämmerungsende. Am 1. geht Saturn um 22^h42^m (= 23^h42^m Sommerzeit) auf, am 15. um 21^h48^m und am 31. bereits um 20^h44^m (= 21^h44^m MESZ).

Der abnehmende Mond begegnet am 22. dem Ringplaneten 8°,4 nördlich (siehe Abb. 8.1 auf Seite 166).

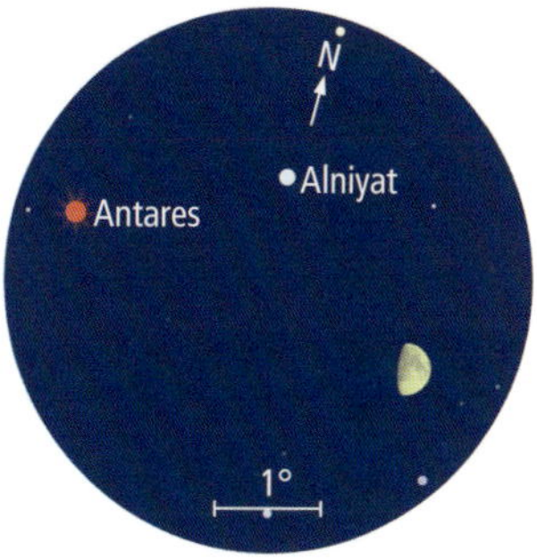

8.3 Der zunehmende Halbmond wandert am 10. August an Alniyat (σ Scorpii) und Antares (α Scorpii) vorbei. Fernglasanblick gegen 21^h MEZ (= 22^h MESZ).

URANUS im Sternbild Stier kann am Morgenhimmel mit einem Fernglas oder Teleskop aufgesucht werden. Am 1. geht der $5^m{,}7$ lichtschwache Planet um 0^h15^m (= 1^h15^m Sommerzeit)

KONSTELLATIONEN UND EREIGNISSE

Datum	MEZ	Ereignis
1.	7^h	Merkur im Perihel
1.	17	Mond bei Merkur, Mond 0°,3 nördlich
2.	7	Mond bei Venus, Mond 0°,6 südlich
2.	11	**Totale Sonnenfinsternis** – in Mitteleuropa als *partielle* sichtbar (siehe Seite 26)
4.	0	Mond bei Jupiter, Mond 3°,0 südlich
6.	22	**Mond bei Mars**, Mond 5°,2 südlich, **Abstand 5°,9 um 21^h**
7.	15	Venus im Perihel
10.	19	Saturn im Stillstand, anschließend rückläufig
11.	3	Merkur bei Venus, Merkur 0°,5 nördlich
11.	12	Merkur in oberer Konjunktion mit der Sonne
12.	1	Venus in oberer Konjunktion mit der Sonne
17.	8	Halbschattenfinsternis des Mondes – in Mitteleuropa unbeobachtbar (siehe Seite 32)
19.	20	Merkur bei Jupiter, Merkur 0°,7 nördlich
21.	1	Mond bei Neptun, Mond 6°,4 nördlich
22.	19	Mond bei Saturn, Mond 8°,4 nördlich
25.	19	Mond bei Uranus, Mond 4°,8 nördlich
25.	23	Venus bei Jupiter, Venus 0°,5 nördlich
31.	8	Jupiter in Konjunktion mit der Sonne
31.	20	Mond bei Jupiter, Mond 3°,6 nördlich

auf. Etwa eine Stunde später kann man mit Aussicht auf Erfolg nach ihm suchen. Dabei hilft die Aufsuchkarte Abb. 11.8 auf Seite 232.

Da Uranus Mitte nächsten Monats zum Stillstand kommt, bremst er seine rechtläufige Wanderung durch den Stier merkbar ab.

Am 15. geht der grünliche Planet bereits vor Mitternacht auf (23^h17^m) und am Monatsletzten schon um 22^h15^m (= 23^h15^m Sommerzeit). Seine Kulmination findet am 31. um 6^h16^m statt.

NEPTUN, rückläufig in den Fischen, kann in der zweiten Nachthälfte aufgesucht werden – lichtstarke Optik vorausgesetzt. Die Helligkeit von Neptun bleibt gering bei $7^m{,}8$. Ende nächsten Monats erreicht Neptun dann seine Oppositionsstellung.

Am 1. geht Neptun um 21^h56^m auf, am 15. um 21^h00^m (= 22^h00^m Sommerzeit) und am 31. bereits um 19^h57^m. Die Neptunkulmination erfolgt am 31. um 2^h08^m (= 3^h08^m Sommerzeit). Die beste Zeit, um Neptun zu beobachten, sind die Stunden von Mitternacht bis zum Beginn der Dämmerung. Um Neptun aufzufinden, nutze man das Aufsuchkärtchen Abb. 9.5 auf Seite 191.

PERIODISCHE STERNSCHNUPPENSTRÖME

Die **PERSEÏDEN** bescheren uns den bekanntesten Sternschnuppenmonat des Jahres. Das Maximum wird in der Nacht vom 12. auf den 13. erwartet. Spannend wird es 2027, wenn die Erde in dieser Nacht eine Staubfahne der Perseïden durchquert, wobei sich die Meteorhäufigkeit wesentlich erhöhen kann.

Die meisten der schnellen Meteore (60 km/s) kann man in der zweiten Nachthälfte sehen. Unter dunklem Himmel kann man gegen Morgen mit 40–60 Meteoren pro Stunde rechnen. In der Nacht 12./13. August durchquert die Erde einen Bereich mit größerer Teilchendichte, weshalb die Rate zum Morgen zusätzlich ansteigen könnte. Letzte Perseïden sind noch bis 24. August zu erwarten. Helle Objekte (um 0^m und heller, sogenannte Feuerkugeln oder Boliden) sind keine Seltenheit. In manchen Jahren boten die Perseïden im Maximum bis zu 100 Sternschnuppen pro Stunde. Ihren Ursprung führen die Perseïden auf den Kometen 109P/Swift-Tuttle zurück. Im Volksmund heißen sie auch Laurentius-Tränen nach dem Märtyrer Laurentius (gest. 258 n. Chr.).

Meteore aus dem Gebiet des **ANTIHELION**-Radianten erscheinen aus dem Bereich des Sternbildes Wassermann. So sind in der ersten Monatshälfte noch späte **DELTA-AQUARII-**

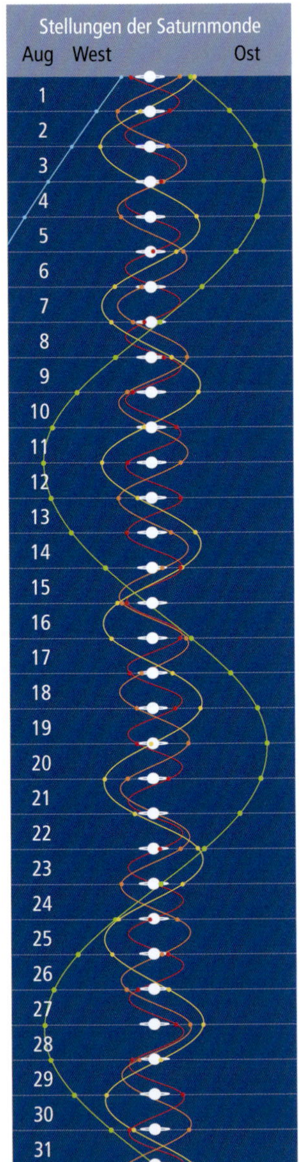

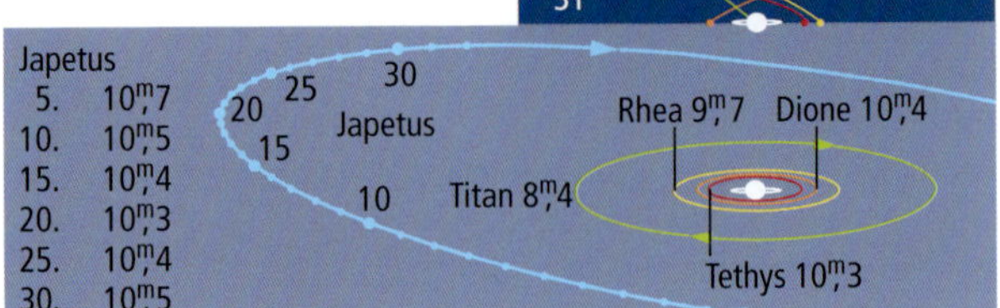

DEN sowie **ALPHA-CAPRICORNIDEN** zu verfolgen.

Zu erwähnen sind ferner die **KAPPA-CYGNIDEN**, deren bei uns zirkumpolarer Radiant im Sternbild Schwan liegt. Sie sind im gesamten August aktiv. Allerdings sind sie kein besonders reicher Strom. Zur Zeit des Maximums um den 18. August ist nur mit etwa fünf bis zehn Meteoren pro Stunde zu rechnen. Mit 25 Kilometer pro Sekunde mittlerer Geschwindigkeit zählen die Kappa-Cygniden zu den langsamen Sternschnuppen. Der Ursprungskomet dürfte sich aufgelöst haben.

In den Morgenstunden sind bis Monatsmitte vereinzelt Meteore des schwachen Stromes der **ETA-ERIDANIDEN** zu sehen, deren Maximum um den 8. August zu erwarten ist.

Der Fixsternhimmel

Der Sommersternenhimmel entfaltet jetzt seine volle Pracht. Hoch im Süden steht das Sommerdreieck mit Wega in der Leier, Deneb im Schwan und Atair im Adler. Im Westen funkelt der Bärenhüter, unter dem Namen Arktur besser bekannt. Der Skorpion bereitet sich im Südwesten auf seinen Untergang vor. Sein Hauptstern Antares zieht noch die Blicke auf sich.

Dem Skorpion folgt im Tierkreis der Schütze. Östlich vom Schützen nimmt der lichtschwache Steinbock seinen Platz ein. Dem Steinbock folgt im Südosten der Wassermann, der ebenfalls recht lichtschwach und nicht leicht zu erkennen ist.

Das markante Sternenviereck des Pegasus steigt im Osten empor. Mit seiner unteren Spitze deutet das Pegasusquadrat zum Ostpunkt am Horizont. Der griechischen Mythologie nach ist der Pegasus ein geflügeltes Pferd. Zum Pegasus zählt nicht nur das auffallende Sternenviereck, sondern auch eine leicht abgeknickte Sternenkette, die sich bis hin zum kleinen Bild des Delphins erstreckt. Sie markiert den vorderen Teil des geflügelten Dichterrosses. Das Pegasusquadrat wird auch als Herbstviereck bezeichnet. Der Pegasus soll den Poeten zu ihren Gedankenflügen verhelfen und ihrer Fantasie Luftreisen ermöglichen.

Der Hauptstern, α Pegasi, heißt Markab vom Arabischen Mankib al Faras – Schulter des Pferdes. Markab leuchtet mit $2\overset{m}{,}5$ Helligkeit in einem bläulichen Licht (Spektralklasse B9 III). Seine Entfernung beträgt 133 Lichtjahre. β Pegasi heißt Scheat vom Arabischen Al Sag – das Schienbein. Scheat ist ein roter, veränderlicher Stern (Spektralklasse M2 II) von $2\overset{m}{,}4$ bis $2\overset{m}{,}6$ scheinbarer Helligkeit. Er steht in einer Entfernung von 195 Lichtjahren. Ebenfalls aus dem Arabischen stammt der Name Algenib für γ Pegasi. Aljanb heißt die Flanke, Seite und war einmal für α Pegasi in Gebrauch. Algenib ist $2\overset{m}{,}8$ hell und leuchtet bläulichweiß (Spektraltyp B2 IV). Rund 430 Lichtjahre ist Algenib von uns entfernt. Der vierte Stern im Pegasusquadrat, Sirrah, gehört schon zur Andromeda und trägt deshalb die Bezeichnung α Andromedae. Sirrah ist $2\overset{m}{,}1$ hell und leuchtet weißlich-blau. Knapp 100 Jahre ist sein Licht zur Erde unterwegs.

Den Kopf des Pegasus markiert Enif, ε Pegasi. Der Name stammt vom Arabischen Anf, was Nase bedeutet. Mit $2\overset{m}{,}4$ ist Enif leicht zu sehen. Er leuchtet orange (Spektralklasse K2 Ib). Als roter Überriesenstern ist seine Entfernung schwer zu bestimmen. Sie liegt bei 700 Lichtjahren.

VERÄNDERLICHE STERNE

Algol-Minima		β-Lyrae-Minima		δ-Cephei-Maxima		Mira-Helligkeit	
15.	4^h45^m	4.	14^h H	1.	10^h	1.	9^m
18.	1 34	11.	1 N	6.	19	10.	10
20.	22 23	17.	12 H	12.	3	20.	10
23.	19 10	23.	24 N	17.	12	31.	10
		30.	11 H	22.	21		
				28.	6		

DER STERNENHIMMEL AM 15. AUGUST UM 22h MEZ

Die Sternkarte ist auch gültig für:		
	MEZ	MESZ
15. 6.	2h	3h
1. 7.	1	2
15. 7.	0	1
1. 8.	**23**	**24**
15. 8.	**22**	**23**
31. 8.	**21**	**22**
15. 9.	20	21
30. 9.	19	20

Im Norden wird das Sternbild Pegasus durch den Schwan und das kleine Bild Eidechse (lat.: Lacerta) begrenzt. In östlicher Richtung schließt sich die Sternenkette der Andromeda an. Ein wenig nördlich der Prinzessin Andromeda stößt man auf ihre Mutter, die Königin Kassiopeia, dargestellt durch ein großes Sternen-W. Während der Große Wagen im Nordwesten herabsinkt, steigt das Himmels-W jetzt immer höher.

In Zenitnähe findet man das kleine, aber markante Bild der Leier. Nahe der Leier ist das einprägsame Sternenkreuz des Schwans auszumachen. Der Schwan fliegt mit ausgebreite-

8.4 Die sommerliche Milchstraße im Gebiet der Sternbilder Schütze, Adler und Schwan (Aufnahme von Martin Gertz/Sternwarte Welzheim).

ten Flügeln in südwestlicher Richtung durch die Milchstraße. Deneb bildet den Schwanz und Albireo (β Cygni) den Kopf. Gelegentlich wird diese Sternenfigur auch als „Kreuz des Nordens" bezeichnet.

Als drittes Sternbild dieser Sommergruppe ist das Sternbild Adler zu nennen, dessen Hauptstern α Aquilae den Namen Atair (auch Altair) trägt, was der auf seine Beute herabstürzende Adler bedeutet. Atair ist ein bläulich-weißer Stern (Spektralklasse A7 IV-V), der mit knapp 17 Lichtjahren Entfernung noch zu den Nachbarsternen unserer Sonne zählt. Mit $0^{m}{,}8$ scheinbarer Helligkeit gehört er zu den hellsten Sternen in der Sonnenumgebung.

Das schimmernde Lichtband der sommerlichen Milchstraße zieht sich in hohem Bogen über das vormitternächtliche Himmelsgewölbe. Allerdings bietet sich in unseren lichtüberfluteten Siedlungen nur noch selten die Gelegenheit, dieses Naturphänomen zu bewundern.

OBJEKTE FÜR FELDSTECHER UND FERNROHR

Zu den prominenten Beobachtungsobjekten des Sommerhimmels gehört der Vierfachstern in der Leier $\varepsilon_{1,2}$ Lyrae und der Kopfstern des Schwans, β Cygni oder Albireo genannt. Er liegt etwa im Schwerpunkt des Sommerdreiecks und zeigt einen beeindruckenden Farbkontrast. Die $3^{m}{,}0$ helle, rötliche Hauptkomponente hat in $34''{,}7$ Distanz einen $5^{m}{,}1$ hellen, bläulich-weißen Begleiter. Jedes gute Fernglas sollte Albireo trennen. Die beiden Albireo-Sonnen sind 395 Lichtjahre entfernt.

Im Schwan stößt man auf den schönen offenen Sternhaufen M 39 (= NGC 7092), der nordöstlich von Deneb (α Cygni) liegt und leicht im Fernglas auszumachen ist. Etwa 25 Sterne mit Helligkeiten von 7^{m} und schwächer lassen sich beobachten. Mit fast 1000 Lichtjahren Entfernung ist M 39 mehr als doppelt so weit weg wie die Plejaden im Stier. Im Teleskop reicht meist die Größe des Gesichtsfeldes nicht aus, um den gesamten Haufen zu erfassen. Da er nur wenige Sterne verteilt auf die Fläche einer Vollmondscheibe enthält, verliert sich der Eindruck eines Sternhaufens. Im Fernglas hat man eher den Eindruck eines Sternhaufens.

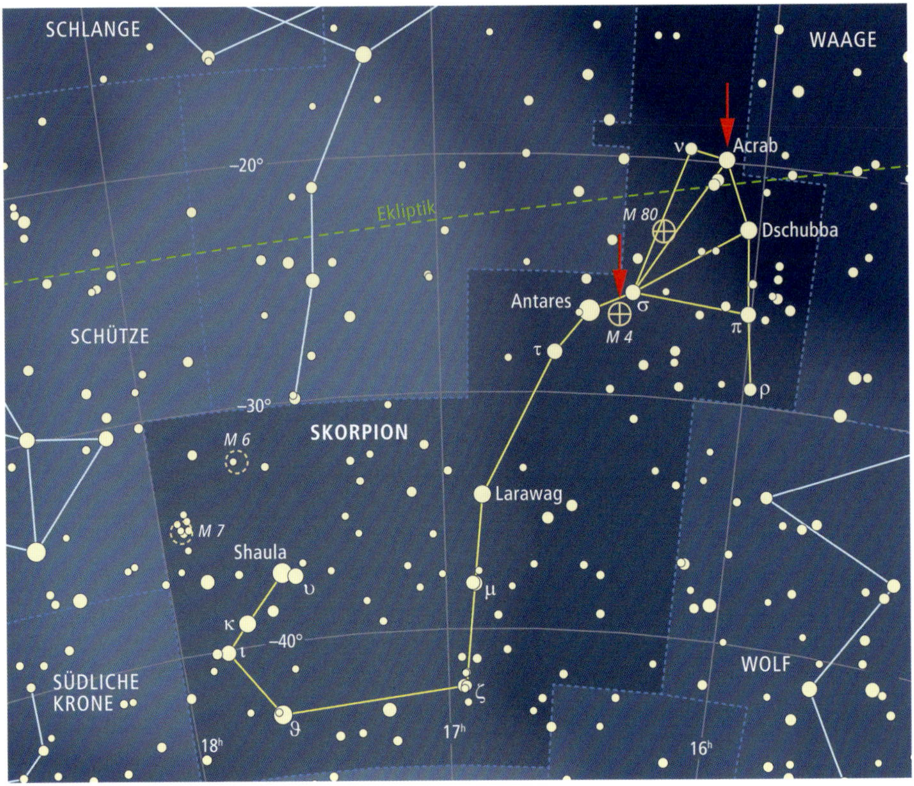

8.5 Das Sternbild Skorpion (lat. Scorpius) mit dem Doppelstern Acrab und dem relativ nahen (6000 Lichtjahre) Kugelhaufen M 4.

Schon im Fernglas zu trennen ist ν Draconis (Kuma), ein ausgesprochen leichtes Objekt: In 62″ Abstand stehen zwei weiße, jeweils $4^{\mathrm{m}},9$ helle Komponenten. ν Draconis ist 99 Lichtjahre entfernt.

Schwieriger aufzulösen sind schon ε und η im Drachen. Die $3^{\mathrm{m}},9$ helle Hauptkomponente von ε Draconis hat in $3'',2$ Distanz einen $6^{\mathrm{m}},8$ hellen Begleiter.

Athebyne (η Draconis) wiederum hat mit $5'',3$ Separation einen etwas größeren Abstand, allerdings ist der Begleiter der 3^{m} hellen Hauptkomponente lediglich 9. Größe. Die Entfernung von η Draconis beträgt 92 Lichtjahre, während ε Draconis in 150 Lichtjahren Distanz steht.

Wer schon im Bereich des Drachen die Gegend nach Doppelsternen abgrast, kann auch noch den Katzenaugennebel ins Visier nehmen. Seine Katalogbezeichnung lautet NGC 6543. Als Nebel 9. Größenklasse ist er nicht leicht aufzuspüren. Auch in größeren Teleskopen sieht man keine „Katzenaugen". Diesen Eindruck haben lediglich Aufnahmen hervorgerufen, die mit größeren Teleskopen gewonnen wurden. Die Entfernung von NGC 6543 wird auf 4000 Lichtjahre geschätzt. Der Katzenaugennebel zählt zu den Planetarischen Nebeln. In seinem Zentrum sitzt ein extrem heißer Zentralstern, der die expandierende Gashülle des Nebels durch seine intensive Ultraviolettstrahlung zum Leuchten anregt. Der Katzenaugennebel befindet sich nur 10′ nordwestlich des Ekliptik-Nordpols.

Im Skorpion sei der Doppelstern Acrab (β Scorpii) empfohlen. Der ekliptiknahe Stern kann schon im Dreizöller getrennt gesehen werden. Zwei weiße Sterne stehen in $13''\!.4$ Distanz voneinander. Die hellere Komponente erscheint mit $2^{\mathrm{m}}\!.6$ und die schwächere mit $4^{\mathrm{m}}\!.9$. Es handelt sich um einen optischen Doppelstern. Die hellere Komponente ist 400 Lichtjahre, der schwächere Begleiter aber 1100 Lichtjahre von uns entfernt.

Als Kugelhaufen bietet sich M 4 (= NGC 6121) im Skorpion an. Er ist knapp westlich von Antares zu finden. Im Fernglas sieht M 4 wie ein kreisrundes, diffuses Lichtfleckchen aus. Die Gesamthelligkeit von 6^{m} lässt ihn im Fernglas auch nicht besonders zur Geltung kommen. Erst im Teleskop wirkt M 4 beeindruckend. Ab einer Öffnung von 10 cm (also im Vierzöller) lassen sich in den Randpartien einzelne Sterne erkennen. Der scheinbare Durchmesser von M 4 ist etwa halb so groß wie der Vollmond. Mit 6000 Lichtjahren Entfernung ist M 4 einer der nächsten Kugelhaufen.

Mit 33 000 Lichtjahren Distanz mehr als fünf Mal weiter weg ist der Kugelhaufen M 80, ebenfalls im Skorpion gelegen, und zwar nordwestlich von Antares, etwa auf der Linie zwischen ρ Ophiuchi und δ Scorpii, ziemlich in der Mitte zwischen diesen beiden Sternen, eine Spur näher an ρ Oph. M 80 ist erheblich lichtschwächer als M 4 und mit nur 5′ scheinbarem Durchmesser auch viermal kleiner. Ihn zu finden, erfordert schon etwas Erfahrung, es sei denn, man benutzt ein computergesteuertes Teleskop.

Der Durchmesser von M 80 beträgt immerhin knapp 90 Lichtjahre, in denen sich einige hunderttausend Sterne drängen, die mit rund zwölf Milliarden Jahren zu den ältesten im Universum gehören. Überraschend ist jedoch, dass in diesem Kugelhaufen auch eine große Zahl heißer, bläulicher, junger Sterne gefunden wurde.

In 70 Millionen Jahren umrundet M 80 auf einer zur Milchstraßenhauptebene stark geneigten Bahn das Milchstraßenzentrum, von dem der Kugelhaufen 13 000 Lichtjahre entfernt ist.

Zwei schöne offene Sternhaufen im Skorpion seien empfohlen, nämlich M 6 und M 7. Sie sind weniger bekannt, da sie wegen ihrer südlichen Lage (−32° und −35° Deklination) in unseren Breiten nur geringe Höhen über dem Horizont erreichen und deshalb auch kleine Tagbögen beschreiben, sodass sie immer nur wenige Stunden zu beobachten sind. Aber wer in südliche Länder reist und den Skorpion in den Sommermonaten hoch über sich sieht, kann den Anblick von M 6 und M 7 voll genießen. M 6 hebt sich gut vom dunklen Himmelshintergrund ab. Im Fernglas sind rund 80 Sterne sichtbar, die zu M 6 gehören. Etwas Fantasie vorausgesetzt, gewinnt man den Eindruck eines Schmetterlings. So nennen ihn auch die Amerikaner („butterfly cluster"). Manche sehen hier einen Vogel. Es handelt sich um bläulich-weiß strahlende, heiße und junge Sterne in rund 1500 Lichtjahren Entfernung. Das Alter des Haufens wird auf etwa 100 Millionen Jahre geschätzt. Am Ostrand (dem „linken" Schmetterlingsflügel) steht der orange-rote veränderliche Riesenstern BM Scorpii. Er bildet einen schönen Farbkontrast zu den übrigen Haufensternen. M 6 nimmt etwa eine Fläche von 20′ scheinbarem Durchmesser am Himmel ein.

Deutlich näher als M 6 steht M 7 in knapp 1000 Lichtjahren Entfernung. Deshalb erscheint er uns größer, nämlich rund 50′ im Durchmesser. Auch M 7 hebt sich gut vom Himmelshintergrund ab, obwohl er vor relativ hellen Sternwolken der Milchstraße steht, im Unterschied zu M 6, dessen Hintergrund recht dunkel ist. Auch erscheinen die Sterne von M 7 heller als die von M 6, was durch die größere Nähe erklärbar ist.

M 7 kann man bereits mit bloßen Augen sehen – in südlichen Ländern unter guten Sichtbedingungen. Schon Claudios Ptolemaios hat diese Sternenansammlung erwähnt – und ihm standen weder Fernglas noch Teleskop zur Verfügung. Im kleinen Fernglas erkennt man eine Fülle von Sternen – so an die 20. Die hellsten, bläulichweiß leuchtenden Sterne bilden im Zentrum eine Art Kreuz. M 7 ist ähnlich jung wie M 6. Mit einer Deklination von $\delta = -34°49'$ des Zentrums ist M 7 das südlichste aller Messier-Objekte.

Exoten unter den Außenseitern am Himmelszelt

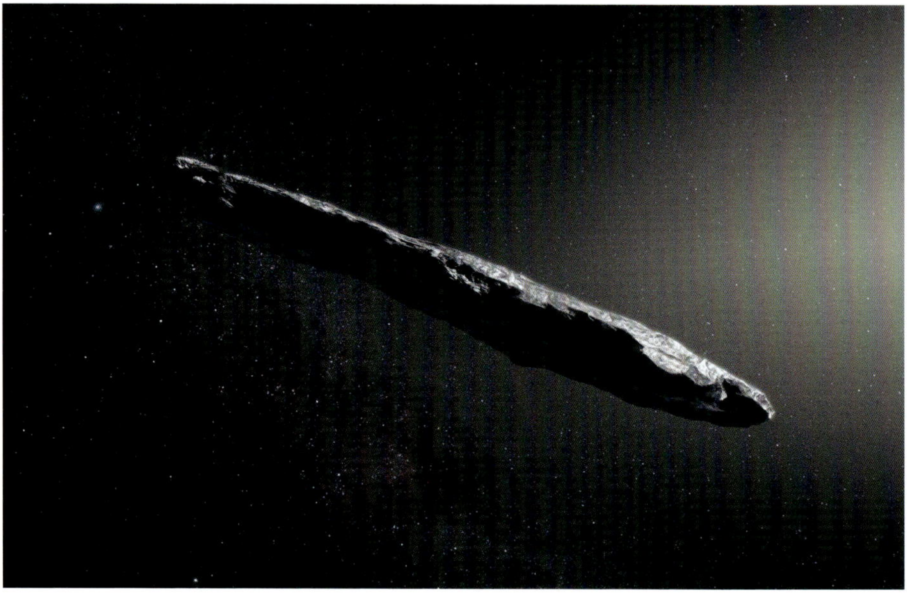

ESO/M. Kornmesser

8.6 1I/'Oumuamua – der erste Besucher aus dem interstellaren Raum (künstlerische Darstellung).

Kometen werden gerne Außenseiter am Himmelszelt genannt, denn sie tauchen meist unangemeldet auf, werden manchmal zu einer spektakulären Himmelserscheinung und verschwinden bald wieder in den fernen Bezirken unseres Sonnensystems. Auch ihr Verhalten ist schwer zu kalkulieren. Zwar kann man ihre Bahnen recht genau berechnen, doch wie hell und auffällig sie werden, lässt sich schwer voraussagen. Die bekannten kurzperiodischen Kometen sind fast allesamt so lichtschwach, dass man sie nur in Teleskopen oder lichtstarken Ferngläsern erkennen kann. Jedes Jahr werden einige Dutzend Kometen entdeckt. Kaum einer von ihnen wird zu einer auffälligen Erscheinung. In vergangenen Jahrhunderten tauchten jedoch urplötzlich imposante Kometen mit mächtigen Schweifen auf. Sie übertrafen noch Venus an Helligkeit und konnten sogar am Taghimmel gesehen werden.

Lange zählte man die „Haarsterne" überhaupt nicht zu den Himmelskörpern. Ihre Schweife sah man als Ausdünstungen der irdischen Lufthülle an, man hielt sie für meteorologische Erscheinungen, zumindest als sublunare Objekte, also Körper innerhalb der Mondbahn.

Der große Astronom Tycho Brahe (1546–1601) konnte durch präzise Parallaxenmessungen am Kometen von 1577 nachweisen, dass dieser erheblich weiter als der Mond entfernt ist. Seine Bahn konnte er allerdings noch nicht bestimmen. Erst Edmond Halley (1656–1742) gelang es zu zeigen, dass Kometen Mitglieder des Sonnensystems sind, die auf langgestreckten Ellipsenbahnen durch den interplanetaren Raum wandern und um die Sonne kurven.

Halley hatte erkannt, dass Kometen wiederkehren, also periodische Erscheinungen sind. Kometen mit Umlaufzeiten bis 200 Jahren werden kurzperiodisch genannt, über 200 Jahre langperiodisch. Viele Kometen haben Umlaufzeiten von tausenden Jahren. Man bekommt sie – wenn überhaupt – nur einmal zu Gesicht. Kometen werden meist als diffuse Lichtfleckchen entdeckt, die sich langsam durch die Sternbilder bewegen. Erst in Sonnennähe entwickeln sie einen mehr oder minder langen Schweif, der stets von der Sonne weggerichtet ist.

In größeren Teleskopen erkennt man im Zentrum des Kometenkopfes oft einen hellen, sternartigen Lichtpunkt, den Kometenkern. Er ist der feste Bestandteil des Kometen. Nach der Modellvorstellung von Fred Lawrence Whipple (1906–2004) sind Kometenkerne eine Art „schmutzige Schneebälle". Ein Konglomerat aus Staub und Gesteinsbrocken vermischt mit gefrorenen Gasen (Wasser, Ammoniak, Methan, Kohlenmonoxid, Kohlendioxid, Cyan etc.) bildet den Kometenkern. Er ist also ein Klumpen aus Eis, in dem Sand, Ruß und ähnliche Partikel eingeschlossen sind. Nähert sich ein solcher Kometenkern der Sonne, dann erhitzt er sich, an seiner Oberfläche beginnen die zu Eis gefrorenen Gase zu verdampfen, und es bildet sich eine Gashülle um den Kern, die sogenannte Koma. Während der Kern typischerweise nur zehn bis zwanzig Kilometer Durchmesser aufweist, erreicht die Koma, gewissermaßen die Atmosphäre des Kometen, etwa 100 000 km Durchmesser. Noch größer ist die Wasserstoffaureole um den Kern, die allerdings nicht direkt sichtbar ist. Der Übergang von der festen in die gasförmige Phase der Kometenbestandteile erfolgt unter Umgehung des flüssigen Aggregatzustandes, es handelt sich um den Vorgang der Sublimation.

Im Sturzflug Richtung Sonne

Kern und Koma bilden zusammen den Kopf des Kometen. Nähert sich der Kometenkopf der Sonne, so treiben der Sonnenwind (eine Partikelstrahlung vornehmlich aus Protonen, Alpha-Teilchen, also Heliumkernen, und Elektronen) sowie der Lichtdruck die Gasmoleküle und Staubteilchen vom Kometenkopf fort, ein Schweif bildet sich, der viele Millionen Kilometer lang werden kann. Der längste Kometenschweif maß 300 Millionen Kilometer, das entspricht dem Durchmesser der Erdbahn. Manchmal sieht man einen kerzengeraden Gasschweif, der direkt von der Sonne weg zeigt, sowie einen gekrümmten Staubschweif. Der Staubschweif zeigt im Wesentlichen das Sonnenspektrum. Die Staubkörner reflektieren nämlich das Sonnenlicht. Der Gasschweif hingegen liefert ein typisches Emissionslinienspektrum: Die Moleküle und Ionen in ihm werden durch die energiereiche UV-Strahlung der Sonne zum Leuchten angeregt.

Die Kometenkerne kommen aus den fernen Bezirken des Sonnensystems. Nach Jan Hendrik Oort (1900–1992) ist ihr Reservoir in einer gewaltigen zirkumsolaren Wolke zu suchen. Der Radius dieser Oortschen Wolke wird auf 50 000 AE (rund 7500 Milliarden Kilometer) geschätzt. Kometenkerne beinhalten somit die Urmaterie unseres Sonnensystems, das sich vor knapp fünf Milliarden Jahren aus einer interstellaren Gas- und Staubwolke gebildet hat.

Während die Planeten und die meisten Kleinplaneten auf kreisnahen Bahnen, das heißt auf Ellipsenbahnen geringer numerischer Exzentrizität, die Sonne umrunden, laufen die Kometenkerne auf langgestreckten, parabelnahen Ellipsen mit numerischen Exzentrizitäten nahe, aber fast immer kleiner als 1 ($e = 0{,}9998$ ist keine Seltenheit) um die Sonne. Auch bewegt sich der Großteil der Kometen prograd um die Sonne, also in gleicher Laufrichtung wie die Planeten. Bei ihrer Sonnenannäherung kreuzen sie oft die Bahnen der Planeten, wobei sie abgelenkt werden. Dabei kommt es auch zu Bahnänderungen, wie das Beispiel des Halleyschen Kometen zeigt. Aus langperiodischen Kometen werden auf diese Weise kurzperiodische mit Umlaufzeiten unter 200 Jahren. In seltenen Fällen wurden Kometen mit Exzentrizitäten knapp über eins gefunden. Dann hat eine Begegnung mit einem Planeten zu einer Bahn geführt, die den Kometenkern auf eine interstellare Reise befördert hat. Da die aus der Ferne der Oortschen Wolke herankommenden Kometenkerne alle auf extrem langgestreckten Ellipsen laufen, war klar, dass sie zu unserem Sonnensystem gehören.

Der erste interstellare Besucher

Umso größer war die Überraschung, als am 19. Oktober 2017 mit dem Pan-STARRS-Teleskop auf dem Berg Haleakalā auf Maui (Hawaii) ein Objekt gefunden wurde, das zunächst als Planetoid (Asteroid) mit A/2017 U1 und später als Komet mit C/2017 U1 bezeichnet wurde.

Die Bahnbestimmung ergab eine numerische Exzentrizität von e = 1,1995, eine Bahnneigung von 123° und eine Periheldistanz von 0,2353 AE (= 35,2 Millionen Kilometer). Die Entdeckung von C/2017 U1 erfolgte erst nach seiner Perihelpassage am 9. September 2017, die er mit einer Geschwindigkeit von 87 km/s zurücklegte. Ungewöhnlich war nicht nur die fast senkrecht zur Ekliptik stehende Bahn und die retrograde Laufrichtung, sondern vor allem die große numerische Exzentrizität. Damit war klar: das Objekt läuft auf einer hyperbolischen Bahn, kam aus dem interstellaren Raum und verlässt das Sonnensystem wieder auf Nimmerwiedersehen. Er ist somit der erstentdeckte interstellare Kometenkern, ein wahrhaft exotisches Objekt. Fast alle Kometen laufen auf langgestreckten Ellipsenbahnen mit numerischen Exzentrizitäten nahe 1, aber stets kleiner als eins. Die wenigen Objekte mit Exzentrizitäten >1, die bisher schon bekannt waren, haben alle Exzentrizitäten nur minimal größer als 1. Es sind Objekte unseres Sonnensystems, die bei nahen Vorübergängen an den großen Planeten Jupiter und Saturn aus dem Sonnensystem hinauskatapultiert wurden. Als Beispiel sei der Komet Bowell (C/1980 E1) genannt, der aus der cissolaren Oortschen Wolke kam und bei einer Jupiterpassage auf eine interstellare Bahn mit e = 1,0578 gebracht wurde.

Schließlich erhielt C/2017 U1 die endgültige Bezeichnung 1I/'Oumuamua. Das große I steht für „Interstellar" und 1 für das erste kompakte interstellare Objekt, das unser Sonnensystem kreuzte. Der Name 'Oumuamua bedeutet auf Hawaiisch so viel wie Späher, Erkunder. Andere Namensvorschläge wurden abgelehnt.

Auffällig waren ferner die starken Helligkeitsvariationen von 22^m bis 25^m mit sieben- bis achtstündigen Perioden. Aus peniblen Analysen der Helligkeitskurven ergab sich keine eindeutige Rotationsperiode. Vielmehr ist 'Oumuamua ein längliches Objekt mit Abmessungen von 360 Meter mal 180 Meter bei einer Dicke von 18 Meter, wenn man von einer Albedo von nur 0,04 ausgeht. Der interstellare Bote ist somit fast schwarz. Die kosmische Strahlung hat ihn auf seiner Milliarden Jahre langen Reise durch das Weltall ge-

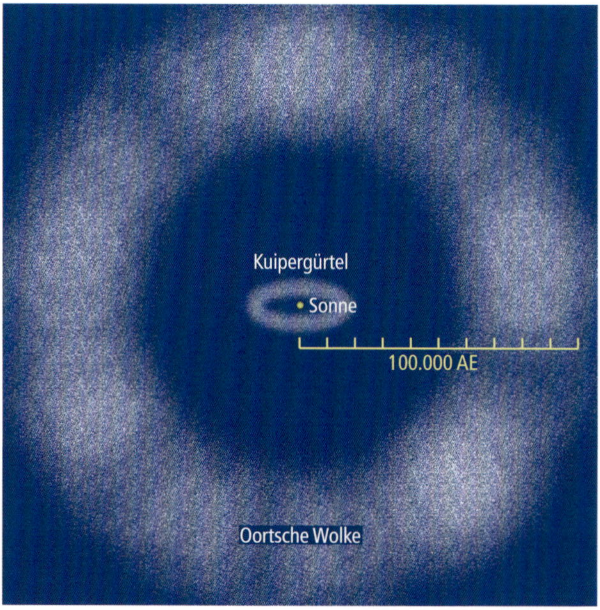

8.7 Die Oortsche Wolke als Reservoir von Kometenkernen und Planetoiden

8.8 2I/Borisov – Aufnahme des Hubble-Weltraumteleskops vom 9. Dezember 2019

schwärzt. Die leicht rötliche Färbung stammt vermutlich von organischen Substanzen auf der Oberfläche seines aus gefrorenem Stickstoff (N_2) bestehenden länglichen Körpers. Er rotiert um zwei Achsen (längste und kürzeste), er taumelt gewissermaßen durch das Universum.

'Oumuamua kam aus Richtung des Sonnenapex nahe der Wega in der Leier mit einer Geschwindigkeit von 6 km/s. Da sich unser Sonnensystem mit 20 km/s in Richtung Sonnenapex bewegt, ergibt dies eine Relativgeschwindigkeit von 26 km/s.

Nun bewegt sich 'Oumuamua in Richtung Pegasus, wo er das Sonnensystem verlassen wird.

Einige Astronomen haben spekuliert, 'Oumuamua sei wegen seiner Form kein natürliches Objekt, sondern ein außerirdisches Raumschiff. Mit Radioteleskopen des Observatoriums Green Bank in West Virginia hat man daher diesen interstellaren Besucher nach Signalen in verschiedenen Frequenzen abgehorcht. Man registrierte allerdings keine Radiosignale einer außerirdischen Zivilisation.

Nicht-gravitative Beschleunigungseffekte werden auf Entgasungsvorgänge zurückgeführt. Allerdings hat man keinen Staub in der Umgebung von 'Oumuamua beobachtet. Somit zählt man ihn auch zur Gruppe der „Dunklen Kometen", die ebenfalls als exotisch angesehen werden.

Komet 2I/Borisov

Am 30. August 2019 wurde der zweite interstellare Komet von dem russischen Astronomen Gennadi Wladimirowitsch Borissow mit nur 18. Größenklasse entdeckt. Bereits bei der Entdeckung waren die ersten Spuren eines Schweifes und einer Koma zu erkennen. Daher wurde er als Komet mit der Bezeichnung C/2019 Q4 registriert.

Schon kurz nach seiner Entdeckung ließ die erste Bahnbestimmung erkennen, dass seine Bahnexzentrizität $e = 3{,}356$ beträgt und er sich somit auf einer hyperbolischen Bahn bewegt. Deshalb wurde er bereits am 24. September 2019 als interstellarer Komet mit 2I/Borisov benannt (Borisov in engl. Transkription von Borissow aus dem Kyrillischen Alphabet).

Als 2I/Borisov entdeckt wurde, war er 3,0 AE (= 449 Millionen Kilometer) von der Sonne entfernt. Bei Rückrechnungen der Bahn konnte er auf Palomar-Aufnahmen vom Mai 2019 und vom Dezember 2018 gefunden werden, als er

International Gemini Observatory/NOIRLab/NSF/AURA/Shadow the Scientist

8.9 3I/ATLAS – der dritte interstellare Besucher

noch 20^m beziehungsweise 21^m hell war. Somit konnte seine Bahn relativ genau bestimmt werden. Sie ist um 44° zur Ekliptik geneigt. Am 8. Dezember 2019 lief 2I/Borisov mit 44 km/s Geschwindigkeit durch sein Perihel. Die Periheldistanz betrug dabei ziemlich genau 2,01 AE (= 300,7 Millionen Kilometer). Ursprünglich kam er aus Richtung des Sternbildes Kassiopeia an der Grenze zum Sternbild Perseus. Nach seiner Perihelpassage läuft er in Richtung des Sternbildes Telescopium, wird in 15 000 Jahren die Oortsche Wolke durchqueren und anschließend mit 32 km/s Restgeschwindigkeit in den interstellaren Raum vordringen.

Mit großen Teleskopen konnte spektroskopisch HCN (Cyanwasserstoff oder Blausäure) in Emission nachgewiesen werden. Auch eine „verbotene" orange und eine grüne Linie des neutralen Sauerstoffs wurden registriert. Sein Schweif erreichte eine Länge von 80 000 Kilometer. Bei einer geschätzten Albedo von 0,04 ergab sich ein oberer Kerndurchmesser von etwa einem halben Kilometer. Nicht-gravitative Beschleunigungen ließen auf Staubemissionen schließen.

Komet 3I/ATLAS

Als dritter interstellarer Komet wurde mit dem Überwachungssystem ATLAS für erdnahe Asteroiden am 1. Juli 2025 ein Objekt der Größenklasse 17,8 entdeckt, das als ein NEO (Near Earth Object) klassifiziert wurde. ATLAS steht für **A**steroid **T**errestrial-impact **L**ast **A**lert **S**ystem, also Warnsystem vor erdeinschlags-bedrohenden Asteroiden. Das Objekt erhielt die vorläufige Bezeichnung C/2025 N1 und war damit als Komet registriert. Als man das Objekt auf älteren Aufnahmen bis Mai 2025 entdeckte, konnte man seine Bahn bestimmen. Danach beträgt die numerische Exzentrizität e = 6,14, was einer stark hyperbolischen Bahn entspricht. Damit ergab sich auch, dass dieses Objekt der Erde nicht bedrohlich nahekommen wird. Als dritter interstellarer Komet erhielt er die endgültige Bezeichnung 3I/ATLAS.

Der dritte interstellare Komet läuft auf einer retrograden Bahn, die um 175° zur Ekliptik geneigt ist. Am 29. Oktober 2025 raste er mit 68 km/s durch sein Perihel, das ihn bis auf 1,356 AE (= 202,9 Millionen Kilometer) an die Sonne heranführte. Seine Helligkeit erreichte im Perihel immerhin 9^m. Aus periodischen Helligkeitsschwankungen wurde auf eine Rotationszeit von 16,8 Stunden geschlossen.

Bei seiner Entdeckung war der Komet mit 4,51 AE (= 674,7 Millionen Kilometer) Sonnendistanz zwischen der Mars- und der Jupiterbahn. Am 19. Dezember 2025 erreichte er mit 1,8 AE (= 270 Millionen Kilometer) seinen geringsten Abstand von der Erde – eine immerhin respektvolle Entfernung.

Der Durchmesser des Kometenkerns dürfte fünf Kilometer betragen. Ende August 2025 wurde auch ein Schweif ausgemacht, der sich langsam verlängerte, sowie eine dünne Koma. Spektroskopische Beobachtungen ergaben einen hohen Anteil an Wasserstoff, Wassereis und CO_2 (Kohlendioxid). Ferner wurde auch HCN (Blausäure) und CH_3OH (Methanol) nachgewiesen. Auch eine Menge Staub fand sich in Koma und Schweif.

3I/ATLAS kam aus dem interstellaren Raum aus Richtung des Sternbildes Schütze in unser Sonnensystem. Durch die Sonnenanziehung wurde die Richtung seiner Bahn um 19° geändert. Er bewegt sich nun auf die Sternbilder Orion und Zwillinge zu und wird in 8000 Jahren die Oortsche Wolke auf seiner hyperbolischen Bahn passieren und sich mit immerhin noch 58 km/s in die interstellaren Raumbezirke begeben.

Durch den Einsatz des Vera C. Rubin Observatory in Chile mit der weltweit größten Digitalkamera ist damit zu rechnen, dass bald weitere kompakte Objekte auf interstellaren Bahnen entdeckt werden. Noch gelten die ersten drei interstellaren Kometen als Exoten unter den zigtausend Kometen unseres Sonnensystems.

8.10 Bahn von 3I/ATLAS durch das Sonnensystem

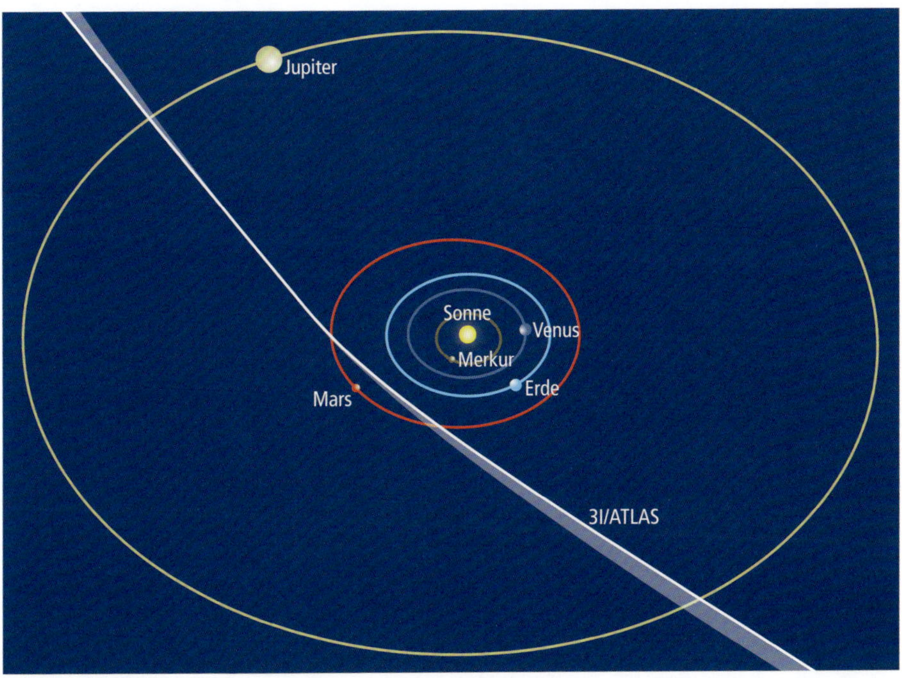

September 2027

- Die Sonne überschreitet am 23. um 7^h02^m MEZ den Himmelsäquator – der astronomische Herbst beginnt.
- Venus stand Mitte des Vormonats in oberer Konjunktion mit der Sonne. Sie bleibt unsichtbar.
- Auch Merkur entzieht sich einer Beobachtung.
- Mars verlässt den Abendhimmel. Der rote Planet kann nur noch im Fernglas oder Teleskop erkannt werden.
- Um die Monatsmitte taucht Jupiter allmählich am Morgenhimmel auf.
- Die Saturnaufgänge erfolgen immer früher. Sie verschieben sich in die späten Abendstunden.
- Am 28. kommt der sonnenfernste Planet Neptun in Opposition zur Sonne.

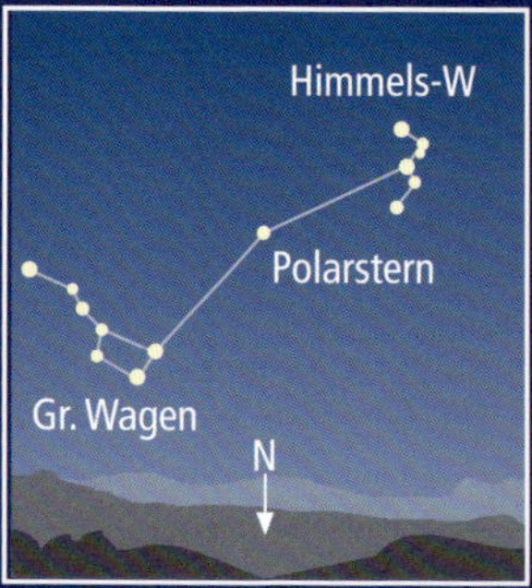

Großer Wagen und Himmels-W Anfang September um 22 Uhr MEZ

9.1 Anblick des Osthimmels am 28. September gegen 5^h MEZ (= 6^h MESZ). Jupiter hält sich im Sternbild Löwe auf. Zu Jupiter gesellt sich die abnehmende Mondsichel.

1	Mi	
2	Do	
3	Fr	
4	Sa	
5	So	
6	Mo	
7	Di	Erstes Viertel Mond bei Antares – abends
8	Mi	
9	Do	
10	Fr	
11	Sa	
12	So	
13	Mo	
14	Di	
15	Mi	
16	Do	Vollmond
17	Fr	
18	Sa	
19	So	
20	Mo	
21	Di	
22	Mi	
23	Do	Herbstbeginn Letztes Viertel
24	Fr	
25	Sa	
26	So	
27	Mo	
28	Di	Mond bei Jupiter – morgens Neptun in Opposition
29	Mi	
30	Do	Neumond

SONNE – STERNBILDER

17.9. 10h:
Sonne tritt in das Sternbild Jungfrau

23.9. 7h02m:
Sonne tritt in das Tierkreiszeichen Waage

Julianisches Datum am
1. September, 1h MEZ: 2461649,5

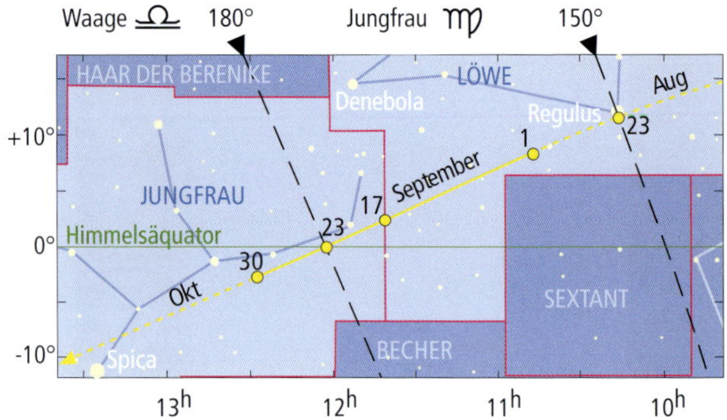

SONNENLAUF

Tag	Dämmerg. Anfang	Aufgang MEZ	Kulmination	Untergang MEZ	Dämmerg. Ende	Mittagshöhe	Zeitgleichg.	Rektaszension	Deklination
	h m	h m	h m	h m	h m	o	m	h m	o
1.	4 19	5 34	12 20	19 05	20 19	48,3	0	10 38	+8,6
5.	4 26	5 40	12 19	18 56	20 10	46,8	+ 1	10 53	+7,1
10.	4 35	5 48	12 17	18 45	19 57	44,9	+ 3	11 11	+5,3
15.	4 44	5 55	12 15	18 34	19 46	43,0	+ 5	11 29	+3,4
20.	4 52	6 03	12 13	18 23	19 34	41,1	+ 7	11 47	+1,4
25.	5 00	6 10	12 12	18 12	19 22	39,2	+ 8	12 05	–0,5
30.	5 08	6 18	12 10	18 01	19 11	37,2	+10	12 23	–2,5

TAGES- UND NACHTSTUNDEN

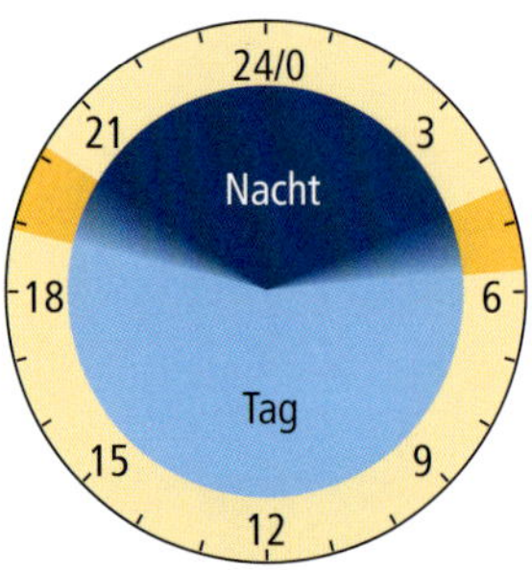

5. September

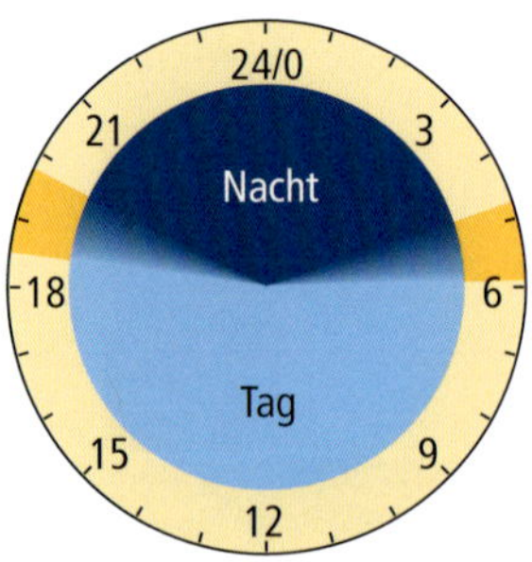

15. September

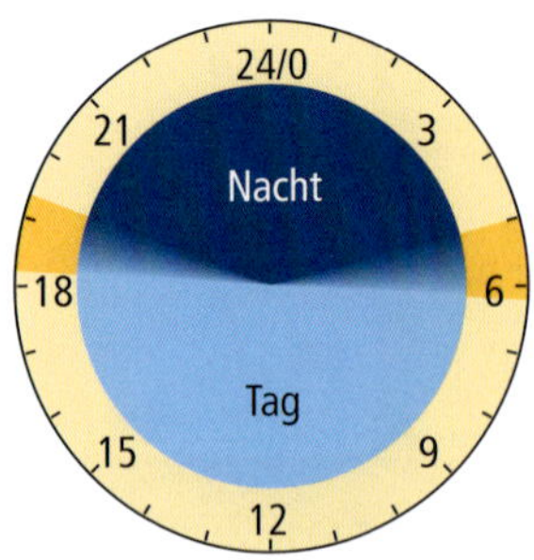

25. September

MONDLAUF

Datum		Aufg. MEZ	Kulmination	Unterg. MEZ	Rektaszension	Deklination	Sterne und Sternbilder	Phase	MEZ
		h m	h m	h m	h m	°			
Mi	1.	6 28	12 54	19 03	10 48	+ 4,7	Sextant		
Do	2.	7 53	13 45	19 20	11 41	− 2,0	Jungfrau		
Fr	3.	9 17	14 34	19 38	12 33	− 8,5	Jungfrau		
Sa	4.	10 40	15 25	19 59	13 26	−14,4	Spica		
So	5.	12 00	16 17	20 25	14 19	−19,4	Jungfrau	Größte Südbreite	
								Libration West	
Mo	6.	13 16	17 09	20 58	15 13	−23,2	* Waage		
Di	7.	14 23	18 03	21 40	16 08	−25,8	Antares	**Erstes Viertel**	**$19^h 31^m$**
Mi	8.	15 19	18 56	22 33	17 03	−27,0	* Schlangenträger		
Do	9.	16 03	19 47	23 35	17 58	−26,9	Schütze		
Fr	10.	16 36	20 36	–	18 51	−25,5	Schütze, Nunki		
Sa	11.	17 02	21 22	0 42	19 42	−23,0	Schütze		
So	12.	17 21	22 06	1 51	20 30	−19,5	Steinbock	Erdferne 405/29,′5	1^h
								Aufsteigender Knoten	
Mo	13.	17 38	22 48	3 01	21 17	−15,2	Steinbock		
Di	14.	17 52	23 29	4 10	22 01	−10,4	Wassermann		
Mi	15.	18 05	–	5 19	22 45	− 5,1	Wassermann		
Do	16.	18 19	0 10	6 28	23 29	+ 0,4	Fische	**Vollmond**	**$0^h 04^m$**
Fr	17.	18 33	0 51	7 39	0 13	+ 6,0	Fische		
Sa	18.	18 50	1 34	8 52	0 59	+11,4	Fische		
So	19.	19 11	2 20	10 07	1 47	+16,4	Widder	Größte Nordbreite	
Mo	20.	19 39	3 09	11 24	2 38	+20,8	Widder	Libration Ost	
Di	21.	20 18	4 03	12 40	3 33	+24,2	* Stier, Plejaden		
Mi	22.	21 10	5 00	13 49	4 31	+26,4	Stier		
Do	23.	22 17	6 00	14 46	5 32	+27,0	Stier, Alnath	**Letztes Viertel**	**$11^h 21^m$**
Fr	24.	23 37	7 00	15 30	6 34	+26,0	* Zwillinge		
Sa	25.	–	7 59	16 04	7 36	+23,2	Pollux		
So	26.	1 03	8 56	16 29	8 35	+19,0	Krebs, Krippe	Absteigender Knoten	
Mo	27.	2 30	9 49	16 49	9 31	+13,7	Löwe	Erdnähe 363/32,′9	21^h
Di	28.	3 57	10 41	17 07	10 26	+ 7,5	Regulus		
Mi	29.	5 22	11 31	17 24	11 19	+ 0,9	Löwe		
Do	30.	6 47	12 21	17 41	12 11	− 5,7	Jungfrau	**Neumond Nr. 1296**	**$3^h 36^m$**

DER ZUNEHMENDE MOND NÄHERT SICH NUNKI

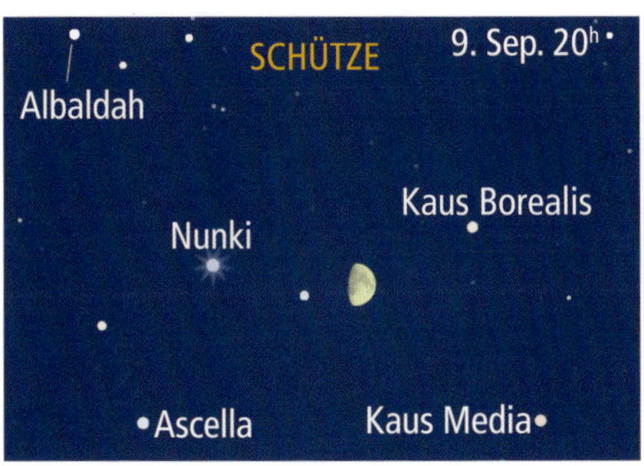

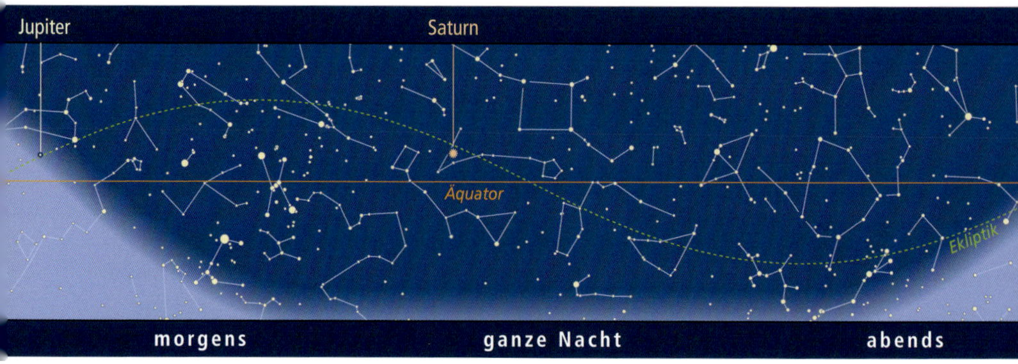

MERKUR stand Mitte des Vormonats in oberer Konjunktion mit der Sonne. Sein östlicher Vorsprung von der Sonne wächst an. Am 24. September erreicht er dann mit 26°16′ seine größte östliche Elongation. Sie fällt so groß aus, da Merkur zehn Tage zuvor am 14. sein Aphel passiert. Trotz der relativ großen Winkeldistanz reicht dies nicht für eine Abendsichtbarkeit, denn Merkur hält sich erheblich südlicher als die Sonne im Tierkreis auf.

Am 21. wandert Merkur nur 0,°3 südlich an Spica, Hauptstern der Jungfrau, vorbei, was unbeobachtbar bleibt.

VENUS stand Mitte des Vormonats in oberer Konjunktion mit der Sonne. Noch kann sich unser innerer Nachbarplanet nicht aus den Strahlen der Sonne befreien. Venus bleibt weiterhin unsichtbar.

Venus wandert rechtläufig durch das Sternbild Löwe und wechselt am 9. in das Sternbild Jungfrau.

KONSTELLATIONEN UND EREIGNISSE

Datum	MEZ	Ereignis
1.	7^h	Mond bei Venus, Mond 4,°8 südlich
2.	6	Mond bei Merkur, Mond 4,°5 südlich
4.	15	Mond bei Mars, Mond 5,°2 südlich
14.	7	Merkur im Aphel
15.	10	Uranus im Stillstand, anschließend rückläufig
17.	5	Mond bei Neptun, Mond 6,°3 nördlich
18.	22	Mond bei Saturn, Mond 8,°3 nördlich
22.	1	Mond bei Uranus, Mond 4,°6 nördlich
23.	7^h02^m	**Sonne im Herbstpunkt, Tagundnachtgleiche**
24.	23	Merkur in größter östlicher Elongation (26°)
28.	15	**Neptun in Opposition** zur Sonne
28.	17	**Mond bei Jupiter**, Mond 4,°2 südlich, **Abstand 5,°9 um 5^h**

MARS, rechtläufig in der Jungfrau, wechselt am 14. in das Sternbild Waage. Der rote Planet zieht sich vom Abendhimmel langsam zurück. Mars kann in Süddeutschland noch bis November erkannt werden.

Mars verlegt seine Untergänge von 20^h34^m am 1. auf 19^h58^m am 15. und schließlich auf 19^h22^m (= 20^h22^m Sommerzeit) am Monatsletzten. Nach der Monatsmitte wird man vergeblich mit bloßen Augen nach dem $1\overset{m}{,}4$ hellen, roten Planeten Ausschau halten.

JUPITER hat eben seine Konjunktion mit der Sonne hinter sich. Sie fand am 31. des Vormonats statt. Der Riesenplanet wandert rechtläufig durch das Sternbild Löwe und entfernt sich von Regulus, dem Königstern (siehe auch Abb. 1.9 auf Seite 43).

Um die Monatsmitte taucht der Riesenplanet allmählich am Morgenhimmel wieder auf. Unter guten Sichtbedingungen

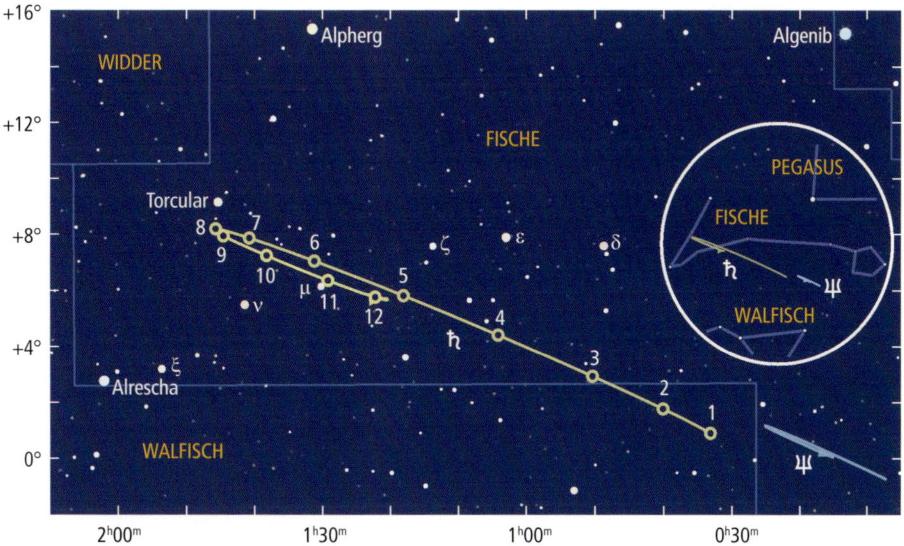

9.2 Scheinbare Bahn des Ringplaneten Saturn im Jahre 2027 durch das Sternbild Fische. Eingetragen ist ferner die Lage der Neptunbahn 2027 im Sternbild Fische. Die Zahlen geben die Planetenposition zum jeweiligen Monatsbeginn an (9 = 1. September).

kann man ihn bereits am 15. knapp über dem Osthorizont erspähen. Am 15. geht der $-1\overset{m}{,}7$ helle Jupiter um 4^h51^m (= 5^h51^m Sommerzeit) auf, am 20. um 4^h38^m und am letzten Septembertag schon um 4^h10^m.

Die abnehmende Mondsichel zieht am 28. an Jupiter $4\overset{\circ}{,}2$ südlich vorbei. Um 5^h beträgt der Abstand noch $5\overset{\circ}{,}9$.

SATURN beschleunigt seine rückläufige Wanderung durch die Fische. Er strebt seiner Opposition entgegen, die er Mitte nächsten Monats erreicht (siehe Abb. 9.2 oben). Die Aufgänge des Ringplaneten verfrühen sich, Saturn wird zum Planeten der gesamten Nacht. Am 1. geht der Ringplanet um 20^h40^m auf, am 15. um 19^h44^m und am 30. bereits um 18^h44^m (= 19^h44^m Sommerzeit). Die Helligkeit von Saturn steigt leicht auf $0\overset{m}{,}2$ an. Damit wird der Ringplanet mit den hellsten Sternen vergleichbar und ist fast so hell wie Wega und Kapella.

9.3 Der abnehmende Mond begegnet dem Ringplaneten am 18. September. Opernglasanblick gegen 21h MEZ (= 22h MESZ).

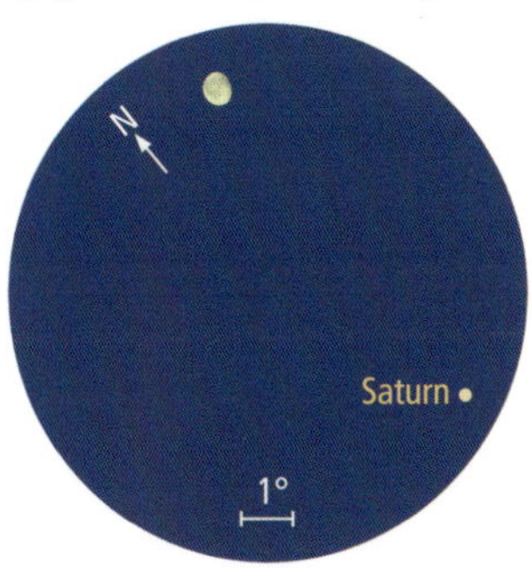

Der abnehmende Mond begegnet Saturn am 18. gegen 19^h, wobei er $8\overset{\circ}{,}3$ nördlich am Ringplaneten vorbeizieht (siehe Abb. 9.3 unten).

URANUS im Sternbild Stier bremst seine ohnehin kaum bemerkbare, langsame Bewegung vollends ab und wird am 15. rückläufig. Damit beginnt seine Oppositionsperiode.

Der grünliche Planet kann in der zweiten Nachthälfte aufgefunden werden. Er verlagert seine Aufgänge von 22^h11^m am 1. auf 21^h16^m zur Monatsmitte. Am 31. geht Uranus bereits um 20^h17^m (= 21^h17^m Sommerzeit) auf. Frühestens eine Stunde nach seinem Aufgang lohnt es sich, nach dem siebenten Planeten Ausschau zu halten (siehe

9.4 Der abnehmende Halbmond steht am 23. September nahe bei Alnath (β Tauri). Fernglasanblick um 1^h MESZ.

Aufsuchkärtchen Abb. 11.8 auf Seite 232). Die kommende Opposition macht sich auch durch eine geringe Helligkeitssteigerung um $0^{m},1$ auf $5^{m},6$ zu Ende September bemerkbar.

Uranus kulminiert am 1. um 6^h12^m und am 30. bereits um 4^h18^m (= 5^h18^m Sommerzeit). Zu diesen Zeiten ist es allerdings schon Tag beziehungsweise helle Dämmerung.

NEPTUN kommt am 28. in **Opposition** zur Sonne. Der bläuliche Planet beschleunigt etwas seine rückläufige Wanderung durch die Fische (siehe Abb. 9.5 auf Seite 191). Geht Neptun am 1. noch um 19^h53^m (= 20^h53^m Sommerzeit) auf, so erfolgt sein Aufgang am Tag der Opposition bereits um 18^h05^m. In der Oppositionsnacht kulminiert Neptun um 0^h12^m und geht morgens um 6^h18^m unter.

Im Teleskop zeigt Neptun bei entsprechender Vergrößerung ein winziges, bläuliches Scheibchen von nur 2″,4 scheinbarem Äquatordurchmesser, auf dem keinerlei Einzelheiten zu erkennen sind.

Am 28. trennen Neptun 4318 Millionen Kilometer (= 28,86 AE) von der Erde. Dies entspricht einer Lichtlaufzeit von ziemlich genau vier Stunden. Von der Sonne ist Neptun zur Opposition 4468 Millionen Kilometer (= 29,87 AE) entfernt.

PLANETOIDEN UND ZWERGPLANETEN

CERES (1) kommt am 12. um 6^h im Sternbild Löwe in Konjunktion mit der Sonne. Sie steht unbeobachtbar am Taghimmel. Von der Erde ist Ceres 531 Millionen Kilometer (= 3,55 AE) entfernt und von der Sonne trennen sie 382 Millionen Kilometer (= 2,55 AE).

PERIODISCHE STERNSCHNUPPENSTRÖME

Gleich am Morgen des 1. September wird das Maximum der **AURIGIDEN** erwartet. Seit ihrer Entdeckung 1935 gab es wiederholt erhöhte Raten. Zuletzt wurde 2021 eine ZHR (stündliche Zenitrate) von fast 80 beobachtet, was Modellrechnungen gut bestätigten. Der Ursprungskomet C/1911 N1 (Kiess) wird erst wieder in mehr als 2000 Jahren in das innere Sonnensystem gelangen. Die Teilchen, die zu den

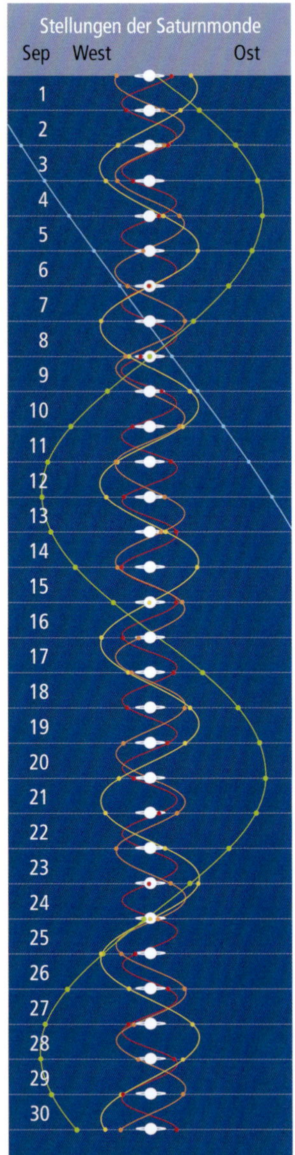

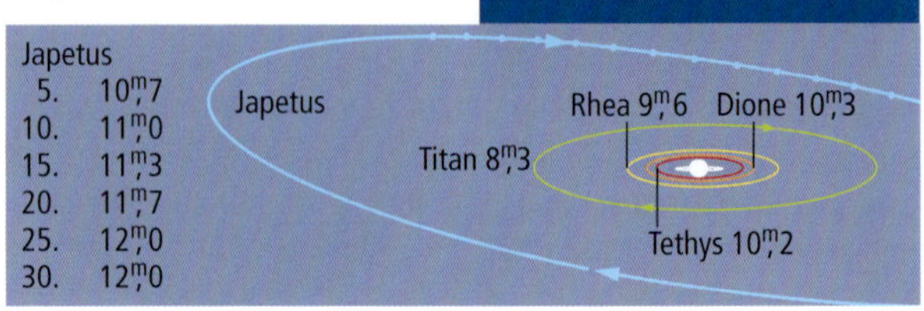

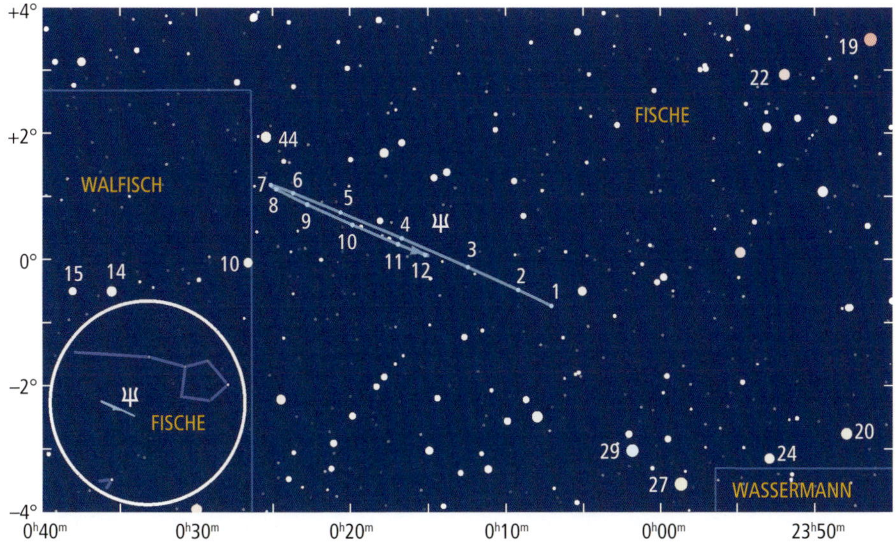

9.5 Scheinbare Bahn des Planeten Neptun im Sternbild Fische von Januar bis Dezember 2027.

hohen Raten führten, befinden sich aber auf weit engeren Umlaufbahnen als der Komet. Für 2027 werden nach jetzigem Stand keine erhöhten Raten erwartet.

Die **EPSILON-PERSEÏDEN**, auch **SEPTEMBER-PERSEÏDEN**, stammen von einem langperiodischen, jedoch bislang noch nicht identifizierten Kometen ab. Normalerweise werden knapp zehn Meteore pro Stunde zum Maximum in der Nacht vom 9. auf 10. September erwartet. In den Jahren 2008 und 2013 kam es zu auffälligen Häufungen heller Meteore: Bei einer Rate von etwa 30 Meteoren pro Stunde konnten zahlreiche helle Strommeteore fotografiert werden. Für 2027 gibt es kein vorausberechnetes Maximum. Überraschungen sind daher nicht auszuschließen.

Die **PISCIDEN** sind im gesamten September aktiv. Ihr Ausstrahlungspunkt liegt in den Fischen. Beste Beobachtungszeit ist zwischen 22^h und 4^h morgens. Das Maximum ist um den 20. September zu erwarten, wobei nur etwa fünf bis zehn Meteore pro Stunde auftauchen.

Die Aktivität aus dem Antihelion-Bereich wird ab dem 10. von den **SÜDLICHEN TAURIDEN** bestimmt. Sie lassen sich auf den kurzperiodischen Kometen 2P/Encke und mit ihm verwandte Objekte zurückführen. Der Radiant befindet sich im Bereich der Fische und verlagert sich zum Monatsende Richtung Sternbild Widder.

Der Fixsternhimmel

Der Himmelswagen ist nach Nordwesten herabgesunken, das Himmels-W, die Kassiopeia, dafür emporgestiegen. Den Helligkeitsschwerpunkt bestimmt nach wie vor das Sommerdreieck mit Wega, Deneb und Atair. Allerdings hat sich die Szenerie der Sommersternbilder inzwischen nach Westen verschoben. Der Skorpion mit dem hellen, roten Antares ist gar schon untergegangen, während im Osten der Aufmarsch der Herbststernbilder beginnt.

Der Schwan mit dem schönen Sternenhintergrund der Milchstraße steht nun fast genau im

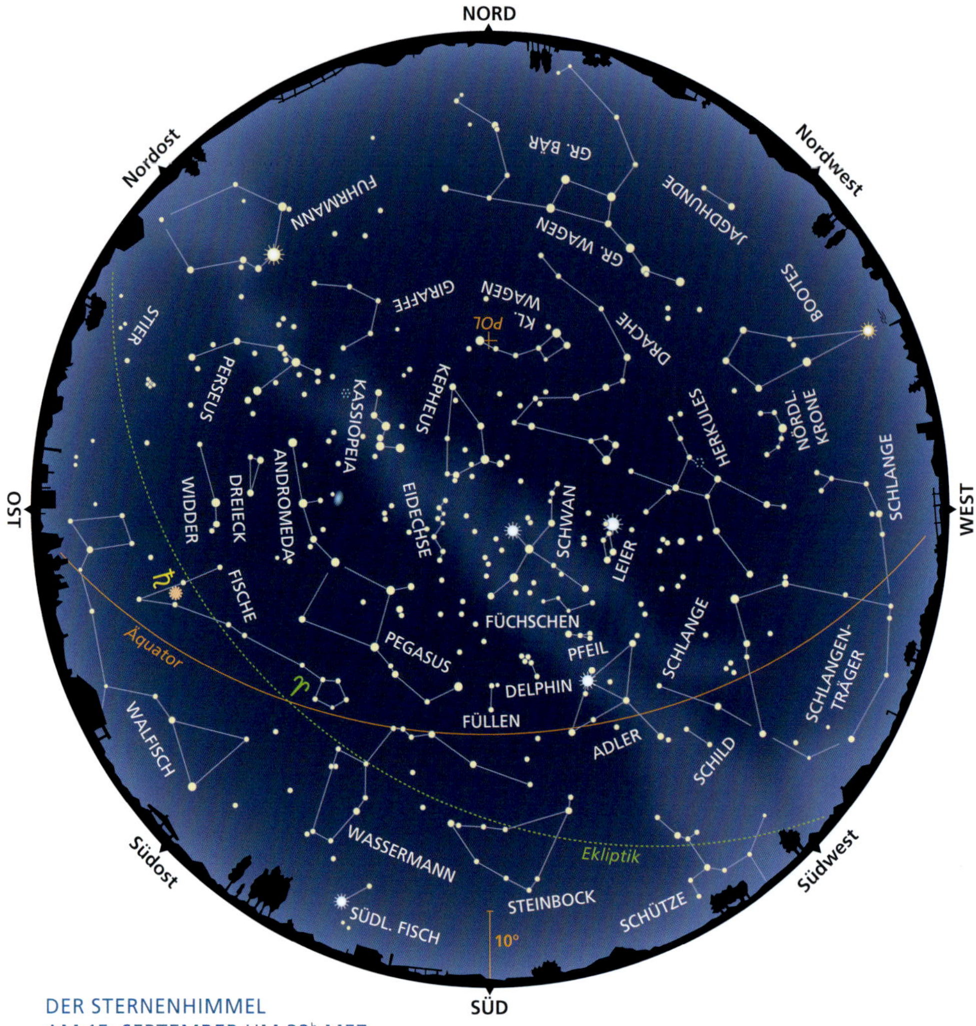

DER STERNENHIMMEL
AM 15. SEPTEMBER UM 22^h MEZ

Die Sternkarte ist auch gültig für:		
	MEZ	MESZ
15. 7.	2^h	3^h
1. 8.	1	2
15. 8.	0	1
1. 9.	**23**	**24**
15. 9.	**22**	**23**
30. 9.	**21**	**22**
15.10.	20	21
31.10.	19	
15.11.	18	

Scheitelpunkt oder Zenit. Neben dem Adler stößt man im Meridian auf das kleine, aber einprägsame Sternbild Delphin. Es wird in erster Linie durch einen kleinen Sternenrhombus mit einem zusätzlichen angehängten Stern gebildet.

Der Pegasus steht schon hoch im Osten. Der zentrale Teil des Pegasus wird durch ein mächtiges Sternenquadrat markiert, zu dem man auch Herbstviereck sagt. An der einen Ecke des Pegasusquadrats hängt die Sternenkette der Andromeda. Ihr folgt halbhoch im Nordosten der Perseus, strahlender Held und Retter der Andromeda. Im Perseus findet man den Teufelsstern Algol (β Perseï). Algol ist ein prominenter Bedeckungsveränderlicher und Prototyp der Algol-Variablen. Sowohl von Algol als auch von δ Cepheï sind die Helligkeitsminima beziehungsweise -maxima in diesem Jahrbuch monatlich vermerkt.

Im Osten hat sich das kleine Bild des Widders emporgeschwungen. Der Widder (lat.: Aries) setzt sich im Wesentlichen aus drei Sternen zusammen, die ein stumpfwinkliges Dreieck bilden. Der Hauptstern des Widders (α Arietis) heißt Hamal, was arabisch so viel wie Lamm bedeutet. Mit $2\overset{m}{,}0$ scheinbarer Helligkeit ist Hamal etwa so hell wie der Polarstern. Seine Entfernung von uns misst 66 Lichtjahre. Er leuchtet in einem orangen Licht (Spektraltyp K2 III).

Im Südosten ist das ausgedehnte, aber lichtschwache Sternbild der Fische aufgetaucht. In den Fischen steht zurzeit der Ringplanet Saturn.

Im Südwesten schickt sich der Schütze an, die Himmelsbühne zu verlassen, während der Steinbock gerade den Meridian passiert. Ihm folgt im Tierkreis der Wassermann, ein bekanntes, aber unscheinbares Sternbild.

Viele Völker sahen im Steinbock einen Ziegenbock. Die Bezeichnung „Südliches Tor der Sonne“ erinnert daran, dass einst das Wintersolstitium (Winterpunkt) im Steinbock lag. Durch die Präzessionsbewegung der Erde liegt der Winterpunkt inzwischen im Sternbild Schütze nahe dem Stern μ Sagittarii. Noch heute spricht man deshalb vom „Wendekreis des Steinbocks“. In unserer Zeit wandert die Sonne vom 20. Januar bis 16. Februar durch den Steinbock.

Tief im Südosten flackert ein Stern erster Größe ($1\overset{m}{,}2$): Fomalhaut im Südlichen Fisch (lat.: Piscis Austrinus). Fomalhaut oder α Piscis Austrini erreicht bei uns nie große Höhen über dem Horizont. Er ist ein weißer Hauptreihenstern (Spektralklasse A3 V) in 25 Lichtjahren Entfernung, also etwa gleich weit weg wie Wega in der Leier.

Zwischen Zenit und Polarstern durchschreitet gerade der Kepheus den Meridian, der jetzt seine höchste Position erklommen hat. Die lichtschwachen Sterne, die den König von Äthiopien darstellen sollen, sind nicht leicht auszumachen. Erfahrene Sternfreunde finden sich dennoch zurecht und können auch den berühmten veränderlichen Stern δ Cepheï identifizieren. Er ist der Prototyp einer Klasse von Veränderlichen, den sogenannten Cepheïden oder Delta-Cepheï-Sternen. Die Cepheïden gehören zu den leuchtkräftigsten Sternen im Universum überhaupt. Die Entfernung von δ Cepheï beträgt 900 Lichtjahre.

DAS STERNBILD DELPHIN (DELPHINUS)

Das Sternbild Delphin gehört zu den kleinsten Bildern des Himmels und setzt sich nur aus lichtschwachen Sternen 4. Größe und geringer zusammen. Der hellste Stern mit $3\overset{m}{,}6$ ist Rotanev (β Delphini). Trotz der lichtschwachen Sterne ist der Delphin sehr markant und einprägsam, sodass man ihn – gute Sichtverhältnisse vorausgesetzt – schnell und mühelos findet. Ein kleiner Sternenrhombus (α, β, γ, δ Delphini), an den sich einige Sterne gewissermaßen als „Schwänzchen“ anhängen, liegt östlich vom Adler und ist auch von Laien kaum zu übersehen. Im Osten grenzt der Delphin an den Pegasus.

Schon bei den alten Griechen hieß diese auffällige Konstellation Δελφιν (Delphin). Man findet aber auch die Bezeichnung ῾Ιερος Ιχθύς, der heilige Fisch. Zwei klassische Sagen berichten vom Delphin. Die bekanntere lautet:

Der berühmte und in ganz Griechenland beliebte Sänger Arion gab ein Gastspiel in Sizilien, von dem er reich beschenkt

VERÄNDERLICHE STERNE

Algol-Minima		β-Lyrae-Minima		δ-Cepheï-Maxima		Mira-Helligkeit	
7.	3^h14^m	5.	22^h N	2.	15^h	1.	10^m
10.	0 03	12.	10 H	7.	23	10.	10
12.	20 52	18.	21 N	13.	8	20.	9
15.	17 39	25.	8 H	18.	17	30.	9
27.	4 55			24.	2		
30.	1 43			29.	11		

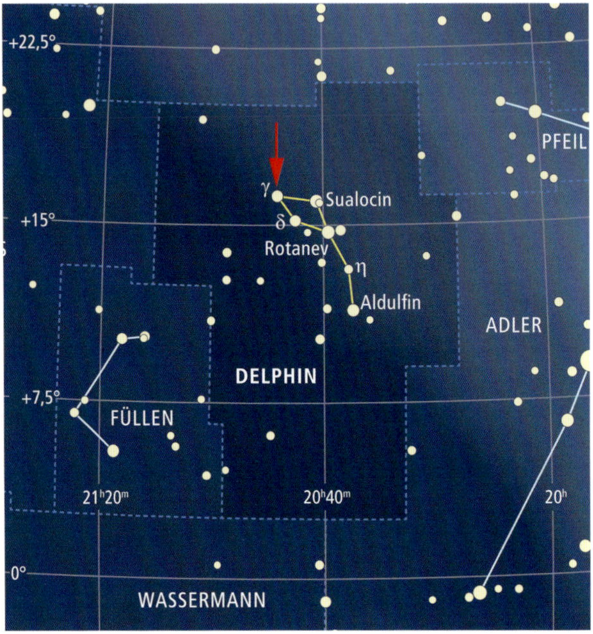

9.6 Skelettkarte des Sternbildes Delphin. Der Pfeil deutet auf den Doppelstern γ Delphini.

die Heimreise antritt. Auf der Seefahrt von Tarent nach Korinth gelüstet es der Schiffsbesatzung nach den Schätzen, die der erfolgreiche Barde mit sich führt. Sie beschließen, ihn zu töten, um sich des Goldes zu bemächtigen. Als der Oberspießgeselle mit einem Messer auf Arion losgeht, bittet dieser, bevor sich sein Schicksal erfüllen soll, noch einmal auf seiner Leier spielen und ein Lied dazu singen zu dürfen.

Da sich das Schiff auf hoher See befindet, besteht keine Fluchtgefahr – die verbrecherischen Seeleute stimmen zu und lassen Arion gewähren. Kaum hat er mit seinem Gesang und dem Leierspiel begonnen, geraten die wilden Gesellen in große Verzückung. Einen Augenblick lang lassen sie Arion unbeobachtet und träumen vor sich hin. Diesen Moment nutzt Arion geschickt. Mit gewaltigem Sprung setzt er über Bord und stürzt in die Fluten des Meeres. Kaum ist Arion in einer Woge versunken, da taucht er wieder auf dem Rücken eines Delphins auf. Das kluge Tier war, von Arions Gesang angelockt, dem Schiff gefolgt. Nun trägt es munter den berühmten Sänger durch das ebenfalls von dessen Musik besänftigte Meer. Arion, dankbar für seine Rettung, spielt auf dem Rücken des Delphins die Leier, bis er sicher das Kap Tainaron erreicht und an Land gehen kann. Die olympische Göttergesellschaft beschließt, als Dank und zur ewigen Erinnerung den Delphin unter die Sterne zu versetzen. Eine andere Sage erzählt: Poseidon, Herrscher der Meere, Bruder des Zeus und des Hades, verliebt sich in Amphitrite, eine Tochter des Königs und Wahrsagers Nerëus, dessen 50 Töchter, die Nereïden, allesamt von strahlender Schönheit, aber auch wild und mutig waren. Als Poseidon mit seinem gewaltigen Dreizack aus den Fluten des Meeres auftaucht, um Amphitrite zu entführen, flieht diese bis an den Westrand der Erde, wo sie sich mit Hilfe von Atlas, dem Träger der Welt, versteckt. Poseidon sucht vergeblich nach ihr und wühlt dabei das Meer vom Orient bis zum Okzident auf, zum Schaden der Seefahrer. Doch nirgends ist Amphitrite zu finden. Voll Gram will Poseidon die Suche schon abbrechen, da taucht ein listiger und kluger Delphin auf und verrät Poseidon das Versteck.

Poseidon findet Amphitrite und schleppt sie in seinen Palast. Voll seliger Dankbarkeit lässt Poseidon den Delphin unter die Sterne versetzen, wo man ihn noch heute bewundern kann.

Bei den Hindus findet man die Bezeichnung Zizumara, was ebenfalls eine Delphinart bedeutet. Bei den Arabern hieß diese Sternenfigur Al Kaud, das Reitkamel. Die alten Chinesen nannten die Figur, die aus den

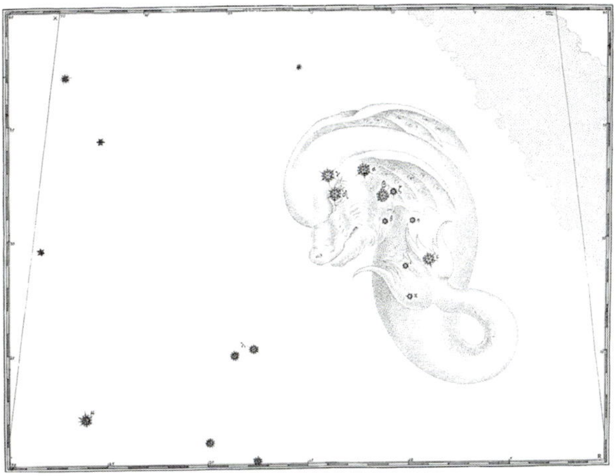

9.7 Figürliche Darstellung des Sternbildes Delphin im Sternatlas *Uranometria* von Johannes Bayer aus dem Jahre 1603.

vier Sternen des Delphinrhombus und dem Stern ζ Delphini gebildet wird, Kwa Chaou, der Kürbis. Im christlichen Sternbilderhimmel stellen die Delphinsterne die Wasserkrüge von Kana dar, ursprünglich jedoch ein Kruzifix. Noch heute nennt man gelegentlich den Delphinrhombus „kleines Kreuz".

Ein mit 8″,6 Separation relativ leicht zu trennender Doppelstern ist γ Delphini (fl. 12, ADS 14279). Seine Komponenten sind $4^{\mathrm{m}},3$ und $5^{\mathrm{m}},0$ hell. Die hellere leuchtet gelblich, die andere weiß. Von γ Delphini trennen uns 115 Lichtjahre. Beide Sterne laufen in einer langgestreckten Ellipsenbahn umeinander. Im Periastron trennen sie 40 AE (= 6000 Millionen Kilometer), im Apastron sind sie jedoch 600 AE (= 90 000 Millionen Kilometer), also rund 90 Milliarden Kilometer, voneinander entfernt. Einen vollen Umlauf um den gemeinsamen Schwerpunkt legen sie in 3200 Jahren zurück.

Der verwunderliche Stern im Walfisch

Ein Stern im Sternbild Walfisch hat vor über 400 Jahren Astronomen zum Rätselraten veranlasst. Aber auch im Zeitalter der modernen Astronomie werden selbst aktive Amateurastronomen von seinem Verhalten verwundert. Er heißt Mira Stella Ceti oder kurz Mira Ceti. Cetus ist die lateinische Bezeichnung für Walfisch, Ceti der Genitiv. Gemeint ist freilich kein Wal im zoologischen Sinne (Wale sind auch keine Fische, sondern Säugetiere). Der Cetus ist vielmehr ein Meeresungeheuer, das die Prinzessin Andromeda, Tochter von König Kepheus und seiner Gemahlin Königin Kassiopeia, bedroht, die aber von Perseus gerettet wird. Alle Beteiligten sind als Sternbilder am Himmel zu finden.

In den frühen Morgenstunden des 13. August (= 3. August julianisch) 1596 erblickte David Fabricius bei der Beobachtung des Jupiter im Sternbild Walfisch einen Stern zweiter Größenklasse, der ihm zuvor noch nie aufgefallen war. Der Stern leuchtete fast so hell wie der Polarstern und war daher kaum zu übersehen. Doch bald wurde dieser scheinbar neue Stern immer lichtschwächer. Nach einigen Wochen konnte Fabricius ihn nicht mehr erkennen.

Jahrhundertelang sah man im gestirnten Himmel etwas Ewiges, Unvergängliches und damit auch Unveränderliches. Kometen zählte man damals noch zu den Erscheinungen in der irdischen Atmosphäre wie Wolken. Man hielt sie für „Ausdünstungen" der Lufthülle. Nun wusste Fabricius, dass sein Freund Tycho Brahe im Jahre 1572 schon einmal im Sternbild Kassiopeia einen neu aufleuchtenden Stern gesehen hatte, der ebenfalls nach wenigen Monaten verschwand und nie wieder gesehen wurde. Doch zu

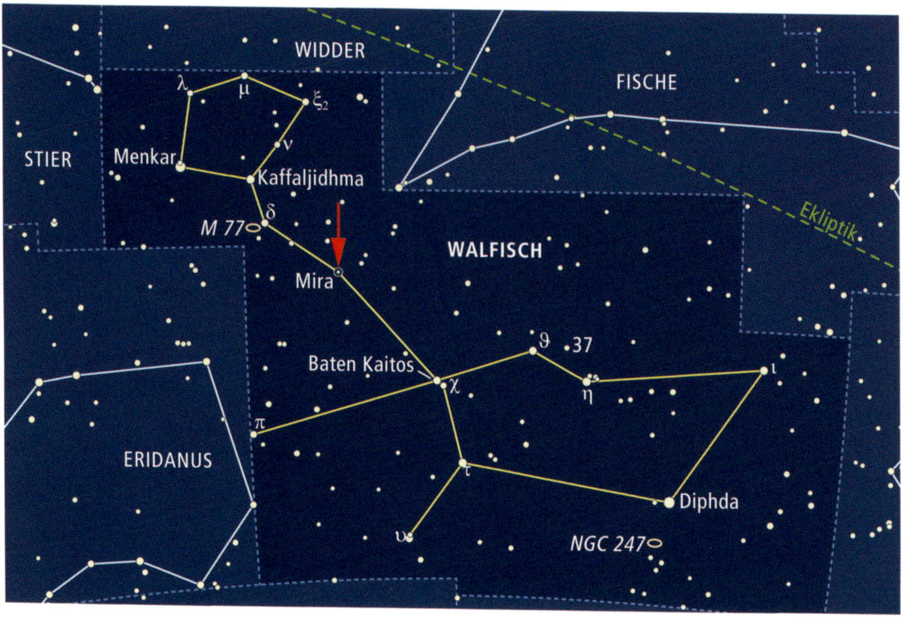

9.8 Skelettkarte des Sternbildes Walfisch (Cetus). Mit einem Pfeil markiert ist die Position von Mira Ceti (Omikron Ceti).

seiner Überraschung sah Fabricius am 15. Februar 1609 seinen verschwundenen Stern im Walfisch wieder. In seinen Briefen an Johannes Kepler und Tycho Brahe nannte Fabricius seine Beobachtung eine „res mira", eine rätselhafte, verwunderliche Sache. „Mira" kommt von dem lateinischen Wort „miraculum", was so viel wie „Wunder", rätselhafte, unerklärliche Erscheinung bedeutet, eben ein Mirakel. Denn Fabricius konnte sich keinen Reim darauf machen, warum der Stern verschwand und wieder auftauchte. Auch Kepler notierte später: „Diesen Stern habe ich um den Neumond im August daraufhin mit Fleiß gesucht, aber nit gefunden". Diese Notiz beweist, dass dieser Stern abermals verschwand.

Der seltsame Stern im Walfisch muss in der Zwischenzeit ebenfalls erschienen sein. Denn in dem Sternatlas *Uranometria* von Johannes Bayer aus dem Jahre 1603 erhielt er die Bezeichnung ο (Omikron) Ceti.

Ein bedeutender Beobachter seiner Zeit

Fabricius hat damit den ersten veränderlichen Stern in der Geschichte der Astronomie entdeckt, sieht man von der Tychonischen Supernova 1572 und älteren Supernova-Erscheinungen einmal ab. Geboren wurde David Fabricius am 9. März 1564 in Esens (Ostfriesland) als Sohn eines Schmieds. Nach Besuch der Lateinschule in Braunschweig und dem Studium der evangelisch-lutheranischen Theologie erhält er 1584 eine Pastorenstelle in Resterhafe bei Dornum (Landkreis Aurich). Neben seinem kirchlichen Amt beschäftigt sich Fabricius ausführlich mit Astronomie, Meteorologie und Kartografie. Er bestimmt Sternpositionen, vermisst Konjunktionen von Planeten mit hellen Sternen, beobachtet Meteore, Halo-Erscheinungen und Nordlichter sowie die hellen Kometen von 1596 und 1607. Auch die Keplersche Supernova von 1604 im Sternbild Schlangenträger wird von ihm registriert. Im Gegensatz zu Aristoteles vertritt er die Auffassung, dass Kometen kosmische Objekte und keine atmosphärischen Erscheinungen sind. Mit Tycho Brahe und Johannes Kepler kommt es zu einer umfangreichen Korrespondenz.

Auf Wunsch seines Landesherrn, der ihn hoch schätzt, erfolgt 1603 sein beruflicher Wechsel nach Osteel bei Aurich (Ostfriesland). Sein 1587 geborener Sohn Johannes begeistert sich ebenfalls für die Himmelskunde. Nach Erfindung des Fernrohrs zählt Johannes Fabricius neben Galileo Galilei und Simon Marius zu den Mitentdeckern der Sonnenflecken und bestimmt die Rotation der Sonne.

Kepler nennt David Fabricius den bedeutendsten Beobachter seiner Zeit. Später bricht er den Kontakt zu ihm ab, denn Fabricius hält am Tychonischen Weltsystem fest und lehnt das Kopernikanische ab. Außerdem bezweifelt er die Ellipsenbahnen der Planeten. Zudem nimmt er die Astrologie ernst und erstellt Horoskope.

Zu einem tragischen Geschehen kommt es im Mai 1617. Bei einer Sonntagspredigt erwähnt Fabricius, dass er den Hühner- und Gänsedieb kenne, der in Osteel sein Unwesen treibt. Er werde jedoch seinen Namen nicht nennen. Auf einem Spaziergang am Abend des 17. Mai (= 7. Mai julianisch) wird er von einem Bauern, der sich als Dieb erkannt glaubt, mit einem Spaten erschlagen. Der Bauer wird gefasst und zum Tod durch Rädern verurteilt.

Mira ist kein Einzelfall

Im Jahre 1638 entdeckt Johann Phocylides Holwarda (1618–1651) aus Franecker am 10. Dezember den seltsamen Stern im Walfisch erneut und beginnt, den inzwischen o Ceti benannten Stern regelmäßig zu beobachten. Er erkennt ihn als Erster als veränderlichen Stern, der seine Helligkeit periodisch variiert.

9.9 Umgebungskarte von Mira Ceti mit Vergleichssternen zum Helligkeitsschätzen. Die Zahlen geben die V-Helligkeiten der Umgebungssterne an (z. B. 7,3 = 7^{m},3).

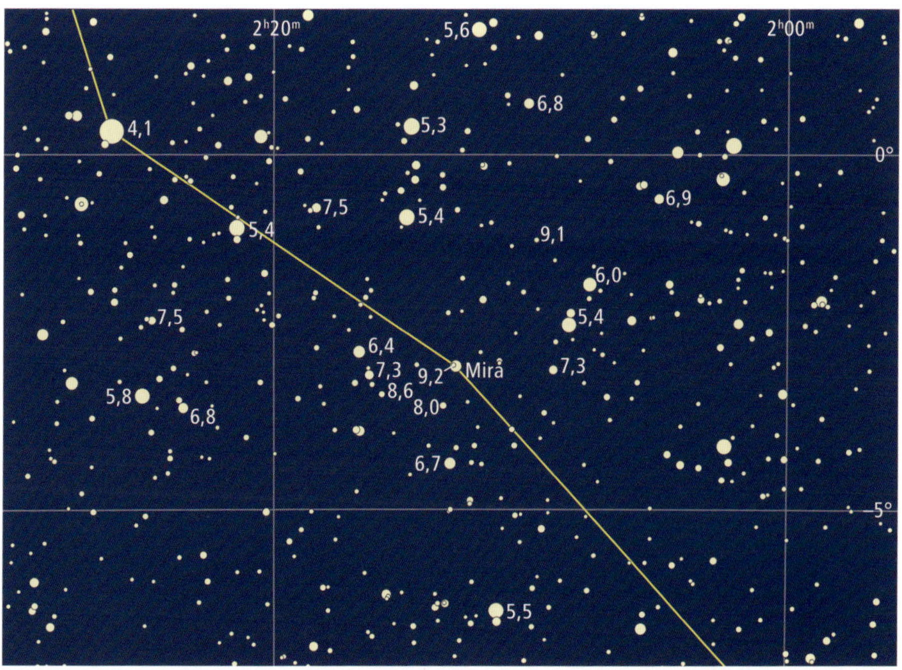

Auch der Ratsherr und Liebhaberastronom Johannes Hevelius (1611–1687) verfolgt die Helligkeitsvariationen von Omikron Ceti auf seiner Privatsternwarte in Danzig. Er gibt 1662 eine Schrift mit dem Titel *Historiola Mirae Stellae* heraus. Seither heißt der Stern Omikron im Walfisch *Mira Stella Ceti* oder kurz *Mira Ceti*, der verwunderliche Stern im Walfisch. Hevelius fiel auch auf, dass Mira im Maximum nicht immer gleich hell wird, sondern manchmal 2. Größe erreichen kann, ein anderes Mal aber nur 4. oder gar 5. Größe einnimmt.

Nicht sicher ist, ob Hipparchos den Stern Mira Ceti als veränderlich erkannt hat. Einer Quelle aus dem Jahre 134 vor Chr. lässt eher den Schluss zu, Hipparchos meinte eine Nova beobachtet zu haben. Auch chinesische und koreanische Quellen sind nicht eindeutig.

Die Entdeckung von langperiodischen veränderlichen Sternen mit großen Amplituden nahm bald zu. Bis Ende des 19. Jahrhunderts wurden 251 Mira-Variable gefunden. Davon entdeckte allein Williamina Fleming 49 Mira-Typen von insgesamt 62 Veränderlichen, die sie als erfolgreiche Beobachterin gefunden hatte. Die amerikanische Astronomin Williamina Paton Stevens Fleming wurde am 15. Mai 1857 in Dundee, Schottland geboren und verstarb am 21. Mai 1911 in Boston (Massachusetts, USA). Sie beschäftigte sich mit der Klassifizierung von Sternen und widmete sich der Erforschung interstellarer Materie. Im Jahr 1888 entdeckte sie den Pferdekopfnebel im Sternbild Orion.

Die erste Periodenbestimmung nahm Ismael Boulliau (1605–1694) vor, der im Jahre 1667 die Mira-Periode zu 333 Tagen angibt, was fast dem modernen Wert von 331,9 Tagen entspricht. Dies ist eine mittlere Periode. Manchmal folgt ein Maximum dem vorhergehenden schon nach 320 Tagen. Dann muss man gelegentlich 370 Tage nach dem vorhergehenden warten, bis Mira wieder im Maximallicht leuchtet. Auch sind die Minima nicht gleich tief. Sie schwanken zwischen 8^{m} und 10^{m}. Um die Zeit des Minimums ist Mira nur in einem lichtstarken Fernglas (7 × 50) oder einem kleinen Refraktor (ab 60 mm Öffnung) zu erkennen. Im Maximum ist Mira zwischen 3^{m} und 4^{m} hell, selten 2^{m}. Der Katalogwert gibt für die mittlere Maximalhelligkeit im V-Bereich $3\overset{m}{,}04$ an. Eine Ausnahme wurde im Jahre 1779 registriert, als Mira zu einem auffälligen Objekt 1. Größe wurde. 1868 hingegen blieb Mira im Maximum mit nur $5\overset{m}{,}6$ an der Grenze der Sichtbarkeit mit bloßen Augen.

Zeitpunkt und Helligkeit der Maxima lassen sich nur ungefähr voraussagen. Es lohnt sich also, die Mira-Maxima zu verfolgen, denn vor Überraschungen ist man nie sicher. Im *Kosmos*

9.10 Lichtkurve des Veränderlichen Mira Ceti

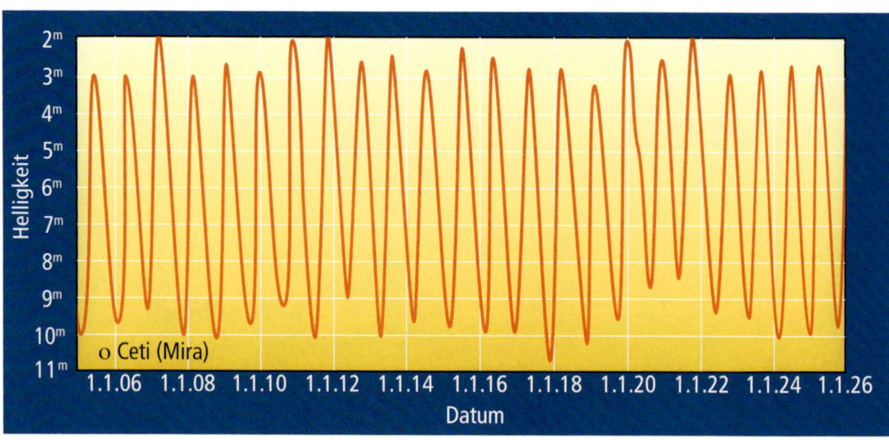

Himmelsjahr sind die vorausgeschätzten (!) Mira-Helligkeiten in der monatlichen Rubrik „Veränderliche Sterne“ vermerkt.

Ein pulsierender Riesenstern

Schwierig war es, die Entfernung von Mira zu bestimmen. Die Messung der trigonometrischen Parallaxe ergab einen Wert von 0,″015. Dies entspricht einer Entfernung von 220 Lichtjahren. Neuere Bestimmungen gehen von 300 Lichtjahren aus, allerdings mit einer Unsicherheit von ±50 Lichtjahren.

Mira ist ein tiefroter Überriesenstern. Sein Radius misst 400 bis 500 Sonnenradien, das sind rund zwei Astronomische Einheiten oder das Doppelte des Erdabstandes von der Sonne. Stünde Mira an der Stelle unserer Sonne, so läge ihre Oberfläche zwischen der Mars- und der Jupiterbahn mitten im Planetoidengürtel. Unser gesamtes inneres Sonnensystem von der Merkur- bis zur Marsbahn fände bequem im riesigen Gasleib von Mira Platz.

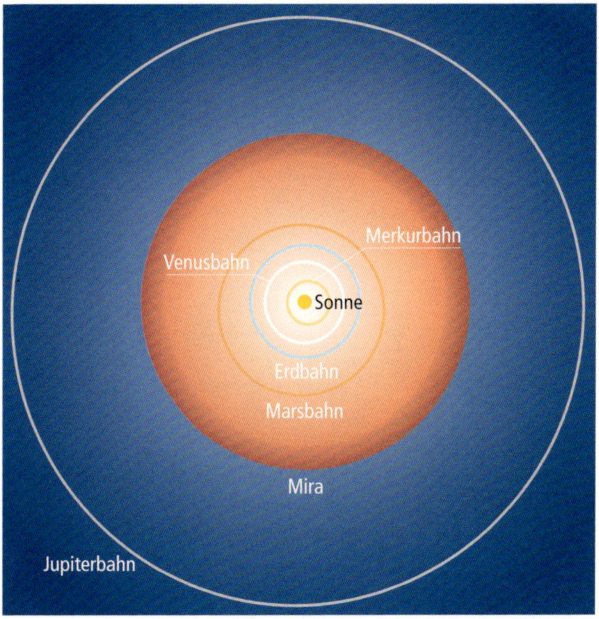

9.11 Größe von Mira Ceti im Vergleich zu unserer Sonne. Unser gesamtes inneres Sonnensystem fände bequem im Miraglobus Platz.

Mira hat nur rund 20 Prozent mehr Masse als unsere Sonne. Bei einem solch großen Durchmesser bedeutet dies eine extrem geringe Dichte von nur drei Milliardstel Gramm pro Kubikzentimeter. Astronomen sprechen deshalb von einem „roten Vakuum“. Im Vergleich dazu hat unsere Sonne eine mittlere Dichte von 1,4 g/cm^3. Die geringe Dichte von Mira bezieht sich auf die ausgedehnte Sternenhülle, während der Sternenkern außerordentlich kompakt ist.

Lange rätselte man darüber, was den Lichtwechsel von Mira bewirkt. Ursprünglich dachte man, Ursachen seien Flecken ähnlich wie die auf unserer Sonne, nur erheblich größer. Durch Rotation des Miraglobus tauchen abwechselnd mehr oder minder große Flecken auf der zur Erde gekehrten Oberflächenseite auf. Dies würde auch die variable Periodendauer erklären, da die Flecken sicher auch eine Drift zeigen, sich also relativ zueinander auf der Miraoberfläche bewegen und auch ihre Ausdehnungen variieren. Doch dem ist nicht so.

Mira ist vielmehr ein pulsierender Stern in einem späten Lebensstadium. Er ist längst von der Hauptreihe im HRD abgewandert und befindet sich am asymptotischen Riesenast. Sterne in diesem Gebiet werden von Fachleuten als AGB-Stars bezeichnet. (AGB steht für **A**symptotic **G**iant **B**ranch). Mira befindet sich im zweiten Riesenstadium ähnlich wie χ Cygni und R Leporis, die sich in der gleichen Kategorie befinden.

Mira ändert nicht nur ihre Helligkeit, sondern auch andere Zustandsgrößen, die einen Stern charakterisieren. So variiert die Spektralklasse von M5e bis M9e (e steht für Emissionslinien), was mit einer Schwankung der Oberflächentemperatur von 1900 bis 2500 Kelvin einhergeht. Der

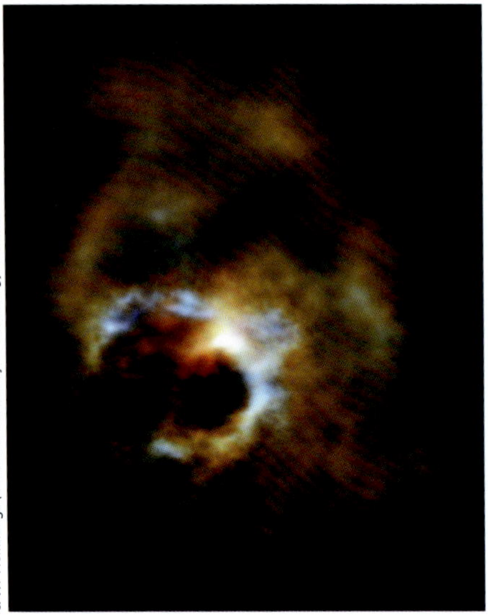

ESO/S. Ramstedt (Uppsala University, Sweden) & W. Vlemmings (Chalmers University of Technology, Sweden)

9.12 Blick in das Herz von Mira A und seinem Begleiter, Aufnahme des ALMA-Teleskops.

Miradurchmesser oszilliert um zehn bis zwanzig Prozent seines Wertes. Mira bläht sich auf und schrumpft anschließend wieder. Dies ergibt sich aus der Radialgeschwindigkeit, die um ±6 km/s variiert.

Die Gesamtleuchtkraft von Mira entspricht etwa 8000 Sonnenleuchtkräften. Mira strahlt erheblich mehr Energie im Infraroten als im sichtbaren Bereich des elektromagnetischen Spektrums aus. In der kühleren Phase steigt der Anteil der Infrarotstrahlung gegenüber dem sichtbaren Licht noch weiter an. Die absolute bolometrische Helligkeit (Gesamtleuchtkraft über alle Wellenlängen) schwankt lediglich um zwei Größenklassen, nämlich von -3^M bis etwa -5^M, was einem Intensitätsverhältnis von 1:6 entspricht.

Im Zentrum von Mira sitzt ein kontrahierender Kohlenstoffkern, umgeben von einer Helium-Brennschale, die jeweils aus drei Heliumatomkernen (Alpha-Teilchen) einen Kohlenstoffatomkern produziert (Salpeterprozess). Weiter außen umschließt das Sternenzentrum eine Wasserstoffbrennzone, in der Wasserstoffatomkerne zu Helium fusioniert werden. Mira besitzt somit zwei Energiequellen, allerdings laufen die Kernfusionsprozesse nicht völlig gleichmäßig ab. Die atomaren Fusionsprozesse hängen empfindlich von der Temperatur ab. Das Heliumbrennen nimmt mit der 32. Potenz der Temperatur zu. Bei nur einem Prozent Temperaturerhöhung steigt die Energiefreisetzung um 37 %. Der Salpeterprozess setzt bei einer Temperatur von 120 Millionen Grad ein. Eine geringfügige Erhöhung der Temperatur steigert die Energieproduktion enorm. Als Folge nimmt der Strahlungsdruck zu und bläht die äußeren Schichten von Mira auf. Dadurch werden aber die Schichten für Strahlung durchlässiger, der Energietransport von innen nach außen nimmt zu. Die zentralen Bereiche kühlen etwas ab, die Energieproduktion lässt nach, die äußeren Schichten schrumpfen wieder. Der Strahlungstransport wird vermindert, da die Schichten wieder dichter sind. Entweicht weniger Energie, so heizt sich das Zentrum wieder auf, die Energiefreisetzung schwillt wieder an. Die äußeren Sternschichten wirken somit als Ventil. Sie sind gewissermaßen ein Teil des Motors, der die Pulsation antreibt.

Bei 0,″048 scheinbarem Durchmesser gelingt es mit großen Teleskopen, das Mirasternscheibchen aufzulösen. Dabei zeigt sich, dass der Miraglobus nicht exakt kugelrund ist. Er sieht eher aus wie ein verbeulter Wasserball, meinte einst ein Astronom.

Die niedrigen Temperaturen in der Mira-Atmosphäre ermöglichen die Bildung von Molekülen und Staubpartikeln. Da die Schwerebeschleunigung an der Mira-Oberfläche recht gering ist, weht ein heftiger Sternwind, der zu einem Massenverlust von etwa einem Millionstel Sonnenmasse *pro Jahr* führt und in etwa 200 Mira-Radien eine zirkumstellare Staubhülle bildet. Die Pulsation von Mira treibt starke Stoßwellen durch die äußeren Schichten, weshalb auch die Heftigkeit des Sternwindes und die Staubbildung rhythmisch variieren. Bei stärkerer Staubbildung wird sichtbares Licht auch stärker absorbiert. Je niedriger die Temperatur, desto

Mira in Zahlen

Bezeichnungen: Mira Ceti (Mira Stella Ceti), ο Ceti, 68 Ceti, Collum Ceti (Hals des Walfisches)

Katalog-Nummern: Flamsteed Nr. 68 im Walfisch / BD -03°353 / HD 14386 / SAO 129825 / HR681/ HIP 10826 / LTT 1179

Äquatoriale Koordinaten:	α	δ
(J2000.0)	$2^h19^m21^s$	–02°58′39″
Scheinbare Helligkeit:	V = 3ᵐ,4 bis 9ᵐ,2 (Extreme: 2ᵐ,0 bis 10ᵐ,1)	
(variabel)		
Mittlere Periode:	332^d (320^d bis 370^d)	
Maximum (Epoche)	JD 2 456 813	
Mittlere Farbindices:	B–V = +1ᵐ,53 / U–B = +0ᵐ,08	
Spektraltyp (variabel):	M5e bis M9e / Mittelwert: M7e III	
Trigonometrische Parallaxe:	π = 0″,011 ± 0″,001	
Entfernung:	92 Parsec = 300 Lichtjahre	
Eigenbewegung pro Jahr:	μ_α = 0″,009	
	μ_δ = –0″,237	
Radialgeschwindigkeit:	RG = 63,8 km/s (variabel: 58 bis 70 km/s)	
Absolute Helligkeit:	-3^M bis -5^M	
Leuchtkraft (bolometrisch)	7000 Sonnenleuchtkräfte	
Masse:	1,20 Sonnenmassen	
Radius (variabel):	min. 400 Sonnenradien = 280 Millionen km = 1,87 AE	
	max. 500 Sonnenradien = 350 Millionen km = 2,34 AE	
Mittlere Dichte:	$\rho = 3 \times 10^{-9}$ g/cm³	
Oberflächentemperatur (variabel):	1800° C bis 2900° C	
Entweichgeschwindigkeit bei R_{max}:	24,6 km/s	
Alter:	6 Milliarden Jahre	
Begleiter:	**Mira B**	
Scheinbare Helligkeit:	V = 9^m bis 12^m (variabel)	
Distanz:	0″,9 bis 0″,5	
Masse:	4,2 Sonnenmassen	
Spektraltyp:	B5 VI (Subzwerg)	
Umlaufzeit:	260 Jahre	
Durchmesser:	127 000 km	
Mittlere Dichte:	4620 g/cm³	

ergiebiger die Produktion von Molekülen und Staubteilchen. Lichtminima von Mira fallen somit mit verstärkter Staubbildung zusammen, was die Absorption im sichtbaren Bereich noch erhöht.

Im sichtbaren Bereich des Spektrums wurden neben Titanoxidbanden auch Wasserstofflinien in Emission beobachtet, weshalb Alfred Harrison Joy (1882–1973) im Jahre 1918 vermutete, dass Mira eine enge, blaue Begleitsonne habe. Tatsächlich wurde am 19. Oktober 1923 von Robert Grant Aitken (1864–1951) mit dem 36-Zoll-Refraktor des Lick-Observatoriums auf dem Mt. Hamilton in Kalifornien ein heißer, bläulicher B-Stern entdeckt (VZ Ceti), der Mira in 260 Jahren umrundet. Ursprünglich als Weißer Zwerg angesehen, gehört Mira B in die Leuchtkraftklasse VI (Unterzwerge). Mira B wurde als variabel (9^m–12^m) mit einer Periode von 13 Jahren erkannt. Die Veränderlichkeit von Mira B ist eine Folge der Wechselwirkung mit der ausgedehnten Sternhülle von Mira A. Die Massenausstöße von Mira A erhitzen sich beim Aufprall auf den Begleiter, wo kurzfristig Wasserstoff-Fusion auf der Oberfläche einsetzt und den Begleiter aufleuchten lassen. Das Mira-System wird daher gerne als „sanfter symbiotischer Stern" bezeichnet. Mira ist gewissermaßen eine schwächere Version von R Aquarii, einem der Prototypen symbiotischer Sterne.

Die Materie, die von A nach B fließt, sammelt sich in einer Akkretionsscheibe um B, wo Temperaturen von einigen Millionen Kelvin auftreten, was sich in einer Röntgenemission bemerkbar macht.

Sterne am Ende ihres Lebens

Mira ist nicht der einzige Stern, der auf diese Weise Helligkeit, Radius und Temperatur variiert. Heute kennt man über 10000 langperiodische, veränderliche rote Riesensterne. Mira Ceti ist der Prototyp der Mira-Variablen.

Zu den prominenten Mira-Sternen in unserer Galaxis gehören χ Cygni, R Hydrae, R Carinae und R Leonis. Die Mira-Variablen zählen zu den kühlen, roten Überriesen sowohl der Population I als auch der Population II. Sie haben Radien zwischen 200 und 500 Sonnenradien. Sie sind umgeben von zirkumstellaren Staubhüllen. Aus ihren Nebelhüllen wehen heftige Sternwinde auf ihren Wegen zu Weißen Zwergen, deren Vorläufer sie bereits sind. Sie haben keine strikten Perioden und zeigen in Helligkeiten und Periodendauer oft große Variationen.

Mira-Sterne mit Perioden kleiner als 200 Tage haben geringere Amplituden und symmetrischere Lichtkurven als solche mit deutlich längeren Perioden und größeren Amplituden, die im Minimum beim Stillstand „schlingern", bevor wieder ein Helligkeitsanstieg erfolgt. Sie senden einen heftigen Sternwind aus und verlieren jährlich dabei rund ein Zehnmillionstel bis ein Millionstel Sonnenmassen. Ihre mittleren Oberflächentemperaturen variieren von 2400 K bis zu 3300 K.

Das Sternenpaar Mira A und B zieht auf seinem Weg durch den interstellaren Raum einen 13 Lichtjahre langen, kometenartigen Schweif hinterher. Er wurde auf Satellitenaufnahmen im Ultravioletten entdeckt. Die Partikel des Sternwindes von Mira stoßen mit den Atomen und Molekülen der interstellaren Materie zusammen und erzeugen dabei eine Leuchtspur.

Mira ist ein alternder Stern. Sein furioses Finale steht kosmisch gesehen kurz bevor. Mit nur 20% mehr Masse als unsere Sonne wird Mira nicht als Supernova aufflammen. Mira wird hingegen ihre äußere Hülle vollständig abstoßen und zu einem Planetarischen Nebel werden. Der Sternenkern wird als heißer Weißer Zwerg die Nebelhülle mit seiner intensiven UV-Strahlung zum Leuchten anregen.

Auch wenn man nicht über leistungsstarke Teleskope und die subtilen Untersuchungsmethoden der professionellen Sternforscher verfügt, so ist es doch auch für den Amateurbeobachter spannend, die Helligkeitsvariationen von Mira zu verfolgen. Die geschätzten Helligkeiten von Mira sind wie gesagt im *Himmelsjahr* monatlich angegeben. Mit Abweichungen von den vorherkalkulierten Werten ist dabei jeweils zu rechnen.

Oktober 2027

- Zum Monatsende erscheint Merkur am Morgenhimmel.
- Venus gewinnt nur langsam an östlichem Vorsprung vor der Sonne. Unter guten Sichtbedingungen kann man Venus im letzten Monatsdrittel tief im Südwesten bald nach Sonnenuntergang aufstöbern.
- Mars hat sich vom Abendhimmel verabschiedet und bleibt unsichtbar.
- Jupiter, rechtläufig im Löwen, kann am Morgenhimmel gesehen werden.
- Saturn, rückläufig in den Fischen, kommt am 18. in Opposition zur Sonne.

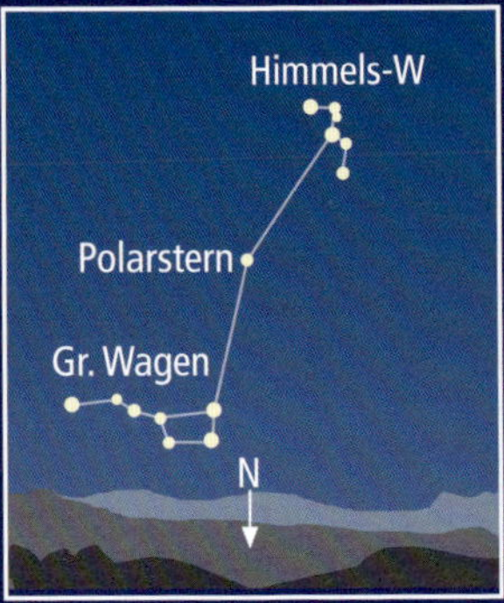

Großer Wagen und Himmels-W Anfang Oktober um 22 Uhr MEZ

10.1 Anblick des Osthimmels am 26. Oktober gegen 5^h MEZ (= 6^h MESZ). An Jupiter im Löwen zieht die dünne Sichel des abnehmenden Mondes vorbei.

1 Fr	
2 Sa	
3 So	Tag der Deutschen Einheit
4 Mo	Mond bei Antares – abends
5 Di	
6 Mi	
7 Do	Erstes Viertel
8 Fr	
9 Sa	
10 So	
11 Mo	
12 Di	
13 Mi	
14 Do	
15 Fr	Vollmond
16 Sa	
17 So	
18 Mo	Saturn in Opposition
19 Di	
20 Mi	
21 Do	
22 Fr	Letztes Viertel
23 Sa	
24 So	
25 Mo	
26 Di	Österreichischer Nationalfeiertag Mond bei Jupiter – morgens
27 Mi	
28 Do	
29 Fr	Neumond
30 Sa	
31 So	Reformationstag Ende der Sommerzeit

SONNE – STERNBILDER

23.10. 17ʰ:
Sonne tritt in das Tierkreiszeichen Skorpion

31.10. 22ʰ:
Sonne tritt in das Sternbild Waage

Julianisches Datum am
1. Oktober, 1ʰ MEZ: 2 461 679,5

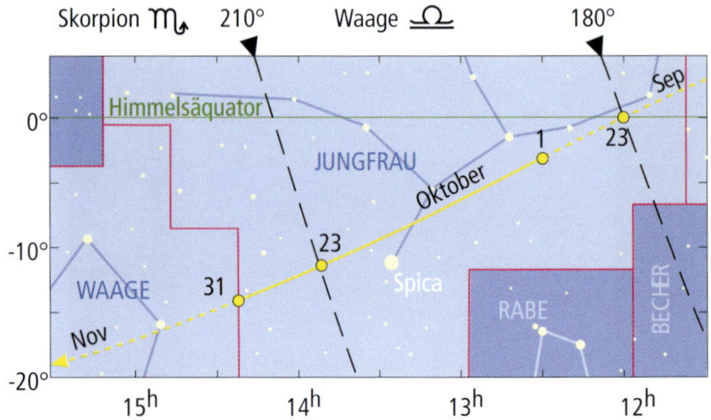

SONNENLAUF

Tag	Dämmerg. Anfang	Aufgang MEZ	Kulmination	Untergang MEZ	Dämmerg. Ende	Mittagshöhe	Zeitgleichg.	Rektaszension	Deklination
	h m	h m	h m	h m	h m	°	m	h m	°
1.	5 09	6 19	12 10	17 59	19 09	36,8	+10	12 26	– 2,8
5.	5 16	6 25	12 08	17 50	19 00	35,3	+12	12 41	– 4,4
10.	5 23	6 33	12 07	17 40	18 49	33,4	+13	12 59	– 6,3
15.	5 31	6 41	12 06	17 29	18 39	31,5	+14	13 18	– 8,2
20.	5 39	6 49	12 05	17 19	18 30	29,7	+15	13 36	–10,0
25.	5 46	6 57	12 04	17 10	18 21	27,9	+16	13 55	–11,8
31.	5 55	7 07	12 04	16 59	18 11	25,9	+16	14 18	–13,8

Sonntag, 31. Oktober 2027: Ende der Sommerzeit!

TAGES- UND NACHTSTUNDEN

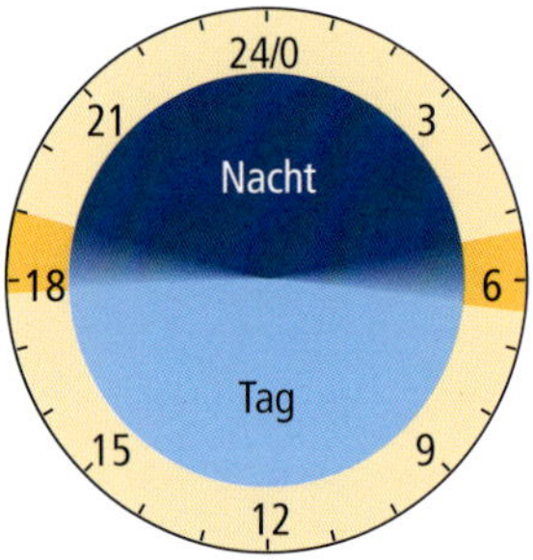

5. Oktober

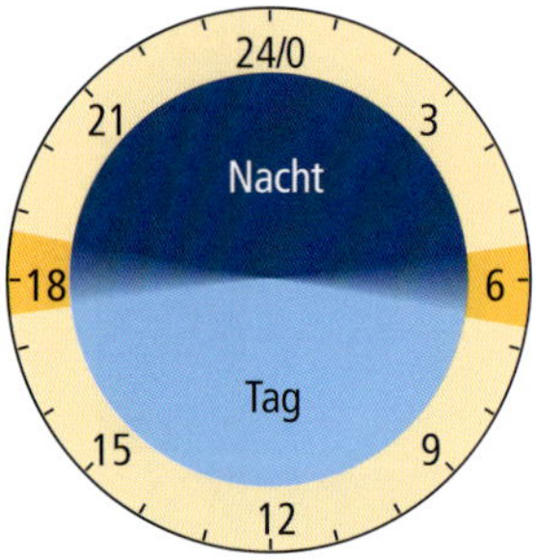

15. Oktober

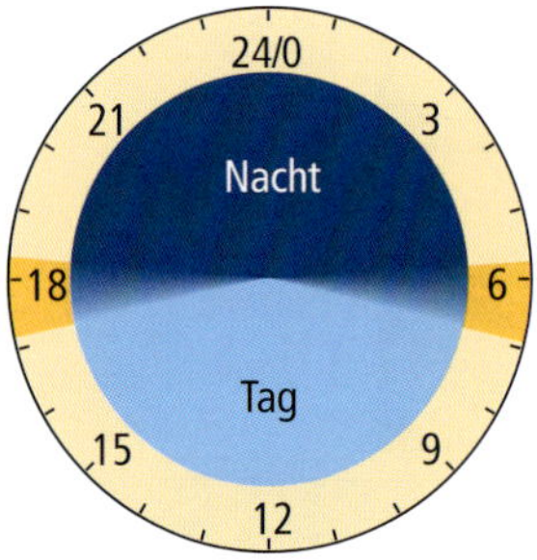

25. Oktober

MONDLAUF

Datum		Aufg. MEZ	Kulmination	Unterg. MEZ	Rektaszension	Deklination	Sterne und Sternbilder	Phase	MEZ
		h m	h m	h m	h m	°			
Fr	1.	8 10	13 12	18 01	13 03	−11,9	Spica		
Sa	2.	9 33	14 04	18 25	13 57	−17,3	Jungfrau	Größte Südbreite	
So	3.	10 53	14 58	18 55	14 52	−21,7	Waage	Libration West	
Mo	4.	12 06	15 52	19 35	15 48	−24,8	Skorpion		
Di	5.	13 08	16 46	20 24	16 44	−26,5	Antares		
Mi	6.	13 58	17 39	21 23	17 40	−26,9	Schlangenträger		
Do	7.	14 35	18 29	22 29	18 34	−25,8	* Schütze, Nunki	**Erstes Viertel**	**$12^h 47^m$**
Fr	8.	15 04	19 17	23 38	19 26	−23,7	Schütze, Nunki		
Sa	9.	15 26	20 02	–	20 16	−20,5	* Steinbock	Erdferne 405/29,′5 Aufsteigender Knoten	17^h
So	10.	15 43	20 45	0 48	21 03	−16,5	Steinbock		
Mo	11.	15 58	21 26	1 57	21 48	−11,8	Steinbock		
Di	12.	16 12	22 07	3 05	22 32	− 6,7	Wassermann		
Mi	13.	16 26	22 48	4 14	23 15	− 1,2	Fische		
Do	14.	16 40	23 31	5 25	23 59	+ 4,3	Fische		
Fr	15.	16 57	–	6 38	0 45	+ 9,8	Fische	**Vollmond**	**$14^h 47^m$**
Sa	16.	17 17	0 16	7 53	1 33	+15,0	Fische	Größte Nordbreite Libration Ost	
So	17.	17 43	1 05	9 11	2 25	+19,6	Widder, Hamal		
Mo	18.	18 19	1 58	10 28	3 19	+23,3	Stier, Plejaden		
Di	19.	19 07	2 55	11 40	4 18	+25,8	Stier, Plejaden		
Mi	20.	20 10	3 54	12 41	5 19	+26,8	Stier, Alnath		
Do	21.	21 25	4 54	13 29	6 20	+26,1	Zwillinge		
Fr	22.	22 48	5 53	14 05	7 21	+23,8	Pollux	**Letztes Viertel**	**$18^h 30^m$**
Sa	23.	–	6 49	14 32	8 20	+20,0	Krebs, Krippe	Absteigender Knoten	
So	24.	0 12	7 42	14 53	9 15	+15,1	Krebs		
Mo	25.	1 36	8 33	15 11	10 09	+ 9,3	Löwe, Regulus	Erdnähe 369/32,′4	7^h
Di	26.	2 59	9 22	15 28	11 00	+ 3,0	Löwe		
Mi	27.	4 21	10 10	15 45	11 51	− 3,4	Jungfrau		
Do	28.	5 43	11 00	16 03	12 43	− 9,6	Jungfrau		
Fr	29.	7 06	11 51	16 25	13 35	−15,2	Spica	**Neumond Nr. 1297** Größte Südbreite	**$14^h 36^m$**
Sa	30.	8 27	12 44	16 53	14 30	−20,0	Waage		
So	31.	9 44	13 39	17 28	15 25	−23,6	Waage	Libration West	

DER ABNEHMENDE HALBMOND WANDERT AN WASAT VORBEI

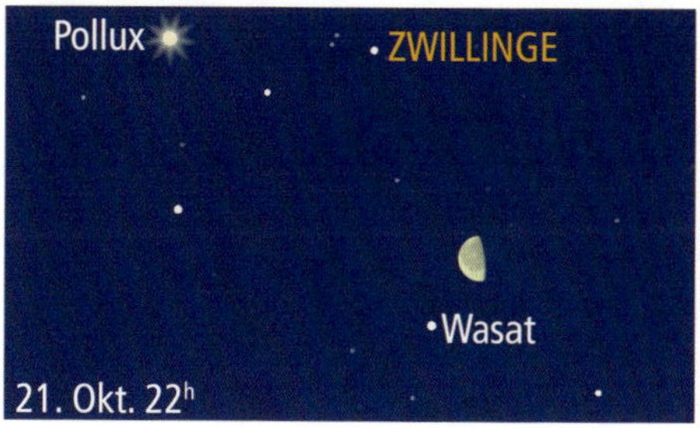

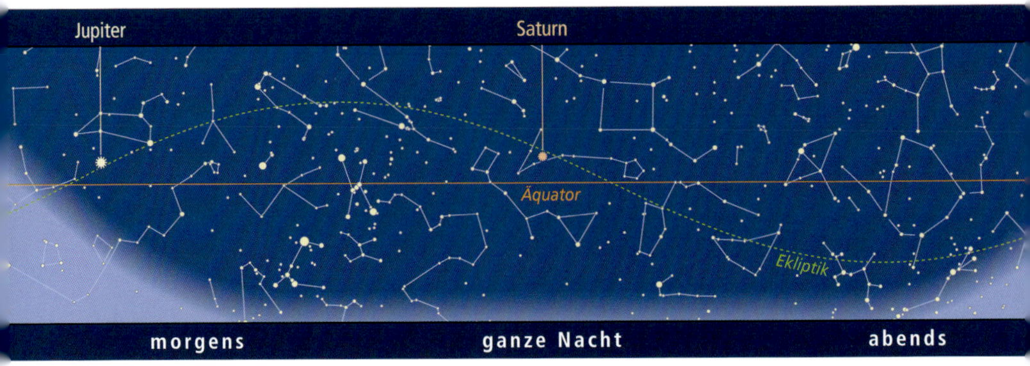

MERKUR beendet am 7. seine Rechtläufigkeit und wird rückläufig. Die Begegnung mit Venus am 10. bleibt unbeobachtbar. In untere Konjunktion kommt der flinke Planet am 19. Damit wechselt er die Seiten: Zum Monatsende erscheint Merkur am Morgenhimmel.

Seine Konjunktionsschleife zieht er im Sternbild der Jungfrau (siehe Abb. 10.4 auf Seite 209). Am 28. geht der $0\overset{m}{,}6$ helle Planet um 5^h35^m auf. Gegen 6^h15^m verblasst er in der zunehmenden Morgenhelle. Bis 31. steigert sich seine Helligkeit auf $-0\overset{m}{,}2$, sein Aufgang verfrüht sich um zehn Minuten. Seine Rückläufigkeit beendet Merkur am 28., anschließend ist er wieder rechtläufig.

10.2 Heliozentrischer Anblick des Planetensystems im letzten Jahresviertel 2027. Eingetragen sind im linken Teil die Positionen der inneren Planeten für den 1. Oktober (10), den 1. November (11), den 1. Dezember 2027 (12) und den 1. Januar 2028 (1). Der rechte Teil zeigt das äußere Planetensystem samt einigen Planetoiden zu Anfang und Ende des letzten Jahresviertels. Die Pfeile deuten die Richtungen zu den ferneren Planeten sowie zum Frühlingspunkt an.

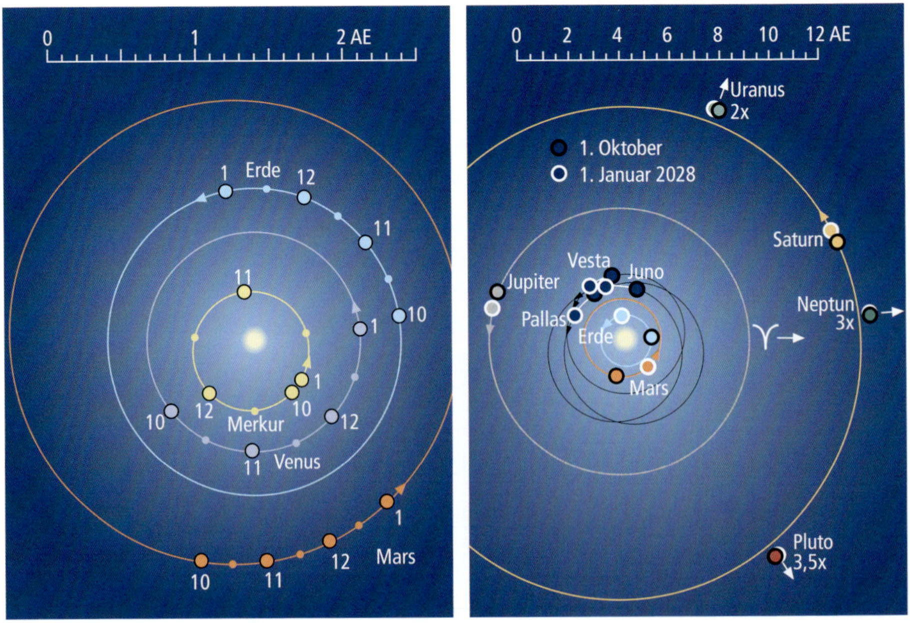

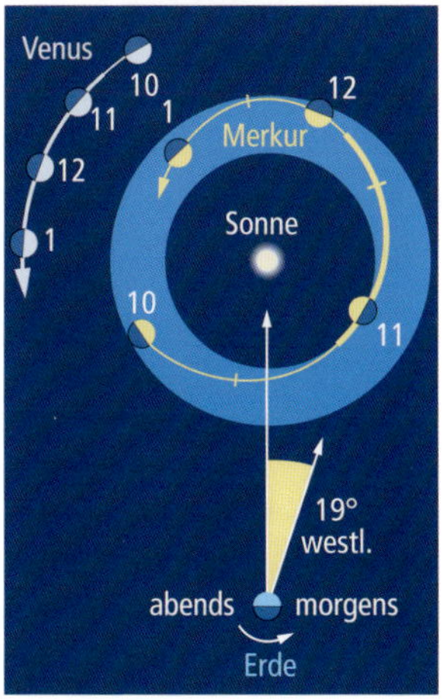

10.3 Heliozentrische Bewegungen von Merkur und Venus *relativ* zur Erde. In den dicker ausgezogenen Bahnteilen sind die Planeten beobachtbar. Die Zahlen geben die Positionen jeweils zum Monatsersten an. Östlicher Winkelabstand bedeutet Abendsichtbarkeit; westliche Elongation: Planet steht am Morgenhimmel.

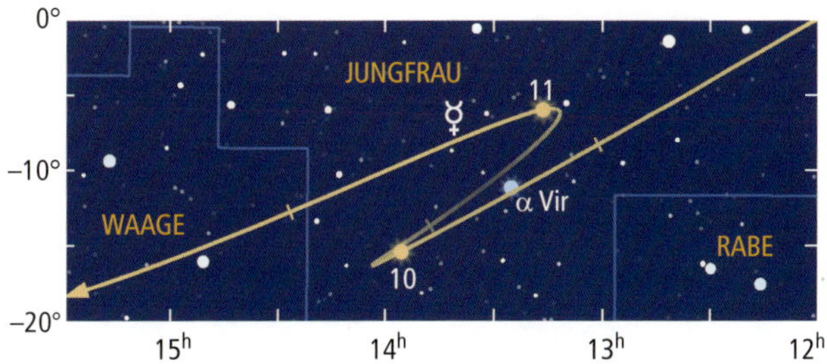

10.4 Konjunktionsschleife von Merkur im Sternbild Jungfrau.

Der abnehmende Mond wandert am 28. in 6°,7 südlichem Abstand an Merkur vorbei. Am 28. rast Merkur abermals durch das Perihel seiner stark elliptischen Bahn.

VENUS gewinnt nur langsam an östlichem Vorsprung vor der Sonne, die ihr im Tierkreis folgt. Während des Monats wächst ihr östlicher Elongationswinkel auf gut 21° an. Allerdings bewegt sich Venus entlang dem absteigenden Ast des Tierkreises, weshalb ihre Tagbögen immer kleiner werden. Venus läuft durch das Sternbild Jungfrau und passiert dessen Hauptstern Spica (α Virginis) am 2. in 3° nördlichem Abstand. Am 14. wechselt Venus in das Sternbild Waage.

Unter guten Sichtbedingungen können versierte Beobachter Venus im letzten Monatsdrittel tief im Südwesten bald nach Sonnenuntergang aufstöbern. Am 20. geht die $-3^{m},9$ helle Venus um 17^h59^m (= 18^h59^m Sommerzeit) unter und am 31. Oktober schon um 17^h48^m, wobei die scheinbare Venushelligkeit konstant bei $-3^{m},9$ bleibt. Die Begegnung mit Merkur am 10. kann nicht verfolgt werden. Im Teleskop zeigt sich die knapp 11″ kleine Venus kugelrund – also fast voll beleuchtet. Beleuchtungsgrad am 31.10.: 93 %.

MARS hat sich vom Abendhimmel verabschiedet und bleibt unsichtbar. Der rote Planet läuft

KONSTELLATIONEN UND EREIGNISSE

Datum	MEZ	Ereignis
1.	8^h	Mond bei Venus, Mond 6°,2 südlich
2.	1	Mond bei Merkur, Mond 1°,8 südlich
3.	10	Mond bei Mars, Mond 4°,5 südlich
7.	17	Merkur im Stillstand, anschließend rückläufig
10.	14	Merkur bei Venus, Merkur 4°,2 südlich
14.	11	Mond bei Neptun, Mond 6°,3 nördlich
16.	1	Mond bei Saturn, Mond 8°,3 nördlich
18.	2	**Saturn in Opposition** zur Sonne
18.	17	Pluto im Stillstand, anschließend rechtläufig
19.	6	Mond bei Uranus, Mond 4°,4 nördlich
19.	17	Merkur in unterer Konjunktion mit der Sonne
26.	11	**Mond bei Jupiter**, Mond 4°,9 südlich, **Abstand 4°,8 um 5^h**
28.	4	Merkur im Stillstand, anschließend rechtläufig
28.	7	Merkur im Perihel
28.	14	Mond bei Merkur, Mond 6°,7 südlich
31.	9	Mond bei Venus, Mond 4°,4 südlich

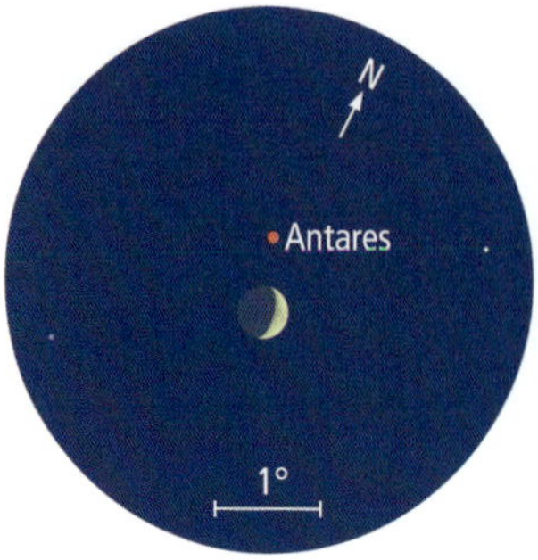

10.5 Die Sichel des zunehmenden Mondes zieht am 4. Oktober an Antares im Skorpion südlich vorbei. Fernglasanblick gegen 19^h MEZ (= 20^h MESZ).

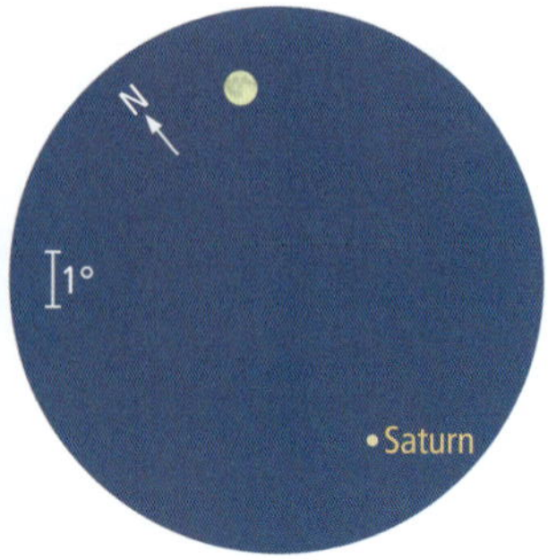

10.6 Der Vollmond begegnet Saturn am 15. Oktober. Opernglasanblick gegen 20^h MEZ (= 21^h MESZ).

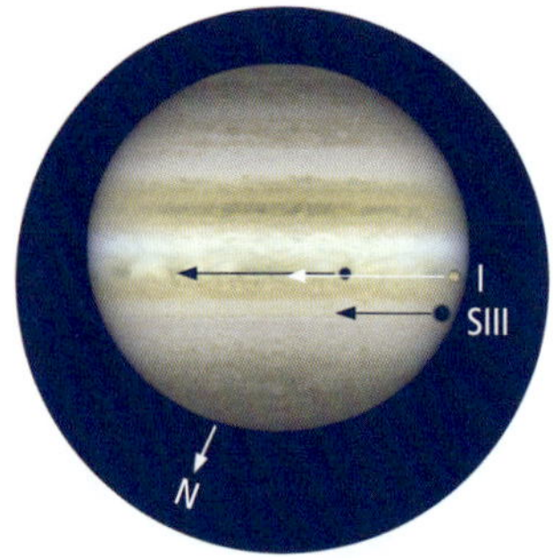

21. Oktober, 6^h40^m MESZ: Io eilt seinem Schatten hinterher während er Ganymeds Schatten überholt.

durch das Sternbild Waage, wechselt am 15. in den Skorpion und dringt am 27. in den Schlangenträger (Ophiuchus) ein.

Der $1^{m}\!,4$ helle Mars verfrüht seine Untergänge von 19^h19^m (= 20^h19^m Sommerzeit) zu Monatsbeginn auf 18^h22^m zu Monatsende. Am 30. beträgt der Durchmesser des Marsscheibchens nur mehr $4''\!,3$.

Der Herbst beginnt auf der Nordhalbkugel des Mars am 17. um 13^h14^m. Dann beginnen dort auch die Winterstürme.

JUPITER, rechtläufig im Löwen, kann am Morgenhimmel gesehen werden. Seine Aufgänge verlagert der Riesenplanet von 4^h07^m (= 5^h07^m Sommerzeit) zu Monatsbeginn auf 3^h28^m zur Monatsmitte und auf 2^h42^m Ende Oktober. Die Jupiterhelligkeit steigt leicht auf $-1^{m}\!,8$ an.

Ein netter Himmelsanblick ergibt sich am 26. gegen 5^h (= 6^h Sommerzeit), wo außer Jupiter auch die Sichel des abnehmenden Mondes tief am Osthimmel zu sehen ist (siehe Abb. 10.1 auf Seite 204).

SATURN, rückläufig in den Fischen, kommt am 18. in **Opposition** zur Sonne. Am Oppositionstag geht der $0^{m}\!,1$ helle Ringplanet um 17^h30^m auf, kulminiert in der Oppositionsnacht um 0^h06^m und geht morgens um 6^h41^m unter.

Seine Kulminationshöhe erreicht auf 50° nördlicher Breite immerhin fast 47° über dem Südpunkt am Horizont.

Am Tag der Opposition erreicht Saturn seine kleinste Entfernung von der Erde. Die Saturndistanz beträgt dann 1244 Millionen Kilometer (= 8,32 AE). Das Licht legt diese Strecke in einer Stunde und neun Minuten zurück. Von der Sonne ist Saturn zur Opposition 1393 Millionen Kilometer (= 9,31 AE) entfernt. Dies entspricht einer Lichtlaufzeit von einer Stunde und siebzehn Minuten.

Im Fernrohr zeigt sich die stark abgeplattete Saturnkugel (1:10) mit einem scheinbaren Äquatordurchmesser von 20″ und einem Poldurchmesser von 18″. Der Ring ist 13° geöffnet, man blickt auf seine Südseite. Die Längsachse des Ringes hat eine Ausdehnung von $45''\!,4$, der Querduchmesser senkrecht zur Längsachse weist $10''\!,1$ auf. Saturn wird damit bei etwa 200-facher Vergrößerung zu einem beeindruckenden Himmelsobjekt.

Der noch volle Mond passiert Saturn am 16. in $8^{\circ}\!,3$ nördlichem Abstand (siehe Abb. 10.6 oben). Am 18. nimmt Saturn seine größte heliozentrische Südbreite von −2°29′10″ ein.

URANUS, rückläufig im Sternbild Stier, nähert sich seiner Oppositionsstellung zur Sonne, die er aber erst Ende November einnimmt. Der grünliche Planet geht immer früher auf, am 1. um 20^h13^m (= 21^h13^m Sommerzeit), am 15. um 19^h17^m und am

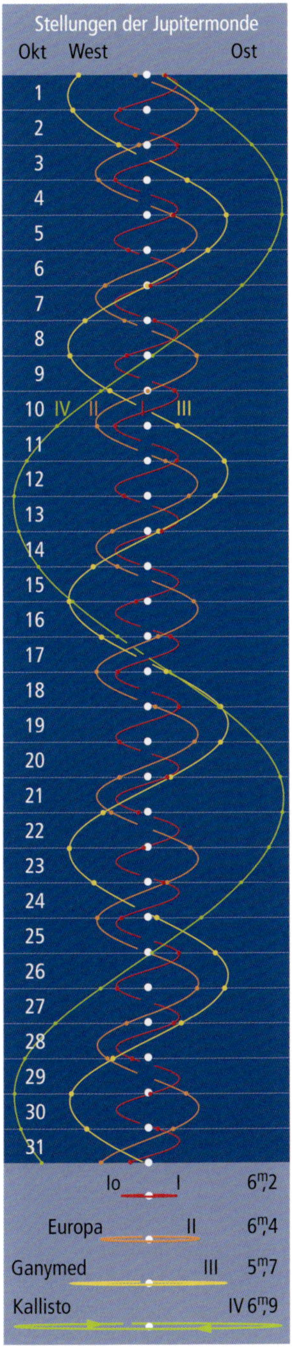

31. bereits um 18^h13^m. Die beste Zeit, um den sonnenfernen Planeten zu beobachten, ist die Stunde um seine Kulmination. Sein Meridiandurchgang erfolgt am 1. um 4^h14^m und am 15. um 3^h18^m. Am Monatsletzten passiert der $5^m{,}6$ helle Uranus schon um 2^h13^m die Mittagslinie. Um Uranus zu finden, nutze man das Aufsuchkärtchen Abb. 11.8 auf Seite 232.

NEPTUN verzögert seine ohnehin langsame, rückläufige Bewegung im Sternbild der Fische (siehe Abb. 9.5 auf Seite 191). Zum völligen Stillstand kommt er aber erst Mitte Dezember.

Der bläuliche Planet kann in der ersten Nachthälfte und bis etwa 4^h morgens zu Monats-

JUPITERMONDE

Tag	MEZ	Vorgang	
	h m		
13.	5 34	I	VA
14.	4 14	III	DA
	4 52	III	SE
	5 11	I	SE
17.	4 29	IV	VA
	5 25	II	DE
21.	4 48	I	SA
	5 25	III	SA
	5 35	I	DA
22.	5 01	I	BE
24.	5 25	II	DA
29.	3 49	I	VA
30.	4 20	I	DE

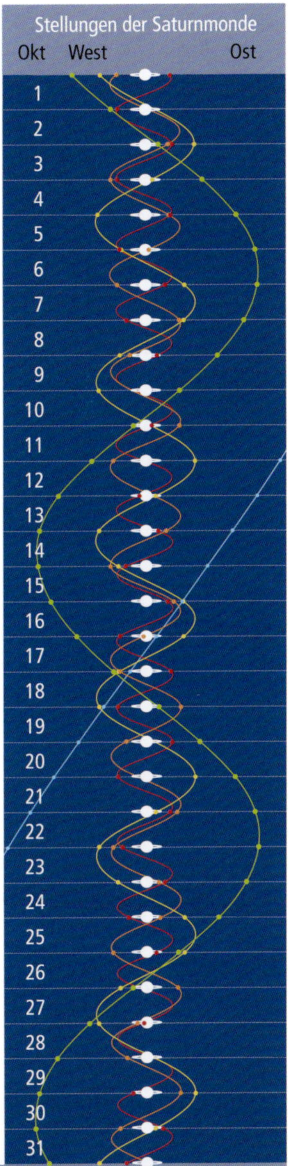

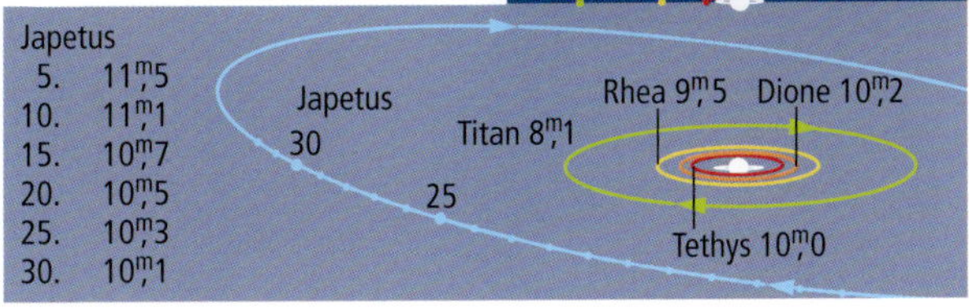

anfang beobachtet werden. Seine Kulminationen verlagert er in die Abendstunden. Am 1. passiert Neptun um $0^{h}03^{m}$ (= $1^{h}03^{m}$ Sommerzeit) den Meridian und geht um $6^{h}09^{m}$ unter. Am 31. kulminiert der mit nur $7\overset{m}{,}8$ Helligkeit lichtschwache Planet schon um $21^{h}59^{m}$ und sinkt um $4^{h}07^{m}$ unter die westliche Horizontlinie. Nach 2^{h} morgens wird man vergeblich nach Neptun suchen.

PLANETOIDEN UND ZWERGPLANETEN

PLUTO beendet am 18. nachmittags seine Rückläufigkeit und wird im Sternbild Steinbock wieder rechtläufig. Damit ist seine Oppositionsperiode vorüber (siehe Abb. 7.6 auf Seite 156). Er kulminiert an diesem Tag um $19^{h}05^{m}$ (= $20^{h}05^{m}$ MESZ) und geht um $23^{h}03^{m}$ unter.

VESTA (4) eilt rechtläufig durch das Sternbild Krebs. Am 16. zieht sie $1\overset{\circ}{,}1$ südlich an Praesepe (M 44) vorbei. Am 20. passiert sie nur $0\overset{\circ}{,}2$ nördlich Asellus Australis (δ Cancri; $3\overset{m}{,}9$). Ihre Helligkeit nimmt im Laufe des Oktober deutlich von $8\overset{m}{,}3$ auf $8\overset{m}{,}0$ zu. Der Lauf von Vesta ist aus der Sternkarte Abb. 12.5 auf Seite 253 zu ersehen. Der abnehmende Halbmond wandert am 23. mittags $0\overset{\circ}{,}6$ südlich an Vesta vorbei. Am 1. geht Vesta um $0^{h}19^{m}$ auf und kulminiert um $8^{h}01^{m}$ (= $9^{h}01^{m}$ Sommerzeit). Bis 15. verfrühen sich ihre Kulminationen auf $7^{h}25^{m}$. Am 31. schließlich passiert Planetoid Nr. 4 den Meridian bereits um $6^{h}41^{m}$, nachdem ihr Aufgang schon um $23^{h}05^{m}$ erfolgt ist.

PERIODISCHE STERNSCHNUPPENSTRÖME

Das Maximum der **DELTA-DRACONIDEN** wird in diesem Jahr in der Nacht vom 8. auf 9. erwartet. Die Meteore dieses Stromes dringen langsam (21 km/s) in die Atmosphäre ein. Hohe Raten wurden zuletzt in den Jahren 2011 (ZHR immerhin 400), 2012 (vorrangig schwache Meteore) sowie 2018 (ZHR 120 über mehrere Stunden) beobachtet. 2024 waren es immerhin rund 15 pro Stunde. Nach der Perihelpassage im März 2025 wurde die Bahn des Ursprungskometen 21P/Giacobini-Zinner so gestört, dass er der Erde nicht mehr so nahekommt. Die vorher freigesetzten Staubteilchen werden uns aber auch in den kommenden Jahren noch begegnen.

Von Anfang Oktober bis in die erste Novemberwoche sind die **ORIONIDEN** aktiv, deren Ursprung auf den Halleyschen Komet deutet. Mit dem Maximum ist am 22. Oktober zu rechnen, wobei etwa 25 bis 30 Meteore pro Stunde zu erwarten sind. Die Frequenz ist von Jahr zu Jahr verschieden. In den Jahren 2006 bis 2009 passierte die Erde die durch Jupiters Einfluss konzentrierte Trümmerwolke. Der Strom ist insgesamt sehr breit und seine Meteore können vom 1. Oktober bis zum 7. November beobachtet werden, am besten jeweils in der Zeit nach Mitternacht, wenn das Sternbild Orion hoch am Himmel steht. Der Radiant liegt etwa 10° nordöstlich von Beteigeuze. Es handelt sich bei den Orioniden um sehr schnelle Objekte mit Eintrittsgeschwindigkeiten um 65 Kilometer pro Sekunde.

Ferner seien die **EPSILON-GEMINIDEN** erwähnt, die vom 14. bis 27. Oktober lediglich zwei bis drei Meteore pro Stunde liefern. Das Maximum wird am 18. erwartet.

Weitere schwache Ströme sind die **LEONIS-MINORIDEN**, die vom 19. bis 27. auftreten (Maximum am 24.). Für Beobachtungen sollte vorzugsweise die Zeit nach Mitternacht genutzt werden.

Aus dem Bereich Widder/Stier sind die **NÖRDLICHEN** und die **SÜDLICHEN TAURIDEN** zu verfolgen, die vom Kometen 2P/Encke stammen.

VERÄNDERLICHE STERNE

Algol-Minima		β-Lyrae-Minima		δ-Cepheï-Maxima		Mira-Helligkeit	
2.	$22^{h}31^{m}$	1.	20^{h} N	4.	19^{h}	1.	9^{m}
5.	19 22	8.	7 H	10.	4	10.	9
20.	3 24	14.	18 N	15.	13	20.	9
23.	0 14	21.	6 H	20.	22	31.	8
25.	21 03	27.	17 N	26.	7		
28.	17 52			31.	15		

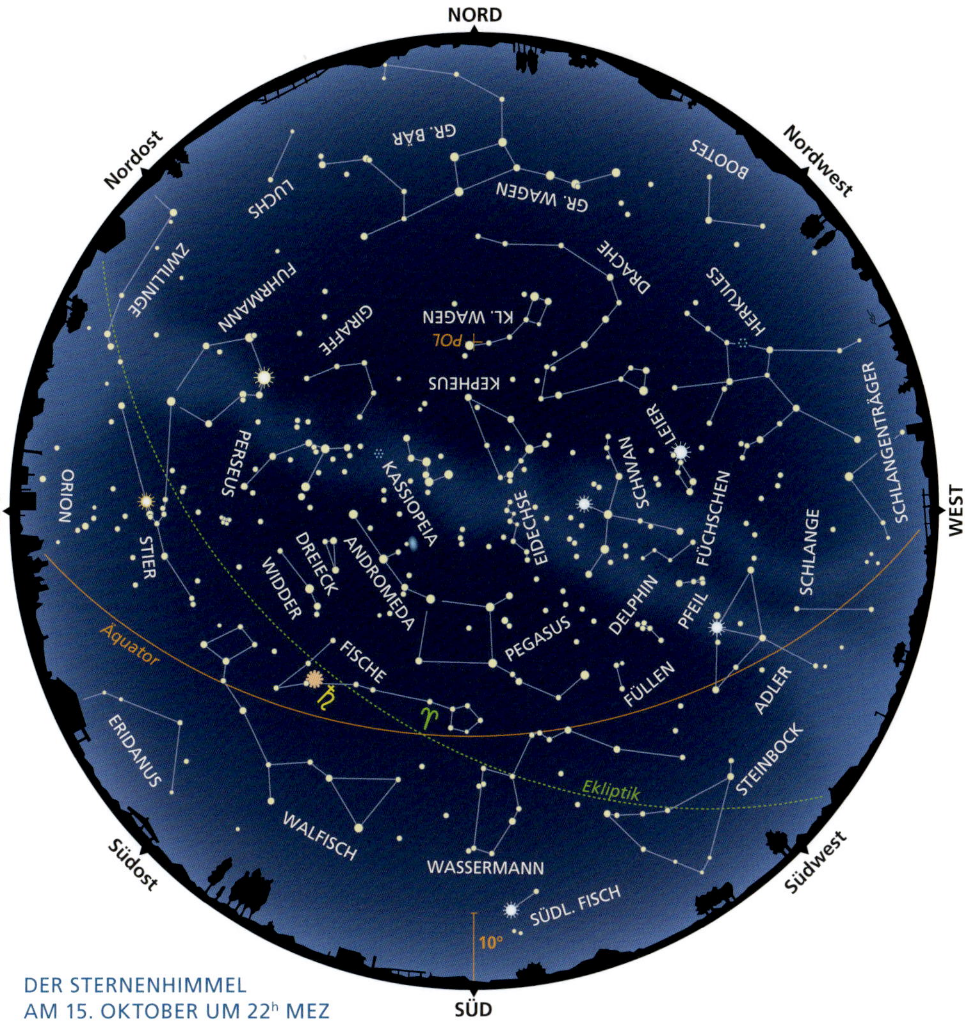

DER STERNENHIMMEL
AM 15. OKTOBER UM 22^h MEZ

Die Sternkarte ist auch gültig für:

	MEZ	MESZ
1. 8.	3^h	4^h
15. 8.	2	3
1. 9.	1	2
15. 9.	0	1
1.10.	**23**	**24**
15.10.	**22**	**23**
31.10.	**21**	
15.11.	20	
30.11.	19	
15.12.	18	

In der westlichen Himmelshälfte dominiert noch das Sommerdreieck. Arktur im Bootes ist schon untergegangen. Auch der ausgedehnte und lichtschwache Herkules nähert sich dem Nordwesthorizont.

Der Himmelsanblick wird von der Andromeda-Gruppe charakterisiert. Diese Sternbildergruppe, die fast den gesamten Osthimmel einnimmt, setzt sich aus den Bildern Kassiopeia, Kepheus, Andromeda, Pegasus, Perseus und Cetus (Walfisch) zusammen. Zwar sind diese Herbstbilder längst nicht so hell wie die leuchtkräftigen Wintersternbilder, denn es fehlen Sterne erster Größenklasse. Aber sie haben ihren eigenen Reiz und sind mit Ausnahme des Cetus alle verhältnismäßig leicht auszumachen.

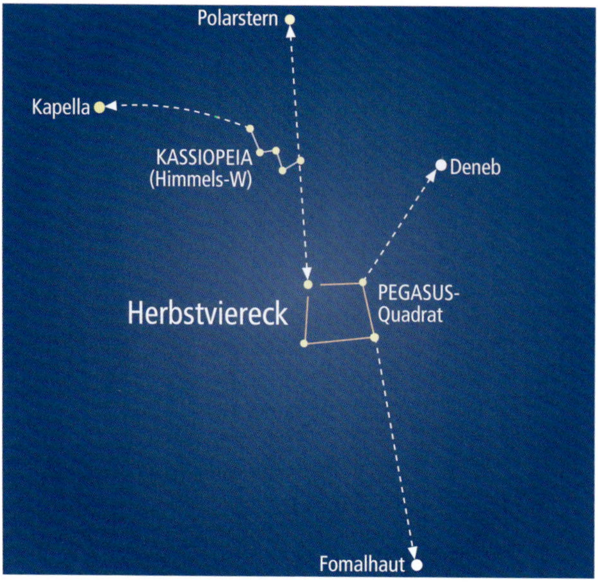

10.7 Vom Herbstviereck (Pegasusquadrat) ausgehend findet man schnell die Kassiopeia, den Polarstern, Deneb und Fomalhaut, Hauptstern des Sternbildes Südlicher Fisch.

Die charakteristische Sternenfigur des Himmels-Ws, die Kassiopeia, steht zurzeit hoch über dem Beobachter, fast im Zenit. Die mittlere Spitze des Ws deutet ungefähr in Richtung des Polarsterns. Verlängert man diese Sichtlinie zum Nordhorizont hinunter, so trifft man auf den Großen Wagen, der jetzt seine tiefste Stellung knapp über dem Nordhorizont einnimmt. Deshalb ist er an Herbstabenden und auch nicht so leicht zu entdecken.

Zwischen Polarstern und Zenit nimmt der Kepheus seinen Platz ein. König Kepheus ist der Gemahl der Kassiopeia. Im Gegensatz zur Kassiopeia ist die Figur des Kepheus nicht so leicht zu erfassen. Kassiopeia und Kepheus sind die Eltern der Prinzessin Andromeda, die jetzt ebenfalls am Herbsthimmel vertreten ist. Die Andromeda ist als Sternenkette südlich der Kassiopeia leicht zu erkennen. An der Sternenkette hängt das Pegasusquadrat, auch Herbstviereck genannt.

Der Pegasus nimmt hoch im Süden seinen Platz ein. Das markante Sternenquadrat des Pegasus ist leicht zu erkennen. Die westliche Kante markiert zur Standardbeobachtungszeit ziemlich genau den Himmelsmeridian. Zum Pegasus gehört noch sein Kopf mit der Nase, der den Meridian schon passiert hat.

Der heldenhafte Retter der Andromeda, der Perseus, mit dem Schwert in der einen und dem abgeschlagenen Haupt der Medusa in der anderen Hand, gehört ebenfalls zu den Herbstbildern. Perseus steht jetzt hoch im Osten zwischen der Andromeda und dem Hauptstern im Fuhrmann, der gelblichen Kapella, die unübersehbar im Nordosten strahlt.

Am schwierigsten zu identifizieren von den Bildern um die Andromedasage ist sicher der Walfisch, lateinisch Cetus genannt. Der Cetus ist das schreckliche Meeresungeheuer vor der Küste Äthiopiens, dem die Prinzessin Andromeda geopfert werden soll. Zum Glück eilt Perseus mit seinen Flügelschuhen durch die Lüfte herbei und tötet den Cetus, indem er ihm das abgeschlagene Medusenhaupt präsentiert. Augenblicklich erstarrt der Cetus beim fürchterlichen Anblick der Medusa zu Stein.

Im Walfisch findet sich unter anderem der berühmte veränderliche Stern Mira (o Ceti), ein langperiodischer Pulsationsvariabler, dessen Helligkeitsdaten unter der monatlichen Tabelle „Veränderliche Sterne“ verzeichnet sind.

Nördlich des Cetus und südlich von Andromeda und Pegasus sind die beiden Fische beheimatet. Als Tierkreisbild sind sie wohlbekannt, am Himmel entdeckt man sie nicht so leicht, da sie nur aus lichtschwächeren Sternen gebildet werden und deshalb am Firmament kaum auffallen. Vor allem beim aufgehellten Nachthimmel in unseren Städten und Siedlungen sind die Sterne der Fische mit bloßen Augen kaum mehr zu sehen. Zurzeit gibt Saturn ein Gastspiel in den Fischen.

Tief im Osten kündet der eben aufgegangene Stier (lat.: Taurus) vom nahen Winter. Außer Aldebaran, dem Hauptstern des Stieres (α Tauri), fällt noch das Siebengestirn, der offene Sternhaufen der Plejaden, auf.

Knapp über dem Südhorizont, noch in Meridiannähe, funkelt ein Stern erster Größe. Es handelt sich um Fomalhaut im Sternbild Südlicher Fisch (lat.: Piscis Austrinus). Der Name Fomalhaut kommt aus dem Arabischen und heißt so viel wie „Maul des Fisches".

10.8 Skelettkarte des Sternbildes Pegasus mit dem Herbstviereck. Es gilt als Leitsternbild des Herbstes. Eingetragen ist auch die Position des Kugelsternhaufens M 15.

Wenn Schwarze Löcher verschmelzen ...

Schwarze Löcher sind faszinierende Himmelsobjekte, die auch in Laienkreisen auf großes Interesse stoßen und rege diskutiert werden. Die Bezeichnung Schwarze Löcher (engl.: Black Holes) deutet an, dass ihnen nichts entrinnen kann, nicht einmal Licht. Sie werden zu Recht „Schwerkraftfallen im Universum" genannt.

Die Vorstellung, es könne Sterne geben, die so massereich sind, dass nicht einmal Photonen ihre Oberfläche verlassen können, ist sehr alt. Schon im Jahre 1783 hat Reverend John Michell (1724–1793) bemerkt, dass besonders schwere Sterne die Lichtteilchen gefangen halten könnten. Unabhängig von ihm hat auch Pierre Simon de Laplace (1749–1827) fast zeitgleich diese Vermutung geäußert. Sie waren von Isaac Newtons Theorie überzeugt, dass Licht aus Korpuskeln besteht, die sich mit ungeheurer Geschwindigkeit ausbreiten. Wenn solche Sterne kein Licht aussenden können, blieben sie eben dunkel. Daher kann man sie nicht sehen. Da sie unsichtbar sind, ist es zwecklos, nach ihnen zu fahnden. Über ihre Existenz kann man nur spekulieren. Aus der ART (Allgemeinen Relativitätstheorie) von Albert Einstein (1879–1955) folgt, dass es für jede kugelförmige Masse einen Radius gibt, bei dem die Entweich- oder Fluchtgeschwindigkeit gleich der Lichtgeschwindigkeit wird. Sie hängt vom Gravitationspotenzial und somit von der Masse (M) *und* dem Radius (R) des Himmelskörpers ab. Somit kann kein Licht bzw. keine elektromagnetische Strahlung das Objekt verlassen und auch sonst nichts. Man nennt die Oberfläche eines solchen Objektes daher auch Ereignishorizont. Was jenseits des Ereignishorizonts vor sich geht, davon erfährt man prinzipiell nichts.

Einstein sprach von Kollapsaren (von engl. collapsing stars). Die Bezeichnung „Black Hole" (Schwarzes Loch) wurde erst 1968 von John Archibald Wheeler (1911–2008) eingeführt, dem Nachfolger von Albert Einstein am Lehrstuhl für Physik in Princeton.

Man nennt den Radius einer Masse, bei der ein Objekt zu einem Schwarzen Loch wird, „Schwarzschildradius" zu Ehren des Astrophysikers Karl Schwarzschild (1873–1916), der als Erster kurz vor seinem Tod bereits 1916 eine Lösung der Einsteinschen Feldgleichungen der ART fand.

Beim Sturz in ein Black Hole werden alle Strukturen zerstört, alle Informationen gehen verloren. Die Entropie (S) erreicht ein Maximum. Nur drei Größen bleiben erhalten: Masse (M), Drehimpuls (D) und elektrische Ladung (Q). Sie charakterisieren ein Black Hole vollständig. Da die Materie im Universum weitgehend elektrisch neutral ist, so haben die real existierenden Schwarzen Löcher nur Masse und Drehimpuls als Eigenschaften.

Die Oberfläche eines Black Hole ist weder fest noch flüssig oder gasförmig. Sie ist einfach leer. Nichts hemmt einen Sturz in ein Black Hole. Die Oberfläche eines Black Holes ist die Fläche einer Kugel mit dem Schwarzschildradius. Da nichts ein Schwarzes Loch verlassen kann, spricht man auch vom Ereignishorizont. Was in ein Schwazes Loch hineinfällt, ist für immer

10.9 Schema eines Schwarzen Loches

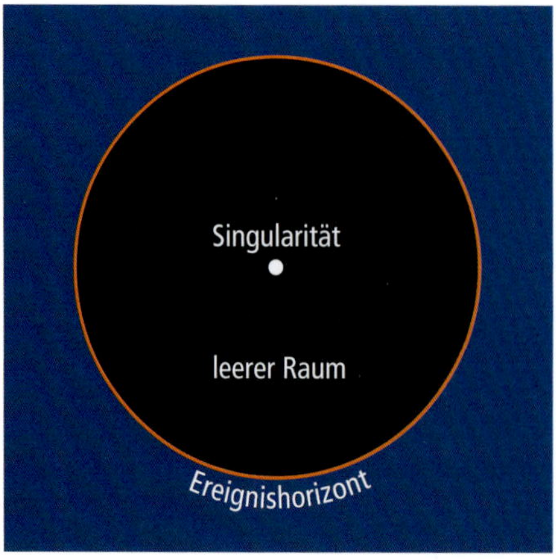

verloren. Daher auch die sinnvolle Bezeichnung „Loch" und „schwarz", da selbst Licht nicht entfliehen kann. Was jenseits des Ereignishorizonts geschieht, bleibt unbekannt. Der kosmische Zensor verhindert einen Blick in das Innere eines Schwarzen Loches.

Was sind Gravitationswellen?

Gemäß der ART senden beschleunigte Massen Gravitationswellen aus und verlieren dabei Energie. Einstein selbst hat die Existenz von Gravitationswellen in seiner Arbeit *Kosmologische Betrachtungen zur allgemeinen Relativitätstheorie* aus dem Jahre 1917 vorausgesagt. Ihm war auch bewusst, dass der Nachweis von Gravitationswellen im Labor kaum gelingen kann.

Die Gravitation ist die allerschwächste Naturkraft. Die elektrostatische Kraft ist hundert Sextillionen (10^{38}) Mal stärker als die Schwerkraft. Deshalb sind die energetischen Kräfte einer Gravitationswelle äußerst gering.

Eine Gravitationswelle, die zehn Watt Leistung pro Quadratmeter aufbringt, führt zu einer Schwingung der Raumzeit mit einer Amplitude (Auslenkung) von nur $1:10^{17}$ (also 10 Trillionstel pro Längeneinheit). Auf einen Meter Länge führt dies zu einer Oszillation der Länge von nur 10^{-15} cm, dies ist nur ein Hundertstel des Durchmessers eines Protons, eines Wasserstoffatomkerns. Die Strecke Erde – Sonne von 150 Millionen Kilometer würde um lediglich 1,5 Mikrometer periodisch gedehnt und verkürzt werden.

Gravitationswellen entstehen analog der elektromagnetischen Strahlung. Wird ein elektrisch geladenes Teilchen wie beispielsweise ein Elektron in Schwingung versetzt, so sendet es eine elektromagnetische Welle aus. Diese breitet sich mit Lichtgeschwindigkeit aus. Das Elektron verliert dabei an Energie, die von der Welle mitgenommen wird. Gemäß den Gesetzen der Quantenmechanik erfolgt die Energieübertragung einer Welle nicht kontinuierlich, sondern in einzelnen, wenn auch sehr kleinen Portionen, den Quanten.

Beschleunigt bewegte Massen senden Gravitationsstrahlung aus. Wenn eine Masse oszilliert

AIP Emilio Segrè Visual Archives

10.10 John Archibald Wheeler (1911– 2008) prägte den Begriff „Black Hole" (Schwarzes Loch) für einen Kollapsar.

oder sich auf einer Kreisbahn bewegt, so sendet sie Gravitationswellen aus, die sich mit Lichtgeschwindigkeit ausbreiten (siehe Abb. 10.11 auf Seite 218). Die Energiequanten der Schwerkraftwellen sind die Gravitonen. Wie die Photonen besitzen sie keine elektrische Ladung und keine Ruhemasse. Ihr Spin hat den Wert 2. Gravitationswellen sind Schwingungen der Raumzeit, also des Kontinuums, in dem sich unser Weltgeschehen abspielt.

Gravitationswellen sind Störungen der Raumgeometrie, die sich mit Lichtgeschwindigkeit fortpflanzen. Während elektromagnetische Strahlung sich als Dipolwellen ausbreitet, senden beschleunigte Massen Quadrupolwellen aus. Das Quadrupolmoment einer schwingenden Masse führt zu Stauchungen und Dehnungen des Raumes in zwei Richtungen, während elektrische und magnetische Feldstärken in nur einer Richtung schwingen (von Plus nach Minus, vom Nord- zum Südpol und jeweils zurück). Das Quadrupolmoment einer Schwerkraftwelle gibt die Abweichung der Radienlänge von der exakten Kugelsymmetrie in zwei Richtungen an.

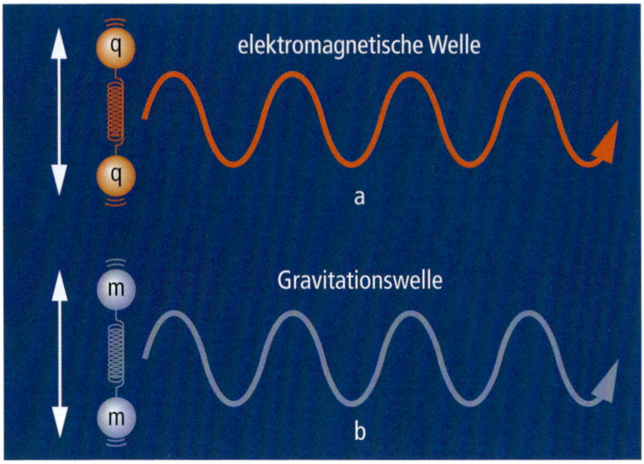

10.11 Eine schwingende elektrische Ladung q erzeugt eine elektromagnetische Welle (a), eine schwingende Masse m eine Gravitationswelle (b).

Gravitationswellen sind transversale Wellen. Die Schwingungen erfolgen senkrecht zur Ausbreitungsrichtung. Die Dehnung und Stauchung des Raumes erfolgt senkrecht zur Laufrichtung der Schwerkraftwelle, sowohl nach links und rechts, nach vorne und hinten, nach Ost und West, nach Nord und Süd – siehe Abb. 10.12 auf Seite 219. Materie absorbiert Gravitationswellen nicht. Sie können mühelos die Erde durchqueren ohne abgeschwächt zu werden.

Wie entstehen Gravitationswellen?

Beim Urknall selbst, in der Inflationsphase, müssen Gravitationswellen entstanden sein. Gelänge es, sie zu registrieren, würde man damit einen Blick hinter die Feuerwand des Big Bang, des kosmischen Mikrowellenhintergrundes werfen können. Die Suche nach den primordialen Schwerkraftwellen war bisher noch nicht erfolgreich.

Bei einem Sternenkollaps, wie er sich bei einer Supernova-Detonation ereignet, werden ebenfalls Gravitationswellen emittiert. Allerdings nur, wenn der Kollaps asymmetrisch erfolgt, was infolge der Sternrotation auch der Fall ist.

Rotieren symmetrische Körper (Kugel, Kegel, Zylinder) um ihre Symmetrieachse, so senden sie keine Gravitationswellen aus, wenn sich die Rotationsgeschwindigkeit ändert. Einander umkreisende Himmelskörper erzeugen jedoch Schwerkraftwellen. So strahlt die Erde bei ihrem Lauf um die Sonne Gravitationswellen aus. Da der Schwerpunkt Erde – Sonne fast mit dem Sonnenmittelpunkt zusammenfällt, trägt die Sonnenmasse praktisch nichts zum Quadrupolmoment dieses Systems bei. Maßgebend ist allein die Masse der Erde.

Durch Gravitationsabstrahlung verliert die Erde so wenig ihrer kinetischen Energie, dass sie erst nach 30 Quadrillionen (3×10^{25}) Jahren in die Sonne stürzen würde, also erst nach dem Billiarden(10^{15})-Fachen des heutigen Weltalters! Verglichen mit dem Alter des Sonnensystems von 4,6 Milliarden Jahren hat die Erde durch Abstrahlung von Gravitationswellen kaum an Bewegungsenergie verloren.

Gravitationsstrahlung von Planetenumläufen messen zu wollen, ist illusorisch. Bei massereichen und engen Doppelsternen sind jedoch die Beschleunigungen so enorm, dass deren Gravitationsabstrahlung zu messbaren Verkürzungen der Umlaufperiode führt. Beide Sterne rücken dabei immer näher zusammen. Gelingt es, bei einem Sternenpaar die Abnahme seiner Umlaufzeit zu ermitteln, so ist dies ein indirekter Nachweis von Schwerkraftwellen.

Kreisen zwei Schwarze Löcher umeinander, so senden sie Gravitationswellen aus gemäß ihren Massen und ihrer Umlaufgeschwindigkeit (siehe Monatsthema November „Schwarze Löcher – Zahlen, Daten und Formeln" auf Seite 239).

Infolge ihres Energieverlustes nähern sie sich einander in Spiralbahnen an, bis sie schließlich kollidieren und miteinander zu einem neuen Schwarzen Loch verschmelzen. Alles geht blitzschnell in Bruchteilen einer Sekunde. Bei dem Zusammenprall wird ein Schauer von Gravitationswellen mit Lichtgeschwindigkeit ins Weltall gejagt. Gravitationswellen senden keine akustischen Signale aus, sie sind unhörbar. Man kann sie allerdings hörbar machen, sozusagen vertonen. Beim Zusammenprall ertönt dann ein „Tschirp“ (engl.: Chirp).

Beim Kollaps eines Sterns zu einem Schwarzen Loch bleibt der Drehimpuls weitgehend erhalten. Deshalb rotieren Schwarze Löcher extrem schnell. Beim Zusammenprall zweier Schwarzer Löcher kommt es auch auf die Lage der Rotationsachsen an. Bei parallelen oder antiparallelen Rotationsachsen erfolgt eine symmetrische Abstrahlung der Gravitationswellen. Sind die Achsen jedoch zueinander geneigt, erfolgt die Aussendung der Gravitationswellen stark asymmetrisch in einer bevorzugten Richtung, wobei sehr hohe Geschwindigkeiten von einigen Tausend Kilometer pro Sekunde des neu gebildeten Schwarzen Loches auftreten können. Gegebenenfalls wird das neu gebildete Schwarze Loch aus der Galaxis hinauskatapultiert.

Sehr anspruchsvoller Nachweis

Das Ziel der Relativitätsspezialisten war es, Schwerkraftwellen direkt zu messen. Dazu hat man Gravitationswellendetektoren entwickelt und gebaut. Eine solche Versuchsanordnung wird LIGO genannt, das Akronym für „**L**aser **I**nterferometer **G**ravitational-Wave **O**bservatory“. Zwei solcher Laser-Detektoren operieren in den USA, und zwar in Livingston (Louisiana) und in Hanford (Washington). Im Prinzip ist LIGO ein wesentlich verbessertes Michelson-Interferometer, mit dem man einst die Konstanz der Lichtgeschwindigkeit in allen Bezugssystemen nachgewiesen hat.

Mit dem Bau der LIGOs in den USA wurde 1994 begonnen, nachdem das Projekt von den drei führenden Gravitationsphysikern Ronald Drever, Kip Thorne und Rainer Weiss initiiert wurde. Fast ein Vierteljahrhundert hat man vergeblich versucht, Schwerkraftwellen nachzuweisen. Mehrmals wurde die Empfindlichkeit der Anlage durch technische Raffinessen erhöht. Inzwischen wird nun jede noch so kleine Erschütterung registriert, wie Erdbeben in fernen Kontinenten ebenso wie die Brandungswellen der Ozeane, Straßenverkehr usw. Selbst Menschen und Tiere, Wind und Wetter, die thermischen Bewegungen der Moleküle in der Anlage, sogar der Lichtdruck des Laserstrahls führt zu winzigen Schwingungen, die aufgezeichnet werden.

Welche Wellenlängenänderungen der Wege in den Hochvakuumröhren sind zu erwarten?

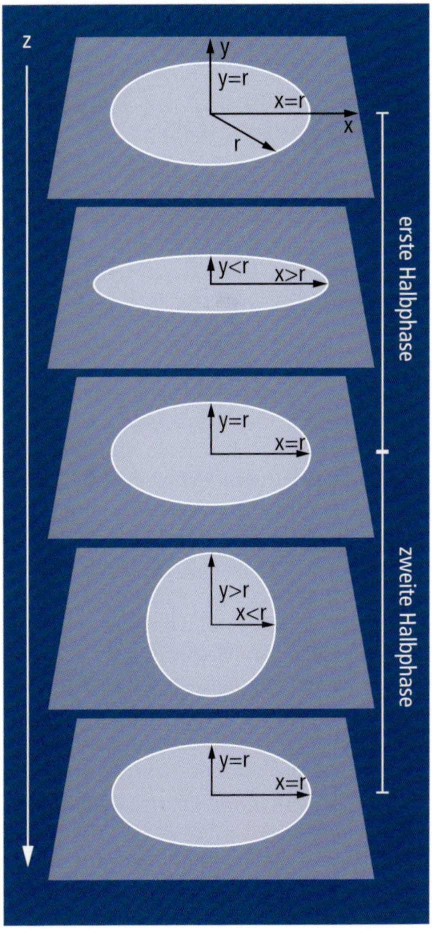

10.12 Eine Gravitationswelle, die in z-Richtung läuft, dehnt und staucht Längen abwechselnd in x- und y-Richtung.

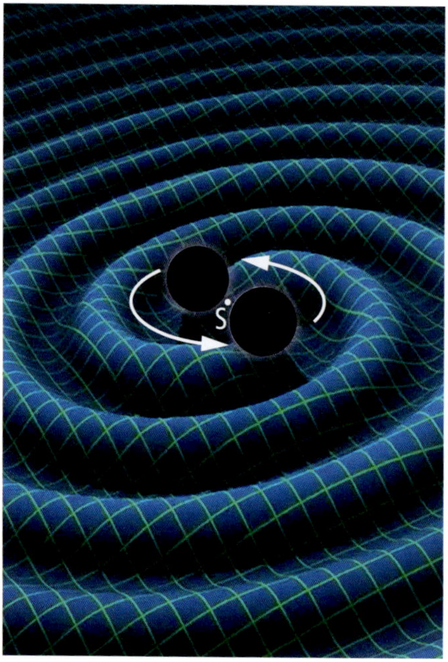

10.13 Zwei einander umkreisende Schwarze Löcher senden Gravitationswellen aus.

Infolge der geringen Stärke der Gravitationswechselwirkung und der vermuteten großen Distanz von Gravitationsstrahlungsquellen sind nur Längenvariationen von einem Trilliardstel (10^{-21}) anzunehmen. Das bedeutet bei vier Kilometer Länge des Laserstrahls im Tunnel eine Verkürzung oder Verlängerung von vierzig Billiardstel (4×10^{-16}) Zentimeter. Das ist tausendmal kürzer als der winzige Durchmesser eines Protons, eines Wasserstoffatomkerns. Bei solch extrem kleinen Längenänderungen werden selbst kühne Experimentalphysiker blass.

Das LIGO in Livingston besteht aus zwei zueinander senkrecht liegenden Röhren von knapp vier Kilometer Länge, in denen ein Ultrahochvakuum herrscht (siehe Abb. 10.14 auf Seite 221). Eine Laserquelle (LQ) sendet einen Laserstrahl aus, der auf den Strahlenteiler ST trifft und dort in zwei Teilstrahlen aufgespalten wird. Ein Teilstrahl tritt in Röhre A und wird vom Spiegel S1 reflektiert, der andere gelangt in Röhre B, wo er vom Spiegel S2 zurückgeworfen wird. Beide Spiegel von 25 cm × 10 cm Größe sind Testmassen mit 10,7 kg, die leicht beweglich aufgehängt sind (Resonanzfrequenz 0,76 Hz). Beide reflektierte Laserstrahlen treffen am Ort ST wieder zusammen, wo sie auf den optischen Detektor D gelenkt werden. Da es sich um monochromatisches Licht handelt, können beide Strahlen interferieren. Trifft ein Wellenberg des ersten Teilstrahls auf ein Wellental des zweiten, so löschen sie sich gegenseitig aus. Die Photodiode im Detektor D registriert kein Licht. Trifft jedoch Wellenberg auf Wellenberg, so verstärkt sich die Intensität und der Detektor registriert einen hellen Lichtpunkt. Beide Spiegel werden so eingestellt, dass sich die beiden Teilstrahlen bei ST durch Interferenz auslöschen. Wird nun durch eine Gravitationswelle die Lauflänge in A etwas verkürzt und in B etwas verlängert, so ändert sich die Interferenz, Wellenberg trifft auf Wellenberg, der Detektor zeigt an: Hell! Gemäß der Frequenz der Schwerkraftwelle passiert dies in Abständen von Sekundenbruchteilen. Einmal ist dabei die Strecke in A, dann wieder in B gestaucht oder gedehnt. Das Blinken des interferierenden Laserstrahls wird auf einem Monitor als Registrierkurve dargestellt. Dies ist sehr vereinfacht dargestellt das Prinzip eines LIGO-Detektors. Als Laserquelle wird ein Neodym-Infrarot-Laser mit einer Leistung von 4,5 Watt verwendet und einer Wellenlänge von $\lambda = 1064$ nm. Der Verstärker und Kollimator VK steigert die Leistung auf 200 Watt. Das System ist für Gravitationswellen in einem Frequenzbereich von 4 bis 7000 Hz (Wellenlänge von 7500 km bis 43 km) empfindlich.

Um doch eine Chance zu bekommen, das Kräuseln der Raumzeit nachzuweisen, hat man beide Arme A und B als Fabry-Pérot-Interferometer ausgebildet. Die Laserstrahlen flitzen rund hundertmal (bei einer Speicherzeit von 0,95 ms sind dies 75-mal) zwischen den halbdurchlässigen Spiegeln HS1 und S1 sowie HS2 und S2 hin und her, wodurch die Messstrecke virtuell auf einige hundert Kilometer verlängert wird.

In den Fabry-Pérot-Röhren verstärkt sich die Laser-Leistung auf 15 bis 20 Kilowatt. Ein solcher kräftiger Laserstrahl würde die Photodiode in Detektor D zum Schmelzen bringen. Deshalb muss im Signalaufbereiter SA die Stärke des Laserstrahls entsprechend reduziert werden.

Die ersten Entdeckungen

Endlich, am 14. September 2015 war es soweit. Um $9^h50^m45^s$ wurde ein nur $0\overset{s}{,}2$ langes Signal empfangen – sowohl in Livingston als auch in Hanford, dort sieben Millisekunden später. Hanford ist von Livingston 3000 Kilometer entfernt. Aus der zeitlichen Koinzidenz und der gleichen Modulation des Signals konnte man nicht nur auf seinen außerirdischen Ursprung schließen, sondern auch aus der Laufzeitdifferenz grob die Richtung schätzen, aus der die Schwerkraftwelle eintraf. Sie lief nicht auf der Erdoberfläche entlang, sondern durch die Erde hindurch. Gravitationswellen durchdringen mühelos Materie und werden kaum gedämpft. In Livingston war es 5^h50^m Ortszeit und in Hanford 3^h50^m nachtschlafender Zeit. Zuerst wurde das Signal im GEO600-LIGO-Labor des Max-Planck-Instituts für Gravitationsphysik in Ruthe bei Hannover entdeckt. Denn die Schwerkraftwellendetektive arbeiten weltweit in der sogenannten LIGO Scientific Collaboration zusammen. Zu ihr gehören auch die Gravitationsdetektoren Virgo in Cascina bei Pisa in Italien und KAGRA bei Hida (Präfektur Gifu) in Japan.

Zur genauen Ortsbestimmung hätte es eines dritten LIGO-Detektors bedurft. Doch die Stationen außerhalb der USA waren nicht empfangsbereit, so konnte man nur grob die Richtung

10.14 Funktionsschema des Gravitationswellendetektors LIGO. Beschreibung siehe Text.

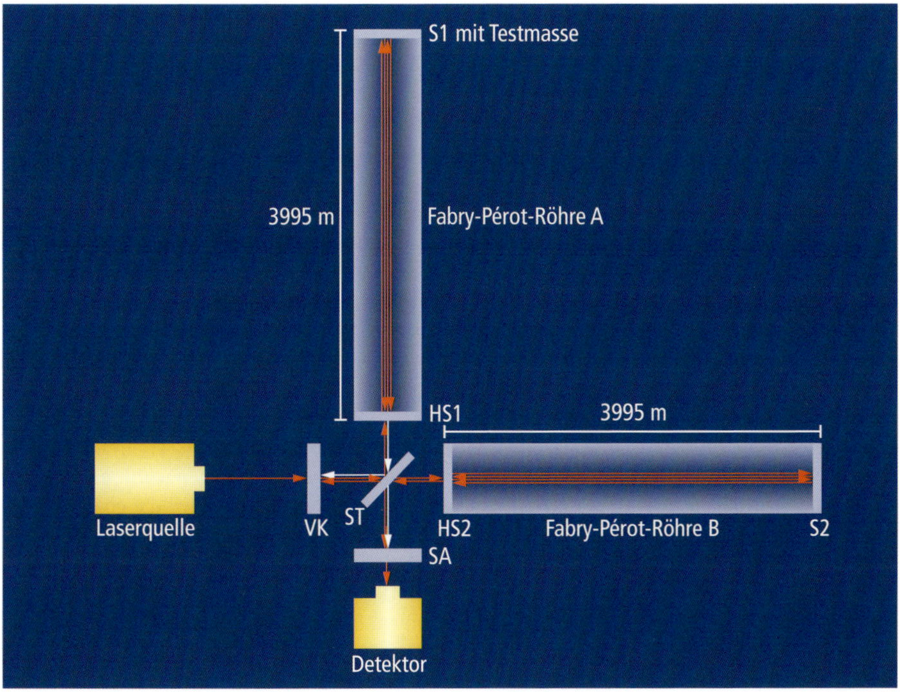

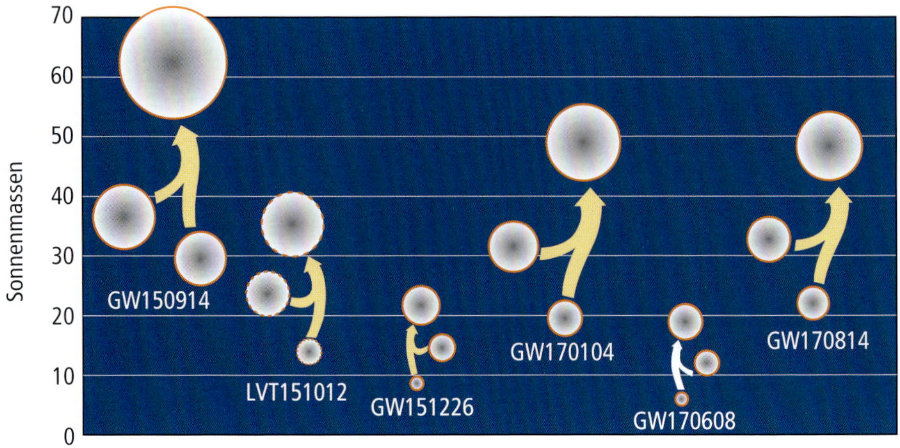

10.15 Beobachtete Beispiele für die Massen zweier Schwarzer Löcher vor und nach dem Verschmelzen.

angeben. Die Quelle wurde am Südhimmel lokalisiert: Sie liegt in einem etwa 10° breiten und rund 60° langen Streifen, der über die Große Magellansche Wolke zieht. Ihre Entfernung wird auf 1,3 Milliarden, also 1300 Mio. Lichtjahre geschätzt. Die Unsicherheit ist relativ groß, etwa plus/minus einer halben Milliarde Lichtjahre.

Erzeugt wurde die Schwerkraftwelle, die nach ihrem Entdeckungsdatum die vorläufige Bezeichnung GW150914 erhielt, von zwei miteinander verschmelzenden, massereichen Schwarzen Löchern. Das eine Black Hole hatte 29 Sonnenmassen, das andere 36, was einem Schwarzschild-Radius von 87 Kilometer beziehungsweise 108 Kilometer entspricht. Beide rasten ungeheuer schnell umeinander und erreichten kurz vor ihrer Vereinigung fast halbe Lichtgeschwindigkeit. Das zeigt sehr deutlich die Signatur des Signals (siehe Abb. 10.16 auf Seite 223). Die Amplitude steigt steil an, die Frequenz nimmt rapide zu – alles in Bruchteilen einer Sekunde.

Anfangs 35 Hz, das entspricht einer Wellenlänge von 8570 Kilometer, steigerte sich die Frequenz der Gravitationswelle auf 250 Hz (Wellenlänge 1200 km) beim furiosen Finale. Beim Berühren der Ereignishorizonte beider Schwarzer Löcher war der Verschmelzungsprozess in einem winzigen Augenblick vollzogen – ein neues Schwarzes Loch von 62 Sonnenmassen und einem Durchmesser von 372 Kilometer war entstanden. Wo aber sind die restlichen drei Sonnenmassen verblieben?

Gemäß der Einstein-Formel $E = mc^2$ wurden sie in pure Energie umgewandelt. So wurden rund 3×10^{49} Watt an Strahlungsleistung in die ausgesandte Gravitationswelle gesteckt. Das ist die höchste jemals beobachtete Energiefreisetzung bei einer kosmischen Katastrophe. Sie entspricht der Leuchtkraft von 100 Trilliarden (10^{23}) Sternen vom Typ unserer Sonne. So viele Sterne gibt es im gesamten überschaubaren Universum nicht! Trotz dieser enormen Energie der Gravitationswelle war das auf der Erde empfangene Signal relativ schwach. Denn auch für Schwerkraftwellen gilt, dass deren Intensität mit dem Quadrat der Entfernung abnimmt.

Nach nur wenigen Wochen wurde eine weitere Gravitationswelle registriert, die ebenfalls von einem verschmelzenden Paar zweier Schwarzer Löcher ausgesandt wurde. Das Signal, das am 26. Dezember 2015 von der Verschmelzung von einem Schwarzen Loch von 14 und einem von 8 Sonnenmassen stammte, wurde unter GW151226 aufgezeichnet.

10.16 Am 14. September 2015 wurde am LIGO-Livingston ein 0,2 Sekunden dauerndes Signal aufgezeichnet, das mit gleicher Modulation nur 0,007 Sekunden später in Hanford beim LIGO-Schwesterlabor registriert wurde.

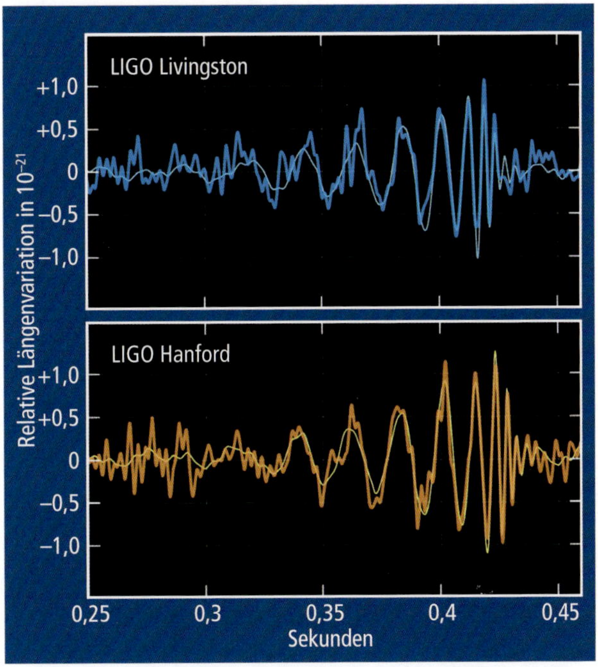

Inzwischen wurden von weit über hundert verschmelzender Schwarzer Löcher Gravitationswellen empfangen, vor allem dank stark verbesserter Technologie.

Die Entdeckung der Schwerkraftwellen 100 Jahre nach der Einführung der Allgemeinen Relativitätstheorie ist der letzte bislang noch ausstehende Beweis für deren Richtigkeit, auch wenn Einstein manchmal selbst an der Existenz von Gravitationswellen gezweifelt hat.

10.17 Illustration der verschmelzenden Schwarzen Löcher zum Gravitationswellensignal vom 14.9.2015.

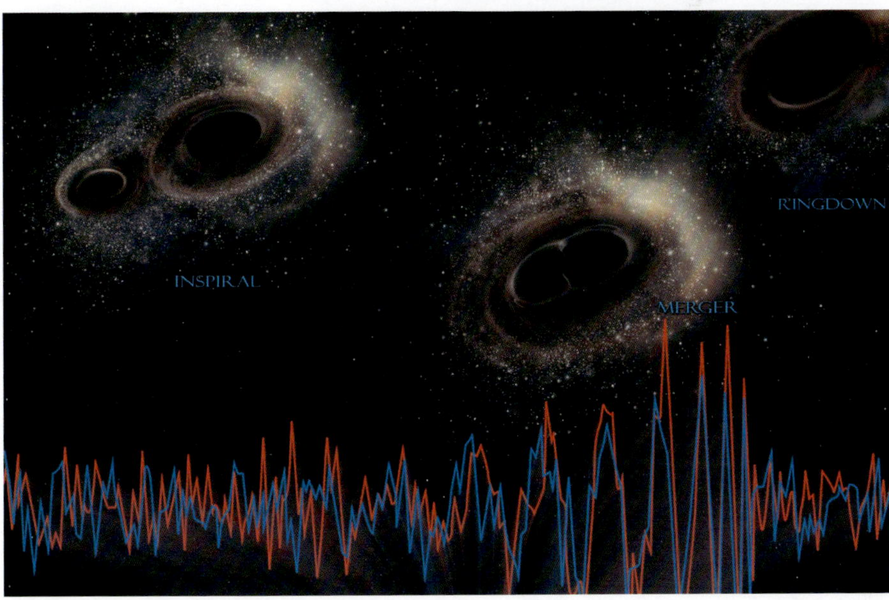

Aurore Simmonet (Sonoma State University)

November 2027

- Merkur bietet in diesem Monat die günstigste Morgensichtbarkeit des Jahres.
- Venus taucht am Abendhimmel auf und läutet damit ihre Abendsternperiode ein.
- Mars hat sich vom Abendhimmel zurückgezogen und kann nicht mehr gesehen werden.
- Jupiter ist Planet der zweiten Nachthälfte.
- Saturn in den Fischen hat seine Opposition hinter sich.
- Uranus kommt am 30. in Opposition zur Sonne.

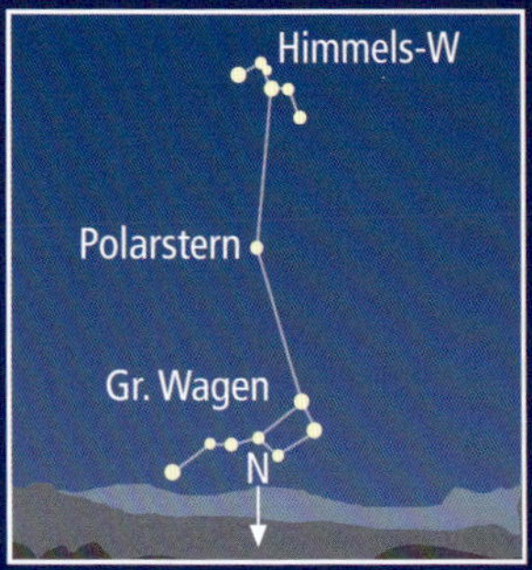

Großer Wagen und Himmels-W Anfang November um 22 Uhr MEZ

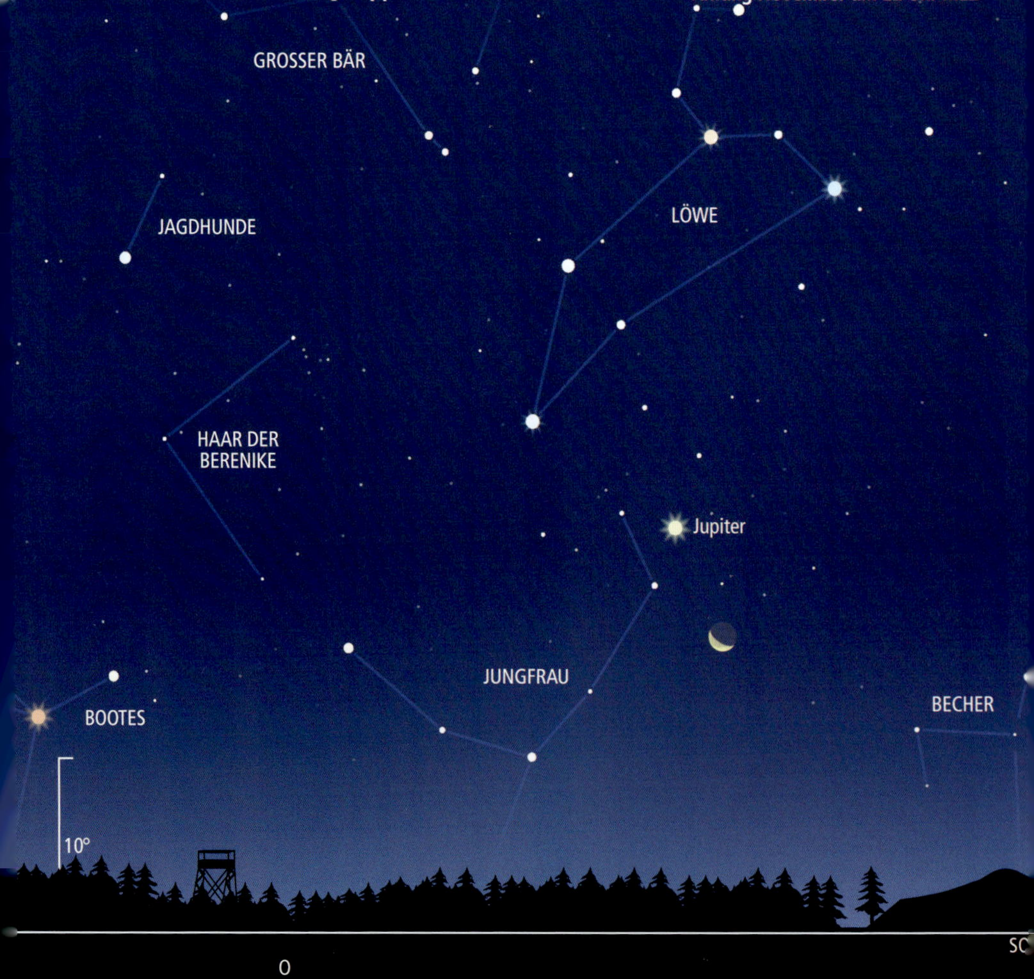

11.1 Anblick des Osthimmels am 23. November gegen 4^h MEZ. An Jupiter im Grenzgebiet Löwe/Jungfrau zieht die Sichel des abnehmenden Mondes vorbei.

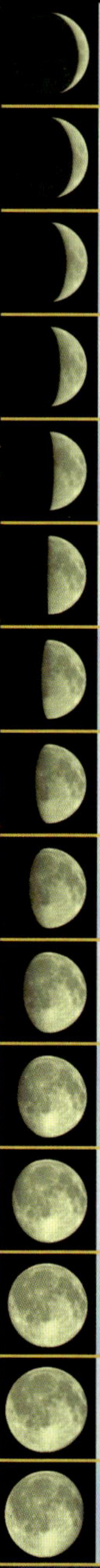

1 Mo	Allerheiligen
2 Di	
3 Mi	
4 Do	
5 Fr	Merkur beste Morgensichtbarkeit
6 Sa	Erstes Viertel
7 So	
8 Mo	
9 Di	
10 Mi	
11 Do	
12 Fr	
13 Sa	
14 So	Vollmond
15 Mo	

16 Di	
17 Mi	Buß- und Bettag
18 Do	
19 Fr	
20 Sa	
21 So	Totensonntag Letztes Viertel Mond bei Regulus – morgens
22 Mo	
23 Di	Mond bei Jupiter – morgens
24 Mi	
25 Do	
26 Fr	
27 Sa	
28 So	1. Advent **Neumond**
29 Mo	
30 Di	Mond bei Venus – abends Uranus in Opposition

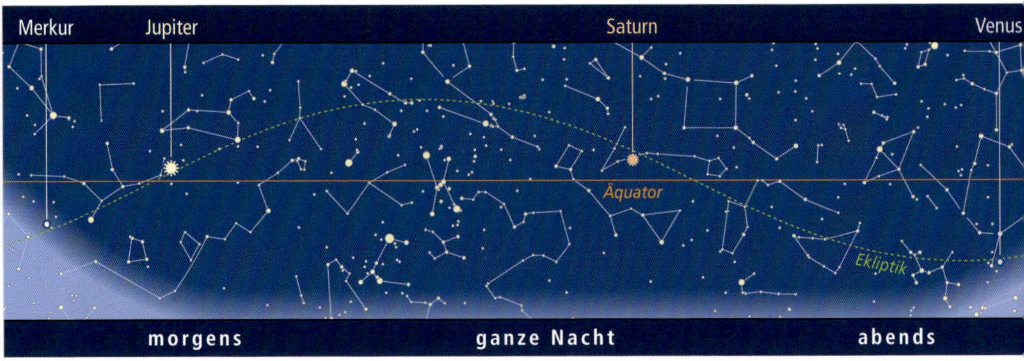

MERKUR bietet in diesem Monat die günstigste Morgensichtbarkeit des Jahres 2027. Auch wer noch keine große Beobachtungserfahrung hat, dem bietet sich in der ersten Novemberhälfte eine gute Chance, Merkur eine Stunde vor Sonnenaufgang knapp über dem Osthorizont in der beginnenden Morgendämmerung als fahlen, gelblichen Lichtpunkt zu sehen. Bei guten Sichtbedingungen kann man den flinken Planeten bereits am 1. tief im Osten ausmachen. Am 1. geht der $-0{,}^{m}3$ helle Merkur um $5^{h}23^{m}$ auf. Etwa 20^{m} später setzt er sich im Horizontdunst durch und wird sichtbar. Gegen $6^{h}40^{m}$ verblasst Merkur in der Morgenhelligkeit.

Bereits am 4. erreicht Merkur mit 18°46′ seine größte westliche Elongation von der Sonne. Der Winkelabstand ist fast der geringste für eine größte Elongation. Dies liegt daran, weil Merkur am 28. Oktober durch sein Perihel eilte (siehe auch Abb. 11.2 und 11.3 unten).

Am 5. befindet sich Merkur $4{,}^{\circ}3$ nordöstlich von Spica in der Jungfrau (siehe Abb. 10.4 auf Seite 209).

Die Dichotomie (Halbmerkur) tritt am 2. ein. Das $7{,}''1$ große Merkurscheibchen sieht im Teleskop aus wie ein winziger Halbmond.

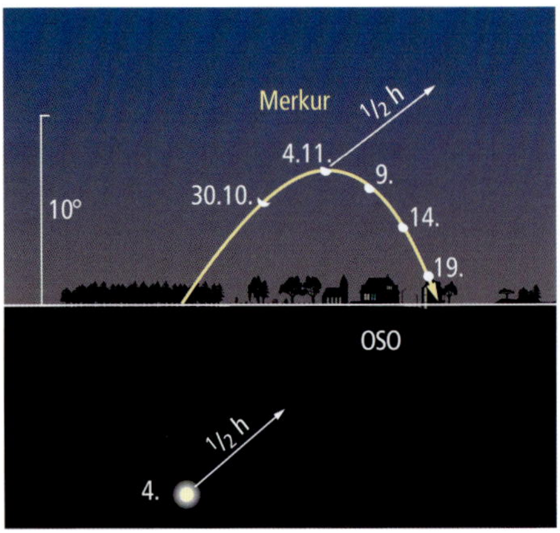

11.2 Stellung von Merkur über dem Südosthorizont zu den angegebenen Daten jeweils eine Stunde vor Sonnenaufgang. Die Pfeile geben die Bewegungen von Merkur und Sonne während der nächsten halben Stunde an.

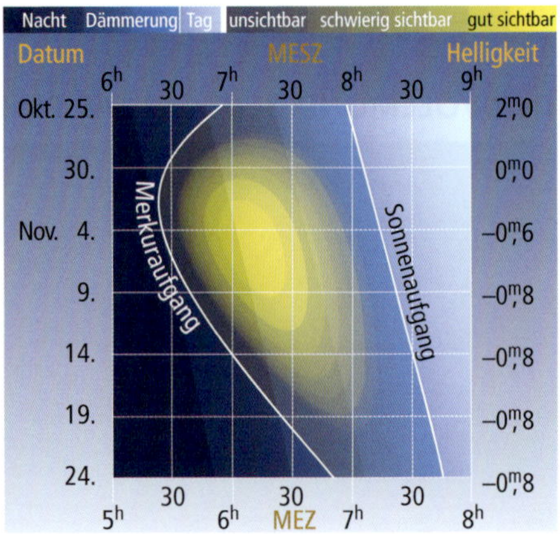

11.3 Sichtbarkeitsdiagramm für Merkur. Es gilt genau für 50° nördlicher Breite und 10° östlicher Länge. Dunkelgelbe Fläche: Unter günstigen Sichtbedingungen kann man Merkur mit bloßen Augen erkennen; hellgelbe Fläche: Merkur ist leicht zu sehen.

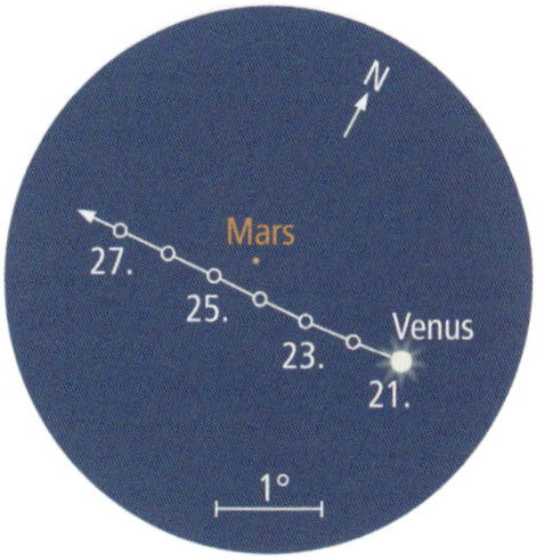

11.4 Venus zieht vom 24. bis 25. November am roten Planeten vorbei. Abendlicher Fernglasanblick.

Bis 15. nimmt die Merkurhelligkeit auf $-0\overset{m}{,}8$ um eine halbe Größenklasse zu. Die Merkuraufgänge verspäten sich bis 15. um mehr als eine halbe Stunde auf $6^{h}04^{m}$.

Nach dem 15. wird man Merkur kaum noch am Morgenhimmel freiäugig erspähen können (siehe Abb. 11.2 und Abb. 11.3 auf Seite 228). Erfahrene Beobachterinnen und Beobachter mögen Merkur noch bis 18. erspähen. Der Aufgang des $-0\overset{m}{,}8$ hellen Merkur erfolgt am 18. um $6^{h}19^{m}$.

VENUS taucht allmählich am Abendhimmel auf und läutet damit ihre Abendsternperiode ein. Noch ist sie kein sehr auffälliges Objekt. Nur kurz zeigt sie sich in der Abenddämmerung knapp über dem Südwesthorizont. Venus wandert durch die südlichsten Bereiche des Tierkreises. Am 1. tritt sie in das Sternbild Skorpion und zieht am 9. rund 4° nördlich an seinem rötlichen Hauptstern Antares (α Scorpii) vorbei. Vom 7. bis 22. führt sie ihr Weg durch den Schlangenträger. Anschließend wechselt Venus in das Sternbild Schütze. Am 25. befindet sie sich $1\overset{\circ}{,}3$ südlich vom Winterpunkt (siehe Abb. 1.5 auf Seite 40).

Die $-3\overset{m}{,}9$ helle Venus verändert ihre Untergangszeiten nur unwesentlich. Geht sie am 1. um $17^{h}47^{m}$ unter, so erfolgt ihr Untergang am 30. um $18^{h}02^{m}$.

Am 25. zieht Venus in 0°19′ südlichem Abstand an Mars vorbei (siehe Abb. 11.4 links).

Die zunehmende Mondsichel passiert am 30. nachmittags $1\overset{\circ}{,}8$ südlich die Venus (siehe Abb. 11.5 oben rechts).

Im Teleskop zeigt sich das nur 11″ kleine Venusscheibchen zu 90% beleuchtet. Venus sieht noch winzig und rundlich aus.

Am 27. abends passiert Venus das Aphel ihrer fast kreisförmigen Bahn, wobei sie 108,9 Millionen Kilometer (= 0,728 AE) von der Sonne entfernt ist.

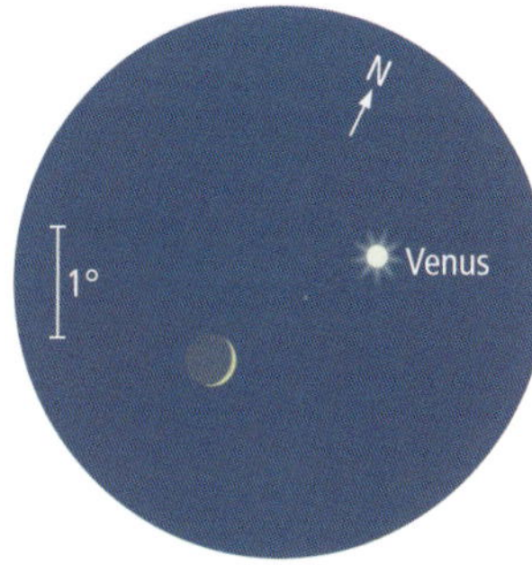

11.5 Venus erhält am 30. November Besuch von der schmalen Sichel des zunehmenden Mondes. Fernglasanblick gegen 17^{h} MEZ.

MARS hat sich vom Abendhimmel zurückgezogen und kann nicht mehr gesehen werden. Er wird von der Sonne verfolgt, die ihn aber noch lange nicht einholen kann, da Mars recht rasch durch den Tierkreis wandert.

KONSTELLATIONEN UND EREIGNISSE

Datum	MEZ	Ereignis
1.	8^{h}	Mond bei Mars, Mond $3\overset{\circ}{,}3$ südlich
4.	10	**Merkur in größter westlicher Elongation** (19°)
10.	19	Mond bei Neptun, Mond $6\overset{\circ}{,}4$ nördlich
12.	6	Mond bei Saturn, Mond $8\overset{\circ}{,}3$ nördlich
15.	11	Mond bei Uranus, Mond $4\overset{\circ}{,}3$ nördlich
23.	1	Mond bei Jupiter, Mond $5\overset{\circ}{,}5$ südlich
25.	3	**Venus bei Mars**, Venus $0\overset{\circ}{,}3$ südlich, **Abstand $0\overset{\circ}{,}4$ um 17^{h}** (Mars im Fernglas!)
27.	15	Mond bei Merkur, Mond $5\overset{\circ}{,}1$ südlich
27.	22	Venus im Aphel
30.	9	Mond bei Mars, Mond $1\overset{\circ}{,}6$ südlich
30.	10	**Uranus in Opposition** zur Sonne
30.	14	**Mond bei Venus**, Mond $0\overset{\circ}{,}9$ südlich, **Abstand $1\overset{\circ}{,}8$ um 17^{h}**

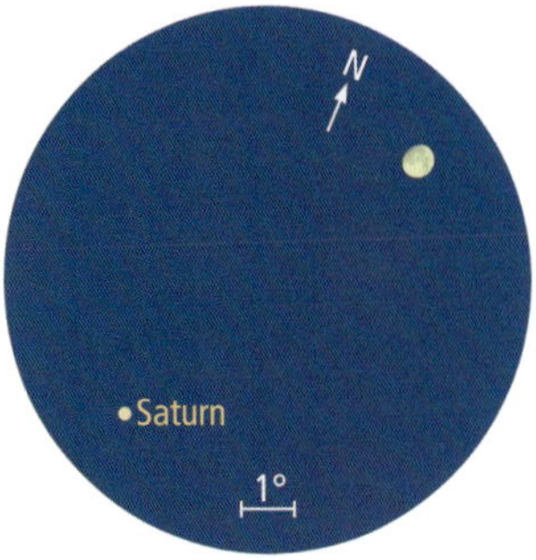

11.6 Der zunehmende Mond begegnet Saturn am 11. November. Opernglasanblick gegen Mitternacht.

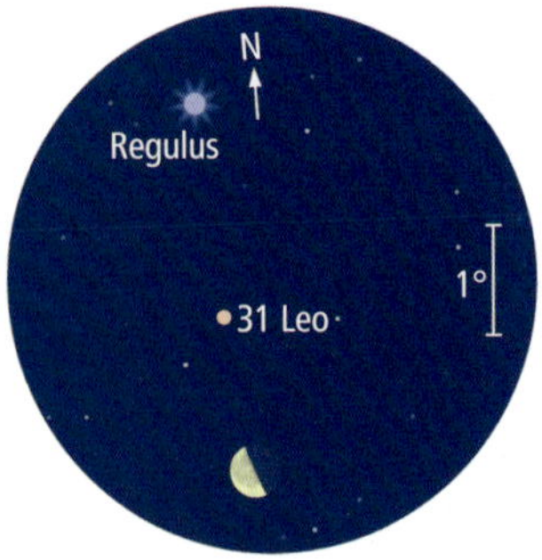

11.7 Der abnehmende Halbmond zieht am 21. November an Regulus und 31 Leonis vorbei. Fernglasanblick am Morgenhimmel gegen 6^h MEZ.

28. November, 5^h48^m MEZ: Io verschwindet in Jupiters Schatten während Kallistos Schattenvorübergang endet.

Ende November beträgt sein östlicher Winkelabstand von der Sonne immer noch gut 25°. Der rote Planet verlässt am 21. November den Schlangenträger und wechselt in das Tierkreissternbild Schütze.

Venus zieht vom 21. bis 27. an Mars vorbei. Am 25. befindet sich Venus um 3^h nur $0\overset{\circ}{.}3$ südlich von Mars. In Gegenden südlich von 47° Nord kann man die Konjunktion Venus – Mars beobachten. Um 17^h am 24. sieht man Mars $0\overset{\circ}{.}4$ nördlich von Venus (siehe Abb. 11.4 auf Seite 229).

JUPITER ist Planet der zweiten Nachthälfte. Er baut seine Stellung am Morgenhimmel aus. Jupiter wandert rechtläufig durch den Löwen und entfernt sich immer mehr von Regulus, dem Löwenhauptstern (siehe Abb. 1.9 auf Seite 43). Am 23. verlässt er den Löwen und wechselt in das Sternbild Jungfrau.

Die Aufgänge des Riesenplaneten erfolgen immer früher. Geht Jupiter am 1. um 2^h39^m und am 15. um 1^h57^m auf, so erfolgt der Aufgang des inzwischen $-1\overset{m}{.}9$ hellen Planeten am 30. schon um 1^h09^m. Damit wird Jupiter am Morgenhimmel nur noch an Helligkeit vom Mond übertroffen.

Der abnehmende Mond begegnet auf seiner monatlichen Runde dem Riesenplaneten am 22. um Mitternacht. Nach Aufgang von Jupiter ergibt sich frühmorgens ein netter Himmelsanblick über dem Osthorizont (siehe Abb. 11.1 auf Seite 224).

SATURN, rückläufig in den Fischen, hat seine Opposition gerade hinter sich. Nach Einbruch der Dunkelheit kann man den Ringplaneten schon über dem Osthorizont sehen. Im Laufe des Monats geht die Saturnhelligkeit ein wenig auf $0\overset{m}{.}3$ zurück.

Vom Morgenhimmel zieht sich Saturn allmählich zurück. Geht der Ringplanet am 1. um 5^h44^m unter, so erfolgt sein Untergang am 15. um 4^h44^m und am 30. schon um 3^h41^m.

Der fast volle Mond wandert am 12. in $8\overset{\circ}{.}3$ nördlichem Abstand an Saturn vorbei (siehe Abb. 11.6 oben).

URANUS steht am 30. im Sternbild Stier in **Opposition** zur Sonne. Er wandert vergleichsweise schnell rückläufig durch den Stier (siehe Abb. 11.8 auf Seite 232).

Am 1. geht der grünliche Planet um 18^h09^m auf und kulminiert um 2^h09^m. Am 15. überschreitet Uranus schon um 17^h12^m die nordöstliche Horizontlinie und passiert die Mittagslinie um 1^h12^m. Am Tag der Opposition, dem Monatsletzten, erfolgt der Aufgang des $5\overset{m}{.}6$ hellen Uranus um 16^h11^m und sein Meridiandurchgang in der Nacht um 0^h06^m. Schließlich geht er am folgenden Morgen um 8^h01^m unter. Um die Monatsmitte behindert der Vollmond das Auffinden von Uranus.

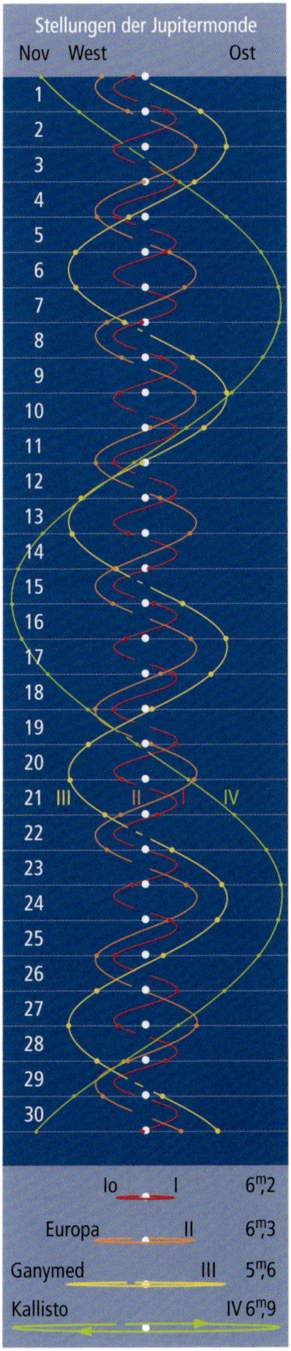

JUPITERMONDE

Tag	MEZ		Vorgang		
	h	m			
2.	6	07	II	BE	
5.	5	43	I	VA	
6.	4	03	I	DA	
	5	20	I	SE	
9.	4	02	II	VA	
13.	4	58	I	SA	
	6	00	I	DA	
14.	5	24	I	BE	
18.	2	59	II	DA	
	3	31	II	SE	
	5	41	II	DE	
19.	5	00	III	DE	
20.	3	33	IV	BA	
	4	45	II	7″,0	I
	6	28	IV	BE	
21.	3	57	I	VA	
22.	3	35	I	SE	
	4	41	I	DE	
25.	3	21	II	SA	
	5	40	II	DA	
	6	05	II	SE	
26.	4	35	III	SE	
	5	58	III	DA	
27.	3	33	II	BE	
28.	2	25	IV	SA	
	5	51	I	VA	
	5	52	IV	SE	
29.	3	13	I	SA	
	4	23	I	DA	
	5	28	I	SE	
	6	37	I	DE	
30.	3	46	I	BE	

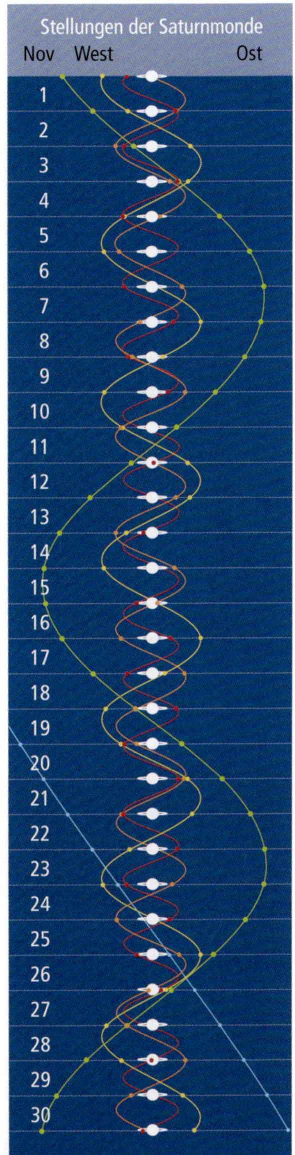

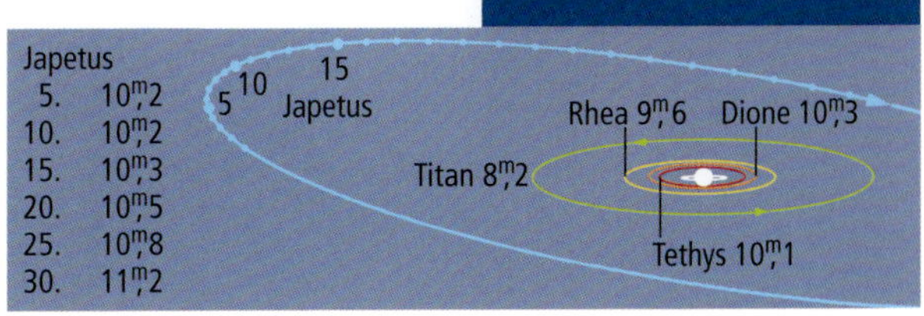

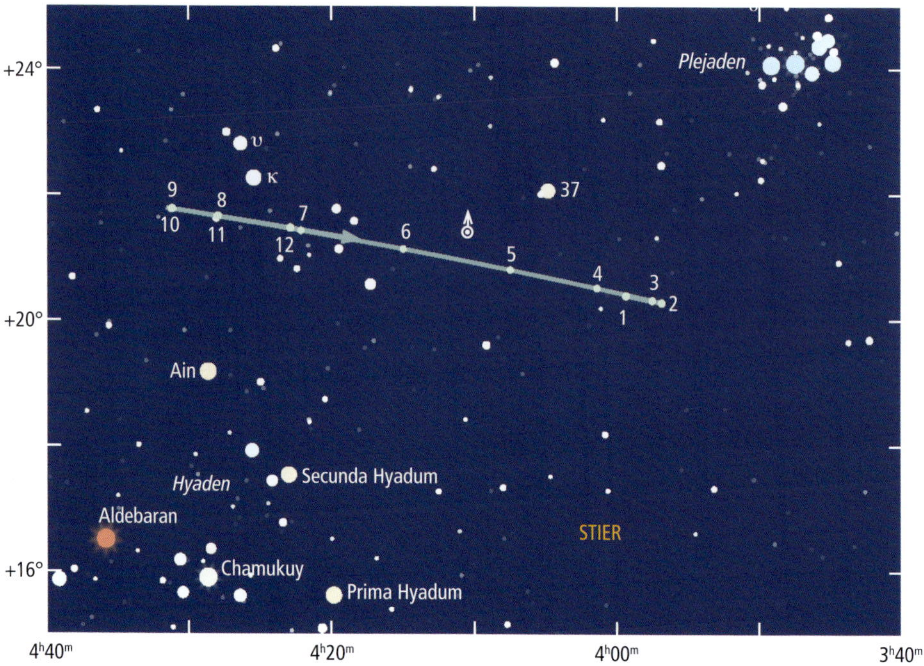

11.8 Die scheinbare Bahn von Uranus im Goldenen Tor der Ekliptik zwischen den offenen Sternhaufen Plejaden und Hyaden im Jahr 2027.

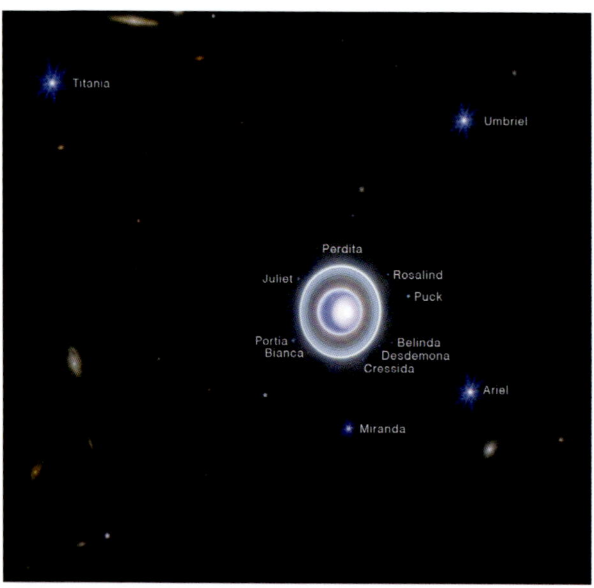

NASA, ESA, CSA, STScI

Um Uranus im Gewimmel der Sterne zu finden, soll das Aufsuchkärtchen Abb. 11.8 oben dienen. Als lichtschwacher Planet ist Uranus nur mit Fernglas oder Teleskop zu erspähen.

Bei einem scheinbaren Durchmesser von 3,″8 sind auf Uranus auch in großen Teleskopen und bei hoher Vergrößerung keine Details erkennbar. Man blickt auf seine strukturlose Wolkenoberschicht.

Zur Opposition ist Uranus 2748 Millionen Kilometer

11.9 Uranus mit zahlreichen seiner Monde, aufgenommen vom James Webb Space Telescope am 4. September 2023.

(= 18,37 AE) von der Erde entfernt. Von Uranus benötigt das reflektierte Sonnenlicht daher zwei Stunden und 33 Minuten, um uns zu erreichen. Die geringste Entfernung wird bereits um 5^{h} morgens erreicht, während die Opposition zur Sonne erst nachmittags um 17^{h} eintritt.

Von der Sonne trennen Uranus am Oppositionstag 2896 Millionen Kilometer (= 19,36 AE).

NEPTUN verzögert seine ohnehin langsame, rückläufige Bewegung im Sternbild Fische (siehe Abb. 9.5 auf Seite 191). Zum völligen Stillstand kommt er aber erst Mitte Dezember.

Der bläuliche Neptun ist Planet der ersten Nachthälfte. Seine Kulminationen verlagert er in die Abendstunden. Am 1. passiert Neptun um $21^{h}55^{m}$ den Meridian und geht um $4^{h}03^{m}$ unter. Am 30. kulminiert der lichtschwache Planet schon um $19^{h}59^{m}$ und sinkt um $2^{h}07^{m}$ unter die westliche Horizontlinie. Nach Mitternacht wird man vergeblich nach Neptun suchen.

PLANETOIDEN UND ZWERGPLANETEN

JUNO – Planetoid Nr. 3 – wandert nach Südwesten durch das Sternbild Kleiner Hund. Sie entfernt sich von Prokyon. In der zweiten Monatshälfte wird sie deutlich langsamer (siehe Abb. 12.6 auf Seite 254). Juno kulminiert am 1. um $5^{h}27^{m}$. Mit $9\overset{m}{,}0$ Helligkeit ist sie nicht besonders attraktiv. Bis Ende November verfrüht sich die Kulminationszeit auf $3^{h}50^{m}$, ihre Helligkeit nimmt auf $8\overset{m}{,}5$ zu.

VESTA (4) wandert rechtläufig durch das Sternbild Krebs. Sie verzögert deutlich ihren prograden Lauf, ihr Stillstand ist nicht mehr fern (siehe Abb. 12.5 auf Seite 253). Ihre Helligkeit steigt von $8\overset{m}{,}0$ auf $7\overset{m}{,}5$ im Laufe des Monats.

Am 1. geht Vesta um $23^{h}03^{m}$ auf und kulminiert um $6^{h}38^{m}$. Bis 15. verfrühen sich ihre Kulminationen auf $5^{h}57^{m}$. Am 30. schließlich passiert Planetoid Nr. 4 den Meridian bereits um $5^{h}07^{m}$, nachdem ihr Aufgang schon um $21^{h}34^{m}$ erfolgt ist.

PERIODISCHE STERNSCHNUPPENSTRÖME

Die **LEONIDEN** treten zwischen 13. und 30. November am Morgenhimmel in Aktion. Ihr Radiant liegt im Löwen rund 10° nordöstlich von Regulus. Auffallende Raten oder Durchquerungen von dichteren Staubspuren sind 2027 nicht zu erwarten. Mit dem spitzen Maximum ist am Morgen des 18. zu rechnen, wobei die Rate auf bis zu zehn Leoniden pro Stunde ansteigen kann. Allerdings stört in diesem Jahr helles Mondlicht die Beobachtungen.

Die Sternschnuppen sind außerordentlich schnell (um 70 Kilometer pro Sekunde). In manchen Jahren waren die Leoniden besonders aktiv. Nur alle 33 Jahre kollidiert die Erde mit dem Zentrum der Leoniden-Trümmerwolke. In diesem Jahr ist mit einer eher bescheidenen Leoniden-Aktivität zu rechnen, auch wenn sich der Ursprungskomet 55P/Tempel-Tuttle auf seiner Umlaufbahn mittlerweile wieder auf den Weg in das innere Planetensystem befindet. Im Mai 2031 wird er sein Perihel erreichen.

Die beiden Teilströme der **TAURIDEN** sind im gesamten November aktiv. Um den 5. bis 10. November können insbesondere die Nördlichen Tauriden für Raten zwischen fünf und zehn Meteore pro Stunde sorgen, darunter sind auch immer wieder helle Meteore und Feuerkugeln. In manchen Jahren gibt es besondere Häufungen.

Die Sternschnuppen der **ALPHA-MONOCEROTIDEN** sind ein periodisch aktiver Strom. Ihr Radiant liegt im Sternbild Einhorn. In den Jahren 1925, 1935, 1985 und 1995 und ebenfalls 2019 gab es jeweils einen kurzen, aber heftigen Meteorschauer. In einer halben Stunde wurden von 100 bis zu 500 Sternschnuppen gezählt.

Das Maximum ist in diesem Jahr am Morgen des 21. November zu erwarten. Ein Ursprungskomet ist bisher nicht bekannt. Die berechneten Bahnen der zuletzt aufgezeichneten Meteore weisen auf ein Objekt mit rund 500 Jahren Umlaufzeit hin – die Teilchen bewegen sich allerdings auf wesentlich engeren Bahnen um die Sonne.

Die bei uns zirkumpolare Kassiopeia durchschreitet eben in oberer Kulmination zwischen Zenit und Polarstern den Meridian.

Die Bilder hoch im Süden und die um den Zenit wie Kassiopeia, Andromeda, Pegasus, Perseus und Widder prägen den typischen Herbstcharakter des gestirnten Firmaments. Im Osten hingegen kündigt sich der Winter durch eine Reihe heller Sterne an: Kapella im Fuhrmann, Aldebaran im Stier, Beteigeuze und Rigel im Orion, Kastor und Pollux in den Zwillingen. Lediglich der strahlend helle Sirius im Großen Hund und der ebenfalls recht helle Prokyon im Kleinen Hund sind zur Standardbeobachtungszeit (23^h zu Monatsbeginn, 22^h zur Monatsmitte) noch nicht auf der Himmelsbühne erschienen.

Die Sternenkette der Andromeda geht ebenfalls hoch über unseren Köpfen durch den Meridian. Der berühmte Andromedanebel (M 31), unsere Nachbarmilchstraße in 2,5 Millionen Lichtjahren Entfernung, steht recht zenitnah und kann unter günstigen Sichtbedingungen schon mit bloßen Augen als mattes Lichtfleckchen ausgemacht werden. Auch die Fische haben nun ihre höchste Stellung im Süden erreicht. Sie sind nicht leicht zu erkennen, da sie sich nur aus Sternen vierter Größe und schwächer zusammensetzen. Dem Namen nach ist das Sternbild Fische zwar jedermann gut bekannt, weil es zum Tierkreis (Zodiak) gehört, aber wegen seiner lichtschwachen Sterne haben es nur wenige mit eigenen Augen bewusst am Himmel gesehen.

Vermutlich wegen seiner geringen Helligkeit hat man dieses Bild fast immer mit den Mächten der Finsternis oder der Erdmutter Gaia in Verbindung gebracht. In diesem Jahr werden die Fische durch den Besuch des hellen Ringplaneten Saturn aufgewertet.

Im Südwesten nimmt noch der ebenfalls lichtschwache Wassermann seinen Platz ein. Südlich der Fische passiert der Walfisch (lat.: Cetus) den Meridian. Es ist nicht ganz einfach, den Cetus zu erkennen, da er ein ausgedehntes und lichtschwaches Sternbild ist.

Tief im Südosten ist der Himmelsjäger Orion bereits erschienen, das Leitsternbild des Winterhimmels. Von seinem hellen, bläulichen Fußstern Rigel zieht sich das ausgedehnte Sternbild Fluss Eridanus in Richtung Westen und knickt dann kurz vor dem Meridian in Südrichtung ab.

Der Eridanus schlängelt sich weit nach Süden und ist von unseren Breiten aus nie vollständig zu sehen. Auch sein Hauptstern Achernar (α Eridani), mit $0\overset{m}{,}5$ scheinbarer Helligkeit einer der zehn hellsten Sterne am irdischen Firmament, steht so weit südlich, dass er bei uns nie über den Horizont steigt. Achernar strahlt ein bläulichweißes Licht aus (Spektraltyp B3 V). Von Achernar trennen uns 140 Lichtjahre.

Die bei uns sichtbaren Sterne des Eridanus sind dritter und vierter Größenklasse, sodass der Eridanus in Mitteleuropa recht unauffällig bleibt. Am hellsten ist noch β Eridani oder Cursa genannt, dessen scheinbare Helligkeit zu $2\overset{m}{,}8$ gemessen wurde. Cursa leuchtet weißlich (Spektralklasse A3 III) und ist 89 Lichtjahre von uns entfernt. Cursa liegt in unmittelbarer Nachbarschaft von Rigel im Orion. Mit ihm beginnt der Fluss Eridanus seinen Lauf.

Nach Vorstellung der alten Ägypter war der Eridanus der Totenfluss. Er beginnt bei Osiris, dem Richter der Toten, dargestellt durch das Sternbild Orion. Teilweise war der Fluss Eridanus aber auch das himmlische Gegenstück zum Nil.

Die Griechen übernahmen die Vorstellung von einem Fluss. Er wird für den mit dem Sonnen-

VERÄNDERLICHE STERNE

Algol-Minima		β-Lyrae-Minima		δ-Cephei-Maxima		Mira-Helligkeit	
9.	5^h07^m	3.	4^h H	6.	0^h	1.	8^m
12.	1 57	9.	16 N	11.	9	10.	7
14.	22 45	16.	3 H	16.	18	20.	7
17.	19 34	22.	14 N	22.	2	30.	5
29.	6 51	29.	2 H	27.	11		

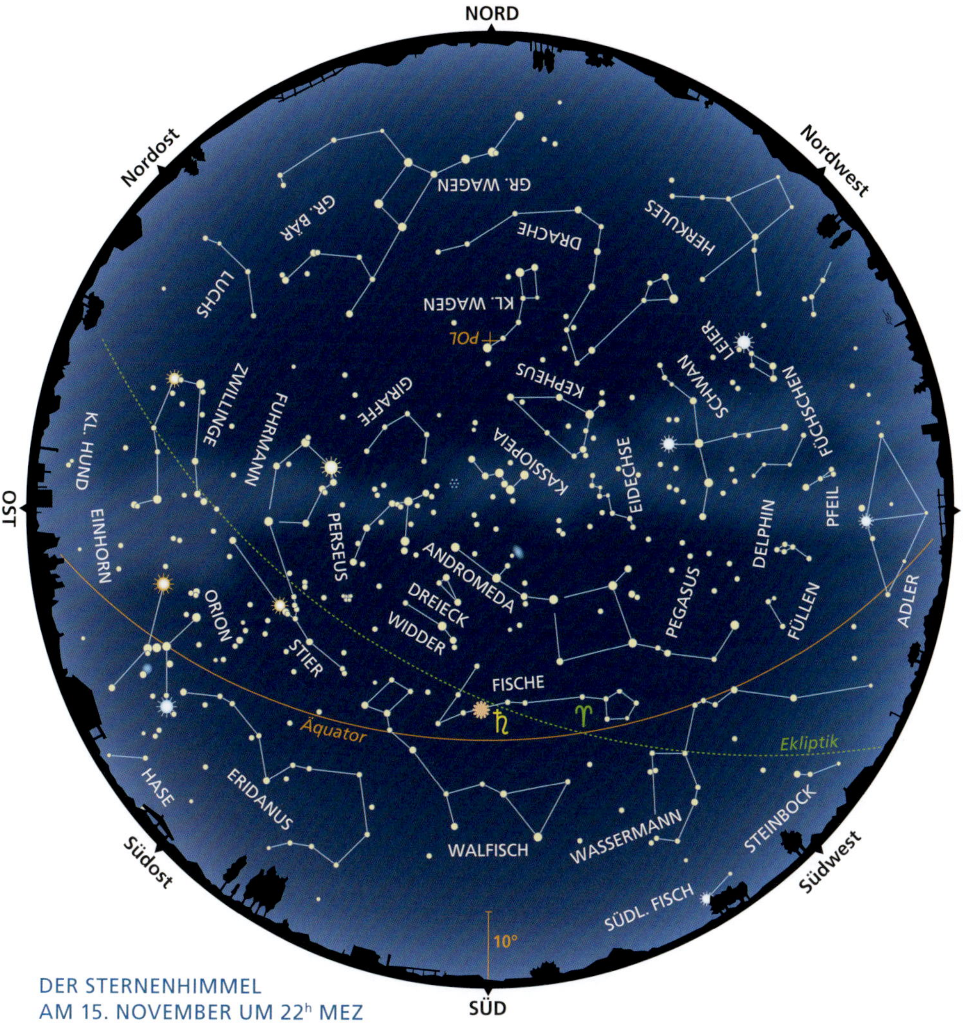

DER STERNENHIMMEL AM 15. NOVEMBER UM 22^h MEZ

Die Sternkarte ist auch gültig für:		
	MEZ	MESZ
1. 9.	3^h	4^h
15. 9.	2	3
1.10.	1	2
15.10.	0	1
1.11.	**23**	
15.11.	**22**	
30.11.	**21**	
15.12.	20	
31.12.	19	
15. 1.	18	

wagen abstürzenden Phaeton zum nassen Grab.

Mit einer Helligkeit von $3\overset{m}{,}7$ gehört ε Eridani, Ran mit Eigennamen, zu den lichtschwächeren Sternen, die noch bei uns in Mitteleuropa sichtbar sind. Als K2 V-Stern ist er einigermaßen sonnenähnlich und ebenfalls ein Einzelstern. Mit zehn Lichtjahren Distanz ist er ein Stern der engeren Sonnenumgebung. Ran wurde in den 1960er-Jahren mit dem 26 Meter durchmessenden Radioteleskop des National Radio Astronomy Observatory (NRAO) in Green Bank, West Virginia (USA), abgehorcht, ob eventuell auf einem Planeten von ε Eridani eine hochtechnisierte Zivilisation Funksignale sendet (Projekt Ozma).

Signale Außerirdischer wurden jedoch nicht entdeckt.

OBJEKTE FÜR FELDSTECHER UND FERNROHR

Zu den prominenten Standardobjekten am herbstlichen Abendhimmel zählt die berühmte Andromedagalaxie (M 31), unsere Nachbarmilchstraße in 2,5 Millionen Lichtjahren Entfernung. Auch die beiden offenen Sternhaufen h und χ im Perseus sind den meisten Sternfreundinnen und Sternfreunden wohlbekannt. Sie sind prächtige Objekte schon im Fernglas, erst recht im Teleskop bei niedriger Vergrößerung und weitem Gesichtsfeld. Manchmal wird der Anblick dieser Sterngesellschaften beschrieben als glitzernde Edelsteine aller Farben auf samtschwarzem Untergrund. h und χ Perseï sind beide 8000 Lichtjahre weit weg.

Wer schon den Andromedanebel mit einem Fernglas ins Visier genommen hat, kann noch einen optischen Doppelstern in der Andromeda ansehen, nämlich 56 Andromedae. Ein $5{,}^{m}7$ heller, oranger Stern hat in 205″ Distanz einen tiefroten, $5{,}^{m}9$ hellen Begleiter. 56 And liegt an der Grenze zum Sternbild Triangulum (Sternkarte N0 im *Atlas für Himmelsbeobachter*).

Die eine Komponente ist 330 Lichtjahre entfernt, die andere immerhin 1100 Lichtjahre. Beide Sterne stehen rein zufällig nebeneinander und sind gravitativ nicht aneinander gebunden.

Drei schöne offene Sternhaufen finden sich im Fuhrmann (lat.: Auriga), nämlich M 36, M 37 und M 38. Sie sind gut in einem Fernglas auszumachen. Relativ arm an Sternen zeigt sich

11.10 Skelettkarte des Sternbildes Fuhrmann. Eingetragen sind die Positionen der offenen Sternhaufen M 36, M 37 und M 38.

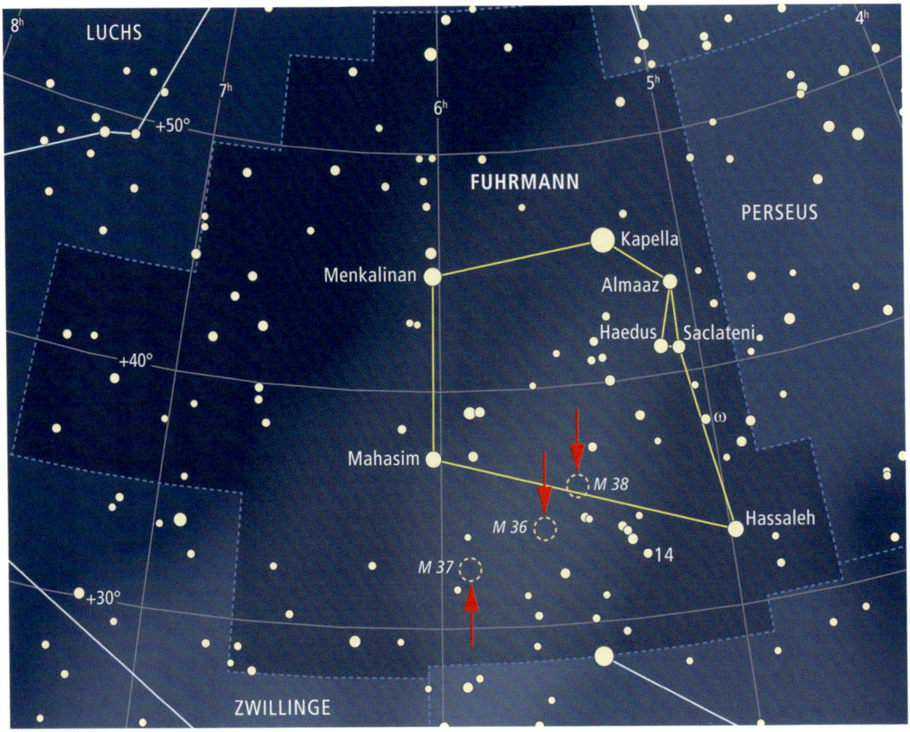

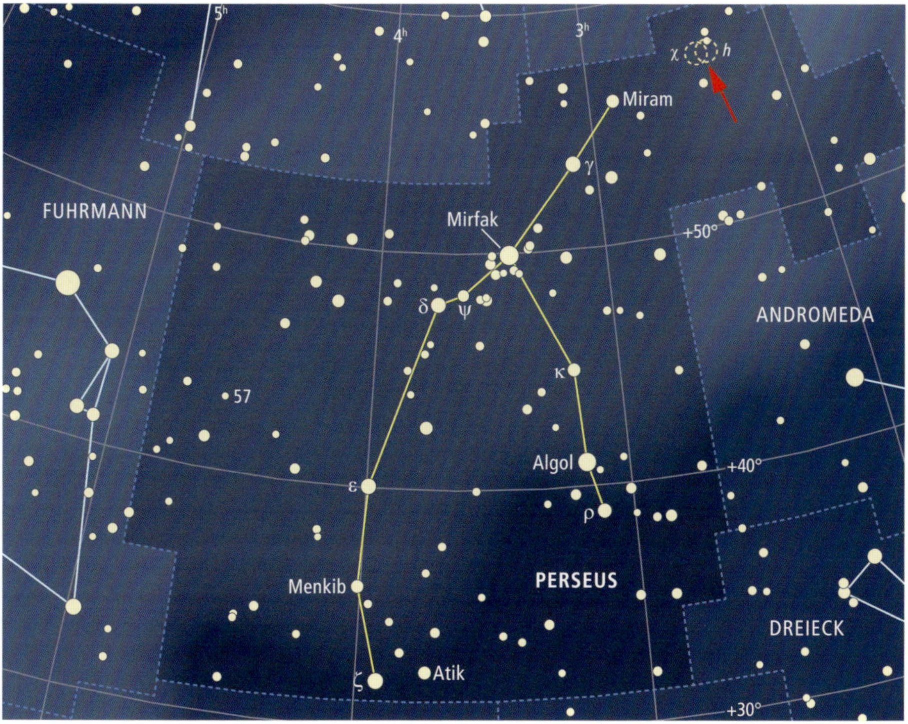

11.11 Das Sternbild Perseus mit den offenen Sternhaufen h und χ Perseï.

M 36. M 37 erscheint im Feldstecher eher als größerer Nebelfleck. Erst im Teleskop löst sich dieser Lichtfleck in zahlreiche Einzelsterne auf. M 38 ist zwar der lichtschwächste dieser drei Haufen, ist jedoch ohne weiteres im Fernglas zu erkennen. Im Fernrohr zeigt sich der Sternenreichtum vom M 38. Die beiden Sternhaufen M 36 und M 38 liegen in Entfernungen von 4000 Lichtjahren. M 37 ist mit 4500 Lichtjahren etwas weiter entfernt.

Der Fuhrmann beherbergt auch den Doppelstern ω Aurigae, der schon in kleineren Fernrohren leicht zu trennen ist, nicht aber im Fernglas. Zwei $5\overset{m}{.}0$ und $8\overset{m}{.}0$ helle Sterne stehen in $4\overset{''}{.}6$ Abstand voneinander. Beide erscheinen weiß, die schwächere Komponente leicht gelblich (Spektralklassen A0 und F0). Omega Aurigae ist 163 Lichtjahre entfernt.

Noch leichter zu trennen ist 14 Aurigae. Die beiden Komponenten dieser Doppelsonne sind $5\overset{m}{.}0$ und $7\overset{m}{.}9$ hell und stehen in einer Distanz von $14\overset{''}{.}1$ zueinander. Der hellere Stern gehört zum Spektraltyp A9, der schwächere ist ein F-Stern. 14 Aur ist 270 Lichtjahre entfernt.

Eine interessante Galaxie ist M 77 im Cetus. Man findet diese aktive Galaxie knapp südöstlich von δ Ceti. Im Fernglas erscheint sie nur als winziges, kreisförmiges Fleckchen. Im Teleskop zeigt sich ein heller Kern, umgeben von einem lichtschwachen Saum. Die Gesamthelligkeit liegt bei 9^m, der scheinbare Durchmesser weist nur drei Bogenminuten auf, Hubble-Typ Sb. Allerdings erkennt man kaum eine Spirale bei visueller Beobachtung. M 77 gehört zur Klasse

11.12 Aufnahme der beiden offenen Sternhaufen h und χ im Sternbild Perseus (Martin Gertz/Sternwarte Welzheim).

der Seyfert-Galaxien, deren Kern hell strahlt und dessen zentrale Helligkeit variiert. Heute zählt man diese Galaxien zu den AGN (Active Galactic Nuclei), Milchstraßensysteme mit einem aktiven Kern, aus dem intensive Röntgen- und UV-Strahlung kommt. Als zentraler Motor wirkt im Zentrum ein supermassereiches Schwarzes Loch mit einer gewaltigen Akkretionsscheibe.

M 77 befindet sich in der respektablen Entfernung von 50 Millionen Lichtjahren. Entdeckt wurde M 77 schon im Herbst 1780 von Pierre Méchain und Charles Messier. Beide meinten, hier einen Sternhaufen eingebettet in einen Gasnebel zu erkennen. M 77 findet man in der Sternkarte E0 im *Atlas für Himmelsbeobachter* von Erich Karkoschka.

Als weitere Galaxie sei M 74 in den Fischen empfohlen. Sie zu erkennen erfordert schon einige Beobachtungserfahrung. Mit $9^{m}{,}5$ ist sie recht lichtschwach. M 74 liegt knapp östlich von η Piscium. Man sollte nicht zu stark vergrößern, denn M 74 ist zwar eine Spirale, auf die man senkrecht sieht, aber in kleineren Instrumenten zeigt sich lediglich ein nicht sehr auffälliges, kreisrundes Zentrum. Der scheinbare Durchmesser liegt bei 8′. Für Nutzer computergesteuerter Teleskope seien die Koordinaten von M 74 genannt: $\alpha = 1^{h}36^{m}{,}7$ und $\delta = +15°47'$ (J2000.0). Die Entfernung von M 74 wurde ursprünglich zu 30 Millionen Lichtjahren ermittelt. Neuere Untersuchungen lassen erkennen, dass diese Galaxie wahrscheinlich nur etwas mehr als 25 Millionen Lichtjahre entfernt ist.

Tief im Süden zeigt sich eine mächtige Galaxie, NGC 253 mit ihrer Katalogbezeichnung. Sie liegt im Sternbild Bildhauer (lat.: Sculptor) an der Südgrenze des Walfischs (lat.: Cetus). Man stößt auf die Sculptor-Milchstraße, wenn man von β Ceti ausgehend sein Fernglas oder Teleskop gut 7° südlich schwenkt. Wir blicken auf die Kante der Sculptor-Galaxie, weshalb sie im Fernglas länglich erscheint. NGC 253 ist elf Millionen Lichtjahre von uns entfernt.

Schwarze Löcher – Zahlen, Daten und Formeln

Die meisten Beschreibungen von Schwarzen Löchern und ihren Eigenschaften in Büchern und Zeitschriftenbeiträgen sind deskriptiver Art. Zum tieferen Verständnis sind jedoch mathematische Relationen nützlich, wie sie nachstehend zum Teil aufgeführt sind.

Schon im Jahr 1916 hat Karl Schwarzschild den Radius r einer Kugel berechnet, bei dem für eine vorgegebene Masse M die Entweichgeschwindigkeit gleich der Lichtgeschwindigkeit wird. Man spricht daher vom Schwarzschildradius.

Der Schwarzschildradius

Massen ziehen einander an, eine Folge der Schwerkraft oder Gravitation. Um einer Masse M dauerhaft aus der Distanz R (in der Regel der Radius eines kugelförmigen Objektes wie Stern, Planet, Mond etc.) zu entfliehen, ist eine Mindestgeschwindigkeit erforderlich. Sie wird Fluchtgeschwindigkeit oder Entweichgeschwindigkeit genannt. Sie bestimmt sich zu:

$$v_E = (2 \cdot G \cdot M/R)^{0,5}$$

G ist dabei die universelle Newtonsche Gravitationskonstante von $6{,}67 \cdot 10^{-8}\,cm^3 g^{-1} s^{-2}$.

Bei der Erde beträgt die Entweichgeschwindigkeit 11,2 Kilometer pro Sekunde, beim Mond 2,4 km/s und bei der Sonne 618 km/s. Erreicht die Entweichgeschwindigkeit die Lichtgeschwindigkeit c von 299 792 Kilometer pro Sekunde, so kann nichts mehr die Oberfläche des Himmelskörpers verlassen, nicht einmal mehr das Licht. Setzt man also $v_E = c$, so ergibt sich für den Schwarzschildradius:

$$R_s = 2 \cdot G \cdot M/c^2 = 1{,}4847 \cdot 10^{-28} \cdot M\,[g]$$

Danach stürzen Sterne, wenn sie ausgebrannt sind und entsprechend große Masse (über drei Sonnenmassen) besitzen, in einem Gravitationskollaps zu Schwarzen Löchern zusammen.

Die Größe eines Schwarzen Loches, also sein Schwarzschildradius, ist einfach zu berechnen, wenn man als Masseeinheit die Sonnenmasse nimmt und den Schwarzschildradius in Kilometern angibt. Es gilt dann die Beziehung:

$$R_s = k \cdot M/M_\odot$$

wobei k = 3 ist. Für den Stern Antares mit zehnfacher Sonnenmasse erhält man einen Schwarzschildradius von 30 Kilometer. Somit hat α Scorpii (Antares) als Schwarzes Loch einen Durchmesser von 60 Kilometer.

Das Zentrum unserer Milchstraße beherbergt ein Black Hole von vier Millionen Sonnenmassen. Somit hat es einen Schwarzschildradius von $3 \cdot 4 \cdot 10^6 = 12 \cdot 10^6$ km und ist eine Kugel von 24 Millionen Kilometer Durchmesser.

Doch es gibt noch gewaltigere Black Holes. Im Mittelpunkt der Galaxie M 87 im Sternbild Jung-

Physikalische Einheiten

In der Kosmologie und in der Astrophysik kompakter Körper (Neutronensterne, Schwarze Löcher) benutzt man nach wie vor das (Gaußsche-) cgs-Einheiten-System statt dem SI-System (Système international d'unités).
Beispiel für die Energieeinheiten Joule im SI-System und erg im cgs-System

1 Joule = 1 Newton • 1 m = 1 kg • 1 m • 1 m/s² = 1000 g • 10 000 cm²/s² = 10^7 g · cm²/s² = **10^7 erg**

„For our purpose, the SI system is not a good one and we shall not use it"
Fred Hoyle, Geoffrey Burbidge, Jayant Narlikar: *A Different Approach to Cosmology*, Seite 171, Cambridge University Press, 2000

frau haust ein Schwarzes Loch von mindestens sechs Milliarden Sonnenmassen. Sein Schwarzschildradius misst somit 18 Milliarden Kilometer. Stünde dieses Black Hole an Stelle unserer Sonne, so fände darin bequem unser gesamtes Planetensystem bis weit über die Plutobahn hinaus Platz.

Das bisher größte Monster eines Schwarzen Loches wurde im Zentrum der riesigen elliptischen Galaxie NGC 4889 im Sternbild Coma Berenices ausgemacht. Rund 300 Millionen Lichtjahre trennen die Galaxie NGC 4889 von uns. Die Masse des zentralen Schwarzen Loches liegt bei 20 Milliarden ($2 \cdot 10^{10}$) Sonnenmassen. Mit 120 Milliarden ($12 \cdot 10^{10}$) Kilometer (= 800 AE) Durchmesser ist dieses Schwarze Loch wesentlich größer als unser Planetensystem.

Gravitationskollaps

Ist am Ende eines Sternenlebens das Atomfeuer erloschen, so bleibt ein Weißer Zwerg übrig. Wenn allerdings das Objekt mehr als etwa 1,44 Sonnenmassen enthält, so kommt es zu einem Zusammenbruch, denn der Druck des entarteten Elektronengases kann der Schwerkraft nicht mehr Paroli bieten, der Stern bricht zu einem Neutronenstern zusammen, der sich eventuell als Pulsar bemerkbar macht. Diese Massengrenze wird Chandra-Limit genannt nach dem Nobelpreisträger Subrahmanyan Chandrasekhar, der sie gefunden hat. Doch auch für Neutronensterne gibt es eine obere Massengrenze von etwa drei Sonnenmassen. Oberhalb dieser Massengrenze kann auch das entartete Neutronengas das Objekt nicht mehr stabilisieren, es kommt zum Gravitationskollaps. Der beim finalen Zusammenbruch enorm ansteigende Innendruck bremst den Kollaps nicht, sondern beschleunigt ihn sogar. Denn die Druckenergie führt zu einer relativistischen Massenzunahme, die Schwerkraftwirkung wird dadurch noch verstärkt.

Diese Massengrenze wird nach J. Robert Oppenheimer und George M. Volkoff, die sie berechnet haben, Oppenheimer-Volkoff-Limit genannt. Sie folgt aus der TOV-Zustandsgleichung, die den Druck im Inneren eines Neutronensterns beschreibt (Tolmann-Oppenheimer-Volkoff-Gleichung).

Akkretiert ein Neutronenstern Materie von einem Begleitstern und überschreitet er dabei die Oppenheimer-Volkoff-Grenze, so kommt es zu einem Gravitationskollaps. Der Kollaps erfolgt in der Freifallzeit und dauert somit gerade etwa eine Sekunde.

Die **Freifallzeit** berechnet sich zu

$$t_F = \pi\,(r^3/(8 \cdot G \cdot M))^{0,5}$$

Da $M = 4 \cdot \pi \cdot r^3 \cdot \rho/3$ ist, ergibt sich die Näherungsformel

$$t_F = (G \cdot \rho)^{-0,5}$$

Ereignishorizont

Die Oberfläche einer Kugel mit dem Schwarzschildradius wird Ereignishorizont genannt, weil nichts nach außen dringen kann. Nach der ART (Allgemeinen Relativitätstheorie) bildet die zusammenstürzende Materie im Zentrum eines Schwarzen Loches eine Singularität. Die Masse ist in einem Punkt vereinigt mit unendlich hoher Dichte und unendlicher Raumkrümmung. Doch Singularitäten gibt es in der realen Welt keine. Eine Singularität ist ein mathematisches Objekt, das nirgends in der Natur vorkommt. Vielmehr versagt die ART bei der Beschreibung, was im Zentrum eines Schwarzen Loches vor sich geht.

Beim Sturz in ein Black Hole werden alle Strukturen vernichtet. Nichts bleibt übrig. John Archibald Wheeler nannte dies „No-Hair-Theorem" – Schwarze Löcher haben keine Haare. Alle Informationen gehen verloren. Nur drei Größen bleiben erhalten: Masse (M), Drehimpuls (D) und elektrische Ladung (Q). Sie charakterisieren ein Black Hole vollständig. Da die Materie im Universum weitgehend elektrisch neutral ist, so haben die real existierenden Schwarzen Löcher nur Masse und Drehimpuls als Eigenschaften.

Physikalisch betrachtet erreicht die Entropie ein Maximum. Die Entropie S ist proportional

11.13 **Beim Sturz in ein stellares Schwarzes Loch wird ein Astronaut spaghettifiziert.**

dem natürlichen Logarithmus der thermodynamischen Zustandsfunktion W eines Vielteilchensystems:

$$S = k \cdot \ln W$$

Der Faktor k entspricht der Boltzmann-Konstante:

$$k = 1{,}380 \cdot 10^{-16}\,\mathrm{erg/K} \quad (\mathrm{K} = \mathrm{Kelvin})$$

Die Entropie eines Vielteilchensystems kann niemals abnehmen. Sie bleibt stets gleich oder nimmt zu. Die Entropie kann nur dann verringert werden, wenn dem System Energie zugeführt wird.

Gewaltige Gezeitenkräfte

Der Sturz in ein Schwarzes Loch von zehn Sonnenmassen aus der Entfernung 1 AE (150 Millionen Kilometer) dauert grob gerechnet etwa 65 Tage. Anton und Bruno wagen ein Experiment. Anton bleibt, wo er ist, Bruno stürzt sich ins Abenteuer und lässt sich in das Schwarze Loch fallen. Er verspricht, alle Minuten ein Signal zu senden, damit Anton weiß, dass Bruno noch lebt. Zunächst kommen die Signale von Bruno pünktlich jede Minute bei Anton an. Doch dann verspäten sich die Signale – die Abstände bis zum nächsten Signal werden immer länger. Zuerst sind es zehn Sekunden, dann eine Minute, schließlich eine Stunde, dann einen Tag, die Anton warten muss, bis er das nächste Signal von Bruno empfängt. Dann dauert es ein Jahr und schließlich erhält er zu seinen Lebzeiten gar keine Botschaften mehr. Er müsste 100 Jahre und mehr auf das nächste Signal von Bruno warten.

Brav betätigt Bruno nach seiner eigenen, mitfallenden Uhr alle Minuten die Signaltaste. Doch je mehr sich Bruno dem Ereignishorizont nähert, desto stärker wird das Gravitationsfeld. Von dem merkt Bruno nichts, da er sich im freien Fall befindet. Doch nach der ART findet eine gravitative Zeitdilatation statt:

11.14 Der neuseeländische Mathematiker Roy Patrick Kerr (*1934) fand die Lösung der Einsteinschen Feldgleichungen für rotierende Schwarze Löcher.

Danach bleibt für Anton die Zeit von Bruno stehen, nachdem die Zeitspannen immer mehr gedehnt werden.

$$\Delta t' = \Delta t \cdot [1 - (2GM/r \cdot c^2)]^{0,5}$$

Auch wenn Brunos Uhr nicht stehen bleibt – das Durchstoßen des Ereignishorizonts überlebt Bruno jedoch nicht. Er wird noch vor Eintritt in den Ereignishorizont spaghettifiziert. Die Potenzialdifferenz auf der Länge von nur wenigen Metern vor dem Ereignishorizont ist so gewaltig, dass Objekte infolge der Gezeitenkräfte in die Länge gezogen werden. Bruno stürzt kopfüber in das Schwarze Loch. Dabei wird er auseinandergezogen, denn auf den Kopf wirkt eine viel stärkere Schwerkraft als auf seine Füße. Er wird zu einem langen Gebilde gleich einer Spaghetti. Gegebenenfalls zerreißt es Bruno, der Kopf stürzt als erster durch den Ereignishorizont, die anderen Körperteile folgen nach und nach. Bruno hat für sein Experiment ein Schwarzes Loch mit zehn Sonnenmassen gewählt. Hätte er das Schwarze Loch von vier Millionen Sonnenmassen im Zentrum unserer Milchstraße für sein Experiment ausgesucht, so wäre ihm die Spaghettisierung zunächst erspart geblieben. Allerdings, nach nur vier Sekunden würde er kurz vor Erreichen der Singularität dennoch spaghettifiziert.

Schwarze Löcher rotieren rasend

Die Geometrie des Gravitationsfeldes in der Umgebung eines Schwarzen Loches wird durch die Schwarzschild-Metrik beschrieben, weshalb man von einem Schwarzen Loch vom Typ Schwarzschild spricht. Es wird lediglich durch seine Masse M beschrieben, der Drehimpuls *D* und die elektrische Ladung sind gleich Null.

Schwarzschild hat die Metrik des Raumes in der Umgebung eines nicht rotierenden Schwarzen Loches beschrieben. Die Schwarzschild-Metrik lautet:

$$ds^2 = (1 - 2M/r)\,dv^2 - 2dv \cdot dr - r^2\,(d\vartheta^2 + \sin^2\vartheta \cdot d\varphi^2)$$

Dabei sind: ds – Linienelement (infinitesimaler Abstand zweier Punkte), M – Masse, r – Schwarzschildradius, v, ϑ, φ – Polarkoordinaten.

In der Natur gibt es allerdings keine Schwarzen Löcher mit einer Schwarzschild-Metrik. Denn alle Körper im Weltall besitzen einen mehr oder minder großen Drehimpuls. Monde, Planeten, Asteroiden, die Sonne und andere Sterne, Galaxien – sie alle rotieren.

Kollabiert ein massereicher Stern zu einem Black Hole, so bleibt der Drehimpuls erhalten. Schrumpft ein Stern, so verkleinert sich sein Trägheitsmoment. Da der Drehimpuls *D* das Produkt aus Trägheitsmoment Θ mal Winkelgeschwindigkeit ω ist, so wächst die Winkelgeschwindigkeit an, wenn das Trägheitsmoment kleiner wird. Denn der Drehimpuls bleibt konstant, wenn keine äußere Kraft auf den Stern oder einen sonstigen Körper einwirkt.

$$D = \Theta \cdot \omega$$

Unsere Sonne dreht sich in 25,4 Tagen einmal um ihre Achse. Würde sie zu einem Schwarzen Loch von nur sechs Kilometer Durchmesser kollabieren, so würde ihre Rotationsgeschwindigkeit enorm anwachsen. Ein Punkt am Sonnenäquator würde mit fast 463 000 km/s herumrasen. Dies ist mehr als die eineinhalbfache Lichtgeschwindigkeit und somit unmöglich. Beim Kollaps muss daher ein Teil der Rotationsenergie bzw. Drehimpuls abgeführt werden, beispielsweise durch Abspaltung von Ringen oder Abstrahlung von Gravitationswellen. Kollabierte die Sonne zu einem Schwarzen Loch, so würde sie sich 16 000-mal pro Sekunde drehen, eine beachtliche Rotationsfrequenz. Die jetzige lineare Rotationsgeschwindigkeit beträgt zwei Kilometer pro Sekunde am Sonnenäquator.

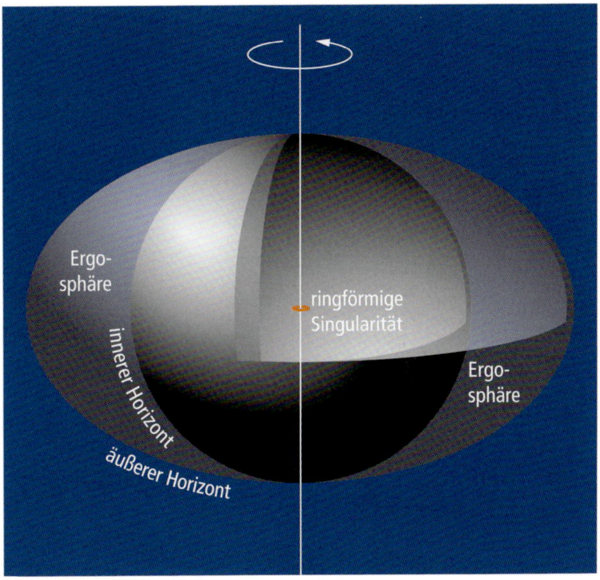

11.15 Ein rotierendes Schwarzes Loch besitzt einen inneren und einen äußeren Ereignishorizont, der die Ergosphäre einschließt, sowie eine ringförmige Singularität.

Erst 1963 berechnete der neuseeländische Mathematiker Roy Kerr die Metrik in der Umgebung eines rotierenden Schwarzen Loches. Die Kerr-Metrik lautet:

$$ds^2 = dt^2 - dx^2 - dy^2 - dz^2 - (2Mr^3/(r^4 + a^2z^2) \cdot [r(xdx + ydy) + a(xdy - ydx)] - zdz/r)^2$$

Dabei sind: ds – Linienelement, t, x, y, z – kartesische Raumzeitkoordinaten, M – Gravitationsmasse inklusive Rotationsenergie, r – Schwarzschildradius, a – Kerr-Parameter.

Der Kerr-Parameter errechnet sich zu $a = D/M$, wobei D der Drehimpuls ist. Zur Berechnung setzt man wie in der Kosmologie üblich $G = c = 1$ (G – Newtonsche Gravitationskonstante, c – Lichtgeschwindigkeit). Der Kerr-Parameter a liegt dann in einem Bereich von $-1 \leq a \leq +1$. Ein negativer Kerr-Parameter steht für einen retrograden Umlauf eines einstürzenden Partikels. Positives a entspricht einem prograden Umlaufsinn. Nach Kip Stephen Thorne (*1940) gibt es eine Obergrenze für die Größe des Kerr-Parameters. Sie liegt bei ±0,998 172 (Thorne-Limit). Brandon Carter (*1942) kalkulierte im gleichen Jahr 1963 den Kollaps eines rotierenden Black Holes.

Rotierende Schwarze Löcher haben seltsame Eigenschaften. Sie reißen unter anderem den umgebenden Raum mit. Ein rotierendes Black Hole erzeugt einen wirbelartigen Strudel um sich, ein Ergebnis der ART (Thirring-Lense-Effekt). Einen leeren Raum kann man nicht rotieren sehen, aber man kann ihn spüren. In der Nähe eines schnell rotierenden Schwarzen Loches hätte man das Gefühl, auf einem drehenden Karussell zu sitzen. Manchem würde schwindelig werden. Die auftretende Zentrifugalkraft würde uns paradoxerweise nicht vom Schwarzen Loch wegtreiben, sondern im Gegenteil zu ihm hineinziehen. Das lokale Inertialsystem eines rotierenden Black Holes dreht sich relativ zur globalen Raumstruktur, dem Inertial-

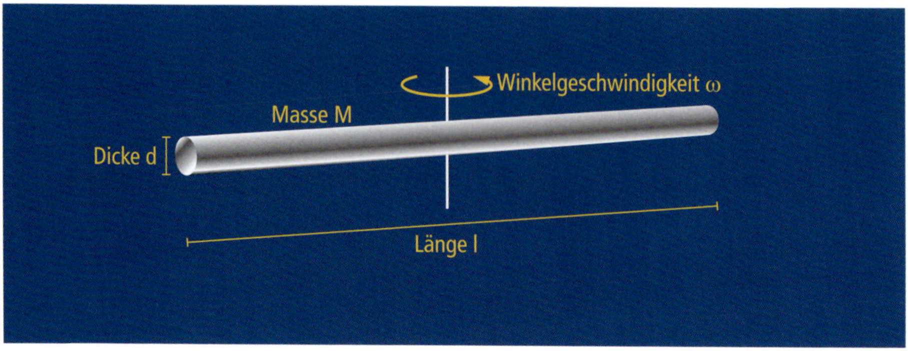

11.16 Ein rotierender Stab erzeugt Gravitationswellen. Die Energieabstrahlung ist proportional zur sechsten Potenz der Rotationsfrequenz ω.

system des großskaligen intergalaktischen Raumes. Der englische Fachbegriff lautet „Frame dragging". Bei Himmelskörpern wie Planeten ist dieser Effekt winzig klein. So wurde mit dem Erdsatelliten Gravity Probe B eine Raumdrehung von lediglich fünf Hunderttausendstel ($4{,}819758 \cdot 10^{-5}$) Bogensekunden pro Umlauf von 97,5 Minuten gemessen. Bei dem Neutronendoppelstern PSR J1915+1606 (alte Bezeichnung PSR B1913+16, Hulse-Taylor-Pulsar) im Sternbild Adler konnte dieser Thirring-Lense-Effekt recht genau nachgewiesen werden.

Bei einem rotierenden Schwarzen Loch bilden sich zwei Horizonte. Der innere Horizont umschließt einen sphärischen Raum. Er ist der eigentliche Ereignishorizont, innerhalb dem ein Entfliehen unmöglich ist. Der äußere Horizont hat die Form eines Ellipsoides. Damit sind rotierende Black Holes nicht mehr kugelsymmetrisch, sondern besitzen eine ausgezeichnete Richtung, nämlich die der Drehachse. Der Raum zwischen innerem und äußerem Horizont wird Ergosphäre genannt. Aus diesem Bereich kann ein Körper dem Schwarzen Loch gegebenenfalls wieder entfliehen und dabei sogar beschleunigt werden, indem er ihm Rotationsenergie entzieht.

Ein rotierendes Black Hole hat im Zentrum keine punktförmige, sondern eine ringförmige Singularität. Sie ist gewissermaßen ein Tor in eine andere Welt. Wheeler nannte diese ringförmige Singularität „wormhole" (engl., Wurmloch). Dem mathematischen Formalismus nach läuft die Zeit in diesem Anti-Universum rückwärts. Eine Reise in die Vergangenheit ist dennoch nicht möglich. Denn nach dem No-Hair-Theorem gehen alle Strukturen im Black Hole verloren. Der kosmische Zensor würde alle Erinnerungen löschen. Abgesehen davon sind ringförmige Singularitäten winzig klein, nämlich in der Größenordnung der Planck-Skala von 10^{-33} cm Länge. Nicht einmal ein Proton würde hindurchpassen, denn es ist 20 Zehnerpotenzen größer als solch ein Wurmloch.

Einfluss von Gravitationswellen

Wie im Monatsthema Oktober bereits erwähnt: Rotieren symmetrische Körper (Kugel, Kegel, Zylinder) um ihre Symmetrieachse, so senden sie keine Gravitationswellen aus, wenn sich die Rotationsgeschwindigkeit ändert. Ein Stab (siehe Abb. oben) jedoch mit der Länge l, gegen die Länge vernachlässigbarer Dicke und mit der Masse M, der um die senkrecht stehende Mittelachse mit der Winkelgeschwindigkeit ω rotiert, sendet Gravitationswellen aus, deren Leistung L sich wie folgt errechnet:

$$L = (8/45) \cdot (G/c^5) \cdot M^2 \cdot l^4 \cdot \omega^6$$

Einander umkreisende Himmelskörper erzeugen ebenfalls Schwerkraftwellen. Zwei Schwarze

Löcher gleicher Masse im gegenseitigen Abstand a und dem Schwarzschildradius R_S senden Gravitationswellen aus mit der Leistung von

$$L = 0{,}4 \cdot c^5/G \cdot (R_S/a)^5 \approx 10^{59} \cdot (R_S/a)^5 \text{ [erg/s]}$$

Inzwischen hat man entdeckt, dass es nicht nur stellare Black Holes von einigen Sonnenmassen und supermassereiche von millionenfacher Sonnenmasse in den Zentren großer Galaxien gibt, sondern auch mittelschwere von einigen hundert bis hunderttausendfacher Sonnenmassen, die sich in der Milchstraße gleich marodierenden Gravitationsmonstern herumtreiben. Sie haben Durchmesser von Planetengröße. Die Entstehung und Herkunft dieser intermediären Black Holes ist noch weitgehend ungeklärt. Vermutlich haben sich die intermediären Schwarzen Löcher kurz nach dem Urknall gebildet.

Der russische Physiker Igor Dimitrijewitsch Nowikow (И́горь Дми́триевич Но́виков; *1935), prominenter Spezialist für Black Holes, vermeidet in seinen Publikationen den Begriff „Schwarzschildradius“ und verwendet dafür die Bezeichnung „Gravitationsradius“. Denn Schwarzschild war in der Sowjetunion eine persona non grata. Inzwischen hat es sich eingebürgert, den halben Schwarzschildradius als Gravitationsradius zu bezeichnen, was gelegentlich zur Verwirrung führt.

Können Schwarze Löcher verdampfen?

Nach der Allgemeinen Relativitätstheorie existiert ein Schwarzes Loch für alle Ewigkeit. Denn nichts kann ihm entfliehen und niemand kann es teilen oder zerlegen. Doch Stephen Hawking (1942–2018) hat gezeigt, dass aus quantenmechanischen Gründen dann und wann ein Teilchen einem solchen Black Hole entfliehen kann.

Dieser quantenmechanische Prozess gleicht formal einem Verdampfungsprozess. Er geht allerdings extrem langsam vor sich. Ein Schwarzes Loch von drei Sonnenmassen braucht 10^{65} (100 Dezilliarden) Jahre, um vollständig zu verdampfen. Am Anfang extrem langsam, geht dieser Prozess in der letzten Sekunde explosionsartig vor sich.

Setzt man im Wienschen Verschiebungsgesetz

$$T \cdot \lambda = h \cdot c/(2\pi \cdot k)$$

für die Wellenlänge λ den Schwarzschildradius

$$R_S = 2G \cdot M/c^2$$

ein, so erhält man für die Temperatur eines Schwarzen Loches

$$T = h \cdot c^3 / (4\pi \cdot k \cdot G \cdot M) \approx 10^{-6}\, M_\odot/M$$

wobei h: Plancksches Wirkungsquantum, G: Gravitationskonstante, k: Boltzmann-Konstante, $M_\odot$: Sonnenmasse.

Die Temperatur eines Schwarzen Lochs ist somit umgekehrt proportional zu seiner Masse M. Je massereicher es ist, desto kälter ist es. Ein Schwarzes Loch von zehn Sonnenmassen besitzt eine Temperatur von nur einem Zehnmillionstel Grad über dem absoluten Nullpunkt ($T = 10^{-7}$ Kelvin).

Das heute ultrakalte Black Hole von nur einem Zehnmillionstel Grad über dem absoluten Nullpunkt (−273,16 °C = 0 K) detoniert frühestens in 10^{65} (100 Dezilliarden) Jahren. Dies ist eine Ewigkeit im Vergleich zum heutigen Weltalter von 14 Milliarden ($1{,}4 \cdot 10^{10}$) Jahren. Beides aber sind Zeitspannen, für die uns jede anschauliche Vorstellung fehlt.

Noch sind viele Fragen zu Schwarzen Löchern ungelöst. Vielleicht entscheidet sich die eine junge Frau oder der andere junge Mann nach Lektüre dieses Monatsthemas, Astrophysik zu studieren. Möglicherweise findet sie oder er, welches quantenmechanische Objekt sich im Zentrum eines Black Holes verbirgt und die hypothetische Singularität ersetzt. Der Nobelpreis für Physik dürfte ihr oder ihm sicher sein.

Dezember 2027

- Die Sonne erreicht am 22. Dezember um 3^h42^m MEZ den tiefsten Punkt ihrer Jahresbahn im Sternbild Schütze, die Wintersonnenwende setzt ein.
- Merkur hat seine günstige Morgensichtbarkeit vom Vormonat beendet. Er bleibt im Dezember unsichtbar.
- Venus baut ihre Stellung als Abendstern nur zögerlich aus.
- Mars hat sich längst vom Nachthimmel zurückgezogen und bleibt unbeobachtbar.
- Jupiter verlagert seine Aufgänge in die Zeit vor Mitternacht.
- Saturn beendet seine Oppositionsperiode.

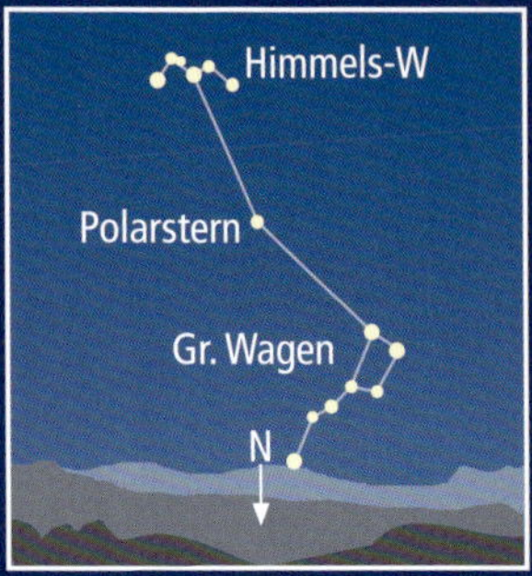

Großer Wagen und Himmels-W Anfang Dezember um 22 Uhr MEZ

12.1 Himmelsanblick am 30. Dezember gegen 18^h MEZ. Knapp über dem Südwesthorizont strahlt Venus, die von der zunehmenden Mondsichel besucht wird.

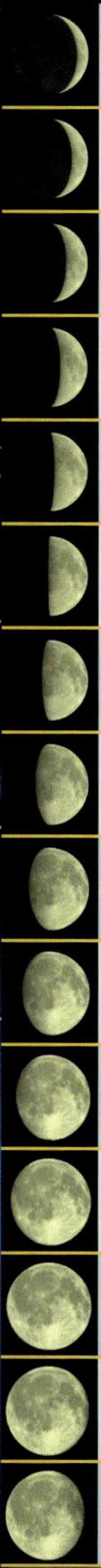

1	Mi	
2	Do	
3	Fr	
4	Sa	
5	So	2. Advent
6	Mo	Erstes Viertel
7	Di	
8	Mi	
9	Do	
10	Fr	
11	Sa	
12	So	3. Advent
13	Mo	**Vollmond**
14	Di	Sternschnuppen Geminiden im Maximum
15	Mi	

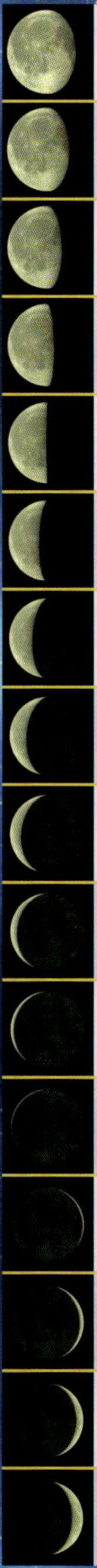

16	Do	
17	Fr	
18	Sa	
19	So	4. Advent
20	Mo	Letztes Viertel Mond bei Jupiter – morgens
21	Di	
22	Mi	Winterbeginn Mond bei Spica – morgens
23	Do	
24	Fr	Heiliger Abend
25	Sa	1. Weihnachtstag
26	So	2. Weihnachtstag
27	Mo	**Neumond**
28	Di	
29	Mi	
30	Do	Mond bei Venus – abends
31	Fr	Silvester

SONNE – STERNBILDER

18. 12. 21ʰ:
Sonne tritt in das Sternbild Schütze

22. 12. 3ʰ42ᵐ:
Sonne tritt in das Tierkreiszeichen Steinbock

Julianisches Datum am
1. Dezember, 1ʰ MEZ: 2461740,5

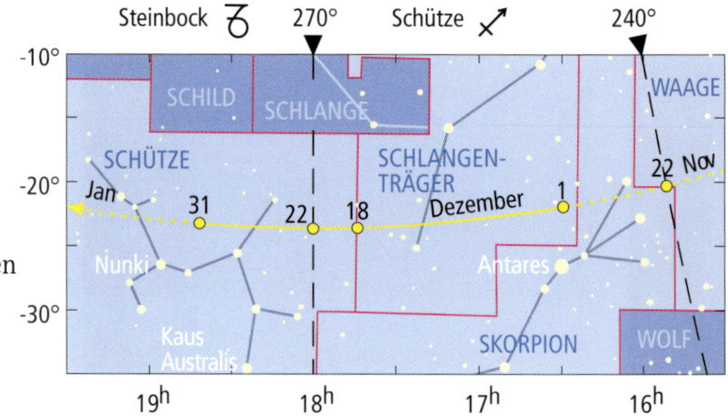

SONNENLAUF

Tag	Dämmerg. Anfang	Aufgang MEZ	Kulmination	Untergang MEZ	Dämmerg. Ende	Mittagshöhe	Zeitgleichg.	Rektaszension	Deklination
	h m	h m	h m	h m	h m	o	m	h m	o
1.	6 38	7 56	12 09	16 21	17 39	18,2	+11	16 25	–21,7
5.	6 42	8 01	12 10	16 19	17 38	17,6	+10	16 43	–22,3
10.	6 47	8 07	12 13	16 18	17 37	17,1	+ 7	17 05	–22,8
15.	6 52	8 12	12 15	16 18	17 38	16,7	+ 5	17 27	–23,2
20.	6 55	8 15	12 17	16 20	17 40	16,6	+ 3	17 49	–23,4
25.	6 57	8 17	12 20	16 22	17 42	16,6	0	18 11	–23,4
31.	6 59	8 18	12 23	16 27	17 47	16,9	– 3	18 38	–23,2

TAGES- UND NACHTSTUNDEN

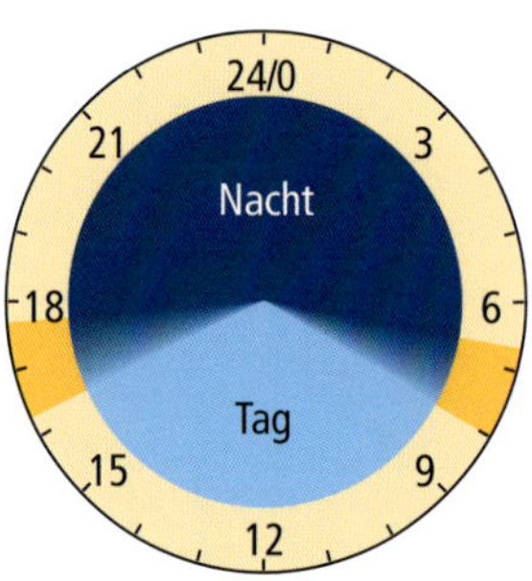

5. Dezember

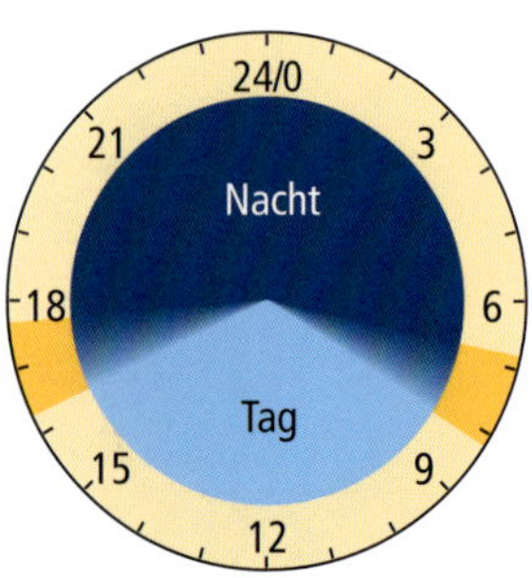

15. Dezember

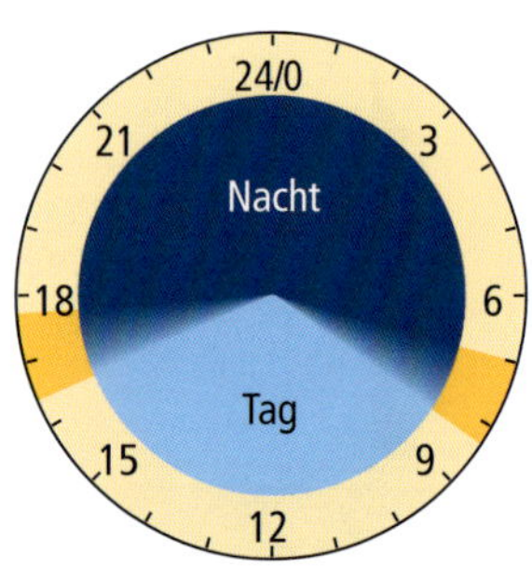

25. Dezember

MONDLAUF

Datum	Aufg. MEZ	Kulmination	Unterg. MEZ	Rektaszension	Deklination		Sterne und Sternbilder	Phase	MEZ
	h m	h m	h m	h m	°				
Mi 1.	11 01	15 01	19 07	18 50	−24,9	*	Schütze, Nunki		
Do 2.	11 29	15 49	20 17	19 42	−22,3		Schütze	Aufsteigender Knoten	
Fr 3.	11 50	16 33	21 26	20 31	−18,7		Steinbock		
Sa 4.	12 07	17 16	22 35	21 17	−14,5		Steinbock	Erdferne 405/29′,5	10^h
So 5.	12 22	17 56	23 42	22 01	− 9,7		Wassermann		
Mo 6.	12 36	18 36	–	22 44	− 4,6		Wassermann	**Erstes Viertel**	**$6^h 22^m$**
Di 7.	12 50	19 17	0 50	23 27	+ 0,7		Fische		
Mi 8.	13 04	19 59	1 59	0 11	+ 6,1		Fische		
Do 9.	13 21	20 45	3 10	0 57	+11,4	*	Fische		
Fr 10.	13 43	21 35	4 26	1 46	+16,4	*	Fische	Größte Nordbreite	
								Libration Ost	
Sa 11.	14 11	22 30	5 44	2 38	+20,8		Widder		
So 12.	14 50	23 29	7 02	3 36	+24,1	*	Stier, Plejaden		
Mo 13.	15 44	–	8 15	4 37	+26,1		Stier	**Vollmond**	**$17^h 09^m$**
Di 14.	16 55	0 32	9 16	5 41	+26,5		Stier, Alnath		
Mi 15.	18 17	1 35	10 02	6 45	+25,0		Zwillinge		
Do 16.	19 44	2 36	10 36	7 48	+21,8		Pollux	Erdnähe 364/32′,8	3^h
								Absteigender Knoten	
Fr 17.	21 11	3 33	11 02	8 47	+17,3	*	Krebs, Krippe		
Sa 18.	22 34	4 26	11 23	9 43	+11,7		Löwe, Regulus		
So 19.	23 56	5 16	11 40	10 35	+ 5,6		Sextant		
Mo 20.	–	6 04	11 57	11 26	− 0,7		Löwe	**Letztes Viertel**	**$10^h 11^m$**
Di 21.	1 15	6 51	12 14	12 16	− 6,8		Jungfrau		
Mi 22.	2 34	7 39	12 33	13 06	−12,5		Spica	Größte Südbreite	
Do 23.	3 53	8 29	12 55	13 58	−17,6		Jungfrau	Libration West	
Fr 24.	5 10	9 21	13 24	14 51	−21,7		Waage		
Sa 25.	6 23	10 14	14 01	15 46	−24,6	*	Waage		
So 26.	7 27	11 08	14 49	16 42	−26,2		Antares		
Mo 27.	8 20	12 02	15 47	17 38	−26,5		Schlangenträger	**Neumond Nr. 1299**	**$21^h 13^m$**
Di 28.	9 00	12 54	16 53	18 33	−25,4		Schütze, Nunki		
Mi 29.	9 31	13 43	18 03	19 25	−23,1		Schütze, Nunki		
Do 30.	9 54	14 29	19 12	20 15	−19,9		Steinbock	Aufsteigender Knoten	
Fr 31.	10 12	15 12	20 21	21 02	−15,8		Steinbock		

DER ZUNEHMENDE MOND BEDECKT DIE PLEJADEN

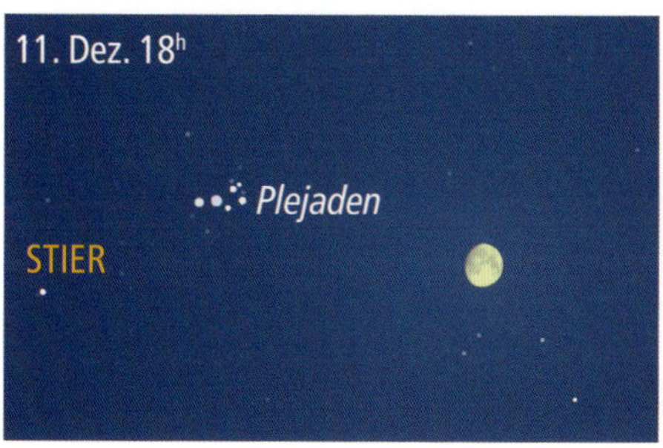

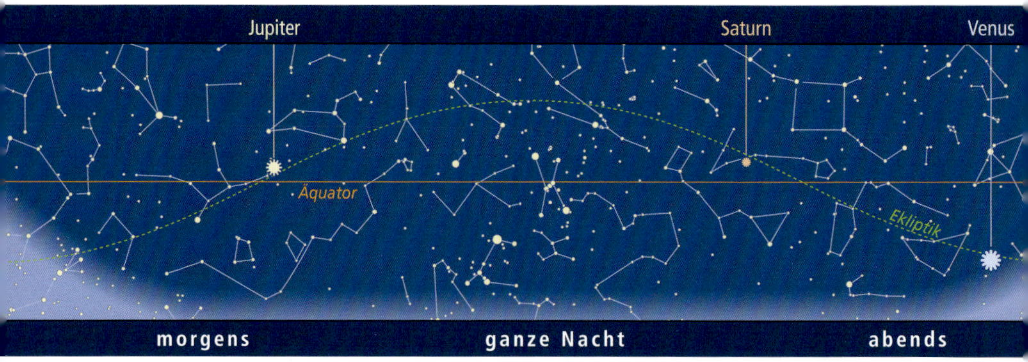

MERKUR hat seine günstige Morgensichtbarkeit vom Vormonat beendet. Er eilt rechtläufig der Sonne hinterher und holt sie am 11. schließlich ein. An diesem Tag befindet er sich in oberer Konjunktion mit der Sonne. Der flinke Planet bleibt den gesamten Dezember über unsichtbar.

Am 11. passiert Merkur das Aphel seiner Bahn. An diesem Tag ist er 69,8 Millionen Kilometer (= 0,467 AE) von der Sonne entfernt.

VENUS baut ihre Stellung als Abendstern nur zögerlich aus. Noch immer ist sie kein spektakuläres Gestirn. Langsam gewinnt sie wieder nördlichere Deklinationen. Am 19. verlässt sie den Schützen und wechselt in das Sternbild Steinbock (siehe Abb. 1.5 auf Seite 40).

Die Venusuntergänge verspäten sich von 18^h04^m zu Monatsbeginn auf 19^h23^m zu Silvester, wobei die Venushelligkeit leicht auf $-4\overset{m}{,}0$ zunimmt.

Im Teleskop sieht man eine leichte Phase des Venusscheibchens. Der Beleuchtungsgrad geht auf 82 % zurück, der scheinbare Venusdurchmesser nimmt kaum merkbar auf 13″ zu.

Am letzten Tag des Jahres erhält Venus Besuch vom zunehmenden Mond, der gegen 18^h noch knapp über dem Horizont zu sehen ist (siehe Abb. 12.1 auf Seite 246). Am letzten Tag des Jahres ist Venus 189 Millionen Kilometer (= 1,26 AE) von der Erde entfernt.

MARS hat sich längst vom Nachthimmel zurückgezogen und bleibt unbeobachtbar. Er wandert rechtläufig durch das Sternbild Schütze. Die Marshelligkeit steigert sich ein wenig

12.2 Stellung von Venus über dem Westhorizont abends eine Stunde nach Sonnenuntergang von Dezember 2027 bis Mai 2028.

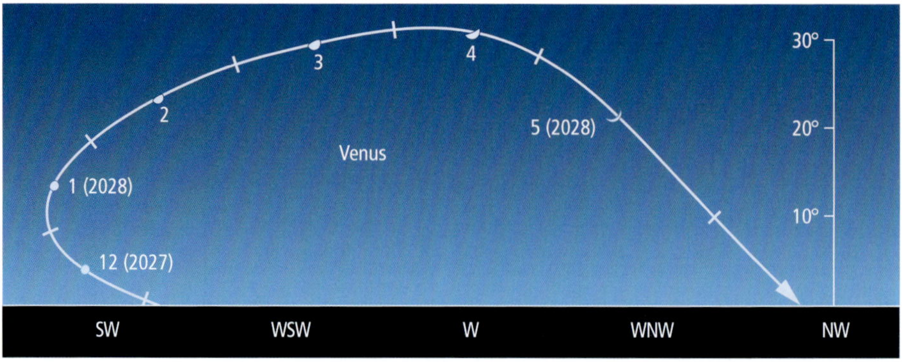

von $1^{m}{,}3$ Anfang Dezember auf $1^{m}{,}2$ zum Jahresende.

Der Marsuntergang erfolgt am 1. um $17^{h}52^{m}$ und am 15. um $17^{h}48^{m}$. Zu Silvester sinkt Mars um $17^{h}51^{m}$ unter die südwestliche Horizontlinie.

Zum Jahresende ist Mars 344 Millionen Kilometer (= 2,30 AE) von der Erde entfernt. Das von Mars reflektierte Sonnenlicht ist dann vom roten Planeten bis zur Erde 19 Minuten und acht Sekunden unterwegs.

JUPITER verlagert seine Aufgänge in die Zeit vor Mitternacht. Seine Helligkeit nimmt leicht auf $-2^{m}{,}1$ zu.

Deutlich verzögert der Riesenplanet seine rechtläufige Bewegung durch den Löwen, sein Stillstand ist nicht mehr fern (siehe Abb. 1.9 auf Seite 43). Am 12. Januar 20**28** wird Jupiter stationär und leitet damit seine Oppositionsperiode ein.

Am 1. geht Jupiter um $1^{h}06^{m}$ auf, am 15. um $0^{h}19^{m}$ und zu Silvester schon um $23^{h}17^{m}$. Am letzten Tag des Jahres ist der Riesenplanet 766 Millionen Kilometer (= 5,120 AE) von der Erde entfernt. Damit ist das Licht von Jupiter fast 43 Minuten unterwegs, um uns zu erreichen.

SATURN bremst seine rückläufige Bewegung in den Fischen deutlich ab und kommt am 25. zum Stillstand (siehe Abb. 9.2 auf Seite 189). Damit beendet der Ringplanet seine Oppositionsperiode. Anschließend wandert er wieder rechtläufig durch den Tierkreis. Dass die Oppositionsperiode zu Ende geht, merkt man auch an der leicht von $0^{m}{,}3$ auf $0^{m}{,}5$ abnehmenden Helligkeit und dem beginnenden Rückzug aus der zweiten Nachthälfte. Am 1. geht Saturn um $3^{h}37^{m}$ unter, am 15. um $2^{h}40^{m}$ und zu Silvester schon um $1^{h}37^{m}$.

12.3 Der abnehmende Halbmond begegnet am 20. Dezember gegen 6^{h} morgens Jupiter. Anblick im Opernglas bei 10° Gesichtsfelddurchmesser.

12.4 Die abnehmende Mondsichel wandert am 22. Dezember an der Spica in der Jungfrau vorbei. Morgendlicher Fernglasanblick gegen 6^{h} MEZ.

Am 31. ist Saturn 1354 Millionen Kilometer (= 9,05 AE) von der Erde entfernt. Dies entspricht einer Lichtlaufzeit von einer Stunde und 15 Minuten.

Im Fernrohr zeigt der Ringplanet ein Scheibchen von 18,″4 scheinbarem Äquatordurchmesser und 16,″5 Poldurchmesser.

KONSTELLATIONEN UND EREIGNISSE

Datum	MEZ	Ereignis
8.	3^{h}	Mond bei Neptun, Mond 6,°6 nördlich
9.	13	Mond bei Saturn, Mond 8,°3 nördlich
11.	6	Merkur im Aphel
11.	23	Merkur in oberer Konjunktion mit der Sonne
12.	19	Mond bei Uranus, Mond 4,°4 nördlich
15.	23	Neptun im Stillstand, anschließend rechtläufig
20.	12	**Mond bei Jupiter**, Mond 6,°0 südlich, **Abstand 6,°0 um 4^{h}**
22.	$3^{h}42^{m}$	**Sonne im Winterpunkt, Wintersonnenwende**
25.	4	Saturn im Stillstand, anschließend rechtläufig
28.	18	Mond bei Merkur, Mond 0,°7 nördlich
29.	13	Mond bei Mars, Mond 0,°5 nördlich
31.	3	**Mond bei Venus**, Mond 3,°1 nördlich, **Abstand 3,°8 um 19^{h} am 30.**

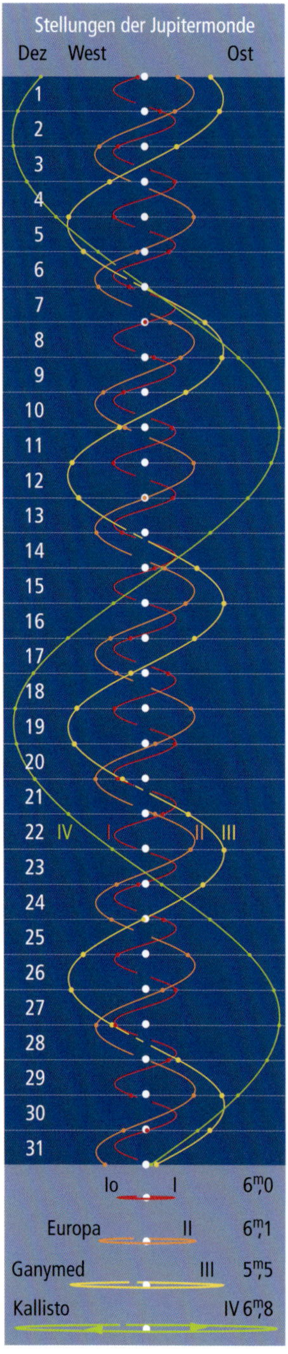

JUPITERMONDE

Tag	MEZ h	MEZ m	Vorgang		
2.	2	56	I	7″,8	II
	5	55	II	SA	
3.	5	12	III	SA	
4.	6	11	II	BE	
6.	5	06	I	SA	
	6	18	I	DA	
7.	3	18	III	BE	
	5	41	I	BE	
8.	3	00	I	DE	
11.	3	37	II	VA	
13.	2	57	II	DE	
14.	2	25	III	VE	
	4	05	I	VA	
	4	10	III	BA	
15.	2	40	I	DA	
	3	42	I	SE	
	4	54	I	DE	
18.	6	10	II	VA	
20.	2	52	II	DA	
	3	05	II	SE	
	5	32	II	DE	
21.	3	01	III	VA	
	5	59	III	5″,7	I
	5	59	I	VA	
	6	22	III	VE	
22.	3	20	I	SA	
	4	33	I	DA	
	5	35	I	SE	
	6	47	I	DE	
23.	3	57	I	BE	
	4	32	IV	VA	
27.	2	56	II	SA	
	5	26	II	DA	
	5	40	II	SE	
28.	6	59	III	VA	
29.	3	08	II	BE	
	5	13	I	SA	
	6	25	I	DA	
30.	2	20	I	VA	
	5	49	I	BE	
31.	1	56	I	SE	
	3	06	I	DE	

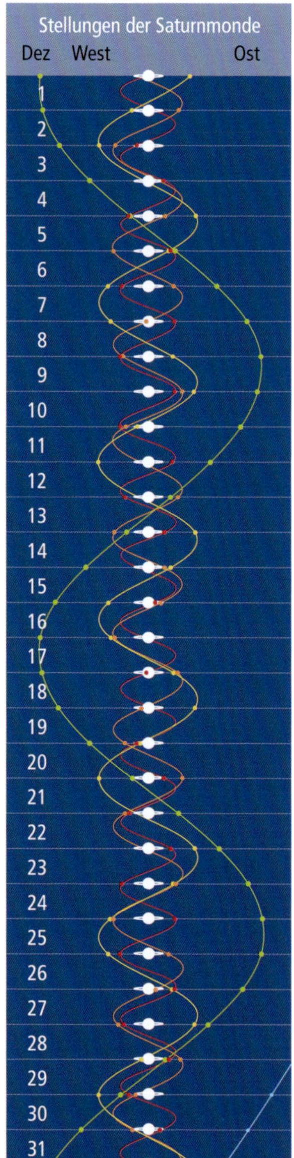

Japetus	
5.	$11^m,7$
10.	$12^m,1$
15.	$12^m,2$
20.	$12^m,0$
25.	$11^m,6$
30.	$11^m,2$

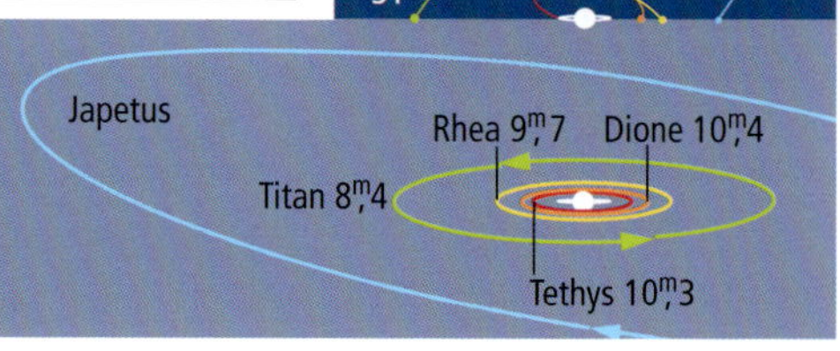

Die scheinbare Längsachse des Ringes misst 41,″7, die dazu senkrechte Querachse 8,″5. Die Ringöffnung beträgt inzwischen fast 12°.

URANUS stand am letzten Tag des Vormonats in Opposition zur Sonne. Er wandert rückläufig durch das Sternbild Stier und ist zurzeit günstig zu beobachten (siehe Abb. 11.8 auf Seite 232), denn er ist die gesamte Nacht am Firmament vertreten. Lediglich gegen Monatsende beginnt er sich vom Morgenhimmel zurückzuziehen. Zur Monatsmitte stört helles Vollmondlicht beim Aufsuchen des lichtschwachen Planeten.

Seine Kulminationszeiten verlagert der $5{,}^m6$ helle Uranus von Mitternacht in die späten Abendstunden. Am 1. passiert er um 0^h06^m den Meridian, am 15. um 23^h05^m und am letzten Tag des Jahres bereits um 21^h59^m. Die Uranusuntergänge verfrühen sich von 8^h01^m am 1. auf 5^h57^m zu Silvester.

NEPTUN in den Fischen tritt fast auf der Stelle. Von „Rückläufigkeit" ist wenig zu bemerken. Am 15. spätabends wird er stationär und beendet damit seine Oppositionsperiode. Anschließend ist er wieder rechtläufig, was zunächst nicht auffällt (siehe Abb. 9.5 auf Seite 191).

Der sonnenfernste Planet kann am Abendhimmel aufgesucht werden. Anfang Dezember kulminiert Neptun um 19^h55^m und geht um 2^h03^m unter. Am Tag des Stillstands erfolgt die Kulmination von Neptun um 19^h00^m und sein Untergang um 1^h07^m.

Zum Jahresende passiert der $7{,}^m9$ helle Planet schon um 17^h57^m den Meridian und sinkt um 0^h05^m unter den Horizont.

PLANETOIDEN UND ZWERGPLANETEN

JUNO (3) – wird am 3. im Sternbild Kleiner Hund stationär und wandert danach rückläufig ihrer Opposition entgegen (siehe Abb. 12.6 auf Seite 254). Die $8{,}^m5$ helle Juno kulminiert an diesem Tag um 3^h38^m. Bis Ende des Jahres verfrüht sich die Kulminationszeit auf 1^h36^m, ihre Helligkeit nimmt auf $8{,}^m1$ zu. In Opposition zur Sonne kommt Juno am 16. Januar 2028.

14. Dezember, 4^h00^m MEZ: Io zieht in Jupiters Schatten kurz bevor Ganymed hinter Jupiter verschwindet.

12.5 Bahn des Kleinplaneten (4) Vesta von Oktober 2027 bis Anfang Juni 2028. Die Zahlen geben die Position von Vesta zum jeweiligen Monatsersten an (1 = 1. Januar 2028).

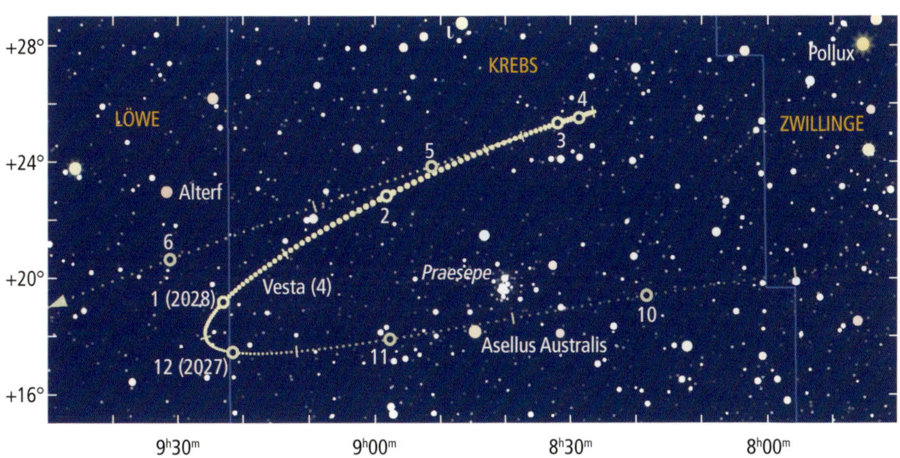

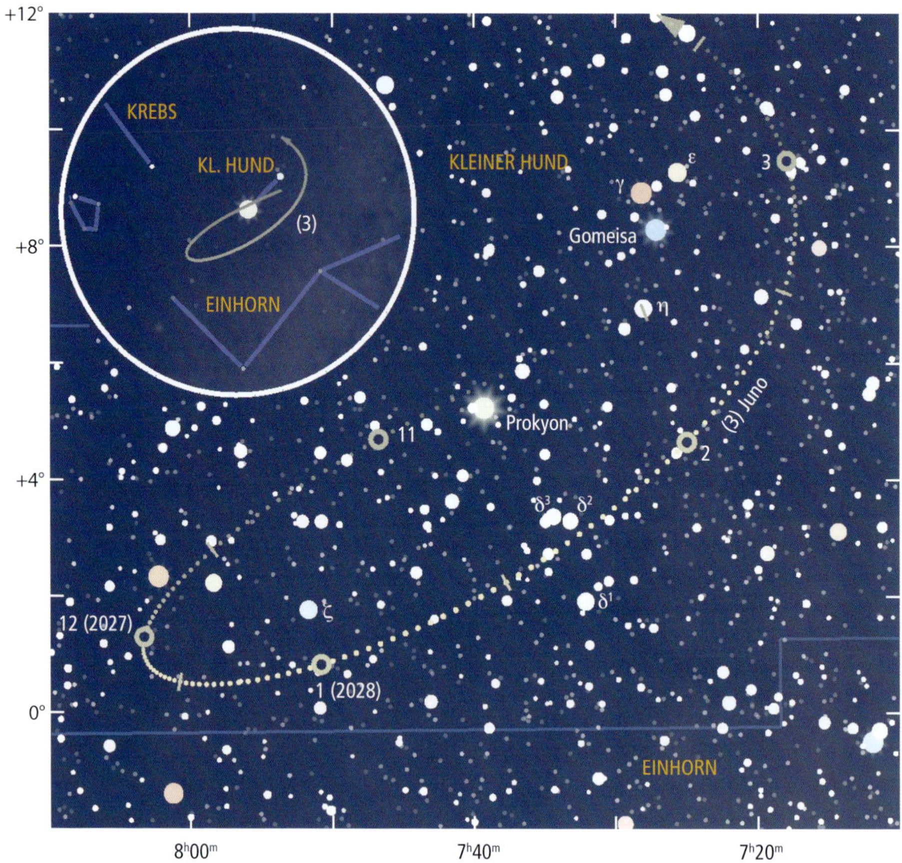

VESTA (4) wird am 18. im Sternbild Löwe stationär und ist anschließend rückläufig. Damit beginnt ihre Oppositionsperiode. Am 1. erfolgt ihr Wechsel aus dem Sternbild Krebs in das des Löwen (siehe Abb. 12.5 auf Seite 253). Die kommende Opposition zeigt sich auch an der kräftigen Helligkeitszunahme. Am 1. misst die Vestahelligkeit $7^{m}{,}5$, bis 31. nimmt sie auf $6^{m}{,}9$ zu. Damit ist Vesta ein ausgesprochen leichtes Fernglasobjekt.

Am 1. geht Vesta um $21^{h}30^{m}$ auf und kulminiert um $5^{h}04^{m}$. Ihr Untergang erfolgt erst nach Sonnenaufgang. Ende Dezember erfolgt der Vestaaufgang schon um $19^{h}24^{m}$ und der Meridiandurchgang um $3^{h}08^{m}$.

In Opposition zur Sonne steht Vesta am 31. Januar 2028 im Sternbild Krebs, in das sie Anfang Januar 2028 bei ihrer rückläufigen Bewegung zurückgekehrt ist. Ihre Helligkeit beträgt zur Opposition $6^{m}{,}2$. Ihre geringste Entfernung erreicht Vesta nicht am Tag der Opposition, sondern am 3. Februar 2028 mit 222 Mio. Kilometer (= 1,48 AE).

12.6 Bahn des Kleinplaneten (3) Juno von November 2027 bis Anfang März 2028. Die Zahlen geben die Position von Juno zum jeweiligen Monatsersten an (1 = 1. Januar 2028).

PERIODISCHE STERNSCHNUPPENSTRÖME

Die **ANDROMEDIDEN**, die vom zerfallenen und erloschenen Kometen 3D/Biela stammen, verursachten 1872 und 1885 heftige Meteorschauer, trafen aber danach nicht mehr mit der Erde zusammen. Die Bahnentwicklung brachte aber in den letzten Jahren wieder Teilchen des Stromes in Erdnähe, die zum Monatsbeginn aufleuchten können. Der Radiant der extrem langsamen Meteore (nur 18 km/s Eintrittsgeschwindigkeit) befindet sich an der Grenze der Andromeda zur Kassiopeia.

Vom 7. bis 17. Dezember macht sich der ekliptikale Strom der **GEMINIDEN** bemerkbar. Ihr Ausstrahlungspunkt liegt in den Zwillingen, rund 1° südwestlich von Kastor. Das ausgedehnte Maximum tritt in der Nacht auf 14. Dezember ein, wo stündlich bis 150 Meteore, mitunter auch sehr helle Objekte, über den Himmel huschen. Da der Radiant morgens hoch über dem Horizont steht, sind die Geminiden am Morgenhimmel gut zu verfolgen. Allerdings stört diesmal Vollmondlicht, das zeitgleich mit dem Maximum leuchtet.

Die Eintrittsgeschwindigkeiten liegen um 35 Kilometer pro Sekunde. Die günstigste Beobachtungszeit liegt zwischen 21^h und 6^h morgens. Neuerdings vermutet man den Planetoiden (3200) Phaeton als Quelle für die Geminiden. Seine Umlaufzeit beträgt lediglich 1,4 Jahre. Vermutlich ist Phaeton ein inaktiv gewordener Komet.

Wenig ergiebig ist der Strom der **MONOCEROTIDEN**, dessen Radiant im Sternbild Einhorn zwischen Beteigeuze und Prokyon liegt. Es handelt sich um mittelschnelle Objekte (um 40 Kilometer pro Sekunde). Das Maximum soll am 8. Dezember eintreten mit nur wenigen Meteoren, lediglich ein bis drei Meteore pro Stunde sind zu erwarten.

Ein paar mehr Sternschnuppen liefern die **SIGMA-HYDRIDEN** im Maximum, das am 11. Dezember zu erwarten ist. Man rechnet mit drei bis fünf Objekten pro Stunde, die mit rund 60 Kilometer pro Sekunde in unsere Lufthülle eindringen. Der Radiant liegt im Kopf der Wasserschlange (Hydra).

Vom 17. bis 26. Dezember tauchen die **URSIDEN** auf, deren Radiant im Sternbild Kleiner Bär zu finden ist. Ihr scharfes Maximum erreichen die Ursiden-Meteore am Abend des 22. Dezember. Da der Radiant zirkumpolar ist, können die Ursiden die ganze Nacht über beobachtet werden. Der Ursprung der Ursiden wird auf den Kometen 8P/Tuttle zurückgeführt. Die Sternschnuppen haben mittlere Geschwindigkeiten von 35 Kilometer pro Sekunde.

In den letzten Jahren wurden rund zehn bis 20, 2016 und 2017 auch mehr Objekte pro Stunde im Maximum registriert. Im Jahr 2025 war die Rate doppelt so hoch wie im Mittel der vergangenen Jahre. Man sollte 2027 besonderes Augenmerk auf die bisher wenig beachteten Ursiden werfen.

Zum Jahresschluss erscheinen schon die ersten **QUADRANTIDEN-METEORE**, deren Maximum in der Nacht vom 3. auf 4. Januar 2028 zu erwarten ist.

Der Fixsternhimmel

Die Herbstbilder bereiten nun ihren Abschied vor. Sie sind alle schon in die westliche Himmelshälfte gewechselt. Nur der Perseus steht noch im Meridian, und zwar fast genau im Zenit. Jetzt ist die Gelegenheit günstig, dieses nicht allzu auffällige Sternbild einmal genau zu studieren. Auch der veränderliche Stern Algol im Perseus kann jetzt leicht gefunden werden.

Tief im Nordwesten leuchtet die bei uns fast zirkumpolare Wega. Der Schwan mit Deneb ist ebenfalls noch im Nordwesten zu finden. Der dritte Stern des Sommerdreiecks, Atair, ist allerdings schon untergegangen. Das Sommerdreieck hat sich somit aufgelöst. Im Südwesten und im Süden finden sich ausgedehnte, aber lichtschwache Sternbilder. Von Westen her gesehen sind es Wassermann, Fische, Walfisch und Fluss Eridanus. Fomalhaut im Südlichen Fisch ist jedoch bereits untergegangen.

Hoch im Süden hat der Widder mit seinem Hauptstern Hamal (α Arietis) die Mittagslinie passiert. Der Widder gehört zu den Tierkreisbildern. Vor über 2000 Jahren lag der Frühlingspunkt noch im Sternbild Widder. Deshalb bezeichnet man

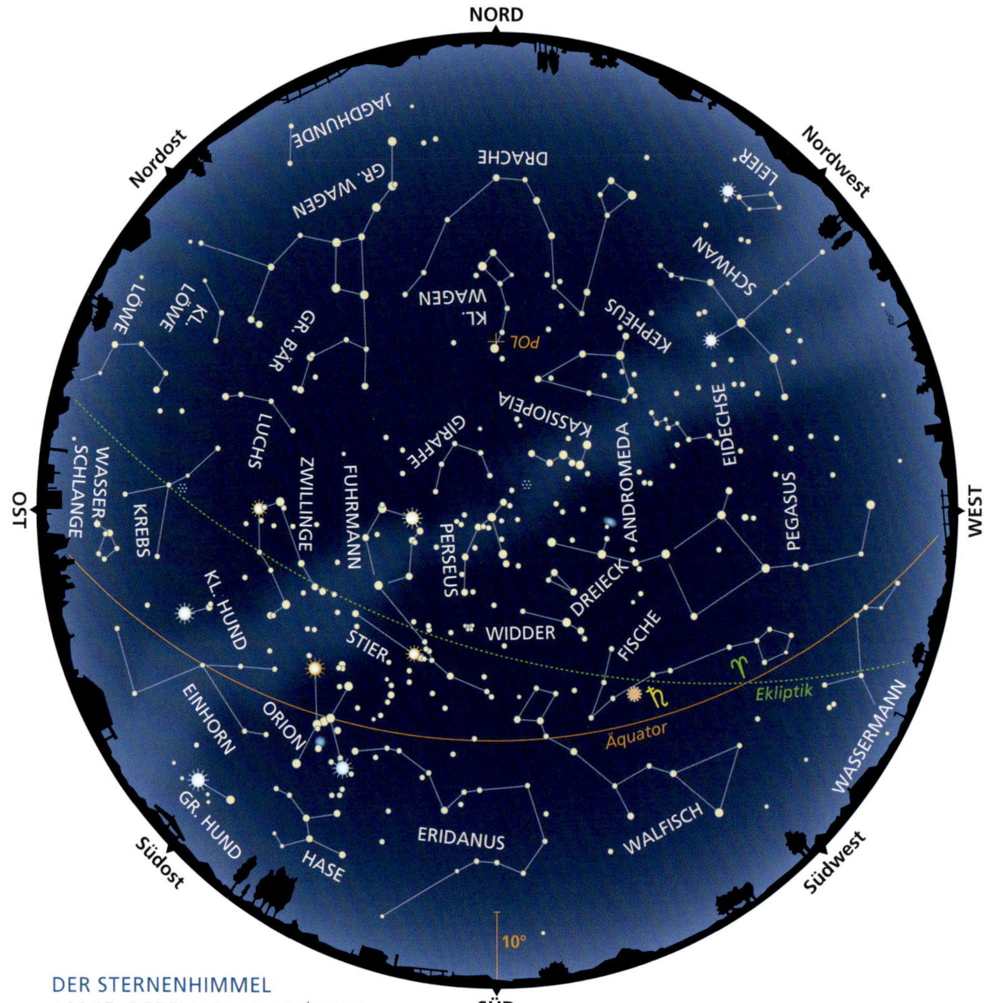

DER STERNENHIMMEL
AM 15. DEZEMBER UM 22^h MEZ

Die Sternkarte ist auch gültig für:		
	MEZ	**MESZ**
15. 9.	4^h	5^h
1.10.	3	4
15.10.	2	3
1.11.	1	
15.11.	0	
1.12.	**23**	
15.12.	**22**	
31.12.	**21**	
15. 1.	20	
31. 1.	19	

den Frühlingspunkt immer noch als „Widderpunkt“ (engl.: First Point of Aries – FPA).

Die gesamte östliche Himmelshälfte ist nun reich an hellen Sternen. Während im Westen das Pegasusquadrat und die Sternenkette der Andromeda noch als Herbstbilder zu sehen sind, hat am Osthimmel der Aufmarsch der Wintersternbilder begonnen. Das Wintersechseck ist komplett erschienen. Es setzt sich aus den hellsten Sternen der sechs bekanntesten Wintersternbilder zusammen: Hoch im Südosten, fast im Zenit, steht die helle Kapella und bildet die Spitze des Wintersechsecks. Es folgen Aldebaran im Stier, Rigel im Orion, Sirius im Großen und Prokyon im Kleinen Hund sowie Pollux in den Zwillingen.

Obwohl Sirius noch tief im Südosten steht, funkelt er dennoch auffällig in einem bläulichweißen Licht. Sirius ist nämlich der hellste Fixstern des Firmaments überhaupt. Seine scheinbare Helligkeit beträgt –1,5 Größenklassen. Mit knapp neun Lichtjahren Entfernung ist Sirius der nächste der 20 hellsten Fixsterne des irdischen Firmaments, sieht man einmal von Toliman ab, der nur 4,4 Lichtjahre entfernt ist, aber von Mitteleuropa wegen seiner südlichen Stellung nicht zu beobachten ist.

Ein wenig westlich vom Orion scheint eine sternleere Gegend zu sein. Hier schlängelt sich der Fluss Eridanus entlang. An unserem durch grelle künstliche irdische Lichter aufgehellten Himmel ist der Fluss Eridanus fast nicht zu erkennen. Von Mitteleuropa ist auch nur der nördliche Teil des Fluss Eridanus zu sehen.

Der Hauptstern Achernar (α Eridani) gehört mit $0^{m}\!.5$ zu den zehn hellsten Sternen des irdischen Firmaments. Mit –57° Deklination steht er aber so weit südlich, dass er in unseren Breiten nie aufgeht. Mit 140 Lichtjahren ist Achernar relativ weit von uns entfernt.

Der Fluss Eridanus entspringt bei Rigel im Orion. Er schlängelt sich zunächst westwärts in Richtung Cetus (Walfisch), windet sich dann in zwei großen Bögen südwärts und verschwindet anschließend bei uns unter dem Horizont.

Die alten Ägypter sahen in dem Eridanus den Totenfluss, über den die Verstorbenen von einem Fährmann ins Jenseits übergesetzt wurden.

DAS STERNBILD KASSIOPEIA (CASSIOPEIA)

Das Sternbild Kassiopeia gehört zu den bekanntesten überhaupt, es kommt gleich nach dem Großen Wagen, was den Bekanntheitsgrad betrifft. Wie der Große Wagen so ist auch die Kassiopeia in unseren Breiten ein Zirkumpolarsternbild und daher in jeder klaren Nacht des Jahres sichtbar. Fünf Sterne der 2. und 3. Größe bilden ein markantes und einprägsames „W", das sofort auffällt. Deshalb spricht man auch vom Himmels-W. Insbesondere wenn die Figur unter dem Pol steht, hat man den Eindruck eines W, während man in der Stellung über dem Pol eher ein „M" sieht. Die Amerikaner sprechen daher bevorzugt vom Himmels-M. Die Kassiopeia steht dem Himmelswagen gegenüber, nimmt man den Polarstern als Zentrum. Steht die Kassiopeia hoch über unseren Köpfen, so ist der Große Wagen horizontnah. Das Himmels-W dient auch als Polweiser. Die mittlere Spitze des Ws deutet in etwa in Richtung Polarstern. Die jeweilige Stellung von Himmels-W und Großem Wagen relativ zum Nordhorizont ersieht man aus einer kleinen Grafik jeweils auf der Startseite jedes Monatskapitels rechts oben.

Viele Völker sahen im Himmels-W eine sitzende Frauengestalt. Die Araber sprachen von Al Dhat al Kursiyy, der Frau auf dem Stuhl. Bei den Griechen hieß es Ἡ τοῦ θρόνου, „die auf dem Thron", die Römer nannten diese Sternenfigur Mulier Sedis, die sitzende Frau.

Ältere arabische Quellen sehen hier eine Hand (Kaff al Hadib), wobei die helleren Sterne die Fingerspitzen markieren. Auch ein Kamel, das mit untergeschlagenen Beinen am Boden ruht, findet man in der arabischen Vorstellungswelt, ebenso zwei Hunde.

Der christliche Sternbilderhimmel ordnet dem Himmels-W wieder eine Frauengestalt zu, nämlich Maria Magdalena. In den meisten Darstellungen findet man die sitzende Frauengestalt mit einem Zweig oder

VERÄNDERLICHE STERNE

Algol-Minima		β-Lyrae-Minima			δ-Cepheï-Maxima		Mira-Helligkeit	
2.	3^h39^m	5.	13^h	N	2.	20^h	1.	5^m
5.	0 28	12.	0	H	8.	5	10.	4
7.	21 17	18.	12	N	13.	14	20.	4
10.	18 06	24.	23	H	18.	22	31.	3
25.	2 12	31.	10	N	24.	7		
27.	23 01				29.	16		
30.	19 50							

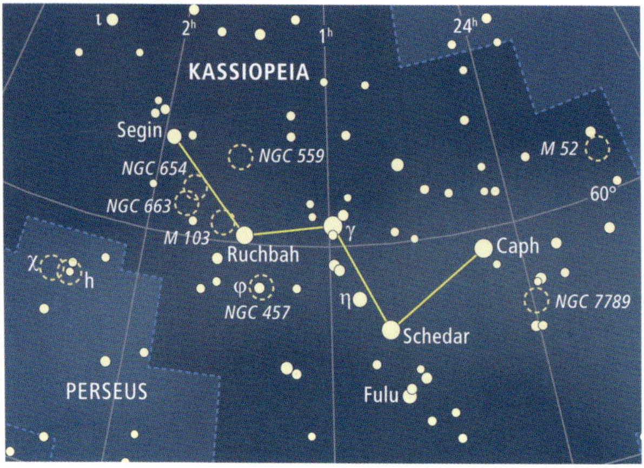

12.7 Skelettkarte des Sternbildes Kassiopeia.

Palmwedel in einer Hand, das klassische Symbol des Siegers oder das christliche Zeichen des Märtyrertums.

Der klassischen Mythologie nach gehört die Kassiopeia zur Andromedasage. Während sonst die einzelnen Sternbilder ziemlich zusammenhanglos am Himmel angeordnet sind, findet man die Kassiopeia in einer Gruppe von fünf beieinanderstehenden Sternbildern, die einem Sagenkreis angehören: Kepheus, Kassiopeia, Andromeda, Perseus und Walfisch.

Die Kassiopeia, Gemahlin des Königs Kepheus, der einst in Äthiopien herrschte, schenkte ihm eine Tochter, die Andromeda, die zu einem bildhübschen Mädchen heranwuchs. Die eitle Mutter Kassiopeia prahlte nun, ihre Tochter sei hübscher als die Nereïden, die Töchter des Meeresgottes Nerëus (griechisch: Poseidon). Tief gekränkt beklagten sich die Nereïden bei Poseidon, dem Meeresgott. Dieser wollte die Schmach seiner Töchter rächen und sandte ein schreckliches Meeresungeheuer, den Cetus (Walfisch), an die Gestade Äthiopiens, das Schiffe, Herden und Menschen in die Tiefen des Okeanos riss. Um sein Land zu retten, sandte König Kepheus in höchster Bedrängnis einen Boten nach Delphi, um das Orakel zu befragen. Die Antwort war niederschmetternd: Andromeda müsse dem Cetus geopfert werden, erst dann könne Äthiopien von der schrecklichen Plage befreit werden.

Vom Volke bedrängt, entschloss sich Kepheus schweren Herzens, seine Tochter preiszugeben.

Andromeda wird an einen Felsen in der Meeresbrandung geschmiedet, um dem Ungeheuer zum Fraße zu dienen. Schon nähert sich mit brausenden Wogen der Cetus, als in höchster Not Perseus mit seinen geflügelten Schuhen auftaucht. Perseus, vom Anblick der unglücklichen Andromeda entzückt und gerührt zugleich, stürzt aus den Lüften herab und bohrt sein Schwert tief in das Ungeheuer. Mit dem Schwert allein kann Perseus das Ungeheuer nicht zur Strecke bringen. Schließlich zieht er aus einem Sack das von ihm selbst abgeschlagene Gorgonenhaupt, bei dessen grauenvollem Anblick der Cetus augenblicklich zu Stein erstarrt. Noch heute ist der zu Stein erstarrte Cetus als Fels in der Brandung vor der Küste Äthiopiens (geografischer Begriff, heute der Staat Eritrea) zu sehen.

Perseus befreit Andromeda von ihren Fesseln und bringt sie den Eltern Kepheus und Kassiopeia zurück. Perseus erhält zum Dank für seine Heldentat Andromeda zur Frau und das Königreich Äthiopien als Mitgift. Zur ewigen Erinnerung an diesen glücklichen Ausgang werden alle Beteiligten unter die Sterne versetzt.

Eine andere griechische Darstellung, die man bei Aratos findet, zeigt einen Schlüssel. Dieser Lakonische Sternenschlüssel taucht in verschiedenen Quellen auf.

Im frühen China hieß diese Sternenfigur Ko Taou, der Säuleneingang zum Palast. In späteren chinesischen Quellen wird von Wang Liang gesprochen, dem Lenker des Triumphwagens der Tsin-Dynastie (470 v. Chr.).

Die Perser erkannten im Himmels-W ein kniendes Kamel. Im ägyptischen Buch des Todes

12.8 Der offene Sternhaufen NGC 457 in der Kassiopeia wird Eulenhaufen genannt. Er ist rund 8000 Lichtjahre entfernt, scheinbare Helligkeit $6{,}^{\mathrm{m}}5$.

NASA, ESA and Digitized Sky Survey 2

wird dieses Sternbild mit einem Bein identifiziert.

Die Kassiopeia liegt mitten in der Milchstraße, sodass ein reicher Sternenhintergrund zu beobachten ist. Bei den Kelten sah man hier die Wohnstadt des Don, des Königs der Feen und Vater von Gwydyon, dem Erfinder der Schrift, Zauberer und Erzeuger des Regenbogens.

Allgemein werden 35 Sterne angegeben, die in der Kassiopeia mit bloßen Augen zu sehen sind. F. W. Argenlander nennt 68 freisichtige Sterne.

Der mit $2{,}^{\mathrm{m}}2$ hellste Stern, α Cassiopeiae, heißt Schedar, gelegentlich auch Schedir genannt. Die Bezeichnung kommt aus dem Arabischen und bedeutet „die Brust“. Schedar ist 230 Lichtjahre entfernt und leuchtet rötlich-gelb (Spektraltyp: K0 III).

β Cassiopeiae wird Caph, seltener Cheph, genannt, was vom Arabischen Al Kaff al Khadib, die gefleckte Hand, abgeleitet ist; eine Bezeichnung, die ursprünglich dem ganzen Sternbild gegolten hat. Ein anderer arabischer Name lautet Al Sanam al Nakah, der Höcker des Kamels.

Caph ist $2{,}^{\mathrm{m}}3$ hell und 55 Lichtjahre entfernt. Er wird auch Kolurstern genannt, da er nahe dem 0^{h}-Stundenkreis (Kolur) steht, der durch den Frühlingspunkt geht, denn die Rektaszension von β Cas beträgt $0^{\mathrm{h}}09^{\mathrm{m}}$. So kann man aus seiner relativen Position im Laufe der Nacht die Sternzeit schnell und bequem abschätzen.

γ Cassiopeiae ist ein seltsamer, unregelmäßiger Variabler, dessen Helligkeit zwischen $2{,}^{\mathrm{m}}0$ und $2{,}^{\mathrm{m}}5$ schwankt, im Maximum ist er etwas heller als α Cas.

γ Cas ist vom Spektraltyp ein B0 IV-Stern. Die Entfernung wird auf 550 Lichtjahre geschätzt. Bei den Chinesen hieß γ Cas Tsih, die Peitsche (des Wagenlenkers). γ Cas hat in $2{,}''1$ Distanz einen 11^{m} lichtschwachen Begleiter. Da sich dessen Distanz seit 1888 nicht merklich geändert hat, vermutet man ein optisches Paar (Positionswinkel: 255°).

Ruchbah wird δ Cassiopeiae ($2{,}^{\mathrm{m}}7$) genannt, was sich vom Arabischen Rukbat al Kursiy ableitet, was Knie der Frau auf dem Stuhl bedeutet. δ Cas ist 99 Lichtjahre entfernt.

Als interessanter Doppelstern entpuppt sich η Cas. Die $3{,}^{\mathrm{m}}4$ helle, gelbe (G0) Hauptkomponente hat in $13{,}''7$ Distanz einen tiefroten (M0), $7{,}^{\mathrm{m}}4$ hellen Begleiter. Die Umlaufzeit beträgt rund 480 Jahre, die Entfernung nur 19 Lichtjahre. Jeder Dreizöller erlaubt, η Cas zu trennen.

In der Kassiopeia findet sich der offene Sternhaufen M 52 (NGC 7654). Im Fernglas erscheint er nebelhaft, im Teleskop wimmelt es von Sternen. Die Zahl der Mitgliedssterne liegt bei hundert, die in einer Entfernung von 5500 Lichtjahren stehen.

Mit nur 25 Mitgliedssternen viel kleiner ist der offene Haufen M 103 (NGC 581), wobei der hellste mit 7^{m} leuchtet. Die Entfernung liegt bei rund 8700 Lichtjahren.

Knapp nordwestlich von κ Cas flammte im Jahre 1572 eine Supernova auf, die kurzfristig etwa Venushelligkeit erreichte und von Tycho de Brahe beobachtet und ausführlich beschrieben wurde. Noch heute spricht man von der „Tychonischen Nova“ in der Kassiopeia.

Die Apokalypse des Universums

Shutterstock/Romolo Tavani

12.9 Der Untergang der Menschheit, sei es durch kriegerische Selbstzerstörung oder durch den Einschlag eines Asteroiden, bleibt für das Universum ein völlig belangloses Ereignis.

Das Wort „Apokalypse“ stammt aus dem Griechischen: ἀποκάλυψις heißt so viel wie Enthüllung oder Offenbarung. Der Begriff wird meist in religiösen Texten verwendet und bezieht sich auf die prophetische Ankündigung des „Weltuntergangs“, einer „Zeitenwende“. Es handelt sich gewissermaßen um die „Enthüllung göttlichen Wissens“. Das katastrophale Ende der Menschheit wird verkündet. Dies nicht nur in christlicher, jüdischer und islamischer Literatur. Auch in babylonischen Schriften werden Szenarien eines Weltendes beschrieben. Im Zoroastrismus Persiens wird auf einen Kampf zwischen Licht und Finsternis am Ende aller Zeiten hingewiesen.

Inzwischen versteht man unter Apokalypse schlicht das mehr oder minder katastrophale Ende eines Zustandes, zumindest eine endzeitliche Äonenwende. Meist wird dabei auf die Menschheit insgesamt Bezug genommen, deren Ende unabwendbar ist. Doch nicht nur der Menschheit droht ein göttliches Strafgericht. Auch das Universum insgesamt wird in einer Apokalypse final enden.

Die meisten apokalyptischen Schriften befassen sich mit dem Ende der Menschheit, das auf vielfältige Weise erfolgen kann. Großzügig gerechnet, bevölkern Menschen seit etwa drei Millionen Jahren unseren Planeten. Das ist nicht einmal ein Tausendstel der Zeitspanne, seit der die Erde existiert. Seit es Leben auf unserem Planeten gibt, war seine Existenz fünfmal mit dem Ende bedroht, fünfmal wurde ein Großteil des Lebens – Fauna wie Flora – von katastrophalen Vorgängen ausgelöscht. Es waren kosmische Hammerschläge, die die meisten der damals existierenden Spezies aus der Evolution katapultierten. Der älteste bisher bekannte schwere Treffer ereignete sich vor 420 Millionen Jahren am Übergang vom Ordovizium zum Silur. Am Ende des Devons, dem großen Zeitalter der Fische vor 310 Millionen Jahren, war die Erde ebenfalls Ziel eines gewaltigen kosmischen Treffers. Auch am Übergang vom Perm-Zeitalter zum Trias vor 251 Millionen Jahren gab es ein großes Massensterben. Schließlich war vor 170 Millionen Jahren im Jura-Zeitalter ein großer Einschlag zu verzeichnen, der ebenfalls einen Großteil der Lebewesen vernichtete. Die erfolgreiche Spezies der Dinosaurier ging am Ende der Kreidezeit vor 65 Millionen Jahre recht plötzlich unter. Damals stürzte ein zehn Kilometer großer Planetoid in den Golf von Mexiko. Der inzwischen versunkene, 180 Kilometer im Durchmesser große Impaktkrater liegt an der Nordküste der mexikanischen Halbinsel Yukatán nahe der heutigen Stadt Chicxulub und löste eine weltweite Katastrophe aus, die einen großen Teil der Tierwelt vernichtete. Unter anderem brachte er den Dinosauriern den Tod. Die kinetische Energie, die zur Erzeugung dieses riesigen Ringwalls freigesetzt wurde, entsprach etwa einer Milliarde Megatonnen TNT, was etwa der Energiemenge von 50 Millionen 20-Megatonnen-Wasserstoffbombenexplosionen entspricht. Nicht nur die globalen Erdbebenwellen und Tsunamis brachten Tod und Verwüstungen, sondern auch das darauffolgende Szenario eines „nuklearen Winters".

Vor 15 Millionen Jahren entstanden das Nördlinger Ries und das Steinheimer Becken durch kosmische Kollisionen. Im Mittel nur alle 100 Millionen Jahre wird die Erde von einem im Durchmesser zehn Kilometer großen oder noch größeren Kleinplaneten getroffen. Kosmische Projektile von einem Kilometer Durchmesser sind hundertmal häufiger als solche von zehn Kilometer. Der Barringer-Krater in Arizona ist knapp 50 000 Jahre alt und somit recht jung. Der im Durchmesser 1200 Meter große Krater wurde von einem etwa 40 Meter großen kosmischen Kleinkörper geschlagen.

Während die unschuldigen Dinosaurier keine Möglichkeit hatten, eine kosmische Katastrophe abzuwehren, gibt es inzwischen zahlreiche Suchprogramme, um Killerasteroiden auf Kollisionskurs mit der Erde aufzuspüren.

12.10 Der Barringer-Krater in Arizona, aufgenommen vom Sentinel-2-Satelliten der ESA.

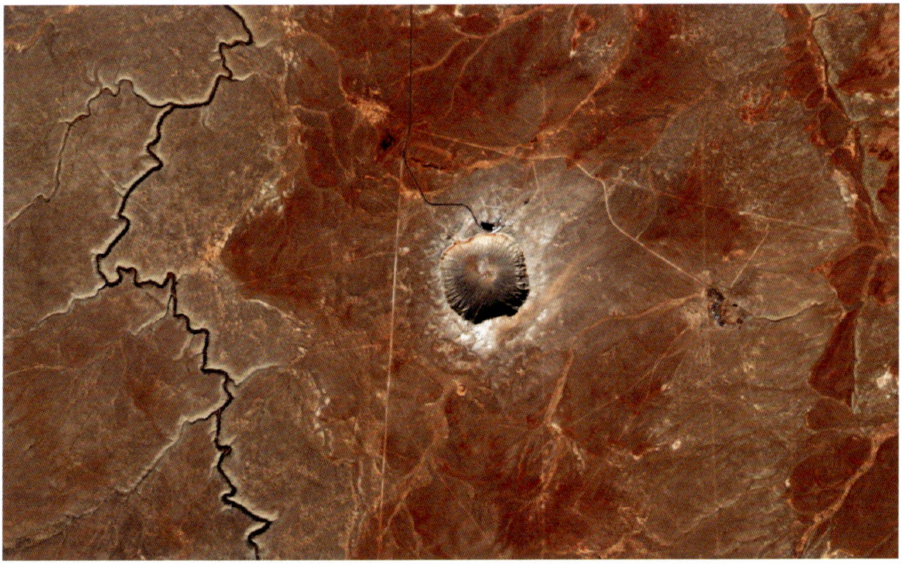

Copernicus Sentinel data (2024), processed by ESA

Eine Reihe von vollautomatischen Suchprogrammen hat in den letzten 20 Jahren die Zahl der neu entdeckten Planetoiden enorm erhöht. Davon sind allein mehr als 40 000 sogenannte NEOs (**N**ear **E**arth **O**bjects). Diese kommen der Erde mehr oder minder nahe und kreuzen auch die Erdbahn. Sie gilt es genau zu überwachen. Nicht zu erfassen sind Trümmerwolken aus dem Bereich jenseits des Kuipergürtels. Sie können die Erde gewissermaßen als eine Schrotladung treffen und verheerende Folgen haben.

Verschiedene Methoden der Abwehr wurden entwickelt. Wird ein potenziell gefährlicher Kleinkörper rechtzeitig entdeckt, kann man versuchen, ihn abzulenken.

So kann man Raketen zu einem Killer-Planetoiden schicken und vor Ort eine gewaltige Explosion auslösen. Damit kann durch einen relativ kleinen Impuls die Kollision verhindert werden. Voraussetzung ist allerdings, dass das gefährliche Projektil rechtzeitig, nämlich Jahre vorher entdeckt wird.

Eine weitere kosmische Gefahr sind stellare und mittelgroße Schwarze Löcher, die durch das Weltall vagabundieren. Niemand weiß bis heute, wie viele es von ihnen gibt und wie häufig nahe Begegnungen mit ihnen sind. Sie machen sich durch ihre Schwerkraft bemerkbar – aber dann ist es auch schon zu spät. Eine Vorwarnzeit gibt es nicht. Sie wäre auch völlig nutzlos.

Bei einer nahen Begegnung mit einem Schwarzen Loch würde die Erde durch die enormen Gezeitenkräfte zunächst verformt, nämlich in die Länge gezogen – manche nennen es spaghettifiziert – und schließlich zerrissen. Die Trümmerstücke würden in Spiralbahnen in das Schwarze Loch stürzen. Das wäre nicht nur das Ende allen Lebens, sondern das Ende der Erde selbst. Spuren gäbe es keine. Und niemand wäre dabei, das Ende unseres Planeten zu verfolgen.

Doch nicht nur kosmische Einflüsse können zum Ende der Menschheit führen. Die Menschen selbst sorgen für ihren Untergang. Zunächst ist das Problem der Überbevölkerung offensichtlich nicht zu lösen. Hungersnöte, Verteilungskämpfe, Flüchtlingsströme von vielen Millionen Menschen führen schließlich zum Zusammenbruch jeglicher Zivilisation. Schon jetzt sind weltweit Kriege nicht zu verhindern. Es ist nur eine Frage der Zeit, bis Atomwaffen zum Einsatz kommen. Bisher verfügen bereits neun Staaten über Atombomben, weitere streben mit aller Macht danach, ebenfalls in den Besitz nuklearer Sprengköpfe zu kommen. Die einstmals 1945 in Hiroshima und Nagasaki eingesetzten Atombomben waren von vergleichsweise geringer Sprengkraft. Die heutigen Nuklearwaffen sind tausendmal stärker, beispielsweise die FFF-(Fission-Fusion-Fission)-Bombe. Die Entwicklung weiterer Waffensysteme schreitet auch mit taktischen Minikernwaffen fort. Aber noch extremere Waffen wie eine Gravitationsbombe, die bisher nur als Wunschvorstellung existiert, aber schon morgen real sein kann, würden das Ende allen Lebens auf der Erde bewirken.

Ein weiteres unkalkulierbares Risiko stellt das Auftauchen von nicht beherrschbaren Viren dar, zu deren Bekämpfung es keinen Impfstoff gibt – und um einen wirksamen zu entwickeln, die Zeit nicht ausreicht. Doch nicht nur das. In Labors werden künstlich Killerviren entwickelt, um sie als biologische Waffen zu nutzen. Fachleute sprechen von Bioterrorismus. Auch aus Schlamperei können solche Killerviren entweichen und das Schicksal der Menschen besiegeln.

Finaler Feuertod durch die Sonne

Doch selbst wenn führende Personen zur Vernunft kommen, Kriege verhindert werden, Atomwaffen vernichtet und Biowaffen abgeschafft werden: Langfristig lässt sich die Apokalypse der Menschheit nicht verhindern. Allem Leben auf der Erde droht der Hitzetod. Gemeint ist nicht der jetzige Klimawandel, der durch Vermeidung weiterer Emissionen von Treibhausgasen in die Atmosphäre der Erde sich einige wenige Jahrhunderte verzögern lässt. Vielmehr kommt es zu einer unvermeidbaren Erhitzung der Erde. Noch steigert sich in den nächsten zwei Milliarden Jahren die Strahlungsleistung unserer Sonne um etwa 25 Prozent. Und in fünf Milliarden Jahren wird sich die Sonne zu einem

NASA, ESA, CSA, J. Olmsted (STScI)

12.11 Am Ende ihres Lebens wird sich die Sonne zu einem roten Riesenstern aufblähen.

roten Riesenstern aufblähen und der Erde ein feuriges Ende bescheren. Durch den immer heftiger werdenden Sonnenwind verliert die Sonne an Masse. Die Massenanziehung lässt nach, aber der Bahndrehimpuls der Erde ändert sich kaum, weshalb die Erde nach Außen wandert und in jenen fernen Zeiten etwa in der heutigen Marsbahn die Sonne umrunden wird. Das reicht bei weitem nicht, um das feurige Ende der Erde zu vermeiden.

Anzunehmen, unsere Erde werde erst in fünf Milliarden Jahren unbewohnbar, wenn die Sonne sich anschickt, sich zu einem roten Riesenstern aufzublähen, wäre ein fataler Irrtum. Schon wesentlich früher wird die zunehmende Sonnenstrahlung die Erdoberfläche in eine sengend heiße Wüste verwandeln, in der es kein Leben geben wird. Denn die Sonne nimmt seit ihrer Geburt vor 4,5 Milliarden Jahren permanent an Leuchtkraft zu. Kurz nach Einsetzen der Wasserstofffusion entsprach die Leuchtkraft der Sonne nur 60 % ihrer heutigen Strahlungsleistung. In etwa einer Milliarde Jahren wird sie 10 % heller leuchten als heute.

Bereits in 800 Millionen Jahren wird die Oberflächentemperatur der Erde auf über 100 °C ansteigen. Die Ozeane werden verdampfen und die Erde in eine Dampfwolke einhüllen. In einer Milliarde Jahren ist schließlich alles Wasser verdunstet, keine Ozeane bedecken mehr die heiße Erdoberfläche. Das energiereiche Ultraviolettlicht der Sonne zerlegt den Wasserdampf in der irdischen Lufthülle in Wasserstoff und Sauerstoff. Infolge weiter steigender Hitze entflieht der Wasserstoff ins Weltall, der Sauerstoff reagiert mit den Substanzen am Boden. Damit wird die Erde zu einem glühend heißen Felsklotz ohne jedwedes Leben. Spätestens, wenn die Gebirge zu schmelzen beginnen, werden die letzten Spuren unserer Existenz getilgt. Der Feuertod ist das unvermeidliche, langfristige Schicksal der Erde.

Das Ende der Menschheit und allen Lebens auf der Erde ist für das Weltall ein völlig belangloser Vorgang. Niemand wird da sein, um das Schicksal der Erde zu bedauern.

Aber wie sieht die Zukunft des Weltalls insgesamt aus, was sagt dazu die Apokalypse des Universums?

Der Nachhall des Urknalls

Jahrtausendelang war man der Ansicht, der Kosmos und seine Gestirne seien für ewige Zeiten unvergänglich. Zwar erkannte man, dass Sterne nicht ewig leuchten können. Denn ihr – wenn auch großer – Energievorrat geht unweigerlich eines Tages zu Ende. Aber das Weltall als solches sah man als ewig existierend an. Noch bis weit über die Mitte des vorigen Jahrhunderts hielten einige Astronomen diese Ansicht für zutreffend.

Doch in den 20er-Jahren des vorigen Jahrhunderts stießen Edwin Powell Hubble und sein Kollege Milton Humason nicht nur das Tor in die Tiefen des Universums auf, indem sie herausfanden, dass viele der nebelhaften Lichtfleckchen am Firmament gewaltige Sternsysteme sind weit jenseits unserer Milchstraße. Sie entdeckten auch mit dem 2,5-m-Reflektor auf dem Mt.-Wilson-Observatorium in Kalifornien, dass diese Milchstraßensysteme oder Galaxien sich von uns entfernen, und zwar umso schneller, je weiter sie weg sind. Kurz, das Weltall dehnt sich aus, es expandiert. Daraus folgt, dass es in der Vergangenheit kleiner gewesen sein muss und damit auch heißer. Man postulierte den Urknall oder Big Bang.

Im Jahre 1964 entdeckten Arno Penzias und Robert Wilson per Zufall die von George Gamow bereits 20 Jahre vorher prophezeite Reststrahlung des superdichten und hyperheißen Beginns unseres Universums. Diese kosmische Hintergrundstrahlung fällt isotrop, das heißt aus allen Richtungen gleichmäßig ein. Ihr Spektrum entspricht einem Schwarzen Strahler von 3 Kelvin, also nur drei Grad über dem absoluten Nullpunkt, das sind −270 °C. Man spricht von der 3K-Hintergrundstrahlung oder vom CMB (Cosmic Microwave Background). Denn die maximale Intensität dieser Planckschen Strahlung liegt im Millimeterbereich, daher die Bezeichnung kosmischer Mikrowellenhintergrund. Drei Raumsonden COBE, WMAP und Planck haben diese Strahlung mit hoher Winkel- und Temperaturauflösung untersucht. Im Mikrokelvin-(Millionstel Grad)-Bereich gibt es jedoch Abweichungen von der absoluten Isotropie. Sie zeigen das Muster der primordialen Quantenfluktuationen. Diese sind die Keimzellen der großräumigen honigwabenartigen Struktur des Universums: Galaxienhaufen und -superhaufen bilden riesige Wände von Hunderten von Millionen Lichtjahren, die gewaltige, fast völlig leere Raumgebiete umschließen.

Dehnt sich das Weltall ewig aus?

Für das Universum gibt es drei Möglichkeiten: Entweder, die Expansion kommt eines mehr oder minder fernen Tages zum Stillstand, die Bewegung kehrt sich um und das Weltall stürzt in sich zusammen zu dem heißen, überdichten Zustand, aus dem es hervorgegangen ist. Dieses Szenario nennt man Big Crunch (engl., großes Knirschen). Oder die Expansion kommt erst nach unendlich langer Zeit zum Stillstand. Dann wird es eines Tages dunkel im Universum, wenn alle Sterne erloschen sind und der Wasserstoff, Baustoff für neue Sterne, aufgebracht ist. Als dritte Möglichkeit bleibt die ewig anhaltende Expansion, die zwar mit fortschreitender Zeit immer langsamer wird, aber nie völlig aufhört.

Um zu entscheiden, welcher Fall auf das Universum zutrifft, muss man die Anziehungskraft der im Weltall vorhandenen Massen mit deren Bewegungsenergien vergleichen. Dazu sind die Expansionsrate, der Hubble-Parameter und die mittlere Materiedichte im Weltall zu bestimmen. Beide Werte sind beziehungsweise waren allerdings nicht leicht zu ermitteln. Für jede Expansionsrate gibt es eine kritische Dichte, bei der die kinetische Energie gleich der potenziellen Gravitationsenergie ist. In diesem Fall kommt die Expansion nach unendlich langer Zeit zum Stillstand. Dieses Szenario heißt parabolischer Grenzfall. Die entsprechende Dichte nennt man *kritische Dichte*. Ist die reale Dichte größer als die kritische, dann gewinnt die Gravitation. Sie bringt die Expansion zum Stillstand und anschließend das Weltall zum Zusammenstürzen. Ist die reale Dichte jedoch kleiner als die kritische, so expandiert das Universum für immer und ewig. Aus den Daten, die die Raumsonden von der kosmischen Hintergrundstrahlung geliefert haben, ergibt sich ein Hubble-Parameter von 68 km/s pro Megaparsec (1 Mpc = 3,26 • 10^6 Lichtjahre).

Die reale Materiedichte im Weltall macht nur knapp 5 % der kritischen Dichte aus. Selbst wenn man die ebenfalls gravitativ wirkende Dunkle Materie hinzunimmt, wird gerade mal 32 % der kritischen Dichte erreicht. Die Dunkle Materie wirkt ausschließlich durch ihre Schwerkraft. Sie macht sich bei den Bewegungen der Galaxien in einem Haufen bemerkbar, indem sie den Haufen zusammenhält, bei der Rotation von Galaxien, deren Ränder sich zu schnell drehen gemäß der leuchtenden Materie und durch den von Einstein vorhergesagten Gravitationslinseneffekt: Galaxienhaufen lenken durch ihre Masse Lichtstrahlen von dahinter liegenden Objekten ab, ähnlich wie eine konvexe Glaslinse Licht bündelt. Aus der Ablenkung ergibt sich die Masse des Galaxienhaufens. In allen drei Fällen zeigt sich: Es ist mehr Masse im All vorhanden als die mit elektromagnetischen Wellen beobachtbare Materie. Die Dunkle Materie sendet keine elektromagnetischen Wellen aus. Sie bleibt unsichtbar, daher nennt man sie „dunkel“. Ohne sie wäre auch die Bildung von Sternen und Galaxien in der Frühphase des Kosmos nicht erklärbar. Denn nur durch ihre Schwerkraft kann es zur Klumpung der Materie kommen. Die Expansion und der thermische Druck, den die Dunkle Materie eben nicht ausübt, hätten eine Sternentstehung verhindert.

Beschleunigte Expansion

Groß war die Überraschung, als sich Ende des 20., Anfang des 21. Jahrhunderts herausstellte, dass keines der drei beschriebenen Expansionsmodelle auf das Universum zutrifft. Man entdeckte: Die Ausdehnung des Universums erfolgt immer schneller, das Weltall expandiert beschleunigt! Um die Expansionsrate, den Hubble-Parameter und seine zeitliche Änderung, genauer zu bestimmen, hatten sich zwei Beobachterteams daran gemacht, ferne Supernovae zu beobach-

12.12 Im Galaxienhaufen Abell S1063 verzerrt der Gravitationslinseneffekt das Licht weiter entfernter Galaxien zu zahlreichen Bögen. Aufnahme des James Webb Space Telescope.

NASA, ESA, CSA, V. Kokorev (University of Texas at Austin), A. Pagan (STScI)

ESO/M. Kornmesser

12.13 Das „Große Zerreißen" (Big Rip) als alternatives Ende des Universum zur ewigen Expansion.

ten, um die Rotverschiebung-Entfernungsrelation neu zu bestimmen.

Supernovae sind die absolut hellsten Einzelobjekte im Universum und daher auch in großer Ferne auszumachen. Außerdem geht man davon aus, dass die absoluten Helligkeiten von SN Ia nur geringfügig streuen, da sie durch den Gravitationskollaps eines Weißen Zwerges hervorgerufen werden, der Materie von einem Begleiter aufsammelt und bei Erreichen des Chandra-Limits (knapp 1,5 Sonnenmassen) detoniert. Es ist somit bei einer SN Ia immer die gleiche Menge „Sprengstoff" im Spiel.

Beide Beobachterteams stellten überrascht fest, dass Supernovae in zehn Milliarden Lichtjahren Distanz eine geringere absolute Helligkeit aufweisen als diejenigen in wesentlich geringerer Entfernung. Dies ist aber offensichtlich ein Scheineffekt. Geht man davon aus, dass die fernen SN Ia die gleiche Leuchtkraft aufweisen wie die nahen, so sind die fernen SN Ia weiter entfernt als dies aufgrund ihrer kosmologischen Rotverschiebung in ihren Spektren anzunehmen ist. Denn die Rotverschiebung in den SN-Spektren ist ein Maß für ihre Fluchtgeschwindigkeit. Gleiche Fluchtgeschwindigkeit bei größerer Distanz bedeutet aber: Der Hubble-Parameter H muss zumindest eine Zeitlang *kleiner* gewesen sein als heute. Im Klartext: Das Universum dehnt sich seit etwa sechs Milliarden Jahren *beschleunigt* aus, eine Tatsache, die für fast alle Kosmologen eine unerwartete, sensationelle Entdeckung darstellt, mit der sich einige auch nur schwer abfinden können. Galt doch lange als allgemeiner Konsens, dass die im Weltall vorhandenen Massen die Expansion mehr oder weniger stark abbremsen.

Die Leiter beider Beobachtungsteams, Saul Perlmutter vom Lawrence Berkeley National Laboratory mit seinem Beobachtungsprogramm Supernova-Cosmology sowie Adam Riess und Brian Schmidt mit seinem High-z Supernova Search Team an der Australian National University erhielten für ihre bahnbrechende Entdeckung im Jahre 2011 den Nobelpreis für Physik.

Myteriöse Dunkle Energie

Um zu erklären, wer oder was die beschleunigte Expansion bewirkt, hat man schon 1998 den Begriff „Dunkle Energie“ eingeführt. Sie wirkt als abstoßende Kraft, die die Expansion beschleunigt. Nach der speziellen Relativitätstheorie (SRT) von Albert Einstein sind aber Energie und Masse einander äquivalent. Jeder kennt heute die Formel: $E = m \cdot c^2$ (Energie ist gleich Masse mal dem Quadrat der Lichtgeschwindigkeit). Wenn aber der Dunklen Energie auch eine Masse zugebilligt wird, so übt diese auch eine Schwerkraft aus, sie wirkt auch gravitativ. Diese Funktion erfüllt aber der von Einstein einst im Gravitationsgesetz Newtons eingefügte Λ-Term, der eine abstoßende Kraft darstellt. Einstein wollte damals das Weltall damit stabilisieren, weil er an ein statisches Weltall glaubte. Als sich herausstellte, dass das Universum expandiert, hat er den Λ-Term verworfen. Doch inzwischen wurde er wieder aus der Versenkung geholt und wird heute als kosmologische Konstante bezeichnet, die die Vakuumenergie darstellt. Wie der Name sagt, ist sie zeitlich konstant – so vermutete man zunächst. Sie verursacht damit aber eine ständig beschleunigte Expansion des Universums. Wenn nämlich die Vakuumenergie pro Raumeinheit konstant bleibt, so nehmen die Distanzen der Galaxien mit der Zeit immer schneller, also beschleunigt zu. Die Dunkle Energie ist offensichtlich eine Eigenschaft des Vakuums. Man nennt die Dunkle Energie gelegentlich Quintessenz. Die Frage ist, wie groß die Stärke der Dunklen Energie ist und ob sie zeitlich konstant ist. Ab einem bestimmten Wert der Zustandsgleichung der Dunklen Energie spricht man von Phantomenergie.

Sollte die Phantomenergie tatsächlich existieren, so hätte dies dramatische Folgen. Denn die Phantomenergie wird eines Tages die Herrschaft über die Gravitation gewinnen in einem Szenario, nämlich dem Großen Zerreißen (Big Rip). Dabei wächst die Expansionsrate mit fortschreitender Zeit enorm an. Dies führt zunächst zur Auflösung der Galaxienhaufen. Anschließend werden die Galaxien auseinandergerissen, ihre Sterne verstreuen sich im All. Danach verlieren die Sterne ihre Planeten und diese wiederum ihre Satelliten. Doch auch Sternen und Planeten geht es an den Kragen, sie werden von der Phantomenergie zerrissen. Auch die Molekular- und Kernkräfte werden überrumpelt. Moleküle, Atome, selbst die Atomkerne zerplatzen. Schließlich sind die Elementarteilchen selbst dran: Protonen, Neutronen, Quarks und Elektronen werden zerrissen. Die einzelnen Vorgänge folgen immer schneller aufeinander.

Nach diesem „Großen Zerreißen“ endet das Weltall, wie es vor knapp 14 Milliarden Jahren begonnen hat: im zeitlosen Zustand der Quantenvakuumfluktuation.

Wird das Große Zerreißen tatsächlich stattfinden, und wenn ja, wann wird das sein? Dies lässt sich heute noch nicht sagen. Einigen Kalkulationen zufolge erfolgt der Big Rip in 22 bis 86 Milliarden Jahren.

Nach bisherigen Beobachtungen scheint die Stärke der Dunklen Energie konstant zu bleiben, laut neuen Auswertungen der Messergebnisse eher leicht abzunehmen. Damit nähme die Expansion des Universums kein definitives Ende.

Wenn Sterne und Galaxien vergehen

Wir leben gegenwärtig in einem jungen Weltall, im sogenannten Goldenen Zeitalter der leuchtenden Sterne. Immer noch werden neue Sterne aus interstellarer Materie geboren, wenn auch die Sternentstehungsrate deutlich abgenommen hat. Sie war am höchsten zwei Milliarden Jahre nach dem Urknall, der Geburt unseres Universums.

Damals entstanden die ersten supermassereichen Schwarzen Löcher in den Zentren der sich bildenden Galaxien. Umrundet wurden sie von Strudeln extrem heißen Gases, die gewaltige Materie- und Strahlungsjets kreierten und zum Aufleuchten der von uns heute beobachteten Quasare führten.

Noch bevor das Goldene Zeitalter der Sterne zu Ende geht, kommt es zu zahlreichen Kollisionen von Galaxien. Den Sternen passiert so gut wie nichts, Sternzusammenstöße sind außerordentlich selten. Aber die Galaxien selbst verformen sich, viele verschmelzen zu riesigen Sternsystemen. In sechs Milliarden Jahren wird die Andromedagalaxie knapp an unserer Galaxis vorbeidriften bis beide nach weiteren Milliarden Jahren zu der übergroßen Galaxie *Milkomeda* verschmelzen. Nach einer Billion (10^{12}) Jahren sind die meisten Milchstraßen in Galaxienhaufen zu amorphen Riesensystemen verschmolzen. Zuerst gehen die massereicheren Sterne zugrunde, sie werden zu Weißen Zwergen, Neutronensternen oder stellaren Schwarzen Löchern.

Am längsten noch glimmen die roten Zwergsterne und die Braunen Zwerge vor sich hin. Nach spätestens zehn Billionen (10^{13}) Jahren verlöschen auch die letzten Sterne. Alle Reserven an Wasserstoffgas sind aufgebraucht. Längst werden im Universum keine neuen Sterne mehr geboren. Für menschliche Augen ist das Universum nun stockdunkel, in ewige Finsternis gebettet. Doch im langwelligen Bereich schwirren noch genügend Photonen herum.

Denn noch wird von den erloschenen, aber nicht völlig erkalteten Sternkörpern – wie von den zu Schwarzen Zwergen abgekühlten Weißen Zwergen – infrarotes Licht und Radiostrahlung ausgesandt. Nach 100 Billionen (10^{14}) Jahren klingt auch diese Strahlung fast völlig ab. Fast die gesamte baryonische Materie des Alls befindet sich in Schwarzen Zwergen, in Neutronensternen oder Schwarzen Löchern – sowohl in stellaren als auch in supermassereichen galaktischen Black Holes.

Die restliche Masse ist in völlig kalten Planeten und ausgebrannten Braunen Zwergen gebunden. Die Temperaturen aller Körper im Weltall betragen nicht einmal mehr ein Grad (1 K = −272 °C) über dem absoluten Nullpunkt. Dennoch ist die Geschichte des Weltalls damit noch nicht zu Ende. Vielmehr beginnen sich die Supergalaxien aus toten Sternen und ihren tiefgefrorenen Planeten aufzulösen. In solch extrem langen Zeiträumen passieren auch Vorgänge, die außerordentlich unwahrscheinlich sind wie nahe Begegnungen von Sternen. Bei solch kurzfristigen Treffen zweier Sterne werden ihnen ihre völlig erkalteten Planeten entrissen, die fortan einsam ohne Mutterstern durch die ewige Dunkelheit des Kosmos driften. Die Sternbegegnungen bewirken noch etwas Dramatischeres. Durch Impulsaustausch entflieht ein Teil der toten Sterne den Galaxien, die anderen, denen Energie entzogen wurde, stürzen in das Zentrum ihrer Galaxie, wo sie Opfer des massereichen, zentralen Schwarzen Loches werden. Nach zehn Trillionen (10^{19}) Jahren sind die meisten Sterne aus ihren Milchstraßensystemen hinauskatapultiert. Die Galaxien haben sich aufgelöst und hinterlassen supermassereiche Schwarze Löcher. Nach 100 Trillionen (10^{20}) Jahren, wenn die Galaxien aufgelöst sind, ereignen sich so gut wie keine Sternkollisionen mehr.

Am Ende bleibt zeitlose Ewigkeit

In so langen Zeiträumen macht sich auch die Wirkung der Gravitationsstrahlung bemerkbar. Beschleunigte Körper senden Gravitationswellen aus. Dabei wird ihnen – wenn auch sehr wenig – Energie entzogen. Nach 10^{20} Jahren wird der Erde durch Gravitationsstrahlung so viel an kinetischer Energie entzogen, dass sie in die Sonne stürzt, die nur noch als Schwarzer Zwerg existiert, es sei denn, die Erde wurde durch eine nahe Sternbegegnung schon vorher der Sonne entrissen.

Nach einer weiteren, schier endlosen Zeitspanne von 100 Quintillionen (10^{32}) Jahren stirbt auch die baryonische Materie. Die Protonen zerfallen, die schweren Elementarteilchen existieren nicht für alle Zeiten. Dies ergibt sich aus der GUT (**G**rand **U**nified **T**heory – Große Vereinigungstheorie), aber noch ist der experimentelle Nachweis nicht gelungen. In so extrem langen Zeiträumen können sogar Protonen einen Quasi-Gravitationskollaps erleiden, eine der Folgerungen aus der Quantentheorie.

Noch existieren die Schwarzen Löcher. Doch auch ihnen ist kein ewiges Leben beschieden. Quantenmechanische Prozesse führen zu deren Auflösung, wie der berühmte englische Physiker Stephen Hawking (1942–2018) nachgewiesen hat.

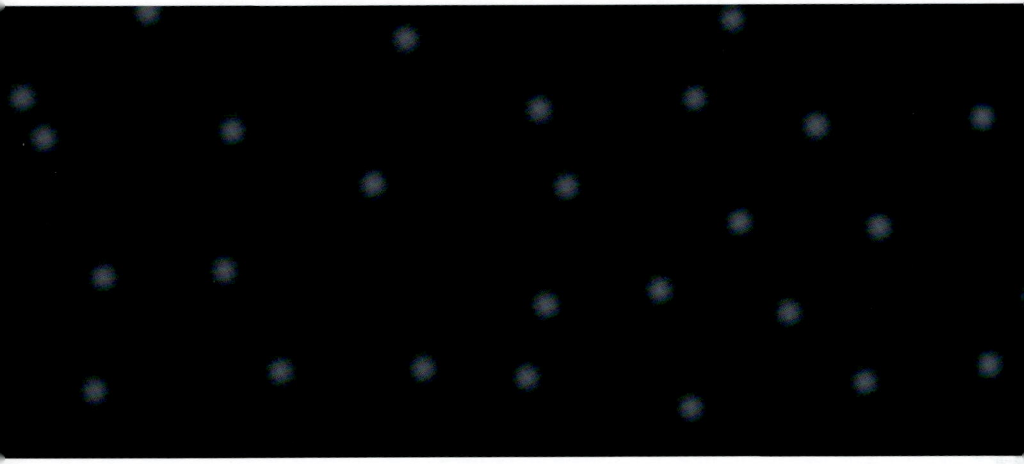

Zurzeit wachsen Schwarze Löcher noch durch Aufsammeln interstellarer Materie. In ferner Zukunft überwiegt der quantenmechanische Verdampfungsprozess, wenn nur noch alle 100 000 Lichtjahre ein Elementarteilchen anzutreffen ist. Anfangs erfolgt der Massenverlust extrem langsam, am Schluss jedoch explosionsartig in einem Schauer von Gamma-Photonen, die ins All geschleudert werden. Analog zur klassischen Thermodynamik kann man auch Schwarzen Löchern eine Temperatur zuordnen. Sie ist umgekehrt proportional der Masse des Schwarzen Loches. Ein Schwarzes Loch von einer Sonnenmasse hat am Ereignishorizont eine Temperatur von nur einem Zehnmillionstel Grad über dem absoluten Nullpunkt (10^{-7} K). Schwarze Löcher sind gewissermaßen tiefgefrorene Sterne.

Ganz allmählich verlieren stellare Schwarze Löcher Masse und schrumpfen daher unmerklich langsam. Am Ende geht dann aber alles rasend schnell: Hat ein Schwarzes Loch nur noch 1000 Tonnen Masse, detoniert es im Bruchteil einer Sekunde. Bis ein Schwarzes Loch von heute einer Sonnenmasse explodiert, dauert es 100 Dezilliarden (10^{65}) Jahre. Dann aber gibt es ein Feuerwerk aus energiereichen Gamma-Photonen, Neutrinos und eventuell weiteren, heute noch unbekannten Elementarteilchen.

12.14 Das Universum treibt dem zeitlosen Zustand der Ewigkeit entgegen.

Da die Temperatur der Schwarzen Löcher eine Funktion ihrer Masse ist, so ist es auch ihre Lebenszeit. Wenn alle stellaren Löcher verdampft sind, geschieht im Universum irrsinnig lange nichts mehr, bis auch die supermassereichen Schwarzen Löcher – die Kerne einst mächtiger Galaxien – nach 10^{98} bis 10^{100} Jahren zerstrahlen.

Von da an enthält das Universum nur noch Photonen, Neutrinos, Elektronen und Positronen in einer unglaublich dünnen Suppe. In ganz seltenen Fällen bilden ein Elektron und ein Positron ein riesiges Positronium. Sie kreisen in Abständen vom Milchstraßendurchmesser umeinander, wobei sie Energie verlieren, einander nähern und schließlich in einem Schauer von Photonen enden. Noch weitere Annihilationsprozesse ereignen sich, bis nur noch Photonen und Neutrinos übrigbleiben. Im stetig weiter expandieren Weltall werden sie immer langwelliger und damit energieärmer bis sie nicht mehr nachweisbar im Quantenvakuum enden. Dann gibt es auch keinen Zeitablauf mehr, da nichts mehr passiert. Das Universum geht in die zeitlose Phase der Ewigkeit über, die Apokalypse des Universums hat sich erfüllt.

ISBN 978-3-440-18438-7

Mit diesem einzigartigen Bildband nimmt Astrophysiker Dirk H. Lorenzen Astro-Fans mit auf eine faszinierende Entdeckungsreise durch Raum und Zeit. Atemberaubende Aufnahmen der Weltraumteleskope Hubble und James Webb sowie kurze und leicht verständliche Texte geben einen faszinierenden Einblick in das Universum und laden zum Stöbern, Staunen und Genießen ein.

- Die besten Bilder und größten Entdeckungen

ISBN 978-3-440-18596-4

E = mc· ist die berühmteste Formel der Welt. Mit ihr brachte Einstein es auf den Punkt: Energie und Masse sind zwei Seiten derselben Medaille und die Lichtgeschwindigkeit c ist ihr Wechselkurs. Doch warum besteht dieses so einfache Verhältnis? Wie ist Albert Einstein zu diesem Schluss gekommen? Und welche Folgen für das Verständnis des Universums ergeben sich daraus?

- Einsteins berühmte Formel verständlich erklärt

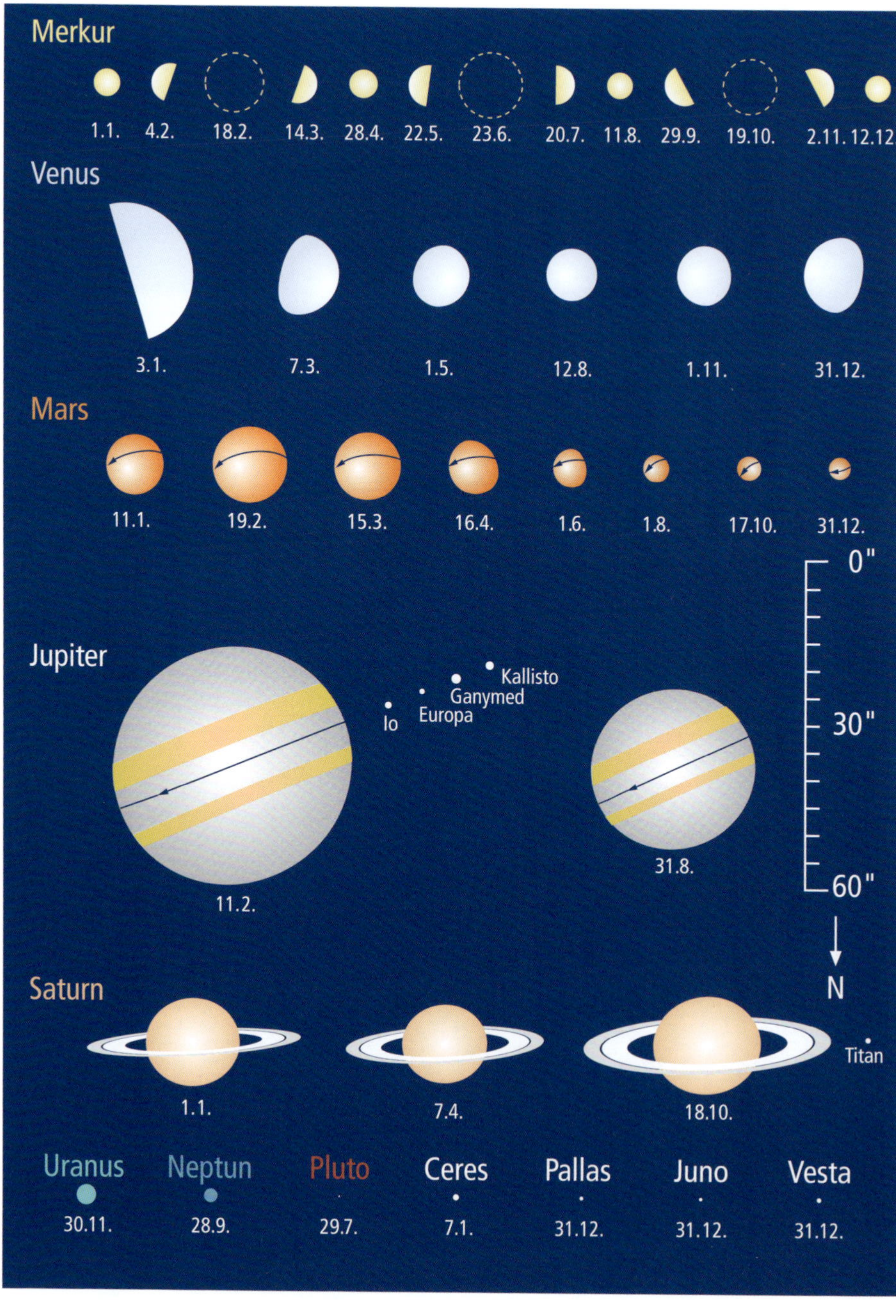

T.1 Die Größe der Planetenscheibchen im Jahr 2027. Man beachte den eingetragenen Maßstab in Bogensekunden. Anblick im umkehrenden Fernrohr (Norden unten, Osten rechts).

Planetensichtbarkeit

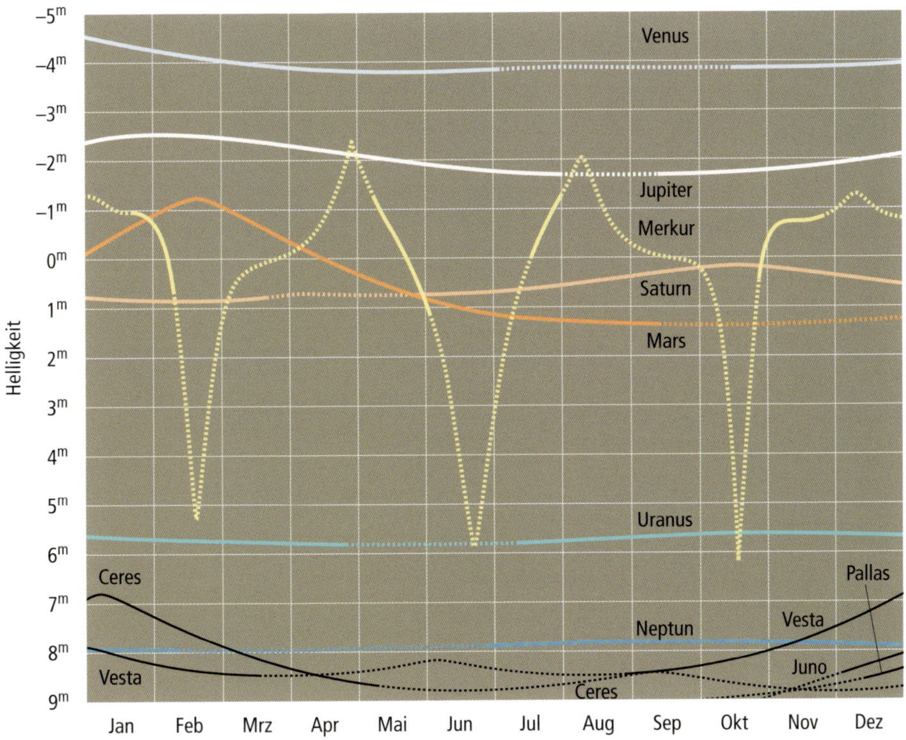

T.2 Die Helligkeiten der Planeten 2027.

T.3 Die Sichtbarkeiten der Planeten im Jahr 2027. M bedeutet Morgensichtbarkeit, A Abendsichtbarkeit.

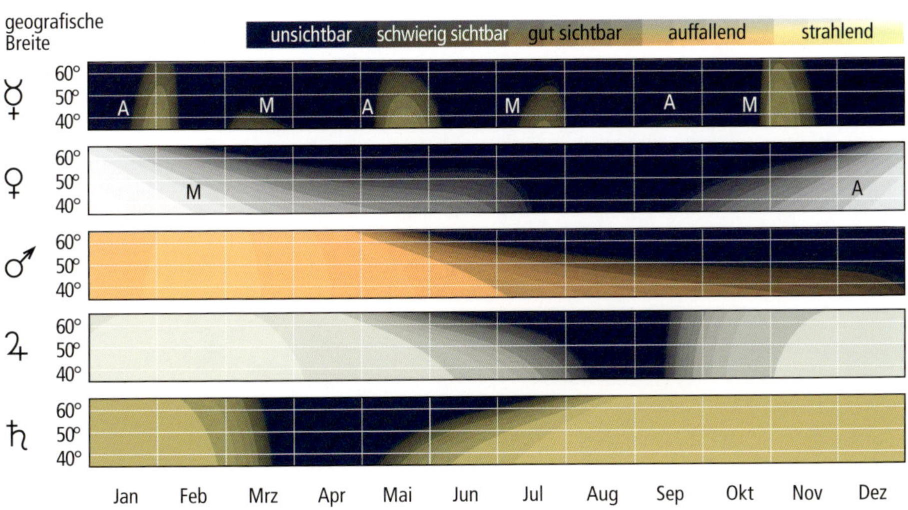

EKLIPTIKALE KOORDINATEN DES MONDES 2027

	JANUAR		FEBRUAR		MÄRZ		APRIL		MAI		JUNI		
Tag	Länge	Breite	Länge	Breite	Länge	Breite	Länge	Breite	Länge	Breite	Länge	Breite	Tag
	°	°	°	°	°	°	°	°	°	°	°	°	
1.	204,2	−4,6	250,0	−5,0	258,4	−4,6	301,9	−1,5	333,7	+1,5	19,8	+4,7	1.
2.	216,7	−5,0	261,9	−4,5	270,3	−4,0	313,8	−0,5	346,0	+2,5	33,3	+5,0	2.
3.	229,0	−5,2	273,8	−3,8	282,1	−3,2	325,8	+0,6	358,7	+3,4	47,2	+5,1	3.
4.	241,1	−5,1	285,6	−3,0	293,9	−2,3	338,1	+1,7	11,7	+4,1	61,6	+4,8	4.
5.	253,1	−4,8	297,4	−2,1	305,8	−1,3	350,6	+2,7	25,1	+4,7	76,2	+4,2	5.
6.	265,0	−4,3	309,3	−1,0	317,8	−0,2	3,5	+3,6	38,9	+5,0	91,1	+3,4	6.
7.	276,9	−3,6	321,3	+0,1	329,9	+0,9	16,6	+4,3	53,0	+5,0	105,9	+2,3	7.
8.	288,7	−2,7	333,4	+1,2	342,2	+2,0	30,1	+4,8	67,3	+4,7	120,7	+1,1	8.
9.	300,5	−1,8	345,7	+2,3	354,8	+3,0	43,8	+5,1	81,8	+4,0	135,3	−0,2	9.
10.	312,4	−0,7	358,1	+3,3	7,6	+3,9	57,7	+5,0	96,2	+3,2	149,6	−1,5	10.
11.	324,3	+0,4	10,8	+4,1	20,6	+4,6	71,7	+4,6	110,7	+2,1	163,6	−2,7	11.
12.	336,4	+1,5	23,7	+4,7	33,9	+5,0	85,8	+4,0	124,9	+0,9	177,4	−3,6	12.
13.	348,6	+2,5	36,9	+5,2	47,4	+5,2	99,9	+3,1	139,1	−0,4	190,8	−4,4	13.
14.	1,1	+3,4	50,4	+5,3	61,0	+5,1	114,0	+2,1	153,0	−1,6	204,0	−4,9	14.
15.	13,8	+4,2	64,3	+5,1	74,9	+4,7	128,1	+0,9	166,8	−2,7	217,0	−5,1	15.
16.	27,0	+4,8	78,4	+4,7	88,9	+4,0	142,2	−0,4	180,4	−3,6	229,7	−5,1	16.
17.	40,5	+5,2	92,9	+3,9	103,1	+3,1	156,2	−1,6	193,9	−4,3	242,3	−4,8	17.
18.	54,5	+5,2	107,6	+2,9	117,4	+2,0	170,2	−2,7	207,1	−4,8	254,6	−4,3	18.
19.	69,0	+5,0	122,4	+1,6	131,8	+0,7	184,0	−3,7	220,2	−5,0	266,8	−3,6	19.
20.	83,8	+4,4	137,3	+0,3	146,2	−0,6	197,6	−4,4	233,0	−5,0	278,8	−2,8	20.
21.	98,8	+3,5	152,1	−1,1	160,6	−1,9	211,1	−4,8	245,7	−4,7	290,7	−1,8	21.
22.	114,1	+2,3	166,7	−2,4	174,9	−3,0	224,3	−5,0	258,1	−4,2	302,6	−0,8	22.
23.	129,2	+1,0	180,9	−3,5	188,9	−3,9	237,2	−4,9	270,3	−3,5	314,3	+0,2	23.
24.	144,2	−0,4	194,8	−4,3	202,7	−4,6	249,8	−4,6	282,3	−2,6	326,1	+1,3	24.
25.	158,9	−1,7	208,3	−4,9	216,1	−5,0	262,1	−4,1	294,2	−1,7	338,0	+2,3	25.
26.	173,1	−2,9	221,3	−5,2	229,2	−5,1	274,2	−3,4	306,0	−0,7	350,1	+3,2	26.
27.	186,9	−3,9	234,0	−5,3	241,9	−5,0	286,1	−2,6	317,8	+0,4	2,4	+4,0	27.
28.	200,2	−4,6	246,3	−5,1	254,2	−4,7	297,9	−1,6	329,7	+1,4	15,0	+4,7	28.
29.	213,1	−5,1	–	–	266,3	−4,1	309,8	−0,6	341,7	+2,4	28,1	+5,1	29.
30.	225,7	−5,3	–	–	278,3	−3,4	321,7	+0,5	354,0	+3,3	41,6	+5,2	30.
31.	238,0	−5,2	–	–	290,1	−2,5	–	–	6,7	+4,1	–	–	31.

Koordinaten gelten für 1^h MEZ und sind geozentrische Werte.
Von Mitteleuropa aus steht der Mond etwa 0°,7 südlicher.
Abstand der Mondbahn relativ zu helleren Sternen 2027:

Stern:	Hamal	Alcyone	Aldebaran	Alnath	Alhena	Pollux	Algieba	Regulus	Porrima
Länge:	37°,7	60°,0	69°,8	82°,6	99°,1	113°,2	149°,6	149°,8	190°,2
Breite:	10°,0	4°,1	−5°,5	5°,4	−6°,7	6°,7	8°,8	0°,5	2°,8
Mond:	6° südl.	0°	9° nördl.	2° südl.	9° nördl.	6° südl.	11° südl.	3° südl.	8° südl.

T.4 Lage der Mondbahn im Tierkreis relativ zur Ekliptik von 180° bis 360° ekliptikaler Länge.

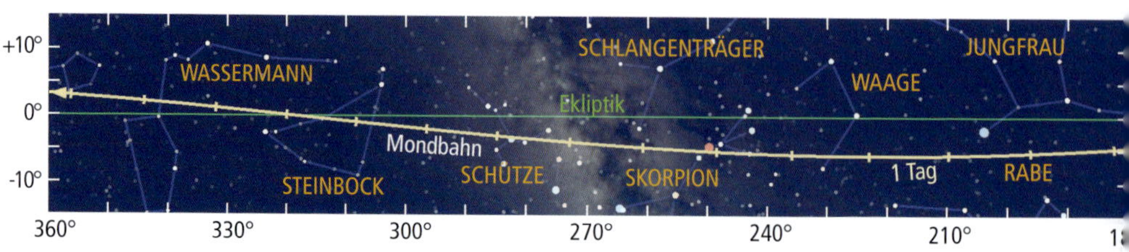

EKLIPTIKALE KOORDINATEN DES MONDES 2027

	JULI		AUGUST		SEPTEMBER		OKTOBER		NOVEMBER		DEZEMBER		
Tag	Länge °	Breite °	Länge °	Breite °	Länge °	Breite °	Länge °	Breite °	Länge °	Breite °	Länge °	Breite °	Tag
1.	55,5	+5,1	108,0	+2,1	161,6	−2,7	199,2	−4,8	248,1	−4,3	281,3	−1,9	1.
2.	69,9	+4,6	123,1	+0,7	176,5	−3,7	213,2	−5,1	260,9	−3,6	293,4	−0,9	2.
3.	84,6	+3,8	138,3	−0,7	191,0	−4,5	226,9	−5,0	273,4	−2,7	305,3	+0,2	3.
4.	99,7	+2,7	153,4	−2,0	205,1	−5,0	240,2	−4,7	285,6	−1,8	317,2	+1,2	4.
5.	114,8	+1,5	168,2	−3,2	218,8	−5,2	253,0	−4,2	297,5	−0,7	328,9	+2,2	5.
6.	129,9	+0,1	182,6	−4,2	232,1	−5,1	265,5	−3,5	309,3	+0,3	340,8	+3,1	6.
7.	144,7	−1,2	196,7	−4,8	244,9	−4,8	277,7	−2,6	321,1	+1,3	352,8	+3,9	7.
8.	159,3	−2,5	210,2	−5,2	257,3	−4,2	289,7	−1,7	333,0	+2,3	5,0	+4,5	8.
9.	173,6	−3,5	223,4	−5,3	269,5	−3,4	301,5	−0,7	345,0	+3,2	17,5	+5,0	9.
10.	187,4	−4,4	236,2	−5,1	281,5	−2,5	313,3	+0,4	357,2	+3,9	30,4	+5,1	10.
11.	200,9	−4,9	248,6	−4,7	293,3	−1,6	325,1	+1,4	9,7	+4,5	43,6	+5,1	11.
12.	214,0	−5,2	260,8	−4,1	305,1	−0,5	337,1	+2,4	22,5	+4,9	57,3	+4,7	12.
13.	226,8	−5,2	272,8	−3,3	316,9	+0,6	349,2	+3,3	35,7	+5,0	71,4	+4,0	13.
14.	239,3	−5,0	284,7	−2,4	328,8	+1,6	1,6	+4,0	49,2	+4,9	85,7	+3,1	14.
15.	251,6	−4,5	296,5	−1,3	340,8	+2,6	14,2	+4,6	62,9	+4,4	100,3	+2,0	15.
16.	263,8	−3,9	308,3	−0,3	353,0	+3,5	27,1	+4,9	76,9	+3,7	114,9	+0,7	16.
17.	275,8	−3,0	320,1	+0,8	5,3	+4,2	40,2	+5,0	91,0	+2,8	129,5	−0,6	17.
18.	287,7	−2,1	332,0	+1,9	17,9	+4,8	53,6	+4,8	105,1	+1,7	144,0	−1,9	18.
19.	299,5	−1,1	344,0	+2,9	30,6	+5,1	67,1	+4,4	119,3	+0,4	158,4	−3,1	19.
20.	311,3	0,0	356,1	+3,7	43,6	+5,1	80,7	+3,7	133,5	−0,8	172,5	−4,0	20.
21.	323,1	+1,1	8,4	+4,4	56,8	+4,9	94,6	+2,7	147,6	−2,0	186,4	−4,7	21.
22.	334,9	+2,1	20,9	+4,9	70,2	+4,4	108,5	+1,6	161,6	−3,1	200,1	−5,1	22.
23.	346,9	+3,1	33,6	+5,2	83,8	+3,7	122,5	+0,4	175,6	−4,0	213,5	−5,2	23.
24.	359,0	+3,9	46,6	+5,2	97,7	+2,7	136,6	−0,8	189,5	−4,6	226,7	−5,0	24.
25.	11,4	+4,6	59,9	+5,0	111,8	+1,6	150,8	−2,0	203,2	−5,0	239,7	−4,6	25.
26.	24,0	+5,1	73,6	+4,4	126,2	+0,3	165,1	−3,1	216,8	−5,1	252,5	−4,0	26.
27.	37,0	+5,3	87,6	+3,6	140,8	−1,0	179,4	−4,0	230,2	−4,9	265,0	−3,2	27.
28.	50,3	+5,2	102,0	+2,6	155,4	−2,2	193,6	−4,6	243,4	−4,4	277,4	−2,2	28.
29.	64,2	+4,9	116,7	+1,3	170,1	−3,3	207,6	−4,9	256,3	−3,7	289,5	−1,1	29.
30.	78,4	+4,2	131,6	−0,1	184,8	−4,2	221,5	−5,0	268,9	−2,9	301,6	0,0	30.
31.	93,0	+3,3	146,6	−1,4	–	–	235,0	−4,7	–	–	313,4	+1,0	31.

Mittlere Entfernung von der Erde: 384 000 km (356 000–407 000) Bahnneigung: 5,°0–5,°3
Länge des Perigäums: 96° (1.1.), 136° (31.12.)
Länge des aufsteigenden Knotens: 321° (1.1.), 302° (31.12.)

Spica	Zubenelgenubi	Dschubba	Acrab	Antares	Sabik	Nunki	Dabih	Deneb Algedi
203,°8	225,°1	242,°6	243,°2	249,°8	258,°0	282,°4	304,°0	323,°5
−2,°1	0,°3	−2,°0	1,°0	−4,°6	7,°2	−3,°5	4,°6	−2,°6
4° südl.	6° südl.	3° südl.	6° südl.	1° südl.	12° südl.	0°	6° südl.	3° nördl.

T.4 Lage der Mondbahn im Tierkreis relativ zur Ekliptik von 0° bis 180° ekliptikaler Länge.

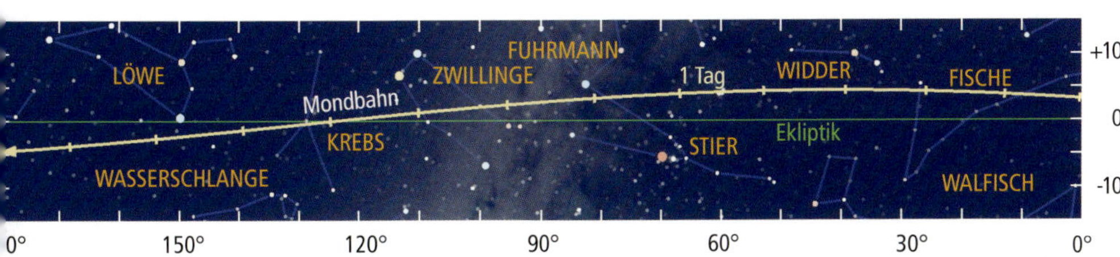

EKLIPTIKALE KOORDINATEN DER SONNE UND DER GROSSEN PLANETEN 2027

GEOZENTR.		SONNE	MERKUR		VENUS		MARS		JUPITER		SATURN	
Datum		Länge °	Länge °	Breite °	Länge °	Breite °	Länge °	Breite °	Länge °	Breite °	Länge °	Breite °
Jan	1.	279,9	279,5	−1,7	233,1	+3,4	159,4	+3,3	146,1	+0,9	8,0	−2,5
	10.	289,1	294,2	−2,1	242,3	+3,3	159,9	+3,6	145,4	+1,0	8,4	−2,4
	20.	299,3	311,0	−1,9	253,1	+3,1	159,3	+3,9	144,4	+1,0	9,0	−2,4
	31.	310,5	328,3	−0,4	265,5	+2,6	157,2	+4,3	143,1	+1,0	9,8	−2,3
Feb	10.	320,6	335,5	+2,2	276,9	+2,0	154,0	+4,4	141,8	+1,1	10,7	−2,3
	20.	330,7	327,9	+3,7	288,6	+1,4	150,1	+4,5	140,5	+1,1	11,7	−2,3
	28.	338,8	321,2	+2,6	298,0	+0,8	147,0	+4,4	139,5	+1,1	12,6	−2,3
Mrz	10.	348,8	322,5	+0,4	309,9	+0,2	143,6	+4,1	138,4	+1,1	13,8	−2,3
	20.	358,8	331,3	−1,3	321,9	−0,4	141,4	+3,7	137,5	+1,1	15,0	−2,2
	31.	9,7	345,6	−2,3	335,2	−0,9	140,4	+3,3	136,9	+1,1	16,3	−2,2
Apr	10.	19,5	1,4	−2,4	347,2	−1,3	140,9	+2,9	136,6	+1,0	17,6	−2,2
	20.	29,3	19,7	−1,6	359,3	−1,5	142,4	+2,5	136,7	+1,0	18,9	−2,2
	30.	39,0	40,4	−0,1	11,5	−1,6	144,7	+2,2	137,1	+1,0	20,1	−2,2
Mai	10.	48,7	61,5	+1,6	23,6	−1,6	147,9	+1,8	137,7	+1,0	21,3	−2,3
	20.	58,4	79,0	+2,3	35,8	−1,5	151,6	+1,6	138,6	+1,0	22,4	−2,3
	31.	68,9	91,6	+1,6	49,1	−1,3	156,2	+1,3	139,9	+1,0	23,6	−2,3
Jun	10.	78,5	95,9	−0,5	61,3	−1,0	160,9	+1,1	141,3	+0,9	24,6	−2,3
	20.	88,1	93,1	−3,3	73,5	−0,6	165,8	+0,9	142,8	+0,9	25,4	−2,4
	30.	97,6	87,9	−4,7	85,7	−0,2	171,1	+0,7	144,6	+0,9	26,1	−2,4
Jul	10.	107,1	88,2	−3,8	98,0	+0,2	176,6	+0,5	146,4	+0,9	26,7	−2,5
	20.	116,7	96,7	−1,7	110,3	+0,6	182,3	+0,3	148,4	+0,9	27,2	−2,5
	31.	127,2	114,7	+0,6	123,8	+1,0	188,8	+0,2	150,6	+0,9	27,5	−2,5
Aug	10.	136,8	135,2	+1,7	136,1	+1,2	194,9	0,0	152,7	+0,9	27,5	−2,6
	20.	146,4	154,9	+1,5	148,5	+1,4	201,1	−0,1	154,8	+0,9	27,5	−2,6
	31.	157,0	174,1	+0,5	162,1	+1,4	208,2	−0,2	157,2	+0,9	27,2	−2,7
Sep	10.	166,7	189,2	−0,8	174,5	+1,4	214,8	−0,4	159,4	+0,9	26,7	−2,7
	20.	176,4	202,1	−2,2	186,9	+1,2	221,5	−0,5	161,6	+0,9	26,2	−2,7
	30.	186,2	211,6	−3,3	199,4	+0,9	228,3	−0,6	163,7	+1,0	25,5	−2,8
Okt	10.	196,0	214,1	−3,4	211,8	+0,6	235,3	−0,7	165,7	+1,0	24,7	−2,8
	20.	206,0	205,1	−1,2	224,2	+0,2	242,4	−0,8	167,7	+1,0	23,9	−2,8
	31.	216,9	199,4	+1,8	237,9	−0,3	250,4	−0,8	169,7	+1,0	23,1	−2,8
Nov	10.	226,9	209,6	+2,1	250,3	−0,7	257,7	−0,9	171,4	+1,1	22,3	−2,8
	20.	237,0	224,7	+1,2	262,7	−1,1	265,2	−1,0	173,0	+1,1	21,7	−2,7
	30.	247,1	240,5	+0,1	275,1	−1,5	272,7	−1,0	174,3	+1,1	21,2	−2,7
Dez	10.	257,3	256,2	−1,0	287,5	−1,7	280,4	−1,1	175,4	+1,2	20,9	−2,7
	20.	267,4	272,0	−1,8	299,8	−1,9	288,1	−1,1	176,3	+1,2	20,7	−2,6
	31.	278,6	289,6	−2,2	313,3	−1,9	296,6	−1,1	176,9	+1,3	20,7	−2,6
HELIOZ.		ERDE	MERKUR		VENUS		MARS		JUPITER		SATURN	
Jan	1.	99,9	279	−5	141,3	+3,1	128,4	+1,8	138,4	+0,8	14,0	−2,5
Feb	1.	131,5	44	0	191,6	+3,1	142,1	+1,8	140,9	+0,8	15,0	−2,5
Mrz	1.	159,8	193	4	236,5	+1,2	154,4	+1,8	143,1	+0,9	16,0	−2,5
Apr	1.	190,6	285	−6	285,7	−1,7	167,9	+1,6	145,5	+0,9	17,1	−2,5
Mai	1.	220,0	51	0	333,1	−3,3	181,2	+1,4	147,8	+1,0	18,1	−2,5
Jun	1.	249,9	207	3	22,4	−2,8	195,1	+1,0	150,2	+1,0	19,2	−2,5
Jul	1.	278,6	294	−6	70,5	−0,4	209,0	+0,6	152,6	+1,0	20,2	−2,5
Aug	1.	308,1	76	3	120,6	+2,4	224,0	+0,2	155,0	+1,1	21,3	−2,5
Sep	1.	337,9	220	1	171,0	+3,4	239,7	−0,3	157,4	+1,1	22,4	−2,5
Okt	1.	7,2	306	−7	219,4	+2,1	255,7	−0,8	159,7	+1,1	23,5	−2,5
Nov	1.	37,9	101	6	268,7	−0,7	273,1	−1,3	162,0	+1,1	24,6	−2,5
Dez	1.	68,1	229	0	316,2	−2,9	290,8	−1,6	164,4	+1,2	25,6	−2,5
	31.	98,6	317	−7	3,8	−3,2	309,2	−1,8	166,6	+1,2	26,7	−2,5

STERNZEIT UM 20^h MEZ = 21^h MESZ AUF 10° ÖSTLICHER LÄNGE

	JAN	FEB	MRZ	APR	MAI	JUN	JUL	AUG	SEP	OKT	NOV	DEZ
Tag	h m	h m	h m	h m	h m	h m	h m	h m	h m	h m	h m	h m
1.	2 26	4 28	6 18	8 21	10 19	12 21	14 19	16 22	18 24	20 22	22 24	0 23
2.	2 30	4 32	6 22	8 25	10 23	12 25	14 23	16 26	18 28	20 26	22 28	0 27
3.	2 34	4 36	6 26	8 28	10 27	12 29	14 27	16 29	18 32	20 30	22 32	0 30
4.	2 38	4 40	6 30	8 32	10 31	12 33	14 31	16 33	18 36	20 34	22 36	0 34
5.	2 42	4 44	6 34	8 36	10 35	12 37	14 35	16 37	18 40	20 38	22 40	0 38
6.	2 45	4 48	6 38	8 40	10 39	12 41	14 39	16 41	18 44	20 42	22 44	0 42
7.	2 49	4 52	6 42	8 44	10 43	12 45	14 43	16 45	18 47	20 46	22 48	0 46
8.	2 53	4 56	6 46	8 48	10 46	12 49	14 47	16 49	18 51	20 50	22 52	0 50
9.	2 57	5 00	6 50	8 52	10 50	12 53	14 51	16 53	18 55	20 54	22 56	0 54
10.	3 01	5 03	6 54	8 56	10 54	12 57	14 55	16 57	18 59	20 58	23 00	0 58
11.	3 05	5 07	6 58	9 00	10 58	13 01	14 59	17 01	19 03	21 02	23 04	1 02
12.	3 09	5 11	7 02	9 04	11 02	13 04	15 03	17 05	19 07	21 05	23 08	1 06
13.	3 13	5 15	7 06	9 08	11 06	13 08	15 07	17 09	19 11	21 09	23 12	1 10
14.	3 17	5 19	7 10	9 12	11 10	13 12	15 11	17 13	19 15	21 13	23 16	1 14
15.	3 21	5 23	7 14	9 16	11 14	13 16	15 15	17 17	19 19	21 17	23 20	1 18
16.	3 25	5 27	7 18	9 20	11 18	13 20	15 19	17 21	19 23	21 21	23 23	1 22
17.	3 29	5 31	7 21	9 24	11 22	13 24	15 22	17 25	19 27	21 25	23 27	1 26
18.	3 33	5 35	7 25	9 28	11 26	13 28	15 26	17 29	19 31	21 29	23 31	1 30
19.	3 37	5 39	7 29	9 32	11 30	13 32	15 30	17 33	19 35	21 33	23 35	1 34
20.	3 41	5 43	7 33	9 36	11 34	13 36	15 34	17 37	19 39	21 37	23 39	1 37
21.	3 45	5 47	7 37	9 39	11 38	13 40	15 38	17 40	19 43	21 41	23 43	1 41
22.	3 49	5 51	7 41	9 43	11 42	13 44	15 42	17 44	19 47	21 45	23 47	1 45
23.	3 53	5 55	7 45	9 47	11 46	13 48	15 46	17 48	19 51	21 49	23 51	1 49
24.	3 56	5 59	7 49	9 51	11 50	13 52	15 50	17 52	19 54	21 53	23 55	1 53
25.	4 00	6 03	7 53	9 55	11 53	13 56	15 54	17 56	19 58	21 57	23 59	1 57
26.	4 04	6 07	7 57	9 59	11 57	14 00	15 58	18 00	20 02	22 01	0 03	2 01
27.	4 08	6 10	8 01	10 03	12 01	14 04	16 02	18 04	20 06	22 05	0 07	2 05
28.	4 12	6 14	8 05	10 07	12 05	14 08	16 06	18 08	20 10	22 09	0 11	2 09
29.	4 16	–	8 09	10 11	12 09	14 11	16 10	18 12	20 14	22 12	0 15	2 13
30.	4 20	–	8 13	10 15	12 13	14 15	16 14	18 16	20 18	22 16	0 19	2 17
31.	4 24	–	8 17	–	12 17	–	16 18	18 20	–	22 20	–	2 21

Korrektur für andere östliche geografische Längen

Länge	4°	5°	6°	7°	8°	9°	11°	12°	13°	14°	15°	16°
Korr.	-24^m	-20^m	-16^m	-12^m	-8^m	-4^m	$+4^m$	$+8^m$	$+12^m$	$+16^m$	$+20^m$	$+24^m$

Korrektur für andere Uhrzeiten derselben Nacht (Datumswechsel um Mitternacht)

MEZ	18^h	19^h	21^h	22^h	23^h	0^h	1^h	2^h	3^h	4^h	5^h	6^h
MESZ	19^h	20^h	22^h	23^h	0^h	1^h	2^h	3^h	4^h	5^h	6^h	7^h
Korr.	-2^h00^m	-1^h00^m	$+1^h00^m$	$+2^h00^m$	$+3^h00^m$	$+4^h01^m$	$+5^h01^m$	$+6^h01^m$	$+7^h01^m$	$+8^h01^m$	$+9^h01^m$	$+10^h02^m$

Erläuterungen siehe auch Seite 13 unter „Sternzeit".
Die obige Tabelle gibt für jeden Tag des Jahres die Sternzeit um 20^h MEZ (= 21^h Sommerzeit) am Meridian 10° östlicher Länge an. Für den Ortsmeridian des Beobachters ist eine Korrektur entsprechend der geografischen Längendifferenz zu 10° östlicher Länge anzubringen. Pro Längengrad beträgt diese Korrektur vier Minuten. Für Orte westlich des Meridians ist die Korrektur abzuziehen, für Orte östlich hingegen zu addieren. Auf der Seite 292 findet man in der Tabelle „Geografische Koordinaten größerer Städte" in der letzten Spalte die Zeitkorrektur vermerkt. Wer zu einer anderen Zeit als 20^h beobachtet, muss noch die Zeitkorrektur gemäß der obigen Tabelle anbringen. Beispiel: Wieviel Uhr Sternzeit ist es am 25. März um 23^h in München? Aus der Tabelle entnimmt man: Sternzeit am 25. März um $20^h = 7^h53^m$. Dies gilt für 10° östlicher Länge. Die Zeitkorrektur für München beträgt laut Tabelle S. 292 sechs Minuten. Da München östlich vom 10°-Meridian liegt, sind diese sechs Minuten zu addieren, und man erhält 7^h59^m (Achtung: Das Vorzeichen in der Spalte Zeitkorrektur der Tabelle auf S. 292 gilt für die Korrektur der Kulminationszeiten! Für die Sternzeitberechnung kehren sich die Vorzeichen um!). Am 25. März ist es also um 20^h MEZ 7^h59^m Sternzeit. Für 23^h MEZ ist gemäß obiger Tabelle die Korrektur von 3^h00^m anzubringen; um 23^h MEZ ist es also am 25. März in München 10^h59^m Sternzeit.

EPHEMERIDEN DER GROSSEN PLANETEN JANUAR–JUNI 2027

	MERKUR						VENUS					
Datum	Rektas. h m	Deklin. °	Kulmin. h m	Unterg. h m	Du. ″	bel. %	Rektas. h m	Deklin. °	Kulmin. h m	Aufg. h m	Du. ″	bel. %
Jan 1.	18 42	–24,8	12 23	16 14	4,7	100	15 26	–15,3	9 06	4 19	25,8	49
5.	19 10	–24,4	12 36	16 31	4,7	100	15 43	–16,2	9 07	4 25	24,7	51
10.	19 46	–23,3	12 52	16 55	4,8	99	16 04	–17,4	9 08	4 32	23,4	53
15.	20 21	–21,6	13 08	17 22	5,0	97	16 26	–18,4	9 11	4 41	22,2	56
20.	20 56	–19,3	13 22	17 51	5,3	92	16 48	–19,3	9 14	4 49	21,1	58
25.	21 29	–16,3	13 35	18 21	5,7	84	17 12	–20,1	9 17	4 57	20,2	60
31.	22 02	–12,4	13 44	18 50	6,4	67	17 41	–20,8	9 23	5 06	19,2	63
Feb 5.	22 21	– 9,4	13 42	19 02	7,4	45	18 05	–21,2	9 27	5 13	18,4	65
10.	22 26	– 7,4	13 26	18 54	8,7	22	18 30	–21,3	9 32	5 18	17,7	66
15.	22 15	– 7,2	12 54	18 21	9,9	5	18 55	–21,2	9 38	5 23	17,0	68
20.	21 55	– 8,7	12 14		10,5	1	19 20	–20,8	9 43	5 26	16,5	70
25.	21 37	–10,9	11 37	Aufg.	10,3	10	19 45	–20,2	9 48	5 27	15,9	72
28.	21 31	–12,0	11 20	6 15	9,9	17	20 00	–19,7	9 51	5 28	15,6	73
Mrz 5.	21 30	–13,2	11 00	6 02	9,1	30	20 25	–18,7	9 57	5 27	15,1	74
10.	21 39	–13,6	10 50	5 53	8,3	41	20 49	–17,5	10 01	5 25	14,7	76
15.	21 55	–13,3	10 47	5 48	7,6	51	21 14	–16,1	10 06	5 22	14,3	77
20.	22 15	–12,2	10 48	5 43	7,0	58	21 38	–14,5	10 10	5 17	13,9	79
25.	22 39	–10,6	10 52	5 38	6,5	65	22 01	–12,8	10 14	5 12	13,5	80
31.	23 10	– 7,8	11 00	5 32	6,0	72	22 29	–10,5	10 18	5 04	13,1	81
Apr 5.	23 39	– 5,0	11 09	5 27	5,7	78	22 52	– 8,4	10 22	4 57	12,8	83
10.	0 09	– 1,6	11 19	5 22	5,5	83	23 15	– 6,2	10 25	4 50	12,5	84
15.	0 41	+ 2,1	11 32	5 16	5,3	89	23 38	– 4,0	10 27	4 42	12,3	85
20.	1 15	+ 6,2	11 47		5,1	94	0 00	– 1,7	10 30	4 33	12,0	86
25.	1 52	+10,5	12 04	Unterg.	5,1	99	0 22	+ 0,7	10 33	4 25	11,8	87
30.	2 32	+14,8	12 25	19 48	5,1	100	0 45	+ 3,0	10 36	4 16	11,6	88
Mai 5.	3 14	+18,8	12 47	20 32	5,3	95	1 07	+ 5,3	10 38	4 08	11,4	89
10.	3 56	+22,0	13 10	21 14	5,6	85	1 30	+ 7,6	10 41	4 00	11,2	90
15.	4 36	+24,2	13 29	21 47	6,1	71	1 53	+ 9,9	10 44	3 52	11,0	91
20.	5 11	+25,3	13 44	22 08	6,7	57	2 16	+12,0	10 48	3 44	10,9	92
25.	5 41	+25,6	13 54	22 18	7,5	45	2 39	+14,0	10 52	3 38	10,7	93
31.	6 07	+25,0	13 55	22 14	8,7	31	3 08	+16,3	10 57	3 31	10,6	94
Jun 5.	6 20	+24,0	13 48	21 59	9,7	21	3 33	+18,0	11 02	3 26	10,4	95
10.	6 26	+22,8	13 33	21 34	10,7	13	3 58	+19,5	11 07	3 22	10,3	95
15.	6 23	+21,4	13 09	21 02	11,6	6	4 23	+20,8	11 13	3 20	10,2	96
20.	6 13	+20,1	12 40	20 24	12,1	1	4 49	+21,8	11 19	3 20	10,1	97
25.	6 01	+19,2	12 08	19 48	12,0	1	5 15	+22,6	11 26	3 21	10,1	97
30.	5 51	+18,7	11 39	19 17	11,3	5	5 41	+23,2	11 32	3 25	10,0	98

	SATURN						RING				
Datum	Rektas. h m	Deklin. °	Kulmin. h m	Unterg. h m	Äqu. ″	Pol. ″	gr. A. ″	kl. A. ″	Öffn. °	hel. Ö. °	Leucht.
Jan 1.	0 33	+0,9	18 10	0 22	17,7	15,8	40,2	4,3	– 6,2	– 8,8	0,39
15.	0 36	+1,2	17 18	23 27	17,3	15,5	39,3	4,5	– 6,6	– 9,1	0,41
31.	0 40	+1,7	16 19	22 31	16,9	15,1	38,3	4,7	– 7,1	– 9,3	0,44
Feb 15.	0 45	+2,3	15 25	21 40	16,5	14,8	37,5	5,1	– 7,8	– 9,5	0,47
28.	0 50	+2,9	14 39	20 56	16,3	14,6	37,0	5,4	– 8,4	– 9,7	0,50
Mrz 15.	0 56	+3,6	13 46	20 07	16,1	14,4	36,6	5,9	– 9,2	– 9,9	0,54
31.	1 04	+4,4	12 51	19 15	16,0	14,4	36,4	6,4	–10,1	–10,2	0,62
Apr 15.	1 11	+5,1	11 59		16,0	14,4	36,4	6,9	–10,9	–10,4	0,66
30.	1 18	+5,8	11 07	Aufg.	16,1	14,5	36,6	7,4	–11,6	–10,6	0,64
Mai 15.	1 24	+6,4	10 14	3 40	16,3	14,6	37,0	7,9	–12,3	–10,8	0,65
31.	1 31	+7,0	9 18	2 41	16,6	14,9	37,6	8,5	–13,0	–11,0	0,65
Jun 15.	1 36	+7,5	8 24	1 45	16,9	15,2	38,3	9,0	–13,5	–11,2	0,66
30.	1 40	+7,8	7 30	0 49	17,3	15,5	39,2	9,4	–13,9	–11,5	0,67

MARS						JUPITER						
Rektas. h m	Deklin. °	Kulmin. h m	Aufg. h m	Du. ″	bel. %	Rektas. h m	Deklin. °	Kulmin. h m	Aufg. h m	Äqu. ″	Pol ″	Datum
10 49	+11,1	4 28	21 29	10,3	93	9 55	+13,7	3 34	20 20	42,8	40,0	1. Jan
10 50	+11,1	4 14	21 14	10,6	93	9 54	+13,8	3 17	20 03	43,2	40,4	5.
10 51	+11,2	3 55	20 55	11,1	94	9 52	+14,0	2 56	19 41	43,7	40,8	10.
10 51	+11,4	3 35	20 34	11,6	95	9 50	+14,1	2 35	19 18	44,1	41,2	15.
10 50	+11,7	3 14	20 10	12,0	96	9 48	+14,3	2 13	18 56	44,5	41,6	20.
10 47	+12,2	2 52	19 45	12,5	97	9 46	+14,5	1 51	18 33	44,8	41,9	25.
10 42	+12,8	2 23	19 13	13,0	98	9 43	+14,8	1 25	18 05	45,0	42,1	31.
10 36	+13,5	1 58	18 44	13,3	99	9 41	+15,0	1 02	17 41	45,2	42,2	5. Feb
10 30	+14,2	1 32	18 15	13,6	99	9 38	+15,2	0 40	17 18	45,2	42,3	10.
10 23	+14,9	1 05	17 44	13,8	100	9 35	+15,5	0 18		45,2	42,2	15.
10 15	+15,6	0 38		13,8	100	9 33	+15,7	23 51	Unterg.	45,1	42,1	20.
10 07	+16,3	0 11	Unterg.	13,8	100	9 30	+15,9	23 29	6 55	44,9	42,0	25.
10 03	+16,6	23 49	7 19	13,7	100	9 29	+16,0	23 16	6 42	44,7	41,8	28.
9 56	+17,1	23 22	6 55	13,4	99	9 27	+16,2	22 54	6 21	44,4	41,5	5. Mrz
9 49	+17,5	22 57	6 32	13,1	98	9 25	+16,3	22 33	6 01	44,1	41,2	10.
9 44	+17,7	22 32	6 08	12,7	97	9 23	+16,5	22 11	5 40	43,6	40,8	15.
9 40	+17,9	22 08	5 45	12,3	97	9 21	+16,6	21 50	5 19	43,1	40,4	20.
9 37	+17,9	21 46	5 23	11,9	96	9 20	+16,7	21 29	4 59	42,6	39,9	25.
9 36	+17,8	21 21	4 57	11,3	95	9 19	+16,8	21 04	4 35	42,0	39,2	31.
9 36	+17,6	21 02	4 36	10,8	94	9 18	+16,8	20 44	4 14	41,4	38,7	5. Apr
9 37	+17,3	20 43	4 16	10,4	93	9 18	+16,8	20 24	3 55	40,8	38,2	10.
9 39	+16,9	20 26	3 56	10,0	92	9 18	+16,8	20 04	3 35	40,2	37,6	15.
9 42	+16,4	20 10	3 37	9,6	91	9 18	+16,8	19 45	3 15	39,6	37,0	20.
9 46	+15,9	19 54	3 19	9,2	91	9 18	+16,8	19 26	2 56	39,0	36,5	25.
9 51	+15,3	19 40	3 01	8,8	90	9 19	+16,7	19 07	2 37	38,4	35,9	30.
9 57	+14,7	19 25	2 43	8,5	90	9 20	+16,6	18 49	2 18	37,8	35,4	5. Mai
10 03	+13,9	19 12	2 26	8,2	90	9 22	+16,5	18 30	1 59	37,2	34,8	10.
10 10	+13,2	18 59	2 09	7,9	90	9 24	+16,3	18 12	1 40	36,7	34,3	15.
10 17	+12,4	18 47	1 52	7,6	89	9 25	+16,2	17 55	1 21	36,2	33,8	20.
10 24	+11,5	18 35	1 36	7,4	89	9 28	+16,0	17 37	1 03	35,6	33,3	25.
10 34	+10,4	18 21	1 16	7,1	89	9 30	+15,7	17 17	0 41	35,1	32,8	31.
10 42	+ 9,5	18 09	1 00	6,9	89	9 33	+15,5	17 00	0 23	34,6	32,4	5. Jun
10 51	+ 8,5	17 58	0 44	6,7	89	9 36	+15,3	16 43	0 04	34,2	32,0	10.
11 00	+ 7,4	17 48	0 28	6,5	89	9 39	+15,0	16 26	23 43	33,8	31,6	15.
11 09	+ 6,4	17 37	0 12	6,3	89	9 42	+14,8	16 10	23 25	33,4	31,2	20.
11 19	+ 5,3	17 27	23 54	6,2	90	9 45	+14,5	15 53	23 07	33,0	30,9	25.
11 28	+ 4,2	17 17	23 38	6,0	90	9 49	+14,2	15 37	22 49	32,7	30,6	30.

URANUS					NEPTUN					PLUTO		
Rektas. h m	Deklin. °	Kulmin. h m	Unterg. h m	Du. ″	Rektas. h m	Deklin. °	Kulmin. h m	Unterg. h m	Du. ″	Rektas. h m	Deklin. °	Datum
3 59	+20,4	21 36	5 28	3,8	0 07	−0,7	17 44	23 44	2,3	20 29	−23,4	1. Jan
3 58	+20,3	20 39	4 31	3,7	0 08	−0,6	16 50	22 50	2,3	20 31	−23,3	15.
3 57	+20,3	19 35	3 27	3,7	0 09	−0,5	15 48	21 49	2,2	20 33	−23,2	31.
3 57	+20,3	18 36	2 28	3,7	0 11	−0,3	14 51	20 53	2,2	20 35	−23,1	15. Feb
3 57	+20,3	17 46	1 38	3,6	0 12	−0,1	14 01	20 04	2,2	20 37	−23,0	28.
3 59	+20,4	16 48	0 41	3,6	0 14	+0,1	13 04	19 08	2,2	20 39	−23,0	15. Mrz
4 01	+20,5	15 48	23 37	3,5	0 17	+0,3	12 04		2,2	20 40	−22,9	31.
4 04	+20,6	14 52	22 42	3,5	0 19	+0,5	11 07	Aufg.	2,2	20 41	−22,9	15. Apr
4 07	+20,8	13 56	21 47	3,5	0 20	+0,7	10 10	4 03	2,2	20 41	−23,0	30.
4 11	+21,0	13 01	20 53	3,5	0 22	+0,9	9 12	3 05	2,2	20 42	−23,0	15. Mai
4 15	+21,1	12 02		3,5	0 24	+1,0	8 11	2 03	2,3	20 41	−23,1	31.
4 18	+21,3	11 06	Aufg.	3,5	0 25	+1,1	7 13	1 04	2,3	20 40	−23,2	15. Jun
4 22	+21,4	10 11	2 16	3,5	0 25	+1,2	6 14	0 05	2,3	20 39	−23,3	30.

EPHEMERIDEN DER GROSSEN PLANETEN JULI–DEZEMBER 2027

Datum	MERKUR Rektas. h m	Deklin. °	Kulmin. h m	Aufg. h m	Du. ″	bel. %	VENUS Rektas. h m	Deklin. °	Kulmin. h m	Aufg. h m	Du. ″	bel. %
Jul 1.	5 50	+18,7	11 34	3 56	11,2	6	5 47	+23,3	11 34	3 26	10,0	98
5.	5 47	+18,9	11 16	3 37	10,3	12	6 08	+23,4	11 39	3 30	9,9	98
10.	5 52	+19,6	11 02	3 18	9,1	22	6 35	+23,4	11 46	3 37	9,9	99
15.	6 06	+20,6	10 57	3 06	8,0	35	7 02	+23,1	11 53	3 47	9,8	99
20.	6 29	+21,6	11 01	3 04	7,1	50	7 28	+22,5	12 00	3 57	9,8	99
25.	7 00	+22,2	11 14	3 12	6,3	66	7 54	+21,6	12 07	4 10	9,8	100
31.	7 47	+21,8	11 37	3 38	5,6	85	8 25	+20,2	12 14	4 26	9,7	100
Aug 5.	8 30	+20,4	12 01	4 11	5,2	96	8 51	+18,8	12 20	4 40	9,7	100
10.	9 13	+17,9	12 23	4 49	5,0	100	9 16	+17,1	12 25	4 55	9,7	100
15.	9 53	+14,7	12 43		5,0	99	9 40	+15,3	12 30		9,7	100
20.	10 29	+11,1	13 00	Unterg.	5,0	96	10 05	+13,3	12 34	Unterg.	9,7	100
25.	11 03	+ 7,3	13 13	19 49	5,1	92	10 28	+11,1	12 38	19 33	9,8	100
31.	11 39	+ 2,8	13 26	19 39	5,2	87	10 56	+ 8,3	12 42	19 24	9,8	100
Sep 5.	12 07	− 0,9	13 33	19 30	5,4	82	11 19	+ 5,9	12 46	19 15	9,8	99
10.	12 33	− 4,4	13 39	19 19	5,7	78	11 42	+ 3,4	12 49	19 06	9,9	99
15.	12 57	− 7,7	13 43	19 07	6,0	72	12 05	+ 0,9	12 52	18 57	9,9	99
20.	13 18	−10,6	13 45	18 55	6,4	66	12 27	− 1,7	12 54	18 48	10,0	98
25.	13 38	−13,1	13 45	18 41	6,9	59	12 50	− 4,2	12 57	18 39	10,1	98
30.	13 53	−15,1	13 40	18 26	7,5	49	13 13	− 6,7	13 01	18 30	10,1	97
Okt 5.	14 02	−16,2	13 29	18 10	8,3	37	13 36	− 9,2	13 04	18 21	10,2	97
10.	14 03	−16,1	13 08		9,2	22	13 59	−11,5	13 08	18 13	10,3	96
15.	13 51	−14,3	12 36	Aufg.	10,0	7	14 23	−13,8	13 12	18 05	10,4	96
20.	13 31	−10,8	11 56	6 47	10,1	0	14 47	−15,9	13 16	17 59	10,5	95
25.	13 15	− 7,4	11 21	5 55	9,2	10	15 12	−17,9	13 21	17 53	10,6	94
31.	13 14	− 5,9	10 59	5 25	7,7	38	15 42	−20,0	13 28	17 48	10,8	94
Nov 5.	13 30	− 7,0	10 55	5 26	6,7	60	16 08	−21,5	13 34	17 45	10,9	93
10.	13 53	− 9,3	10 59	5 42	6,0	76	16 34	−22,7	13 41	17 45	11,1	92
15.	14 21	−12,2	11 08	6 04	5,5	87	17 01	−23,7	13 48	17 46	11,2	91
20.	14 51	−15,1	11 18	6 30	5,1	93	17 28	−24,4	13 55	17 49	11,4	90
25.	15 22	−17,8	11 29	6 56	4,9	96	17 55	−24,7	14 03	17 54	11,6	90
30.	15 53	−20,2	11 42	7 22	4,8	98	18 22	−24,8	14 10	18 02	11,7	89
Dez 5.	16 26	−22,2	11 55	7 47	4,7	99	18 50	−24,6	14 18	18 11	11,9	88
10.	17 00	−23,7	12 09		4,6	100	19 17	−24,0	14 25	18 23	12,2	87
15.	17 34	−24,7	12 23	Unterg.	4,7	100	19 43	−23,1	14 32	18 36	12,4	86
20.	18 09	−25,2	12 39	16 27	4,7	99	20 10	−22,0	14 38	18 50	12,6	84
25.	18 44	−25,1	12 54	16 44	4,8	98	20 35	−20,6	14 44	19 04	12,9	83
31.	19 26	−24,2	13 13	17 10	5,0	94	21 05	−18,6	14 51	19 23	13,2	82

Datum	SATURN Rektas. h m	Deklin. °	Kulmin. h m	Aufg. h m	Äqu. ″	Pol. ″	RING gr. A. ″	kl. A. ″	Öffn. °	hel. Ö. °	Leucht.
Jul 1.	1 41	+7,9	7 26	0 45	17,3	15,6	39,3	9,5	−13,9	−11,5	0,67
15.	1 44	+8,1	6 34	23 48	17,7	15,9	40,2	9,9	−14,2	−11,7	0,67
31.	1 46	+8,2	5 33	22 46	18,2	16,4	41,4	10,2	−14,3	−11,9	0,68
Aug 15.	1 46	+8,1	4 34	21 48	18,7	16,8	42,5	10,5	−14,3	−12,1	0,70
31.	1 45	+8,0	3 30	20 44	19,2	17,3	43,6	10,6	−14,1	−12,3	0,71
Sep 15.	1 42	+7,7	2 28	19 44	19,6	17,6	44,5	10,6	−13,7	−12,6	0,72
30.	1 38	+7,3	1 26	18 44	19,9	17,8	45,1	10,4	−13,3	−12,8	0,74
Okt 15.	1 34	+6,8	0 23		20,0	17,9	45,4	10,1	−12,8	−13,0	0,83
31.	1 29	+6,4	23 11	Unterg.	19,9	17,9	45,2	9,7	−12,4	−13,2	0,74
Nov 15.	1 25	+6,0	22 08	4 44	19,7	17,7	44,7	9,3	−12,0	−13,4	0,71
30.	1 22	+5,8	21 06	3 41	19,4	17,4	43,9	8,9	−11,7	−13,6	0,69
Dez 15.	1 21	+5,7	20 05	2 40	18,9	17,0	42,9	8,6	−11,5	−13,8	0,67
31.	1 20	+5,7	19 02	1 37	18,4	16,5	41,8	8,4	−11,6	−14,0	0,67

MARS						JUPITER						
Rektas. h m	Deklin. °	Kulmin. h m	Unterg. h m	Du. ″	bel. %	Rektas. h m	Deklin. °	Kulmin. h m	Unterg. h m	Äqu. ″	Pol ″	Datum
11 30	+ 3,9	17 15	23 35	6,0	90	9 49	+14,1	15 34	22 45	32,6	30,5	1. **Jul**
11 38	+ 3,0	17 07	23 23	5,9	90	9 52	+13,9	15 21	22 31	32,4	30,3	5.
11 48	+ 1,8	16 58	23 08	5,7	90	9 56	+13,6	15 05	22 13	32,1	30,1	10.
11 58	+ 0,6	16 48	22 52	5,6	90	10 00	+13,2	14 49	21 56	31,9	29,8	15.
12 09	− 0,6	16 39	22 37	5,5	91	10 03	+12,9	14 33	21 38	31,7	29,6	20.
12 20	− 1,8	16 30	22 22	5,4	91	10 07	+12,5	14 17	21 20	31,5	29,4	25.
12 33	− 3,3	16 19	22 05	5,3	91	10 12	+12,1	13 58	20 59	31,3	29,2	31.
12 44	− 4,6	16 11	21 50	5,2	91	10 16	+11,7	13 42	20 42	31,1	29,1	5. **Aug**
12 55	− 5,8	16 02	21 36	5,1	92	10 20	+11,4	13 27	20 24	31,0	29,0	10.
13 06	− 7,1	15 54	21 21	5,0	92	10 24	+11,0	13 11	20 06	30,9	28,9	15.
13 18	− 8,3	15 46	21 07	5,0	92	10 28	+10,6	12 56	19 49	30,8	28,8	20.
13 30	− 9,6	15 38	20 53	4,9	93	10 32	+10,2	12 40	19 31	30,8	28,8	25.
13 44	−11,1	15 29	20 37	4,8	93	10 37	+ 9,7	12 21		30,8	28,8	31.
13 57	−12,3	15 22	20 24	4,8	93	10 41	+ 9,3	12 06	Aufg.	30,8	28,8	5. **Sep**
14 09	−13,4	15 15	20 11	4,7	93	10 45	+ 8,9	11 50	5 05	30,8	28,8	10.
14 22	−14,6	15 08	19 58	4,7	94	10 49	+ 8,5	11 35	4 51	30,9	28,9	15.
14 36	−15,7	15 02	19 45	4,6	94	10 53	+ 8,1	11 19	4 38	31,0	29,0	20.
14 49	−16,8	14 56	19 33	4,6	94	10 57	+ 7,7	11 03	4 24	31,1	29,1	25.
15 03	−17,8	14 50	19 22	4,5	95	11 01	+ 7,3	10 47	4 10	31,2	29,2	30.
15 17	−18,8	14 44	19 11	4,5	95	11 05	+ 6,9	10 32	3 56	31,4	29,3	5. **Okt**
15 31	−19,7	14 39	19 00	4,4	95	11 09	+ 6,5	10 16	3 42	31,6	29,5	10.
15 46	−20,6	14 34	18 50	4,4	95	11 13	+ 6,2	10 00	3 28	31,8	29,7	15.
16 01	−21,4	14 29	18 41	4,4	96	11 16	+ 5,8	9 44	3 14	32,0	30,0	20.
16 16	−22,1	14 24	18 32	4,4	96	11 20	+ 5,4	9 27	2 59	32,3	30,2	25.
16 34	−22,8	14 19	18 22	4,3	96	11 24	+ 5,0	9 08	2 42	32,7	30,5	31.
16 50	−23,4	14 15	18 15	4,3	97	11 27	+ 4,7	8 51	2 27	33,0	30,9	5. **Nov**
17 06	−23,8	14 12	18 09	4,3	97	11 30	+ 4,4	8 35	2 12	33,3	31,2	10.
17 22	−24,1	14 08	18 03	4,2	97	11 33	+ 4,1	8 18	1 57	33,7	31,5	15.
17 39	−24,3	14 05	17 59	4,2	97	11 36	+ 3,8	8 01	1 41	34,1	31,9	20.
17 55	−24,4	14 02	17 55	4,2	97	11 38	+ 3,5	7 44	1 25	34,6	32,3	25.
18 12	−24,4	13 59	17 52	4,2	98	11 41	+ 3,3	7 27	1 09	35,0	32,8	30.
18 29	−24,3	13 56	17 50	4,2	98	11 43	+ 3,1	7 09	0 53	35,5	33,2	5. **Dez**
18 45	−24,1	13 53	17 49	4,1	98	11 45	+ 2,9	6 52	0 36	36,0	33,7	10.
19 02	−23,7	13 50	17 48	4,1	98	11 47	+ 2,7	6 34	0 19	36,6	34,2	15.
19 19	−23,3	13 47	17 49	4,1	98	11 48	+ 2,6	6 15	0 01	37,1	34,7	20.
19 36	−22,7	13 44	17 49	4,1	99	11 49	+ 2,5	5 57	23 40	37,7	35,2	25.
19 56	−21,9	13 40	17 51	4,1	99	11 51	+ 2,4	5 34	23 17	38,4	35,9	31.

URANUS					NEPTUN					PLUTO		
Rektas. h m	Deklin. °	Kulmin. h m	Aufg. h m	Du. ″	Rektas. h m	Deklin. °	Kulmin. h m	Aufg. h m	Du. ″	Rektas. h m	Deklin. °	Datum
4 22	+21,4	10 07	2 12	3,5	0 25	+1,2	6 10	0 02	2,3	20 39	−23,3	1. **Jul**
4 25	+21,5	9 15	1 19	3,5	0 25	+1,2	5 15	23 03	2,3	20 38	−23,4	15.
4 28	+21,6	8 15	0 18	3,5	0 25	+1,1	4 12	22 00	2,3	20 37	−23,5	31.
4 30	+21,7	7 18	23 17	3,6	0 24	+1,0	3 12	21 00	2,3	20 35	−23,6	15. **Aug**
4 31	+21,8	6 16	22 15	3,6	0 23	+0,9	2 08	19 57	2,4	20 34	−23,7	31.
4 32	+21,8	5 18	21 16	3,7	0 21	+0,7	1 08	18 57	2,4	20 33	−23,8	15. **Sep**
4 31	+21,8	4 18	20 17	3,7	0 20	+0,6	0 07		2,4	20 32	−23,8	30.
4 30	+21,7	3 18	19 17	3,8	0 18	+0,4	23 03	Unterg.	2,4	20 32	−23,8	15. **Okt**
4 28	+21,7	2 13	18 13	3,8	0 17	+0,2	21 59	4 07	2,4	20 32	−23,8	31.
4 26	+21,6	1 12	17 12	3,8	0 16	+0,1	20 59	3 06	2,3	20 32	−23,7	15. **Nov**
4 23	+21,5	0 10		3,8	0 15	+0,1	19 59	2 07	2,3	20 33	−23,7	30.
4 20	+21,4	23 05	Unterg.	3,8	0 15	+0,1	19 00	1 07	2,3	20 35	−23,6	15. **Dez**
4 18	+21,3	21 59	5 57	3,8	0 15	+0,1	17 57	0 05	2,3	20 37	−23,5	31.

EPHEMERIDEN HELLERER KLEINPLANETEN 2027

CERES (1)			
Datum	Rektas. h m	Deklin. °	Kulmin. h m
Jan **1.**	7 24	+29,3	1 04
5.	7 20	+29,7	0 45
10.	7 15	+30,2	0 20
15.	7 10	+30,6	23 50
20.	7 05	+31,0	23 25
25.	7 00	+31,3	23 01
31.	6 55	+31,6	22 33
Feb **5.**	6 52	+31,8	22 10
10.	6 49	+31,9	21 48
15.	6 47	+32,0	21 26
20.	6 46	+32,0	21 06
25.	6 46	+32,0	20 46
28.	6 46	+32,0	20 34
Mrz **5.**	6 47	+32,0	20 16
10.	6 49	+31,9	19 58
15.	6 52	+31,8	19 41
20.	6 55	+31,7	19 25
25.	6 59	+31,5	19 09
31.	7 04	+31,3	18 51
Apr **5.**	7 09	+31,1	18 37
10.	7 15	+30,9	18 23
15.	7 21	+30,7	18 09
20.	7 27	+30,4	17 56
25.	7 34	+30,1	17 43
30.	7 41	+29,8	17 30
Mai **5.**	7 48	+29,5	17 18
10.	7 56	+29,1	17 06
15.	8 04	+28,7	16 54
20.	8 12	+28,2	16 42
25.	8 20	+27,8	16 31
31.	8 30	+27,2	16 17

PALLAS (2)			
Datum	Rektas. h m	Deklin. °	Kulmin. h m
Nov 1.	10 17	−10,9	7 57
5.	10 24	−11,3	7 48
10.	10 32	−11,9	7 37
15.	10 40	−12,4	7 25
20.	10 48	−12,9	7 13
25.	10 55	−13,3	7 01
30.	11 03	−13,7	6 49
Dez 5.	11 10	−14,0	6 36
10.	11 16	−14,3	6 23
15.	11 22	−14,5	6 10
20.	11 28	−14,6	5 56
25.	11 34	−14,7	5 41
31.	11 40	−14,6	5 24

JUNO (3)			
Datum	Rektas. h m	Deklin. °	Kulmin. h m
Nov 1.	7 47	+4,7	5 27
5.	7 50	+4,2	5 15
10.	7 55	+3,5	5 00
15.	7 58	+2,9	4 43
20.	8 00	+2,3	4 26
25.	8 02	+1,8	4 08
30.	8 03	+1,4	3 50
Dez **5.**	8 03	+1,0	3 30
10.	8 03	+0,7	3 10
15.	8 01	+0,5	2 49
20.	7 59	+0,5	2 27
25.	7 56	+0,5	2 04
31.	7 52	+0,8	1 36

VESTA (4)			
Datum	Rektas. h m	Deklin. °	Kulmin. h m
Jan **1.**	1 10	− 0,5	18 48
5.	1 13	0,0	18 35
10.	1 17	+ 0,7	18 19
15.	1 21	+ 1,5	18 04
20.	1 26	+ 2,2	17 49
25.	1 31	+ 3,0	17 34
31.	1 38	+ 3,9	17 17
Feb **5.**	1 43	+ 4,7	17 03
10.	1 49	+ 5,5	16 50
15.	1 56	+ 6,3	16 36
20.	2 02	+ 7,1	16 23
25.	2 09	+ 7,8	16 10
28.	2 13	+ 8,3	16 03
Okt **1.**	8 18	+19,4	8 01
5.	8 24	+19,2	7 51
10.	8 31	+18,9	7 38
15.	8 38	+18,7	7 25
20.	8 44	+18,4	7 12
25.	8 50	+18,2	6 58
31.	8 57	+17,9	6 41
Nov **5.**	9 02	+17,8	6 27
10.	9 07	+17,6	6 12
15.	9 11	+17,5	5 57
20.	9 15	+17,4	5 41
25.	9 18	+17,4	5 24
30.	9 21	+17,4	5 07
Dez **5.**	9 23	+17,5	4 50
10.	9 25	+17,7	4 32
15.	9 26	+17,9	4 13
20.	9 26	+18,2	3 53
25.	9 25	+18,6	3 33
31.	9 23	+19,1	3 08

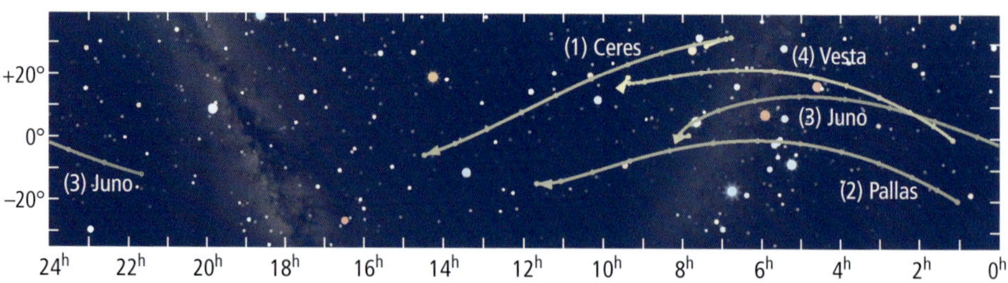

In den **halbfett** gedruckten Tagesintervallen sind die Kleinplaneten einfacher aufzufinden.
Spaltenüberschriften: Rektaszension und Deklination für 1^h MEZ. – **Kulmination = Meridiandurchgang:** MEZ für 10° östliche Länge. – **Aufgang oder Untergang:** MEZ für 10° östliche Länge und 50° nördliche Breite.
Scheinbarer Durchmesser für 1^h MEZ, Äqu.: Äquatordurchmesser, Pol: Poldurchmesser.
Beleuchteter Teil des Planetenscheibchens für 1^h MEZ. – **Saturnring:** große und kleine Ringachse, Öffnung, heliozentrische Öffnung, Leuchtkraft relativ zur Leuchtkraft der Saturnkugel.

ZENTRALMERIDIANE MARS UND JUPITER 2027 (1^h MEZ = 2^h MESZ)

	MARS					JUPITER SYSTEM I									JUPITER SYSTEM II								
Datum	Jan	Feb	Mrz	Apr	Mai	Jan	Feb	Mrz	Apr	Mai	Jun	Okt	Nov	Dez	Jan	Feb	Mrz	Apr	Mai	Jun	Okt	Nov	Dez
1.	240°	321°	76°	160°	242°	207°	67°	171°	27°	82°	291°	88°	298°	353°	181°	163°	54°	34°	219°	192°	138°	112°	297°
2.	231	312	68	151	233	5	225	329	185	239	89	245	96	150	331	314	205	184	9	342	288	262	88
3.	222	303	59	142	223	163	23	127	343	37	246	43	254	308	121	104	355	334	159	132	78	52	238
4.	212	294	50	133	214	321	181	285	141	195	44	201	51	106	272	254	145	124	310	282	228	202	28
5.	203	285	41	124	204	119	339	83	299	353	202	359	209	264	62	45	296	274	100	72	18	352	178
6.	194	277	33	115	195	278	137	241	96	150	360	156	7	62	213	195	86	65	250	222	168	142	329
7.	185	268	24	106	186	76	295	39	254	308	157	314	165	220	3	346	236	215	40	13	318	293	119
8.	176	259	15	96	176	234	93	197	52	106	315	112	323	18	153	136	27	5	190	163	109	83	269
9.	167	250	6	87	167	32	251	355	210	264	113	269	120	176	304	286	177	155	340	313	259	233	59
10.	158	242	357	78	157	190	49	153	8	61	270	67	278	333	94	77	327	306	130	103	49	23	210
11.	148	233	349	69	148	348	207	311	166	219	68	225	76	131	245	227	118	96	280	253	199	173	360
12.	139	224	340	60	138	146	5	109	323	17	226	23	234	289	35	18	268	246	70	43	349	324	150
13.	130	216	331	50	129	304	163	267	121	175	23	180	32	87	185	168	58	36	221	193	139	114	300
14.	121	207	322	41	119	102	321	65	279	332	181	338	189	245	336	318	209	186	11	343	289	264	91
15.	112	198	313	32	110	260	119	223	77	130	339	136	347	43	126	109	359	337	161	133	79	54	241
16.	103	189	304	22	100	58	277	21	235	288	136	294	145	201	277	259	149	127	311	283	229	204	31
17.	94	181	295	13	91	216	75	179	33	85	294	91	303	359	67	50	299	277	101	73	20	354	181
18.	85	172	287	4	81	14	233	336	190	243	92	249	101	157	217	200	90	67	251	223	170	145	332
19.	76	163	278	355	72	172	31	134	348	41	249	47	258	314	8	350	240	217	41	13	320	295	122
20.	67	155	269	345	62	330	189	292	146	199	47	205	56	112	158	141	30	7	191	163	110	85	272
21.	58	146	260	336	52	128	347	90	304	356	205	2	214	270	309	291	181	158	341	313	260	235	62
22.	49	137	251	327	43	286	145	248	102	154	2	160	12	68	99	82	331	308	131	103	50	25	213
23.	40	129	242	317	33	84	303	46	259	312	160	318	170	226	249	232	121	98	282	253	200	176	3
24.	31	120	233	308	24	242	101	204	57	109	318	116	328	24	40	22	271	248	72	43	351	326	153
25.	23	111	224	299	14	40	259	2	215	267	115	274	125	182	190	173	62	38	222	193	141	116	304
26.	14	103	215	289	5	198	57	160	13	65	273	71	283	340	341	323	212	188	12	343	291	266	94
27.	5	94	206	280	355	356	215	318	170	223	71	229	81	138	131	113	2	339	162	133	81	56	244
28.	356	85	197	270	345	154	13	116	328	20	228	27	239	296	282	264	153	129	312	283	231	207	34
29.	347		188	261	336	312		273	126	178	26	185	37	94	72		303	279	102	73	21	357	185
30.	338		179	252	326	110		71	284	336	184	342	195	252	222		93	69	252	223	171	147	335
31.	329		170		317	269		229		133		140		50	13		243		42		322		125
D	22	20	19	20	23	−0.5	−0.4	−0.3	−0.2	−0.2	−0.3	−1.3	−1.6	−1.9	D = Neigung der Planetenachse zur Erde								

Korrektur für MEZ	0^h	1^h	2^h	3^h	4^h	5^h	6^h	7^h	17^h	18^h	19^h	20^h	21^h	22^h	23^h	24^h	Änderung
Mars	−15°	0°	+15°	+29°	+ 44°	+ 58°	+ 73°	+ 88°	−126°	−111°	−97°	−82°	−68°	−53°	−38°	− 24°	+14°,6/Stunde
Jupiter System I	−37°	0°	+37°	+73°	+110°	+146°	+183°	+219°	−135°	− 98°	−62°	−25°	+12°	+48°	+85°	+121°	+36°,6/Stunde
Jupiter System II	−36°	0°	+36°	+73°	+109°	+145°	+181°	+218°	−140°	−104°	−67°	−31°	+ 5°	+41°	+78°	+114°	+36°,3/Stunde

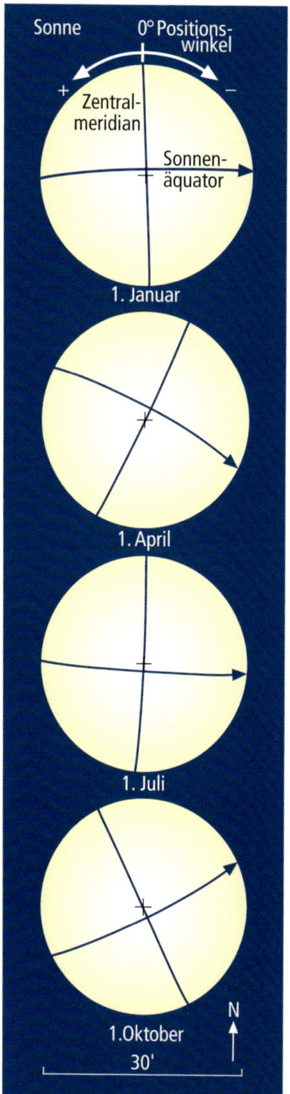

T.5 Lage des Zentralmeridians und des Äquators der Sonne im Verlauf des Jahres relativ zum Beobachter auf der Erde.

EPHEMERIDE DER SONNENSCHEIBE 2027 (1^h MEZ)

Datum		Entferng. AE	Du. ′	Z.M. °	B_0 °	P °	Sternzeit h m
Jan	1.	0,983	32,5	161,5	–3,0	+ 2,4	6 42
	10.	0,983	32,5	43,0	–4,0	– 2,0	7 17
	20.	0,984	32,5	271,3	–5,0	– 6,7	7 57
	31.	0,985	32,5	126,5	–5,9	–11,5	8 40
Feb	10.	0,987	32,4	354,8	–6,5	–15,4	9 19
	20.	0,989	32,4	223,2	–7,0	–18,8	9 59
	28.	0,990	32,3	117,8	–7,2	–21,1	10 30
Mrz	10.	0,993	32,2	346,1	–7,2	–23,4	11 10
	20.	0,996	32,1	214,3	–7,1	–25,1	11 49
	31.	0,999	32,0	69,2	–6,6	–26,1	12 33
Apr	10.	1,002	31,9	297,3	–6,0	–26,3	13 12
	20.	1,004	31,8	165,2	–5,2	–25,7	13 51
	30.	1,007	31,8	33,1	–4,3	–24,4	14 31
Mai	10.	1,010	31,7	260,9	–3,3	–22,4	15 10
	20.	1,012	31,6	128,7	–2,2	–19,7	15 50
	31.	1,014	31,6	343,1	–0,9	–16,1	16 33
Jun	10.	1,015	31,5	210,8	+0,3	–12,2	17 12
	20.	1,016	31,5	78,4	+1,5	– 8,0	17 52
	30.	1,017	31,5	306,0	+2,7	– 3,5	18 31
Jul	10.	1,017	31,5	173,7	+3,8	+ 1,1	19 11
	20.	1,016	31,5	41,4	+4,7	+ 5,5	19 50
	31.	1,015	31,5	255,8	+5,6	+10,1	20 34
Aug	10.	1,014	31,6	123,6	+6,3	+14,0	21 13
	20.	1,012	31,6	351,4	+6,8	+17,4	21 52
	31.	1,010	31,7	206,1	+7,2	+20,6	22 36
Sep	10.	1,007	31,8	74,0	+7,2	+23,0	23 15
	20.	1,005	31,8	302,0	+7,1	+24,7	23 55
	30.	1,002	31,9	170,0	+6,8	+25,9	0 34
Okt	10.	0,999	32,0	38,0	+6,2	+26,3	1 13
	20.	0,996	32,1	266,1	+5,5	+26,0	1 53
	31.	0,993	32,2	121,0	+4,5	+24,8	2 36
Nov	10.	0,991	32,3	349,2	+3,5	+22,9	3 16
	20.	0,988	32,4	217,4	+2,3	+20,2	3 55
	30.	0,986	32,4	85,6	+1,1	+16,8	4 35
Dez	10.	0,985	32,5	313,8	–0,2	+12,7	5 14
	20.	0,984	32,5	182,0	–1,5	+ 8,2	5 53
	31.	0,983	32,5	37,1	–2,8	+ 3,0	6 37

Z.M. Zentralmeridian (Abnahme 13°,2/Tag), B_0 Neigung der Sonnenachse zur Erde, P Positionswinkel des Sonnen-Nordpols, Sternzeit Greenwich

BEGINN DER SYNODISCHEN SONNENROTATION NACH CARRINGTON 2027

Rot. Nr.	Datum	MEZ h m	Rot. Nr.	Datum	MEZ h m
2320	Jan 13.	7 26	2327	Jul 23.	4 03
2321	Feb 9.	15 36	2328	Aug 19.	9 25
2322	Mrz 8.	23 38	2329	Sep 15.	15 30
2323	Apr 5.	6 53	2330	Okt 12.	22 13
2324	Mai 2.	13 07	2331	Nov 9.	5 21
2325	Mai 29.	18 25	2332	Dez 6.	12 50
2326	Jun 25.	23 11			

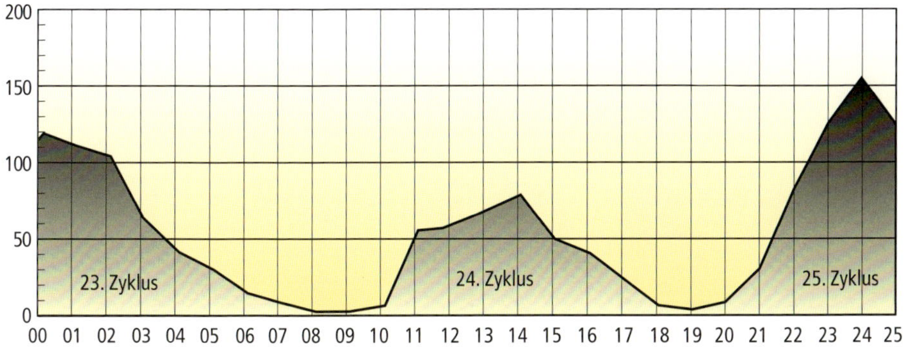

T.6 Jahresmittel der Sonnenfleckenrelativzahlen von 2000 bis 2025.

T.7 Monatsmittel der Sonnenfleckenrelativzahlen von Januar 2020 bis März 2026.

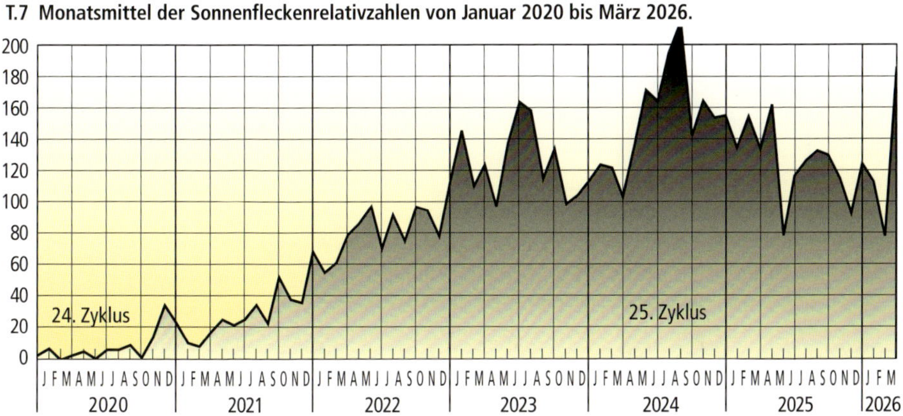

T.8 Stellung und relative Lage der zunehmenden Mondsichel zum Westhorizont jeweils am ersten Sichtbarkeitsabend nach Neumond eine halbe Stunde nach Sonnenuntergang im Jahre 2027.

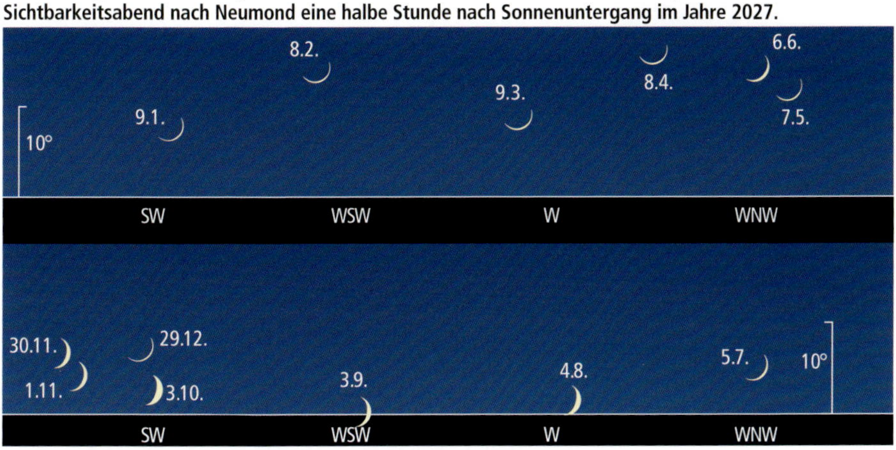

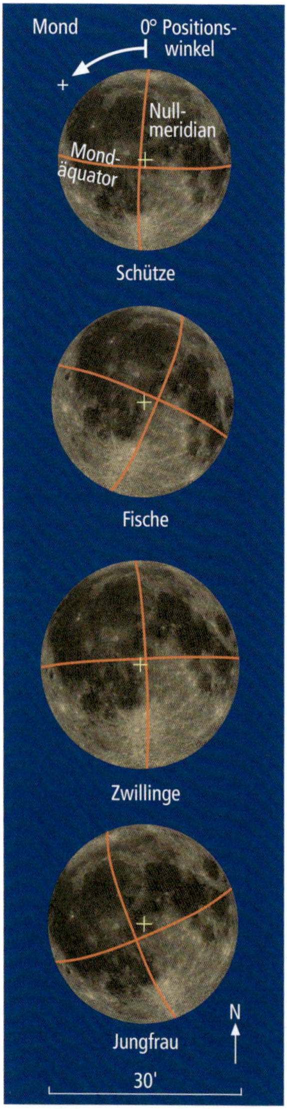

T.9 Lage des Nullmeridians und des Mondäquators relativ zum Beobachter auf der Erde in Abhängigkeit von der Position des Mondes im Tierkreis (siehe auch monatliche Rubrik „Mondlauf").

STERNBEDECKUNGEN DURCH DEN MOND 2027

Datum		MEZ h	m	Stern	Hell. m	bel. %	E/A	P °
Jan	1.	6	00	75 Vir	5,6:	35	A	330
	12.	18	20	HR 8759	5,9:	20	E	125
Feb	14.	17	45	SAO 76206	6,5	54	E	55
	14.	19	30	SAO 76272	6,8:	55	E	60
	14.	19	55	SAO 76286	6,8	55	E	70
	18.	0	05	52 Gem	5,8:	87	E	60
	18.	18	55	μ Cnc	5,3	93	E	130
Mrz	13.	23	10	16 Tau	5,5	30	E	125
	13.	23	15	**Taygeta**	4,3:	30	E	85
	13.	23	30	**Maia**	3,8	30	E	110
	13.	23	35	Asterope	5,8	30	E	70
	17.	0	25	37 Gem	5,7	64	E	80
	17.	20	10	82 Gem	6,2:	74	E	45
	20.	18	25	48 Leo	5,1	96	E	85
	30.	4	55	**φ Sgr**	3,2:	49	A	300
Apr	10.	19	55	**χ Tau**	5,4:	16	E	150
	13.	1	35	ε Gem	3,0	39	E	135
	14.	0	10	HR 2951	5,9	50	E	35
	15.	2	20	δ Cnc	3,9:	62	E	60
Mai	12.	20	45	**82 Cnc**	5,3	46	E	130
	24.	1	20	**Nunki**	2,0:	88	A	275
Jun	11.	22	25	HR 4484	6,4:	55	E	105
	16.	22	10	1 Sco	4,6	95	E	40
	23.	0	05	ϑ Cap	4,1	86	A	270
Aug	13.	19	20	**Nunki**	2,0:	89	E	85
	13.	20	40	Nunki	2,0:	89	A	255
	24.	22	55	Electra	3,7:	52	E	70
	24.	23	30	Maia	3,8	51	E	25
	24.	23	35	Merope	4,2	51	E	140
	24.	23	40	16 Tau	5,5	51	A	300
	24.	23	45	**Electra**	3,7:	51	A	255
	24.	23	55	Alcyone	2,9:	51	E	115
	24.	23	55	Merope	4,2	51	A	185
	25.	0	05	**Maia**	3,8	51	A	300
	25.	0	40	**Alcyone**	2,9:	51	A	210
	25.	1	10	Pleione	5,1	51	A	180
Sep	6.	19	55	4 Sco	5,6	40	E	105
	8.	20	25	**3 Sgr**	4,5	60	E	80
	21.	6	20	Electra	3,7:	74	E	145
	21.	6	40	Maia	3,8	74	E	90
	24.	3	30	ε Gem	3,0	42	E	115
	24.	4	35	**ε Gem**	3,0	42	A	260
Okt	7.	20	10	ψ Sgr	4,9:	53	E	150
	9.	20	45	19 Cap	5,8	71	E	60
Nov	10.	0	50	λ Psc	4,5	82	E	90
	14.	18	55	Alcyone	2,9:	99	E	10
	14.	19	20	Atlas	3,6:	99	E	55
	14.	19	20	Alcyone	2,9:	99	A	315
	14.	20	15	Atlas	3,6:	99	A	270
	16.	21	55	139 Tau	4,8	90	A	310
Dez	1.	17	35	49 Sgr	5,5	12	E	80
	9.	19	30	101 Psc	6,2	82	E	110
	10.	21	15	26 Ari	6,1	90	E	35
	12.	5	35	Electra	3,7:	97	E	25
	12.	5	55	Merope	4,2	97	E	75
	12.	6	25	Alcyone	2,9:	97	E	45
	17.	6	30	62 Cnc	5,2	83	A	245
	25.	8	10	HD 143787	5,0	6	A	345

Hell. = Helligkeit („:" = Doppelstern), E/A = Eintritt/Austritt, bel. = beleuchteter Teil der Mondscheibe, P = Positionswinkel, **halbfett**: Ereignis bereits im Fernglas sichtbar

Sternbedeckungen

Datum	MEZ	Hamburg	Hannover	Berlin	Dresden	Leipzig	Düsseldorf	Frankfurt	Nürnberg	Stuttgart	München	Zürich	Wien
	h	m	m	m	m	m	m	m	m	m	m	m	m
Jan 1.	5/6	56,1	56,7	58,7	00,1	59,0	55,4	58,1	59,5	58,5	00,9	58,7	04,5
12.	18	17,5	23,0	–	–	–	19,1	–	–	–	–	–	–
Feb 14.	17	–	45,8	50,1	48,1	46,9	40,5	41,6	42,3	38,8	41,0	–	48,0
14.	19	–	30,8	35,9	35,4	33,6	25,6	28,9	30,6	27,4	30,8	25,7	38,3
14.	19/20	–	52,4	57,4	57,6	55,7	47,7	51,6	53,7	50,8	54,6	49,8	01,8
18.	23/0	05,8	04,6	11,8	11,5	09,1	59,3	04,2	06,5	03,5	07,6	02,9	15,7
18.	18	52,6	52,0	55,2	55,4	54,1	49,3	51,7	53,1	51,5	54,2	51,5	59,3
Mrz 13.	23	05,2	07,6	05,9	08,5	08,6	11,2	12,3	13,0	15,5	15,5	19,3	12,5
13.	23	12,7	14,1	13,6	15,2	15,1	15,8	16,9	17,5	18,7	19,0	20,6	17,9
13.	23	27,1	29,1	27,6	29,7	29,8	32,0	32,8	33,3	35,3	35,2	38,1	32,7
13.	23	31,6	32,6	32,4	33,6	33,4	33,8	34,7	35,2	36,0	36,3	37,4	35,5
17.	0	21,2	22,6	24,3	26,2	25,2	22,5	25,4	27,0	27,0	28,9	28,5	30,7
17.	20	–	–	–	–	–	10,0	12,0	12,9	06,1	09,9	01,3	23,2
20.	18	27,1	24,3	26,5	23,7	23,5	–	–	19,5	–	17,8	–	20,6
30.	4/5	55,9	54,8	00,1	00,0	58,0	50,1	53,4	55,1	51,9	55,3	50,2	03,6
Apr 10.	19/20	41,9	45,7	45,0	49,6	48,9	50,8	54,5	56,7	02,8	03,4	–	58,6
13.	1	29,0	30,9	28,3	30,0	30,6	34,5	34,1	34,1	36,4	35,6	38,9	–
14.	0	–	–	–	–	–	05,5	–	–	08,7	13,1	07,6	–
15.	2	16,8	18,1	17,8	19,3	19,1	19,4	20,6	21,1	22,0	22,4	23,5	21,5
Mai 12.	20	39,3	41,3	43,5	46,4	44,9	41,4	45,5	47,6	47,7	50,5	50,2	53,3
24.	1	23,3	21,8	27,3	26,7	24,8	16,6	19,6	21,2	17,6	20,8	15,2	29,0
Jun 11.	22	20,8	22,6	25,0	27,7	26,3	22,2	26,4	28,5	28,2	31,1	30,1	34,2
16.	21/22	10,5	07,7	19,3	17,3	13,7	57,8	03,9	06,8	00,5	06,2	56,7	20,2
23.	23/0	09,0	06,9	11,1	09,3	08,2	02,1	03,3	03,8	00,7	02,4	57,8	08,5
Aug 13.	19	–	–	24,4	23,1	21,6	–	16,5	17,5	14,1	16,7	11,5	23,9
13.	20	41,6	40,3	46,2	45,9	43,8	34,7	38,5	40,4	36,6	40,2	34,2	48,9
24.	22	57,5	55,9	54,8	52,5	53,4	55,5	52,7	51,2	–	49,1	–	47,6
24.	23	36,2	33,8	31,7	28,4	29,9	33,6	29,1	26,8	26,7	23,8	24,3	21,2
24.	23	36,4	35,4	37,6	37,5	36,3	33,5	34,0	34,9	33,3	36,0	32,8	–
24.	23	44,0	42,7	44,0	42,5	42,4	40,8	40,5	40,1	39,1	38,9	37,6	40,0
24.	23	50,2	48,4	48,3	45,9	46,5	47,1	45,0	43,8	43,0	41,6	41,1	41,0
24.	23	59,3	57,8	58,8	57,3	57,2	56,0	55,1	54,8	53,6	53,6	52,1	56,0
24.	23/0	05,7	03,0	00,0	55,0	57,6	02,5	57,0	53,4	53,7	47,8	50,2	–
25.	0	08,7	07,5	09,4	08,1	07,7	05,1	05,3	05,3	03,9	04,2	02,4	06,1
25.	0	45,5	43,0	42,3	38,7	39,9	41,5	38,0	36,0	35,2	32,6	32,3	30,2
25.	1	16,3	12,6	07,2	–	02,4	11,7	03,3	–	–	–	–	–
Sep 6.	19/20	–	–	51,8	54,3	52,3	45,2	50,6	53,3	51,7	55,9	52,7	01,9
8.	20	21,3	21,7	26,6	28,3	26,1	18,0	23,0	25,5	23,0	27,3	22,8	34,6
21.	6	13,1	17,7	20,6	28,5	25,7	21,5	–	–	–	–	–	–
21.	6	33,1	33,8	37,9	39,8	38,0	31,3	36,2	38,7	37,3	41,1	38,5	46,4
24.	3	29,0	–	31,3	30,7	29,4	24,0	25,9	27,0	24,7	27,1	23,4	33,0
24.	4	37,3	–	40,1	38,8	37,5	30,9	32,6	33,3	30,0	31,7	26,7	38,1
Okt 7.	20	12,0	–	–	–	–	07,2	–	–	–	–	–	–
9.	20	44,6	44,1	48,7	49,1	47,3	40,0	43,5	45,4	42,5	46,0	41,2	53,3
Nov 10.	0	42,3	43,5	45,8	48,2	46,8	42,6	46,7	48,9	48,5	51,7	50,5	55,1
14.	18/19	–	06,6	01,7	56,9	59,1	–	58,3	54,8	54,7	50,7	51,4	47,6
14.	19	25,5	23,2	23,3	20,5	21,0	21,5	18,9	17,6	16,5	15,1	14,0	15,4
14.	19	–	18,1	24,3	24,5	22,9	–	19,3	21,0	18,7	21,0	17,7	25,6
14.	20	19,7	17,9	20,3	18,4	18,0	14,7	14,7	14,5	12,5	12,8	10,2	15,6
16.	21	53,3	53,3	57,0	57,1	55,8	50,4	53,1	54,1	52,3	54,1	51,2	58,3
Dez 1.	17	32,6	33,4	37,1	39,1	37,3	31,2	35,6	37,9	36,3	40,0	36,8	45,9
9.	19	27,3	26,5	33,8	35,4	32,0	20,5	26,2	29,8	25,3	32,6	24,3	–
10.	21	21,5	18,5	22,1	19,6	18,7	13,3	13,5	13,7	10,3	11,9	06,9	18,1
12.	5	37,3	35,9	39,6	37,8	37,1	33,8	35,0	35,5	34,6	35,4	34,5	37,3
12.	5	51,3	52,6	51,7	53,1	53,1	54,3	54,9	55,3	56,5	56,5	58,1	–
12.	6	25,7	26,1	26,1	26,4	26,4	26,5	26,9	27,0	27,4	27,4	28,2	–
17.	6	24,2	24,8	29,6	31,5	29,4	20,3	26,1	28,8	25,5	30,4	23,6	37,6
25.	8	09,8	10,6	09,9	–	11,4	10,7	12,0	–	12,5	–	12,8	–

Unter jeder Stadt sind die Minuten und Zehntelminuten der Sternbedeckungszeit angegeben.

GEOGRAFISCHE KOORDINATEN GRÖSSERER STÄDTE MIT ZEITKORREKTUR

Stadt	östl. Länge	nördl. Breite	Zeitkorrektur gegen 10° östl. Länge	Stadt	östl. Länge	nördl. Breite	Zeitkorrektur gegen 10° östl. Länge
Aachen	6°,1	50°,8	$+16^{m}$	Kiel	10°,1	54°,3	-1^{m}
Amsterdam	4°,9	52°,4	$+20^{m}$	Klagenfurt	14°,3	46°,6	-17^{m}
Antwerpen	4°,4	51°,2	$+22^{m}$	Koblenz	7°,6	50°,4	$+10^{m}$
Augsburg	10°,9	48°,4	-4^{m}	Köln	7°,0	50°,9	$+12^{m}$
Baden-Baden	8°,2	48°,8	$+7^{m}$	Konstanz	9°,2	47°,7	$+3^{m}$
Basel	7°,6	47°,6	$+9^{m}$	Krefeld	6°,6	51°,3	$+14^{m}$
Berlin	13°,4	52°,5	-14^{m}	Leipzig	12°,4	51°,3	-10^{m}
Bern	7°,4	46°,9	$+10^{m}$	Linz (Donau)	14°,3	48°,3	-17^{m}
Bielefeld	8°,5	52°,0	$+6^{m}$	Ludwigshafen (Rh.)	8°,4	49°,5	$+6^{m}$
Bochum	7°,2	51°,5	$+11^{m}$	Lübeck	10°,7	53°,9	-3^{m}
Bonn	7°,1	50°,7	$+12^{m}$	Lüttich	5°,5	50°,6	$+18^{m}$
Bozen	11°,3	46°,5	-5^{m}	Luxemburg	6°,1	49°,6	$+15^{m}$
Braunschweig	10°,5	52°,3	-2^{m}	Magdeburg	11°,6	52°,1	-7^{m}
Bregenz	9°,8	47°,5	$+1^{m}$	Mailand	9°,2	45°,5	$+3^{m}$
Bremen	8°,8	53°,1	$+5^{m}$	Mainz	8°,3	50°,0	$+7^{m}$
Brünn	16°,6	49°,2	-26^{m}	Mannheim	8°,5	49°,5	$+6^{m}$
Brüssel	4°,3	50°,8	$+23^{m}$	Mönchengladbach	6°,4	51°,2	$+14^{m}$
Chemnitz	12°,9	50°,8	-12^{m}	München	11°,6	48°,1	-6^{m}
Coburg	11°,0	50°,3	-4^{m}	Münster	7°,6	52°,0	$+10^{m}$
Darmstadt	8°,7	49°,9	$+5^{m}$	Nürnberg	11°,1	49°,5	-4^{m}
Dortmund	7°,5	51°,5	$+10^{m}$	Osnabrück	8°,0	52°,3	$+8^{m}$
Dresden	13°,7	51°,1	-15^{m}	Potsdam	13°,1	52°,4	-12^{m}
Düsseldorf	6°,8	51°,2	$+13^{m}$	Prag	14°,4	50°,1	-18^{m}
Duisburg	6°,8	51°,4	$+13^{m}$	Regensburg	12°,1	49°,0	-8^{m}
Eisenach	10°,3	51°,0	-1^{m}	Reutlingen	9°,2	48°,5	$+3^{m}$
Emden	7°,2	53°,4	$+11^{m}$	Rostock	12°,1	54°,1	-8^{m}
Erfurt	11°,0	51°,0	-4^{m}	Rotterdam	4°,5	51°,9	$+22^{m}$
Essen	7°,0	51°,5	$+12^{m}$	Saarbrücken	7°,0	49°,2	$+12^{m}$
Frankfurt (Main)	8°,7	50°,1	$+5^{m}$	Salzburg	13°,1	47°,8	-12^{m}
Frankfurt (Oder)	14°,6	52°,3	-18^{m}	Schwerin	11°,4	53°,6	-6^{m}
Freiburg (Breisgau)	7°,9	48°,0	$+9^{m}$	Stralsund	13°,1	54°,3	-12^{m}
Genf	6°,2	46°,2	$+15^{m}$	Straßburg	7°,7	48°,6	$+9^{m}$
Görlitz	15°,0	51°,2	-20^{m}	Stuttgart	9°,2	48°,8	$+3^{m}$
Graz	15°,5	47°,1	-22^{m}	Trier	6°,6	49°,8	$+13^{m}$
Halle	12°,0	51°,5	-8^{m}	Tübingen	9°,1	48°,5	$+4^{m}$
Hamburg	10°,0	53°,6	0^{m}	Ulm	10°,0	48°,4	0^{m}
Hannover	9°,7	52°,4	$+1^{m}$	Wien	16°,4	48°,2	-25^{m}
Heidelberg	8°,7	49°,4	$+5^{m}$	Wiesbaden	8°,2	50°,1	$+7^{m}$
Heilbronn	9°,2	49°,1	$+3^{m}$	Wilhelmshaven	8°,1	53°,5	$+8^{m}$
Innsbruck	11°,4	47°,3	-6^{m}	Worms	8°,4	49°,6	$+7^{m}$
Kaiserslautern	7°,8	49°,4	$+9^{m}$	Würzburg	9°,9	49°,8	0^{m}
Karlsruhe	8°,4	49°,0	$+6^{m}$	Wuppertal	7°,1	51°,3	$+11^{m}$
Kassel	9°,5	51°,3	$+2^{m}$	Zürich	8°,6	47°,4	$+6^{m}$

Erläuterungen siehe auch Seite 13 unter „Auf- und Untergangszeiten".
Die Tabelle enthält die geografischen Koordinaten einiger größerer Städte in Mitteleuropa. In der vierten Spalte ist der Zeitunterschied der Ortszeit zum Meridian 10° östlicher Länge in Minuten angegeben. Um diesen Betrag kulminieren die Gestirne in der jeweiligen Stadt früher (negativer Wert) oder später (positiver Wert). Beispiel: Für Stuttgart findet man $+3^{m}$, für München -6^{m}. In Stuttgart gehen die Gestirne jeweils drei Minuten später durch den Meridian als im Himmelsjahr angegeben, in München dagegen um sechs Minuten früher.
Die Auf- und Untergangszeiten sind außer von der geografischen Länge auch noch von der geografischen Breite abhängig. Um sie für einen bestimmten Ort zu korrigieren, benutze man die Tabelle auf Seite 293.

Entfernungen/Zeitkorrektur

ENTFERNUNGEN DER GROSSEN PLANETEN 2027 — LÄNGEN

GEOZENTR.	MERKUR	VENUS	MARS	JUPITER	SATURN	URANUS	NEPTUN	URANUS	NEPTUN
Datum	AE	AE	AE	AE	AE	AE	AE	Länge °	Länge °
Jan 1.	1,44	0,65	0,91	4,61	9,38	18,64	30,01	61,9	1,3
Feb 1.	1,02	0,88	0,72	4,38	9,86	19,06	30,49	61,3	1,9
Mrz 1.	0,69	1,08	0,69	4,41	10,19	19,53	30,78	61,5	2,8
Apr 1.	1,12	1,29	0,84	4,71	10,36	20,01	30,86	62,4	4,0
Mai 1.	1,32	1,46	1,07	5,15	10,30	20,32	30,69	63,9	5,0
Jun 1.	0,76	1,60	1,33	5,64	10,02	20,40	30,30	65,6	5,9
Jul 1.	0,60	1,69	1,57	6,04	9,60	20,25	29,81	67,3	6,2
Aug 1.	1,23	1,73	1,78	6,32	9,09	19,88	29,32	68,7	6,1
Sep 1.	1,28	1,72	1,95	6,41	8,63	19,38	28,97	69,5	5,6
Okt 1.	0,88	1,66	2,08	6,31	8,36	18,88	28,87	69,4	4,8
Nov 1.	0,90	1,56	2,17	6,03	8,34	18,50	29,04	68,7	4,0
Dez 1.	1,42	1,43	2,24	5,61	8,60	18,37	29,43	67,5	3,5
31.	1,33	1,27	2,30	5,14	9,03	18,51	29,94	66,3	3,5
HELIOZ.	MERKUR	VENUS	MARS	JUPITER	SATURN	URANUS	NEPTUN	URANUS	NEPTUN
Jan 1.	0,46	0,72	1,65	5,34	9,40	19,42	29,87	63,7	3,2
Mai 1.	0,31	0,73	1,65	5,37	9,36	19,40	29,87	65,1	3,9
Sep 1.	0,44	0,72	1,53	5,40	9,32	19,38	29,87	66,5	4,7
Dez 31.	0,41	0,73	1,39	5,42	9,29	19,35	29,87	67,9	5,4
Perihel	0,31	0,72	1,38	4,95	9,01	18,38	29,79	Breite	Breite
Aphel	0,47	0,73	1,66	5,45	10,09	20,17	30,52	−0,1	−1,4

KORREKTUR FÜR AUF- UND UNTERGANGSZEITEN, HALBER TAGBOGEN

Dekli-nation	geografische Breite											Halber Tagbogen	
	45°	46°	47°	48°	49°	50°	51°	52°	53°	54°	55°	47°	50°	53°
+28°	−30^{m}	−24^{m}	−19^{m}	−13^{m}	−7^{m}	0^{m}	7^{m}	15^{m}	23^{m}	32^{m}	42^{m}	8^{h} 24^{m}	8^{h} 43^{m}	9^{h} 06^{m}
+24	−23	−19	−15	−10	−5	0	5	11	17	24	31	7 58	8 13	8 30
+20	−18	−15	−11	−8	−4	0	4	9	13	18	23	7 36	7 47	8 00
+16	−14	−11	−9	−6	−3	0	3	6	10	14	17	7 15	7 24	7 34
+12	−10	−8	−6	−4	−2	0	2	5	7	10	13	6 56	7 03	7 10
+8	−7	−5	−4	−3	−1	0	1	3	5	6	8	6 38	6 42	6 47
+4	−3	−3	−2	−1	−1	0	1	2	2	3	4	6 21	6 23	6 25
0	0	0	0	0	0	0	0	0	0	0	0	6 03	6 04	6 04
−4	3	2	2	1	1	0	−1	−1	−2	−3	−3	5 46	5 45	5 43
−8	6	5	4	2	1	0	−1	−3	−4	−6	−7	5 29	5 25	5 21
−12	9	8	6	4	2	0	−2	−4	−7	−9	−11	5 11	5 05	4 59
−16	13	10	8	5	3	0	−3	−6	−9	−13	−16	4 52	4 44	4 35
−20	17	14	11	7	4	0	−4	−8	−12	−17	−22	4 32	4 21	4 09
−24	22	18	14	9	5	0	−5	−10	−16	−22	−29	4 10	3 56	3 40
−28	28	23	18	12	6	0	−7	−14	−21	−30	−39	3 46	3 28	3 07

Die Tabelle zeigt die Untergangskorrektur in Abhängigkeit der geografischen Breite und der Deklination des Objekts. Positive Werte bedeuten, dass der Untergang später erfolgt als auf 50° Nord. Für Aufgänge kehrt sich das Vorzeichen um. Zusätzlich muss noch die Zeitkorrektur in der letzten Spalte der Tabelle auf der linken Seite addiert werden.

2028

Januar

Mo		3	10	17	24	31
Di		4	11	18☾	25	
Mi		5☽	12☺	19	26●	
Do		6	13	20	27	
Fr		7	14	21	28	
Sa	1	8	15	22	29	
So	2	9	16	23	30	

Februar

Mo		7	14	21	28
Di	1	8	15	22	29
Mi	2	9	16	23	
Do	3☽	10☺	17☾	24	
Fr	4	11	18	25●	
Sa	5	12	19	26	
So	6	13	20	27	

März

Mo		6	13	20	27
Di		7	14	21	28
Mi	1	8	15	22	29
Do	2	9	16	23	30
Fr	3	10	17	24	31
Sa	4☽	11☺	18☾	25	
So	5	12	19	26●	

April

Mo		3	10	17	24●
Di		4	11	18	25
Mi		5	12	19	26
Do		6	13	20	27
Fr		7	14	21	28
Sa	1	8	15	22	29
So	2☽	9☺	16☾	23	30

Mai

Mo	1	8☺	15	22	29
Di	2☽	9	16☾	23	30
Mi	3	10	17	24●	31☽
Do	4	11	18	25	
Fr	5	12	19	26	
Sa	6	13	20	27	
So	7	14	21	28	

Juni

Mo		5	12	19	26
Di		6	13	20	27
Mi		7☺	14	21	28
Do	1	8	15☾	22●	29☽
Fr	2	9	16	23	30
Sa	3	10	17	24	
So	4	11	18	25	

Juli

Mo		3	10	17	24	31
Di		4	11	18	25	
Mi		5	12	19	26	
Do		6☺	13	20	27	
Fr		7	14☾	21	28☽	
Sa	1	8	15	22●	29	
So	2	9	16	23	30	

August

Mo		7	14	21	28
Di	1	8	15	22	29
Mi	2	9	16	23	30
Do	3	10	17	24	31
Fr	4	11	18	25	
Sa	5☺	12	19	26	
So	6	13☾	20●	27☽	

September

Mo		4☺	11	18●	25☽
Di		5	12☾	19	26
Mi		6	13	20	27
Do		7	14	21	28
Fr	1	8	15	22	29
Sa	2	9	16	23	30
So	3	10	17	24	

Oktober

Mo		2	9	16	23	30
Di		3☺	10	17	24	31
Mi		4	11☾	18●	25☽	
Do		5	12	19	26	
Fr		6	13	20	27	
Sa		7	14	21	28	
So	1	8	15	22	29	

November

Mo		6	13	20	27
Di		7	14	21	28
Mi	1	8	15	22	29
Do	2☺	9☾	16●	23	30
Fr	3	10	17	24☽	
Sa	4	11	18	25	
So	5	12	19	26	

Dezember

Mo		4	11	18	25
Di		5	12	19	26
Mi		6	13	20	27
Do		7	14	21	28
Fr	1	8	15	22	29
Sa	2☺	9☾	16●	23☽	30
So	3	10	17	24	31☺

Feiertage:

Aschermittwoch:	1. März	Pfingstsonntag:	4. Juni	Totensonntag:	26. November
Ostersonntag:	16. April	Fronleichnam:	15. Juni	1. Advent:	3. Dezember
Chr. Himmelfahrt:	25. Mai	Buß- und Bettag:	22. November		

Das Jahr 2028 ist ein **Schaltjahr** zu 366 Tagen.

Beginn der Jahreszeiten:

Frühling:	20. März 3^h17^m	Herbst:	22. September 12^h45^m	Erde in Sonnennähe:	5. Januar 14^h
Sommer:	20. Juni 21^h02^m	Winter:	21. Dezember 9^h20^m	Erde in Sonnenferne:	4. Juli 0^h

Finsternisse:

12. Januar: **Partielle Mondfinsternis**
26. Januar: *Ringförmige Sonnenfinsternis*
6. Juli: *Partielle Mondfinsternis*
22. Juli: Totale Sonnenfinsternis
31. Dezember: **Totale Mondfinsternis**

Planeten:

Innere Planeten

Merkur:	Größte östliche Elongation:	17. Januar (19°)	**9. Mai** (21°)	6. September (27°)	*31. Dezember* (20°)
	Größte westliche Elongation:	27. Februar (27°)	26. Juni (22°)	**17. Oktober** (18°)	
Venus:	Größte östliche Elongation	22. März			
	Untere Konjunktion:	1. Juni			
	Größte westliche Elongation	10. August			

Äußere Planeten	Opposition	(Mio. km)	AE	im Sternbild	Konjunktion
Mars:	25. März 20**29**	96,8	0,647	Jungfrau	21. März
Jupiter:	12. März	664	4,44	Löwe	30. September
Saturn:	30. Oktober	1231	8,23	Widder	20. April
Uranus:	3. Dezember	2739	18,31	Stier	31. Mai
Neptun:	30. September	4318	28,86	Fische	26. März
Pluto:	30. Juli	5246	35,07	Steinbock	27. Januar

Kalendarium 2029

2029

	Januar	Februar	März	April
Mo	1 8 15 22☽ 29	5☾ 12 19 26	5 12 19 26	2 9 16 23 30
Di	2 9 16 23 30○	6 13● 20 27	6 13 20 27	3 10 17 24
Mi	3 10 17 24 31	7 14 21☽ 28○	7☾ 14 21 28	4 11 18 25
Do	4 11 18 25	1 8 15 22	1 8 15● 22 29	5☾ 12 19 26
Fr	5 12 19 26	2 9 16 23	2 9 16 23☽ 30○	6 13● 20 27
Sa	6 13 20 27	3 10 17 24	3 10 17 24 31	7 14 21☽ 28○
So	7☾ 14● 21 28	4 11 18 25	4 11 18 25	1 8 15 22 29

	Mai	Juni	Juli	August
Mo	7 14 21☽ 28	4☾ 11 18 25	2 9 16 23 30	6 13 20 27
Di	1 8 15 22 29	5 12● 19☽ 26○	3☾ 10 17 24 31	7 14 21 28
Mi	2 9 16 23 30	6 13 20 27	4 11● 18☽ 25○	1 8 15 22 29
Do	3 10 17 24 31	7 14 21 28	5 12 19 26	2☾ 9 16☽ 23 30
Fr	4 11 18 25	1 8 15 22 29	6 13 20 27	3 10● 17 24○ 31
Sa	5☾ 12 19 26	2 9 16 23 30	7 14 21 28	4 11 18 25
So	6 13● 20 27○	3 10 17 24	1 8 15 22 29	5 12 19 26

	September	Oktober	November	Dezember
Mo	3 10 17 24	1 8 15 22○ 29	5 12 19 26	3 10 17 24 31
Di	4 11 18 25	2 9 16 23 30☾	6● 13☽ 20 27	4 11 18 25
Mi	5 12 19 26	3 10 17 24 31	7 14 21○ 28	5● 12☽ 19 26
Do	6 13 20 27	4 11 18 25	1 8 15 22 29☾	6 13 20○ 27
Fr	7 14 21 28	5 12 19 26	2 9 16 23 30	7 14 21 28☾
Sa	1☾ 8● 15☽ 22○ 29	6 13 20 27	3 10 17 24	1 8 15 22 29
So	2 9 16 23 30☾	7● 14☽ 21 28	4 11 18 25	2 9 16 23 30

Feiertage:

Aschermittwoch:	14. Februar	Pfingstsonntag:	20. Mai	Totensonntag:	25. November
Ostersonntag:	1. April	Fronleichnam:	31. Mai	1. Advent:	2. Dezember
Chr. Himmelfahrt:	10. Mai	Buß- und Bettag:	21. November		

Das Jahr 2029 ist ein **Gemeinjahr** zu 365 Tagen.

Beginn der Jahreszeiten:

Frühling:	20. März 9^h01^m	Herbst:	22. September 18^h37^m	Erde in Sonnennähe:	2. Januar 19^h
Sommer:	21. Juni 2^h48^m	Winter:	21. Dezember 15^h14^m	Erde in Sonnenferne:	6. Juli 6^h

Finsternisse:

14. Januar:	Partielle Sonnenfinsternis	11. Juli:	Partielle Sonnenfinsternis
12. Juni:	*Partielle Sonnenfinsternis*	5. Dezember:	Partielle Sonnenfinsternis
26. Juni:	*Totale Mondfinsternis*	20. Dezember:	**Totale Mondfinsternis**

Planeten:

Innere Planeten

Merkur:	Größte östliche Elongation:	**21. April** (20°)	19. August (27°)	14. Dezember (21°)
	Größte westliche Elongation:	*9. Februar* (26°)	8. Juni (24°)	**1. Oktober** (18°)
Venus:	Obere Konjunktion:	23. März		
	Größte östliche Elongation	27. Oktober		

Äußere Planeten	Opposition	(Mio. km)	AE	im Sternbild	Konjunktion
Mars:	25. März	96,8	0,647	Jungfrau	25. Mai 20**30**
Jupiter:	12. April	666	4,45	Jungfrau	31. Oktober
Saturn:	13. November	1218	8,14	Widder	4. Mai
Uranus:	8. Dezember	2729	18,24	Stier	4. Juni
Neptun:	2. Oktober	4317	28,86	Walfisch	28. März
Pluto:	1. August	5285	35,33	Steinbock	28. Januar

ASTRONOMISCHE INSTITUTE, PLANETARIEN UND STERNWARTEN

Augsburg
ṡ-Planetarium
Im Thäle 3
86152 Augsburg
Tel.: (08 21) 3 24 67 62

Bamberg
Dr.-Remeis-Sternwarte Bamberg
Astronomisches Institut der Universität Erlangen-Nürnberg
Sternwartstraße 7
96049 Bamberg
Tel.: (09 51) 9 52 22 0
www.sternwarte.uni-erlangen.de

Berlin
Zentrum für Astron. und Astrophysik
Technische Universität Berlin
Hardenbergstraße 36
10623 Berlin
Tel.: (0 30) 31 42 37 34
www-astro.physik.TU-Berlin.de

Archenhold-Sternwarte
Alt-Treptow 1
12435 Berlin
Tel.: (0 30) 5 34 80 80
www.astw.de

Planetarium am Insulaner
Wilhelm-Foerster-Sternwarte
Munsterdamm 90
12169 Berlin
Tel.: (0 30) 7 90 09 30
www.planetarium.berlin

Zeiss-Großplanetarium Berlin
Prenzlauer Allee 80
10405 Berlin
Tel.: (0 30) 4 21 84 50
www.planetarium.berlin

Bochum
Astronomisches Institut
der Ruhr-Universität
Universitätsstr. 150/NA7
44780 Bochum
Tel.: (02 34) 32 2 34 54
www.astro.ruhr-uni-bochum.de

Planetarium
Castroper Straße 67
44777 Bochum
Tel.: (02 34) 51 60 60
www.planetarium-bochum.de

Bonn
Argelander Institut
Auf dem Hügel 71
53121 Bonn
Tel. Sternwarte: (02 28) 73 36 55, 56
Tel. Radioastronomie: (02 28) 73 36 57, 58
Tel. Astrophysik: (02 28) 73 36 71, 76
www.astro.uni-bonn.de

Radioobservatorium Effelsberg
53902 Bad Münstereifel
Tel.: (0 22 57) 30 11 01

Max-Planck-Institut für Radioastronomie
Auf dem Hügel 69
53121 Bonn
Tel.: (02 28) 52 50
www.mpifr-bonn.mpg.de

Cottbus
Raumflugplanetarium Juri Gagarin
Lindenplatz 21
03044 Cottbus
Tel.: (03 55) 71 31 09
www.planetarium-cottbus.de

Freiburg im Breisgau
Kiepenheuer-Institut für Sonnenphysik
Schöneckstraße 6
79104 Freiburg
Tel.: (07 61) 31 98 0
www.kis.uni-freiburg.de

Planetarium Freiburg
Bismarckallee 7 g
79098 Freiburg
Tel.: (07 61) 3 89 06 30
www.planetarium-freiburg.de

Garching siehe **München**

Göttingen
Institut für Astrophysik;
Georg-August-Universität Göttingen
Friedrich-Hund-Platz 1
37077 Göttingen
Tel.: (05 51) 39 50 42/39 50 53
www.astro.physik.uni-goettingen.de

Max-Planck-Institut
für Sonnensystemforschung
Justus-von-Liebig-Weg 3
37077 Göttingen
Tel.: 0551 384 979-0
www.mps.mpg.de

Graz
Sektion Astrophysik des Instituts für Geophysik, Astrophysik und Meteorologie der Universität Graz
Universitätsplatz 5
A-8010 Graz
Tel.: ++43 (0) 316 380 52 70
www.kfunigraz.ac.at/igam

Halle
Planetarium Halle (Saale)
Holzplatz 5
06110 Halle (Saale)
Tel.: (03 45) 2 21 36 60
www.planetarium-halle.de

Hamburg
Hamburger Sternwarte
Gojenbergsweg 112
21029 Hamburg
Tel.: (0 40) 4 28 38 85 12
www.hs.uni-hamburg.de

Planetarium
Linnering 1
22303 Hamburg
Tel.: (0 40) 4 28 86 52 52
www.planetarium-hamburg.de

Hannover
Astronomische Station am Institut für Erdmessung der Universität
Schneiderberg 50
30167 Hannover
Tel.: (05 11) 7 62 24 75

Heidelberg
Astronomisches Rechen-Institut
Mönchhofstraße 12–14
69120 Heidelberg
Tel.: (0 62 21) 40 50
www.ari.uni-heidelberg.de

Institut für Theoretische Astrophysik
Albert-Überle-Str. 2
69120 Heidelberg
Tel.: (0 62 21) 54 48 37
www.ita.uni-heidelberg.de

Max-Planck-Institut für Astronomie
Königstuhl 17
69117 Heidelberg
Tel.: (0 62 21) 52 80
www.mpia.de

Landessternwarte Königstuhl 12
69117 Heidelberg
Tel.: (0 62 21) 50 90
www.lsw.uni-heidelberg.de

Heilbronn
experimenta – Das Science Center
Experimenta-Platz
74072 Heilbronn
www.experimenta.science

Innsbruck
Institut für Astro- und Teilchenphysik
Technikerstraße 25
A-6020 Innsbruck
Tel.: ++43 (0) 512 5 07 60 31
http://astro.uibk.ac.at/

Jena
Universitäts-Sternwarte
Schillergäßchen 2
07745 Jena
Tel.: (0 36 41) 94 75 01
www.astro.uni-jena.de

Planetarium
Am Planetarium 5
07743 Jena
Tel: (036 41) 94 75 01
www.planetarium-jena.de

Kassel
Planetarium im Museum für
Astronomie und Technikgeschichte
Orangerie
An der Karlsaue 20 c
34121 Kassel
www.astronomie-kassel.de

Kiel
Institut für Theoretische Physik und
Astrophysik
Leibnizstr. 15
24118 Kiel
www.astrophysik.uni-kiel.de

Kieler Planetarium e.V.
Fachhochschule Kiel
Sokratesplatz 6
24149 Kiel
Tel: (04 31) 2 10 17 41
www.Kieler-planetarium.de

Laupheim
Volkssternwarte und Planetarium
Milchstraße 1
88471 Laupheim
Tel.: (0 73 92) 9 10 59
www.planetarium-laupheim.de

Luzern
Planetarium im Verkehrshaus
der Schweiz
Lidostraße 5
CH-6006 Luzern
Tel.: ++41 (0 41) 3 70 44 44
www.verkehrshaus.ch

Mannheim
Planetarium
Wilhelm-Varnholt-Allee 1
68165 Mannheim
Tel.: (06 21) 41 56 92
www.planetarium-mannheim.de

München
Europäische Südsternwarte (ESO)
Karl-Schwarzschild-Straße 2
85748 Garching
Tel.: (0 89) 32 00 62 76
www.eso.org

Institut für Astronomie und
Astrophysik der Universität München
Scheinerstraße 1
81679 München
Tel.: (0 89) 21 80 60 01
www.usm.uni-muenchen.de

Max-Planck-Institut für Astrophysik
Karl-Schwarzschild-Str. 1
85741 Garching
Tel.: (0 89) 3 00 00 0
www.mpa-garching.mpg.de

Max-Planck-Institut
für extraterrestrische Physik
Giessenbachstraße 1
85748 Garching
Tel.: (0 89) 3 00 00 0
www.mpe.mpg.de

Planetarium und Bayerische
Volkssternwarte
Rosenheimer Str. 145 h
81671 München
Tel.: (0 89) 40 62 39
www.sternwarte-muenchen.de

Planetarium Deutsches Museum
Museumsinsel 1
80538 München
www.deutsches-museum.de

Münster
Planetarium im Westfälischen
Landesmuseum für Naturkunde
Sentruper Straße 285
48161 Münster
Tel.: (02 51) 5 91 05
www.lwl-planetarium-muenster.de

Nürnberg
Nicolaus-Copernicus-Planetarium
Am Plärrer 41
90429 Nürnberg
Tel.: (09 11) 9 29 65 53
www.planetarium-nuernberg.de

Osnabrück
Museum am Schölerberg/
Planetarium
Klaus-Strick-Weg 10
49082 Osnabrück
Tel.: (05 41) 5 60 03 26
www.planetarium-osnabrueck.de

Potsdam
Leibniz-Institut für Astrophysik
Sternwarte Babelsberg
An der Sternwarte 16
14482 Potsdam
Tel.: (03 31) 7 49 90
www.aip.de

Leibniz-Institut für Astrophysik
Sonnenobservatorium Einsteinturm
Telegrafenberg A22
14473 Potsdam
Tel.: (03 31) 2 88 23 04/23 03

Observatorium für Solare
Radioastronomie Tremsdorf
14552 Tremsdorf
Tel.: (03 31) 7 49 92 92

URANIA-Planetarium
und „Bruno H. Bürgel-Gedenkstätte"
Gutenbergstr. 71/72
14467 Potsdam
Tel.: (03 31) 7 49 90
www.urania-potsdam.de

Recklinghausen
Westf. Volkssternwarte/Planetarium
Stadtgarten 6
45657 Recklinghausen
Tel: (023 61) 2 3 1 34
www.sternwarte-recklinghausen.de

Schwaz
Zeiss-Planetarium Schwaz
Alte Landstr. 15
A-6130 Schwaz/Tirol
Tel.: ++43 (0 52 42) 7 21 29
www.planetarium-schwaz.at

Siegen
Sternwarte der Universität
Adolf-Reichwein-Straße
57068 Siegen
Tel.: (02 71) 7 40 46 13
www.uni-siegen.de/fb7/didaktik/
sternwarte

Stuttgart
Carl-Zeiss-Planetarium mit
Sternwarte Welzheim
Willy-Brandt-Straße 25
70173 Stuttgart
Tel.: (07 11) 1 62 92 15
www.planetarium-stuttgart.de

Sternwarte Welzheim
www.sternwarte-welzheim.de

ASTRONOMISCHE INSTITUTE, PLANETARIEN UND STERNWARTEN

Tautenburg
Thüringer Landessternwarte Tautenburg
Karl-Schwarzschild-Observatorium
Sternwarte 5
07778 Tautenburg
Tel.: (03 64 27) 86 30
www.tls-tautenburg.de

Tübingen
Institut für Astronomie und Astrophysik
Abteilung Astronomie
Sand 1
72076 Tübingen
Tel.: (0 70 71) 29 7 24 86
www.astro.uni-tuebingen.de

Abt. Theoretische Astrophysik
Auf der Morgenstelle 10
72076 Tübingen
Tel.: (0 70 71) 29 7 40 07
www.tat.physik.uni-tuebingen.de

Welzheim
Tel: (0 71 82) 42 84
www.sternwarte-welzheim.de

Wien
Institut für Astronomie der Universität
Wien, Universitäts-Sternwarte
Türkenschanzstraße 17
A-1180 Wien
Tel.: ++43 (0) 14 27 75 18 01
www.astro.univie.ac.at

Kuffner-Sternwarte
Johann Staud-Straße 10
A-1160 Wien
Tel.: ++43 (0) 1 89 174 150 000
www.planetarium-wien.at

URANIA-Sternwarte
Uraniastraße 1
A-1010 Wien
Tel.: ++43 (0) 1 89 174 150 000
www.planetarium-wien.at

Zeiss-Planetarium
Oswald Thomas-Platz 1
A-1020 Wien
Tel.: ++43 (0) 1 89 174 150 000
www.planetarium-wien.at

Wolfsburg
Planetarium
Uhlandweg 2
38440 Wolfsburg
Tel.: (0 53 61) 89 02 55 10
www.planetarium-wolfsburg.de

Würzburg
Institut für Theoretische
Physik und Astrophysik
Am Hubland
97074 Würzburg
Tel: (09 31) 8 88 50 31
www.astro.uni-wuerzburg.de

Zürich
Institut für Astronomie
ETH-Zentrum
CH-8092 Zürich
Tel.: ++41 (0) 44 6 33 76 08
www.astro.phys.ethz.ch

URANIA-Sternwarte Zürich AG
Uraniastraße 9
CH-8001 Zürich
Tel.: ++41 (0) 44 2 11 65 23
www.urania-sternwarte.ch

AMATEURASTRONOMISCHE VEREINIGUNGEN UND PRIVATSTERNWARTEN

Aachen
Volkshochschule Aachen/Sternwarte
Am Hangeweiher 23
52068 Aachen
www.sternwarte-aachen.de

Aichwald
Schurwaldsternwarte e.V.
Im Lutzen 21
73773 Aichwald
www.schurwaldsternwarte.de

Albstadt
Sternwarte und Planetarium
Hartmannstraße 140
72458 Albstadt-Ebingen
www.sternwarte-zollern-alb.de

Alzey
Interessengemeinschaft der Hobby-
astronomen Alzey u. Umland e.V.
Theodor-Heuss-Ring 34
55232 Alzey

Augsburg siehe **Diedorf**

Bad Driburg
Sternwarte der F.-W.-Weber-
Realschule
Elsterweg 13
33014 Bad Driburg

Bad Dürkheim
Astronomischer Arbeitskreis
Pfalzmuseum für Naturkunde
Hermann-Schäfer-Str. 17
67098 Bad Dürkheim

Bad Homburg
Astronomische Gesellschaft Orion Bad
Homburg e.V.
Elisabethenschneise 2
61350 Bad Homburg
www.agorion.de

Bad Münstereifel
Astropeiler Stockert e.V.
Astropeiler 2–4
53902 Bad Münstereifel
www.astropeiler.de

Baindt s. **Waldburg-Weingarten**

Bautzen
Sternwarte Bautzen
Schulsternwarte und Planetarium
Czornebohstraße 82 (Naturpark)
02625 Bautzen

Berg
Christian-Jutz-Volkssternwarte Berg e.V.
Lindenallee
82335 Berg-Aufkirchen
www.sternwarte-berg.de

Bern/Niedermuhlern
Stiftung Sternwarte Uecht
Uecht 53a
CH-3087 Niedermuhlern/Schweiz
https://space-eye.ch

Bittenfeld
Privatsternwarte Bittenfeld
Ofengasse 8
71336 Waiblingen
www.allbert.de

Bochum
Institut für Umwelt- und
Zukunftsforschung e.V.
Blankensteiner Str. 200 a
44797 Bochum
www.sternwarte-bochum.de

AMATEURASTRONOMISCHE VEREINIGUNGEN UND PRIVATSTERNWARTEN

Bonn
Volkssternwarte Bonn e.V.
Poppelsdorfer Allee 47
53115 Bonn

Borken
Sternfreunde Borken e.V.
Josef-Bresser-Sternwarte
Ant Kruse Bömken 21
46325 Borken
www.sternfreunde-borken.de

Bozen
Amateurastronomen „Max Valier"
Neustifterweg 5
I-39100 Bozen
www.maxvalier.org

Braunschweig
Sternwarte Braunschweig
In den Heistern 5 B
38108 Braunschweig
www.sternwarte-braunschweig.de

Bremen
Olbers-Planetarium der Hochschule Bremen
Werderstr. 73
28199 Bremen
www.planetarium-bremen.de

Sternwarte der Olbers-Gesellschaft e.V.
Werderstr. 73
28199 Bremen
www.olbers-gesellschaft.de

Brittheim
Sternwarte Zollern-Alb
Am Wasserturm 4
72348 Rosenfeld
www.sternwarte-zollern-alb.de

Buchloe
Astronomische Gesellschaft Buchloe e.V.
Alois-Reiner-Str. 15 b
86807 Buchloe
www.astronomie-buchloe.de

Bülach
Schul- und Volkssternwarte Bülach
Rotzibüch bei Eschenmosen
CH-8180 Bülach

Burg
Südbrandenburger Sternfreunde e.V.
Bahnhofstr. 35
03238 Rückersdorf
www.suedbrandenburger-sternfreunde.de

Casablanca
Sahara Sky
Dunes de Tinfou
45900 Zagora Marokko
www. saharasky.com

Dahlewitz
Schul- und Volkssternwarte Dahlewitz e.V.
Bahnhofstr. 63
15827 Dahlewitz
www.sternwartedalewitz.de

Darmstadt
Volkssternwarte Darmstadt e.V.
Zimmermannweg 28
64289 Darmstadt
www.vsda.de

Diedorf
Astronomische Vereinigung Augsburg e.V.
Sternwarte Diedorf
Pestalozzistr. 17a
86420 Diedorf
www.sternwarte-diedorf.de

Donzdorf
Sternfreunde Donzdorf e.V.
Messelberg-Sternwarte
Beim Schulzentrum
73072 Donzdorf
www.messelbergsternwarte.de

Durmersheim
Sternfreunde Durmersheim
Im Eck 1/19
76448 Durmersheim
www.sternfreunde-durmersheim.de

Eberfing
Sternwarte Eberfing
Escherstr. 12
82390 Eberfing
www.sternwarte-eberfing.de

Erkrath
Sternwarte Neanderhöhe Hochdahl und Planetarium
Sedentaler Str. 105
40699 Erkrath

Essen
Walter-Hohmann-Sternwarte Essen e.V.
Wallneyer Str. 159
45133 Essen
www.sternwarte-essen.de

Frankfurt/Main
Volkssternwarte des Phys. Vereins
Robert-Mayer-Straße 2–4
60054 Frankfurt/Main
www.physikalischer-verein.de

Astro-AG der Liebigschule Frankfurt a. M.
Kollwitzstr. 3
60488 Frankfurt/Main
www.astro.junetz.de

Fulda
Hans-Nüchter-Sternwarte
Freiherr-von-Stein-Schule
Domänenweg 2
36037 Fulda
www.hans-nuechter-sternwarte.de

Fulda (Forts.)
Planetarium im Vonderau-Museum
Jesuitenplatz 2
36037 Fulda
www.museum-fulda.de

Gilching
Sternwarte der vhs Gilching
Landsberger Str. 17a
82205 Gilching
www.vhs-gilching.de

Gmunden
Sternwarte Gmunden
Kalvarienbergweg
A-4810 Gmunden
www.sternwarte-gmunden.at

Goch
Volkssternwarte Niederrhein e.V.
Scharsenweg
47574 Goch-Kessel
www.volkssternwarte-goch-kleve.org

Gondelsheim
Kraichgau-Sternwarte Gondelsheim e.V.
Lilienstraße 25
76669 Bad Schönborn
www.kraichgau-sternwarte-gondelsheim.de

Görlitz
Scultetus-Sternwarte Görlitz
An der Sternwarte 1
02827 Görlitz
www.goerlitzer-sternfreunde.de

Göttingen
Amateurastronomische Vereinigung Göttingen e.V.
Schlesierring 8
37085 Göttingen
www.avgoe.de

Förderkreis Planetarium Göttingen e.V.
Nordhäuser Weg 18
37085 Göttingen
www.planetarium-goettingen.de

Grafschaft
Astronomische Vereinigung Vulkaneifel am Hohen List e.V.
Franz-Wolf-Str. 14
53501 Grafschaft-Bölingen
www.hoher-list.de

AMATEURASTRONOMISCHE VEREINIGUNGEN UND PRIVATSTERNWARTEN

Greifswald
Greifswalder Sternwarte e.V.
Altes Physikalisches Institut
Domstr. 10a
17489 Greifswald
www.sternwarte-greifswald.de

Halle
Gesellschaft für astron. Bildung e.V.
Holzplatz 5
06110 Halle (Saale)
www.astroverein-halle.de

Hamburg
Gesellschaft für volkstümliche Astronomie e.V.
Hammerichstraße 5
22605 Hamburg
www.gva-hamburg.de

Handeloh
Arbeitskreis Astronomie in Handeloh und Umgebung e.V.
Häschenstieg 16
21256 Handeloh
www.astronomie-handeloh.de

Hechingen
Astronomical Observatory Aurora
Friedrich-Wolf-Weg 23
72379 Hechingen
aoa@rdoelling.de

Heilbronn
Robert-Mayer-Volks- und Schulsternwarte Heilbronn e.V.
Bismarckstr. 10
74072 Heilbronn
www.sternwarte.org

Hermannsburg
Sternwarte Südheide e.V.
Alte Celler Heerstraße
20320 Hermannsburg
www.sternwarte-suedheide.de

Herzberg
Planetarium und Volkssternwarte
Lugstr. 3
04916 Herzberg
www.herzberger-sternfreunde-eV.de

Hildesheim
Hildesheimer Gesellschaft für Astronomie (HiGA)
Im Knick 13
31177 Harsum
www.astronomie-hildesheim.de

Hofheim
Volkssternwarte
Ahornstr. 11
65719 Hofheim
www.sternwarte-hofheim.de

Höfingen
Sternwarte Höfingen
Uhlandstr. 50
71229 Leonberg-Höfingen
www.sternwarte-hoefingen.de

Hoher List
AVV am Hohen List e.V.
Auf der Miel 14
53501 Grafschaft
www.hoher-list.de/instrumentarium

Ingolstadt
Sternwarte Ingolstadt AAI e.V.
Hans-Mielich-Straße 5
85053 Ingolstadt
www.sternwarte-ingolstadt.de
www.astronomiepark.de

Karlsruhe
Astronomische Vereinigung Karlsruhe e.V.
Wilhelm-Leuschner-Str. 18
76189 Karlsruhe
www.sternwarte-karlsruhe.de

Kiel
GvA Gruppe Kiel
Hofbrook 64
24119 Kronshagen
www.gva-kiel.de

Volkssternwarte Kronshagen
Suchsdorfer Weg 33
24119 Kronshagen

Klagenfurt
Sternwarte Klagenfurt
Villacher Str. 239
A-9020 Klagenfurt
www.avk.at

Köln
Volkssternwarte Köln
Nikolausstr. 55
50937 Köln
www.volkssternwarte-koeln.de

Königsdorf
Isartalsternwarte
Rothemühle 9
82549 Königsdorf
www.isartalsternwarte.de

Krefeld
Vereinigung Krefelder Sternfreunde e.V.
im Weiterbildungskolleg Krefeld
Danziger Platz 1
47809 Krefeld
www.vks-krefeld.de

Kreuzlingen
Planetarium und Sternwarte Kreuzlingen
Breitenrainstraße 21
CH-8280 Kreuzlingen
www.avk.ch

Leonberg – siehe **Höfingen**

Lilienthal
Astronomische Vereinigung Lilienthal e.V.
Ottersteiner Vorweide 10
28879 Grasberg
www.avl-lilienthal.de

Limburg
Sternwarte Limburg e.V.
Am Stefanshügel, Industriestr. 1
65549 Limburg a. d. Lahn
www.sternwarte-limburg.de

Linz
Johannes Kepler Sternwarte
Sternwarteweg 5
A-4020 Linz
www.sternwarte.at/wega.html

Lübeck
Sternwarte Lübeck
Kastanienallee 3a
23562 Lübeck
www.sternwarte-luebeck.de

Luxembourg
Astronomes Amateurs du Luxembourg
16 B, Rue Emile Mayrisch
L 3522 Dudelange
www.aal.lu

Luzern
Sternwarte Hubelmatt
Zihlmattweg 4
CH-6005 Luzern
https://luzern.astronomie.ch

Magdeburg
Astronomische Gesellschaft Magdeburg e.V.
Rötgertstr. 8
39104 Magdeburg
www.astronomie-magdeburg.de

Mainz
Paul-Baumann-Sternwarte
55270 Klein-Winternheim
www.astronomie-mainz.de

March
Sternwarte March
Am Hölgacker 1
79232 March
www.vhsmarch.de

Meckesheim
Volkssternwarte Meckesheim
Kettengasse 59
74909 Meckesheim
www.astropic.de

Merseburg
Sternfreunde Planetarium Merseburg e.V.
Teichstr. 2
06217 Merseburg
www.planetarium-merseburg.de

Michelbach
NOE Volkssternwarte Michelbach
Antares NÖ Amateurastronomen
Michelbach Dorf 62
A-3074 Michelbach
www.noe-sternwarte.at

Münster
Sternfreunde Münster e.V.
Sentruper Straße 285
48161 Münster
www.sternfreunde-muenster.de

Neumarkt i.d. OPf.
Bayerische Volkssternwarte Neumarkt
Am Höhenberg 31
92318 Neumarkt i.d. OPf.
www.sternwarte-neumarkt.de

Neumünster
VHS-Sternwarte Neumünster
Hahnknüll 58
24537 Neumünster
www.sternwarte-nms.de

Neustadt/Weinstraße
siehe **Bad Dürkheim**

Neuzeug
Sternfreunde-Steyr
Hoheneckerstr. 4
A-4523 Neuzeug
www.sternfreunde-steyr.at

Nordenham
Planetarium
Bahnhofstraße 52
26954 Nordenham
www.sternfreunde.nordenham.de

Norderney
Astronomischer Arbeitskreis Norderney
„Wilhelm Dorenbusch Sternwarte"
Birkenweg 22
26548 Norderney
www.sternwarte-norderney.de

Nürnberg
Regiomontanus-Sternwarte
Nürnberger Astronomische
Arbeitsgemeinschaft e.V.
Regiomontanusweg 1
90491 Nürnberg
www.naa.net

Oberwallis
Astronomische Gesellschaft Oberwallis
Ebnetstr. 12
CH-3982 Bitsch

Osnabrück
Astronomische Arbeitsgemeinschaft/
Naturwissenschaftlicher Verein
Museum am Schölerberg
Klaus-Strick-Weg 10
49082 Osnabrück
www.naturwissenschaftlicher-verein-os.de

Ostermiething
Sternfreunde Ostermiething
Bergstraße 39
A-5121 Ostermiething
www.ostermiething.at/Sternfreunde_Ostermiething

Ottobeuren
Allgäuer Volkssternwarte Ottobeuren e. V
Wolferts 40
87724 Ottobeuren
www.avso.de

Paderborn
Volkssternwarte Paderborn e.V.
Im Schlosspark 13
33104 Paderborn
www.vspb.de

Papenburg
Astronomischer Verein der
Volkssternwarte Papenburg e.V.
Eichenweg 2
26817 Rhauderfehn/Burlage
www.astronomie-papenburg.de

Papenburger Sternwarte e.V.
Bethlehem rechts 51b
26871 Papenburg
www.sternwarte-papenburg.de

Passau
Volkssternwarte
Veste Oberhaus 125
94034 Passau
www.Sternwarte-Passau.de

Regensburg
Verein der Freunde der Volkssternwarte
Regensburg
Ägidienplatz 2
93047 Regensburg
www.sternwarte-regensburg.de

Remscheid
Dr. Hans-Schäfer-Sternwarte
Schützenplatz 2
42853 Remscheid
www.sternwarte-remscheid.de

Riesa
Sternwarte Riesa e.V.
Greizer Str. 2
01587 Riesa
SternwarteRiesa@web.de

Rodewisch
Schulsternwarte und
Planetarium „Sigmund Jähn"
Rützengrüner Str. 41 a
08228 Rodewisch (Vogtland)
www.sternwarte-rodewisch.de

Rostock
Astronomische Station „Tycho Brahe"
Astronomischer Verein Rostock e.V.
Nelkenweg 6
18057 Rostock
www.sternwarte-rostock.de

Rüsselsheim
Rüsselsheimer Sternfreunde e.V. 1975
Staudenweg 3
65428 Rüsselsheim
www.ruesselsheimer-sternfreunde.de

Saar
Verein der Amateurastronomen des Saarlandes e.V. (VAS)
Sternwarte Peterberg
66625 Nohfelden-Eiweiler
www.sternwarte-peterberg.de

Salzburg
VEGA – Sternwarte Haus der Natur
Kaiserbuche 1
A-5162 Obertrum am See
www.hausdernatur.at/astronomie

Sankt Andreasberg
Sternwarte Sankt Andreasberg e.V.
Clausthaler Str. 11
37444 Sankt Andreasberg
www.sternwarte-sankt-andreasberg.de

Schwanden ob Sigriswil
Sternwarte Planetarium SIRIUS
CH-3657 Schwanden/Sigriswil
www.sternwarte-planetarium.ch

Seewalchen
Astronomischer Arbeitskreis
Salzkammergut +
Sternwarte Gahberg
Sachsenstraße 2
A-4863 Seewalchen
www.astronomie.at

Sohland/Spree
Volks- und Schulsternwarte
„Bruno H. Bürgel" Sohland e.V.
Schluckenauer Str. 8a
02689 Sohland/Spree
www.sternwarte-sohland.de

AMATEURASTRONOMISCHE VEREINIGUNGEN UND PRIVATSTERNWARTEN

Solingen
Galileum Solingen
Walter-Horn-Weg 1
42697 Solingen
www.galileum-solingen.de

Walter-Horn-Ges. e.V. Sternwarte
Sternstraße 5
42719 Solingen
www.sternwarte-solingen.de

Solms
Volkssternwarte Mittelhessen e.V.
Lindenstr. 11
35606 Solms
www.sternwarte-burgsolms.de

Stuttgart
Schwäbische Sternwarte
Zur Uhlandshöhe 41
70188 Stuttgart
www.sternwarte.de

Tirschenreuth
Gerhard Franz Volkssternwarte
Marienstraße 49
95643 Tirschenreuth
www.sternwarte-tirschenreuth.de

Tornesch
Regionale Volks- und Schulsternwarte
Tornesch e.V.
Klaus Groth-Str. 11
25436 Tornesch
www.sternwarte-tornesch.de

Trebur
Michael Adrian Observatorium
Fichtenstr. 7
65468 Trebur
www.tlt-trebur.de

Trier
Verein Sternwarte Trier e.V.
Laurentius-Zeller-Str. 11
54294 Trier
www.sternwarte-trier.de

Überlingen
Sternwarte Überlingen e.V.
Obere St. Leonhardstr. 45
88662 Überlingen
www.sternwarte-ueberlingen.de

Wangerooge siehe **Wilhelmshaven**

Weikersheim
Astronomische Vereinigung
Weikersheim e.V.
Sternwarte Am Karlsberg
97990 Weikersheim
www.sternwarte-weikersheim.de

Weil der Stadt
Johannes-Kepler-Sternwarte
Max-Caspar-Str. 47
71263 Weil der Stadt
www.kepler-sternwarte.de

Wertheim
Johann-Kern-Sternwarte Wertheim e.V.
Am Galgengraben
97877 Wertheim-Reicholzheim

Wien
Astronomischer Jugendclub
Richard Wagner-Platz 2/4
A-1160 Wien

Österreichischer Astronomischer Verein
Treumanngasse 5
A-1130 Wien
www.astroverein.at

Freiluftplanetarium
Sterngarten Georgenberg
Anton Krieger-Gasse 206–210
A-1230 Wien
www.astroverein.at

Wilhelmshaven
Astronomie Netzwerk Weser-Ems (ANWE)
Jade Hochschule Wilhelmshaven/
Oldenburg/Elsfleth
Friedrich-Pfaffrath-Straße 101
26389 Wilhelmshaven
www.anwe.space

Schulsternwarte Inselheim Rüstringen e.V.
Zum Westen
26486 Wangerooge
www.astronomie-whv-fri.de

Winterbach
Sternwarte Engelberg
der Freien Waldorfschule
Rudolf-Steiner-Weg 4
73650 Winterbach
www.engelberg/schule-2/sternwarte.net

Winterthur
Sternwarte Eschenberg
der AG Winterthur
Breitenstraße 2
CH-8542 Wiesendangen

Wuppertal siehe **Remscheid**

Zollern-Alb siehe **Brittheim**

Zweibrücken
Sternwarte des Naturwissensch. Vereins
FH Campus
Amerikastr. 1
66482 Zweibrücken
www.nawi-zw.de

Zwickau
Förderverein der Schulsternwarte Zwickau
Gartenanlage „Am Kreuzberg"
08064 Zwickau
www.sternwartezwickau.de

Überregionale astronomische Amateur-Vereinigungen

Arbeitskreis Meteore e.V.
Mehlbeerenweg 5
14469 Potsdam

Bundesdeutsche Arbeitsgemeinschaft
für Veränderliche Sterne e.V. (BAV)
Munsterdamm 90
12169 Berlin
www.bav-astro.de

Vereinigung der Sternfreunde e.V. (VdS)
Darmstädter Straße 57
64625 Bensheim
www.sternfreunde.de

Das Verzeichnis erhebt keinen Anspruch auf Vollständigkeit. Weitere Vereinigungen nimmt der Herausgeber gerne auf. Entsprechende Hinweise sende man bitte an:

ASTRONOMISCHES INFORMATIONSBÜRO
Postfach 4253
73745 Ostfildern

Anschrift des Herausgebers:
Prof. Dr. Hans-Ulrich Keller
Astronomisches
Informationsbüro
Postfach 4253
D-73745 Ostfildern

IMPRESSUM

Umschlaggestaltung von Gramisci Editorial Design/ Isabel Fischer, München, unter Verwendung einer Illustration von Mark Garlick und Aufnahmen der Planeten Mars und Jupiter (Hubble-Weltraumteleskop, NASA/ESA/STScI).

Mit 47 Farb- und Schwarzweißfotos, 4 historischen Abbildungen, 235 Illustrationen, davon 225 von Gerhard Weiland, sowie 12 Planetenlauf- und 12 Monatssternkarten von Wil Tirion.

Unser gesamtes Programm finden Sie unter **kosmos.de**.
Über Neuigkeiten informieren Sie regelmäßig unsere Newsletter, einfach anmelden unter **kosmos.de/newsletter**

Gedruckt auf chlorfrei gebleichtem Papier

FSC® www.fsc.org
MIX
Papier | Fördert gute Waldnutzung
FSC® C043106

Pfizerstraße 5–7, 70184 Stuttgart
kosmos.de/servicecenter

ISSN: 1438-3306
ISBN: 978-3-440-18440-0
Redaktion: Sven Melchert
Gestaltung und Satz: typopoint GbR, Ostfildern
Produktion: Ralf Paucke
Druck und Bindung: Grafisches Centrum Cuno GmbH & Co. KG, Calbe
Printed in Germany/Imprimé en Allemagne

Stalla, Günter K., Auer, Matthias:
Therapieleitfaden Transsexualität/Günter K. Stalla und Matthias Auer.-
2. Auflage - Bremen: UNI-MED, 2015
(UNI-MED SCIENCE)
ISBN 978-3-8374-1479-0

Printed in Europe

Therapieleitfaden Transsexualität

UNI-MED

UNI-MED Verlag AG
Bremen - London - Boston